中国国家标准汇编

552

GB 28858～28896

（2012年制定）

中国标准出版社　编

中国标准出版社

北　京

图书在版编目(CIP)数据

中国国家标准汇编:2012年制定.552:GB 28858～28896/中国标准出版社编.—北京:中国标准出版社,2013.11
ISBN 978-7-5066-7282-5

Ⅰ.①中… Ⅱ.①中… Ⅲ.①国家标准-汇编-中国-2012 Ⅳ.①T-652.1

中国版本图书馆CIP数据核字(2013)第183741号

中国标准出版社出版发行
北京市朝阳区和平里西街甲2号(100013)
北京市西城区三里河北街16号(100045)

网址 www.spc.net.cn
总编室:(010)64275323 发行中心:(010)51780235
读者服务部:(010)68523946

中国标准出版社秦皇岛印刷厂印刷
各地新华书店经销

*

开本 880×1230 1/16 印张 36.75 字数 1138千字
2013年11月第一版 2013年11月第一次印刷

*

定价 220.00 元

出版说明

1.《中国国家标准汇编》是一部大型综合性国家标准全集。自1983年起，按国家标准顺序号以精装本、平装本两种装帧形式陆续分册汇编出版。它在一定程度上反映了我国建国以来标准化事业发展的基本情况和主要成就，是各级标准化管理机构，工矿企事业单位，农林牧副渔系统，科研、设计、教学等部门必不可少的工具书。

2.《中国国家标准汇编》收入我国每年正式发布的全部国家标准，分为"制定"卷和"修订"卷两种编辑版本。

"制定"卷收入上一年度我国发布的、新制定的国家标准，顺延前年度标准编号分成若干分册，封面和书脊上注明"20××年制定"字样及分册号，分册号一直连续。各分册中的标准是按照标准编号顺序连续排列的，如有标准顺序号缺号的，除特殊情况注明外，暂为空号。

"修订"卷收入上一年度我国发布的、被修订的国家标准，视篇幅分设若干分册，但与"制定"卷分册号无关联，仅在封面和书脊上注明"20××年修订-1,-2,-3,……"字样。"修订"卷各分册中的标准，仍按标准编号顺序排列(但不连续)；如有遗漏的，均在当年最后一分册中补齐。需提请读者注意的是，个别非顺延前年度标准编号的新制定的国家标准没有收入在"制定"卷中，而是收入在"修订"卷中。

读者配套购买《中国国家标准汇编》"制定"卷和"修订"卷则可收齐由我社出版的上一年度我国制定和修订的全部国家标准。

3.由于读者需求的变化，自1996年起，《中国国家标准汇编》仅出版精装本。

4.2012年我国制修订国家标准共2 101项。本分册为"2012年制定"卷第552分册，收入国家标准GB 28858～28896的最新版本。

中国标准出版社

2013年8月

目　　录

ICS 31.030
L 90

中华人民共和国国家标准

GB/T 28858—2012

电子元器件用酚醛包封料

Encapsulating material of phenolic for electronic components

2012-11-05 发布　　　　2013-02-15 实施

中华人民共和国国家质量监督检验检疫总局
中国国家标准化管理委员会
发布

前　言

本标准按照 GB/T 1.1—2009 给出的规则起草。

本标准由全国半导体设备和材料标准化技术委员会(SAC/TC 203)提出并归口。

本标准起草单位:咸阳伟华绝缘材料有限公司、咸阳瑞德电子技术有限公司、烟台纳美仕电子材料有限公司、山东莱州顺利达电子材料有限公司、汕头高新区松田实业有限公司、中国电子技术标准化研究所、陕西华星电子集团有限公司、成都宏明电子股份有限公司、北京七星飞行电子有限公司、麦可罗泰克(常州)产品服务有限公司。

本标准主要起草人:高艳茹、刘念杰、张苹、黄瑞南、刘筠、裴会川、李瑞娟。

电子元器件用酚醛包封料

1 范围

本标准规定了电子元器件用酚醛包封料(以下简称包封料)的分类、技术要求、检验规则、检验方法、包装、标志、贮存及运输等要求。

本标准适用于陶瓷电容器、压电陶瓷元件、热敏电阻器、厚膜电路等电子元器件湿法包封用酚醛包封料。

2 规范性引用文件

下列文件对于本文件的应用是必不可少的。凡是注日期的引用文件,仅注日期的版本适用于本文件。凡是不注日期的引用标准,其最新版本(包括所有的修改单)适用于本文件。

GB/T 1408.1—2006 绝缘材料电气强度试验方法 第1部分:工频下试验

GB/T 1409—2006 测量电气绝缘材料在工频、音频、高频(包括米波波长在内)下电容率和介质损耗因数的推荐方法

GB/T 2411—2008 塑料和硬橡胶 使用硬度计测定压痕硬度(邵氏硬度)

GB/T 4722 印制电路用覆铜箔层压板试验方法

GB/T 6003.1—1997 金属丝编织网试验筛

GB/T 10064—2006 测定固体绝缘材料绝缘电阻的试验方法

3 产品分类、组成及材料

3.1 分类

包封料按照其特性不同分为常规干燥型和快速干燥型,型号及特性见表1。

表1 包封料的型号及特性

型 号	特 性[a]
FS-150-C	干燥时间>2 h/25 ℃
FS-150-K	干燥时间≤2 h/25 ℃
注:包封料的型号由其主体树脂、应用形态、材料的固化温度、材料特性代码组成。F为酚醛树脂代码;S为材料的应用形态代码(即湿法);150为材料的固化温度代码;C为常规干燥型;K为快速干燥型。	
[a] 元器件按附录A包封。	

3.2 组成和材料

3.2.1 组成

包封料是以酚醛树脂为主粘结剂,加入颜料、填料等助剂球磨而成。

3.2.2 材料

包封料所用材料(酚醛树脂、颜料、填料等助剂)应符合相关标准。

4 要求

4.1 包封料的性能

包封料的性能应符合表2规定。

表2 包封料的性能

序号	项目	单位	指标	
			FS-150-C	FS-150-K
1	外观	—	粉末状,颜色均匀一致,无结团及可见的杂质	
2	挥发物含量	%	≤1.5%	

4.2 包封料固化物的性能

包封料固化物的性能应符合表3规定。

表3 包封料固化物的性能

序号	项目	单位	指标	
			FS-150-C	FS-150-K
1	涂层外观	—	固化后涂层光滑,无气孔,无开裂	
2	耐溶剂性	—	涂层不软化,不胀裂	
3	电气强度	kV/mm	≥6	
4	1MHz相对介电常数[a] (常态)	—	4～8	
5	1MHz损耗因数[a] (常态)	—	≤0.01	
6	绝缘电阻	MΩ	≥106	
7	线膨胀系数[a] (23 ℃～100 ℃)	$℃^{-1}$	$\leqslant 3\times10^{-5}$	
8	硬度[a] (邵氏硬度)	HD	93±5	
[a] 供选。				

5 试验方法

5.1 外观

用正常视力或矫正为1.0及1.0以上的视力目检。

5.2 挥发物含量

5.2.1 原理

测定一定质量的粉末试样在规定条件下烘制前后的质量损失(挥发物含量),以质量分数表示。

5.2.2 装置和材料

a) 天平,感量 0.01 g;
b) 平底皿(盘),铝箔或马口铁制,约 Φ50 mm×10 mm,底面应平整,以保证良好散热;
c) 电热恒温鼓风干燥箱,温度控制公差±2 ℃。
d) 干燥器,装有干燥的硅胶。

5.2.3 试样

有代表性试样约 50 g,每份试样 5 g±0.1 g。

5.2.4 试验步骤

a) 将平底皿放入已恒温至 105 ℃±2 ℃电热恒温鼓风干燥箱,在 105 ℃±2 ℃干燥 1 h±5 min 后取出,冷却至室温后称量平底皿的质量,准确至 0.01 g,质量记为 m_0。
b) 称量 5 g±0.1 g 试样,称量准确至 0.01 g,试样和平底皿的质量记作 m_1,将试样放入已称重的平底皿中,而且要使粉末试样在皿中铺展均匀。
c) 将装试样的平底皿置于电热恒温鼓风干燥箱,在(105±2)℃烘焙 1 h± 5 min。
d) 从干燥箱中取出平底皿,立即放入干燥器中,冷却至室温后称重,记作 m_2。
e) 同样的方法测定另一份试样,两份平行测定结果的绝对差值应小于 0.2 %,否则应按 5.2.4 重新试验。

5.2.5 结果计算

5.2.5.1 按式(1)计算挥发物含量:

$$V = \frac{m_1 - m_2}{m_1 - m_0} \times 100\% \qquad (1)$$

式中:
V ——挥发物质量分数;
m_0——平底皿的质量,单位为克(g);
m_1——平底皿和试样的质量,单位为克(g);
m_2——烘焙后试样和平底皿的质量,单位为克(g)。

5.2.5.2 以两份平行测定结果的平均值为报告结果,报告结果精确至 0.01%。

5.3 涂层外观

按附录 A 或制造厂推荐的方法包封 10 个元件[Φ(5～15)mm×1 mm],晾干后,用正常视力目测。

5.4 耐溶剂性

按附录 A 或制造厂推荐的方法包封 5 个元件[Φ(5～15)mm×1 mm],涂层固化后浸入 23 ℃±3 ℃丙酮中,30 min 后目检涂层是否软化、胀裂。

5.5 电气强度

除非另有规定,按附录 B 制备 Φ(100±0.3)mm×(0.6±0.1)mm 的试样,按 GB/T 4722 或

GB/T 1408.1—2006(采用不等直径电极，以 500 V/s 的速率升压)进行试验。仲裁时，按 GB/T 1408.1—2006(采用不等直径电极，以 500 V/s 的速率升压)进行试验。

5.6 相对介电常数和损耗因数

除非另有规定，按附录 B 制备 $\Phi(50\pm0.2)$ mm×(2 ± 0.1) mm 的试样，按 GB/T 1409—2006 中 5.1.3.1 规定的金属箔制作电极，用谐振法进行试验。

5.7 绝缘电阻

除非另有规定，按附录 B 制备(75 ± 0.3) mm×(50 ± 0.2) mm ×(2 ± 0.1) mm 的试样，用圆锥形插销电极，按 GB/T 10064—2006 进行试验。

5.8 线膨胀系数

除非另有规定，按附录 B 制备适当尺寸的固化样品，切割(6.5 ± 0.1) mm×(6.5 ± 0.1) mm×(2 ± 0.1) mm 的试样，按 GB/T 4722 进行试验。

5.9 硬度(邵氏硬度)

除非另有规定，按附录 B 制备 4 块 $\Phi(50\pm0.2)$ mm×(2 ± 0.1) mm 的试样，将试样叠加至厚度 4 mm，按 GB/T 2411—2008 进行试验。

6 检验规则

6.1 检验分类

本标准规定的检验分为两类：

a) 鉴定检验；

b) 质量一致性检验。

6.2 鉴定检验

6.2.1 检验项目

检验项目为本标准第 4 章规定的所有项目。

6.2.2 样本

鉴定检验样本应由制造厂正常生产设备和工艺生产，从申请鉴定型号的同一批产品中随机抽取。

6.2.3 检验频度

除非另有规定，每种型号的产品应进行一次鉴定检验。

6.2.4 判定规则

若有一项不合格，则判定鉴定检验不合格。

6.3 质量一致性检验

6.3.1 通则

质量一致性检验包括 A 组、C 组、D 组检验。A 组检验为产品交货检验，C 组检验为周期检验，D 组检验仅用于材料特性描述、产品设计定型或有要求时检验。

6.3.2 检验批

同一配方，同批材料，相同设备、在相同工艺条件下一次生产或连续生产，一次提交检验的产品为一个检验批，每批不大于5 000 kg。

6.3.3 A组检验

6.3.3.1 检验项目

A组检验为批检，检验项目按表4的规定。

表4 鉴定检验和质量一致性检验

序号	检验项目	鉴定检验	质量一致性检验				要求章条号	试验方法章条号
			A组检验	C组检验	D组检验	检验频度		
粉末的性能								
1	外观	●	●	—	—	批	4.1	5.1
2	挥发物含量	●	—	●	—	6个月		5.2
固化物的性能								
3	涂层外观	●	●	—	—	批	4.2	5.3
4	耐溶剂性	●	●	—	—	批		5.4
5	电气强度	●	—	●	—	12个月		5.5
6	相对介电常数	—	—	—	●	特性描述[a]		5.6
7	损耗因数	—	—	—	●	特性描述[a]		5.6
8	绝缘电阻	●	—	●	—	12个月		5.7
9	线膨胀系数	—	—	—	●	特性描述[a]		5.8
10	硬度	—	—	—	●	特性描述[a]		5.9

[a] 要求时。

6.3.3.2 抽样

A组检验抽样按照表5的规定。样品应从每个检验批总包装件中随机选取，从所选每一样件的中心部位各取一份样品，混合均匀。采用分样器把大样用四分法进行缩分，取不少于2 kg或各项试验所需总量3倍的样品。

表5 A组检验抽样

交付批包装件总数	取样件数
1～2	全部
3～8	2
9～25	3
26～100	5
101～500	8
501～1 000	13

6.3.3.3 判定规则

有一项不合格，则该检验批为不合格。

6.3.4 C组检验

6.3.4.1 检验项目

C组检验项目和检验周期按表4规定。

6.3.4.2 抽样

在检验周期内，从已通过A组检验的任一检验批中抽取，取样量不少于1 kg。

6.3.4.3 判定规则

C组检验若有一项不合格，则该周期内生产的产品不合格。

6.3.4.4 不合格批的处理

若样本未通过C组检验，供方应立即停止该周期内生产产品的交付，应根据不合格原因，采取适当的纠正措施后对不合格项目进行复验。复验批与正常批应有明显的隔离和标志。若复验批检验项目依然不合格，则该批产品不合格。供方有责任就此问题通知使用方，已经出厂的产品由供需双方协商解决。

7 包装、标志、贮存、运输

7.1 包装

产品采用双层包装，内包装袋应采用热合或其他方式封口后装入外包装（纸桶或编织袋等），或按顾客要求的其他方式包装。最小包装件每件净重不超过25 kg。

7.2 标志

每个外包装件显著位置应有标签，标明：产品名称、型号、标准编号、生产日期（或批号）、制造厂名称，产品净重、"防潮"、"怕热"、"轻放"等字样及检验员印记，并附有质量合格证。

7.3 贮存

产品应以原包装贮存在清洁、干燥、通风的环境中，在温度不超过30 ℃，相对湿度不大于65 %的条件下，贮存期为6个月，超过贮存期需重新进行A组检验，检验合格后仍可继续使用。

7.4 运输

包封料应使用适当的运输工具运输，运输中应防止雨雪侵袭、阳光直射及机械损伤，在高温季节运输应采取相应措施。装卸时，应小心轻放，以免损坏包装件。

附 录 A
（规范性附录）
电子元器件包封方法

A.1 目的

本方法用于电子元器件的预封。

A.2 器具和材料

A.2.1 Φ(5～15)mm×1 mm 元件 15 个；
A.2.2 天平，感量 0.2 g；
A.2.3 带搅拌装置的容器；
A.2.4 甲醇(或酒精)，工业一级；
A.2.5 丙酮，工业一级；
A.2.6 酚醛包封料；
A.2.7 镊子；
A.2.8 晾制浸涂元件的支架；
A.2.9 计时器；
A.2.10 电热恒温鼓风干燥箱，温度控制±2 ℃。

A.3 步骤

A.3.1 混合溶剂制备

将丙酮与甲醇(或酒精)按质量比 2∶1 混合备用。

A.3.2 浸涂液配制

包封料与混合溶剂按 100∶(30±3)的配比(质量分数)装入带搅拌装置的密封容器中，连续搅拌 24 h±1 h。

A.3.3 包封元器件

A.3.3.1 将按 A.3.2 配制的浸涂液静置 2 h±10 min，浸涂元件前再搅拌约 10 min。
A.3.3.2 取 Φ(5～15)mm×1 mm 的元件 10 支，分别浸入浸涂液 2 s～3 s 后取出，在 15 ℃～35 ℃，相对湿度 45%～75%环境晾置至涂层表面失去光泽，再进行下次浸涂。浸涂 2～3 次，至涂层厚度 1 mm±0.1 mm，晾置至表面涂层完全干燥。

A.3.4 涂层固化

将包封元器件放入干燥箱进行固化，固化条件为(150±2)℃/(90±5)min。

附　录　B
（规范性附录）
电子元器件用酚醛包封料试样制备方法

B.1　目的

本方法适用于电子元器件用酚醛包封料固化物性能检测试样制备。

B.2　器具和材料

B.2.1　温度计，0 ℃～300 ℃；
B.2.2　天平，量程 100 g，感量 0.1 g；
B.2.3　定时器；
B.2.4　模具
　a)　Φ(100±0.1)mm×(0.6±0.1)mm 一套；
　b)　Φ(50±0.1)mm×(2±0.1)mm 一套；
　c)　(75±0.1)mm×(50±0.1)mm×(2±0.1) mm 一套；
B.2.5　钢板，(150±1.2)mm×(150±1.2)mm×(3±0.3)mm，2 块；
B.2.6　热压机，25 T；
B.2.7　药匙；
B.2.8　聚丙烯薄膜，厚度 25 μm；
B.2.9　锯条；
B.2.10　电热恒温鼓风干燥箱，温度控制±2 ℃；
B.2.11　80 目分样筛(GB/T 6003.1—1997)；
B.2.12　实验室粉碎机。

B.3　样品

酚醛包封料，每批随机抽取 2 kg。

B.4　制样步骤

B.4.1　按附录 A 制备浸涂液，将浸涂液倒在铺有聚丙烯薄膜的平台上，自然晾干后，粉碎，过 80 目分样筛备用。
B.4.2　按表 B.1 规定的用量，称取 B.4.1 过筛的粉料，称量精确至 0.1 g。
B.4.3　将压机升温至 150 ℃±2 ℃，稳定 30 min。
B.4.4　清洁钢板，将聚丙烯薄膜平铺在洁净的钢板上，模具放在聚丙烯薄膜上，把称好的粉料小心倒入模具内，用锯条刮平粉料，在粉料上铺聚丙烯薄膜，在薄膜上放一块钢板。在靠加热板的两块钢板外侧各垫 10 张垫板纸。
B.4.5　将模具推入压机，10 min 内将压力升至规定的压力，按表 B.1 推荐的条件压制。
B.4.6　到达保温保压时间后，撤去压力，取出模具，冷却至室温后，取出试样，放入塑料袋密封备用。

表 B.1 试样尺寸、用量、压制条件

试样形状	尺寸 mm	用量 g	单位压力 MPa	模温 ℃	保温保压时间 min
圆片	Φ(100±0.3)×(0.6±0.1)	10±0.6	15～20	150±2	90±5
	Φ(50±0.2)×(2±0.1)	8±0.4			
条样	(75±0.3)×(50±0.2)×(2±0.1)	16±0.8			

ICS 31.030
L 90

中华人民共和国国家标准

GB/T 28859—2012

电子元器件用环氧粉末包封料

Encapsulating material of powdered epoxy for electronic components

2012-11-05 发布 2013-02-15 实施

中华人民共和国国家质量监督检验检疫总局
中国国家标准化管理委员会 发布

前　言

本标准按照 GB/T 1.1—2009 给出的规则起草。

本标准由全国半导体设备和材料标准化技术委员会(SAC/TC 203)提出并归口。

本标准起草单位:咸阳伟华绝缘材料有限公司、咸阳瑞德电子技术有限公司、阿克苏粉末涂料(苏州)有限公司、咸阳康隆工贸有限公司、汕头高新区松田实业有限公司、中国电子技术标准化研究所、西安康力电工材料有限公司、陕西华星电子集团有限公司、成都宏明电子股份有限公司、北京七星飞行电子有限公司、麦可罗泰克(常州)产品服务有限公司。

本标准主要起草人:高艳茹、刘念杰、林榕、刘筠、裴会川、李瑞娟。

电子元器件用环氧粉末包封料

1 范围

本标准规定了电子元器件用环氧粉末包封料(以下简称包封料)的分类、技术要求、检验规则、检验方法、包装、标志、运输及贮存要求。

本标准适用于陶瓷电容器、压敏电阻器、薄膜电容器、电阻网络、热敏电阻器等电子元器件流化床包封用环氧粉末包封料。

2 规范性引用文件

下列文件对于本文件的应用是必不可少的。凡是注日期的引用文件,仅注日期的版本适用于本文件。凡是不注日期的引用文件,其最新版本(包括所有的修改单)适用于本文件。

GB/T 1034—2008 塑料 吸水性的测定

GB/T 1408.1—2006 绝缘材料电气强度试验方法 第1部分:工频下试验

GB/T 1409—2006 测量电气绝缘材料在工频、音频、高频(包括米波波长在内)下电容率和介质损耗因数的推荐方法

GB/T 1636—2008 塑料 能从规定漏斗流出的材料表观密度的测定

GB/T 2411—2008 塑料和硬橡胶 使用硬度计测定压痕硬度(邵氏硬度)

GB/T 4722 印制电路用覆铜箔层压板试验方法

GB/T 5169.16—2008 电工电子产品着火危险试验 第16部分:试验火焰50 W水平与垂直火焰试验方法

GB/T 6003.1—1997 金属丝编织网试验筛

GB/T 10064—2006 测定固体绝缘材料绝缘电阻的试验方法

GB/T 21782.1—2008 粉末涂料 第1部分:筛分法测定粒度分布

GB/T 28858—2012 电子元器件用酚醛包封料

GB/T 28860—2012 环氧粉末包封料胶化时间测定方法

GB/T 28861—2012 环氧粉末包封料熔融流动性试验方法

GB/T 28862—2012 环氧粉末包封料试样加工方法

IPC-TM-650 试验方法手册

3 产品分类、组成和材料

3.1 分类

环氧粉末包封料按照其固化条件不同进行分类,型号和标称固化条件见表1。

表 1 包封料的型号及标称固化条件

型号	标称固化条件
低温固化型 HR-100	(95～105)℃/(90～120)min
高温固化型 HR-150	(145～155)℃/(90～100)min
注：包封料的型号由主体树脂 H、应用形态代码 R 及材料的固化温度代码组成。H 为环氧树脂代码；R 为应用形态即热熔粉末代码；100 和 150 为固化温度代码。	

3.2 组成和材料

3.2.1 组成

环氧包封料是由环氧树脂、固化剂、促进剂、阻燃剂、填料、颜料等助剂经混合、挤出、粉碎、筛选而成的热熔型粉末状材料。

3.2.2 材料

包封料所用材料(环氧树脂、固化剂、促进剂、阻燃剂、填料、颜料等)应符合相关标准。

4 要求

4.1 粉末的性能

粉末的性能应符合表 2 规定。

表 2 粉末的性能

序号	指标名称		单位	指标	
				HR-100	HR-150
1	外观		—	粉末状，颜色均匀，干燥，松散，无结块，无杂质	
2	粒度		目	80 目，通过率 100%； 325 目，通过率＜50%	
3	软化点		℃	50～65	60～75
4	胶化时间(150 ℃)		s	60～180	90～300
5	表观密度[a]		g/cm^3	0.6～0.8	0.7～0.9
6	流动性	倾斜法	mm	20～35(110 ℃)	22～35(150 ℃)
		水平法	%	12～25(110 ℃)	20～45(150 ℃)
7	挥发物含量		%	≤0.35	
[a] 为供选。					

4.2 固化物的性能

固化物的性能应符合表 3 规定。

表 3 固化物的性能

序号	指标名称	单位	指标 HR-100	指标 HR-150
1	耐温度冲击	周期	−55 ℃～85 ℃ 循环 5 个周期，无损伤，无开裂	−55 ℃～125 ℃ 循环 5 个周期，无损伤，无开裂
2	耐溶剂性	—	不溶胀，不开裂	
3	1 MHz 相对介电常数[a] （常态）	—	3～7	
4	1 MHz 损耗因数[a] （常态）	—	≤0.05	
5	绝缘电阻 常态	MΩ	≥10^6	
	绝缘电阻 D-2/100[b]	MΩ	≥10^5	
6	电气强度	kV/mm	≥25	
7	玻璃化温度[a]	℃	≥95	
8	吸水率(D-24/23[c])	%	≤0.25	
9	燃烧性	—	FV-0	
10	线膨胀系数[a] （Tg 以下）	1/℃	≤7×10^{-5}	
11	硬度[a]（邵氏）	HD	93±5	

[a] 供选项。
[b] D-2/100 表示在 100 ℃蒸馏水或去离子水中煮 2 h。
[c] D-24/23 表示在 23 ℃蒸馏水或去离子水中浸泡 24 h。

5 试验方法

5.1 粉末检验

5.1.1 外观

用正常视力或矫正为 1.0/1.0 以上的视力目检。

5.1.2 粒度

粒度按附录 A 或供需双方商定的其他方法(如 GB/T 21782.1—2008)进行试验。

5.1.3 软化点[科夫尔(Kofler)热板法]

5.1.3.1 设备

热板,Kofler 热板或功能相似的热板,其特点是加热时其一边至另一边存在温度梯度,一般从室温至 200 ℃,热板装有指示各点温度的温标,该温标可用已知熔点的材料或热电偶测温仪来校正。

5.1.3.2 试验步骤

加热至少 40 min,使热板温度达到平衡(即达到要求的温度梯度)。选择一种接近待测材料软化点的已知熔点的材料或用热电偶测温仪来校验温标的指示值。

把适量的粉末试样涂布在热板上,使其呈薄而狭长的粉末带,带长约跨 20 ℃温差区间,使预期的软化点在该温度范围中心点附近。约 1 min 后,把未融化的粉末从高温侧向低温侧刷去。然后,将指针调到刚呈现出融化粉末痕迹的位置,此温度点即为软化点。测量三次。

5.1.3.3 结果

用三次测定值的中间值作为结果,也报告另外两个值。

5.1.4 胶化时间

胶化时间按 GB/T 28860—2012 进行试验。

5.1.5 表观密度

表观密度按 GB/T 1636—2008 进行试验。

5.1.6 流动性

倾斜流动性按 GB/T 28861—2012 中 7.1 进行试验。

水平流动性按 GB/T 28861—2012 中 7.2.2 进行试验。

5.1.7 挥发物含量

挥发物含量按 GB/T 28858—2012 中 5.2 进行试验。

5.2 固化物检验

5.2.1 耐溶剂性

在 15 ℃～35 ℃,相对湿度 45%～75%环境下包封 5 只 Φ(5～15)mm×(1～2)mm 元件,将包封并固化的元件浸入 23 ℃±5 ℃丙酮,30 min 后目检。

5.2.2 相对介电常数和损耗因数

按 GB/T 28862—2012 制备 3 个 Φ(50±0.2)mm×(2±0.1)mm 的试样,按 GB/T 1409—2006 中 5.1.1.3 规定的金属箔制作电极,用谐振法进行试验。

5.2.3 绝缘电阻

按 GB/T 28862—2012 制备 3 个尺寸为(75±0.3)mm×(50±0.2)mm×(2±0.1)mm 的试样,用锥形插销电极,按 GB/T 10064—2006 进行试验。

5.2.4 电气强度

按 GB/T 28862—2012 制备 3 个 Φ(100±0.3)mm×(0.6±0.1)mm 的试样，按 GB/T 4722 或 GB/T 1408.1—2006（采用不等直径电极，以 500 V/s 的速率升压）进行检验。仲裁时，按 GB/T 1408.1—2006（采用不等直径电极，以 500 V/s 的速率升压）进行试验。

5.2.5 玻璃化温度

用 GB/T 28862—2012 制备适当尺寸的固化样品，加工 2 个(6.5±0.2)mm×(6.5±0.2)mm×(2±0.1)mm 的试样，按 IPC-TM-650 中 2.4.24 进行试验。

5.2.6 吸水率

按 GB/T 28862—2012 制备 3 个 Φ(50±0.2)mm×(2±0.1)mm 的试样，按 GB/T 1034—2008 中方法 1 进行试验。

5.2.7 燃烧性

按 GB/T 28862—2012 制备 10 个(125±0.5)mm×(13±0.2)mm×(2.0±0.1)mm 的试样，按 GB/T 5169.16—2008 中第 9 章进行试验。

5.2.8 线膨胀系数

用 GB/T 28862—2012 制备适当尺寸的固化样品，切割 2 个(6.5±0.2)mm×(6.5±0.2)mm×(2±0.1)mm 的试样，按 GB/T 4722 进行试验。

5.2.9 耐温度冲击

除非另有规定，在 15 ℃～35 ℃，相对湿度 45%～75%环境下，包封 10 个约 Φ20 mm×(1～2)mm 的元件，将包封元件固化后进行温度冲击试验。具体操作如下：将包封元件置于规定温度(−55 ℃)的低温箱或浴槽，0.5 h 后取出，在 1 min 内放入规定温度(125 ℃/85 ℃)的高温箱中 0.5 h，以上为一个周期温度冲击试验。每次试验后目检涂层是否出现开裂。

HR100：

$$-55_{-3}^{\ 0}\,℃ \quad \longleftrightarrow \quad 85_{\ 0}^{+3}\,℃$$

$$0.5\ \mathrm{h} \quad \leqslant 1\ \mathrm{min} \quad 0.5\ \mathrm{h}$$

HR150

$$-55_{-3}^{\ 0}\,℃ \quad \longleftrightarrow \quad 125_{\ 0}^{+3}\,℃$$

$$0.5\ \mathrm{h} \quad \leqslant 1\ \mathrm{min} \quad 0.5\ \mathrm{h}$$

5.2.10 硬度

按 GB/T 28862—2012 制备 4 块 Φ(50±0.2)mm×(2±0.1)mm 的试样，将试样叠合至厚度 4 mm，按 GB/T 2411—2008 进行试验。

6 检验规则

6.1 检验分类

本标准规定的检验分为两类：

a) 鉴定检验；

b) 质量一致性检验。

6.2 鉴定检验

6.2.1 检验项目

鉴定检验项目按表 4 的规定。

6.2.2 样本

鉴定检验样本应由制造厂正常生产设备和工艺生产，申请鉴定的产品型号中随机抽取总量不少于 1 kg，混合均匀作为样本。

6.2.3 检验频度

除非另有规定，每种型号的产品应进行一次鉴定检验。

6.2.4 合格判定

若有一项不合格，则判定鉴定检验不合格。

6.3 质量一致性检验

6.3.1 通则

质量一致性检验包括 A 组检验、C 组检验、D 组检验。A 组检验为产品的交货检验，C 组检验为周期检验，D 组检验仅用于材料特性描述，在产品设计定型或有要求时检验。除非另有规定，质量一致性检验项目、检验要求及检验频度按表 4 规定。

6.3.2 检验批

同一配方，同批材料，相同设备，在相同工艺下一次生产或连续生产，一次提交检验的产品为一个检验批，每批不大于 2 000 kg。

6.3.3 A 组检验

6.3.3.1 检验项目

A 组检验项目按表 4 的规定。

6.3.3.2 抽样

A 组检验抽样按照表 5 的规定。样件应从每个检验批总包装件中随机选取，用取样器，从所选每一样件的中心部位各取一份样品，混合均匀。采用分样器把大样用四分法进行缩分，取不少于 2 kg 或各项试验所需试样总量 3 倍的样品。

表 4　鉴定检验和质量一致性检验

序号	检验项目	鉴定检验	质量一致性检验				要求章条号	试验方法章条号
			A组检验	C组检验	D组检验	检验频度		
粉末的性能								
1	外观	●	●	—	—	批[a]		5.1.1
2	粒度	●	●	—	—	批[a]		5.1.2
3	软化点	●	●	—	—	批[a]		5.1.3
4	胶化时间	●	●	—	—	批[a]	4.1	5.1.4
5	表观密度	●	●	—	—	批[a]		5.1.5
6	流动性	●	●	—	—	批[a]		5.1.6
7	挥发物含量	●	—	●	—	3个月		5.1.7
固化物的性能								
8	耐溶剂性	●	—	●	—	3个月		5.2.1
9	相对介电常数	—	—	—	●	特性描述[b]		5.2.2
10	损耗因数	—	—	—	●	特性描述[b]		5.2.2
11	绝缘电阻	●	—	●	—	3个月		5.2.3
12	电气强度	●	—	●	—	6个月		5.2.4
13	玻璃化温度	—	—	—	●	特性描述[b]	4.2	5.2.5
14	吸水率	●	—	●	—	3个月		5.2.6
15	燃烧性	●	—	●	—	6个月		5.2.7
16	线膨胀系数	—	—	—	●	特性描述[b]		5.2.8
17	耐温度冲击	●	—	●	—	6个月		5.2.9
18	硬度(邵氏)	—	—	—	●	特性描述[b]		5.2.10

[a] 抽样见6.3.3.2。

[b] 要求时。

表 5　A 组检验抽样

交付批包装件总数	取样件数
1～2	全部
3～8	2
9～25	3
26～100	5
101～500	8
501～1 000	13

6.3.3.3 判定规则

有一项不合格,则该检验批为不合格。

6.3.4 C组检验

6.3.4.1 检验项目

C组检验项目及检验频度按表4的规定。

6.3.4.2 抽样方案

从已通过A组检验的批中抽取,取样量不少于1 kg。

6.3.4.3 判定规则

C组检验若有一项不合格,则该批产品不合格。

6.3.4.4 不合格批的处理

若样本未通过C组检验,供方应立即停止该周期内生产产品的交付,应根据不合格原因,采取适当的纠正措施后对不合格项目进行复验。复验批与正常批应有明显的隔离和标志。若复验批检验项目依然不合格,则该批产品不合格。供方有责任就此问题通知使用方,已经出厂的产品由供需双方协商解决。

7 包装、标志、贮存、运输

7.1 包装

除非另有规定,包封料应先装入聚乙烯塑料袋封口后,再装入纸箱或纤维桶中。最小包装件的质量不超过20 kg。根据用户需求,也可采用其他内包装规格及外包装形式。

7.2 标志

产品的每个外包箱(或桶)应印制永久性标志或贴有标签。标明以下各项:

a) 制造厂名称、商标;
b) 产品名称、型号及标准编号;
c) 生产批号和日期;
d) 净重和毛重;
e) "防热"、"防潮"、"轻放"等字样;
f) 检验员印记。

7.3 贮存

包封料应以原包装密封贮存于干燥、清洁的环境中。贮存条件及有效期应符合表6规定。超过贮存期复检A组项目,检验合格后仍可继续使用。

表 6 贮存条件及有效期

HR-100	HR-150
<10 ℃ 4 个月	<10 ℃ 6 个月
10 ℃≤贮存条件≤20 ℃ 3 个月	10 ℃≤贮存条件≤25 ℃ 4 个月

7.4 运输

包封料应使用适当的运输工具运输，运输中应防止雨雪侵袭、阳光直射及机械损伤，在高温季节运输应采取相应措施。装卸时，应小心轻放，以免损坏包装件。

附 录 A
(规范性附录)
粉末包封料粒度测定方法——筛分法

A.1 原理

测定一定质量粉末试样通过规定孔径分样筛的质量,以质量分数表示。

A.2 装置和材料

A.2.1 天平,感量 0.01 g;
A.2.2 圆形分样筛(GB/T 6003.1—1997),80 目,325 目;
A.2.3 毛刷。

A.3 试样

试样约 500 g。

A.4 程序

A.4.1 用天平称取 100 g±0.5 g 粉样,记作 m_0,将粉样倒入试验筛,下面装上接料盘。
A.4.2 一只手持分样筛,使筛面倾斜 10 °~20 °,左右摇动分样筛,另一只手辅助,轻拍分样筛(约 120 次/min),每拍 30 次,把分样筛转 90 °。以一分钟内粉料透过量少于粉样量的 1%作为筛分终点。
A.4.3 筛分结束后,用毛刷辅助,仔细倒出筛余物,称其质量,记作 m_1。平行测定两次,两份平行测定结果的绝对差值应小于 2%,否则,应按 A.4 重新检测。

A.5 计算

按式(A.1)计算通过率(Rs)

$$Rs = \frac{m_0 - m_1}{m_0} \times 100\% \qquad \text{(A.1)}$$

式中:
Rs——通过率;
m_0——初始试样质量,单位为克(g);
m_1——筛余物质量,单位为克(g)。

A.6 结果

以两次测定的平均值为结果,结果报告准确至 1%。

ICS 31.020
L 04

中华人民共和国国家标准

GB/T 28860—2012

环氧粉末包封料胶化时间测定方法

Test method for the determination of get time of encapsulating material of powdered epoxy

2012-11-05 发布　　2013-02-15 实施

中华人民共和国国家质量监督检验检疫总局
中国国家标准化管理委员会　发布

前　　言

本标准按照GB/T 1.1—2009给出的规则起草。

本标准由全国半导体设备和材料标准化技术委员会(SAC/TC 203)提出并归口。

本标准起草单位:咸阳瑞德电子技术有限公司、咸阳伟华绝缘材料有限公司、中国电子技术标准化研究所。

本标准主要起草人:高艳茹、刘念杰、刘筠、裴会川、李瑞娟、徐文辉。

环氧粉末包封料胶化时间测定方法

1 范围

本标准规定了电子元器件用环氧粉末包封料胶化时间测定方法。

本标准适用于环氧粉末包封料胶化时间的测定，不适用于超短胶化时间（小于 15 s）环氧粉末包封料胶化时间的测定。

2 方法原理

将一定量的环氧粉末包封料试样置于加热至规定温度的胶化时间测试仪的固化盘中，测出试样由熔融到变为不能再拉丝经过的时间。

3 装置和材料

3.1 温度计，量程 0 ℃～300 ℃，能精确到 1 ℃。

3.2 量程合适的计时器，最小分度 1 s。

3.3 搅棒，Φ 5 mm 玻璃棒。

3.4 加热板，直径 140 mm 或 140 mm×140 mm，厚度 15 mm～20 mm，能将温度控制在 150 ℃±1 ℃。加热板中心有一圆形抛光凹坑（固化盘）供放置备测样品，固化盘直径 Φ(16 ±0.1)mm，深度 4 mm。加热板一侧有放置温度计的孔，该孔低于固化盘的上表面，并水平伸至靠近固化盘中心附近，孔顶端离固化盘中心不超过 2 mm。

3.5 核查物，用于核查加热板温度，已知熔点的物质（熔点盐标准物质）。

3.6 量匙，容量为 1 mL，用于将试样送入固化盘。

3.7 脱模剂，如聚四氟乙烯气溶胶分散体类物质或等效物。

3.8 刮刀，用于铲除加热板固化盘上的试样，由硬度小于加热板的材料制成。

4 试样

样品两份，每份 1 mL。

5 测定步骤

5.1 清洁固化盘和加热板。

5.2 将加热板放置在实验室不通风的位置，打开电源开关，将加热板调至 150 ℃±1 ℃或产品标准规定的温度，至少稳定 10 min。用一小块已知熔点的核查物放在热板上，核查加热块表面温度是否达到所需温度。

5.3 将 1 mL 试样放入固化盘中，迅速用玻璃棒将其铺平，当试样全熔融后立即启动计时器。同时，用玻璃棒以圆周运动方式搅拌熔融试样。当被测试样开始变稠时，在保持搅拌的同时，每隔 2 s～3 s，将玻璃棒从熔融试样中提起（高度约 10 mm）。若玻璃棒提起时形成的拉丝变脆以致断裂，不能再拉丝时，停止计时。记录试样从熔融至不能再拉丝所用的时间，精确至 1 s，该时间即为胶化时间。

5.4　用刮刀立即清除固化盘上的试样，注意不要刮伤固化盘的表面。

5.5　重复以上步骤，测试另一份试样。

5.6　如果两次测试值之差不超过测试最小值的 5%，则计算两次测试值的算术平均值；如果两次测试值之差超过测试最小值的 5%，应重新取样进行第三次测试，计算三次测试值的算术平均值；如果第三次测试值与其他两次测试值之差也大于最小测试值的 5%，则应在试验报告中说明，并报告每次的测试值。

6　结果计算

计算测试值的算术平均值(s)，精确至 1 s，以此为测试结果。

7　试验报告

试验报告至少应包括以下内容：

a)　试验温度；

b)　加热板是否用脱模剂处理；

c)　试验结果；

d)　与本方法的任何差异；

e)　试验日期。

ICS 31.020
L 04

中华人民共和国国家标准

GB/T 28861—2012

环氧粉末包封料熔融流动性试验方法

Test method for measuring melt fluidity of encapsulating material of powdered epoxy

2012-11-05 发布 2013-02-15 实施

中华人民共和国国家质量监督检验检疫总局
中国国家标准化管理委员会 发布

前　言

本标准按照 GB/T 1.1—2009 给出的规则起草。

本标准由全国半导体设备和材料标准化技术委员会(SAC/TC 203)提出并归口。

本标准主要起草单位:咸阳瑞德电子技术有限公司、咸阳伟华绝缘材料有限公司、中国电子技术标准化研究所。

本标准主要起草人:高艳茹、刘念杰、刘筠、裴会川、李瑞娟。

环氧粉末包封料熔融流动性试验方法

1 范围

本标准规定了环氧粉末包封料倾斜流动性和水平流动性测试方法。

本标准适用于环氧粉末包封料熔融流动性测定。

2 规范性引用文件

下列文件对于本文件的应用是必不可少的。凡是注日期的引用文件，仅注日期的版本适用于本文件。凡是不注日期的引用文件，其最新版本(包括所有的修改单)适用于本文件。

GB/T 21782.9—2010 粉末涂料 第9部分：取样

3 原理

将环氧粉末包封料压入标准尺寸的圆柱模具，制成模压试样。在规定温度下，将试样放在水平支架或规定倾斜角支架的玻璃板上，保持规定时间后，取出承载试样的玻璃片，自然晾至室温后测量。倾斜流动性用试样熔融流动后总长度表示。水平流动性用试样熔融前后直径变量与试样初始直径之比的百分率表示。

热板法水平流动性测试方法是将热板加热并恒定至规定温度后，将模压试样放在热板上，立即计时，保持规定时间后，用游标卡尺测量试样的直径，用试样熔融前后直径变量与试样初始直径之比的百分率表示。

4 装置和材料

4.1 电热恒温鼓风干燥箱，可加热至300 ℃，温度控制±2 ℃。

4.2 黄铜试样支架，斜度65°±30′。

4.3 水银温度计，量程0 ℃～250 ℃，最小分度1 ℃。

4.4 秒表，分度0.2秒。

4.5 天平，感量0.01 g。

4.6 游标卡尺，120 mm，精度0.02 mm。

4.7 玻璃片，110 mm×50 mm×2.5 mm。

4.8 钢质圆柱压模机，与一顶出杆连接，圆柱模腔内径10 mm±0.06 mm、高度7.0 mm±0.05 mm。

4.9 热板，表面光滑的黄铜板，厚度15 mm～20 mm，直径120 mm或120 mm×120 mm。侧面有供插入温度计的直径7 mm，深65 mm的孔。

4.10 可调压电炉。

4.11 聚四氟乙烯(PTFE)气雾喷雾器。

5 试样准备

5.1 样品取样按 GB/T 21782.9—2010 或相关产品标准的规定。用钢质圆柱压模机干压制备尺寸 Φ(10±0.1)mm×(7.0±0.2)mm 的三个试样。

5.2 用天平称取 0.5 g±0.05 g 样品，将样品装入钢质圆柱压模机(如图 1 所示)腔内，将粉料冷压成形，用顶出杆推出。测量试样厚度并确认符合要求后，置于干燥器中备用。

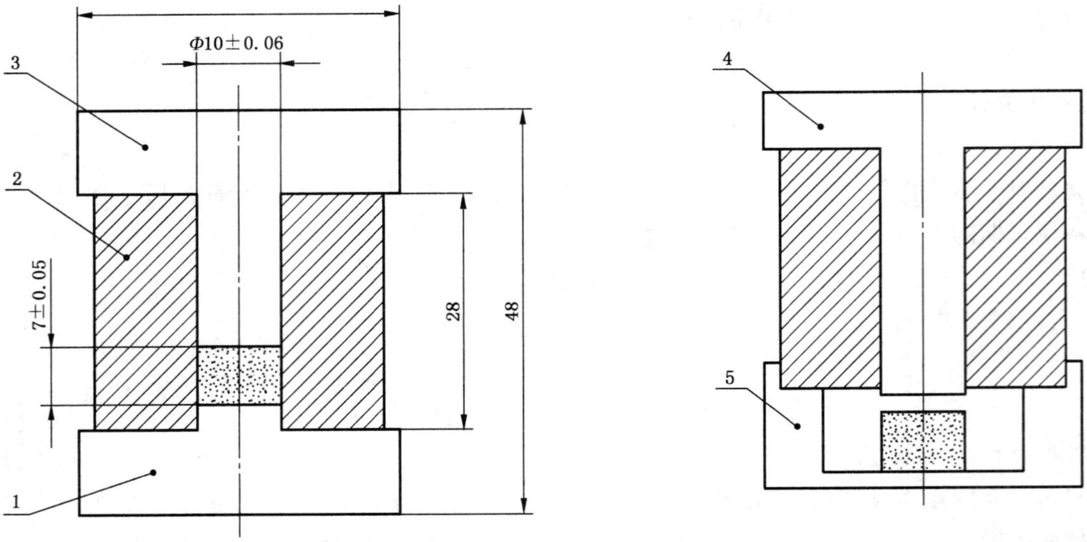

a) 压模图　　b) 出料示意图

说明：

1——下模；

2——模套；

3——上模；

4——顶出杆；

5——出料槽。

图 1 流动性样品压模

6 测试步骤

6.1 倾斜流动性

6.1.1 将试样支架(见图 2)放在电热恒温鼓风干燥箱水平隔板上，开启电热恒温鼓风干燥箱，升温至规定温度或产品标准规定的温度。

6.1.2 将玻璃片置于试样支架的斜面上，预热 30 min±5 min 后打开干燥箱，将制好的试样迅速(5 s 内)放在玻璃片顶端。关闭干燥箱门，保持 15 min±10 s 后取出玻璃片，水平放置在平台上，自然冷却至室温，用游标卡尺测量试样流动后的总长度，记录测量值。

6.1.3 同样的方法测定另外两个试样流动后的总长度。

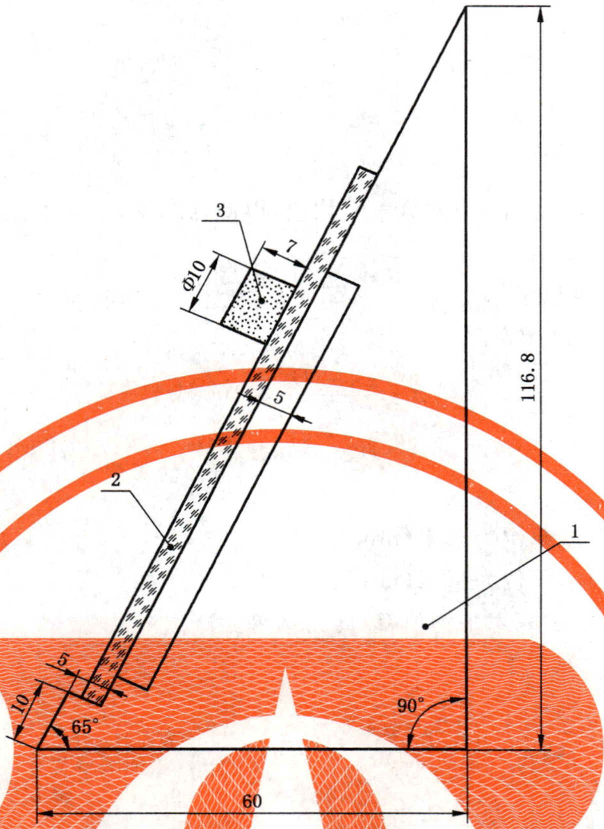

说明：

1——黄铜支架；

2——玻璃片；

3——模压试样。

图 2 倾斜流动性试验装置示意图

6.2 水平流动性

6.2.1 方法 1（干燥箱法）

6.2.1.1 分别测量三个试样的初始直径 D_0。

6.2.1.2 开启电热恒温鼓风干燥箱，升温至规定温度。将玻璃片水平置于电热恒温鼓风干燥箱隔板上，预热 30 min±5 min，打开干燥箱，迅速（5 s 内）将模压试样等距离放在玻璃片的中间位置，关闭干燥箱门，保持 15 min±10 s 后取出玻璃片，水平放置，自然冷却至室温，用游标卡尺测量试样流动后的直径 D_i。

6.2.1.3 按式(1)计算水平流动性。

6.2.2 方法 2（热板法）

6.2.2.1 分别测量三个试样的初始直径 D_0。

6.2.2.2 将热板加热并恒定在规定温度后，用 PTFE 气雾喷雾器喷射热板的表面，将一个试样置于热板上并计时，15 min±10 s 后，用游标卡尺测出试样流动后的直径 D_i。

6.2.2.3 同样的方法测定另外两个试样流动后的直径 D_i。

6.2.2.4 按式(1)计算水平流动性。

7 结果计算

7.1 倾斜流动性

计算三个试样流动后总长度(mm)的算术平均值,以此为结果。

7.2 水平流动性

7.2.1 水平流动性 F 按式(1)计算:

$$F=\frac{D_i-D_0}{D_0}\times 100\% \quad \cdots\cdots(1)$$

式中:

F ——试样的水平流动性;

D_0 ——试样的初始直径,单位为毫米(mm);

D_i ——试样熔融后直径,单位为毫米(mm)。

7.2.2 计算三个试样测试值的算术平均值,以此为结果。

8 试验报告

报告至少应包括以下内容:

a) 试样名称、型号、批号;

b) 试验温度;

c) 试样的厚度;

d) 水平流动性和倾斜流动性测试结果(单个值和平均值);

e) 与规定试验方法的任何差异;

f) 试验日期;

g) 水平流动性的方法。

ICS 31.020
L 04

中华人民共和国国家标准

GB/T 28862—2012

环氧粉末包封料试样加工方法

Method for processing sample of encapsulating material of powdered epoxy

2012-11-05 发布 2013-02-15 实施

中华人民共和国国家质量监督检验检疫总局
中国国家标准化管理委员会 发布

前　言

本标准按照 GB/T 1.1—2009 给出的规则起草。

本标准由全国半导体设备和材料标准化技术委员会(SAC/TC 203)提出并归口。

本标准起草单位:咸阳瑞德电子技术有限公司、咸阳伟华绝缘材料有限公司、汕头高新区松田实业有限公司、中国电子技术标准化研究所。

本标准主要起草人:高艳茹、刘念杰、李言、刘筠、裴会川、李瑞娟、徐文辉。

环氧粉末包封料试样加工方法

1 范围

本标准规定了电子元器件用环氧粉末包封料固化物性能测试试样的制作方法。

本标准适用于干法包封陶瓷电容器、压敏电阻器、薄膜电容器、电阻网络等电子元器件用环氧粉末包封料固化物性能测试试样的加工。

2 规范性引用文件

下列文件对于本文件的应用是必不可少的。凡是注日期的引用文件,仅注日期的版本适用于本文件。凡是不注日期的引用文件,其最新版本(包括所有的修改单)适用于本文件。

GB/T 28859—2012 电子元器件用环氧粉末包封料

3 装置和材料

本试验所需适用于规定程序的仪器和设备如下:

1) 温度计,量程(0～300)℃,能精确到1 ℃。
2) 托盘天平,量程 100 g,感量 0.1 g。
3) 计时器。
4) 成型模具
   a) Φ(100±0.1)mm×(0.6±0.1)mm 一套;
   b) Φ(50±0.1)mm×(2±0.1)mm 一套;
   c) (125±0.1)mm×(13±0.1)mm×(2±0.1)mm 一套;
   d) (75±0.1)mm×(50±0.1)mm×(2±0.1) mm 一套。
5) 钢板
   a) (170±1.2)mm×(50±0.8)mm×(3±0.3)mm 的钢板,2 块;
   b) (150±1.2)mm×(150±1.2)mm×(3±0.3)mm 的钢板,2 块。
6) 热压机,250 kN。
7) 药匙一个。
8) 聚丙烯薄膜,厚度 25 μm。
9) 锯条。
10) 电热恒温鼓风干燥箱,能控制温度±2 ℃。

4 样品

环氧粉末包封料 200 g。

5 加工步骤

5.1 按表1规定,用天平称量粉料备用。

5.2 制备型号为 HR-150 和 HR-100(见 GB/T 28859—2012 中 3.1)的包封料试样时，将热压机加热板分别升温至 150 ℃±2 ℃和 100℃±2 ℃，稳定 30 min。

5.3 圆形 2#、条形 1#、2# 试样制备

5.3.1 清洁钢板后，将聚丙烯薄膜平铺在洁净的钢板上，模具放在聚丙烯薄膜上，把称好的粉料小心倒入模具内，用锯条刮平粉料，粉料上铺聚丙烯薄膜，薄膜上放一块钢板，在两块钢板外侧各垫 10 张垫板纸。

5.3.2 将模具推入热压机，预热 10 min 后开始升压，20 min 内将压力升至规定的压力后开始计时。

5.3.3 按表 1 保温保压至规定时间(30 min)后，撤压，立即取出试样，上、下铺垫聚丙烯薄膜，放在两块钢板之间，分别放入 150 ℃±2 ℃和 100 ℃±2 ℃的电热恒温鼓风干燥箱固化 60 min 和 90 min，取出备用。

5.4 圆形 1# 试样制备

5.4.1 清洁钢板后，将模具放在洁净的钢板上，模具上铺放聚丙烯薄膜，把称好的粉料倒入模具内，用锯条刮平粉料，其后程序与 5.3.2、5.3.3 相同。

5.4.2 分别按表 1 保温保压至规定时间(90 min 和 120 min)后，撤压，取出备用。

表 1 试样尺寸、用量及压制条件

试样形状	压制条件							
	尺寸/mm	用量/g	单位压力/MPa	模温/℃		预热时间/min	保温保压时间/min	
				HR-100	HR-150		HR-100	HR-150
圆形	1# Φ(100±0.3)×(0.6±0.1)	8±0.5	10±2	100±2	150±2	10	120±5	90±5
	2# Φ(50±0.2)×(2±0.1)	7±0.4					30±5	
条形	1#(125±0.5)×(13±0.2)×(2±0.1)	6±0.4						
	2#(75±0.3)×(50±0.2)×(2±0.1)	13±0.7						

6 报告

报告至少应包括以下内容：

a) 材料型号、名称、规格；

b) 压制日期或批号；

c) 与本标准规定热压成型条件的差异。

ICS 03.120.30
A 41

中华人民共和国国家标准

GB/T 28863—2012

商品质量监督抽样检验程序 具有先验质量信息的情形

Sampling inspection procedures for commodity applying to the case with prior information of quality

2012-11-05 发布 2013-02-15 实施

中华人民共和国国家质量监督检验检疫总局
中国国家标准化管理委员会 发布

前　　言

本标准按照 GB/T 1.1—2009 给出的规则起草。

本标准由广东省工商行政管理局提出。

本标准由全国统计方法应用标准化技术委员会(SAC/TC 21)归口。

本标准主要起草单位:广东省工商行政管理局、中国标准化研究院、广州市质量监督检测研究院、深圳市计量质量检测研究院、工业和信息化部电子第五研究所、广东产品质量监督检验研究院、佛山市质量计量监督检测中心、广东省石油化工研究院、广州威凯检测技术研究院、广东省造纸研究所。

本标准主要起草人:卢炳辉、陈业怀、丁文兴、于振凡、党华、刘继红、杨万颖、梁宁、陈楚涛、柳荣贵、沈小华、童靓、吴义军、朱海云、王建伟、冯肇华、郑慷、张帆。

引　言

本标准规定的抽样检验程序是专门为对流通领域的商品实施质量监督而制定的。本标准主要用于对消费者或者有关组织反映质量问题较多的商品，或各级商品质量监督管理部门发现有质量问题线索或认为有必要重点监管的商品的质量监督抽样检验，以发现存在质量问题的商品(批或总体)，并通过对有关生产、经营者采取相应的行政措施，促使其停止生产、销售不合格商品。

基于对监督对象先验信息的了解，本标准采用样本量为1的抽样方案。当采用本标准的抽样方案时，犯第一类错误的概率极小，放宽了对犯第二类错误的概率的限制(使用规范限USL和/或LSL作为计算第二类错误的基准点，$\beta \geqslant 0.05$)，因而当监督总体质量水平偏离声称质量水平不大时，其不合格不易被发现。

当抽检的样本单元不合格时，有很大的概率(95%以上)认为："监督总体的实际质量水平劣于规定的或声称的质量水平"。当抽检的样本单元合格时，仅表明："该次抽检中未发现监督总体的实际质量水平劣于规定的或声称的质量水平"，不能判定监督总体合格。

由于本标准使用了样本量仅为1的方案，又要使得犯第一类错误的概率很小，这样犯第二类错误的概率就很大，使用本标准时应注意不对第二类风险进行控制。

对测试对象的复验，若有证据表明第一次测试有错误，以第二次测试结果为最终结果；若没有证据表明第一次测试有错误，当相关的测试标准已规定了重复性限、再现性限和中间精密度条件下的标准差时，使用GB/T 16306—2008规定的方法在多次测试中确定最终报出结果。最终结果可能是多次测试结果的均值，也可能是中位值。在GB/T 6379.2《测量方法与结果的准确度(正确度与精密度)　第2部分：确定标准测量方法重复性与再现性的基本方法》、GB/T 6379.3《测量方法与结果的准确度(正确度与精密度)　第3部分：标准测量方法精密度的中间度量》中规定了如何得到重复性限、再现性限和中间精密度条件下的标准差的方法。

由于采用本标准的抽样方案犯第一类错误的概率极小，所以本标准只规定了样本检验结果异议的复验方案。

商品质量监督抽样检验程序 具有先验质量信息的情形

1 范围

本标准规定了在流通领域中对商品的质量特性进行质量监督时的抽样方法、抽样方案和评价程序，仅用于判定某一监督总体是否不符合某一质量要求，不用于判定某一监督总体符合某一质量要求。

本标准适用于监督管理部门对可能危及人体健康和人身、财产安全的重要商品，或者消费者或者有关组织反映、知情人举报、监管发现有质量问题等具有先验质量信息的商品(散料或分立个体)的监督抽样检验。

本标准不适用于生产企业的内部质量控制，也不适用于商品的验收检验。

2 规范性引用文件

下列文件对于本文件的应用是必不可少的。凡是注日期的引用文件，仅注日期的版本适于本文件。凡是不注日期的引用文件，其最新版本(包括所有的修改单)适用于本文件。

GB/T 3358.2—2009 统计学词汇及符号 第2部分 应用统计(ISO 3534-2:2006,IDT)

GB/T 16306—2008 声称质量水平复检与复验的评定程序

3 术语和定义、符号

下列术语和定义、符号适用于本文件。

3.1 术语和定义

3.1.1

分立个体商品 discrete item

能被单独描述的一件商品。

3.1.2

散料 bulk materials

其组成部分在宏观水平上难以区分的材料。

(引自 GB/T 3358.2—2009)

3.1.3

抽样单元 sampling unit

将总体进行划分后的每一部分。

注1：抽样单元可以包含一件或多件单位商品。

注2：抽样单元可由一些分立个体商品组成或由一定量的散料组成。

(引自 GB/T 3358.2—2009)

3.1.4

计数检验 inspection by attributes

关于规定的一个或一组要求，或者仅将单位商品划分为合格品或不合格品，或者仅计算单位商品中不合格数的检验。

注：计数检验既包括单位商品是否合格的检验，又包括每百单位商品不合格数的检验。

3.1.5

计量检验　inspection by variables

通过测量抽样单元的特性值进行的检验。

3.1.6

总体　population

所研究单位商品的全体。

注1：总体可以是真实的，有限的；或完全虚构的，无限的。

注2：总体可以是一个包括未来产出的，正在进行中过程的结果。

注3：总体可由可区分的物体组成，也可由散装材料组成。

3.1.7

监督总体　audit population

监督抽样检验对象所检验质量特性不合格时所能涉及到的商品集合。

3.1.8

监督子总体　audit sub population

监督总体中由单个销售者销售的商品集合。

3.1.9

特性　characteristic

所考察的定性或定量的性质或指标。

注：特性在任一特定个体上的值称为特性值。

3.1.10

抽样　sampling

从总体中抽取样本的过程。

3.1.11

样本　sample

按一定程序从监督总体中抽取的一组(一个或多个)单位商品。

3.1.12

试样　test sample

制备所得的可用于一次或数次测试或分析的样本。

3.1.13

样本制备　sample preparation

散料抽样中将样本转化为试样的一组必要操作。

3.1.14

检测；测试　test

按照规定的程序，为对某给定产品、过程或服务确定一个或多个特性所进行的技术操作。

3.1.15

合格　conformity

质量特性符合规定的要求。

3.1.16

不合格　nonconformity

质量特性不符合规定的要求。

注：根据商品质量特性的重要性或质量特性不符合的严重程度，本标准规定将不合格分为：A类不合格、B类不合格、C类不合格和D类不合格。

3.1.17

A 类不合格　A-class nonconformity

重要计数型质量特性不合格或重要计量型质量特性值严重不符合规定。

3.1.18

B 类不合格　B-class nonconformity

较重要计数型质量特型不合格或较重要计量型质量特性值不符合规定。

3.1.19

C 类不合格　C-class nonconformity

具有次要不合格项，或质量特性不符合规定的程度较轻微。

3.1.20

D 类不合格　D-class nonconformity

较重要及次要计量型质量特性值不符合规定的程度轻微。

3.1.21

A 类不合格品　A-class nonconforming item

在单位商品上，含有 A 类不合格的商品。

3.1.22

B 类不合格品　B-class nonconforming item

在单位商品上，含有 B 类不合格且不含有 A 类不合格的商品。

3.1.23

C 类不合格品　C-class nonconforming item

在单位商品上，含有 C 类不合格且不含有 A 类和 B 类不合格的商品。

3.1.24

D 类不合格品　D-class nonconforming item

在单位商品上，含有 D 类不合格且不含有 A 类、B 类和 C 类不合格的商品。

3.1.25

上规范限　upper specification limit

为质量特性规定的上极限值。

3.1.26

下规范限　lower specification limit

为质量特性规定的下极限值。

3.1.27

上监督限　upper audit limit

为了质量监督的需要而规定的与上规范限相对应的极限值。

3.1.28

下监督限　lower audit limit

为了质量监督的需要而规定的与下规范限相对应的极限值。

3.1.29

监督系数　coefficient of supervision

容忍样本偏离要求的程度，以离开规范限的质量特性标准差的倍数表示。

3.1.30

不符合系数　nonconforming factor

为了计算第二类错误而规定的离开声称质量水平的质量特性标准差的倍数。

3.1.31

复验　repeat test

对原样本或者(散料商品的)备份样本进行重复性、再现性或中间精密度条件下的测试。

3.1.32

观测值　observed value

作为一次观测结果而确定的特性值。

3.1.33

检测结果;测试结果　test result

用规定的测试方法所确定的特性值。

3.2 符号和缩略语

α ——第一类错误概率(错判风险)

β ——第二类错误概率(漏判风险)

σ ——质量特性值的标准差

c ——监督系数

DQL——计数型声称质量水平

k ——不符合系数

LAL——下监督限

LSL——下规范限

N ——监督总体中所包含的单位商品的总数,即监督总体量

x ——样本的质量特性测试值

UAL——上监督限

USL——上规范限

4 监督抽样检验程序

本标准规定的监督抽样检验程序如下:

a) 确定监督抽样检验对象及质量特性;

b) 确定监督总体;

c) 抽取样本;

d) 检测样本;

e) 检测结果判定;

f) 检验结果通知;

g) 复验;

h) 对监督总体的判定。

5 监督抽样检验的实施

5.1 确定监督抽样检验对象及质量特性

商品质量监督管理部门根据流通领域监督管理的需要,确定某类商品为监督抽样检验的对象,并规定其检验的质量特性。在一次监督抽样检验中对某一种商品可规定一个或多个质量特性。

例如,确定乳粉为本次监督抽样检验的对象,乳粉中的蛋白质含量、钙含量、维生素 E 含量为检验的质量特性。

5.2 确定监督总体

监督总体由组织抽检的监督管理部门根据掌握的先验信息情况确定。既可确定为市场上与抽取样品相同标称生产者(或经销者)的同一型号或同一类商品,也可确定为某生产者生产的执行相同产品标准的商品。

注:监督总体范围可根据商品标称的信息进行界定,如厂名、商标、规格型号等要素与所抽检的样品相同;监督总体范围也可根据质量特性所执行的某项标准进行界定。例如:

a) 确定标称某厂生产的某型号或某类商品作为监督总体。

b) 确定标称某经销商经销的某型号或某类商品作为监督总体。

c) 确定与抽取样本相同标称生产者相同型号某商品为一个监督总体。

d) 确定同一标称生产者生产的执行《××标准》的××商品为一个监督总体。

5.3 抽取样本

抽样点应在有监督对象的流通网点或仓库中选取。

样本应在选取的抽样点中随机抽取,对分立个体商品,抽取1个抽样单元。对于散料商品,当一个包装不能满足检验要求时,也可抽取多个包装。从单个包装抽取样本时,如果相关产品标准中规定了抽样方法,应按照产品标准中规定的抽样方法进行抽样。

在选取的抽样点中抽取样本时,以下方式可视为随机抽取:

a) 在流通领域的仓库中方便抽取的范围内随机获取样本;

b) 在商店的货架上随机获取样本。

当流通网点中仅有一组满足检验要求的商品时,也可对其进行抽样;当一个流通网点的商品数量不能满足检验要求时,可同时在多个流通网点抽样。

注:对已规定了计数型DQL=0的分立个体商品可使用有意抽样的方式获取样本。

5.4 检测样本

按产品标准和(或)测试方法标准规定的试验(测试)方法对样本的确定质量特性进行检测。检测数据应完整准确地记录,以备查验。

5.5 检测结果判定

5.5.1 计量型质量特性的情形

5.5.1.1 获取规范限

将商品包装上标示或以其他方式标示或承诺的质量要求(含声称质量水平),或产品标准规定的质量要求作为该商品的上规范限USL与/或下规范限LSL。

5.5.1.2 确定监督限

监督管理部门在实施质量监督时,应首先确定监督限。监督限由下式计算:

$$\mathrm{UAL}=\mathrm{USL}+c\sigma,\ c\geqslant 0;$$

$$\mathrm{LAL}=\mathrm{LSL}-c\sigma,\ c\geqslant 0;$$

其中监督系数c的值应根据监督抽样检验的目标与商品的质量特点、消费安全等因素确定,可从0到3中选取(部分常用c值的风险概率参考附录A)。未事先规定监督系数c的,默认监督系数c为0。c值越大,错判风险α越小。

上述σ的值应根据对生产过程要求的过程能力指数确定。附录B给出了确定质量特性的标准差值

(σ)的方法。

5.5.1.3 对计量型质量特性的判定

表1给出了质量特性的判定准则,x 为质量特性测试结果。

表1 判定准则

质量特性要求类型	样本合格	样本轻微不合格	样本较严重不合格	样本严重不合格
望大	$x \geqslant \text{LAL}$	$\text{LAL}-k_1\sigma \leqslant x < \text{LAL}$	$\text{LAL}-k_2\sigma \leqslant x < \text{LAL}-k_1\sigma$	$x < \text{LAL}-k_2\sigma$
望小	$x \leqslant \text{UAL}$	$\text{UAL} < x \leqslant \text{UAL}+k_1\sigma$	$\text{UAL}+k_1\sigma < x \leqslant \text{UAL}+k_2\sigma$	$x > \text{UAL}+k_2\sigma$
望目	$\text{LAL} \leqslant x \leqslant \text{UAL}$	$\text{LAL} > x \geqslant \text{LAL}-k_1\sigma$ 或 $\text{UAL} < x \leqslant \text{UAL}+k_1\sigma$	$\text{LAL}-k_2\sigma \leqslant x < \text{LAL}-k_1\sigma$ 或 $\text{UAL}+k_1\sigma < x \leqslant \text{UAL}+k_2\sigma$	$x < \text{LAL}-k_2\sigma$ 或 $x > \text{UAL}+k_2\sigma$
注1:$k_1 < k_2$,k_1 与 k_2 的取值由商品质量监督管理部门确定。 注2:符合性判定是否考虑不确定度的影响,应根据具体商品的质量特性的要求来确定。				

示例:产品标准中规定油炸食品中的铝残留量 USL=50(mg/kg),根据多家食品厂的质量控制数据可得铝残留量标准差 σ 为1.5(mg/kg),本次检验中规定铝残留量的监督系数 $c=1$,$k_1=1$,$k_2=2$。由此可得油炸食品中的铝残留量的各质量特性判定划分的界限值见表2。

表2 油炸食品中的铝残留量样本不合格分类表

项目	标准要求	合格	轻微不合格	较严重不合格	严重不合格
铝残留量	$x \leqslant 50$	$x \leqslant 51.5$	$51.5 < x \leqslant 53$	$53 < x \leqslant 54.5$	$x > 54.5$

5.5.2 计数型质量特性的不合格的分类

根据计数型质量特性对商品整体质量的影响程度,分为重要质量特性、较重要质量特性和次要质量特性;若计数型质量特性不合格,依次划分为严重不合格、较严重不合格、轻微不合格三类。

5.5.3 对样本单元的判定

依据所检相关质量特性的重要程度及检测结论,对样本单元进行综合判定。对于不合格的样本单元,判定结果分为A类不合格、B类不合格、C类不合格和D类不合格四类。样本单元不合格的分类见表3。

在样本单元上,存在重要计数型质量特性不合格或重要计量型质量特性严重不合格,判定样本单元为A类不合格;存在较重要计数型质量特性不合格、或重要计量型质量特性较严重不合格、或较重要计量型质量特性严重不合格,判定样本单元为B类不合格;存在次要计数型质量特性不合格、或重要计量型质量特性轻微不合格、较重要计量型质量特性较严重不合格,或次要计量型质量特性严重或较严重不合格,判定样本单元为C类不合格;存在较重要计量型质量特性轻微不合格,或次要计量型质量特性轻微不合格,判定样本单元为D类不合格。

表 3　样本单元不合格分类表

计量型质量特性	计数型质量特性	不合格类型
重要质量特性严重不合格	重要特性不合格	A 类不合格
重要质量特性较严重不合格	较重要特性不合格	B 类不合格
较重要质量特性严重不合格		
重要质量特性轻微不合格	次要特性不合格	C 类不合格
较重要质量特性较严重不合格		
次要质量特性严重或较严重不合格		
较重要质量特性轻微不合格		D 类不合格
次要质量特性轻微不合格		

5.6　检验结果通知

当样本单元检验结果不合格时，应将该结果通知被抽样监督子总体的经营者，并可采用邮寄，或者将不合格商品的基本信息(如标称生产者、商品名、型号、抽样地点)予以公示等方式通知监督总体的质量负责单位。

5.7　复验

当被抽样监督子总体的经营者及监督总体的质量负责单位对抽样单元检验结果有异议时，可申请复验。

复验应在重复性条件、中间精密度条件或再现性条件下进行，最终报出结果的方法见 GB/T 16306—2008。

对散料类商品，在样本制备过程中应留取备份试样，对备份试样进行复验。对分立个体类商品，有条件用原样测试的应采用原样复验。

5.8　对监督总体的判定

若所检样本单元为 A 类不合格品，判定监督总体 A 类不合格；若所检样本单元为 B 类不合格品，判定监督总体 B 类不合格；若所检样本单元为 C 类不合格品，判定监督总体 C 类不合格；若所检样本单元为 D 类不合格品，仅判定监督子总体 C 类不合格，不对监督总体进行判定。若样本单元所检项目合格，不得判定监督总体合格，仅仅表明未发现其监督总体是不合格总体。

附　录　A
（资料性附录）
抽样方案的两类风险分析

A.1　单侧上规范限时的情形

若产品标准中的抽样方案为：当 $X>USL$ 抽查不合格；当 $X\leqslant USL$ 抽查通过。并规定 $P(X>USL|\mu=\mu_0)=0.05$。记标准差为 σ，且已知，则

$$P[(\frac{X-\mu_0}{\sigma}>\frac{USL-\mu_0}{\sigma})\mid\mu=\mu_0]=0.05$$

设质量特性值服从正态分布，由此得 $\Phi(\frac{USL-\mu_0}{\sigma})=0.95$　$\frac{USL-\mu_0}{\sigma}=1.645$，则 $\mu_0=USL-1.645\sigma$

$USL=\mu_0+1.645\sigma$。

设质量特性的上监督限为：$UAL=USL+c\sigma, c\geqslant 0$

本标准中规定的抽样方案为：当 $X>UAL$ 抽查不合格；当 $X\leqslant UAL$ 抽查通过。对其两类错误的概率，分析如下：

对于不同的 c 值，犯第一类错误的概率为：

$$\begin{aligned}\alpha(\mu,c)&=P[(X>USL+c\sigma)\mid\mu\leqslant\mu_0]=P[(X>\mu_0+1.645\sigma+c\sigma)\mid\mu\leqslant\mu_0]\\&=P_{\mu\leqslant\mu_0}(\frac{X-\mu}{\sigma}>\frac{\mu_0+1.645\sigma+c\sigma-\mu}{\sigma})=P_{\mu\leqslant\mu_0}(\frac{X-\mu}{\sigma}>\frac{\mu_0-\mu}{\sigma}+1.645+c)\\&=1-\Phi(\frac{\mu_0-\mu}{\sigma}+1.645+c)\end{aligned}$$

对于不同的 c 值，犯第一类错误概率的最大值应在 $\mu=\mu_0$ 处达到 $\alpha(\mu_0,c)$，即

$$\alpha_{\max}(\mu,c)=\alpha(\mu_0,c)=1-\Phi(1.645+c)$$

则

$$\begin{array}{ll}c=0,\alpha\leqslant 0.05; & c=0.5,\alpha\leqslant 0.016;\\ c=1,\alpha\leqslant 0.004\,1; & c=1.5,\alpha\leqslant 0.000\,83;\\ c=2,\alpha\leqslant 1.3\times 10^{-4}; & c=2.5,\alpha\leqslant 1.7\times 10^{-5};\\ c=3,\alpha\leqslant 2.1\times 10^{-6}。 & \end{array}$$

当 $\mu=\mu_0+m\sigma(m>0)$ 时，对于不同的 c 值，犯第二类错误的概率为：

$$\begin{aligned}\beta(\mu,c)&=P[(X\leqslant USL+c\sigma)\mid(\mu=\mu_0+m\sigma)]\\&=P[(X\leqslant\mu_0+1.645\sigma+c\sigma)\mid(\mu=\mu_0+m\sigma)]\\&=P[(\frac{X-\mu}{\sigma}\leqslant\frac{\mu_0+1.645\sigma+c\sigma-\mu}{\sigma})\mid(\mu=\mu_0+m\sigma)]\\&=P(\frac{X-\mu_0-m\sigma}{\sigma}\leqslant\frac{\mu_0+1.645\sigma+c\sigma-\mu_0-m\sigma}{\sigma})\\&=\Phi(1.645+c-m)\end{aligned}$$

A.2　单侧下规范限时的情形

若产品标准中的抽样方案为：当 $X<LSL$ 抽查不合格；当 $X\geqslant LSL$ 抽查通过。并规定 $P(X<LSL|\mu=\mu_0)=0.05$。记标准差为 σ 且已知，则

$$P(\frac{X-\mu_0}{\sigma} < \frac{LSL-\mu_0}{\sigma} \mid \mu=\mu_0)=0.05$$

设质量特性值服从正态分布，由此得$\frac{LSL-\mu_0}{\sigma}=-1.645$，则 $\mu_0=LSL+1.645\sigma$。

设质量特性的下监督限为：$LAL=LSL-c\sigma, c\geqslant 0$

本标准中规定的抽样方案为：当 $X<LAL$ 抽查不合格；当 $X\geqslant LAL$ 抽查通过。对其两类错误的概率，分析如下：

对于不同的 c 值，犯第一类错误的概率为：

$$\alpha(\mu,c)=P(X<LSL-c\sigma \mid \mu\geqslant\mu_0)=P(X<\mu_0-1.645\sigma-c\sigma \mid \mu\geqslant\mu_0)$$

$$=P_{\mu\geqslant\mu_0}(\frac{X-\mu}{\sigma}<\frac{\mu_0-1.645\sigma-c\sigma-\mu}{\sigma})=P_{\mu\geqslant\mu_0}(\frac{X-\mu}{\sigma}<\frac{\mu_0-\mu}{\sigma}-1.645-c)$$

$$=\Phi(\frac{\mu_0-\mu}{\sigma}-1.645-c)$$

对于不同的 c 值，犯第一类错误概率的最大值应在 $\mu=\mu_0$ 处达到 $\alpha(\mu_0,c)$，即

$$\alpha_{\max}(\mu,c)=\alpha(\mu_0,c)=1-\Phi(1.645+c)$$

则

$c=0, \alpha\leqslant 0.05$； $c=0.5, \alpha\leqslant 0.016$；

$c=1, \alpha\leqslant 0.0041$； $c=1.5, \alpha\leqslant 0.00083$；

$c=2, \alpha\leqslant 1.3\times10^{-4}$； $c=2.5, \alpha\leqslant 1.7\times10^{-5}$；

$c=3, \alpha\leqslant 2.1\times10^{-6}$。

当 $\mu=\mu_0-m\sigma(m>0)$ 时，对于不同的 c 值，犯第二类错误的概率为：

$$\beta(\mu,c)=P[(X\geqslant LSL-c\sigma) \mid (\mu=\mu_0-m\sigma)]$$

$$=P[(X\geqslant\mu_0-1.645\sigma-c\sigma) \mid (\mu=\mu_0-m\sigma)]$$

$$=P[(\frac{X-\mu}{\sigma}\geqslant\frac{\mu_0-1.645\sigma-c\sigma-\mu}{\sigma}) \mid (\mu=\mu_0-m\sigma)]$$

$$=P(\frac{X-\mu_0+m\sigma}{\sigma}\geqslant\frac{\mu_0-1.645\sigma-c\sigma-\mu_0+m\sigma}{\sigma})$$

$$=1-\Phi[-(1.645+c-m)]$$

$$=\Phi(1.645+c-m)$$

A.3 单侧规范限时不同 m、c 值下的两类风险

综合 A.1 和 A.2 的结果，给出单侧规范限时部分不同 m、c 值下的两类风险。

当 m 取不同值时，对于不同的 c 值，犯第一类错误和第二类错误的概率见表 A.1。

表 A.1 犯两类错误概率表

c	α 的最大值	β 值			
		$m=1.645$	$m=3$	$m=4$	$m=5$
0	0.05	0.5	0.088 2	0.009 7	0.000 48
0.5	0.016	0.691 5	0.196 3	0.031 8	0.002 2
1	0.004 1	0.841 3	0.363 2	0.088 2	0.009 7
1.5	0.000 83	0.933 2	0.557 6	0.196 3	0.031 8
2	1.3×10^{-4}	0.977 3	0.739 6	0.363 2	0.088 2
2.5	1.7×10^{-5}	0.993 79	0.873 9	0.557 6	0.196 3
3	2.1×10^{-6}	0.998 65	0.95	0.739 6	0.363 2

附　录　B
（资料性附录）
质量特性值标准差的获取方法

B.1　获取标准差的一般原则

a）质量特性值标准差应能反映本行业内大多数生产者的质量控制水平；
b）容忍质量水平波动极限值能被使用方接受；
c）容忍质量水平波动极限值不能对使用方人身健康及财产安全造成危害。

B.2　获取标准差的程序

a）组织制定主体：省级及以上商品质量监督管理部门组织制订；
b）参与制定单位：检验机构、行业协会、代表性厂家（相关生产企业的数据）；
c）收集数据；
d）选择计算方法；
e）评价结果的合理性。

B.3　直接采用法

根据相关标准中给出的标准差作为质量监督标准差，或根据历史（经验）数据确定质量监督标准差。

B.4　数值计算方法

收集至少6个生产企业相关商品质量特性的控制数据，当各生产企业质量特性值处于统计受控状态时，分别计算出各生产企业的质量特性的标准差，用其平均值作为该质量特性的标准差值。

B.5　示例

某商品质量监督机构为了确定花生油酸价的标准差值，选择了6个有代表性的生产企业，收集了关于花生油酸价的生产过程控制数据，其数据的量纲为：mgKOH/g。

A公司生产的花生油酸价过程控制子组数据及控制图如下：

1	2	3	4	5	6	7	8	9	10	11	12	13	14	15	16	17	18	19	20
2.99	3.01	3.00	3.04	3.01	2.98	3.03	3.04	2.97	2.99	3.01	2.99	3.05	3.04	3.03	2.97	2.97	2.97	3.01	2.99
3.03	3.04	2.98	2.98	3.04	3.04	2.98	3.03	3.03	2.96	2.98	2.98	3.04	3.02	2.99	3.03	3.03	3.04	3.03	3.04
2.98	2.97	2.95	3.07	3.07	2.97	2.96	3.07	2.98	2.97	2.95	3.07	2.98	2.97	2.98	3.07	2.98	2.97	2.98	2.97
2.97	3.05	3.06	2.97	2.97	3.05	2.94	2.97	2.99	3.01	3.05	2.97	2.96	3.06	3.01	2.97	2.99	3.06	2.97	3.06
3.05	2.98	3.01	3.00	3.05	3.03	2.97	3.00	3.06	2.98	3.02	3.02	3.09	2.95	2.99	3.04	3.06	3.02	2.93	2.98

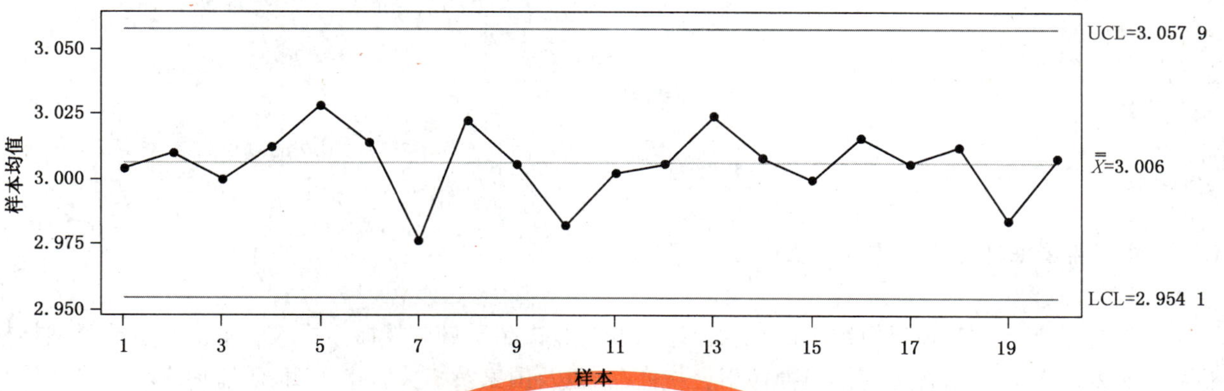

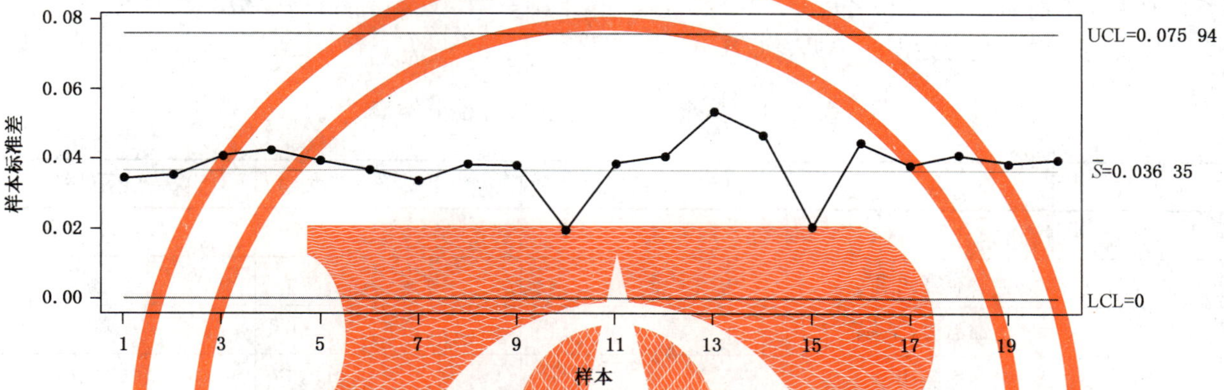

若在标准差图和均值图中有异常数据，应剔除这些异常数据，重新计算标准差图和均值图的各线（限），直到标准差图和均值图都没出现异常，并且过程能力指数满足要求时，可算出 A 公司生产的花生油酸价的标准差为 0.036 35，以此类推可分别得到 6 个公司生产的花生油酸价的标准差分别为 0.036 35、0.037 41、0.035 62、0.037 18、0.036 83、0.037 16，取这些标准差的平均值 0.036 76 作为质量监督中的标准差。

附　录　C
（资料性附录）
示　　例

C.1　确定监督抽样检验对象及其质量特性

广东省工商行政管理局组织了广东省流通领域黄金饰品质量监督抽样检验。本次质量监督抽样检验主要针对3年内广东省工商部门抽检不合格商品，以及国家及相关省市工商、质监抽查不合格的广东省企业生产的商品，形成待检名单。

抽检的主要质量特性即分类见表C.1。

表C.1　黄金饰品抽检质量特性分类表

序号	项目	重要质量特性	较重要质量特性	次要质量特性
1	金含量	●		
2	有害元素	●		
3	饰品质(重)量		●	
4	饰品印记		●	
5	标签及其他标识物			●

C.2　确定监督总体

本次抽检的监督总体规定为流通领域标称相同厂名或同品牌的同款千足金黄金饰品。

C.3　抽取样本

从流通领域中抽取样本，对待检名单中涉及的商品每款随机抽取一个抽样单元。

C.4　检测样本

样本检验依据以下标准：

a）GB 11887—2008　首饰　贵金属纯度的规定及命名方法；
b）GB/T 18043—2008　首饰　贵金属含量的测定　X射线荧光光谱法；
c）GB/T 9288—2006　金合金首饰　金含量的测定　灰吹法（火试金法）；
d）GB/T 21198.6—2007　贵金属合金首饰中贵金属含量的测定　ICP光谱法　第6部分：差减法；
e）QB/T 1690—2004　贵金属饰品质量测量允差的规定；
f）QB/T 2062—2006　贵金属饰品；
g）DB44/94—2007　珠宝饰品标识规定；
h）DB44/495—2008　贵金属饰品标识标注方法；

i) 经备案现行有效的企业标准及样品明示质量要求。

C.5 检测结果判定

检测结果以商品明示指标和检验依据进行判定。

根据标准规定，黄金饰品的规范限见表C.2。

表C.2 千足金饰品质量特性规范限

项目	金含量	有害元素	饰品质(重)量	印记	标签及其他标识物
规范限	≥999‰	<1‰	允差±0.01 g	清晰完整	清晰完整

规定本次检验中所有质量特性的监督系数 c 均为0。据经验统计金含量的质量波动标准差 σ 为1‰，$k_1=2$，$k_2=5$；有害元素的质量波动标准差 σ 为1‰，$k_1=1$，$k_2=3$；饰品质(重)量的质量波动标准差 σ 为0.01 g，$k_1=1$。

由此可得到千足金的各质量特性判定划分的界限值见表C.3。

表C.3 千足金饰品样本不合格分类表

项目	标准要求	样本合格	样本轻微不合格	样本较严重不合格	样本严重不合格
金含量	x≥999‰	x≥999‰	997‰≤x<999‰	994‰≤x<997‰	x<994‰
有害元素	x<1‰	x<1‰	1‰≤x<2‰	2‰≤x<4‰	≥4‰
饰品质(重)量	允差±0.01 g	|x−标称值|≤0.01 g	0.01 g<|x−标称值|≤0.02 g	|x−标称值|>0.02 g	—
印记	清晰完整	清晰完整	—	不清晰/缺项	—
标签及其他标识物	清晰完整	清晰完整	—	错误或缺项	—

经检验一个千足金饰品的抽样单元得到：金含量为997‰，此质量特性样本轻微不合格，根据5.5.3为C类不合格；有害元素为3‰，此质量特性样本较严重不合格，根据5.5.3为B类不合格；饰品质(重)量与标称值的差为0.03 g，此质量特性样本较严重不合格，根据5.5.3为C类不合格；印记、标签及其他标识物清晰完整，此质量特性样本合格；综合判定该抽样单元为B类不合格品。

C.6 对监督总体的判定

根据5.8判定监督总体B类不合格。

参 考 文 献

［1］ GB/T 8054—2008 计量标准型一次抽样检验程序及表
［2］ GB/T 13732—2009 粒度均匀散料抽样检验通则
［3］ GB/T 2828.4—2008 计数抽样检验程序 第4部分：声称质量水平的评定程序
［4］ GB/T 6378.4—2008 计量抽样检验程序 第4部分：对均值的声称质量水平的评定程序
［5］ ISO 11648-1 Statistical aspects of sampling from bulk materials—Part 1:General principles
［6］ ISO 11648-2 Statistical aspects of sampling from bulk materials—Part 2:Sampling of particulate materials

ICS 29.100.10
L 17

中华人民共和国国家标准

GB/T 28864.1—2012/IEC 60401-1:2002

软磁铁氧体磁心术语定义 第1部分:物理缺陷术语

Terms and nomenclature for cores made of magnetically soft ferrites—Part 1:Terms used for physical irregularities

(IEC 60401-1:2002,IDT)

2012-11-05 发布　　2013-02-15 实施

中华人民共和国国家质量监督检验检疫总局
中国国家标准化管理委员会　发布

前　言

GB/T 28864《软磁铁氧体磁心术语定义》分为三个部分：

——第1部分：物理缺陷术语；

——第2部分：尺寸标注；

——第3部分：变压器和电感器磁心制造厂产品目录中有关铁氧体材料资料的导则。

本部分为GB/T 28864的第1部分。

本部分依据GB/T 1.1—2009给出的规则起草。

本部分使用翻译法等同采用IEC 60401-1:2002《软磁铁氧体磁心术语定义　第1部分：物理缺陷术语》。

为便于使用，本部分对IEC 60401-1:2002做了下列编辑性修改：

——“本国际标准”一词改为“本部分”；

——删除国际标准的前言。

本部分由中华人民共和国工业和信息化部提出。

本部分由全国磁性元件与铁氧体材料标准化技术委员会(SAC/TC 89)归口。

本部分起草单位：中国科技电子集团公司第九研究所。

本部分主要起草人：俞国俊、胡滨。

软磁铁氧体磁心术语定义
第1部分:物理缺陷术语

1 范围

GB/T 28864的本部分规定了铁氧体(磁性氧化物)磁心中最常见的表面缺陷、体缺陷及形状缺陷命名法。大部分缺陷辅以图示说明。对于指明缺陷的确切位置、将位置的一般名称与更具体的位置修饰语结合起来的一致方案,也给出了一般建议。当起草技术文件、缺陷检测规范等时,本部分在术语方面有参考作用。

2 总则

物理缺陷指表面缺陷、体缺陷及形状缺陷。缺陷这里是指磁心表面、体积或形状的质量状态与其预期的质量状态的不一致性。这些缺陷为宏观尺度,即缺陷的线度为1 μm到数10 mm的范围。

在铁氧体材料制成的零件(磁心)中,存在各种各样的表面缺陷、体缺陷及形状缺陷,这些缺陷降低了磁心的质量。不同类型的缺陷常会同时出现并相互交叉。

通常每种缺陷由下列一种或多种因素引起:不恰当、不正确的制作工艺,不适当的搬运、磨削、包装、运输。

质量降低的程度除与缺陷的位置有关外,还与缺陷的类型、程度及共存情况有关。对于特定种类的缺陷,其位置对产品品质的降低尤为明显。

在极端情况下,缺陷可对磁心的电磁性能和机械性能产生有害甚至决定性的影响。对磁心实施的操作,如作标记、绕线及装配,缺陷也可能产生不利影响。

目前的趋势是不断提升磁心的总体质量,这对磁心的缺陷数量和程度提出了更严格的限制。

这就需要一套定义,即术语表,它将是处理缺陷及其位置问题的首要基础。

因此,在设计检查和评价缺陷的要求和程序中,对位于特定位置的缺陷作更详细描述时,本部分期望提供一个统一的参考。本部分对缺陷分类、识别和缺陷监测的方法及器具十分有用。

3 基本术语

3.1

表面缺陷 surface irregularity

磁心表面、边缘、棱角的非期望的状态或外观。

注:有些表面缺陷如果过于严重,以致于损坏磁心的轮廓和表面,也可归入形状缺陷。

3.2

形状缺陷 shape irregularity

磁心轮廓线或面的非期望变形。

注:有些情况下,小于标定容限的形状缺陷仍会使产品不合格。

3.3

体缺陷 bulk irregularity

磁心内部非期望的质量状态。

3.4

(尺寸)公差　tolerance(dimensional)

(限定磁心形状的)轮廓线标称尺寸和容许极限尺寸间的容许差异。

3.5

(缺陷的)位置　location(of the irregularity)

磁心表面或内部缺陷所在的地点、方位。

4　表面缺陷

4.1

掉块　chip

通常在搬运或磨削时由机械碰撞所导致的磁心表面的缺损。

注：在几乎所有情况下，此类缺陷位于表面边缘。

根据具体位置，掉块又可进行细分。

4.1.1

表面掉块　surface chip

仅位于磁心表面的掉块。

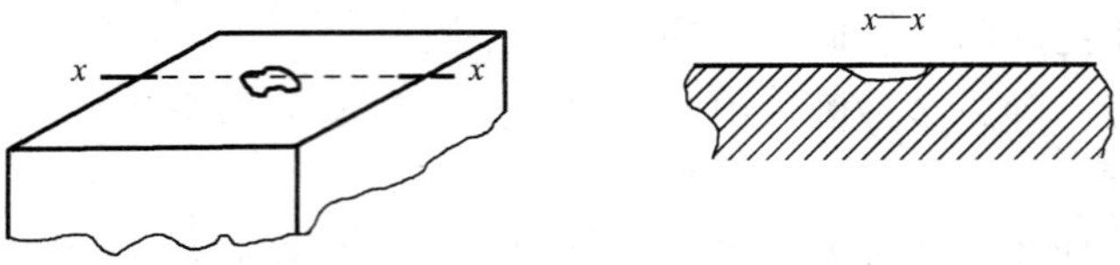

4.1.2

掉边　edge chip

仅位于磁心边棱的掉块。

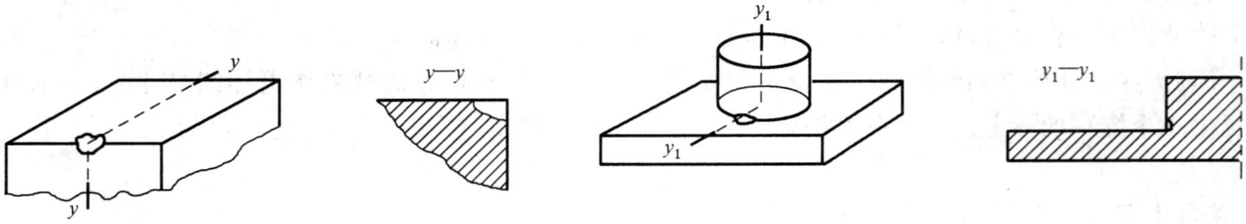

4.1.3

掉角　corner chip

仅位于磁心角隅的掉块。

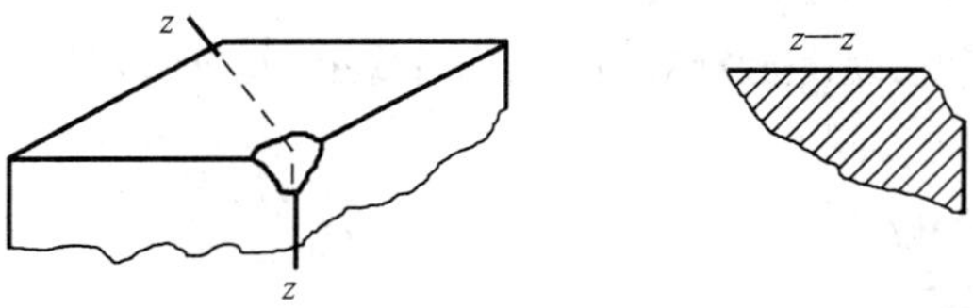

4.1.4

粘模　pull-out

由模具“粘附”作用引起的磁心表面层脱落，出现在与压力方向垂直的表面。

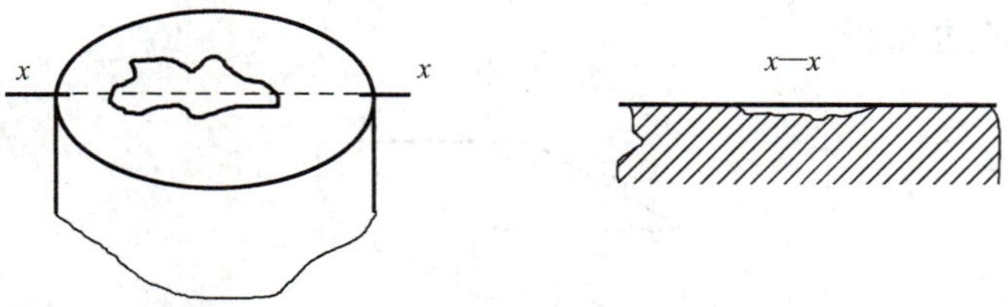

注：深度超过 1 mm 的粘模应视为表面掉块。

4.1.5

凹坑　crater

深度与直径相当或大于直径的盲孔。

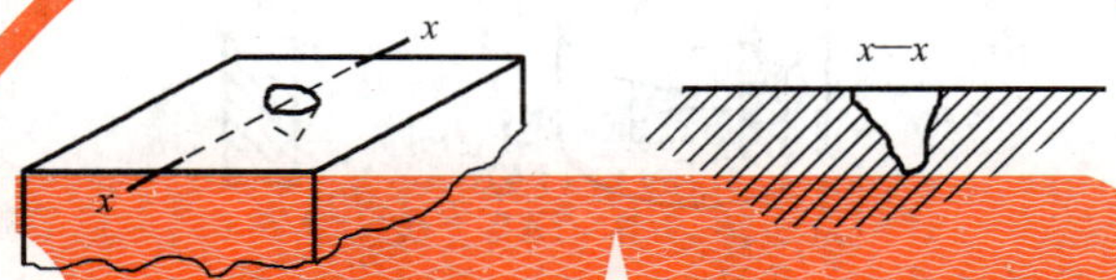

4.2　凸出(凸状)缺陷

4.2.1

凸起　hump

丘状表面突起。

4.2.2

附着颗粒　attached particles

用压缩空气、清洗、冲刷或揩试无法除去的任何表面颗粒。

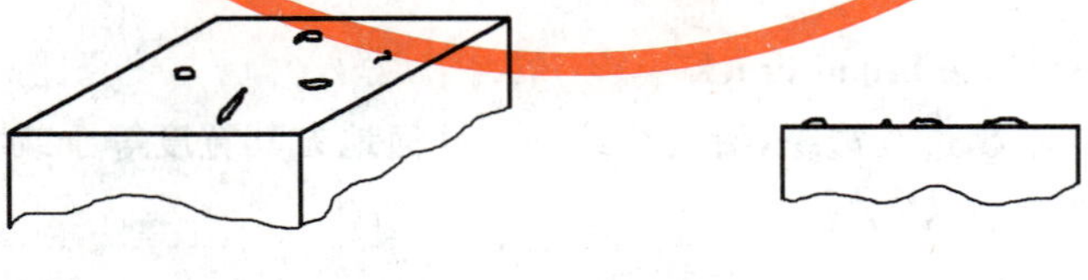

4.2.3

夹杂　inclusions

位于磁心表面毫米或亚毫米级的异物(参考 5.2)。

4.3 边缘缺陷

4.3.1

毛边　ragged edge

受一连串掉块影响的边缘。

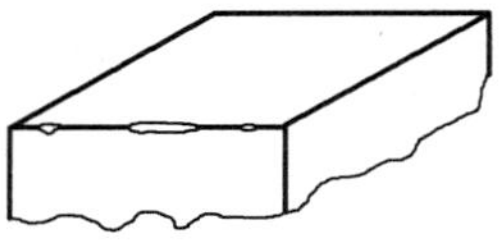

4.3.2

飞边　flash

凸出磁心表面正常轮廓的锐利羽翼状薄壁。

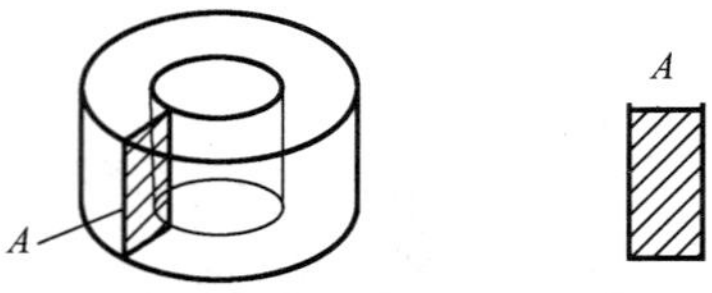

4.4 裂纹缺陷

4.4.1

裂纹　crack

深入到磁心内部、宽度比长度小得多的表面缺陷。

根据裂纹的具体类型又可进行细分。

4.4.2

单面细裂纹　single-surface narrow crack

位于单一表面的裂纹，不越过其边缘，沿裂纹纹迹的任何地方其宽度不超过一个规定极限（例如0.1 mm）。

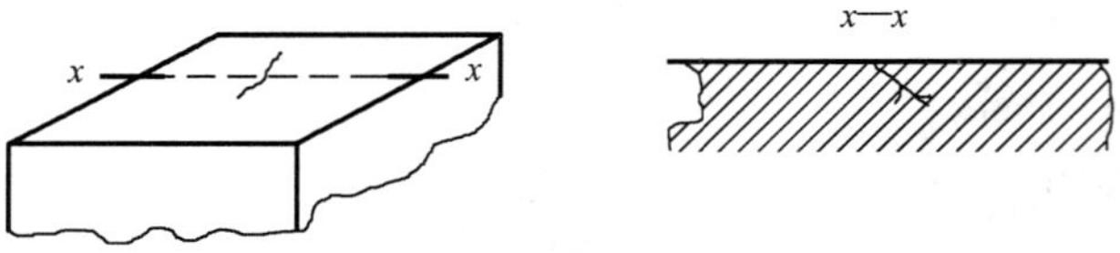

4.4.3

单面粗裂纹　single-surface broad crack

位于单一表面的裂纹，不越过其边缘，沿裂纹纹迹的任何地方其宽度等于或大于细裂纹的宽度极限。

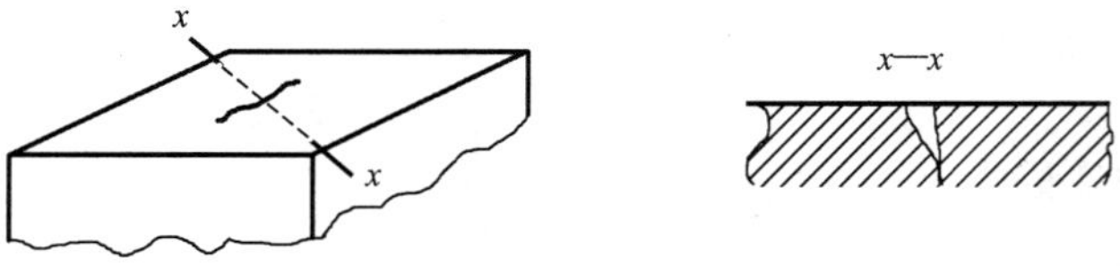

4.4.4

边缘细裂纹　edge narrow crack

位于两个相邻表面并跨越其公共边缘的裂纹，沿裂纹纹迹的任何地方其宽度不超过规定的极限（如0.1 mm）。

4.4.5

边缘粗裂纹　edge broad crack

位于两个相邻表面并跨越其公共边缘的裂纹，沿其表面裂纹纹迹的任何地方其宽度等于或大于细裂纹的宽度极限。

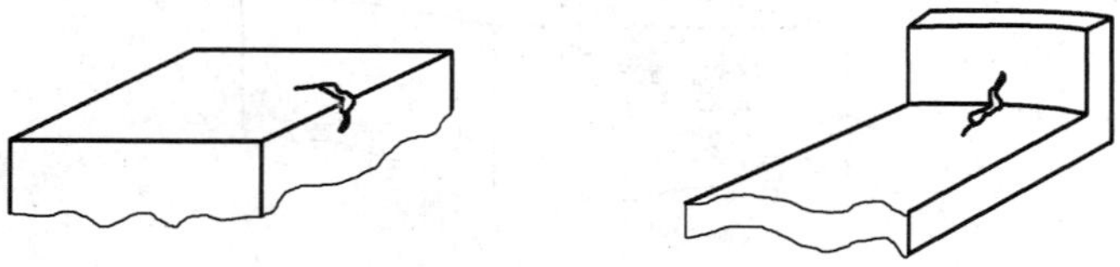

4.4.6

内沟裂纹　inner channel crack

沿磁心内棱的细或粗裂纹。

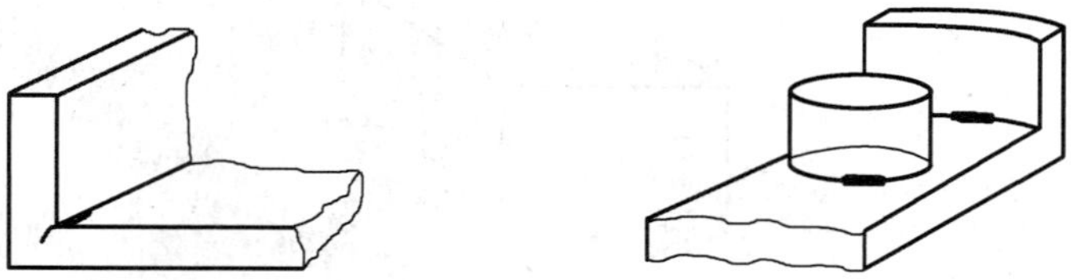

4.4.7

层裂　stratification

一连串近乎平行的并排裂纹，或长度达到磁心周长的较大比例(如 20%)的单裂纹。

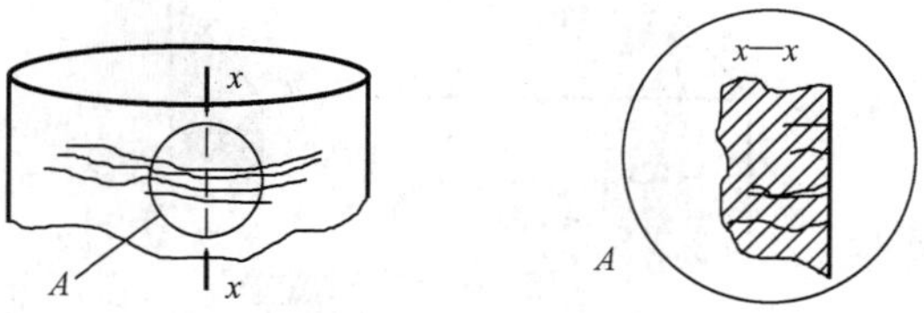

注：层裂纹通常与磁心的压力方向垂直。

4.4.8

龟裂(纹)　crazing

网格状表面裂纹，深度不超过一个规定的极限(如 0.3 mm)。

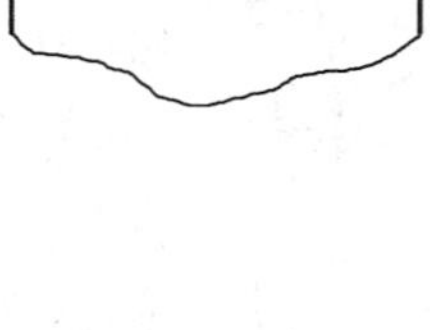

4.5　(颜)色缺陷

4.5.1

色调(泽)差　difference in colour tones

本色色泽(调)轻微的但可见的局部变化，或表面局部区域与周围本色的明暗差异。

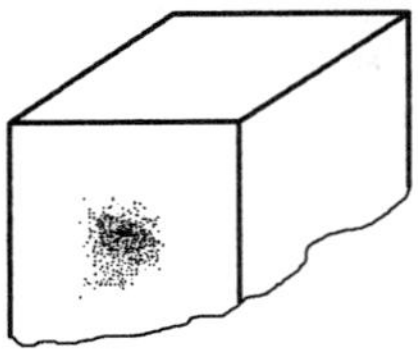

4.5.2

变色　discoloration

表面局部区域与正常均匀本色之间的颜色可见差异。

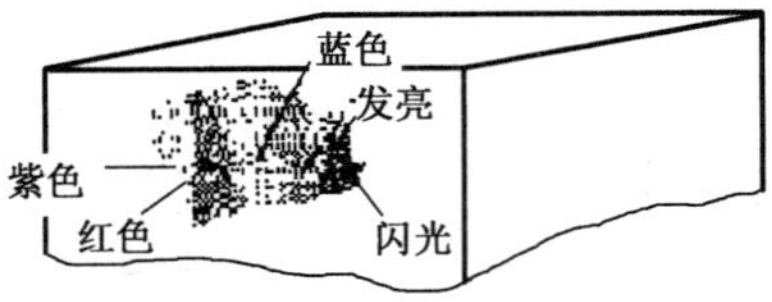

4.5.3

污斑　stain

表面上的油斑、脂斑,或积垢(如微白色的水印)等。

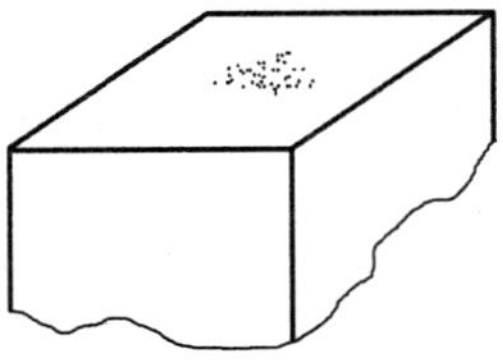

4.5.4

晶斑(点)　crystallites

位于表面可辨别的异常尺寸晶粒,常有闪光面。

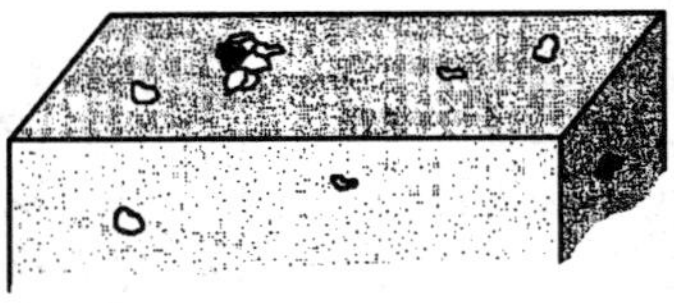

4.5.5

裂面氧化(层)　oxidation of split surfaces

裂(脱体、破裂等)面被氧化的部分。

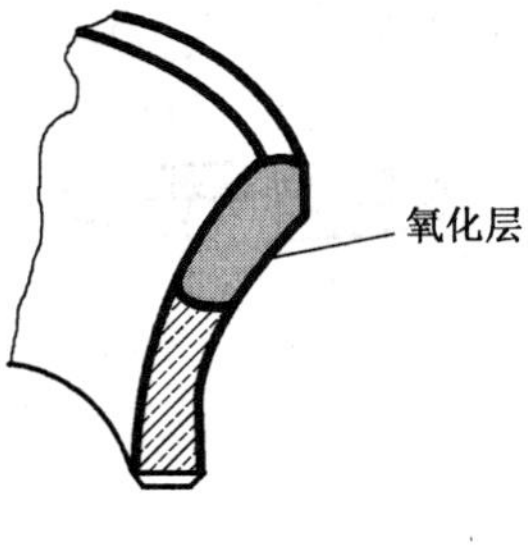

4.6 (与)加工(有关的)缺陷

4.6.1

粗糙面　roughness

含有磨削、研磨等痕迹的不平整、不光滑的表面。

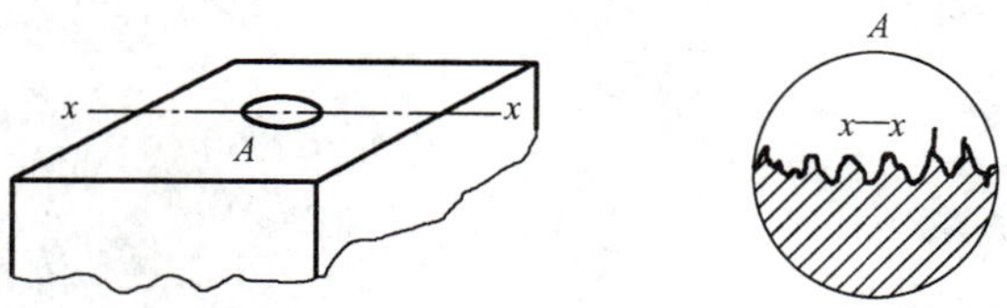

4.6.2

缺磨面　short-ground surface

磨削加工后仍未磨到的部分表面，无台阶状表面缺陷(见 6.3.1)。

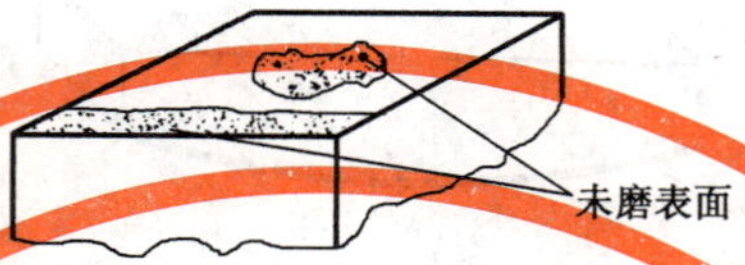

5　体缺陷

5.1

超气孔　superpores

具有毫米尺寸大小的微孔穴。

5.2

夹杂　inclusions

磁心内部毫米或亚毫米级异物。

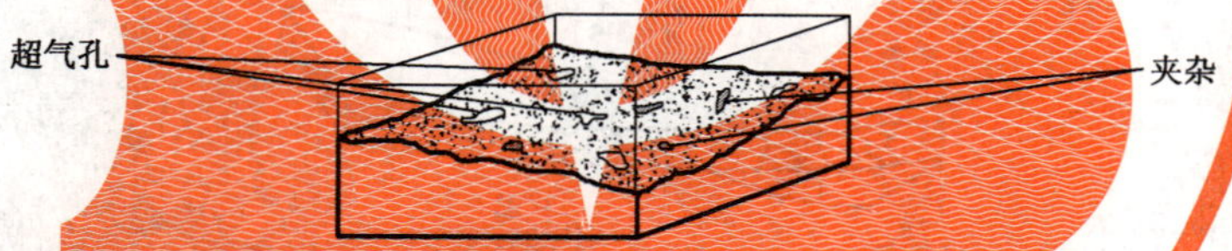

注：如果夹杂出现在磁心表面，也可视为表面缺陷(见 4.2.3)。

5.3

内(部)层裂　internal stratification

磁心内部材料的层状不连续性，并不总延伸至表面；其区域一般较窄，但有时较宽。

注：由材料不合理压制导致的内层裂通常与压力方向垂直。

5.4

内(部)裂纹　internal crack

磁心内部裂开的不连续性条纹，这种裂纹并不总延伸至表面，其长度一般较短，但有时较长。

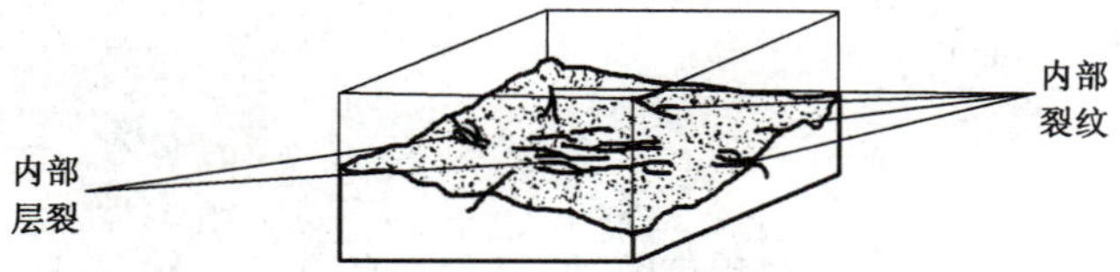

6 形状缺陷（变形）

6.1 不平直缺陷

6.1.1

凸出 convexity

向外弯曲的轮廓(线)或表面。

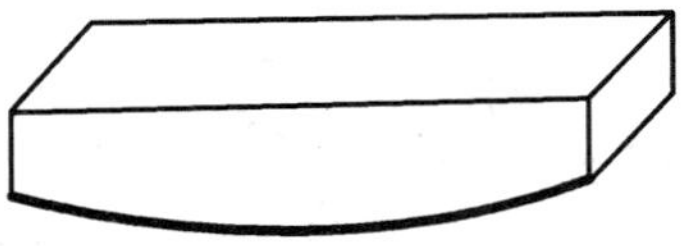

6.1.2

凹进 concavity

向内弯曲的轮廓(线)或表面。

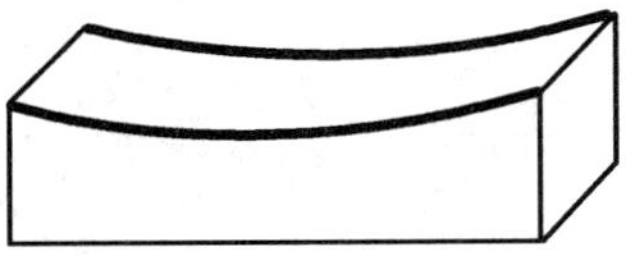

6.1.3

扭曲 warping

外形具有扭转表面的状态。

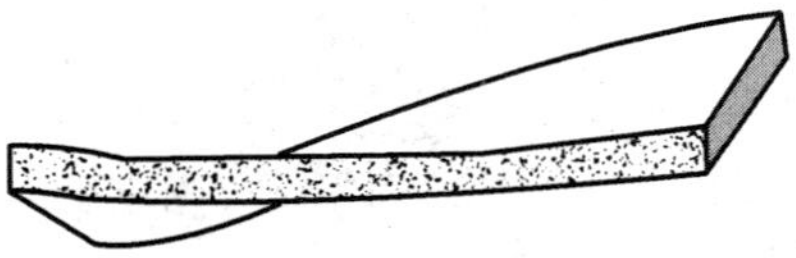

6.1.4

弯斜 bending

相对于任何正常方向的弧形或角状偏离，可分为如下三类：

6.1.4.1

外弯斜 deflection-out

自正交或其他正常倾斜方向向外不同程度弯曲、偏斜的状态。

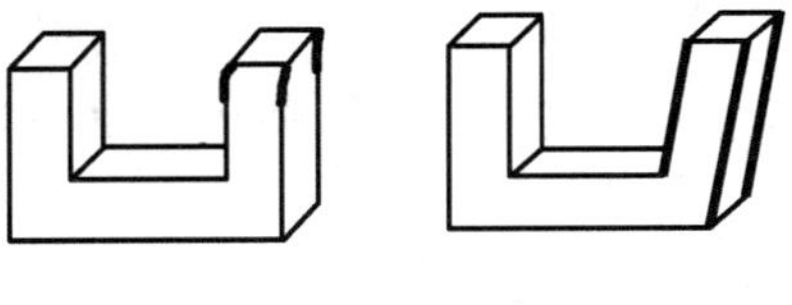

注：外弯斜也称“外倾”(Toe-out)

6.1.4.2

内弯斜 deflection-in

自正交或其他正常倾斜方向向内不同程度弯曲、偏斜的状态。

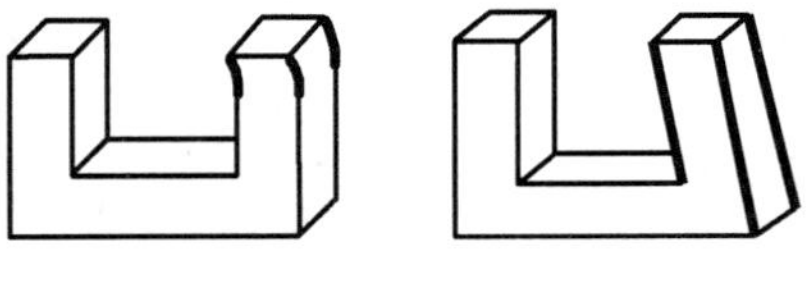

注：内弯斜也称“内倾”(Toe-in)

6.1.4.3

横弯斜　transverse deflection

相对于参考面程度不同的横向倾斜或扭曲状态。

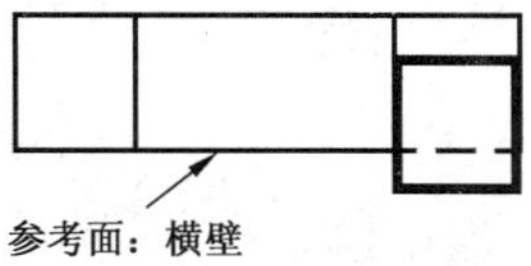

6.1.5

起伏(波浪形)　undulation

轮廓或表面的上下弯曲。

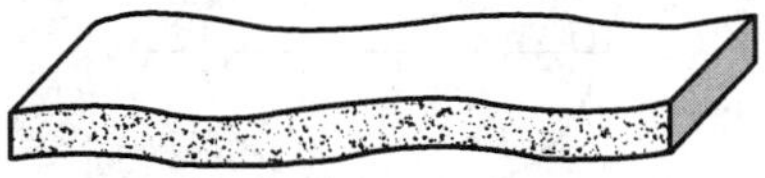

6.2　简单几何(形状)缺陷

6.2.1

不平行度　non-parallelism

两条(个)或多条(个)线(平面或表面)偏离平行的程度，包括偏离等距离的程度。

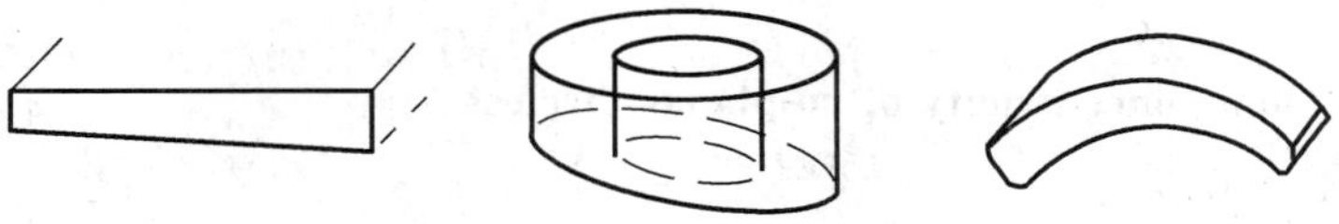

6.2.2

不垂直度　non-perpendicularity

偏离直角的程度。

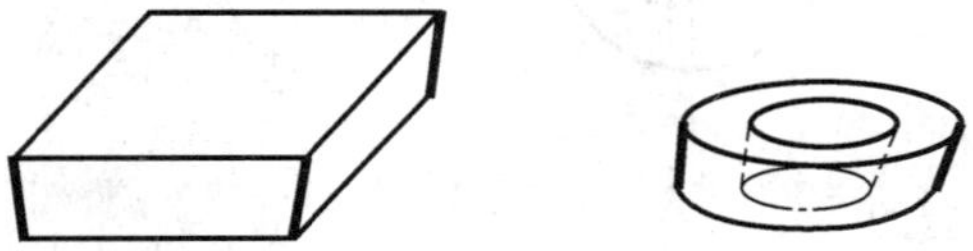

6.2.3

不共面度　non-coplanarity

偏离同一平面的程度。

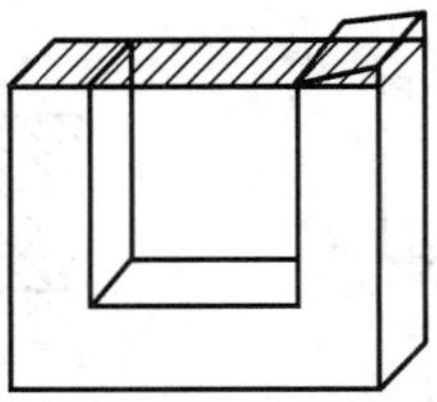

6.2.4

不圆度　non-circularity

偏离圆形的程度。

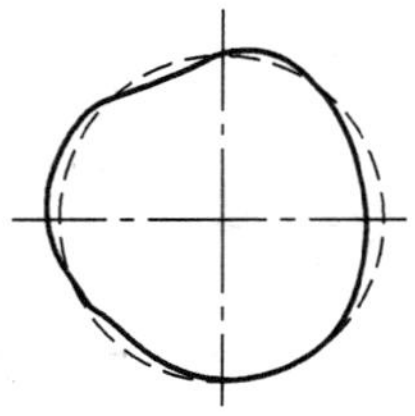

6.2.5

椭圆度　ovality

从圆形偏离到椭圆形或卵形的程度。

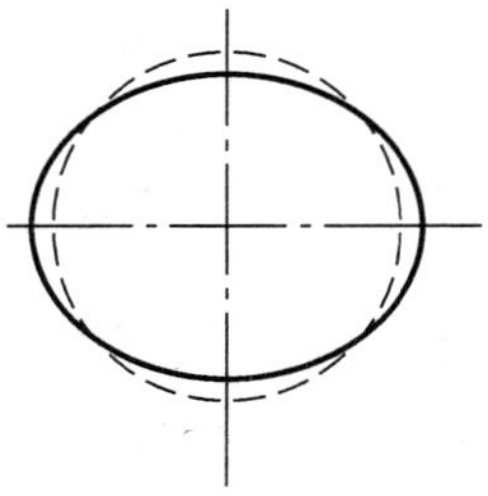

6.2.6

不同心度　non-concentricity

圆形、弧形、扇形等圆心偏离公共圆心的程度。

又可细分为:

6.2.6.1

共面圆不同心度　non-concentricity of co-planar circles

同一平面圆形的不同心度。

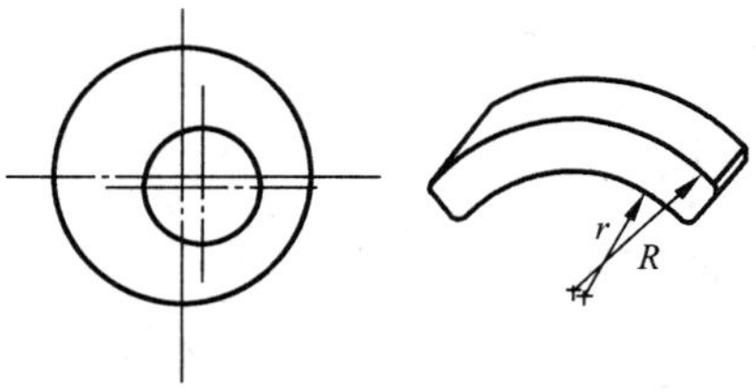

注:这种情况下,圆的轴线是平行的。

6.2.6.2

两平面圆不同心度　non-concentricity of circles lying on two planes

位于上下两个平面上的圆的不同心度。

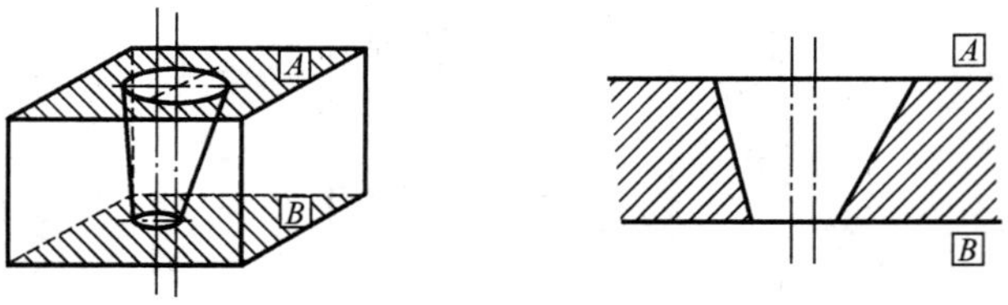

注:平面 *A* 和 *B* 可以不平行(见 6.2.1)。在此情况下,两圆的轴线是相互扭转的。

6.3 磨削缺陷

6.3.1

(台)阶状磨削面　steplike ground surface(s)

由部分磨削造成的非期望的台阶表面。

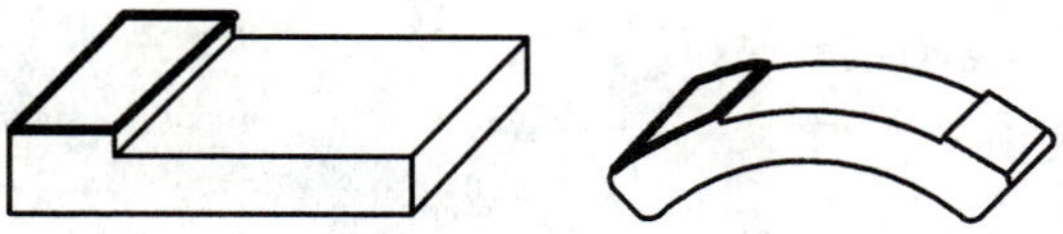

6.3.2

不平磨削斜面　uneven grinding slants

不共面磨削面。

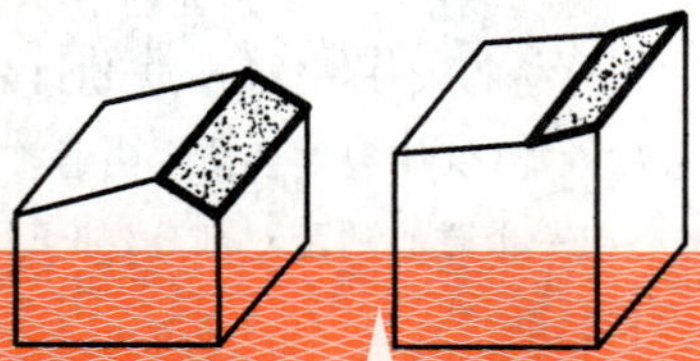

6.4 其他形状缺陷

6.4.1

失配　un-matching

磁心中须联接或配对的配合件、表面、尺寸等的不完全重叠(合)。

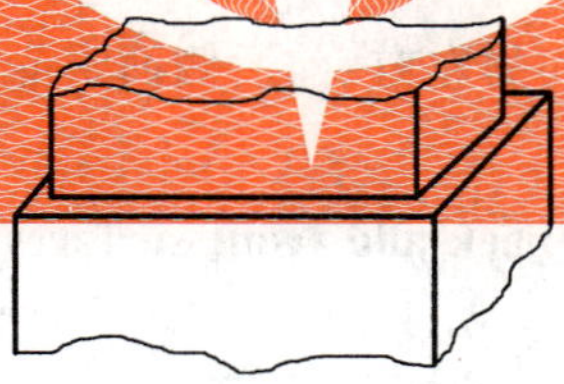

6.4.2

轮廓变形　profile deformation

外形轮廓偏离正常几何形状的变形。

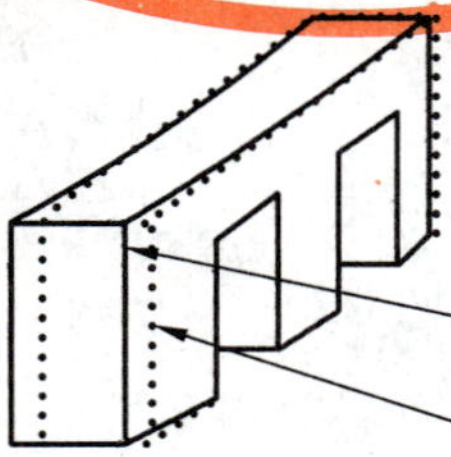

7 与位置有关的术语

位置与磁心的几何形状直接相关,这种相关性是通过诸如表面、轮廓、边缘等形状要素实现的。

然而,有些位置的具体状态或功能(附加特征)意味着,在实际使用中,其名称不仅与几何形状有关,而且与附加特征有关,如磨削或未磨削(表面)。

7.1 表面

7.1.1

磨削(表)面　ground surface

经磨削、抛光而形成的更光滑表面。

7.1.2

未磨削(表)面　un-ground surface

未经过任何平整加工的表面。

7.1.3

配合(表)面　mating surface

在组合磁心中,沿磁路被主磁通(除漏磁通外)正交的(横穿)的表面,即磁有效面。

注1:磁有效面的质量是影响该表面局部磁通横穿方向和大小的关键因素之一。

注2:配合面通常需磨削加工,在必须要求磁力线横穿这些表面的情况下尤为如此。

注3:形成无气隙闭合磁路的磁心(即无切口磁心,如环形磁心、无切口的E型或U形磁心)沿磁路磁化时无磁有效面。尽管如此,缺陷仍会影响磁心的性能(例如裂纹会使主磁通扩散至磁心表面以外,增大漏磁通)。

注4:配合面存在于配成磁心组相邻磁心或一个磁心的配对部分(如EI型、罐型、E型、U型磁心,偏转(环形)磁心的两半部分,气隙表面)。

7.1.4

磁无效面　magnetically passive surface

除磁有效面以外的其他表面。

磁无效面又可细分为:

7.1.4.1

壁　wall

大致竖直的内外表面,即两端面之间的左右、前后侧面。

7.1.4.2

上下、前后表面　upper and lower, back and front surfaces

通常指磁心的水平表面。

注:磁无效面上的缺陷也可能影响磁心性能。

7.2 形状

7.2.1

外形　profile

除非另有说明,限定表明磁心形状的轮廓线或面,通常投影在平面上。

7.2.2

棱　edge

具有斜度突变的两相邻(外或内)表面的交线。

7.2.3

角　conner

三个或三个以上(外或内)表面的交汇点。

7.2.4

脊　ridge

凹槽(常用于固定卡箍)等平面上的凸起。

7.3 内部

7.3.1

内部　inside

磁心以内的部分。

注：此术语仅与体缺陷有关。

7.4 具体磁心的位置修饰词

诸如表面、轮廓、边缘等这些形状要素一般都要附加更精确的修饰词进一步加以限定。通常这些修饰词与磁心具体几何(形状)和/或要检查的具体缺陷位置有关。这些表面、壁及其修饰词常常根据习惯命名。然而，建议尽可能遵循这里提出的术语，因为这些术语结合具体磁心类型的缺陷与位置给出了更准确和统一的分类。此外，为避免歧义，指定的位置应清楚地显示在该磁心的相应图纸上。

上述更精确的术语举例：

(U 型磁心)底上表面；(E 型磁心)边脚侧壁；(罐型磁心)外环壁；(偏转(环形)磁心)后法兰壁；脚；斜壁；(扇形)端壁等。

E 型磁心、偏转(环形)磁心；RM 型磁心位置修饰词的使用举例：

例 1：E 型磁心

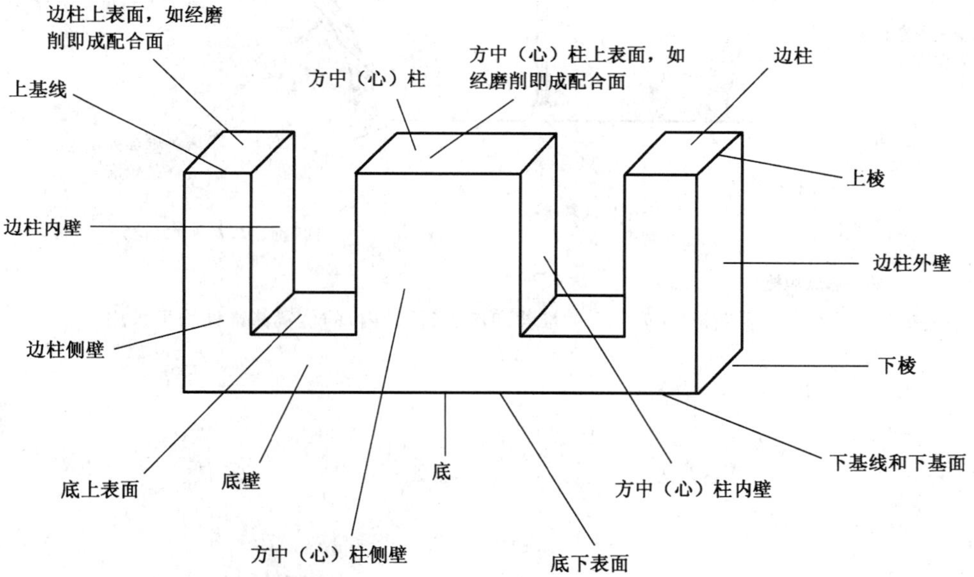

注：中(心)柱横截面为圆形时，应用“圆中(心)柱”。

例 2：偏转(环形)磁心

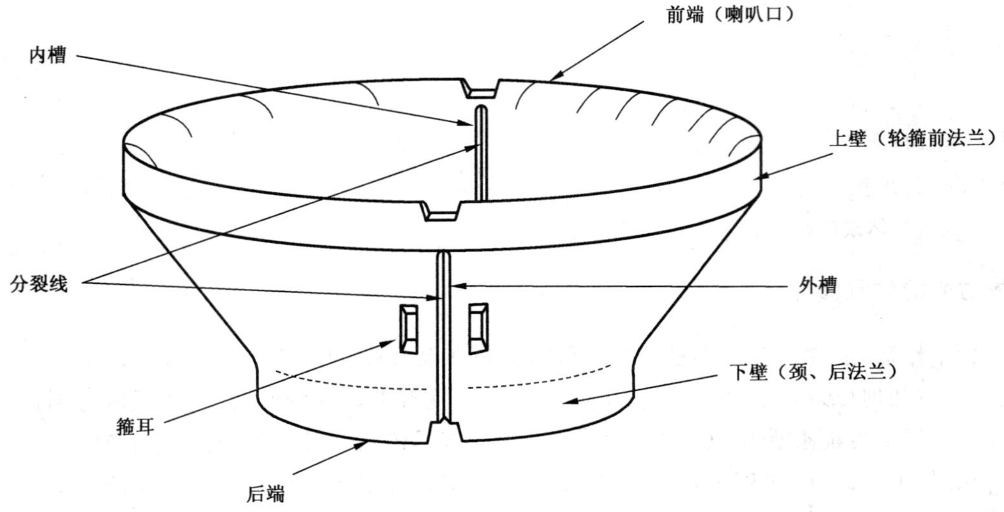

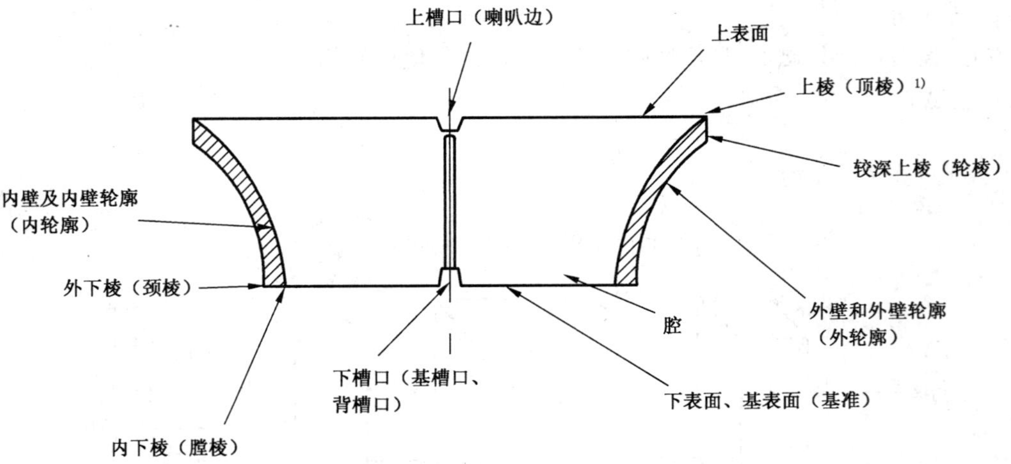

注：此例用图解说明了对于复杂形状，7.1，7.2 推荐和惯用（括号内）的位置修饰词均可采用。

1) 上边可以是圆角、斜角或轻微尖角。

例 3:RM 磁心

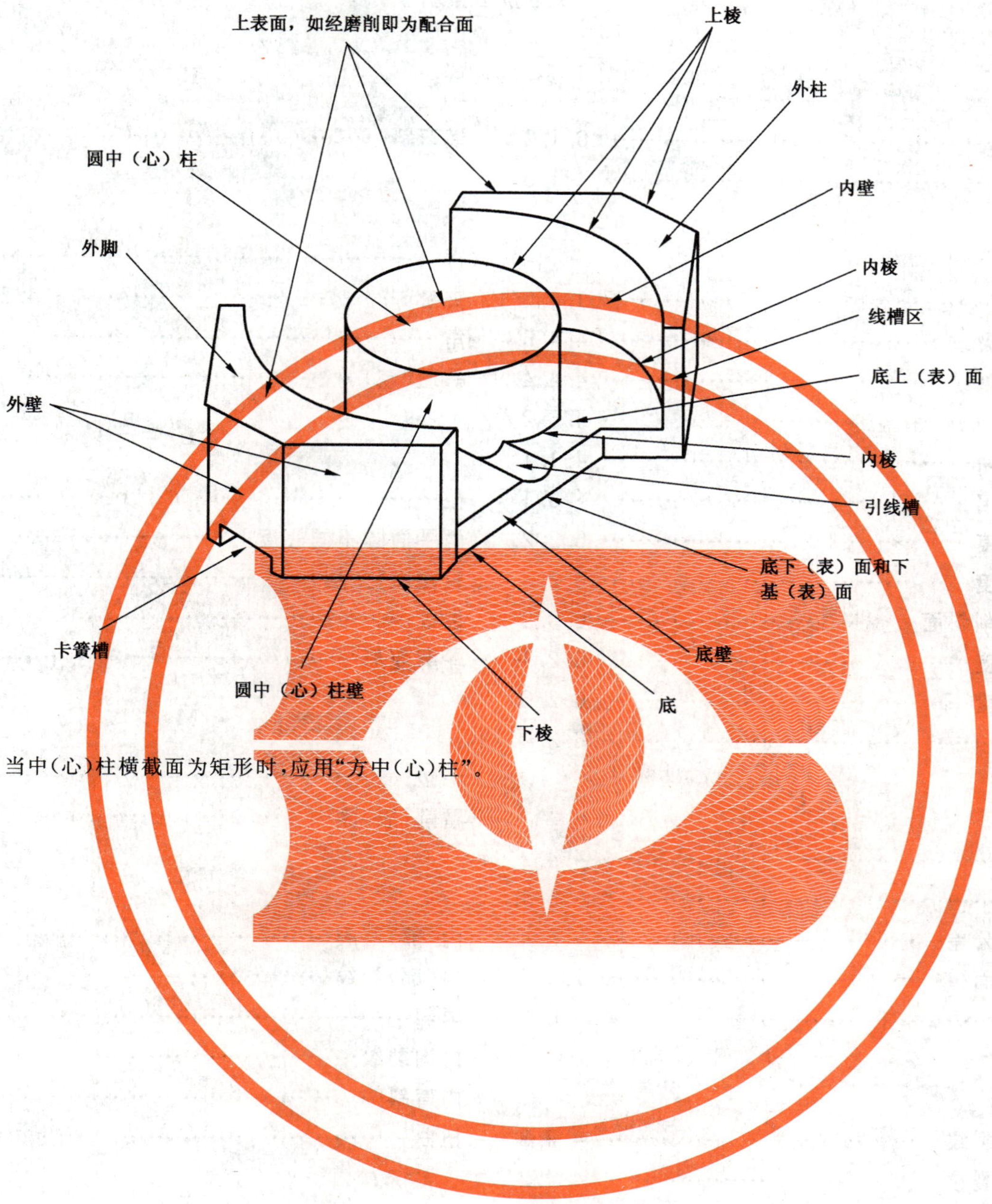

注：当中(心)柱横截面为矩形时，应用"方中(心)柱"。

汉语拼音索引

英文对应词索引

A

B

C

D

E

F

G

H

I

L

M

N

O

P

R

S

ICS 29.100.10
L 19

中华人民共和国国家标准

GB/T 28864.2—2012/IEC 60401-2:2003

软磁铁氧体磁心术语定义
第2部分:尺寸标注

Terms and nomenclature for cores made of magnetically soft ferrites—Part 2:Reference of dimensions

(IEC 60401-2:2003,IDT)

2012-11-05 发布　　2013-02-15 实施

中华人民共和国国家质量监督检验检疫总局
中国国家标准化管理委员会　发布

前　言

GB/T 28864《软磁铁氧体磁心术语定义》分为3个部分：

——第1部分：物理缺陷术语；

——第2部分：尺寸标注；

——第3部分：变压器和电感器磁心制造厂产品目录中有关铁氧体材料资料的导则。

本部分为GB/T 28864的第2部分。

本部分按照GB/T 1.1—2009给出的规则起草。

本部分使用翻译法等同采用IEC 60401-2:2003《软磁铁氧体磁心术语定义　第2部分：尺寸标注》。

为便于使用，本部分对IEC 60401-2:2003做了下列编辑性修改：

a) “本国际标准”一词改为“本部分”；

b) 删除国际标准的前言。

本部分由中华人民共和国工业和信息化部提出。

本部分由全国磁性元件与铁氧体材料标准化技术委员会(SAC/TC 89)归口。

本部分起草单位：中国电子科技集团公司第九研究所。

本部分主要起草人：胡滨。

软磁铁氧体磁心术语定义
第2部分:尺寸标注

1 范围

GB/T 28864 的本部分给出了对软磁铁氧体(磁性氧化物)磁心形状主要特征尺寸标识代码进行定义的方法。本部分的目的是为了使制造商、标准编写者及用户在设计图、表格以及产品目录中统一尺寸标注。

2 基本原则

尺寸用大写的英文字母表示。

每种形状的铁氧体磁心尺寸只用一个字母表示。

配对磁心使用字母 $2B$ 和 $2D$ 表示,如 EP 形、PQ 形、罐形和 RM 形磁心。

3 尺寸标注方法

铁氧体磁心形状的主要尺寸按字母顺序用大写的英文字母表示,见表 1 和表 2。其余次要的磁心尺寸应由标准编写者自行标注。

表 1 环形磁心尺寸标注

字母	尺寸含义
A	环形磁心外径
B	环形磁心内径
C	环形磁心高度

表 2 铁氧体磁心尺寸标注

字母	尺寸含义
A	磁心后壁的总长度或直径
B	磁心腿外长度或高度
C	磁心的宽度
D	磁心腿内长度或深度
E	线圈骨架的宽度或磁心孔距
F	中心柱厚度或直径
G	线孔径或线槽宽度
H	中心柱孔径
J	RM 磁心平行边宽度

表 2（续）

字母	尺寸含义
K	中心柱横距尺寸
S	腿外线槽宽度
T	腿外线槽深间距

4 磁心图示

图 1～图 16 给出了按本部分标注的典型磁心几何形状。

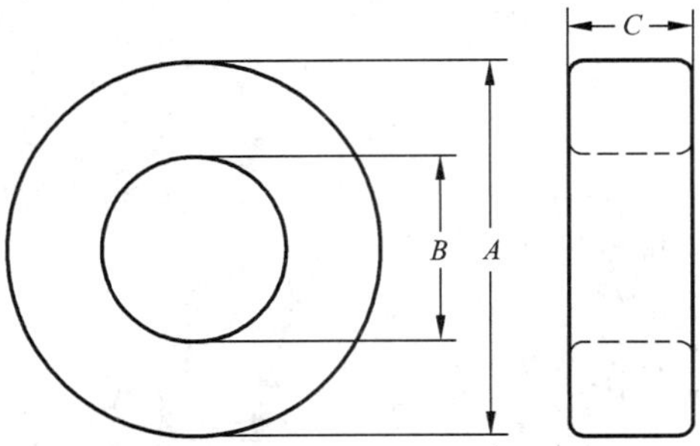

图 1 环形磁心

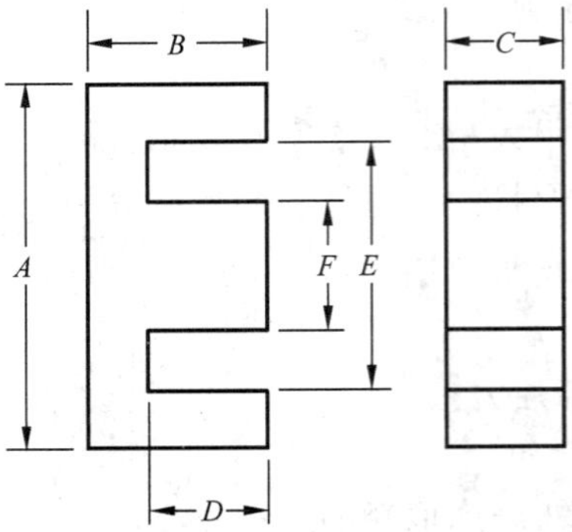

图 2 E 形磁心

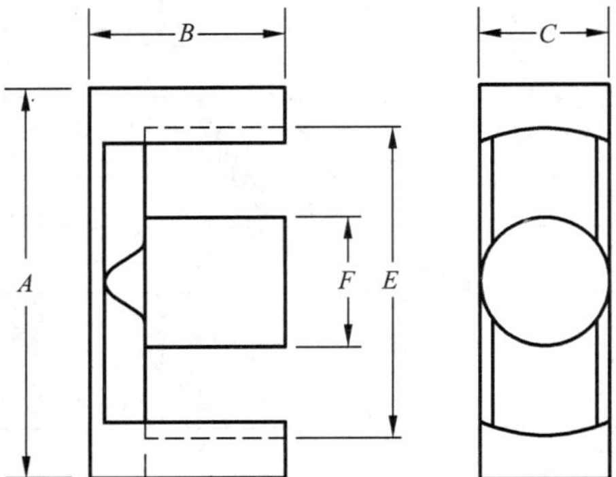

图 3 ETD 或 ER 形磁心

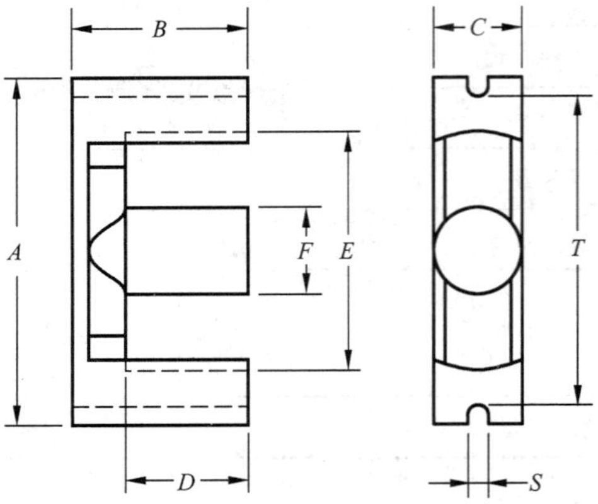

图 4 EC 形磁心

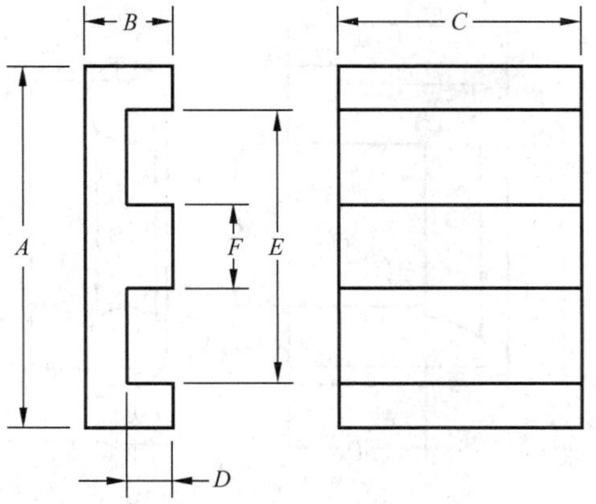

图 5　低矮型 E 形磁心

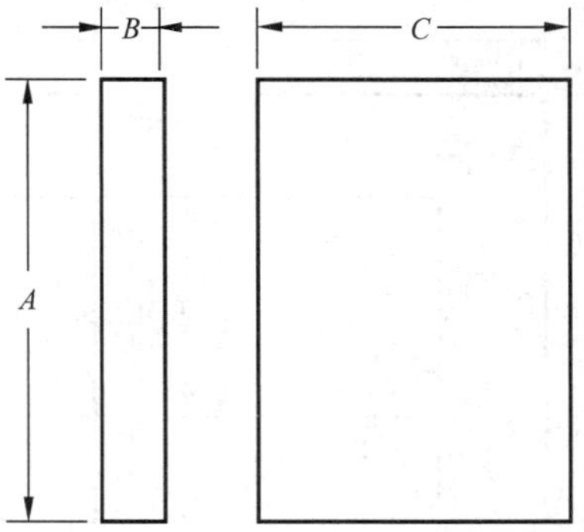

图 6　平板磁心

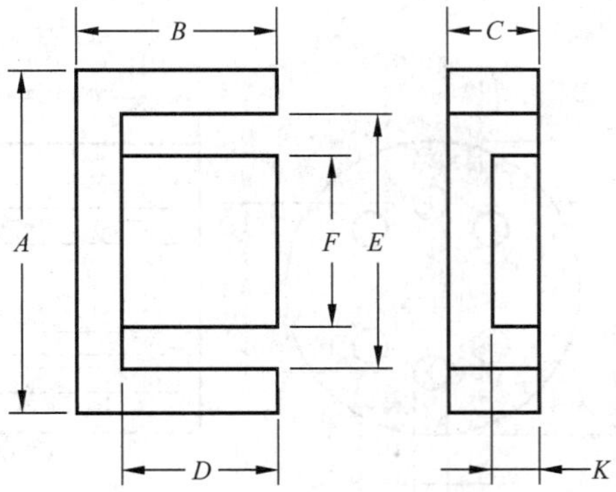

图 7　EFD 形磁心

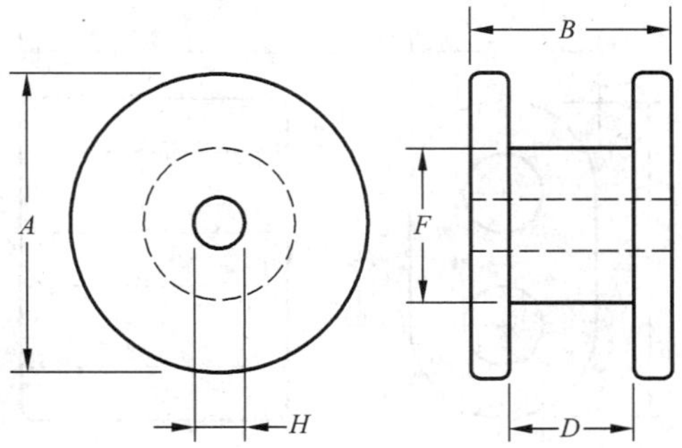

图 8　工字形磁心

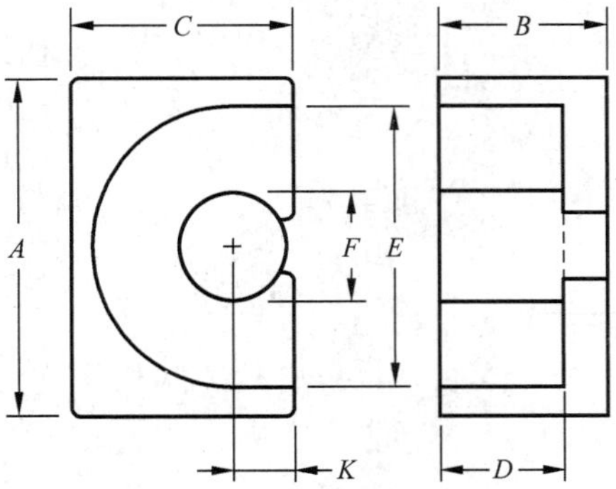

图 9　EP 形磁心

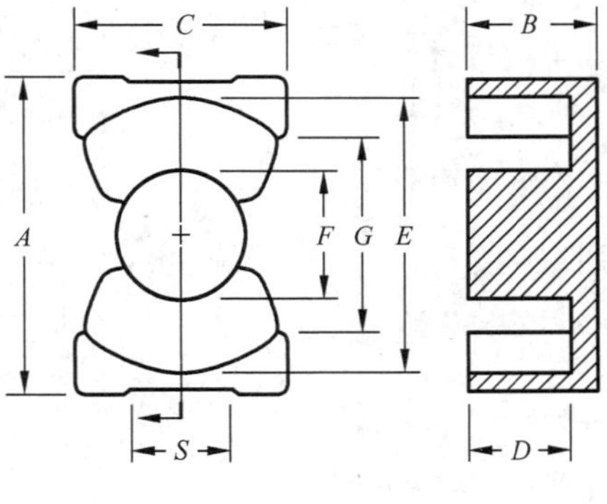

图 10　PQ 形磁心

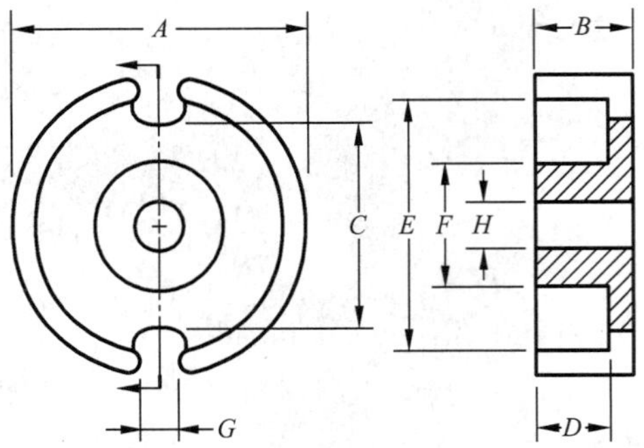

图 11　罐形磁心

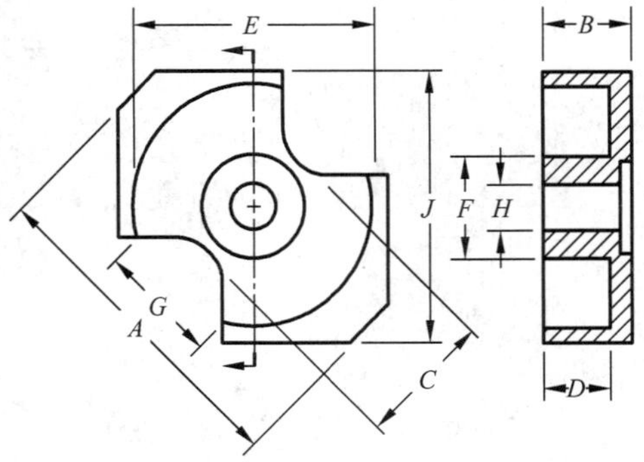

图 12　RM 形磁心

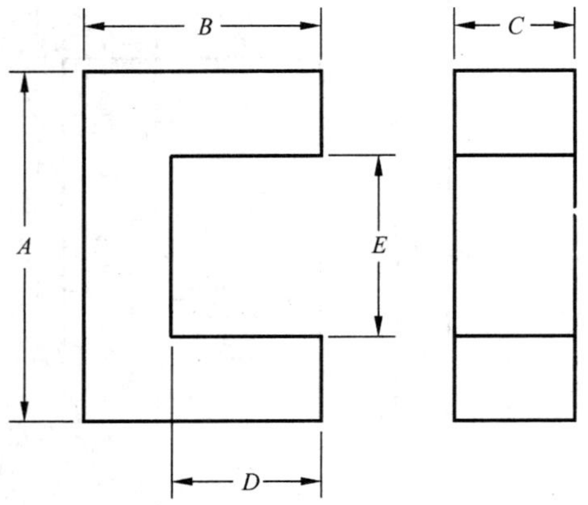

图 13 U 形磁心

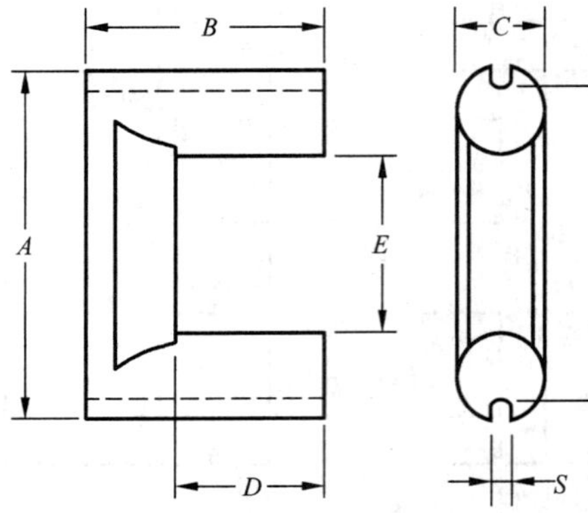

图 14 UR 形磁心

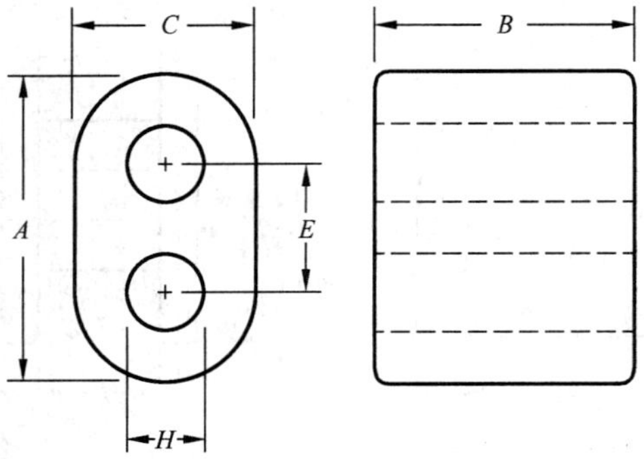

图 15 双孔磁心

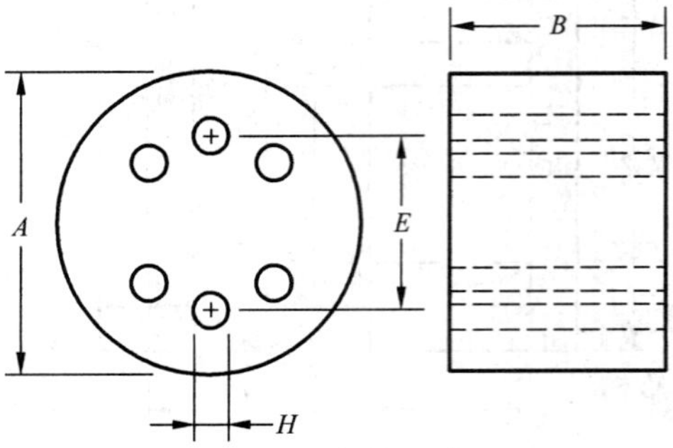

图 16 多孔磁心

ICS 29.100.10
L 19

中华人民共和国国家标准化指导性技术文件

GB/Z 28865—2012

抗电磁干扰软磁铁氧体材料规范

Specification for anti-EMI soft ferrite materials

2012-11-05 发布　　2013-02-15 实施

中华人民共和国国家质量监督检验检疫总局
中国国家标准化管理委员会　发布

前　言

本指导性技术文件依据 GB/T 1.1—2009 给出的规则起草。

本指导性技术文件仅供参考，有关对本指导性技术文件的建议和意见，向国务院标准化行政主管部门反映。

本指导性技术文件由中华人民共和国工业和信息化部提出。

本指导性技术文件由全国磁性元件与铁氧体材料标准化技术委员会(SAC/TC 89)归口。

本指导性技术文件由西南应用磁学研究所负责起草。

本指导性技术文件主要起草人：张仕俊、彭清贵、胡滨、刘剑。

抗电磁干扰软磁铁氧体材料规范

1 范围

本指导性技术文件规定了抗电磁干扰软磁铁氧体材料的分类、材料牌号、主要磁性能及其试验方法。

本指导性技术文件适用于抗电磁干扰软磁铁氧体材料。

2 规范性引用文件

下列文件对于本文件的应用是必不可少的。凡是注日期的引用文件,仅注日期的版本适用于本文件。凡是不注日期的引用文件,其最新版本(包括所有的修改单)适用于本文件。

GB/T 2421.1—2008 电工电子产品环境试验 概述和指南(IEC 60068-1:1988,IDT)

GB/T 2900.60—2002 电工术语 电磁学(IEC 60050(121):1998,NEQ)

GB/T 9637—2001 电工术语 磁性材料与元件(eqv IEC 60050(901):1973)

GB/Z 28870—2012 抗电磁干扰软磁铁氧体材料的测量方法

3 定义

GB/T 2900.60—2002 和 GB/T 9637—2001 界定的以及下列术语和定义适用于本文件。

3.1

标称阻抗 normalized impedance

Z_N

规定尺寸磁珠在规定测试条件下,单匝阻抗与磁心常数 C_1 的乘积。

3.2

饱和磁通密度 saturation flux density

B_s

磁场强度最大值能使材料磁化到饱和时的磁通密度。

3.3

居里温度 Curie temperature

T_C

铁磁性材料或亚铁磁性材料由铁磁状态或亚铁磁状态转变为顺磁状态的临界温度。

4 分类

4.1 材料分类

4.1.1 本指导性技术文件规定的材料属软磁铁氧体材料。

4.1.2 抗电磁干扰软磁铁氧体材料按其化学组成主要分为 NiZn 系列、NiCuZn 系列和 MnZn 系列。

4.1.3 每个系列有若干牌号,每个牌号的材料可根据所需要的形状和尺寸加工制成各种规格的抗电磁干扰软磁铁氧体磁心。

4.2 材料牌号

4.2.1 抗电磁干扰软磁铁氧体材料的牌号由下列三部分组成：

a) 第 1 部分：材料的主称：用汉语拼音字母表示。K 表示抗电磁干扰材料；

b) 第 2 部分：材料类别，用汉语拼音字母表示。N 表示 NiZn 系列和 NiCuZn 系列；M 表示 MnZn 系列；

c) 第 3 部分：材料的主要磁性能特征，用阿拉伯数字表示材料的起始磁导率。

4.2.2 材料牌号示例

抗电磁干扰软磁铁氧体材料牌号示例：

K N 150

150——表示材料的起始磁导率标称值为 150。起始磁导率＜1 000 的直接用数字表示，起始磁导率≥1 000 的用 k 代表 1 000

N——表示 NiZn 系列、NiCuZn 系列

K——表示抗电磁干扰

5 要求

主要抗电磁干扰软磁铁氧体材料的典型磁性能应分别符合表 1、表 2 的规定。

表 1 KN 类 NiZn/NiCuZn 铁氧体材料典型磁性能

牌号	起始磁导率[a] $\mu_i \pm 20\%$	频率[b] f MHz	标称阻抗[c] Z_N Ω/m	饱和磁通密度[d] B_s T	居里温度 T_C ℃	电阻率 ρ Ω·m
KN2k5	2 500	10	≥20 000	≥0.28	≥100	$\geq 10^4$
KN1k5	1 500	30	≥30 000	≥0.30	≥110	$\geq 10^5$
KN900	900	30	≥30 000	≥0.32	≥125	$\geq 10^5$
KN550	550	100	≥40 000	≥0.35	≥150	$\geq 10^5$
KN250	250	100	≥40 000	≥0.35	≥200	$\geq 10^5$
KN120	120	300	≥50 000	≥0.32	≥250	$\geq 10^5$
KN45	45	300	≥50 000	≥0.31	≥300	$\geq 10^5$

注：制造商可提供其他补充牌号的材料，如起始磁导率(μ_i)更高的抗电磁干扰软磁铁氧体材料。

[a] 测试温度：25 ℃±3 ℃。

[b] 与 μ_i 相关的标称阻抗的测试频率。

[c] 用 $\phi5\times\phi2\times10$ mm 的磁珠在温度为 25 ℃±3 ℃的条件下测量，仅适用于标称阻抗的测量。

[d] 在外加磁场强度 H_m=1 600 A/m，25 ℃±3 ℃温度条件下测量。

表 2 KM 类 MnZn 铁氧体材料典型磁性能

牌号	起始磁导率[a] $\mu_i \pm 30\%$	频率[b] f MHz	标称阻抗[c] Z_N Ω/m	饱和磁通密度[d] B_s T	居里温度 T_C ℃	电阻率 ρ Ω·m
KM5k5	5 500	3	≥20 000	≥0.41	≥140	≥1
KM7k5	7 500	1	≥10 000	≥0.41	≥130	≥0.2
KM10k	10 000	1	≥10 000	≥0.38	≥120	≥0.2
KM12k	12 000	0.5	≥10 000	≥0.38	≥100	≥0.2

注：制造商可提供其他补充牌号的材料，如起始磁导率(μ_i)更高的抗电磁干扰软磁铁氧体材料。

[a] 测试温度：25 ℃±3 ℃。

[b] 与 μ_i 相关的标称阻抗的测试频率。

[c] 用 $\phi5\times\phi2\times10$ mm 的磁珠在温度为 25 ℃±3 ℃的条件下测量，仅适用于标称阻抗的测量。

[d] 在外加磁场强度 H_m=1 194 A/m，25 ℃±3 ℃温度条件下测量。

6 试验方法

6.1 试验环境

除另有规定外，应按 GB/T 2421.1—2008 所规定的标准大气条件进行所有检验。

6.2 试验样品

样品应由生产中通常使用的设备和工艺制造。试样标称尺寸按 GB/Z 28870—2012 规定。

6.3 检验方法

抗电磁干扰软磁铁氧体材料的试验方法按 GB/Z 28870—2012 规定。

ICS 27.160
K 83

中华人民共和国国家标准

GB/T 28866—2012/IEC 61194:1992

独立光伏(PV)系统的特性参数

Characteristic parameters of stand-alone photovoltaic (PV) systems

(IEC 61194:1992,IDT)

2012-11-05 发布　　2013-02-15 实施

中华人民共和国国家质量监督检验检疫总局
中国国家标准化管理委员会　发布

前　言

本标准按照 GB/T 1.1—2009 给出的规则起草。

本标准使用翻译法等同采用 IEC 61194:1992《独立光伏(PV)系统的特性参数》(英文版)。

本标准由中华人民共和国工业和信息化部提出。

本标准由全国太阳光伏能源系统标准化技术委员会(SAC/TC 90)归口。

本标准起草单位:内蒙古大学、北京日佳电源有限公司。

本标准主要起草人:季秉厚、季田、杨鸿雁。

独立光伏(PV)系统的特性参数

1 范围

本标准规定了用于独立光伏系统进行系统描述和性能分析的主要电气、机械和环境参数。为获取和进行性能分析，以标准格式提供下列相关参数：

——长期和短期光伏系统性能的现场测量；

——外推到标准测试条件(STC)的现场测量值和设计值的比较。

如果需要，有关特殊应用和/或特殊用途(设计、性能的预测和测量)的相关文件，也可以发布。

注：应用时，在图和文本中用框图表示最低要求，框图外给出推荐的可选择要求。

例如：

U_N	标称电压	最低要求
W	重　量	可选择要求

子条目的编号方式是任意的，但不可与特殊数据表相同。

2 PV 系统描述

2.1 方阵场

方阵场部件的示例参见附录 A。

2.1.1 组件

组件的特性以数据表的形式规定为

P_{max}	标准测试条件(STC)下的峰值功率	(W)
A_m	总面积(包括边框)	(m^2)

2.1.2 板

n	板中的组件数量	
A_P	板的总面积 (包括边框、组件间的间隔、反光器等)	(m^2)

2.1.3 方阵

N_M	组件数量	
A_a	总面积	(m^2)

2.1.4 方阵场

N_m	组件总数

N_P　　PV 方阵场中板总数

$$N_P = N_m / n$$

P_0	标称峰值功率		(W)
	$P_0 = N_m \cdot P_{max}$		
A	总面积 A 等于方阵面积的和		(m^2)
——	设计风速		($m \cdot s^{-1}$)
——	设计雪载荷		($kg \cdot m^{-2}$)
U_{0C}	开路电压		(V)

2.1.5 **方位**

β	倾斜角	(°)
α	方位角	(°)
	在北半球面向南	
	在南半球面向北	
	向东为负，向西为正	
——	跟踪(适用时)	
——	可调整方位(每年调节的次数和每个时段的持续时间)(适用时)	

2.2 储能子系统

储能子系统部件的示例见附录 A。

2.2.1 **蓄电池**

蓄电池的特性以数据表的形式规定为

U_n	标称电压	(V)
C_{10}	标称容量	(Ah)
C_{100}	额定容量(100 h 放电率)	(Ah)
——	蓄电池电化学类型	

2.2.2 **蓄电池组**

n_c	蓄电池数量(串联)	
n_b	蓄电池组并联数量	
U_B 或 U_N	标称电压	(V)
$U_B = n \cdot U_N$		
U_f	放电终止电压	(V)
C_{100}	额定容量(100 h 放电率)	(Ah)
	在标称温度条件下	(℃)

W	重量	(kg)
V	体积	(m^3)

2.2.3 **储能控制单元**

储能控制单元的特性以数据表的形式规定为

——	具有过充电控制装置
——	具有过放电控制装置

—— 监测和安全装置

U_S	标称电压	(V)
U_{max}	最大输入电压	(V)
——	充电和放电时的最大功率	(W)
——	充电和放电时的最大电流	(A)

2.3 能量控制和转换

2.3.1 逆变器

逆变器的特性以数据表的形式规定为

——	标称输出功率	(W)
——	在允许的时间内最大输出功率	(W)
U_i	输入电压	(V)
U_{imax}	最大输入电压	(V)
U_{imin}	最小输入电压	(V)
U_0	输出电压	(V)
f	频率	(Hz)
——	波型	
——	相数	
——	总谐波畸变率	

2.3.2 其他装置

(具有最大功率点跟踪(MPPT)的 DC/DC 变换器等)
它们的特性以数据表的形式规定为

——	标称输出功率	(W)
——	输入电压	(V)
——	标称输出电压	(V)
U_{min},U_{max}	最大和最小输入电压	(V)
I_{min},I_{max}	最大和最小输入电流	(A)
——	频率(稳态)	

注:2.3.1 和 2.3.2 特性将在 IEC 出版物中规定(在考虑中)。

2.4 负载

2.4.1 总负载

——	在标准时段标称总能量需求分布	
——	最大设计需求功率	(W)
——	最大和最小设计电流	(A)
——	最小和最大允许电压	(V)

2.4.2 分负载

分负载的特性以数据表的形式规定为

——	标称输入电压	(V)
——	最小和最大输入电压	(V)
——	标称输入功率	(W)
——	最大输入功率	(W)
——	标称输入电流	(A)
——	最大输入电流(和持续时间)	(A)
——	标称功率因数 cosϕ,(适用时)	
——	负载特性(恒定功率,恒定阻抗等)	
——	类型	
——	最终使用的能源形式(电的,机械的,热的,辐射的,水力的……)	

2.5 备用发电机

——	型号和功能	
——	标称功率	(W)
——	标称电压	(V)

注:在标准时段备用发电机无需提供全部电能。

2.6 系统电路布置图

2.6.1 示意方框图

2.6.2 方阵电缆线路图(包括带二极管的示意框图)

2.6.3 保护和安全装置——总布置图

在以下位置有相应的标识:

—— 设备保护

—— 人身安全保护

—— 过电压和雷击保护

—— 接地

—— 其他

3 环境参数

3.1 时段的确定

3.1.1 标准时段

时段通常用来计算和设计 PV 系统。在这个时段内系统应获得设计的性能。N_h(小时)和 N_d(日)。

在标准时段大于三个月时,建议给出平均的和每月的性能。

3.1.2 预计使用时段

PV 系统可提供预期消耗能量的时段。这个时段可以是:

—— 天

—— 星期

—— 季度

3.2 位置

——	纬度,经度	(°)
——	海拔高度 (如果被限制使用,是强制的)	(m)
T_{amd}	在标准时段内,白天平均的环境温度	(℃)
T_{amj}	在标准时段内,每日平均环境温度	(℃)
——	现场最高环境温度*	(℃)
——	现场最低环境温度*	(℃)
V_{max}	现场最大风速	($m \cdot s^{-1}$)
——	年平均风速	($m \cdot s^{-1}$)
——	场地总布置图	
——	PV 系统占用地基面积	(m^2)

* 在标准时段内

注:这些参数可通过相互协商确定,如果已知一个特殊位置,应采用最靠近该地区的实际气象数据和/或相关设计规范。

3.3 标准太阳辐照数据

G	水平面总辐照度	($kW \cdot m^{-2}$)
H	水平面总辐照	($kWh \cdot m^{-2}$)

下列符号作为下标使用:

I 倾斜面

dir 直射

dif 散射

N 标称

下列两条曲线是 PV 系统制造商和 PV 系统用户二者都认可的曲线,确定为标准曲线。

G	日水平面总辐照度和时间的关系	($W \cdot m^{-2}$)
G_I	日倾斜面总辐照度和时间的关系	(W/m^2)

这两条曲线应有日平均代表性(见"太阳日",IEC 在考虑公布。)

H	在标准时段内,水平面日平均总辐照	($kWh \cdot m^{-2} \cdot d^{-1}$)
H_I	在标准时段内,倾斜面日平均总辐照	($kWh \cdot m^{-2} \cdot d^{-1}$)
H_{Idif}	在标准时段内,倾斜面日平均散射辐照	($kWh \cdot m^{-2} \cdot d^{-1}$)
H_{Imax}	在标准时段内,至少出现一次的倾斜面最大日总辐照	($kWh \cdot m^{-2} \cdot d^{-1}$)
J_o	在一年内和在一年内可能的时段,至少出现一次的连续无直接辐照的天数	

4 性能参数

以下章条提出的所有参数可以在设计阶段,也可以在评估测试的结果中获得。

但下面内容是不提供的：

——得到上述参数的计算方法。

——外推到标准条件的方法。

——参数检查结果的可接受极限(精度、公差等)。

上面信息可以由 PV-系统的制造商和用户协商，也可以依照已颁布或制订中的标准(IEC 考虑发布的)。

4.1 瞬时性能(与功率相关)

4.1.1 方阵场

在下列辐照度和温度条件下，在方阵场末端，储能单元、逆变器和负载前的标称和/或最小 PV 曲线： a) 倾斜面辐照度 数值： 1 000 W·m^{-2} 800 W·m^{-2} 500 W·m^{-2} b) 相应的太阳电池温度 T_C 为 T_{amb}=20 ℃和风速为 1 m·s^{-1}时 $T_{C1\ 000}$ $T_{C800}=NOCT$ T_{C500}

推荐增加辐照度值

250 W·m^{-2}

100 W·m^{-2}

4.1.2 储能控制单元

(V) 在 T_{amb}=20 ℃，T_{amb}最大，T_{amb}最小时的电压控制值 (V)

U_{alh} 报警上限电平值

U_h	控制上限电压值*(停止充电电压值)
U_R	电压控制电压值(恢复充电电压值)
U_N	标称电压
U_r	恢复放电的电压*

U_{alb} 报警下限电压

U_b	控制下限电平*(终止放电的电压值)

—— 控制类型

—— 蓄电池放电深度

4.1.3 储能子系统

在 T_{amj}和 2.4 规定的条件下

* 这些电压控制值存在时是强制性的。

D_d	日放电深度(d.o.d)	C_{100}的百分比
D_a	年放电深度	C_{100}的百分比
	在此放电电压条件下,储能单元电压值应高于U_b	

4.2 时段内累积性能(与能量相关)

如果没有特殊规定,在这时段内的设计性能是指不连接备用发电机的。

4.2.1 短期性能

给出下列总辐照下的设计特性:

H_i $(kWh \cdot m^{-2} \cdot d^{-1})$

$H_{iM}=1.2H_i$ $(kWh \cdot m^{-2} \cdot d^{-1})$

$H_{im}=0.8H_i$ $(kWh \cdot m^{-2} \cdot d^{-1})$

PV 方阵在环境温度 T_{am}、风速 $1\ m \cdot s^{-1}$和下列条件下应提供的电能:

——在储能单元和/或逆变器和/或负载前;

——包括线损和二极管损耗;

——考虑 PV 发电、负载和蓄电池的电压范围,由制造商规定的 PV 系统的方阵标称电压。

4.2.2 长期性能(在标准时段)

下列参数应给出:

a) 能量

辐照通常为:

H_{Irp}——在标准时段内(rp=标准时段)倾斜面总辐照之和 $(kWh \cdot m^{-2})$

$$H_{Irp}=\sum H_I$$

H_{rp}——在标准时段内水平面总辐照之和 $(kWh \cdot m^{-2})$

$$H_{rp}=\sum H$$

确定参数为:

K_0——标准时段内的倾斜系数,定义为

$$K_0=H_{Irp}/H_{rp}$$

E_{PV}——在标准条件下,方阵终端由 PV 方阵提供的电能 (kWh)

建议详细描述计算条件如 MPPT、固定电压等。

b) 能量比

K_G——总能量比

$$K_G=E_{PV}/(P_0 \cdot t)$$

t 为在标准时段的小时数

c) 效率

η_C——光伏方阵的有效转换效率 (%)

$$\eta_C=100E_{PV}/H_{Irp}$$

d) 光伏系统可利用率

对标准时段和标准能量需求分布:

$$\tau_{d}=1-(\varepsilon_{hd}+\varepsilon_{hp}+\varepsilon_{hs})/\varepsilon_{hv}$$

式中：

ε_{hd}——在标准时段内，由于电压水平低于 U_b，直至到达电压水平 U_r，有用能量中不能利用的总小时数；

ε_{hp}——在标准时段内，由于 PV 系统故障和检修，有用能量中不能利用的总小时数；

ε_{hs}——在标准时段内，由于 PV 系统维护，有用能量中不能利用的总小时数；

ε_{hv}——在标准时段内，由标准能量需求分布图中推导出的电能需求总小时数。

附　录　A
（资料性附录）
方阵场和储能子系统部件

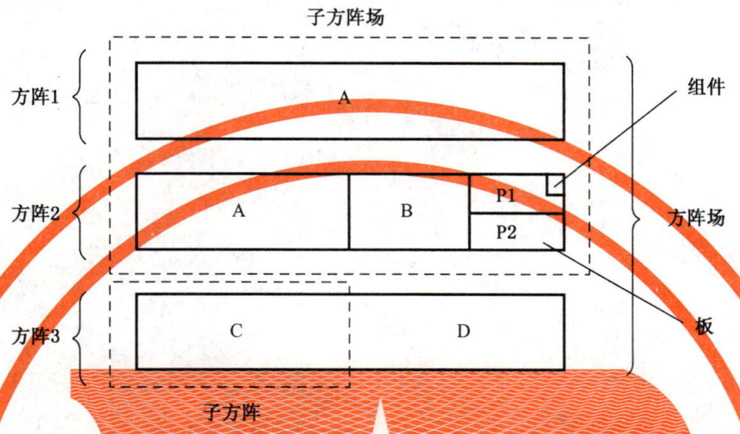

图 A.1　方阵场部件

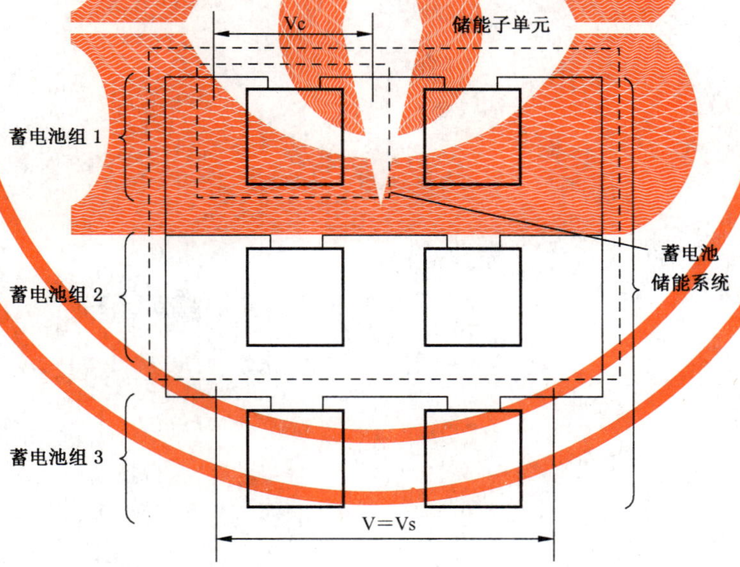

图 A.2　储能子系统部件

ICS 29.220.01
K 82

中华人民共和国国家标准

GB/T 28867—2012/IEC 60622:2002

含碱性或其他非酸性电解质的蓄电池和蓄电池组 方形密封镉镍单体蓄电池

Secondary cells and batteries containing alkaline or other non-acid electrolytes—Sealed nickel-cadmium prismatic rechargeable single cells

(IEC 60622:2002,IDT)

2012-11-05 发布　　2013-02-15 实施

中华人民共和国国家质量监督检验检疫总局
中国国家标准化管理委员会　发布

前　言

本标准按照 GB/T 1.1—2009 给出的规则起草。

本标准等同采用 IEC 60622:2002《含碱性或其他非酸性电解质的蓄电池和蓄电池组　方形密封镉镍单体蓄电池》。

本标准做了下列编辑性修改：

a) “本国际标准”一词改为“本标准”；

b) 用小数点“.”代替作为小数点的逗号“,”；

c) 删除 IEC 标准的前言。

本标准中规范性引用的国际文件有一致性对应关系的我国文件如下：

——GB/T 7676(所有部分) 直接作用模拟指示电测量仪表及其附件[IEC 60051(所有部分)]。

本标准由中华人民共和国工业和信息化部提出。

本标准由全国碱性蓄电池标准化技术委员会(SAC/TC 77)归口。

本标准起草单位:中国电子技术标准化研究所、中国电子科技集团公司第十八研究所。

本标准主要起草人:孙传灏、刘浩杰、王爱玲。

含碱性或其他非酸性电解质的
蓄电池和蓄电池组
方形密封镉镍单体蓄电池

1 总则

1.1 范围

本标准规定了方形密封镉镍单体蓄电池的标志、试验和要求。

注:本标准中,"方形"指的是电池的侧面和底面是矩形的。

如果有其他标准规定了电池用于特殊用途的试验条件和要求,并且同本标准的内容发生冲突,应优先采用前者。

1.2 规范性引用文件

下列文件对于本文件的应用是必不可少的。凡是注日期的引用文件,仅注日期的版本适用于本文件。凡是不注日期的引用文件,其最新版本(包括所有的修改单)适用于本文件。

GB/T 2900.41—2008 电工术语 原电池和蓄电池(IEC 60050-482:2003,IDT)

IEC 60051(所有部分) 直接作用模拟指示电测量仪表及其附件(Direct acting indicating analogue electrical measuring instruments and their accessories)

IEC 60410 计数检查抽样方案和程序(Sampling plans and procedures for inspection by attributes)

IEC 60417(所有部分) 设备用图形符号[Graphical symbols for use on equipment(all parts)]

IEC 60485 直流数字电压表及直流模数变换器(Digital electronic d. c. voltmeters and d. c. electronic analogue-to-digital converters)

IEC 61438 碱性蓄电池和蓄电池组使用中可能存在的危险及对健康的危害 设备生产商及用户指南(Possible safety and health hazards in the use of alkaline secondary cells and batteries—Guide to equipment manufacturers and users)

1.3 术语和定义

GB/T 2900.41—2008 界定的以及下列术语和定义适用于本文件。

1.3.1

密封电池 sealed cell

电池保持密封,当按制造商规定的充电制度和温度范围运行时既不释放气体也不泄漏液体的电池。电池可以安装安全装置以免产生高内压的危险,并设计成在其寿命期间无须补加电解质,以原始的密封状态运行。

1.3.2

标称电压 nominal voltage

密封镉镍单体蓄电池的标称电压为 1.2 V。

1.3.3

额定容量 rated capacity

制造商宣称的电量 C_5 Ah(安培小时)。即单体蓄电池在第 4 章规定的条件下充电、搁置和放电,在

20 ℃下以参考试验电流 $0.2I_t$ A 放电至终止电压 1.0 V 时所能输出的电量。

1.4 参数测量公差

相对于规定值或实际值，所有控制值或测量值的准确度应在下述公差范围内：

a) 电压：±1%；

b) 电流：±1%；

c) 温度：±2 ℃；

d) 时间：±0.1%；

e) 容量：±1%。

上述公差包含了所用测量仪表的准确度、所采用的测试方法以及测试过程中引入的所有其他误差。

模拟仪表的选择参见 GB/T 7676(所有部分)，数字仪表的选择参见 IEC 60485。在任何一份记录结果的报告中都应提供所使用仪表的详细资料。

2 型号和标志

2.1 电池型号

方形密封镉镍单体蓄电池的型号由字母“KC”后接具有下述含义的第 3 个字母 L、M、H 或 X 组成：

——L：低放电率；

——M：中放电率；

——H：高放电率；

——X：超高放电率。

注：对于上述类型的电池，推荐但不限于使用如下放电率。

——L：小于或等于 $0.5I_t$ A；

——M：小于或等于 $3.5I_t$ A；

——H：小于或等于 $7.0I_t$ A；

——X：可大于 $7.0I_t$ A。

这 3 个字母组成的字母组应后接一组表示电池额定容量的数字，数字单位为安培小时。

示例：KCH15。

2.2 电池端子

本标准对电池的端子不做规定。

2.3 标志

每只电池均应带有耐久性标志，标志至少要表明如下信息：

——2.1 规定的型号(允许制造商同时使用自己的型号)；

——制造商或供货方的名称或标识；

——正极端子：既可以是红色垫圈，也可以是凹进或凸出的符号(参见 IEC 60417 中图形符号 5005)。

2.4 安全建议

制造商应提供安全使用电池的建议。见 IEC 61438。

3　外形尺寸

电池的外形尺寸如图 1 所示，并在表 1 中给出。

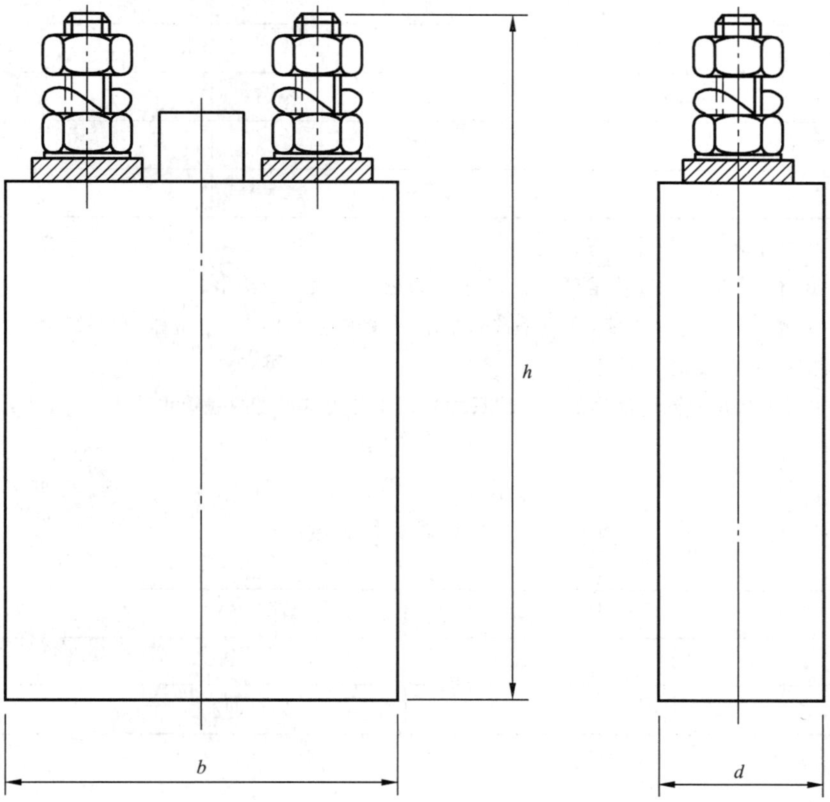

表 1　无外套方形密封镉镍单体蓄电池的外形尺寸

单位为毫米

宽度 b	长度 d	高度 h
31	47	129
36	15	71
37	31	64
42	17	100
42	39	102
50	35	129
51	30	111
51	37	111
64	63	84
77	31	117
77	31	126
77	31	222

表 1（续）

单位为毫米

宽度 b	长度 d	高度 h
77	43	222
77	63	222
77	81	222
77	121	222
93	84	126
97	19	107

注 1：表 1 中给出的外形尺寸是优选值。

注 2：表 1 中给出的宽度值和长度值是最大值，它们的负公差在表 2 中给出。

注 3：表 1 中给出的高度值是最大值，它应是按包括端子或按包括关闭的电池排气口测得的两个高度值中的较大者，本标准不规定高度的下限值。

注 4：表 1 中列出的外形尺寸同电池容量无关。尺寸适用于各类方形密封镉镍单体蓄电池，即 L 型、M 型、H 型和 X 型电池。

表 2 测量公差

（适用于宽度和长度）

单位为毫米

≤60	0～−2
>60，≤120	0～−3
>120	0～−4

4 电气试验

4.1～4.8 规定的试验所采用的充电电流和放电电流应是基于额定容量的值。

在除 4.7 之外的所有试验中，电池应置于这样的条件下：其最大的侧面不会在内压的影响下变形。

4.1 试验的充电方法

充电前，电池应在 20 ℃±5 ℃下，以恒流 0.2I_t A 放电至终止电压 1.0 V。

除非本标准另有规定，在各项放电试验之前，电池应在 20 ℃±5 ℃的环境温度下，以恒流 0.1I_t A 充电，充电时间为 14 h～16 h。

4.2 放电性能

下述放电试验应按规定的顺序进行。

所有电池应在 20 ℃、5 ℃和（或）−18 ℃下进行试验。

4.2.1 20 ℃放电性能

4.2.1.1 试验方法

电池按 4.1 规定充电。充电后，电池应在 20 ℃±5 ℃的环境温度下搁置 1 h～4 h。然后在相同的环境温度下按表 3 规定放电。

表 3　20 ℃放电性能

放电条件		最少放电时间			
恒流放电率 A	终止电压 V	电池类型			
		L	M	H	X
$0.2I_t$[a]	1.0	5 h	5 h	5 h	5 h
$1.0I_t$	1.0	—	38 min	48 min	54 min
$5.0I_t$[b]	0.8	—	—	2 min 30 s	6 min 30 s
$10.0I_t$[b]	0.8	—	—	—	1 min 30 s

[a] 本试验允许进行五次循环，当任一次循环满足要求时试验即可结束。

[b] 在 $5.0I_t$ A 和 $10.0I_t$ A 放电试验前，必要时可进行一次练习循环。该循环应是按 4.1 规定以 $0.1I_t$ A 充电，并在 20 ℃±5 ℃的环境温度下，按 4.2.1 规定以 $0.2I_t$ A 放电。

4.2.1.2　接收判据

放电时间应不少于表 3 中规定的最小值。

4.2.2　5 ℃放电性能

4.2.2.1　试验方法

电池按 4.1 规定充电。充电后，电池应在 5 ℃±2 ℃的环境温度下搁置 24 h。必须采取措施确保电解质温度在 24 h 内达到 5 ℃±2 ℃。然后在相同的环境温度下按表 4 规定放电。

表 4　5 ℃放电性能

放电条件		最少放电时间			
恒流放电率 A	终止电压 V	电池类型			
		L	M	H	X
$0.2I_t$	1.0	3 h 24 min	3 h 42 min	3 h 54 min	4 h 18 min
$1.0I_t$	1.0	—	25 min	36 min	44 min
$2.0I_t$[a]	1.0	—	—	10 min	18 min 30 s
$3.0I_t$[a]	0.8	—	—	—	10 min 30 s

[a] 在 $2.0I_t$ A 和 $3.0I_t$ A 放电试验前，必要时可进行一次练习循环。该循环应是按 4.1 规定以 $0.1I_t$ A 充电，并在 20 ℃±5 ℃的环境温度下，按 4.2.1 规定以 $0.2I_t$ A 放电。

4.2.2.2　接收判据

放电时间应不少于表 4 中规定的最小值。

4.2.3　−18 ℃放电性能

4.2.3.1　试验方法

电池按 4.1 规定充电。充电后，电池应在−18 ℃±2 ℃的环境温度下搁置 24 h。必须采取措施确保电解质温度在 24 h 内达到－18 ℃±2 ℃。然后在相同的环境温度下按表 5 规定放电。

表 5　－18 ℃放电性能

放电条件		最少放电时间			
恒流放电率 A	终止电压 V	电池类型			
		L	M	H	X
$0.2I_t$	1.0	2 h 8 min	2 h 24 min	2 h 39 min	2 h 54 min
$1.0I_t$	0.9	—	12 min	21 min	27 min
$2.0I_t$[a]	0.9	—	—	6 min	9 min
$3.0I_t$[a]	0.8	—	—	—	4 min

[a] 在 $2.0I_t$ A 和 $3.0I_t$ A 放电试验前，必要时可进行一次练习循环。该循环应是按 4.1 规定以 $0.1I_t$ A 充电，并在 20 ℃±5 ℃的环境温度下，按 4.2.1 规定以 $0.2I_t$ A 放电。

4.2.3.2　接收判据

放电时间应不少于表 5 中规定的最小值。

4.2.4　高放电率电流试验

本试验用于评价电池承受高放电率电流的能力。

4.2.4.1　试验方法

电池按 4.1 规定充电。充电后，电池应在 20 ℃±5 ℃的环境温度下搁置 1 h～4 h。然后在相同的环境温度下按表 6 给出的电流值放电 5 s。放电期间应记录电池端电压。

表 6　高放电率电流值

电池类型	恒流放电率
L	$6I_t$ A
M	$10I_t$ A
H	$15I_t$ A
X	$20I_t$ A

4.2.4.2　接收判据

电池外壳不熔化，不变形，电池内部组件不应有可观察到的变形。此外，放电期间电池电压不应出现中断。

4.3　荷电保持能力

电池的荷电保持特性应通过下述试验检验：

电池按 4.1 规定充电后，应开路搁置 28 d。平均环境温度应是 20 ℃±2 ℃。搁置期间允许温度短时间在 20 ℃±5 ℃范围内变化。

然后电池应在 4.2.1 规定的条件下以 $0.2I_t$ A 放电。

放电时间应不少于 3 h 15 min。

4.4 耐久性

4.4.1 循环寿命

4.4.1.1 试验条件

寿命试验应在 20 ℃±5 ℃的环境温度下进行。试验期间应采取措施防止电池外壳温度超过 35 ℃,必要时可进行强制通风。

第一次循环前,电池应以 0.2I_t A 恒流放电至终止电压 1.0 V。

4.4.1.2 第 1 次～第 49 次循环

循环应按表 7 规定的条件进行。充电和放电始终以恒流进行。循环应是连续的,但在每轮第 49 次和第 50 次循环放电结束后,允许电池短时搁置,以便在一个适宜的时刻开始下一轮 50 次循环。

表 7 循环寿命

循环次数	充电	放电
1	0.1I_t A 持续 14 h	0.2I_t A 持续 3 h
2～48	0.2I_t A 持续 3 h 45 min	0.2I_t A 持续 3 h
49	0.2I_t A 持续 3 h 45 min	0.2I_t A 放电至 1.0 V

4.4.1.3 第 50 次循环

电池按 4.1 规定充电,并按 4.2.1 规定进行容量试验,放电率为 0.2I_t A。

4.4.1.4 接收判据

第 1 次～第 50 次循环应重复进行,直至任一第 50 次循环的放电时间少于 3 h 为止。至此,应按 4.2.1规定再进行一次循环,放电率为 0.2I_t A。

当连续两次这样的容量测量循环的放电时间均少于 3 h 时,循环寿命试验结束。

试验结束时得到的循环次数应不少于 400 次。试验期间不应出现电解液泄漏。

4.4.2 持续充电耐久性

电池应按 4.1 规定进行充电。

紧接着电池应以 0.02I_t A 充电 91 d,然后电池按 4.2.1 规定以 0.2I_t A 放电。这一循环应再重复三次。允许在循环间有短期延时,以便在一个适宜的时刻开始新的循环。

试验期间应采取措施防止电池外壳温度超过 30 ℃,例如必要时可以改变电池间距或进行强制通风。

完成连续四次上述规定的循环后得到的放电时间应不少于 4 h 15 min。试验期间不应出现电解液泄漏。

4.5 恒电压充电接受能力

本标准不规定恒电压充电接受能力试验。

不推荐采用恒电压充电。

4.6 过充电

电池应按 4.1 规定进行充电。

紧接着电池应在 20 ℃±5 ℃的环境温度下以 0.03I_t A 恒流充电 28 d。

试验期间应采取措施防止电池外壳温度超过 30 ℃，例如必要时可以改变电池间距或进行强制通风。

上述充电完成后，电池应在 20 ℃±5 ℃的环境温度下搁置 1 h～4 h。

然后电池应在 20 ℃±5 ℃的环境温度下以 0.2I_t A 恒流放电至终止电压 1.0 V。

放电时间应不少于 4 h 15 min。试验期间不应出现电解质泄漏。

4.7 安全装置动作

> **警告：进行本项试验时应十分小心！电池应单独进行试验，并应注意：不符合要求的电池即使在切断电流后也会爆炸。**
>
> **为此，试验应在防护间里进行。**

电池应装有安全装置，进行下述试验是为证实当电池内压超过临界值时，安全装置允许气体逸出，即压力达到此值时安全装置必须动作。

电压应在 20 ℃±5 ℃的环境温度下以 0.2I_t A 恒流强制放电至终止电压 0.0 V。

然后将电流增至 1I_t A，并在同一环境温度下继续强制放电 30 min。

放电期间及放电结束时，电池不应破裂或爆炸。允许电池漏液和变形。

4.8 气体泄漏试验

电池应按 4.1 规定进行充电。接着电池以 0.02I_t A 恒流充电。充电期间每隔 30 min 测量一次充电电压。当电压稳定后应将电池浸入绝缘油中，并继续充电 2 h。

在后 1 h 期间不应观察到气泡。

4.9 贮存

电池应按制造商的规定进行贮存准备。然后电池在平均环境温度为 20 ℃±5 ℃、相对湿度为 65%±20%的环境中开路贮存 12 个月。贮存期间，任何时刻环境温度的变化不应超出 20 ℃±10 ℃的范围。

贮存期满后，电池应按制造商的规定进行处置。然后电池按 4.2.1 规定进行试验，并应满足该条的所有要求。

5 机械试验

机械试验应根据电池的预定用途进行规定。因此，本标准不规定机械试验，机械试验应由用户和制造商双方协商确定。

6 外观

电池应进行目视检查，不应有明显的裂痕、损伤或腐蚀。

任何形变应在制造商的图纸规定的外形尺寸公差范围内。

7 批准和接收条件

7.1 型式批准

型式批准的样本大小和试验顺序按表 8 规定。型式批准所需的电池总数为 32 只。试验所用的电池应是新电池。

所有电池应进行 A 组试验，然后随机划分为每组含 5 只电池的 5 个组和 1 个含 6 只电池的单独的组，5 个组分别以 B、C、D、E 和 G 命名，单独的组以 F 命名。一只电池作为备用，如果发生供货方责任范围之外的任何故障，允许作为替代重新进行一次试验。

每组允许不合格电池数和总的允许不合格电池数按表 8 规定。如果一只电池不能满足一组试验中的全部或部分要求时，则判为该只电池不合格。

表 8　型式批准试验顺序

组别	样本大小	条款号	试验	允许不合格电池数	
				每组	总数
A	32	2.3 3 4.2.1	标志 外形尺寸 20 ℃放电性能	0	2
B	5	4.2.2 和(或)4.2.3 4.2.4	5 ℃和(或)－18 ℃放电性能 高放电率电流试验	1	
C	5	4.6 4.7	过充电 安全装置动作	0	
D	5	4.3 4.4.1	荷电保持能力 循环寿命	1	
E	5	4.4.2	持续充电耐久性	1	
F	6	4.8	气体泄漏试验	0	
G	5	4.9	贮存	1	

7.2　批接收

电池以独立批交货时采用本试验。

除非供货方与订购方另有协议，检查和试验应采用表 9 中推荐的检查水平和 AQL 值(接收质量限)。应按 IEC 60410 的规定确定抽样程序。

表 9　推荐的批接收试验顺序

组别	条款号	检查/试验	推荐	
			检查水平	AQL %
A		目视检查	Ⅱ	4
B	 3 2.3	物理检验： ——外形尺寸 ——重量 ——标志	 S3 S3 S3	 1 1 1

表 9（续）

组别	条款号	检查/试验	推荐	
			检查水平	AQL %
C		电气检验：		
		——开路电压和极性	Ⅱ	0.65
	4.2.1	——20 ℃放电	S3	1
注：一只电池上的两项或多项缺陷不进行累计。只将其计为对应最小 AQL 值的一项缺陷。				

ICS 29.100.10
L 19

中华人民共和国国家标准

GB/T 28868—2012

未经涂覆的磁性氧化物环形磁心的尺寸

Dimensions of uncoated ring cores of magnetic oxides

(IEC/TR 61604:1997,NEQ)

2012-11-05 发布　　2013-02-15 实施

中华人民共和国国家质量监督检验检疫总局
中国国家标准化管理委员会　发布

前　言

本标准按照 GB/T 1.1—2009 给出的规则起草。

本标准与 IEC/TR 61604:1997《未经涂覆的磁性氧化物环形磁心的尺寸》的一致性程度为非等效，主要差异如下：

——删除了欧洲、日本、美国三个不同系列的尺寸、有效参数、尺寸比、A_e 与 μ_0/C_1 关系曲线，并用我国普遍应用的尺寸系列取而代之。

——删除了“绝缘环形磁心击穿电压测量方法”这一资料性附录。

——增加了环形磁心的磁心型号命名。

本标准由中华人民共和国工业和信息化部提出。

本标准由全国磁性元件与铁氧体材料标准化技术委员会(SAC/TC 89)归口。

本标准起草单位:浙江天通电子股份有限公司。

本标准主要起草人:潘金兴、张瑞标、段金柱、陆成松、唐杰。

未经涂覆的磁性氧化物环形磁心的尺寸

1 范围

本标准规定了未经涂覆的环形磁心的尺寸及其有效参数。

本标准适用于未经涂覆的环形磁心。该磁心主要用于功率扼流圈和驱动变压器、脉冲和宽带变压器、EMI 抑制:差模和共模扼流圈等。

2 规范性引用文件

下列文件对于本文件的应用是必不可少的。凡是注日期的引用文件,仅注日期的版本适用于本文件。凡是不注日期的引用文件,其最新版本(包括所有的修改单)适用于本文件。

GB/T 20874—2007 磁性零件有效参数的计算(IEC 60205:2001,IDT)

SJ/T 10213—1991 铁氧体材料牌号与元件型号命名方法

3 要求

3.1 磁心型号命名

磁心的型号命名应符合 SJ/T 10213—1991 的规定。

磁心的完整型号由磁心所用材料牌号与磁心规格型号组成,示例如下:

R5k H 18×8×5

- 18×8×5 —— 磁心尺寸规格(外径×内径×高)
- H —— 代表环形磁心
- R5k —— 代表材料牌号

3.2 尺寸比

对于一个绕上线圈的磁心,固定其总体积不变,对绕组的直流电阻 R_{dc} 和电感量 L 的比 R_{dc}/L 而言,存在着外径、高度与内径的最佳比。本标准推荐的尺寸比如下:

——外径与内径比:$D/d=1.67$;

——高度与内径比:$h/d=0.67$。

3.3 磁心尺寸比

环形磁心外形示意图见图 1。各磁心尺寸比见表 1。

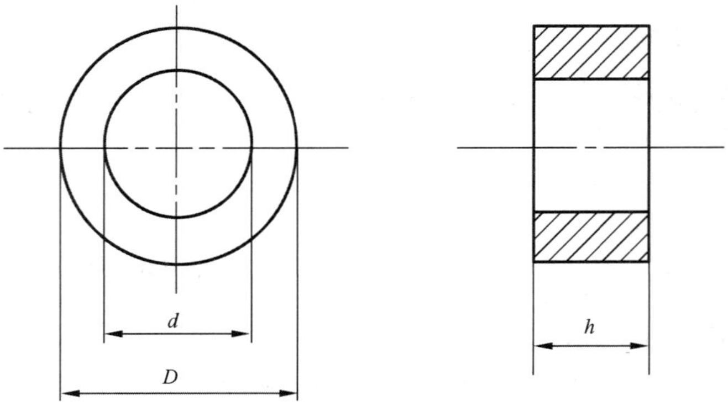

图 1 环形磁心示意图

表 1 磁心尺寸比

规格型号	尺寸比	
	D/d	h/d
H2.5×1.3×1.3	1.92	1.00
H3×1.8×1.5	1.67	0.83
H3.4×1.7×1.7	2.00	1.00
H4×2×2	2.00	1.00
H5×3×5	1.67	1.67
H6×3×4	2.00	1.33
H7×4×4	1.75	1.00
H9×5×3	1.80	0.60
H10×5×5	2.00	1.00
H12×6×4	2.00	0.67
H13×7×5	1.86	0.71
H14×7×5	2.00	0.71
H16×12×8	1.33	0.67
H17×10×8	1.70	0.80
H18×10×10	1.80	1.00
H22×14×12	1.57	0.86
H25×15×10	1.67	0.67
H25A×15×12	1.69	0.80
H30×11×8	2.62	0.71
H31×19×15	1.63	0.79
H31A×19×6	1.63	0.32
H36×23×19	1.57	0.83
H38×19×13	2.00	0.68
H50×25×20	2.00	0.80

表 1（续）

规格型号	尺寸比	
	D/d	h/d
H50A×35×20	1.43	0.57
H56×32×18	1.75	0.56
H68×44×15	1.55	0.34
H86×56×13	1.54	0.23
H100×65×15	1.54	0.23
H140×100×25	1.40	0.25
H200×150×25	1.33	0.17

3.4 磁心尺寸及有效参数

磁心尺寸及有效参数应符合表 2 的规定。磁心有效参数计算按 GB/T 20874—2007 进行。

表 2 磁心尺寸及有效参数

规格型号	外径 D mm	内径 d mm	高度 h mm	磁路常数 C_1 mm^{-1}	磁路常数 C_2 mm^{-3}	有效截面积 A_e mm^2	有效磁路长度 l_e mm	有效体积 V_e mm^3
H2.5×1.3×1.3	2.54±0.3	1.27±0.3	1.27±0.3	7.14	9.21	0.77	5.53	4.29
H3×1.8×1.5	3.0±0.3	1.8±0.3	1.5±0.3	8.2	9.31	0.88	7.22	6.36
H3.4×1.7×1.7	3.4±0.3	1.7±0.3	1.7±0.3	5.33	3.84	1.39	7.40	10.28
H4×2×2	4.0±0.3	2.0±0.3	2.0±0.3	4.53	2.36	1.92	8.71	17
H5×3×5	5.0±0.3	3.0±0.3	5.0±0.3	2.46	0.50	4.89	12.04	59
H6×3×4	6.0±0.3	3.0±0.3	4.0±0.3	2.27	0.39	5.77	13.07	75
H7×4×4	7.0±0.3	4.0±0.3	4.0±0.3	2.81	0.48	5.85	16.41	96
H9×5×3	9.0±0.3	5.0±0.3	3.0±0.3	3.56	0.61	5.83	20.77	121
H10×5×5	10.0±0.4	5.0±0.4	5.0±0.3	1.81	0.15	12.01	21.78	262
H12×6×4	12.0±0.4	6.0±0.4	4.0±0.3	2.27	0.20	11.53	26.13	301
H13×7×5	13.0±0.5	7.0±0.4	5.0±0.3	2.03	0.14	14.53	29.50	429
H14×7×5	14.0±0.5	7.0±0.4	5.0±0.3	1.81	0.11	16.82	30.49	513
H16×12×8	16.0±0.5	12.0±0.4	8.0±0.3	2.73	0.17	15.89	43.38	689
H17×10×8	17.0±0.5	10.0±0.3	8.0±0.3	1.48	0.05	27.35	40.48	1 107
H18×10×10	18.0±0.5	10.0±0.4	10.0±0.3	1.07	0.03	38.87	41.55	1 610
H22×14×12	22.0±0.6	14.0±0.4	12.0±0.3	1.16	0.02	47.19	54.67	2 580
H25×15×10	25.0±0.6	15.0±0.4	10.0±0.3	1.23	0.03	48.93	60.18	2 944
H25A×15×12	25.4±0.6	15.0±0.4	12.0±0.3	0.99	0.02	60.98	60.62	3 696

表 2（续）

规格型号	外径 D mm	内径 d mm	高度 h mm	磁路常数 C_1 mm^{-1}	磁路常数 C_2 mm^{-3}	有效截面积 A_e mm^2	有效磁路长度 l_e mm	有效体积 V_e mm^3
H30×11×8	29.6±0.6	11.3±0.4	8.0±0.4	0.82	0.01	67.80	55.29	3 749
H31×19×15	31.0±0.8	19.0±0.6	15.0±0.3	0.86	0.01	88.22	75.49	6 660
H31A×19×6	31.0±0.8	19.0±0.5	6.0±0.3	2.14	0.06	35.29	75.49	2 664
H36×23×19	36.0±1.0	23.0±0.5	19.0±0.3	0.74	0.01	121.45	89.65	10 888
H38×19×13	38.0±1.0	19.0±0.6	13.0±0.5	0.70	0.01	118.67	82.75	9 820
H50×25×20	50.0±1.2	25.0±0.7	20.0±0.5	0.45	0	240.23	108.88	26 156
H50A×35×20	50.0±1.2	35.0±0.7	20.0±0.5	0.88	0.01	148.42	130.73	19 403
H56×32×18	56.0±1.2	32.0±0.8	18.0±0.5	0.62	0	210.45	131.27	27 626
H68×44×15	68.0±1.5	44.0±1.0	15.0±0.5	0.96	0.005	177.21	170.52	20 217
H86×56×13	86.0±1.8	56.0±1.2	13.0±0.8	1.123	0.006	191.93	216.24	41 503
H100×65×15	102.0±2.2	65.8±1.5	15.0±0.8	0.956	0.004	266.92	255.06	68 080
H140×100×25	140.0±2.5	103.0±2.0	25.0±1.2	0.819	0.002	460.05	376.73	173 315
H200×150×25	202.0±5.0	153.0±3.0	25.0±1.0	0.905	0.001	607.12	549.21	333 435

ICS 29.100.10
L 19

中华人民共和国国家标准

GB/T 28869.1—2012/IEC 62044-1:2002
部分代替 GB/T 9632.1—2002

软磁材料制成的磁心 测量方法
第1部分:通用规范

Cores made of soft magnetic materials—Measuring methods—
Part 1:Generic specification

(IEC 62044-1:2002,IDT)

2012-11-05 发布　　　　2013-02-15 实施

中华人民共和国国家质量监督检验检疫总局
中国国家标准化管理委员会　发布

前　言

GB/T 28869《软磁材料制成的磁心　测量方法》拟分为3个部分：

——第1部分：通用规范；

——第2部分：低励磁电平下的磁特性；

——第3部分：高励磁电平下的磁特性。

本部分为GB/T 28869的第1部分。

本部分依据GB/T 1.1—2009给出的规则起草。

本部分使用翻译法等同采用IEC 62044-1:2002《软磁材料制成的磁心　测量方法　第1部分：通用规范》。

与IEC 62044-1:2002相比，本标准还做了下列编辑性修改：

——更改了原标准中的一个错误，即3.1的"clause 4"改为"clause 5"；

——删除了原IEC标准的"前言"。

本部分代替GB/T 9632.1—2002《通信用电感器和变压器磁心测量方法》中的第一篇总则的1～6章。

本部分与GB/T 9632.1—2002相比主要变化如下：

——由于原标准等同采用IEC 60367-1:1982，AMD1:1984，AMD2:1992。IEC 60367-1标准已被IEC 62044-1、IEC 62044-2和IEC 62044-3取代。本部分等同采用IEC 62044-1:2002。本部分规定的范围与原标准相比有较大差别。

——本部分与第2部分、第3部分一起代替GB/T 9632.1—2002，与原标准相比，本部分仅对软磁材料制成的磁心的各种可能的测量方法应遵循的通用原则进行了规定，而对具体参数的测量则分别由第2部分和第3部分规定。

本部分由中华人民共和国工业和信息化部提出。

本部分由全国磁性元件与铁氧体材料标准化技术委员会(SAC/TC 89)归口。

本部分起草单位：工业和信息化部磁性产品质量监督检验中心。

本部分主要起草人：彭清贵、胡滨、刘剑。

本部分所代替标准的历次版本发布情况为：

——GB/T 9632—1988、GB/T 9632.1—2002。

软磁材料制成的磁心　测量方法　第1部分:通用规范

1　范围和目的

GB/T 9632的本部分适用于由软磁材料制成的磁心,这些磁心用于电感器、变压器和抗电磁干扰器件中。

本部分用于指导磁和非磁性能(如机械、电气性能等)的规范测量方法。

本部分仅限于各种可能的测量方法应遵循的通用原则。对于磁特性的测量而言,应考虑用测试线圈所测得结果能直接对应于使用磁心的磁性元件的特性参数(如电感),因此,应选择合适的测量方法,以便获得与相应的磁性元件的测量结果有较好的等效关系。

2　规范性引用文件

下列文件对于本文件的应用是必不可少的。凡是注日期的引用文件,仅注日期的版本适用于本文件。凡是不注日期的引用文件,其最新版本(包括所有的修改单)适用于本文件。

IEC 60068(所有部分)　环境试验

3　环境条件

3.1　总则

对于已确定的测量方法,如果要求对磁心进行磁正常化,应按第5章的规定进行。在整个过程中,应保护磁心免受机械损伤和磁干扰。温度变化时应避免测试绕组可能产生的缩聚现象。

3.2　环境温度

除另有规定外,整个测量过程应遵循IEC 60068,在试验的标准大气条件范围内某一温度下进行。但在整个测量周期中,温度不能变化到明显影响测量结果的程度。在某些情况下,允许使用温控箱(室)。已装上测量线圈以及夹紧装置的磁心,应在试验温度的环境里放置足够的时间使之达到热平衡。应标明测量期间的温度。

注:测量可以在15 ℃～35 ℃的任何温度下进行,但最好在25 ℃±3 ℃下进行。

4　通用注意事项

4.1　与实际应用的关系

选择的测量条件,应使测量结果适合于磁心预计在实际使用环境中的性能,但这并不意味着所有的条件都必须与实际使用条件一致。

4.2　多部分组合磁心的装配

若装入测量线圈的磁心由一个以上部分组成时,在整个测量过程中应用一夹紧装置固定。该夹紧装置应满足:

a) 压力均匀分布在接触表面上,并严格固定磁心零件间的相对位置;

b) 夹紧力应规定在一个特定的范围内,以使被测参数的变化尽可能的小;

c) 在整个测量过程中,夹紧力的变化不应超过规定值的±10%。

注:由于电感对力的变化很敏感,在测量电感时应规定夹紧力的大小,而在测量其他参数时也采用这个夹紧力。

测量前应先清洁接触表面。清洁过程应能去掉尘粒,特别是抛光表面或精细研磨面的尘粒。然后将磁心装入测量线圈中,用适当的方法(如垫圈)将测量线圈与磁心的相对位置固定。将磁心零件居中放置并施加规定的夹紧力,并保持足够长的时间,以使被测参数随时间的变化可以忽略不计。

4.3 测量线圈的选择

测量线圈的选择遵循以下原则:

——线圈匝数根据测量条件、所用的设备以及获得的测量准确度要求确定;

——绕组的电阻和分布电容应尽量小,使得相应误差可忽略不计。

对于有一个以上绕组的线圈,内层绕组间电容也应尽可能小。

——绕组应尽量贴近磁心绕制,尽可能使耦合达到100%;

——对于环形磁心,线圈应均匀分布。对于其他形状磁心,绕组应尽可能占满窗口面积。这对有较大气隙磁心的电感量测量特别重要。

5 磁正常状态化

5.1 目的

为了获得准确定义、可再现的磁性状态,在测试之前,应按照规定对磁心进行磁正常状态化处理。

5.2 方法原理

主要有两种方法:

a) 电的方法,即样品受到幅度足够大且逐渐减小到零的交变磁场的作用,使其磁正常状态化;

b) 热的方法,即将样品加热到高于其居里温度点,再冷却到室温,从而使其磁正常状态化。

5.3 电方法的试验程序

磁场强度的起始峰值应远高于磁心磁化曲线的膝点,在减小幅度时,对于每个完整的循环,磁心中磁通的方向应改变两次。

有两种可行的方法:

a) 用一个逐渐减小的交流电流通过磁心上的线圈,以消除其磁经历遗留的影响。减小电流的方法可以是:

  1) 线性下降:正弦波发生器将输入信号提供给功率放大器。采取增益合适的控制电路对放大器的输出波形进行全程整形,以便为进行磁正常状态化的磁心试验绕组提供一个具有所需要的频率和预定的峰值幅度变化的电流。该电流幅度连续降低应不少于50个周期;

  2) 指数下降:将一个电容器充电到预定电压,然后通过一个电感器向与其串联的需要磁正常状态化的磁心上的试验绕组放电。电容器、电感器和磁心绕组以及构成放电回路的其他元件共同决定了振荡放电的电流。这个电流同方向相邻的两个峰值之比不应小于0.78。

注:在磁正常状态化过程中,线圈不应由于通过上述电流引起明显发热。

b) 样品从一个电磁铁气隙的交变磁场中通过。应适当地选择线包的匝数、通过线包的电流大小和电磁铁气隙的大小，以便使其在气隙中能产生约 25 kA/m 的磁场强度。

5.4 热方法的试验程序

磁心应按规定的温度变化速率加热，而且在大约高于居里点 25 ℃的温度下保温 30 min～60 min；加热的速率不应超过 2 ℃/min；冷却速率也不应超过 5 ℃/min。

在应用本方法之前，应核实磁心材料经过热循环后不会产生不可逆变化(如具有蜂腰回线的材料可能产生不可逆变化)。在整个过程中磁心应避免受到机械损伤和磁干扰。

6 测量准确度

参数测量过程中所能达到的准确度与测量方法有关，因此，应选择适当的测量方法以满足被测参数准确度的要求。

准确度不但取决于测量装置的固有准确度，同时还与环境条件、以及磁心和线圈的装配状况有关(见 4.2)。这是磁心和线圈采用临时装配的办法来进行测量产生的必然结果。

从本质上来说，软磁材料磁心测量方法的准确度是有限的，而且用同样的方法测量磁性元件获得的准确度也不同，因此，应当考虑测量磁心和测量使用这个磁心制成的磁性元件之间的关联性。

ICS 29.100.10
L 19

中华人民共和国国家标准化指导性技术文件

GB/Z 28870—2012

抗电磁干扰软磁铁氧体材料的测量方法

Measuring methods for anti-EMI soft ferrite materials

2012-11-05 发布　　2013-02-15 实施

中华人民共和国国家质量监督检验检疫总局
中国国家标准化管理委员会　发布

前　言

本指导性技术文件依据 GB/T 1.1—2009 给出的规则起草。

本指导性技术文件仅供参考,有关对本指导性技术文件的建议和意见,向国务院标准化行政主管部门反映。

本指导性技术文件由中华人民共和国工业和信息化部提出。

本指导性技术文件由全国磁性元件与铁氧体材料标准化技术委员会(SAC/TC 89)归口。

本指导性技术文件由西南应用磁学研究所负责起草。

本指导性技术文件主要起草人:彭清贵、张仕俊、刘剑、高晓琴。

抗电磁干扰软磁铁氧体材料的测量方法

1 范围

本指导性技术文件规定了抗电磁干扰软磁铁氧体材料的测量方法。

本指导性技术文件用于指导抗电磁干扰软磁铁氧体材料的规范测量。

2 规范性引用文件

下列文件对于本文件的应用是必不可少的。凡是注日期的引用文件，仅注日期的版本适用于本文件。凡是不注日期的引用文件，其最新版本(包括所有的修改单)适用于本文件。

GB/T 9632.1—2002 通信用电感器和变压器磁心测量方法(IEC 60367-1:1982,IDT)

GB/T 28868—2012 未经涂覆的磁性氧化物环形磁心的尺寸

GB/Z 28865—2012 抗电磁干扰软磁铁氧体材料规范

3 环境条件

3.1 总则

进行磁性测量时，一般应至少提前 24 h，按照 GB/T 9632.1—2002 第 6 章将样品进行磁正常[状态]化处理，然后进行测量。在不影响测量值的情况下，这一步也可以省去。

在整个测量过程中，样品必须受到保护，使其不受机械冲击和振动以及磁性干扰的影响，并应避免温度变化可能产生的绕组的缩聚现象。

3.2 测量的大气条件

测量的大气条件应符合下列规定：

a) 标准大气条件

温度：15 ℃～35 ℃；

相对湿度：20%～80%；

气压：86 kPa～106 kPa。

测量可在标准大气条件范围内的某一温度下进行，在整个测量过程中，温度不能变化到明显影响测量结果的程度。在某些情况下，需使用控温箱。

b) 仲裁大气条件

温度：25 ℃±1 ℃；

相对湿度：48%～52%；

气压：86 kPa～106 kPa。

4 样品

抗电磁干扰软磁铁氧体材料性能参数测量，尽量采用烧结后没有经受外部应力(如未磨加工)的、具有矩形截面的圆环样品，样品应无影响测量结果准确性的表观或内在的缺陷。样品尺寸最好按

GB/T 28868—2012 的规定在 H10～H36 之间选择，且相应的有效截面积 A_e 值在 8 mm^2～100 mm^2 范围内，外径 D 与内径 d 之比 $D/d \approx 1.67$，高度 h 与内径 d 之比 $h/d \approx 0.67$。

5 测量方法

5.1 起始磁导率 μ_i

5.1.1 样品及测试条件

样品及测试条件应符合下列规定：

a) 样品

按第 4 章的要求选取无缺损的样品。

b) 测试条件

磁通密度峰值推荐值为≤0.5 mT，波形应为正弦波。

测试频率推荐值为 10 kHz 或 100 kHz，依据下列原则在两者中进行选择：

1) 测试状态下，测试设备能提供给具有特定阻抗的被测单元的交流电压和电流的能力；
2) 测试设备能提供需要的测试准确度的能力；
3) 选择的测试频率应远离被测样品的自谐频率，以使在二倍测试频率时，对测试值的影响不大于 10%；
4) 选择的测试频率应远离磁性材料的截止频率，以使在二倍测试频率时，对测试值的影响不大于 10%。

5.1.2 方法原理

采用 LCR 测试仪或阻抗分析仪，测量样品线圈的电感量 L，通过式(1)计算 μ_i。

$$\mu_i = \frac{L}{2N^2 h \ln(D/d)} \times 10^7 \qquad \cdots\cdots(1)$$

式中：

μ_i ——起始磁导率；

D ——样品外径，单位为米(m)；

d ——样品内径，单位为米(m)；

h ——样品高度，单位为米(m)；

L ——样品绕组的电感量，单位为亨(H)；

N ——线圈匝数。

5.1.3 测试仪器

采用的 LCR 测试仪或阻抗分析仪应能调到规定的频率和测试线圈上要求的电压 U_B。仪器对电感量的测量精度应优于 1%。

$$U_B = 4.44 f N \hat{B} A_e \qquad \cdots\cdots(2)$$

式中：

U_B ——测量电压的有效值，单位为伏(V)；

f ——测试频率，单位为赫(Hz)；

N ——线圈匝数；

$\hat{B}$ ——磁通密度的峰值，单位为特(T)；

A_e ——样品有效截面积，单位为平方米(m^2)。

5.1.4 测量程序

起始磁导率应按下列测量程序进行：

a) 测量线圈

首先在环形样品上包1～2层绝缘纸(如电容纸或黄蜡绸)，然后在环形样品上均匀绕制测量线圈。在测量频率下，线圈本身的铜阻和分布电容应尽量低，以使线圈本身引起的测量误差可以忽略。

推荐测试线圈的匝数见表1。

表1 磁心的测试频率、电感因数 A_L 与线圈匝数的对应关系

匝 数	频率 kHz	A_L nH/N^2
1	10	>10 000
	100	>1 000
10	10	>100
	100	>10

起始磁导率≤100的磁环应采用图1所示的短路同轴腔进行测试或对比。

b) 测量之前，应按3.1对样品进行磁正常[状态]化。

c) 按测量仪操作规程，把样品测量线圈接到仪器，频率 f 和电压 U_B 调到规定的值，测量电感量 L，然后按式(1)计算 μ_i。

5.2 复数磁导率

5.2.1 样品及测量条件

样品及测试条件应符合下列规定：

a) 样品按第4章选取，如采用短路同轴测量法，样品尺寸应满足测量仪器的同轴夹具的要求。

b) 测量条件：测量频率 f 应满足材料规定要求。磁通密度峰值 $\hat{B}\leqslant 0.5$ mT，波形应为正弦波。

5.2.2 方法原理

复数磁导率的测量方法原理如下：

a) 绕线测量法

按5.1.4a)绕制测试线圈，采用LCR测试仪或者阻抗分析仪按串联等效模式测量样品的电感量 L 和含样品线圈的损耗电阻 R，计算复数磁导率 μ 的两个分量 μ' 和 μ''。

$$\mu=\mu'-j\mu'' \qquad \cdots\cdots(3)$$

$$\mu'=\frac{l_e L}{\mu_0 A_e N^2} \qquad \cdots\cdots(4)$$

$$\mu''=\frac{l_e(R-R_w)}{2\pi f\mu_0 A_e N^2} \qquad \cdots\cdots(5)$$

$$\tan\delta=\frac{\mu''}{\mu'} \qquad \cdots\cdots(6)$$

式中：

μ ——复数磁导率；

μ' ——复数磁导率的实部；

μ'' ——复数磁导率的虚部；

l_e ——样品的有效磁路长度，单位为米(m)；

L ——样品绕组的电感量，单位为亨(H)；

μ_0 ——磁常数($\mu_0 = 4\pi \times 10^{-7}$ H · m^{-1})；

A_e ——样品的有效截面积，单位为平方米(m^2)；

N ——测量线圈的匝数；

R ——含样品线圈损耗的电阻值，单位为欧(Ω)；

R_w ——测量线圈本身的直流电阻值，单位为欧(Ω)；

f ——测量频率，单位为赫(Hz)；

$\tan\delta$ ——损耗角正切。

b) 短路同轴测量法

采用阻抗分析仪，测量样品放入短路同轴腔前后的电感量之差和损耗电阻之差，如图 1 所示。计算复数磁导率的两个分量 μ' 和 μ''：

$$\mu = \mu' - j\mu'' \qquad \cdots\cdots(7)$$

$$\mu' = 1 + \frac{(\Delta L)l_e}{\mu_0 A_e} \qquad \cdots\cdots(8)$$

$$\mu'' = \frac{(\Delta R)l_e}{2\pi f \mu_0 A_e} \qquad \cdots\cdots(9)$$

$$\tan\delta = \frac{\mu''}{\mu'} \qquad \cdots\cdots(10)$$

式中：

ΔL ——样品放入短路同轴腔前后电感值之差；

ΔR ——样品放入短路同轴腔前后损耗电阻值之差；

其余符号的含义同 5.2.2a)。

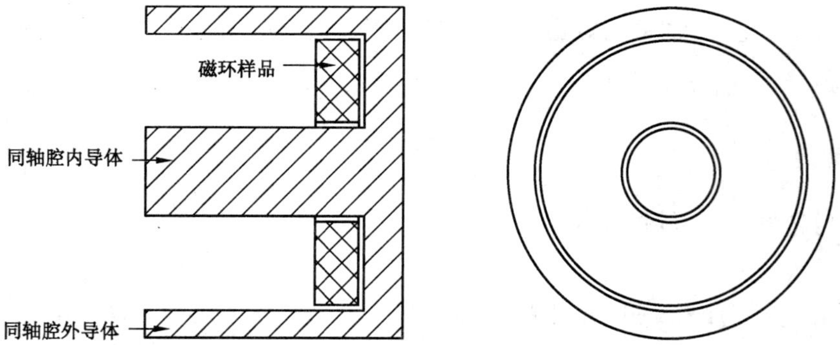

注：通常情况下，$\mu \leqslant 100$ 采用短路同轴法。

图 1 短路同轴腔测量法示意图

5.3 标称阻抗 Z_N

5.3.1 样品及测试条件

样品尺寸(标称值)为 $\phi 5 \times \phi 2 \times 10$，单位为毫米(mm)。

测试频率见 GB/Z 28865—2012 中表 1，磁通密度峰值≤0.5 mT。

5.3.2 方法原理

采用 LCR 测试仪或阻抗分析仪，测量样品的单匝阻抗 Z，由式(11)得：

$$Z_N = 2\pi \times f \times \mu_0 \sqrt{\mu'^2 + \mu''^2} = Z \times C_1 = Z \times \frac{l_e}{A_e} \quad \cdots\cdots(11)$$

式中：

Z_N ——标称阻抗，单位为欧每米($\Omega \cdot m^{-1}$)；

l_e ——有效磁路长度，单位为米(m)；

A_e ——有效截面积，单位为平方米(m^2)；

C_1 ——磁心常数，单位为每米(m^{-1})；

N ——线圈匝数。

5.3.3 测试仪器

采用的 LCR 测试仪或阻抗分析仪应能调到规定的频率和测试线圈上要求的电压 U_B。仪器对阻抗测量准确度应优于 1%。

5.3.4 测量程序

标称阻抗应按下列测量程序进行：

a) 用单匝绝缘导线穿过磁心的中心孔，线圈两端引出端长度在适宜于测量的前提下应尽量短，推荐线圈两端引出端长度为 5 mm～8 mm，导线线径推荐为 ϕ0.5 mm～ϕ1.0 mm。

b) 把样品测量线圈接到仪器，将频率 f 和电压 U_B(按式(2)计算)调到规定的值，测试出含样品线圈的阻抗值 Z_1。

c) 取出样品，在与步骤 b)相同的测试状态下测试单匝线圈的阻抗值 Z_0。

d) 计算样品的阻抗值 Z 。计算公式为：$Z=Z_1-Z_0$。

e) 通过式(11)计算标称阻抗 Z_N。

注 1：在测试频率下，对于线圈本身阻抗值 Z_0 相对于样品阻抗值 Z 很小可以忽略的情况($Z_0/Z<1\%$)，步骤 b)、c)可以不进行。

注 2：可以用测试仪器的测试夹具的补偿校正功能，在测试频率下预先补偿扣除线圈本身阻抗值 Z_0 分量后，直接测试出样品阻抗值 Z 。

注 3：重复以上步骤，通过测试不同频率下的阻抗值 Z，可以确定阻抗随频率的关系曲线($Z\sim f$ 曲线)；在不同温度下，重复以上步骤，可以确定阻抗随温度的关系曲线($Z\sim T$ 曲线)或不同温度下的 $Z\sim f$ 曲线。

5.4 电阻率 ρ

5.4.1 样品及测试条件

样品及测试条件应符合下列规定：

a) 样品

推荐的形状及尺寸见表 2。测试前应研磨样品端面，除去焙烧表皮，用铟镓合金或银浆等材料均匀涂满端面，制作成测量电极。

注：沿长度方向的两个端面制作样品的电极。

表 2　推荐的形状及尺寸

单位为毫米

样品形状	样品尺寸			
	长度	宽度	高度	外径
长方形	25	5	5	—
	50	10	5	—
圆柱形	25	—		5
	20	—		10

b)　测试条件

样品中的(直流)电场强度 $E\leqslant 0.1$ kV/m。测试温度为 20 ℃±3 ℃。

注：对于高电阻率材料，测试电流小于 1 μA 时，在不影响测量结果的情况下，电场强度可以为 $E\leqslant 10$ kV/m。

5.4.2　方法原理

在样品两端制作电极，采用电压电流法和电阻计法测量样品的电阻率，见图 2。

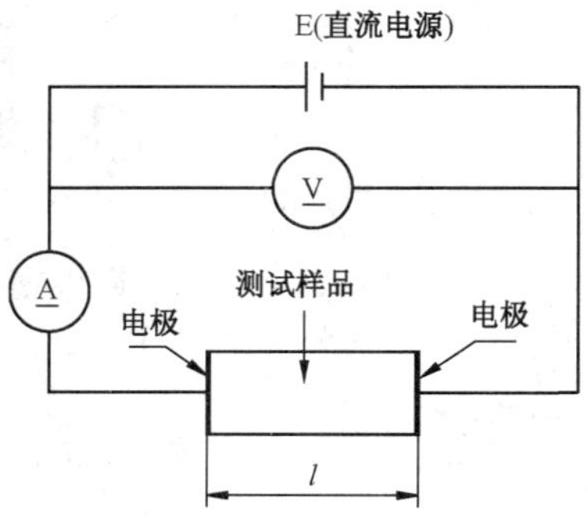

a)　电压电流表法

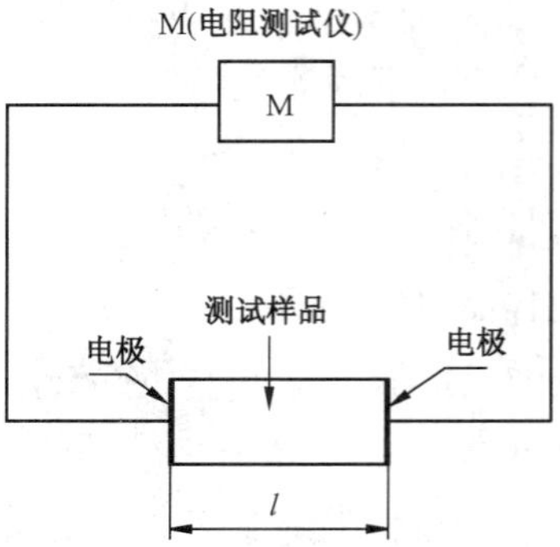

b)　电阻计法

说明：

E ——直流电源；

V ——直流电压表；

A ——直流电流表；

M ——绝缘电阻计或惠斯登电桥；

l ——样品的电极间距。

图 2　电阻率测量电路

按图 2 所示的电压电流表法，样品的电阻率由式(12)计算：

$$\rho=\frac{S}{L}\cdot\frac{U}{I} \qquad (12)$$

式中：

ρ ——样品的电阻率，单位为欧米(Ω·m)；

S ——样品电极面积，单位为平方米(m^2)；

L ——样品电极间距，单位为米(m)；

U——测试电压，单位为伏(V)；

I——测试电流，单位为安(A)。

按图2电阻计法，样品的电阻率由式(13)计算：

$$\rho=\frac{S}{L}\cdot R \qquad (13)$$

式中：

ρ——样品的电阻率，单位为欧米(Ω·m)；

S——样品电极面积，单位为平方米(m^2)；

L——样品电极间距，单位为米(m)；

R——样品电阻值，单位为欧(Ω)。

5.5 居里温度 T_C

5.5.1 样品及测试条件

样品及测试条件应符合5.1.1的规定。

5.5.2 方法原理

测量起始磁导率 μ_i 随温度变化的曲线，求出居里温度 T_C。

5.5.3 测试仪器设备

温控箱能控制的温度高于被测材料样品的居里温度，温控准确度为±1 ℃。

电感测试仪，应满足材料起始磁导率测量的条件。

5.5.4 测量程序

测试线圈按起始磁导率测量要求。

电感测试仪、控温箱、样品组成测试系统，见图3。

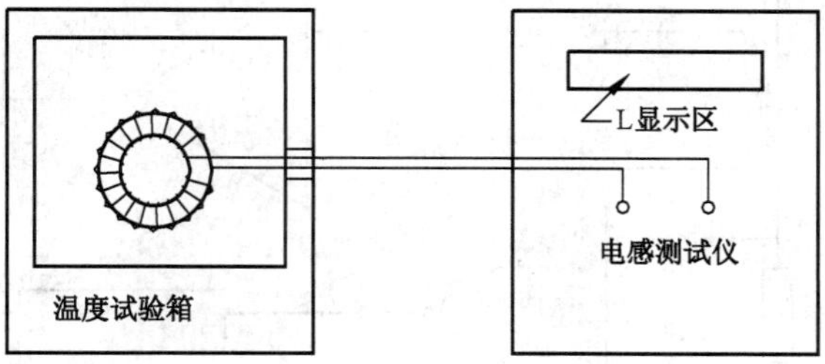

图3 居里温度测试系统

把绕有测试线圈的样品放入温度控制箱中，用导线连接电感测试仪，从室温开始升温，在各个温度下保持到充分稳定后，测试出不同温度下电感值，作出 $\mu_i \sim T$ 曲线，如图4所示。

在 $\mu_i \sim T$ 曲线的峰值下降的部分，作出过 μ_i 最大值80%点和 μ_i 最大值20%点的直线，与 $\mu_i=1$ 的直线相交，其交点对应的温度即为居里温度 T_C。

注：绕制样品的测试线圈应使用高温导线，对于样品的居里温度高于导线的耐热温度的情况，应采取措施避免绕组导线间的短路现象，如绕线时保持间隔、使用陶瓷套管穿过线圈绕组等措施。对于居里温度高于300 ℃的材料，建议采用振动样品磁强计法，通过测试 $M_s \sim T$ 曲线，确定居里温度 T_C。

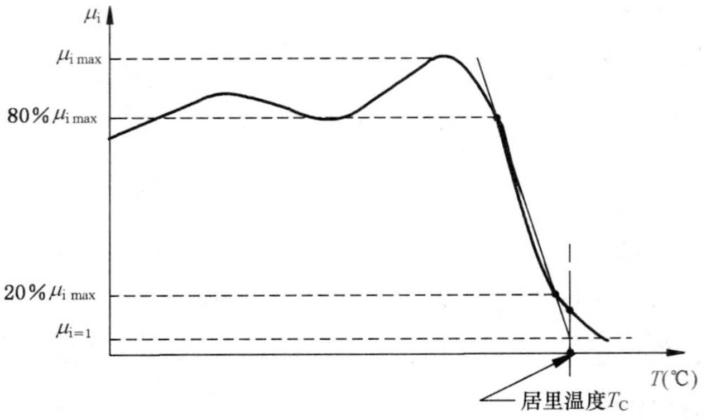

图 4 样品 $\mu_i \sim T$ 曲线

5.6 磁滞回线及 B_S、B_r、H_c 的测量方法

5.6.1 样品及测试条件

样品及测试条件应符合下列规定：

a) 样品：按第 4 章选取。

b) 测试频率：$f \leqslant 10$ kHz；

c) 测试温度：25 ℃±3 ℃；

d) 最大磁场强度 H_m(kA/m)：见 GB/Z 28865—2012 中表 1 规定。

5.6.2 方法原理

可采用的方法有电子积分法、振动样品磁强计法、冲击检流计法等。下面仅介绍电子积分法。

采用 RC 积分法，通过自动记录磁通随磁场的变化，描绘磁滞回线，然后，由饱和磁滞回线求取 B_S、B_r、H_c。基本原理电路见图 5。

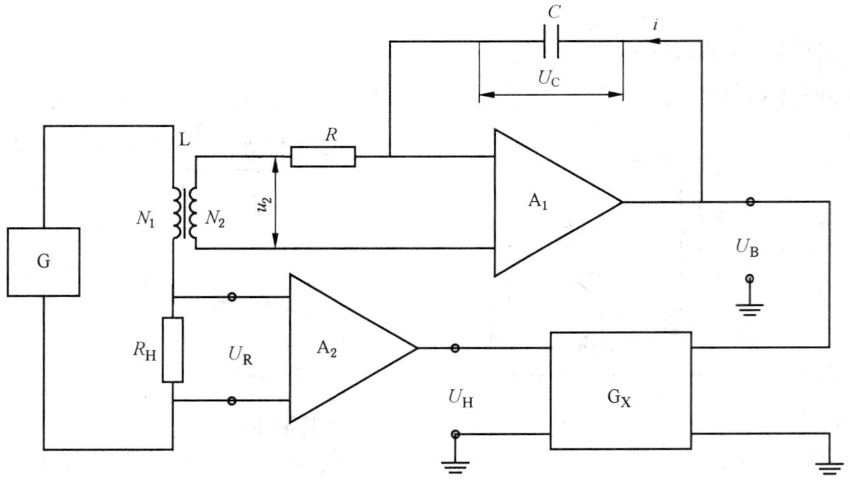

说明：

G ——励磁电源；

L ——被测样品；

N_1 ——样品测试线圈初级绕组；

N_2 ——样品测试线圈次级绕组；

R ——无电抗电阻；

C ——电容；

U_C ——电容 C 上电压；

U_B ——A_1 放大器输出电压；

A_1 ——B 通道高增益放大器；

R_H ——电流取样无电抗电阻；

U_R ——电阻 R_H 上电压；

U_H ——A_2 放大器输出电压；

A_2 ——H 通道高增益放大器；

G_X ——磁滞回线及 B_S、B_r、H_C 的记录(显示)器。

图 5 RC 积分法基本原理电路

图 5 中 N_2 绕组的端电压为：

$$u_2 = N_2 A \frac{\mathrm{d}B}{\mathrm{d}t} \qquad \cdots\cdots(14)$$

由于 A_1 为高增益放大器，则下列式成立：

$$u_2 = N_2 A \frac{\mathrm{d}B}{\mathrm{d}t} \approx iR \qquad \cdots\cdots(15)$$

$$N_2 AB = -R\int i\mathrm{d}t = RCU_c \qquad \cdots\cdots(16)$$

$$B = \frac{RCU_C}{N_2 A} = \frac{RCU_B}{N_2 A} \qquad \cdots\cdots(17)$$

由 $H_1 = N_1 I = N_1 U_R / R_H$，得到样品中的磁化场 H 为：

$$H = \frac{N_1 U_R}{R_H l} = \frac{N_1 U_H}{R_H l A_H} \qquad \cdots\cdots(18)$$

式中：

A_H ——放大器 A_2 的放大倍数。

A ——样环实际截面积，单位为平方米（m^2）；

l ——样环平均磁路长度，单位为米（m）。

注：本条的图和公式中电压电流符号为测量静态（直流）磁滞回线的符号。在测量交流磁滞回线时，应加峰值符号："^"，例如：$U_B(U_C)$转换成 $\hat{U}_B(\hat{U}_C)$，$U_H(U_R)$转换成 $\hat{U}_H(\hat{U}_R)$，等。

5.6.3 测量仪器

选用的直流（或交流）磁滞回线测量仪，应符合材料详细规范要求的测量精度。

5.6.4 测量程序

磁滞回线及 B_S、B_r、H_C 应按下列测量程序进行：

a) 首先在环形样品上包 1～2 层绝缘纸（如电容纸或黄蜡绸），然后，均匀地绕上激磁绕组 N_1 和感应绕组 N_2 绕组，N_2 绕组在里层，N_1 绕组绕在 N_2 绕组的外边。绕组的匝数取决于仪器的灵敏度。绕组线径大小的选用，应避免在测量时，测试线圈发热引起样品温升。

b) 对样品按 3.1 进行磁正常状态化处理。测量时，样品在规定的测试温度下，应达到热平衡。

c) 在规定的最大磁场 H_m 下，描绘样品的饱和磁滞回线，求 B_s、B_r、H_C。

   1) 饱和磁通密度 B_s

      在测试温度下，对应最大外加磁场 H_m，样品所能达到的磁通密度最大值。

   2) 剩余磁通密度 B_r

      在没有自退磁场强度的情况下，外加磁场强度减小到零时样品中剩余的磁通密度，取作剩磁 B_r。

   3) 矫顽力 H_C

      通过单调降低外加磁场强度，使样品的磁通密度从饱和值降为零时的矫顽磁场强度值，取作矫顽力 H_C。

ICS 77.040.01
H 21

中华人民共和国国家标准

GB/T 28871—2012/IEC 61788-2:2006

铌三锡(Nb_3Sn)复合超导体的直流临界电流测量

Critical current measurement—
DC critical current of Nb_3Sn composite superconductors

(IEC 61788-2:2006,IDT)

2012-11-05 发布 2013-02-15 实施

中华人民共和国国家质量监督检验检疫总局
中国国家标准化管理委员会 发布

前　言

本标准按照 GB/T 1.1—2009 给出的规则起草。

本标准等同采用 IEC 61788-2:2006《铌三锡复合超导体的直流临界电流测量》。

本标准对 IEC 61788-2 个别条目中出现的编辑性错误做了修改。

与标准中规范性引用国际文件有一致性对应关系的我国文件如下：

——GB/T 13811—2003　电工术语　超导电性(IEC 60050-815:2000,MOD)。

本标准由全国超导标准化技术委员会提出。

本标准由全国超导标准化技术委员会(SAC/TC 265)归口。

本标准负责起草单位:中国科学院电工研究所。

本标准参加起草单位:西部超导材料科技有限公司、中国科学院物理研究所、中国科学技术大学。

本标准主要起草人:张国民、林良真、高慧贤、刘宜平、曹烈兆。

引　言

复合超导体的临界电流为超导线的应用提供设计限定。超导体的实际运行条件决定其许多性能，而本标准的测试方法可提供确定特定超导体的适用性所需的部分信息。

利用本标准所测得的临界电流值也可以用于检测复合超导体因制备过程变更、处理、老化或种种使用及外界因素所引起的超导特性变化。如果遵守本标准所给的测试规范，则该测量方法对于质量控制、验收以及研究试验非常有用。

复合超导体的临界电流受许多因素影响。在材料的测试和应用中，需要对这些因素给以充分考虑。测试条件如磁场、温度和样品—电流—磁场间的相对取向等，要根据具体的应用来确定。在允许的误差范围内，可根据特定样品的情况来确定测试系统的配置。而具体的临界电流判据可按实际应用状况确定。如果测试中出现有不规律的情况，则宜通过测量一定数量的样品来获得测试结果。

本标准所提到的测试方法是基于铜/铌钛(Cu/NbTi)复合超导体的直流临界电流测量(IEC 61788-1)的测试方法和 VAMAS(凡尔赛先进材料和标准)项目中关于铌三锡(Nb_3Sn)复合超导体临界电流测试的标准化准备工作。和铜/铌钛(Cu/NbTi)复合超导体相比，铌三锡(Nb_3Sn)超导体的临界电流对于机械应变非常敏感，因此，对可能影响测试样品应变状态的测试步骤进行了修改，附录 B 说明了这些修改的背景。

铌三锡(Nb_3Sn)复合超导体的直流临界电流测量

1 范围

本标准还给出在通常测试中本实验方法所允许的偏离以及其他具体限定。

临界电流大于 1 000 A 或者总截面积大于 2 mm^2 的铌三锡(Nb_3Sn)超导体也可以使用本方法测量,但预期精密度会降低,且自场效应更明显(见附录 C)。

本标准测试方法适用于测定采用青铜法或内锡法生产的铜/非铜比大于 0.2 的铌三锡(Nb_3Sn)复合超导体的直流临界电流。

本标准测试方法适用于标准测试条件下临界电流小于 1 000 A、n-值大于 12 的超导体,且超导体所处的磁场小于或等于其上临界磁场的 0.7 倍。测量过程中,被测样品浸泡在已知温度的液氦中。被测试的铌三锡复合导体具有圆形截面的一体化结构,其截面积小于 2 mm^2。被测样品应为感应线圈几何形状。此外,为了简便和保持测量精密度,本标准不涉及对于大截面导体可能更适合的特殊的样品形状。

本标准给出的测量方法在原则上也应适用于采用任何其他工艺法生产的铌三锡(Nb_3Sn)复合超导线。经过适当修改,该方法也望适用于其他类型的复合超导线。

2 规范性引用文件

下列文件对于本文件的应用是必不可少的。凡是注日期的引用文件,仅注日期的版本适用于本文件。凡是不注日期的引用文件,其最新版本(包括所有的修改单)适用于本文件。

GB/T 13811—2003 电工术语 超导电性(eqv IEC 60050-815:2000)

3 术语和定义

GB/T 13811—2003 界定的以及术语和定义适用于本文件。

3.1

临界电流 critical current

$\boldsymbol{I_c}$

在超导体中,被认为是无阻通过的最大直流电流。

注:I_c 是磁场强度和温度的函数。

[GB/T 13811—2003 中 815-03-01]

3.2

临界电流判据 critical current criterion

$\boldsymbol{I_c}$ 判据 $\boldsymbol{I_c}$ criterion

根据电场强度 E 或电阻率 ρ 确定临界电流 I_c 的判据。

注:常用的电场强度判据为 $E=10\ \mu V/m$ 或 $E=100\ \mu V/m$,电阻率判据为 $\rho=10^{-14}\ \Omega\cdot m$ 或 $\rho=10^{-13}\ \Omega\cdot m$。

[GB/T 13811—2003 中 815-03-02]

3.3

[超导体的] n-值　n-value(of a superconductor)

n

在特定的电场强度或电阻率区间，超导体的电压-电流曲线 $U(I)$ 可近似表示为 $U \propto I^n$，其中 I 的幂指数就是超导体的 n-值。

[GB/T 13811—2003 中 815-03-10]

3.4

失超　quench

超导体或超导器件由超导态到正常态的不可控和不可逆的转变。

注：该术语通常用于超导磁体。

[GB/T 13811—2003 中 815-03-11]

3.5

[作用于磁通涡旋上的]洛伦兹力　lorentz force(on fluxons)

电流作用于磁通涡旋上的力。

注 1：单位体积的洛伦兹力等于 $J \times B$，J 是电流密度；B 是磁通密度。

[GB/T 13811—2003 中 815-03-16]

注 2："库伦-洛伦兹力"的定义参见 IEV 121-11-20 [1]。

3.6

应力效应　stress effect

应变效应　strain effect

在机械应力、热应力或电磁应力的作用下超导体性能的变化。

[GB/T 13811—2003 中 815-03-14]

3.7

弯[曲]应变　bending strain

ε_b

由纯弯曲引起的百分数应变，定义为 $\varepsilon_b = 100\ r/R(\%)$，式中 r 为样品的半厚度；R 为弯曲半径。

[GB/T 13811—2003 中 815-08-03]

3.8

[复合超导体的]电流转移　current transfer(of composite superconductor)

复合超导体中直流电流在芯丝间的空间转移导致沿导体产生电压的现象。

注：在测量 I_c 时，该现象一般出现在邻近电流接头区域，在该区域输入电流从表面沿导体向内部流动，直到实现在芯丝间均匀分布。

3.9

恒定速率升流法　constant sweep rate method

以恒定升流速率为样品提供直流电流，使电流从零升到略大于临界电流 I_c 的过程中，同时以一定的采样频率采集 U-I 数据的方法。

3.10

升流-恒流-升流法　ramp-and-hold method

沿 U-I 曲线设定多个恰当的电流分布点，使电流从一个设定点升流到另一个设定点后，保持一定时间的恒流，同时记录若干相应的电流和电压值，然后继续升流到后续设定点，以获得 U-I 数据的方法。

4　原理

复合超导体的临界电流是通过测量一定外加静磁场强度(磁场)条件下，处于恒压、特定温度的液氦致冷液槽中样品的电压(U)-电流(I)特性来确定的。为了获得电压(U)-电流(I)特性，给超导体样品通以直流电流，并测量沿一段超导样品所产生的电压。电流应从零开始逐渐增加，并记录所产生的U-I特性。达到设定的临界电场强度（电场）判据(E_c)或者电阻率判据(ρ_c)所对应通过的电流值即为临界电流值。无论E_c或ρ_c判据，对于任一具体的电压抽头间距，都有相对应的电压判据(U_c)。

5 要求

应将样品绕制在刻有螺旋沟槽的圆筒型反应骨架上，在完成反应后，将样品转移到具有相同直径并预置有带螺旋角沟槽的测量骨架上。附录D给出了一种可替代的采用单一骨架测量的方法。

被测样品长度应大于430 mm。

样品应通过紧固和/或使用低温粘接剂固定在测量骨架上。

在本标准测量方法中，背景磁场应与测量骨架的轴向平行。

本方法的目标精密度定义为一个变化系数（标准偏差除以临界电流测定值的平均值），在12 T、4.2 K附近测量时，它小于3%。

本测试方法未采用通用的电流转移修正。此外，如果在测试中出现明显的电流转移信号，此测量应视为无效。

本测量标准的使用者有责任考虑并建立适当的、保证安全和健康的操作规程，并在使用前确定规程的适用范围。一些具体的注意事项陈述如下：

在此类测量中存在危险性。低压大直流电流虽不足以造成直接人身危害，但是，如果电流引线与其他导体，如工具或输液管发生短路，会释放出巨大能量并引发电弧或燃烧。因此，必须采用适当的绝缘和隔离措施以防止电流引线短路。提供背景磁场的超导磁体的储能也会引发类似的大电流和/或电压脉冲，或者，在低温系统中释放出大量热能，导致液体快速挥发乃至发生爆炸。而致冷剂的快速挥发会致使邻近区域出现缺氧状态，因此，可能需要增加通风设备。低温液体用来冷却超导体使其转变为超导态，但溅射出的致冷剂与皮肤直接接触时，会灼伤皮肤。同样，皮肤与输液管、储液杜瓦容器等设备发生直接接触时，也能导致冻伤。因此，在处理任何低温液体时，必须遵守安全警示规定。

6 装置

对于单一骨架测量方法，接续D.2。

6.1 反应骨架材料

反应骨架应由耐热材料制作，耐热材料表面可以处理，也可不处理。附录A.3.1推荐了几种适合于制作样品骨架的材料，可选用其中任何一种。

6.2 反应骨架结构

反应骨架的整体几何结构应与测量骨架非常匹配，以便转移测试样品。

反应骨架的直径应足够大，以确保在绕制样品过程中所引入的弯曲应变小于5%。

骨架上应刻有螺旋沟槽，样品应绕在其中。沟槽的螺旋角应小于7°。沟槽的深度应至少为导线直径的一半。

6.3 测量骨架材料

测量骨架应由绝缘材料或非铁磁导电材料制作，非铁磁导电材料可以覆盖绝缘层，也可以不覆盖绝缘层。

由于测量骨架和样品的热收缩性不同，会引入应变，因此，临界电流会不可避免地与测量骨架材料有关。

在测量温度下，样品的总应变应降低到±0.03%的范围内。如果由于样品骨架和样品热收缩性不同而产生过大的应变，应注明该临界电流值是在什么骨架材料下引起的一个过度应变状态下确定的。

附录 A.3.3 推荐了几种适合于制作样品测量骨架的材料，可选用其中任何一种。

在使用无绝缘层的导电材料制作样品测量骨架时，通过样品测量骨架的漏电流应小于样品达到临界电流 I_c 时总电流的 0.2%(见 9.5)。

6.4 测量骨架结构

测量骨架上应刻有螺旋沟槽，样品应绕在其中。

测量骨架的直径、螺旋沟槽的螺旋角、沟槽深度和形状都应与反应骨架的接近。

样品轴线(电压抽头之间的部位)与磁场的夹角应为(90±7)°。此夹角的测量精确度应在±2°范围内。

电流引线固定环应牢牢固定在样品测量骨架上，以避免电流引线固定环与样品测量骨架间的过渡区上的样品应力集中。

6.5 测量装置

超导样品 U-I 特性测量装置由样品探测装置、试验用低温容器、磁体系统及 U-I 特性测量系统组成。

由样品、测量骨架、样品支撑结构、电压抽头和电流引线等组成的样品探测装置插入到充有液氦的试验用低温容器中。在大多数情况下，低温容器内安装有超导螺线管磁体与支撑结构，为样品提供磁场。U-I 特性测量系统则包括直流电源、记录仪和必需的前置放大器、滤波器或电压表、或上述仪器仪表的组合。也可以采用计算机辅助数据采集系统。

7 样品准备

对于用单一骨架的测量方法，见 D.4。

7.1 反应热处理样品的安装

测试的样品不应有接头或折痕。

当采用电阻率判据确定临界电流时，样品总截面积 S 的测量精密度应达到 5%。

绕制样品时，不应采用会使样品引入额外扭曲的方式。

样品应该置于反应骨架的沟槽内，并处于接近无张力状态下(拉伸应变小于 0.1%)，以保证位置固定，接触压力尽量减至最小以防止扩散粘结。

样品导线应通过把样品的两端弯入骨架两端的小孔，或类似的方法，将样品固定在反应骨架上。

应清洁样品，以避免污染的影响。

7.2 反应热处理

样品的反应热处理应当按照生产商的技术说明完成，包括不可超过规定的误差限制。反应炉中的温度变化也应精确控制，不能超过规定限制。

7.3 测试样品的安装

反应热处理后，样品的两端应修整以适合测量骨架。

轻轻控制样品并旋转骨架，将样品从反应骨架上取下。

当把样品从反应骨架上取下后，应立即采用与从反应骨架取下的同样方式，将样品旋转装在测量骨架上。往测量骨架上安装样品时，样品应放入沟槽内，并将其一端焊在电流引线固定环上。从固定的一端起，沿样品整个长度方向旋紧样品，使样品被牢牢嵌入沟槽内，然后将样品活动的一端焊接在另一个电流引线固定环上。

电流引线固定环上样品焊接的最小长度应大于 40 mm 和 30 倍样品直径中的较小者。焊在每个电流引线固定环上的样品不应超过三匝。

电流引线固定环与电压抽头之间最短距离应大于 100 mm。

电压抽头应焊在样品上。电压抽头的未扭绞部分应按与样品绕制方向相反的方向布置，以使样品电流回路与样品和电压抽头所形成的回路区域间的互感为最小，如图 A.1 所示。

电压抽头间沿样品的长度 L 的测量精确度应达到 5%。电压抽头间距应大于 150 mm。

7.4 样品固定

应对样品施加张力和/或用低温粘接剂(诸如真空硅脂或环氧树脂)将样品固定在测量骨架上，以减小样品移动。采用施加张力固定样品时，这应当在安装过程中完成(见 7.3)。

采用低温粘接剂固定样品时，沟槽中粘接剂用量应尽量少。在样品固定好以后，应将样品外表面多余的粘接剂擦去。

样品固定是否合适应通过检验临界电流测量的可重复性来判断。

不应使用焊料将样品固定在样品架上。

8 测试步骤

在数据采集阶段，样品应浸没在液氦中。可以先将样品在冷氦气中慢慢冷却，然后再浸入液氦槽中；或缓慢将样品浸入液氦槽中；或先将样品缓慢浸入液氮中，而后再浸入液氦中。样品从室温冷却到液氦温度(或液氮温度)的时间至少应为 5 min。

低温容器应提供测量 I_c 所需的环境，样品应浸没在液氦中测量。液氦槽的温度应是接近在测试地点典型大气压下液氦正常的沸点温度。

在测定每个 I_c 时都应测量液氦槽的温度。

除非采用失超保护电路或电阻分流器保护样品不受损坏，应保持样品电流足够低以使样品不进入正常态。

当采用恒定速率升流法采样时，电流从零升到 I_c 的时间应大于 10 s。当采用升流-恒流-升流法采样时，在设定点之间的升流速率应低于相应在 3 s 内将电流从零升到 I_c 所对应的速率。在每个电流设定点处，电流漂移应小于 I_c 值的 1%。

直流磁场的方向应与样品骨架轴线方向保持一致。磁场和磁体电流之间的关系应事先标定。每次确定 I_c 之前都应测量磁体的电流值。

电流和外加磁场的方向应使整个样品，至少是处于电压抽头间的样品受到向内的洛伦兹力。

在相应测试条件和单向升流情况下，记录被测样品的 U-I 特性。

有效的 U-I 特性曲线所给出 I_c 测量值的精密度应达到 1%，并且当电压等于或低于临界电流判据时，其特性应该是稳定的，不随时间变化。

采用升流—恒流—升流法采样时，U-I 特性的基线电压应取零电流时所记录的电压，而采用恒定速率升流法采样时，基线电压应取电流在约 $0.1I_c$ 时所对应的平均电压。

9 测试方法的精密度与精确度

9.1 临界电流

在带宽为 10 Hz～10 MHz 的范围内，电流源提供的直流电流为 I_c时，其最大周期性和随机偏差应小于±2%。

用于确定样品电流值的四引线标准电阻的精确度应等于或优于 0.5%。

所记录的 U-I 特性曲线上电压 U 测量的精密度应达 10%，相对应的电流测量的正确度应达 1%，精密度应达 1%。

9.2 温度

样品温度可以认为与液体温度相同。液体温度可通过压力传感器或适当的温度传感器测量，其报告的测量精确度应达到±0.02 K。

样品温度与液氦槽温度之差应减至最小。

将低温容器内观测的压力转换为温度值时，应使用氦的相图。压力的测量应足够准确以满足温度测量的精确度要求。如果液氦的深度大于 1 m，需要进行压差校正。

9.3 磁场

在电压抽头间的样品上，磁体系统所提供的磁场的精确度应优于±1%和±0.02 T 两者中的较大者，而其精密度应优于±0.5%和±0.02 T 两者中的较大者。

在电压抽头间的样品上，磁场的非均匀性应不超过 0.5%和 0.02 T 两者中的较大者。

磁场最大的周期性和随机性偏差应小于±1% 和±0.02 T 两者中的较大者。

9.4 样品支撑结构

支撑结构应给样品以合适的支撑作用，并保证样品相对于磁场有正确取向。样品支撑应能保证其附加临界电流测量精密度为 1%。

9.5 样品保护

如使用与样品并联的电阻分流器或失超保护电路，当电流达到 I_c 时，通过保护回路或分流器的电流应小于总电流的 0.2%。

10 结果的计算

10.1 临界电流判据

临界电流 I_c 应由电场强度判据 E_c 或者电阻率判据 ρ_c来确定，其电阻率可用复合超导体总截面 S 来估算(见图 1 和图 2)。

采用电场强度判据时，两个 I_c 值应分别由 10 μV/m 和 100 μV/m 判据确定。在其他情况下，两个 I_c 值应分别由 10^{-14} Ω·m 和 10^{-13} Ω·m 判据确定。

当用 100 μV/m 判据难以测出合适的临界电流 I_c 值时，应改用小于 100 μV/m 的电场强度判据，否则，建议采用电阻率判据来测量。

I_c 应由 U-I 曲线上电压为 U_c 的点所对应的电流值确定，U_c 是相对基线电压的测量电压[见图 1a)和图 2a)]。

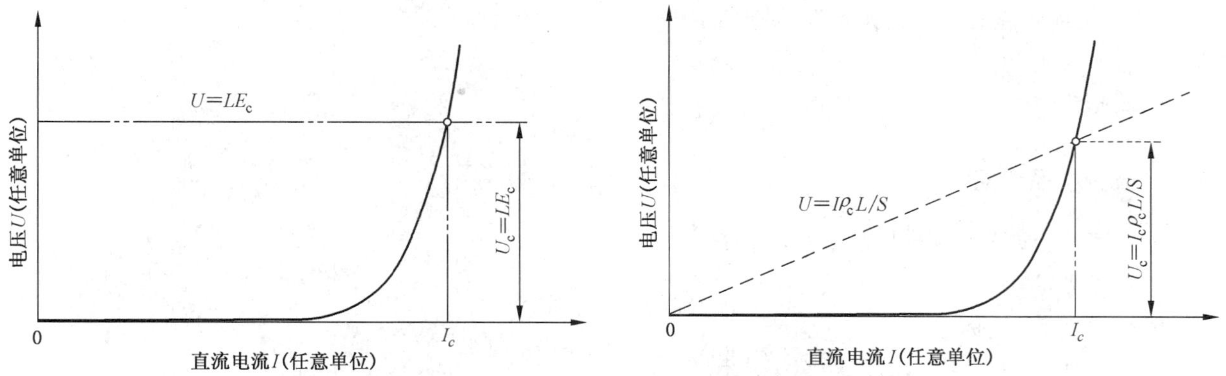

a） 采用电场强度判据　　　　b） 采用电阻率判据

说明：采用[图 1a)]和[图 1b)]方法确定临界电流。

图 1　本征 *U-I* 特性曲线

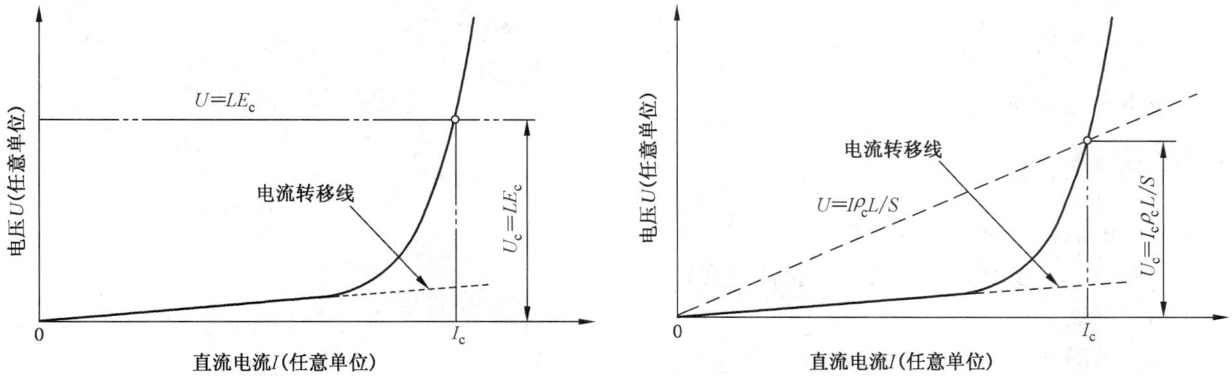

a） 采用电场强度判据　　　　b） 采用电阻率判据

说明：在低电流区域呈现线性电流转移分量的 *U-I* 特性曲线上采用[图 2a)]和[图 2b)]方法来确定临界电流。

图 2　具有电流转移分量的 *U-I* 特性曲线

$$U_c = LE_c \qquad \cdots\cdots(1)$$

式中：

U_c——电压判据，单位为微伏（μV）；

L ——电压抽头间距离，单位为米（m）；

E_c——电场强度判据，单位为微伏每米（μV/m）。

或采用电阻率判据，这时：

$$U_c = I_c \rho_c L/S \qquad \cdots\cdots(2)$$

式中：U_c、I_c 和 ρ_c 分别为图 1b)和 2b)所示斜直线和 U-I 曲线的交点所对应的电压（微伏）、电流（安培）和电阻率（微欧・米）的值；L 为样品电压抽头间的距离（米），S 为样品的总截面积（平方米）。

应在基线电压和约 $0.7I_c$ 对应的平均电压间画一直线（见图 1 和图 2）。这条直线可能由于存在电流转移而呈现一定的倾斜，但其斜率应小于 $0.3U_c/I_c$，这样确定出的 I_c 才能视为有效，其中 U_c 和 I_c 的值是由 10μV/m 或 10^{-14} Ω・m 判据确定。

10.2　*n*-值（选择性计算，见 A.7.2）

n-值应通过确定 I_c 值的区域内的 lg$U$ 对 lg$I$ 图线的斜率来计算，或者按 10.1 规定的两个不同判据所得出的两个 I_c 值来计算。

用于确定 n-值的判据范围应写入报告。

11 测试报告

11.1 被测样品说明

如有可能,应给出被测样品的如下信息:

a) 样品的生产厂家;

b) 类别和/或标号;

c) 批号;

d) 原材料及其化学成分;

e) 导线截面的形状和面积、芯丝数、芯丝直径、芯丝体积比、铜/非铜比、阻挡层、铜稳定层及导线内其他的成分、扭距和扭绞方向;

f) 生产加工技术(青铜法、内锡扩散法等)。

11.2 I_c 值报告

应将 I_c 值及相应的判据写入报告。

11.3 测试条件报告

以下的测试条件应写入报告:

a) 测试磁场及磁场的均匀性和精确度;

b) 测试温度及其精确度;

c) 被测样品线圈的匝数;

d) 电压抽头间的长度和样品的总长度;

e) 电流引线固定环与电压抽头间的最短距离;

f) 电流引线固定环间的最短距离;

g) 电流引线固定环上的焊接长度;

h) 样品固定方法,包括固定材料的品种;

i) 反应骨架和测量骨架材料;

j) 反应骨架和测量骨架的直径;

k) 沟槽的深度、形状、螺距和螺旋角;

l) 反应热处理条件。

附 录 A
（资料性附录）
与本标准第 1 章～第 10 章相关的附加说明

A.1 概要

需要注意的是，有许多变量会对临界电流的测量产生重大影响。本附录将列出其中的一些变量（同时参见附录 B）。

本标准的测量方法并不适用于铜/非铜比[即铜稳定材料与包括铌三锡（Nb_3Sn）芯丝、扩散阻挡层在内的其他材料的体积比]小于 0.2 的导线，因为在低磁场下，所观测到的电压-电流（U-I）特性可能不稳定。

由于本标准的初稿写于 1990 年代中期，包含的线材参数范围很宽，本世纪早期研制开发的一些新的高性能铌三锡（Nb_3Sn）导线的参数也包含在此范围内。然而，当时未能预计到这些导线会设计成具有特殊的参数组合（低铜对非铜比值、高的非铜电流密度、大的有效芯丝直径和大的线径），这些导线往往都有临界电流增加而稳定性下降的趋势。该议题已由相关工作组进行了详细讨论，一致认为在满足第 8 章所列出的可重复性 I_c 和稳定的 U-I 曲线的关键要求的情况下，该标准的适用范围仍然有效。标准的使用人员在测试高性能铌三锡（Nb_3Sn）导线时需要监测并控制电流固定环的接触电阻和电流固定环到测量骨架过渡区附近的样品损伤，以满足测量可重复性和稳定性要求。

本标准要求测试样品应浸泡到液氦中进行测量，而且液氦应接近所在测试地点的正常大气压下的沸点状态。本标准不包含不处于正常沸点附近温度的液氦条件下的测试，也不适用于在气氦或真空条件下所进行的测试。

本测试方法中的限制条件是为了获得长线最终阶段质量评估所须的精密度。

A.2 要求

在本测量方法中，要同时准备反应骨架和测量骨架。绕制在反应骨架上的样品要经过 700 ℃左右反应热处理，以形成铌三锡（Nb_3Sn）。反应后，将样品转移到测量骨架上。为避免样品的变形，两种骨架的直径和螺旋沟槽都应相同。

一般来说，实验磁场在温度接近 4.2 K 时的上限为 17 T（上临界磁场的 0.7 倍）。

样品最小总长度是 430 mm，包括以下几部分：

- 在电流引线固定环上的焊接长度（2×40 mm）；
- 电流和电压接头间距（2×100 mm）；
- 电压抽头间最小间隔（150 mm）。

本标准的测量目标精密度由实验室间比对测试结果来确定。许多变量都会对临界电流的测量精密度产生影响，本标准采用了以往实验室间的比对测试结果（VAMAS 的第一次和第二次比对，及日本国内的一次比对）以定出这些变量变化的许可范围。对于实验室间比对，目标精密度是一个变化系数（标准偏差除以临界电流测量平均值），在 12 T 和 4.2 K 附近测量时，它小于 3%。

变化系数可为大量测定结果的期望分布提供补充信息。然而，如果存在比较大的系统误差，两个实验室间的测量结果差别可能大到此变化系数的 2 倍或 2 倍以上。

在 4.2 K 和磁场大于 12 T 时，由于临界电流对磁场、温度、应变的敏感性增强和对电压灵敏度要求增加，临界电流测量所预期和可接受的精密度将具有较大的变化系数。在磁场为上临界磁场的 0.7 倍时(在 4.2 K 时约为 17 T),变化系数将达 5%。

在本实验方法中,磁场的精确度可能是影响临界电流测量总体精度的最重要因素之一。然而,由于该参数难以标定,更严格的容差限定可能难以实现。

对不能严格按照本标准的要求实施的常规测试情况,在预期精密度降低的前提下,本标准可用作一般指导原则。

在常规测试中,较大的参数变化范围是可以接受的,但是对于正式比对或性能认证测试,则需要对其进行限制以兼顾到应用方便性以及最终的目标精密度。

在测试中使用骨架会使铌三锡(Nb_3Sn)样品处于一定的应变状态下,而不是在接近零外加应变(本证应变状态)下,预期会得到一致的临界电流测试结果。但是,这些结果将偏离接近零外加应变状态下的结果。例如,采用 Ti-6Al-4V(包含质量比 6%的铝和 4%的钒的钛合金)测量骨架一般得到微小拉伸状态下的临界电流,因为 Ti-6Al-4V 的热收缩率小于样品的热收缩率。但是,测试结果经验证却和国际实验室比对结果非常相洽。采用不锈钢骨架的结果也和 VAMAS[3]和国际实验室间比对结果相洽[4]。

然而,由于不锈钢的热收缩率非常接近或稍大于样品的热收缩率,不锈钢骨架的壁厚设计、样品的绷紧以及固定需要熟练的技巧。这样,选择这种骨架材料是可以接受的。

若样品的横截面尺寸比样品长度小,常规测试也可用短而直的样品进行测量。然而,为简单起见,本标准不涉及这种几何形状的样品。

对于采用无感绕制(双股线无感绕制)并用环氧粘接剂固定的样品进行测试时,其测量精密度可望接近本方法的目标精密度。为了简单起见,本标准不涉及这种样品几何形状。对于双股线形状的样品,洛伦兹力会使部分样品离开测量骨架。在这种情况下,真空硅脂没有足够的强度保持样品不发生移动。

在常规测试时,虽然可以将样品用焊料焊接方法固定在非铁磁不锈钢测量骨架上,但这样会使样品骨架电流分流值的大小难以估算,特别是在使用超导焊料和低磁场下测试时,骨架分流问题更严重。

矩形横截面样品也可以使用本方法测试。在此情况下,如果样品在反应后要转移到测量骨架上,不带沟槽的骨架更适合反应热处理和测试。如果样品不需要转移,带有矩形沟槽的骨架比带有 V 型沟槽的骨架更合适。对任一情况,都建议用环氧树脂把样品固定在测量骨架上。

对本标准规定以外的复合超导线的临界电流测试方法,可在将来的测量标准文本中予以陈述。

A.3 装置

A.3.1 反应骨架材料

推荐下列材料用作反应骨架材料。但也不限制使用其他材料,只要这些材料在反应热处理时和样品之间不扩散粘结,不过,这些材料的热膨胀系数最好与样品的接近。

——陶瓷和石墨:
- 石墨;
- 氧化铝;
- 氧化锆。

——表面经过处理的合金:
- 涂陶瓷(或碳)的不锈钢;
- 深度表面氧化处理的不锈钢;
- 涂陶瓷(或碳)Ti-6Al-4V 或 Ti-5Al-2.5Sn(含质量比 5%的铝和 2.5%的锡的钛合金)。

A.3.2 反应骨架结构

例如,对于直径 1 mm 的样品,5%的弯曲应变对应于直径 20 mm 的反应骨架。

反应骨架上的沟槽最好是V字形的。对于矩形沟槽或没有沟槽的骨架要谨慎使用。使用没有沟槽的反应骨架时，样品应该和衬撑条共绕形成一个均匀的螺距以与测量骨架的螺距相吻合。

对于直径24 mm的骨架，7°的螺旋角对应于9 mm的螺距。

A.3.3 测量骨架材料

在本测试方法中，样品的应变应当控制到最小（小于0.03%）。0.03%的热收缩会引起2%的临界电流变化（12 T，接近4.2 K）。应变的一个重要来源是当测量骨架和样品冷却到液氦温度时两者热收缩率的不同引起的失配。尽管热收缩率取决于横截面积中材料成分的体积比，但典型的铌三锡（Nb_3Sn）复合超导体从室温到4.2 K的热收缩率是在0.25%～0.30%之间。

如果测试骨架的热收缩率小于样品的，在冷却时样品会被张紧。此张力会随着样品和骨架之间的余隙而减少。在这种情况下，绕制松动会随着冷却而部分改善。另一方面，如果测试骨架的热收缩率大于样品的，样品和骨架间的间隙会在缠绕余留缝隙的基础上增加。因此，应该适当选择测试骨架的热收缩率以使样品的外加应变最小，并在降温过程中消除余隙。

基于表A.1所示的典型热收缩率，建议使用如下材料制作测量骨架。使用其他的骨架材料时，在例行测试前，应认真做好材料是否符合要求的研究。

——测量骨架推荐材料：
- 玻璃纤维环氧树脂的复合体，样品平行于织物平面放置；
- 板坯做的玻璃纤维环氧树脂复合管，纤维平面垂直于管轴；
- 薄壁卷绕的玻璃纤维环氧树脂复合管。

——可代替的测量骨架材料：
- 非铁磁不锈钢，例如SUS 316L，有无绝缘层皆可；
- Ti-6Al-4V，有无绝缘层皆可，其局限性是该材料在4.2 K、磁场小于2 T时呈现超导电性；
- Ti-5Al-2.5Sn，有无绝缘层皆可，其局限性是该材料在3.7 K、磁场小于2 T时呈现超导电性。

——其他测量试骨架材料：
- 带绝缘层的非铁磁铜合金；
- 陶瓷弥散环氧树脂；
- 氧化铝陶瓷。

更确切地说，推荐使用NEMA（美国国家电子生产商联盟）的标准的玻璃纤维环氧板料G10管。第二次VAMAS测试就是使用这种骨架完成的，因为用标准纤维玻璃环氧板料适当加工的G10管的热收缩率不会随着几何结构有明显变化，而且接近铌三锡（Nb_3Sn）的热收缩率。

对于不锈钢骨架，在设计时需要仔细考虑壁厚和熟练的样品的压紧与固定技巧。

Ti-6Al-4V骨架通常测得样品在微小的拉伸状态下的临界电流。在余留绕制缝隙较大时，可使用钛合金之类的热收缩率比样品小的材料以在冷却过程中减小余隙。

假使反应骨架和测量骨架可以使用相同的材料，则同一骨架可同时用于反应和测试。在这种情况下，不必将样品在反应后从反应骨架转移到测量骨架。但是，应采取措施以保证样品在热处理后没有和骨架粘接在一起。这种操作需要特别仔细，如A.4.3所给出。单一骨架方法的骨架材料与结构和样品的准备方法由附录D具体给出。

没有绝缘层的导电骨架中的漏电流可以在测试条件下通过测量有样品和没有样品存在的情况估算。在测量条件下，无样品时电流引线固定环之间的压降测量可用以估算包括接触电阻在内的漏电流回路的电阻，而有样品时电流引线固定环之间的压降测量可用以估算漏电流。

当被测导体出现热不稳定时，可能会有很大的漏电流通过导电性测量骨架[5]。固定电压抽头以外的一段导体会进入正常态，引起漏电流增大、流过样品的实际净电流减少，从而导致非常错误的测试结果。通过监测和记录一对用于测量样品上电流引线固定环之间电压诊断的电压抽头上的电压值，可以探测到上述现象。

A.3.4 测量骨架结构

反应骨架与测量骨架直径差异应小于0.5%。0.5%的差异最大可引入0.01%的样品应变。见A.4.3条第三段。

如果选择用玻璃纤维环氧树脂卷制的薄壁复合管，管壁厚度应小于管半径的25%以满足6.3的规范。

测量骨架上的沟槽应为V字形。对于矩形沟槽或没有沟槽的骨架，焊接样品时可以使用低温胶或环氧树脂(见A.4.4)。

通常，电流引线固定环应使用如图A.1所示的圆柱形铜环。环的外径应与样品线圈的内径相接近，以使弯曲应变最小。

一般使用较大电流容量的超导引线与电流固定环相连来传输电流，以便减小样品端部附近的热负荷。

为了降低有效接触电阻，可以将超导引线部分缠绕在铜环上。如果在测试条件下超导引线的临界电流比样品的临界电流大得多，那么超导引线在铜环缠绕部分应不超过铜环圆周长的90%。

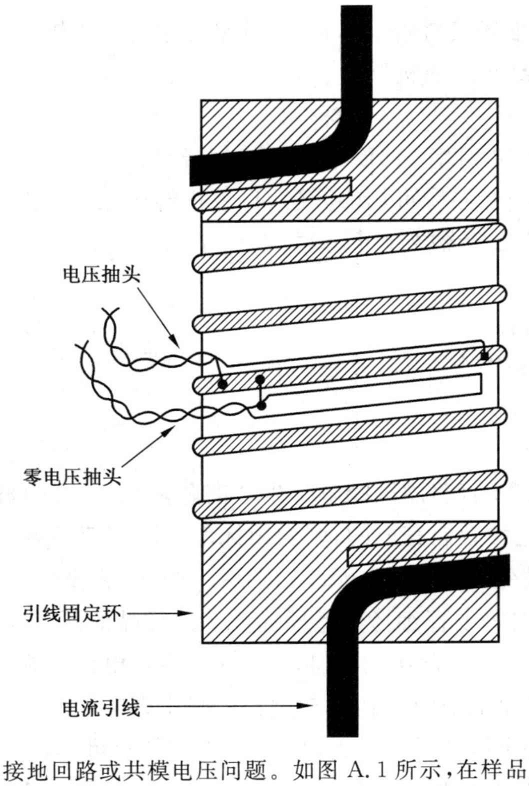

说明：零电压抽头对用于检测接地回路或共模电压问题。如图A.1所示，在样品上附上单独的抽头对，零电压抽头对的一头和样品相连并和另一头短接，而电压引线对(为了清楚起见，这里画出很短的一段长度)保持无干扰的状态。零电压抽头对要绕成小的回路，以模拟电压抽头对回路与样品回路间的互感。在零电压抽头对上测量出的电压不应是样品电流的函数，虽然它可能是电流升流速率的函数。如果它是样品电流的函数，则表明问题的严重程度。

图A.1 含有零电压抽头对的样品各引线连接

A.4 样品准备

A.4.1 热处理反应样品的安装

在样品安装前，要测量导体的横截面积。在采用电阻率判据确定临界电流 I_c 时需用到该面积值。在确定 I_c 时，横截面积测定的精密度达到5%即可。然而，确定临界电流密度 J_c 值时，横截面积测量的精密度要求为1%。

在最终热处理前后，应适当并仔细地处理涂层材料，如样品上的镀铬层等。

线圈绕制的曲率应该和绕线轴上的自然曲率相同。

除了在骨架两端钻孔外，另一种将样品固定到骨架上的方法是使用螺钉。

应当按照生产商的建议封住内锡法样品的端部，以防止反应热处理时因导线温度超过锡的熔点引起锡的流失。样品端部应该伸出到热处理炉的加热区之外，或由受过专业训练的人员焊封。

通常，样品用酒精或丙酮等有机溶剂擦洗以清洁。

A.4.2 反应热处理

在缺少生产厂家的说明时，炉内样品区温度随时间和位置变化的推荐范围都在±5 ℃以内。

非特别说明，样品的推荐反应环境为低于 10^{-3} Pa(10^{-5} Torr)左右的真空或者约 10^5 Pa(760Torr)的高纯惰性气体环境。

A.4.3 测量样品的安装

在把样品从反应骨架的螺旋沟槽里转移到测量骨架的螺旋沟槽里时应特别小心，避免由于弯曲应变损坏样品。

当样品和反应骨架之间发生扩散粘结时，样品转移过程中损坏的几率显著增大。因此，在试图把样品从反应骨架上取下时，应事先检测其是否与骨架扩散粘接在一起。如果之间的扩散粘接比较严重而可能导致样品损坏时，此样品应弃用。

通过轻轻控制样品并旋转骨架可以将样品从反应骨架上旋下。这将使样品的绕组外周从骨架上向外张开，以减少摩擦。极其重要的是，在此操作过程中引入的应变应保持小于约0.1%。这意味着样品绕组直径 D 的增大量 ΔD 满足(其中，d 为导线直径)

$$\Delta D < 0.001(D^2/d) \qquad \text{(A.1)}$$

例如，假使 $d=1$ mm，$D=40$ mm，ΔD 须小于大约1.6 mm。细心、熟练的操作人员可以手工完成这一步骤。在把样品取下后，应当以同样方法马上旋装到测量骨架上。

把样品从反应骨架转移到测量骨架的行动可以同时完成以减小可能的样品损坏。可以通过把两个骨架端对端钳接在一起完成，两个骨架上的螺旋沟槽要保持一致。

在电流引线固定环上焊接多匝样品会产生一个缓慢衰减的磁场。此磁场是由背景磁场设定点的变化引起的感生电流引起的。

A.4.4 样品固定

样品的移动会引发提前失超(不可逆转的热失控)、电压噪声、并最终使临界电流测量重复性降低。

依靠样品和测量骨架间热收缩的差异，绷紧的绕组可使样品获得合适的支撑。然而，建议使用诸如真空硅脂或环氧树脂之类的低温粘接剂把样品固定在骨架上。

虽然使用低温粘接剂有助于减小失超的几率，但是粘接剂使用太多会阻碍样品向液氦散热，而引起失超。

为使样品固定牢固,样品骨架表面应处理得粗糙而且清洁,而样品的表面也要处理干净。

对所有的导体和测量骨架材料,都指定使用单一的固定技术是不实际的。

不允许使用焊料将样品固定在测量骨架的电流引线固定环之间,这会使漏电流估算困难、人为提高稳定性并放大了样品与测量骨架的热收缩差异。

A.5 测试步骤

样品的支撑结构要能够把样品固定在处于液氦容器中背景磁体的中心部位,并且能够固定介于室温和液氦温度之间的电流和电压引线。

为减小样品电压引线间热电势,可用铜电压引线。这些引线从液氦连续过渡到室温,并使所有室温焊点和连接点都处于等温环境。需要注意的是液氦中的焊点和连接点也处于等温状态。

样品冷却速率可以影响到临界电流的测量结果。如果使用低温脂粘结剂材料,在其冷却到低于凝固温度之前,实际上没有机械强度。冷却过程中,样品和骨架之间的粘结强度会随两者间热收缩率的变化而变。从而导致样品在不同的冷却速度下机械应力状态的不同。

可以采用失超保护回路或分流电阻保护样品,以防样品转变为正常态时因存在电流而损坏。

在恒速升流方法中,电流从零到临界电流 I_c 的 10 s 限制是考虑到感应电压和样品发热。在允许的升流速率上限时,感应电压随电流变化可能不是恒定的,它取决于升流速率、电压灵敏度、样品失超经历等因素和背景磁场的最终变化[6]。这些变化的感应电压可能以电流转移电压形式出现,并可限制 9.1 所述测量规则的有效性。在任一次改变外加磁场或在样品失超后,按先行升流到 I_c,然后再回到零进行测试,这种效应可能会减小。

在升流-恒流-升流法中,与恒速升流方法相比,每个电流设置点之间允许有更快的升流速度,但每次快速升流后需要一个短暂的停留时间。

这个停留时间取决于升流速率、电压灵敏度、样品失超经历以及背景磁场最后一次设定的时间等因素,可能需要长达 3 s。在任一次改变外加磁场或在样品失超后,先行升流到 I_c,然后再回到零,在下一次升流降流循环时,上述效应可能会减小。

如果系统噪音与电压设定值相比较为明显,就将电流从零升到 I_c 的时间延长到 150 s 以上,这样可以为数据平均提供更多时间。在这种情况下,应增大电流引线固定环的热容量和 I_c 或电流引线固定环冷却面,以抑制因测试时间变长而产生的热影响。注意,升流-恒流-升流法可以对沿 U-I 特性曲线上合理分布的数据进行数值平均。

在样品升流过程中,在电压抽头之间会感应一个正的或负的电压。在升流过程中,这种干扰电压源可以通过它正比于升流速率而鉴别出。如果该电压值与 U_c 相比较为明显,就要减小升流速度,减小电压抽头和样品形成的闭合回路面积,或者改用升流-恒流-升流法。

注意,在升流过程中,由于洛伦兹力随时间增加会引起样品的间歇或连续移动。如果该干扰电压源与 U_c 相比较为明显,则需检查洛伦兹力的方向,改善样品的固定和支撑,或者用升流—恒流—升流法。

如果测得的 U-I 特性不够好,可通过改进样品的失超保护来提高测试的可重复性。另外,也可以通过改善样品的固定和支撑或热稳定性(这可能需要加长样品在电流固定环上的接触长度,减少样品外表面的残留粘结剂)来解决。

基线电压可能包括热电势、偏移、接地回路和共模电压。一般认为在每次 U-I 数据采集过程中这些值都是稳定不变的。在 U-I 曲线测量之前和之后都对基线电压值进行测量,并认为它随时间是线性变化的,就可基本消除热电势和偏移电压微小变化的影响。如果与 U_c 相比,基线电压的变化较大,就需要对实验装置进行改进。

接地回路和共模电压的变化可能是样品电流的不规则函数,如果该变化比较大,则需要采取措施来减小它们。把它们和电流转移区分开是很难的。测量零电压抽头之间的电压(见图 A.1)与样品电流间的函数关系，可以检测共模问题。在零电压抽头之间测到的非零电压不应是样品电流的函数，尽管它可能是电流升流速率的函数。如果它是样品电流的函数，这就表明共模干扰问题的程度。

A.6 测试方法的精密度和精确度

样品自场效应的大小及其与电流、线圈直径、螺距等因素的复杂依赖关系可能会引起一个可探测的系统误差，但对于使用相同样品的实验室间的比对实验而言，系统误差不会对目标精密度产生明显的影响。若有必要，依据测试报告中的数据结果可以大致估算出自场效应对 I_c 的影响。有关自场效应的进一步讨论见附录 C。

当样品电压超过失超保护触发点时，失超保护电路会将样品电流重置为零，因此，为进行多次临界电流测量，失超保护电路可能是必需的。

实验室临界电流测试系统的精密度评估可以通过测试标样来进行。

注：铜/铌钛 SRM-1457 标样可以从下述地方获得：

National Institute of Standards and Technology
Standard Reference Materials Program
100 Bureau Drive, Stop 2322
Gaithsburg, MD 20899-2322
U. S. A.
Telephone: (301)975-6776
Fax: (301)948-3730
srminfo@nist.gov
http://www.nist.gov/srm

这里给出的信息是为了该标准使用者的方便，并不构成 IEC 对此材料的推荐。

与铌钛(NbTi)线相比，由于铌三锡(Nb_3Sn)超导线对机械应变更加敏感，其临界电流测量有额外的技术困难。建议通过实验室比对测试来评估各个实验室的总精密度和精确度。

A.7 结果的计算

A.7.1 临界电流判据

在有些应用中，电阻率判据要用到非铜横截面积。对于外部稳定化线材，该截面积通常用称重、腐蚀和称重法测量铜对非铜的比值来确定。此外，该横截面积也可以使用绘图分析法确定。

当采用 $10^{-14}\ \Omega\cdot m$ 判据时，电压抽头间的距离可能需要大于 500 mm，以增加信噪比。

如果电流转移成分相对于判据比较明显，可能需要增大电流接头和电压接头间的距离。

A.7.2 *n*-值(选择性计算)

超导体的 *U-I* 特性通常可以通过经验幂次方程近似表述：

$$U=U_0(I/I_0)^n \qquad \cdots\cdots (A.2)$$

式中：

U ——样品电压，单位为微伏(μV)；

U_0 ——参考电压，单位为微伏(μV)；

I ——样品电流，单位为安培(A)；

I_0 ——参考电流，单位为安培(A)；

n ——n-值(无单位)，反映了 *U-I* 曲线的一般形状。

即使在接近临界电流判据 $E=10\ \mu V/m$ 的电流范围内，lg U 对 lg I 的图形并不总是线性的，因而用于确定 n-值的判据范围需要指明。典型范围是 $10\ \mu V/m \sim 100\ \mu V/m$ 或者 $10^{-14}\ \Omega \cdot m \sim 10^{-13}\ \Omega \cdot m$。

在确定 n-值时，其分散程度的变化系数可能高达 20%，因此，在目前方法中，确定 n-值的做法是选择性的。

其他可能影响 n-值变化的因素是：

——电压噪声；

——电流纹波；

——样品冷却(粘结剂的使用量)；

——磁场的纹波和非均匀性；

——样品电流的自场；

——样品上的温度梯度。

表 A.1　铌三锡(Nb_3Sn)超导体和部分其他选用材料的热收缩率(参见注解)　%

材　料	温度/K							
	273	200	150	100	50	20	10	4
Nb_3Sn[a]	0	−0.055	−0.08	−0.115	−0.135	−0.15	−0.15	—
Nb_3Sn[b]	0	−0.05	−0.08	−0.11	−0.13	−0.15	−0.15	—
Nb_3Sn 复合线[a]	0	−0.12	−0.17	−0.23	−0.26	−0.27	−0.27	—
OFHC，退火态[c]	0	−0.118	−0.18	−0.252	−0.288	−0.295	−0.295	—
G10 玻璃钢，弯曲态[d]	0	−0.09	−0.13	−0.175	−0.205	−0.215	−0.220	−0.225
G10 玻璃钢，普通态[d]	0	−0.28	−0.428	−0.54	−0.62	−0.64	−0.65	−0.655
不锈钢 AISi SUS316[c]	0	−0.111	−0.173	−0.23	−0.262	−0.265	−0.265	−0.265
不锈钢 AISi SUS304[c]	0	−0.11	−0.172	−0.23	−0.261	−0.264	−0.264	−0.264
Ti-6Al-4V 合金[c]	0	−0.062	−0.10	−0.132	−0.15	−0.152	—	—
Ti-5Al-2.5Sn 合金[c]	0	−0.061	−0.096	−0.128	−0.147	−0.152	−0.152	−0.153
Cu-5Sn 合金[c]	0	−0.118	−0.182	−0.252	−0.291	−0.297	−0.297	−0.297
Cu-13.5Sn 合金[a]	0	−0.12	−0.22	−0.28	−0.32	−0.33	−0.33	—

注：取 273 K 的值为零。

[a] A. G. Rupp, *Filamentary A15 Superconductors*, Edited by M. Suenaga and A. F. Clark, Plenum Press, NY (1980)155.

[b] J. W. Ekin, *et al*. Technical report, NBSIR 86-3044, NBS(1986).

[c] *Handbook on Materials for Superconducting Machinery*, NBS(1974,1976).

[d] A. F. Clark, et al. IEEE Trans. On Magnetics, MAG-17(1981)2316.

附　录　B
（资料性附录）
铌三锡(Nb_3Sn)导体的应变效应

铌三锡(Nb_3Sn)超导体非常脆，比较小的机械应变就能使其电学性能发生不可逆的变化。众所周知，铌三锡(Nb_3Sn)复合超导体的临界电流 I_c 对机械应变十分敏感。图 B.1 所示为典型的铌三锡(Nb_3Sn)复合超导体的临界电流 I_c 随轴向应变的变化关系。此外，铌三锡(Nb_3Sn)复合超导体的临界电流 I_c 对弯曲、扭转和横向应变也非常敏感。

典型的多丝铌三锡(Nb_3Sn)复合超导体由嵌入到扩散阻挡层包围的青铜基体中的铌三锡(Nb_3Sn)芯丝和铜稳定基体组成。由于这些细丝与复合导体中其他成分的热收缩特性不同，复合超导体在热处理和冷却的过程中会形成预应变。

在 4.2 K 的"自然"条件下，铌三锡(Nb_3Sn)复合超导体的预应变或"本征应变"取决于非超导成分，尤其是铜和阻挡材料在横截面上的量与分布。本标准中，"自然"是指受测导体中没有引入外加应变。"自然"条件下对导体临界电流的测量，给出了导体本征性能的有用度量方法。

最好是将测量骨架与导体的热收缩差别减至最小(因而使得外来的应变最小)，以测得导体接近"自然"条件下的 I_c 数据值。由于铌三锡(Nb_3Sn)超导体对应变高度敏感，不同的骨架收缩性和样品固定方式，仍会导致测量结果的不同。

实际上，不同类型的线圈中，导体所得到的支撑程度相当不同，其上可受到与磁力相关的应力，也可没有这样的应力。例如，二极磁体内的情况就与螺线管磁体有显著的差别。因此，磁体设计者应该得到临界电流的应变依赖数据，以准确预测特定磁体的性能。

绕组中的导体在工作状态下的临界电流 I_c 和磁体的性能可以利用以下内容评估：本标准方法中所用典型测量骨架上导体的测试数据，导体中预应变的评估，临界电流的应变依赖关系。预应变可以通过测量或者根据复合导体的几何结构和成分特性计算。应变依赖特性由能提供临界电流随应变变化的测试设备的测量结果确定。

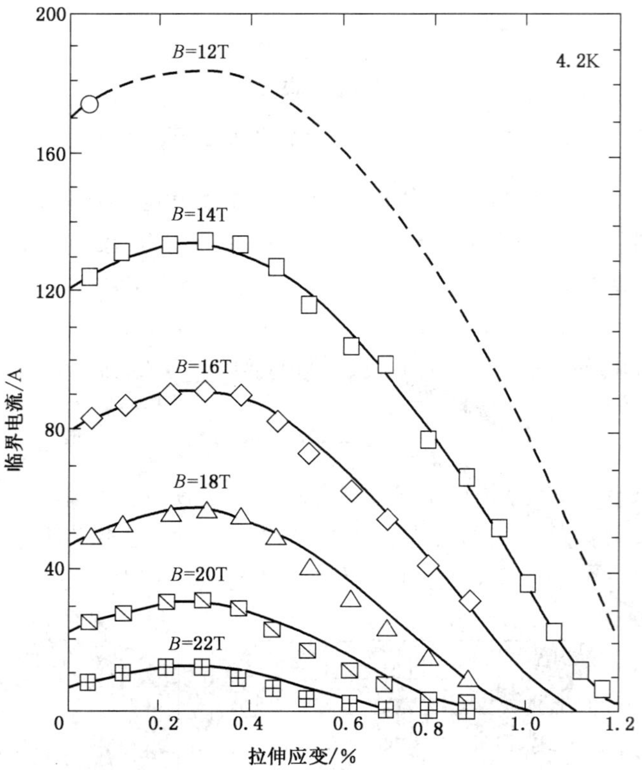

说明：外应变几乎与铌三锡(Nb_3Sn)芯丝的预应变相当时临界电流最大。随着应变的增大，临界电流迅速下降。高场下，这种衰减的百分比效应更为严重。而铌钛(NbTi)复合超导体的临界电流对机械应变的敏感程度则远低于铌三锡(Nb_3Sn)超导体。4.2 K 和 7 T 磁场下，应变为 1%时，典型的临界电流退化仅为 4%。临界电流对导体实际应变依赖的变化常取决于铌三锡(Nb_3Sn)化合物的化学成分比率和排序、以及复合构型。

图 B.1 典型的铌三锡(Nb_3Sn)复合超导线在不同磁场下的临界电流与轴向(拉伸)应变的关系[7]

附　录　C
（资料性附录）
自场效应

由于大电流流过线圈形状的样品时，样品自身会产生磁场（自场），对临界电流的测量产生自场效应。由于自场叠加在外加磁场上，所以对于导体横截面的一部分，样品所承受的总磁场要比外加磁场大。有些实验室会对这种附加自场进行近似修正。

在临界电流测量的实验室间比对中，因为每个实验室的样品都要遇到几乎相同的自场效应，不需要用自场修正来修改 I_c 数据。实验室之间的比对中，自场效应的不同仅源于测量骨架的直径和螺距（在实验室比对中，对此有规定限制）以及外加磁场均匀性的差异。因为在实验室之间的比对中，样品几乎是相同的，所以无需对自场效应进行近似修正。若参加比对的实验室中，有些对临界电流数据进行了自场效应修正，另些实验室却没有，就会使结果变得不可比较。因此，在实验室间比对时，省略自场修正可能更好。

但是，在不同直径导线的临界电流密度（J_c）比对测试时，有必要进行自场效应修正。当对不同直径导线的临界电流密度测量进行比对时，导体所经受的自场不同，应予以修正。自场修正后的电流密度更具可比性。近似修正是基于长直导线的磁场：

$$B_{SF}=\mu_0 I/(2\pi r) \qquad \cdots\cdots(C.1)$$

式中：

B_{SF}——近似的自场，单位为特斯拉（T）；

μ_0——真空磁导率，$\mu_0=4\pi\times10^{-7}$ H/m；

I——电流，单位为安培（A）；

r——导线半径，单位为米（m）。

这个方程也可以写成如下形式：

$$B_{SF}=(4\times10^{-4})I/d \qquad \cdots\cdots(C.2)$$

式中：

B_{SF}——近似的自场，单位为特斯拉（T）；

I——电流，单位为安培（A）；

d——导线直径，单位为毫米（mm）。

这种近似修正已表明可以部分解决传输电流法测量的 J_c 和利用直流磁化法测量计算的 J_c 两者之间的差异，还可以在 J_c 优化研究中修正具有不同直径导线 J_c 的测量结果。该方法也已用于修正磁场下单股线和电缆的临界电流测量。这里之所以选择介绍这种修正方法，是因为它简单方便、应用广泛并被证明是有效的。方程（C.1）给出的近似修正没有考虑诸如铜-超比、基体电阻率、芯丝的扭距、芯丝的分布、电流在芯丝间的重新分布或测量骨架的直径和螺距等因素。

一般来说，只要测量参数不导致自场效应增大，这种近似修正已经很精确，足以满足预期目的。但是，对于实验室比对测试而言，这种修正就不够精确了。在实验室间比对时各实验室间一些参数可能有差异，包括对这些参数的任何修正，将是非常复杂，并且仍然可能达不到必要的精度。由于这种自场修正没有考虑到测量骨架直径和螺距对测量的影响，所以，在临界电流密度比对中，应该采取措施来减少这些参量对临界电流测量的影响。从这一点来说，高临界电流样品（>300 A）或者低磁场下（<3 T）（这时临界电流更依赖于磁场）的测量应采用较大直径（>30 mm）、螺旋角更接近于 7°的测量骨架。要得到更权威的指导原则还需要对这些效应进行进一步研究。自场效应的研究是很困难的，因为传输临界电流无法在无自场下测得，而且在许多实验中弯曲应变对临界电流的影响和自场效应是混在一起的。

在实验室之间比对时，减小自场效应影响的一个适宜的方法是将测量骨架的直径和螺距标准化。

这种方法的实质就是趋向选择最小直径的测量骨架,这对于实验室之间的比对比较适合,但是对于通常的电流密度测量却不实用。提出适用于本标准范围内多种导体的单一标准样品骨架是不实际的,因为适合于最大尺寸导体的测量骨架会装不进许多实验室所用磁体的测试孔中。

有时用于校正部分自场效应的另一种办法是,在施加正向电流和反向电流条件下分别测量,并将两次测试结果进行平均,这样可以减小样品测量骨架的直径和螺距对测量结果的影响。因为本标准不允许将电流换向,所以该修正法不能在本标准中使用。

附 录 D
（规范性附录）
单一骨架测试法

D.1 引言

本附录介绍单一骨架测试法中骨架的材料和结构、以及样品准备的细节问题。

D.2 骨架材料

制作骨架应使用绝缘型材料或导电型非铁磁材料，此类材料可以覆盖绝缘层，也可以不覆盖绝缘层，但需满足以下要求：

a) 在反应热处理阶段，材料应不与样品发生扩散粘结；

b) 材料在室温与反应温度之间的热膨胀系数应与样品线的热膨胀系数接近；

c) 从室温冷却到测试温度时，其引入样品的总应变应在±0.03%以内。

推荐下列材料用作骨架材料。只要满足上述要求，也不限制使用其他材料。

- 陶瓷（或碳）涂层的无磁不锈钢；
- 深度表面氧化的无磁不锈钢；
- 陶瓷（或碳）涂层的 Ti-6Al-4V 或 Ti-5Al-2.5Sn。

典型的无磁不锈钢牌号是 SUS 304L 和 SUS 316L。需要指明的是 Ti-6Al-4V 和 Ti-5Al-2.5Sn 在 2 T 背景磁场下温度分别低于 4.2 K 和 3.7 K 时处于超导状态。

D.3 骨架结构

骨架的直径应足够大，以确保样品绕制时所引入的弯曲应变小于5%。

骨架的壁厚应足够薄以减少在骨架中出现传导漏电流。而通过骨架的漏电流应小于样品电流达到 I_c 时总电流的 0.2%（见 9.5）。

骨架可有或没有用于绕制样品的螺旋沟槽。螺旋沟槽的螺旋角应小于 7°，沟槽深度至少应为导线直径的一半。骨架沟槽形状最好为 V 字形。

使用矩形沟槽或没有沟槽的骨架时应十分小心。当使用没有沟槽的骨架时，样品应与隔离物一起绕制以保证螺距均匀。

电流引线固定环应牢牢紧贴骨架以避免电流引线固定环和骨架之间过渡区应力过于集中。

通常，电流引线固定环应使用如图 A.1 所示的圆柱形铜环。铜环外径应与样品线圈内径相近，以使弯曲应力最小。

测量装置如 6.5 所叙，然后回到下面步骤。

D.4 样品准备

D.4.1 样品在骨架上的安装

测试的样品不应有接头或折痕。

当采用电阻率判据确定临界电流时，样品总截面积 S 的测定精密度应达到 5%。

将样品导线的端头弯曲穿入一个小孔中以使样品固定在电流连接端边缘的骨架上，或使用类似方法固定。

样品应以接近零张力条件下(拉伸应变小于 0.1%)沿骨架上沟槽或导引路径绕制，确保接触压力减小到最小程度以阻止扩散粘结。

绕制样品时，不应对样品引入额外的扭曲。

样品在骨架上绕完后，弯曲样品导线的另一端头穿入一个小孔中，把样品固定在另一端的电流连线端，或使用类似方法固定。

应清洁样品，以免受杂物污染。

D.4.2 反应热处理

应根据厂家说明进行反应热处理，不能超过说明书的误差限度。反应炉中样品区的温度变化应加以控制，不能超出规定的限度。

D.4.3 测试前样品准备

在完成反应热处理后，切开样品固定端，并且轻轻旋转样品端头，以确认样品和骨架之间没有扩散粘结。

将样品一端焊到电流引线固定环上。从固定好的一端开始，沿样品整个长度方向压紧样品，确保样品被牢牢嵌入沟槽中或导引的路径上。然后将样品另一端焊接到电流引线固定环上。

固定环上样品焊接的最小长度应大于 40 mm 和 30 倍样品直径中较小者。焊在每个电流引线固定环上的样品不应超过 3 匝。

电流引线固定环与电压抽头之间的最短距离应大于 100 mm。

电压抽头应焊在样品上。电压抽头的未扭绞部分应按与样品绕制方向相反的方向布置，以使样品电流回路与样品和电压抽头所形成的回路区域间的互感为最小，如图 A.1 所示。

电压抽头间沿样品的长度 L 的测量精确度应达到 5%。电压抽头间距应大于 150 mm。

返回 7.4，然后完成测试步骤。

参 考 文 献

[1] IEC 60050-121, *International Electrotechnical Vocabulary*(*IEV*)—*Part* 121: *Electromagnetism*.

[2] IEC 61788-1, *Superconductivity*—*Part* 1: *Critical current measurement*—*DC critical current of Cu/Nb—Ti composite superconductors*.

[3] KIRCHMAYR, H. , SIDDALL, MB. and SMATHERS, DB. *Cryogenics*, Vol. 35, VAMAS Supplement, 1995, pp. S93～S94.

[4] ITOH K. , TANAKA Y. and OSAMURA K. , in *Proc. of the* 6*th ICEC/ICMC*, Kitakyushu, Japan, Elsevier Science, 1996, pp. 1787～1790.

[5] GOODRICH, Loren F. , WIEJACZKA, Julie A. , and SRIVASTAVA, Ashok N. , *IEEE Trans. On Appl. Supercond.* , 1995, Vol. 5(3), pp. 3442～3444.

[6] GOODRICH LF. and STAUFFER, TC. *Advances in Cryogenic Engineering*, 2002, Vol. 48B, pp. 1142～1149.

[7] VAMAS technical working party for superconducting materials, *Cryogenics*, Vol. 35, VAMAS Supplement, 1995, pp. S65～S80. See also KATAGIRI, K. , OKADA, T. WALTERS, CR. , EKIN JW. ibid. pp. S85～S88.

ICS 17.180
A 60

中华人民共和国国家标准

GB/T 28872—2012

活细胞样品纳米结构的磁驱动轻敲模式原子力显微镜检测方法

Testing method of magnetic lightly-striking mode atomic force microscope for nanotopography of living cells

2012-11-05 发布

2013-02-15 实施

中华人民共和国国家质量监督检验检疫总局
中国国家标准化管理委员会
发布

前　言

本标准按照 GB/T 1.1—2009 给出的规则起草。

请注意本文件的某些内容可能涉及专利。本文件的发布机构不承担识别这些专利的责任。

本标准由中国科学院提出。

本标准由全国纳米技术标准化技术委员会(SAC/TC 279)归口。

本标准负责起草单位:国家纳米科学中心。

本标准主要参加起草单位:中国科学院电工研究所、中国人民解放军第二军医大学。

本标准主要起草人:韩东、韩立、孙全梅、陈佩佩、冯建涛、陈龙、殷伯华、初明璋、林云生、杨勇骥。

活细胞样品纳米结构的磁驱动轻敲模式原子力显微镜检测方法

1 范围

本标准规定了磁驱动轻敲模式原子力显微镜检测活细胞样品的技术和规范。

本标准适用于使用磁驱动轻敲模式原子力显微镜对活细胞的形貌和物性的检测。

2 规范性引用文件

下列文件对于本文件的应用是必不可少的。凡是注日期的引用文件，仅注日期的版本适用于本文件。凡是不注日期的引用文件，其最新版本(包括所有的修改单)适用于本文件。

GB/T 21636—2008 微束分析 电子探针显微分析(EPMA)术语

3 术语和定义

GB/T 21636—2008界定的以及下列术语和定义适用于本文件。

3.1

活细胞样品 living cells

离体培养或急性分离的细胞。

3.2

磁驱动轻敲模式原子力显微镜 magnetic lightly-striking mode atomic force microscope

使用交变磁场驱动背面镀有磁膜的微悬臂探针对样品形貌及物性进行轻敲模式检测的原子力显微镜。

3.3

磁性悬臂 magnetic cantilever

背面镀有磁膜的微悬臂。

3.4

振幅衰减值 magnitude of amplitude damping

微悬臂的工作振幅与自由振幅的比值。

4 基本原理

原子力显微镜(atomic force microscope，AFM)采用带有针尖的对微弱力极其敏感的微悬臂在样品表面进行扫描从而得到图像。扫描过程中，针尖顶部最外层原子与样品表面原子之间的相互作用力使微悬臂不断发生形变或改变运动状态，因此一束激光经由微悬臂的光滑背面反射到光电检测器上的位置也不断发生变化。AFM就是通过光电检测器来检测微悬臂的状态从而获得样品形貌和作用力等信息。

原子力显微镜的磁驱动轻敲模式适合于对生物样品等柔软物体进行非破坏性成像，该模式使用交变磁场驱动背面镀有磁膜的微悬臂探针，使其以特定振幅进行高频振动，同时由压电陶瓷驱动扫描器在样品表面进行光栅式扫描，样品与探针的相互作用将影响微悬臂的振幅。在扫描过程中，一束激光照射到微悬臂的背面并反射到一个光电检测器上，检测器不同象限接收到的激光光强的差异与微悬臂的振幅增减存在一定比例关系。通过检测微悬臂的振幅变化，压电陶瓷对样品与探针之间的距离进行相应的调整，使微悬臂的振幅维持恒定并将调整信号转化处理得到检测样品的三维形貌图。同时通过对比驱动相位和实际振荡相位之间的相差获得检测样品的物性特征。见图1。

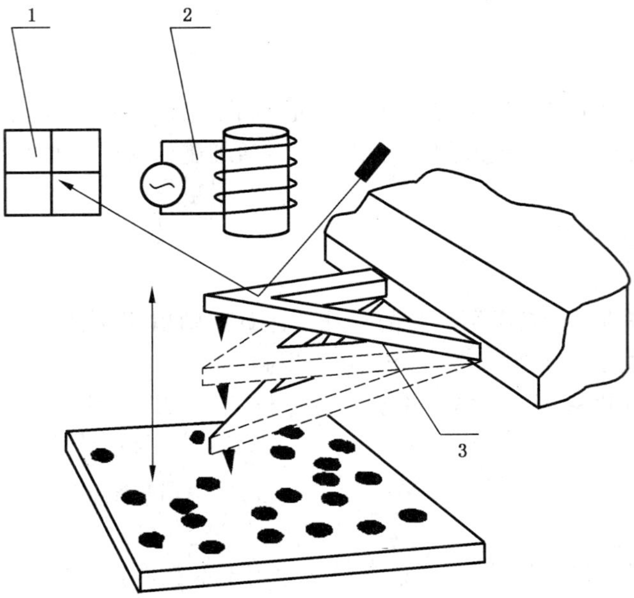

说明：
1——光电检测器；
2——交变磁场；
3——磁性悬臂与探针。

图1 磁驱动轻敲模式示意图

5 仪器设备

磁驱动轻敲模式原子力显微镜。

6 活细胞样品准备

活细胞样品应为贴壁状态良好的培养细胞或急性分离的细胞。

7 磁驱动原子力显微镜系统的准备工作

7.1 选择扫描器（推荐扫描范围为100 μm×100 μm）和磁性悬臂，建议检测细胞应选择弹性常数小于1 N/m的磁性悬臂。

7.2 使用3次蒸馏水浸泡磁性悬臂并将其固定在扫描器顶端，然后将扫描器安装于原子力显微镜扫描台上。

7.3 调节检测激光，使之照射于微悬臂的末端。

7.4 选择与载有活细胞样品同等规格的培养皿或玻片为参照物，在大气环境中接近至样品表面距探针约 200 μm 处。

7.5 取下参照物，更换为载有活细胞样品的培养皿或玻片液体池，使微悬臂直接浸入活细胞生理溶液中，避免气泡的产生影响微悬臂状态。

7.6 在微悬臂浸入溶液后，将其放置 10 min，使悬臂与环境达到热平衡。

7.7 调节光电检测器的位置使检测到的光强最大。

8 检测分析步骤

8.1 设定驱动振幅，确定悬臂的共振频率。（常规下，探针在溶液中的驱动频率为空气中共振频率的三分之一左右。）

8.2 根据悬臂的共振频率确定扫描时探针的驱动频率，建议选择驱动频率接近探针的共振频率。

8.3 设置判定悬臂与样品接触的振幅衰减值(建议设定为减小到溶液下自由振幅的 80%～90%)，驱动样品直至样品表面和探针接触。

8.4 设定扫描范围开始扫描检测，并根据生物样品的粗糙度选择合适的积分增益、比例增益以及扫描速率。

8.5 逐步缩小扫描范围，寻找目标部位进行成像。

8.6 在进行样品表面三维形貌成像的同时，获取相差图及振幅图以表征样品硬度、弹粘性等物性。

9 检测结果报告

检测结果报告需包括以下信息：

a) 检测报告的唯一编号；

b) 样品名称；

c) 样品的送样日期；

d) 送样人姓名、单位地址及联系方式；

e) 检测内容与要求；

f) 样品的检测日期；

g) 检测仪器型号及工作条件；

h) 检测结果和必要的说明；

i) 报告人及负责人的签字；

j) 检测实验室名称和地址；

k) 检测报告的页码。

检测报告发布可参考附录 A。

附　录　A
（资料性附录）
活细胞样品纳米结构原子力显微镜检测报告

报告编号：

样品名称：

送样日期：

送样单位及地址：

送样人姓名：　　　　　　　　联系电话：　　　　　　　　E-mail 地址：

检测内容与要求：

检测条件：

　　仪器型号：

　　微悬臂类型：

　　微悬臂弹性系数：

　　半张角：

　　共振频率：

　　扫描速率：

　　驱动振幅：

　　积分增益与比例增益：

　　振幅衰减值：

检测结果：

　　成像模式：

　　图像：

　　必要的说明：

　　报告书共　　页

检测人姓名：　　　　　　　　　　　　检测单位联系电话：

检测单位地址：　　　　　　　　　　　审核人姓名：

检测单位(公章)　　　　　　　　　　　检测日期：　　年　　月　　日

参 考 文 献

[1] G. Ge, D. Han,D. Lin, W. Chu, Y. Sun, L. Jiang, W. Ma and C. Wang. MAC mode atomic force microscopy studies of living samples, ranging from cells to fresh tissue. Ultramicroscopy. 2007, 107, 299-307.

[2] P. Chen,H. Dong, L. Chen, Q. Sun and D. Han. The application of atomic force microscopy on living samples, from cells to fresh tissues. Chinese Sci. Bull. 2009, 54, 2410-2415 (Review).

[3] ASTM E-2382-04. Guide to Scanner and Tip Related Artifacts in Scanning Tunneling Microscopy and Atomic Force Microscopy—Terminology.

[4] W. Han andS. M. Lindsay. Probing molecular ordering at a liquid-solid interface with a magnetically oscillated atomic force microscope. Appl. Phys. Lett. 1998, 72, 1656-1658.

[5] B. Rogers,D. York, N. Whisman, M. Jones, K. Murray, and J. D. Adams. Tapping mode atomic force microscopy in liquid with an insulated piezoelectric microactuator. Rev. Sci. Instrum. 2002, 73, 3242-3244.

[6] I. Revenko and R. Proksch. Magnetic and acoustic tapping mode microscopy of liquid phase phospholipid bilayers and DNA molecules. J. Appl. Phys. 2000, 87, 526-533.

[7] E. Lesniewska, P. E. Milhiet, M. Giocondi and C. L. Grimellec. Atomic force microscope imaging of cells and membranes. Methods Cell Biol. 2002, 68, 51-65.

[8] J. Kokavecz,A. Mechler. Investigation of fluid cell resonances in intermittent contact mode atomic force microscopy. Appl. Phys. Lett. 2007, 91, 023113.

ICS 17.180
A 60

中华人民共和国国家标准

GB/T 28873—2012

纳米颗粒生物形貌效应的环境扫描电子显微镜检测方法通则

General guide of environmental scanning electron microscopy for biological effects on topography induced by nanoparticles

2012-11-05 发布　　2013-02-15 实施

中华人民共和国国家质量监督检验检疫总局
中国国家标准化管理委员会　发布

前　　言

本标准按照 GB/T 1.1—2009 给出的规则起草。

请注意本文件的某些内容可能涉及专利。本文件的发布机构不承担识别这些专利的责任。

本标准由中国科学院提出。

本标准由全国纳米技术标准化技术委员会(SAC/TC 279)归口。

本标准负责起草单位:国家纳米科学中心。

本标准参加起草单位:中国科学院电工研究所、中国人民解放军第二军医大学。

本标准主要起草人:韩东、韩立、陈佩佩、谢家仪、杨勇骥、殷伯华、孙全梅、褚卫国、初明璋、金麟、李静。

纳米颗粒生物形貌效应的环境扫描电子显微镜检测方法通则

警告：本标准并未指出所有可能的安全问题。在应用本标准之前，使用者有责任采取适当的安全和健康措施，并保证符合国家有关法规规定的条件。

1 范围

本标准规定了环境扫描电子显微镜检测纳米颗粒与生物样品相互作用的技术和规范。

本标准适用于应用扫描电子显微镜的低真空和环境真空模式，进行纳米颗粒生物效应研究中生物样品形貌的分析（颗粒的范围可扩展至亚微米级和微米级）。

2 规范性引用文件

下列文件对于本文件的应用是必不可少的。凡是注日期的引用文件，仅注日期的版本适用于本文件。凡是不注日期的引用文件，其最新版本（包括所有的修改单）适用于本文件。

GB/T 19619—2004 纳米材料术语

GB/T 21636—2008 微束分析 电子探针显微分析(EPMA) 术语

GB/T 23414—2009 微束分析 扫描电子显微术 术语

3 术语和定义

下列术语和定义适用于本文件。

3.1

环境扫描电子显微镜 environmental scanning electron microscope；ESEM

在其工作时，其样品室气压可在 1 Pa～5 000 Pa 之间变化。因此，不能直接探测到发射的二次电子，图像是通过探测气体放大的电子、环境扫描电子探测器、探测离子、光电效应或者探测其他信号（如背散射电子或者吸收电流）来获得。

3.2

生物形貌效应 biological effect on topography

与纳米颗粒作用后，生物样品形貌的改变。

3.3

低真空模式 low vacuum mode

镜筒在高真空，而样品室的压力在 10 Pa～130 Pa 时，对样品表面进行检测。

3.4

环境真空模式 environmental vacuum mode

镜筒在高真空，而样品室的压力在 10 Pa～4 000 Pa 范围内，对样品表面进行检测。

3.5

含水生物样品 hydrous biological sample

表面无多余水分存在、内部含水、不易变形的新鲜样品。

4 基本原理

用聚焦的高能电子束照射生物样品表面的微小区域，到达样品的电子与样品的原子发生碰撞，产生大量携带有样品表面信息的二次电子和背散射电子等信号。控制电子束在样品表面以光栅形式进行扫描，扫描时探测器（二次电子或背散射电子探测器）收集的电子信号随之变化，电子信号经探测单元处理后，在显示器上形成生物样品的表面形貌和结构的电子图像。

ESEM的两个关键技术使直接观察生物样品成为可能。首先，ESEM采用多级压差光阑技术，形成梯度真空，即镜筒保持高真空的同时，样品室的压力可在10 Pa～4 000 Pa范围内调节，样品室的温度可在−5 ℃～50 ℃范围调节。通过调节温度和压力，相对湿度可在0～100%范围变化。合适的湿度可以使生物样品在观察时，样品室保持在“湿”的自然状态；其次，采用气体二次电子探测器，通过二次电子对气体分子的电离作用，一方面使生物样品微弱的二次电子信号放大，另一方面所产生的正离子可与样品表面电子中和从而消除生物样品表面的荷电。这样，含水的、导电性差的生物样品就可以直接在ESEM中获得清晰的、无荷电效应的图像（见图1）。

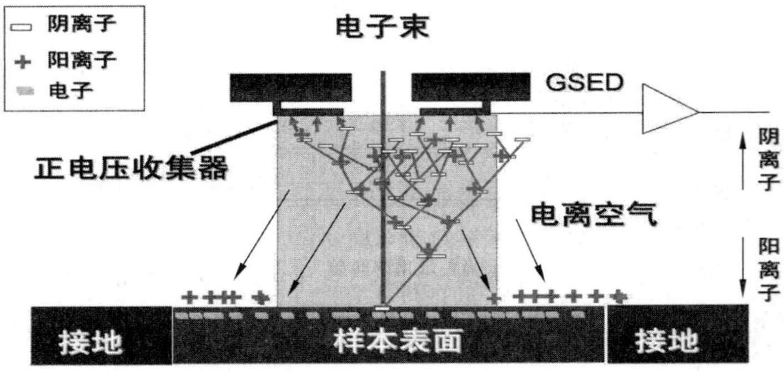

图1 环境真空模式成像原理

5 仪器设备

5.1 环境扫描电子显微镜。

5.2 临界点干燥仪。

6 纳米颗粒作用后的生物样品制备

6.1 低真空操作模式下的样品制备

6.1.1 与纳米颗粒作用之后的生物样品（组织或细胞）先用2.5%戊二醛溶液固定2 h～4 h，后用磷酸盐缓冲液（0.2 mol/L，pH值为6.8～7.4）清洗3次；再用1%锇酸溶液固定2 h～4 h，磷酸盐缓冲液（0.2 mol/L，pH值为6.8～7.4）清洗3次。每次磷酸盐缓冲液清洗时间均为15 min～20 min。

6.1.2 分别用浓度为30%、50%、70%、85%、95%的乙醇将样品脱水各一次，每次15 min～20 min。100%的乙醇脱水2次，每次15 min～20 min。

6.1.3 乙酸异戊酯置换生物样品2次，每次15 min。

6.1.4 二氧化碳临界点干燥仪干燥生物样品。

6.1.5 样品表面不需导电处理，直接置于样品室内进行观察。

6.2 环境扫描操作模式下的样品制备

纳米颗粒与生物含水样品作用之后，用滤纸去除表面多余水份，置于样品室内，直接进行检测。对易变形生物样品可先给与2.5%戊二醛和1%锇酸双固定，然后用磷酸盐缓冲液(0.2 mol/L，pH值为6.8～7.4)清洗3次，每次磷酸盐缓冲液清洗时间均为10 min，再用去离子水清洗2次，每次清洗时间为10 s。最后用滤纸去除表面多余水分，置于样品室，进行检测。

7 样品检测流程

7.1 打开样品室

向环境扫描电镜样品室注入氮气，打开样品室。

7.2 选择及安装相应探头

选择低真空或环境真空模式。并安装相应的探头，低真空模式安装低真空探头，环境真空模式安装环境真空探头。

7.3 安装样品

7.3.1 低真空模式，用导电胶或胶带，如银胶、碳胶或碳胶带，将样品固定在样品台上。

7.3.2 环境真空模式，安装相应的冷台和/或水循环系统，将样品装在特制的样品台上，选择合适的温度，预冷。

7.4 抽真空并选择参数

抽真空，在低真空和环境真空模式下，根据样品的特点选择合适的参数：如压力、加速电压、束径和工作距离。环境真空模式下还需选择温度−5 ℃～60 ℃，从而达到适合的湿度(一般推荐为85%)。

7.5 打开加速电压

一般推荐为1 kV～15 kV。

7.6 调节成像参数

选择亮度、对比度，出图像后，调整工作距离，在低真空和环境真空模式下，由于信号较弱建议选择较小的工作距离6 mm～8 mm，束径的选择要根据ESEM型号而定。

7.7 视野选择

在低倍下选择合适的视野，寻找纳米颗粒生物效应后的细胞及生物组织表面的形貌。

7.8 放大及聚焦

放大到所需倍数，聚焦(在照相所需倍数两倍以上聚焦)。

7.9 高倍下消像散

7.10 照相并储存图像

8 检测结果报告

检测结果报告需包括以下内容：

a) 检测报告的唯一编号；

b) 送样人姓名，单位、地址及联系方式；

c) 送检样品名称、送检日期和送检目的；

d) 仪器条件、检测参数(工作距离、加速电压、放大倍数、样品室压力、样品台温度和样品室湿度)；

e) 检测结果和必要的说明(附图片)；

f) 检测报告负责人的签字；

g) 检测报告的页码；

h) 检测报告的日期；

i) 实验室名称和地址。

检测报告发布可参考附录 A。

附　录　A
（资料性附录）
纳米颗粒生物形貌效应的环境扫描电子显微镜检测报告

报告编号：

送样单位：

送样日期：

样品名称：

送样目的：

检测要求：

送样人姓名：　　送样人联系电话：　　送样人 E-mail 地址：

测量条件：

　　仪器型号：

　　仪器条件：

　　加速电压：　　工作距离：

　　样品室压力：　　放大倍数：

　　样品台温度：　　样品室湿度：

检测结果：

检测结果(附图片)：

必要的说明：

检测单位(公章)：　　检测人姓名：

审核人姓名：　　检测日期：　　年　　月　　日

报告书共　　页

检测单位地址：　　检测单位联系电话：

参 考 文 献

［1］ P. Chen，L. Chen，D. Han，J. Zhai，Y. Zheng and L. Jiang，Wetting behavior at micro-/nanoscales：direct imaging of a microscopic water/air/solid three-phase interface. Small. 2009，5，908-912.

［2］ Y. Zheng,D. Han，J. Zhai and L. Jiang. In situ investigation on dynamic suspending of microdroplet on lotus leaf and gradient of wettable micro-and nanostructure from water condensation. Appl. Phys. Lett. 2008，92，084106.

［3］ CEN ISO/TS 27687:2008 Nanotechnologies—Terminology and definitions.

［4］ A. F. Miller，A. M. Donald . Imaging of anisotropic cellulose suspensions using environmental scanning electron microscopy. Biomacromolecules. 2003，4，510-517.

［5］ C. Habold，S. Dunel-Erb，C. Chevalier，P. Laurent，Y. Le Maho，J.-H. Lignot. Observations of the intestinal mucosa using environmental scanning electron microscopy (ESEM)；comparison with conventional scanning electron microscopy (CSEM) . Micron. 2003，34，373-379.

［6］ 汤雪明，戴书文. 生物样品的环境扫描电镜观察. 电子显微学报，2001，20，217-223.

［7］ 何黎平. 几种新鲜生物样品的环境扫描电镜观察. 电子显微学报，2003，22，669-670.

［8］ A. M. Donald. The use of environmental scanning electron microscopy for imaging wet and insulating materials. Nat. Mater. 2003，2，511-516.

ICS 49.140
V 04

中华人民共和国国家标准

GB/T 28874—2012

空间科学实验数据产品分级规范

Specification for level of data products for space science experiments

2012-11-05 发布 2013-02-15 实施

中华人民共和国国家质量监督检验检疫总局
中国国家标准化管理委员会 发布

前　言

本标准依据 GB/T 1.1—2009 给出的规则起草。

本标准由全国空间科学及其应用标准化技术委员会(SAC/TC 312)归口。

本标准负责起草单位:中国科学院空间应用工程与技术中心。

本标准主要起草人:李盛阳、黑保琴、李绪志。

空间科学实验数据产品分级规范

1 范围

本标准规定了空间科学实验数据产品的定义和级别划分、原始数据和数据产品的一般文件命名规则、各类型数据产品的格式。

本标准适用于空间科学实验卫星和载人航天空间科学实验的数据产品，不包括气象、海洋、资源等对地观测卫星的数据产品，其他卫星的数据产品可参照使用。

2 术语和定义

下列术语和定义适用于本文件。

2.1

数据帧　data frame

数据链路层的协议型标准数据单元，由固定的结构和数据包构成。

2.2

数据包　data packet

一种面向应用的适合于从源端(应用过程)到终端(数据系统)的传送应用数据的协议型标准数据单元，由应用数据加上包头和校验字构成。

2.3

数据集　data set

存储在一起的相关数据的集合。

2.4

空间科学数据产品　space science data product

空间科学实验和空间探测所获取的原始科学数据及处理后生成的数据集(见 2.3)。

2.5

勤务数据产品　housekeeping data product

有效载荷和航天器平台运行状态的原始数据及处理后生成的数据集。

3 缩略语

下列缩略语适用于本文件。

CCSDS：空间数据系统咨询委员会(Consultative Committee for Space Data Systems)

CDF：通用数据格式(Common Data Format)

CSV：逗号分隔值(Comma Separated Value)

FITS：灵活图像传输系统(Flexible Image Transport System)

HDF：分层数据格式(Hierarchy Data Format)

PDS：行星数据系统(Planetary Data System)

XML：可扩展标记语言(Extensible Markup Language)

4 数据产品级别划分

4.1 空间科学数据产品级别

4.1.1 原始数据产品

地面接收到的科学数据，经解格式处理后的数据帧(见2.1)文件或经其他方式获得的未经处理的科学数据。

4.1.2 0级数据产品

4.1.2.1 0A级数据产品

在原始数据产品基础上，根据标识分离出的有效载荷数据集。

4.1.2.2 0B级数据产品

在0A级数据产品基础上，经排序、去重复、数据拼合(适用时)或其他处理后生成的数据集。

4.1.3 1级数据产品

在0级数据产品基础上，根据实验、探测事件或时间分类，经过星地时差修正、参数物理值公式转换(适用时)或图像提取，并加入描述信息后生成的数据集。

1级数据产品包括地面实验获取的定标数据。

4.1.4 2级数据产品

在1级数据产品基础上，经标定处理后生成的数据集。

4.1.5 3级数据产品

在2级数据产品基础上，经专业处理后生成的高级数据集。

4.2 勤务数据产品级别

4.2.1 原始数据产品

地面接收到的勤务数据，经解格式处理后生成的数据帧文件或经其他方式获得的未经处理的数据。

4.2.2 0级数据产品

在原始数据基础上，根据标识或参数类型分离数据，经排序、去重复后生成的数据集。

4.2.3 1级数据产品

在0级数据产品基础上，经星地时差修正、参数物理值公式转换和地面计算后生成的数据集。

4.3 数据产品处理流程

数据产品处理流程见图1。

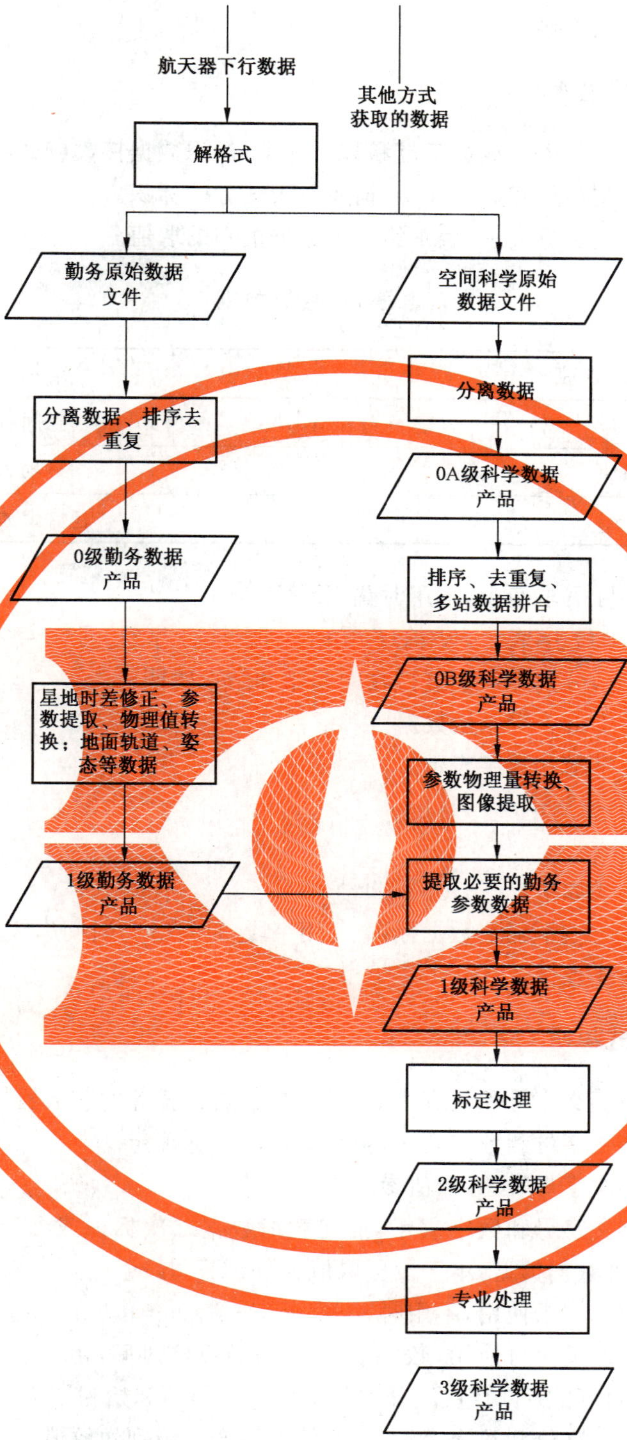

图 1　数据产品处理流程

5　一般文件命名规则

5.1　原始数据文件命名

原始数据文件命名格式如下：

接收站(或回收场)标识_任务标识_数据类别_备用字段_时间串1_时间串2_产品级别.扩展名

文件名字段间以下划线连接。

5.2 原始数据文件名格式说明

5.2.1 接收站或回收场标识:大写英文字母和数字表示,标识数据接收或回收的站名。

5.2.2 任务标识:大写英文字母和数字表示,描述航天任务的标识。

5.2.3 数据类别:大写英文字母表示,表1给出了数据类别的取值。

表1 数据类别

数据类别	描述
SS	空间科学数据
HK	勤务数据
SH	包含上述两种数据

5.2.4 备用字段:根据实际需求使用,不用时置XXXX。

5.2.5 时间串1、时间串2:数字表示,代表UTC时间,由年(4字符)月(2字符)日(2字符)时(2字符)分(2字符)秒(2字符)组成,分别标识数据接收的起始和结束时间。

5.2.6 产品级别:取值为LS,表示原始数据。

5.2.7 扩展名:小写英文字母和数字表示。

5.3 数据产品文件命名

数据产品文件命名格式如下:

航天器标识_载荷代号_数据类别_数据标识_备用字段_时间串1_时间串2_产品级别_版本号.扩展名

文件名字段间以下划线连接。

5.4 数据产品文件名格式说明

5.4.1 航天器标识:大写英文字母和数字表示,描述执行航天任务的航天器标识。

5.4.2 载荷代号:大写英文字母和数字表示,由载荷代号名称确定。

5.4.3 数据类别:大写英文字母表示,取值参见表1。

5.4.4 数据标识:大写英文字母和数字表示,描述载荷数据二次标识或参数类别,由载荷数据分类确定,如果该载荷只存在一种数据类型,本字段可取值为“FFFF”。

5.4.5 备用字段:根据实际需求使用,不用时置XXXX。

5.4.6 时间串1、时间串2:适用时使用,数字表示,代表UTC时间,由年(4字符)月(2字符)日(2字符)时(2字符)分(2字符)秒(2字符)组成,分别标识数据采集的起始和结束时间。

5.4.7 产品级别:大写英文字母和数字表示,表2给出了产品级别的取值。

表2 产品级别

产品级别	描述
0A	0A级数据产品
0B	0B级数据产品
L0	0级数据产品

表 2（续）

产品级别	描述
L1	1 级数据产品
L2	2 级数据产品
L3	3 级数据产品

5.4.8 版本号：大写英文字母和数字表示，取值范围为 0A～9Z。第一次生成取 0A，再次生成取 0B，依此类推，以 0A～9Z 递增的方式标识版本信息。

5.4.9 扩展名：小写英文字母和数字表示，根据数据文件格式确定。

示例：

探测 1 号（TC01）卫星高能质子（HEEP）实验载荷 2010 年 9 月 10 日 20 点 12 分 30 秒至 2010 年 9 月 10 日 20 点 14 分 20 秒期间采集的科学实验数据（SS）经处理后初次生成的 CSV 格式 1 级数据产品文件，文件命名为：

TC01_HEEP_SS_FFFF_XXXX_20100910201230_20100910201420_L1_0A.csv

6 空间科学数据产品格式

6.1 原始数据产品格式

6.1.1 内容：包含同步码的科学数据帧。

6.1.2 格式：二进制文件。非数字化的原始数据产品不适用。

6.2 0 级数据产品格式

6.2.1 0A 级数据产品格式

6.2.1.1 内容：文件头信息＋产品数据段。

文件头信息：表 3 定义了文件头信息。

产品数据段：与星上仪器输出格式一致的数据包（见 2.2）。

6.2.1.2 格式：产品数据段格式为二进制，文件头信息用 ASCII 字符表示。

表 3 0A 级空间科学数据产品文件头信息

字节	内容	类型	描述
0～3	航天器代号	十六进制 ASCII 字符	航天器标识
4～7	数据包长度	无符号整数	产品数据段数据包长度
8～9	文件头长度	无符号整数	文件头信息的长度
10	接收站	无符号整数	0：未知 1～254：定义为对应的接收站 255：无效
11	数据流类型	无符号整数	0：未知 6：实时数据 9：回放数据 10：包含实时和回放 255：无效
自定义长度	处理说明	字符型	数据处理过程、 方法说明及处理的统计信息
自定义长度	其他	字符型	其他自定义说明，可选

6.2.2 0B级数据产品格式

6.2.2.1 内容:文件头信息+产品数据段。

文件头信息:见表3。

产品数据段:经去重复处理或经数据拼合后,与星上仪器输出格式一致的数据包。

6.2.2.2 格式:二进制文件。

6.3 1级数据产品格式

6.3.1 内容:科学数据和描述信息。

描述信息包括:处理日期、处理参数、处理方法等。

6.3.2 格式:1级数据产品的格式宜采用:

——空间天文数据产品为FITS格式;

——月球和行星探测数据产品为PDS格式;

——其他空间科学数据产品为CDF、HDF、XML或CSV格式;

——静态图像数据产品为BMP、JPEG、PS、EPS或TIFF格式,其辅助信息存储为XML或CSV格式;

——视频图像数据产品为AVI、MPG2格式或高清格式,其辅助信息存储为XML或CSV格式。

6.4 2级数据产品格式

6.4.1 内容:标定处理后的科学数据。

6.4.2 格式:数据产品格式符合6.3.2的规定。

6.5 3级数据产品格式

6.5.1 内容:专业处理后的科学数据。

6.5.2 格式:数据产品格式符合6.3.2的规定。

7 勤务数据产品格式

7.1 原始数据产品格式

7.1.1 内容:包含同步码的勤务数据帧。

7.1.2 格式:二进制文件。

7.2 0级数据产品格式

7.2.1 内容:文件头信息+产品数据段。

文件头信息:见表3。

产品数据段:数据包。

7.2.2 格式:二进制文件。

7.3 1级数据产品格式

7.3.1 内容:各物理参量。

7.3.2 格式:1级数据产品的格式宜采用XML或CSV格式。

本文件中的CSV格式中,参数名字段横向排列,每个参数的值纵向排列。

参考文献

［1］ CCSDS 132.0-B-1 TM Space Data Link Protocol,September 2003. Blue Book Issue 1
［2］ CCSDS 133.0-B-1 Space packet Protocol,September 2003. Blue Book Issue 1

ICS 07.080
A 40

中华人民共和国国家标准

GB/T 28875—2012

空间科学实验　生物样品要求

Space science experiment—Requirement for biological samples

2012-11-05 发布　　2013-02-15 实施

中华人民共和国国家质量监督检验检疫总局
中国国家标准化管理委员会　发布

前　言

本标准按照GB/T 1.1—2009给出的规则起草。

本标准由全国空间科学及其应用标准化技术委员会(SAC/TC 312)归口。

本标准起草单位:中国科学院生物物理研究所、中国科学院空间应用工程与技术中心、中国科学院遗传与发育研究所、中国科学院上海植物生理与生态研究所、中国科学院植物研究所、中国科学院动物研究所、中国科学院武汉水生生物研究所、中国科学院上海技术物理研究所、大连海事大学、北京航空航天大学。

本标准主要起草人:仓怀兴、江丕栋、郭炯、刘敏、蔡伟明、温晓刚、段恩奎、王高鸿、张涛、孙野青、荣龙。

引　　言

利用空间的微重力、辐射、真空、昼夜节律变化、磁场变化等资源开展生物学实验研究，在确定了科学目标之后，需要通过实验对象和实验方法实现，并最终落实于空间实验设备和研究对象（样品）。生物实验样品是生命科学实验的对象和载体。生物实验样品范围广泛、差异很大，包括生物大分子、细胞、组织、器官、动物个体或群体、植物个体或群落、微生物个体或群落等。鉴于稀少的空间实验机会和高昂的实验成本，基于共同的标准合理选择、管理和检测生物样品以保证其质量，有助于提高实验研究的成功率，实现预期的科学目标。

空间科学实验　生物样品要求

1　范围

本标准规定了空间生命科学实验用生物样品的科学性、安全性、可靠性和装置适应性的内涵及其检测评价的原则、内容和方法。

本标准适用于在各种空间飞行器上实施的生命科学实验所用生物样品的选用和管理。

2　规范性引用文件

下列文件对于本文件的应用是必不可少的。凡是注日期的引用文件，仅注日期的版本适用于本文件。凡是不注日期的引用文件，其最新版本(包括所有的修改单)适用于本文件。

GB 13690　化学品分类和危险性公示　通则

GB/T 14926(所有部分)　实验动物(检测方法)

3　术语和定义

下列术语和定义适用于本文件。

3.1

生物样品　biological sample

作为空间生命科学实验对象的活性生物材料。

注：生物样品包括生物群落、个体、生物组织器官、细胞、生物分子，它们在一定层次上保持着生命物质的特征结构和(或)功能性状。

3.1.1

预选样品　pre-selected sample

针对科学研究目标拟作为科学实验对象的生物样品。

3.1.2

初选样品　preliminary sample

经过地基研究的初步筛选并与实验硬件进行匹配试验检验合格的生物样品。

3.1.3

候选样品　candidate sample

在初选基础上经过确认全面符合空间实验条件的生物样品。

3.1.4

飞行样品　flight sample

参加空间实验的生物样品。

3.1.5

备选样品　alternative sample

在各样品阶段，当个别样品由于意外原因退出时，用于补充空缺的生物样品。

3.2

样品履历　sample curriculum vitae

记录生物样品各阶段功能性状及其生物、物理、化学性质的文件，主要包括名称、来源、种属品系、制备、运输、贮存、使用和实验结果等信息。

3.3

生物相容性　biological compatibility

生物样品与实验系统产生有害的生物、物理、化学作用的程度。

3.4

地基实验　ground-based experiments

在地面实验室使用各阶段生物样品开展的科学研究实验。

3.5

匹配试验　matching test

在地面实验室使用生物样品和空间实验装置进行的模拟空间实验。

4　一般要求

4.1　在确定采用生物样品之前，应评价该生物样品对实验装置、空间飞行器、空间环境以及乘员的安全性。

4.2　在实施空间科学实验之前，应评价生物样品满足实验需求的可靠性。

4.3　可使用当前已具备的检测技术对生物样品的基本指标进行检测。

4.4　应建立生物样品淘汰与应急备用机制、规范化和可追溯管理制度。

4.5　生物样品应经科学研究专家和管理专家认定后使用。

4.6　生物样品的获取与使用应遵守国际生物保护约定，不违背社会伦理，不危害人类公共安全。

4.7　应在本标准基础上制定各类生物样品具体的技术规范，并与本标准一起作为进行特定空间科学实验时确定与使用生物样品的依据。

5　样品选择

5.1　原则

5.1.1　必要性：应满足空间生命科学实验的科学目标，预期对空间环境中的一个或几个因素有响应。

5.1.2　可靠性：应满足空间科学实验要求。

5.1.3　安全性：生物样品及配套材料不应影响实验人员、实验环境、实验装置、空间飞行器及乘员的安全。

5.1.4　优选：应具备研究工作基础好、科学意义显著或应用背景强、有特色。

5.1.5　备份、备选：应备份或备选样品。

注：备份和备选样品是为了保证在发射推迟或其他条件变化的情况下仍可继续实验。

5.2　条件

5.2.1　生物样品应满足科学研究目标的要求，对微重力、辐射、真空、昼夜节律变化、磁场变化等一个或几个空间环境因素具有显著的响应。

5.2.2　在特定的空间资源和实验装置条件约束下，研究方案设计应合理可行。

5.2.3　对生物样品的来源、性质、特征和习性应有充分的了解。

5.2.4　在地面应有成熟的制备方法和重复可靠的实验结果。

5.2.5 应能达到规定的质量要求。

5.2.6 生物样品的数量和制备能满足空间实验和地面研究的要求。

5.2.7 拟回收样品应具备返回地面进行再分析的可实现性。

5.3 方法

应至少选择下列方法之一进行确认：

——与科学研究项目一起由相关领域专家评议确认；

——单独发布生物样品征集指南，组织科学和管理方面专家对申请样品进行审查确定；

——对于意义显著，但基本信息不够详实的生物样品，可采取分阶段试验检验的方法逐步确认。

5.4 步骤

5.4.1 预选：根据科学研究目标按第 4 章的要求确定拟作为科学实验对象的生物样品即为预选样品(见 3.1.1)，含备选样品(见 3.1.5)。

5.4.2 初选：对预选样品的地基研究情况及匹配试验的结果进行审查，通过者即为初选样品(见 3.1.2)，含备选样品。

5.4.3 候选：按照第 4 章内容审查初选样品是否全面满足各项要求，通过者为候选样品(见 3.1.3)，含备选样品。

5.4.4 正选：对候选样品进行综合评估，确定参加空间实验的飞行样品(见 3.1.4)以及备选样品。

6 样品管理

6.1 目的

生物样品管理应达到：

——保证生物样品的质量和安全可靠性；

——确保科学实验的可重复性；

——提高科学实验的成功率。

6.2 措施

6.2.1 应建立样品履历(见 3.2)档案，内容应包含生物样品的名称(包括拉丁学名)、来源、遗传背景或品系信息、制备、贮存、运输、基本参数(生物、物理、化学)、时间、使用情况及使用结果等信息。

6.2.2 应制定生物样品制备和使用的操作细则。

6.2.3 应制定生物样品运输和贮存细则。

6.2.4 应配备质量管理员专门负责。

6.2.5 参照航天工程关于硬件研制的阶段性管理规定，实验样品管理分为预选样品、初选样品、候选样品和飞行样品，分别制定生物样品阶段管理计划和检测指标。

6.2.6 应引入淘汰机制，择优选用。

6.2.7 各阶段均应有备选样品，并同步进行研究，明确受控状态和控制措施。

6.2.8 应建立生物样品质量问题的报告和归零制度。

7 样品检测评价

7.1 目的

7.1.1 对生物样品进行活性、生理状态、生化特征等关键生物学性质检测，确保满足科学实验要求。

7.1.2 对生物样品进行安全性、可靠性检测，确保空间实验装置、空间飞行器和乘员安全，保证实验成功，获得真实可靠结果或数据。

7.1.3 对生物样品进行实验装置适应性检测，确保生物样品与装置相互匹配，共同完成科学实验。

7.2 科学性

7.2.1 内容

应就生物样品的关键生物学性状进行检测：

——对于群落和个体样品，检测活性、外观形态、色泽、尺寸、重量、数目；

——对于细胞、组织、器官样品，检测活性、形态、色泽、尺寸、重量、数目、聚集状态；

——对于生物大分子样品，检测活性、纯度、浓度。

7.2.2 方法

7.2.2.1 应根据生物样品种类和检测内容制定检测细则，包括检测目的、检测对象、检测内容、检测方法、检测判据、检测环境、检测设备和器具、检测记录、检测注意事项等内容。

7.2.2.2 科学性检测参照匹配试验进行。

7.3 安全性

7.3.1 评价原则

7.3.1.1 生物样品及其实验过程和实验产物不应对实验操作人员和航天员身体健康产生危害。

7.3.1.2 生物样品及其实验过程和实验产物不应对实验装置、空间飞行器和空间环境产生危害。

7.3.1.3 地基实验(见3.4)的任何阶段，生物样品及其实验产物应保证不扩散，不污染环境。

7.3.2 内容

安全性检测评价应包括：

——燃烧性；

——爆炸性；

——腐蚀性；

——污染性；

——毒害性；

——挥发性；

——化学反应活性；

——繁衍、传播、变异、致病等生物性。

7.3.3 评价方法

针对不同评价项目选择以下方法检测评价：

——应根据GB 13690给出的分类方法和判定程序分别评价；

——生物样品的致病生物性评价应依照国家关于实验动物携带致病或有害微生物检测方法的系列标准(GB/T 14926)进行；

——无参照标准的应提供实验检测证明；

——不能提供安全证明的应接受第三方安全检测。

7.4 可靠性

7.4.1 评价原则

应遵循以下评价原则：

——保持足够的生物活性；

——保持生物物质结构特征；

——保持足够的数量；

——能够经受规定的环境试验。

7.4.2 内容

可靠性评价应包括：

——在允许的保存时间内，生物样品保持足够的生物活性(或)生物物质结构特征；

——不同批次或子代的生物样品的质量一致性；

——生物样品对外部环境承受能力，即环境温度、湿度、气氛、压力、电磁场、光照等条件变化对生物样品质量的影响；

——生物样品在装置内部实验环境中的稳定性，即添加剂的种类和浓度、pH 值对生物样品质量的影响；

——生物样品与装置的生物相容性(见 3.3)：生物样品与实验材料和装置硬件接触发生化学反应、选择性吸附、聚集性吸附等有害的相互作用；

——不可控环境因素对生物样品繁殖、生长、发育、群落(群体)或个体行为的影响；

——生物样品对规定的环境试验的承受能力，即振动、冲击、加速度、温度循环等。

7.4.3 评价方法

应依据以下检测数据评价：

——匹配试验(见 3.5)结果数据；

——力学环境模拟试验结果数据。

8 样品对装置的适应性检验

8.1 目的

8.1.1 认识并消除或降低装置内部环境以及发射和回收过程环境对生物样品状态和质量的影响。

8.1.2 认识生物样品在装置内的实验行为与实验室环境下实验行为的差异，为优化实验条件提供依据。

8.2 内容

8.2.1 检验单个实验的生物样品对装置的适应性，包括生物样品加注工艺、在实验装置内部环境条件下生物样品质量的稳定性和适应性。

8.2.2 检验多个实验相互之间的适应性，主要是不同生物样品的加注与操作工艺的协同性，在实验装置内部相似环境条件下不同生物样品质量的稳定性，不同实验释放到公共环境中的热量、气体以及泄漏的实验材料产生的相互影响。

8.2.3 检验发射过程环境的适应性，包括密封、活性、行为、外观、性能、分布状态。

8.2.4 检验回收过程环境的适应性，包括密封、活性、行为、外观、性能、分布状态。

8.3 方法

8.3.1 针对不同检验内容参照匹配试验过程制定相应的检验细则。

8.3.2 采用单项匹配试验检验单个实验的生物样品对装置的适应性。

8.3.3 采用整合匹配试验检验多个实验相互之间的适应性,以及对整个实验系统的适应性。

8.3.4 采用力学环境模拟试验检验生物样品对发射和回收过程环境的适应性。

ICS 49.025
V 10

中华人民共和国国家标准

GB/T 28876.1—2012

空间实验设备使用材料的可燃性 第1部分:要求

Flammability of materials in space experimental facilities—
Part 1:Requirements

2012-11-05 发布　　2013-02-15 实施

中华人民共和国国家质量监督检验检疫总局
中国国家标准化管理委员会　发布

前　言

GB/T 28876《空间实验设备使用材料的可燃性》分为两个部分：

——第1部分：要求；

——第2部分：测试方法。

本部分为GB/T 28876的第1部分。

本部分按照GB/T 1.1—2009给出的规则起草。

请注意本文件的某些内容可能涉及专利。本文件的发布机构不承担识别这些专利的责任。

本部分由全国空间科学及其应用标准化技术委员会(SAC/TC 312)归口。

本部分起草单位：中国科学院力学研究所、中国航天员科研训练中心、中国科学技术大学。

本部分主要起草人：王双峰、尹永利、胡隆华、肖原。

空间实验设备使用材料的可燃性 第1部分:要求

1 范围

GB/T 28876 的本部分规定了航天器舱内有氧环境中实验设备使用材料的可燃性评价和测试的要求、评价程序和材料选用原则。

本部分适用于航天器舱内有氧环境中实验设备使用材料的评价和选用。航天器、相关的地面支持设备和专用测试设备使用材料的可燃性评价和材料选用可参照使用。

2 规范性引用文件

下列文件对于本文件的应用是必不可少的。凡是注日期的引用文件,仅注日期的版本适用于本文件。凡是不注日期的引用文件,其最新版本(包括所有的修改单)适用于本文件。

GB/T 5907—1986 消防基本术语 第一部分

GB/T 14107—1993 消防基本术语 第二部分

3 术语和定义

GB/T 5907—1986 和 GB/T 14107—1993 界定的以及下列术语和定义适用于本文件。

3.1

组件 assembled article

部件组合或用非单一材料制成的部件。

3.2

构形 configuration

材料或组件的空间结构和几何形态。

3.3

气态氧 gaseous oxygen

以体积计含氧量≥99.5%的气体。

3.4

液态氧 liquid oxygen

以体积计含氧量≥99.5%的低温液体。

3.5

富氧环境 oxygen-enriched environment

以体积计含氧量>21%的环境。

3.6

活性流体 reactive fluid

特定条件下容易使材料发生化学变化的气体或液体。

3.7

气态流体冲击　gaseous fluid impact

气体快速压缩对材料的作用过程，也可称为气动冲击、快速增压或绝热压缩。

3.8

机械冲击　mechanical impact

物体单次或反复碰撞材料的作用过程。

3.9

颗粒冲击　particle impact

高速运动的固体颗粒群撞击材料的作用过程。

3.10

系统评估　system evaluation

根据预定的目标体系、约束条件和指标体系，判断方案或产品状态的过程和方法。

3.11

氧气兼容性评估　oxygen compatibility assessment

识别并解决氧气系统中火灾危险的系统方法，其过程着重于着火机制的评估和材料测试数据的应用。

3.12

单壁垒失效　single-barrier failure

通过部件内一个壁垒的流体泄漏，此泄漏能使流体与该壁垒后面的材料直接接触。

注：单壁垒包括机械接头，例如B型螺母、O型环、垫圈和可充气囊袋，以及金属和非金属膜片。结构性部件，例如压力管线和容器、焊接或钎焊接头以及在使用前分别经过压力测试的串联冗余密封，不作为单壁垒。

3.13

最恶劣的预期使用环境　worst-case anticipated use environment

使用中可能发生的、导致材料可燃性最强的条件，通常包括最危险的压力、温度、材料厚度和流体暴露条件等。

4　材料可燃性的评价和测试要求

4.1　可燃性评价要求

4.1.1　对所有用于有氧环境中空间实验设备的材料应进行可燃性评价。

4.1.2　材料评价应从可燃性测试开始，对未通过可燃性测试而保留选用可能性的材料应进行系统评估。

4.1.3　在材料适用性评估中应采用最恶劣的预期使用环境，包括最危险的压力、温度、材料厚度和流体暴露条件。

4.2　可燃性测试要求

4.2.1　适用的可燃性测试方法取决于材料的使用环境，所要求的测试应对处于相应暴露条件下的材料进行。表1给出了材料的使用环境和必需的测试试验项目。

表 1　材料的使用环境和必需的可燃性测试项目

使用环境	测试项目
居住飞行舱和其他区域[a]	火焰向上传播试验
	电线绝缘材料的可燃性试验
液态氧和气态氧环境[b,c]	火焰向上传播试验[d]
	材料在气态氧中的向上可燃性试验[e]
呼吸气体[c]	火焰向上传播试验

[a] 包括居住飞行舱外面的所有区域。
[b] 用于液态氧和气态氧环境中的材料应按照 5.4 所述进行评估。
[c] 对压缩空气系统和富氧加压系统，如 5.3 所述，应进行氧气兼容性评估。
[d] 对非金属材料在压力≤345 kPa 时的要求。
[e] 对非金属材料在压力>345 kPa 时和所有用于气态氧和液态氧中的金属材料的要求。

4.2.2　符合规定测试要求的材料可在设计中考虑使用。

4.2.3　只要可能，应选择已被证明在使用环境中满足测试要求的材料。

4.2.4　所有经过测试的非金属材料，应按照有关主管部门的要求定期进行重新测试。

4.2.5　当有关主管部门要求时，应对材料进行批量或抽查测试，以证明成分和材料加工的变化对所评价特性的影响可以忽略。

4.3　不符合测试要求的材料

4.3.1　未经测试或不满足规定测试要求但仍然保留选用可能性的材料，应通过分析或测试来证明材料的使用构形是可接受的，并用文件提供接受的基本根据。

4.3.2　可进行一些补充测试，以支持对不符合测试要求的材料进行的系统风险评估，用其他适当的和适用的测试方法得到的数据也可用来支持这种评估。另外，可要求把补充测试作为系统评估过程的辅助手段，或把测试数据作为评估的一个结果。

表 2 给出了材料的补充测试试验项目。

表 2　材料的补充测试项目

使用环境	测试项目
居住飞行舱和其他区域[a]	热和可见烟雾释放速率
	构形可燃性
	可燃极限
液态氧和气态氧环境	自燃温度
	燃烧热
	氧指数
	着火机制

[a] 包括居住飞行舱外面的所有区域。

5 系统评估

5.1 一般要求

5.1.1 系统评估应论证使用可燃或不兼容材料的构形可否被接受。

5.1.2 暴露于液态氧和气态氧的材料应在流体处于使用情况下进行兼容性评估。

5.1.3 应提供文件说明当单壁垒失效时可能暴露于活性流体的材料。

5.1.4 应提供工程评估和测试数据分析，以论证可能出现单壁垒失效的构形可否被接受。

5.2 系统在低压空气或低压富氧环境(包括居住环境)中的可燃性

5.2.1 如果材料不符合火焰向上传播试验的要求而被建议使用，应进行系统可燃性评估。这种评估应通过分析或测试来进行，并将结果写成文件。

5.2.2 如果采用分析的方法，应考虑如下火灾控制的指导方针：

——控制可燃材料的总量和布置方式，以预防火灾蔓延；

——将可能发生的火灾隔离在限定的区域内，使其没有到其他区域的传播路径；

——设计中保证点火源被消除或被控制；

——考虑隔离火灾对空间飞行器舱内主要设备和系统及乘员居住舱内人员的影响；

——在可能的火灾事故中压力和温度的上升速率和幅度不会造成空间飞行器的结构损害。

5.2.3 如果采用测试的方法，对不符合火焰向上传播试验规定要求的材料，应通过热和可见烟雾释放速率测试、构形可燃性测试以及可燃极限测试进行评价；在此基础上，评估系统在最恶劣工作条件下最坏的可能失效模式及其在使用环境中的影响。

5.2.4 如果评估的结果不能给出结论，并需要进行主要组件的可燃性测试，在测试之前，系统设计者应将测试计划提交给有关主管部门批准。

5.3 压缩空气系统和富氧加压系统的氧气兼容性

5.3.1 对压缩空气系统和富氧加压系统应进行氧气兼容性评估。这类系统固有的火灾危险性比含纯氧的系统小，但随着氧气浓度和(或)压力的增加而增大。

5.3.2 氧气兼容性评估从材料预选开始，预选的根据为可燃性和燃烧测试数据，然后进行材料可燃性评价和系统评估，以确定材料的使用构形在特定环境中可否被接受。

5.3.3 如果决定不必进行氧气兼容性评估，应提供文件说明基本根据。

5.4 材料和部件在液态氧和气态氧环境中的兼容性

5.4.1 用于液态氧和气态氧环境中的材料、部件和系统应按照图1所示的方法进行评估。

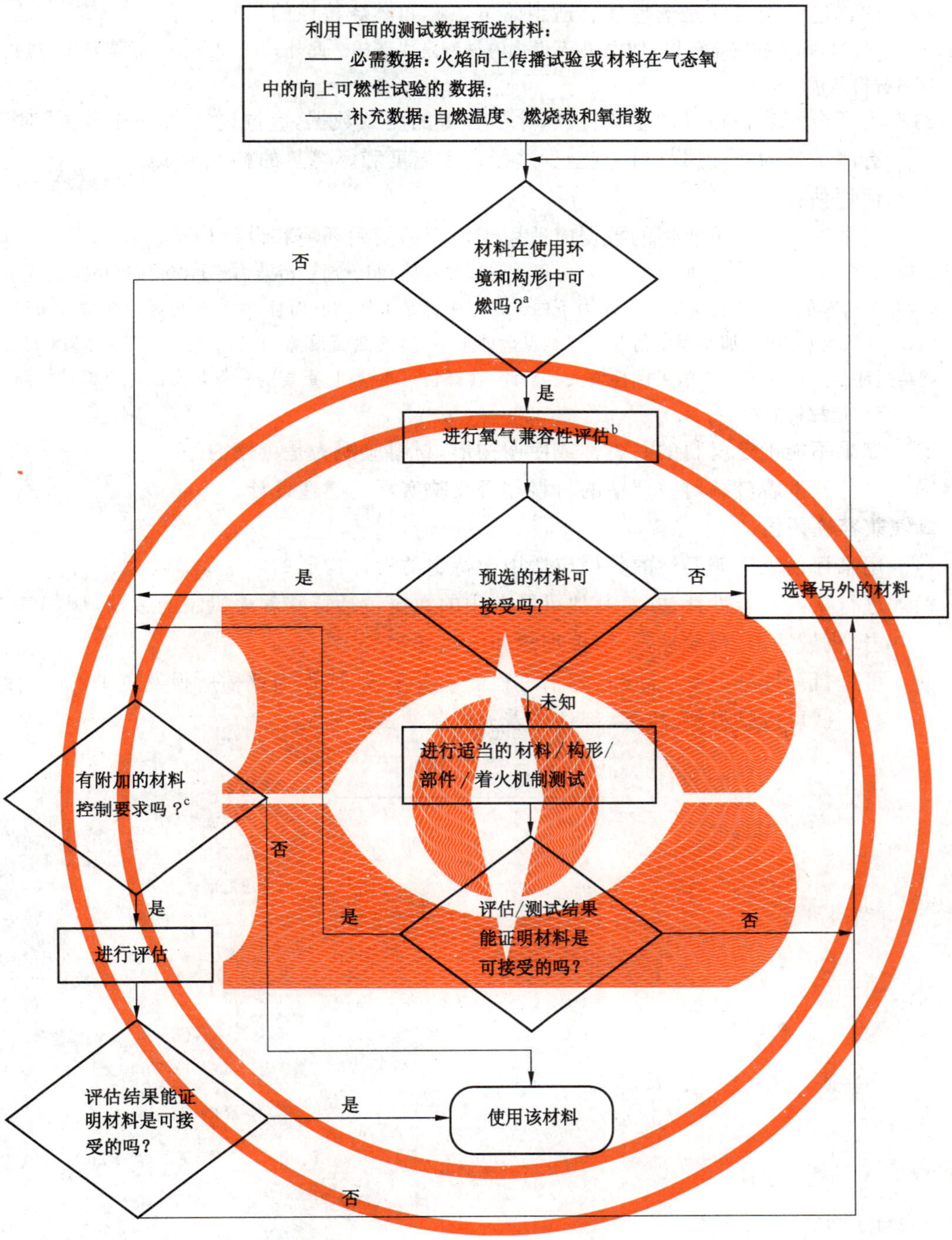

a 用来评估材料可燃性的数据应适用于部件的特定构形。因此，除了标准测试数据，可能还会要求有其他数据。

b 用来评估氧气兼容性的数据应适用于特定的设计构形。

c 附加的材料控制是指来自 GB/T 28876.1 以外的要求，例如气体释放性要求、腐蚀性要求和在活性流体中的兼容性要求等。

图 1 选择用于液态氧和气态氧环境的材料、部件和系统的流程

5.4.2 如果确定材料是可燃的，应通过自燃温度测试、燃烧热测试和氧指数测试进行氧气兼容性评估，以确定可否使用材料，或者需要进行补充的材料、构形、部件测试或着火机制测试。

5.4.3 材料和部件评估过程中几个步骤的更多说明如下：

a) 材料预选：

1）预选过程的目的是选择具有适当的可燃性和燃烧特性的材料。

注：涉及氧气时，那些在特定环境和构形中不燃烧的材料是优选的。此外，自燃温度高、燃烧热低、氧指数高的非金属材料是优选的。

2）为了全面认识材料的燃烧特性，除了必需的测试数据，宜同时测得补充数据；对于以前没有测试过的非金属材料，宜至少进行自燃温度和燃烧热的补充测试。

b）可燃性评估：

1）用来评估材料可燃性的数据应适用于特定的使用环境和设计构形。

注：一般而言，随着压力的增加，所有材料（金属、塑料、弹性体、润滑剂和污染物等）在纯氧气中都变成可燃的。此外，几乎所有的聚合物在标准大气压力下的纯氧气中都是可燃的。而且，材料的可燃性非常依赖于它的构形。例如，金属材料，包括那些通常情况下很难点燃的金属，当其截面很薄（如薄壁管）或细密布置（如金属丝网或烧结过滤器）时，在氧气中的可燃性增大。因此，在评估可燃性时，重要的一点是参照每个部件的断面视图，了解所有构造材料的构形。

2）如果不能确定材料的易燃性或使用构形，材料应视为是可燃的。

3）硬件开发者应核对被评估的材料是否反映实际的建造设计。

c）氧气兼容性评估：

1）用来评估氧气兼容性的数据应适用于特定的设计构形；

2）进行氧气兼容性评估时，其他可能有用的数据包括特殊着火机制的数据，例如气态流体冲击、机械冲击、颗粒冲击、摩擦加热和电弧等；

3）可进行一些补充测试，用作评估过程的辅助手段，或作为评估所得发现中的一个结果。这些测试可以是材料、构形、部件或着火机制测试。

ICS 49.020
V 04

中华人民共和国国家标准

GB/T 28877—2012

空间科学实验通用要求

General requirements for space science experiments

2012-11-05 发布　　2013-02-15 实施

中华人民共和国国家质量监督检验检疫总局
中国国家标准化管理委员会　发布

前　言

本标准按照 GB/T 1.1—2009 给出的规则起草。

本标准由全国空间科学及应用标准化技术委员会(SAC/TC 312)归口。

本标准起草单位:中国科学院空间应用工程与技术中心、中国科学院生物物理研究所、中国科学院金属研究所、中国科学院力学研究所。

本标准主要起草人:郭炯、张玉涵、仓怀兴、罗兴宏、康崎。

引　言

地球外层空间为科学研究提供了地面难以获得的特殊实验条件。由于空间实验代价高、风险大、机会少，对开展空间科学实验形成了约束。同时，在空间进行科学实验应该满足安全性和可靠性要求，不仅要保证空间科学实验装置正常工作，还应避免对空间飞行器和其他系统产生影响与危害。规范在空间飞行器上开展的科学实验，是十分必要的。

本标准通过提出在空间开展科学实验的一般性要求，规范空间科学实验各参与方在开展实验时的活动。

空间科学实验通用要求

1 范围

本标准规定了在空间飞行器上进行的空间科学实验项目全过程中应满足的通用要求。

本标准适用于利用卫星、飞船、空间实验室、空间站等各类空间飞行器开展的科学实验研究活动。利用探空火箭、高空气球等其他飞行器以及在其他天体上开展的科学实验研究活动可参考使用本标准。

2 术语和定义

下列术语和定义适用于本文件。

2.1

空间科学实验 space science experiment

利用空间条件开展的科学研究活动。

注1：本标准中的空间科学实验领域主要包括空间(微重力)流体物理和燃烧科学、空间材料科学、空间基础物理、空间生命科学和生物技术的实验研究等。

注2：空间条件主要指微重力环境、真空、超净、辐射环境以及在空间飞行器上的人造环境中一种条件或多种条件的组合。

2.2

空间科学实验项目 space science experimental project

经过立项过程确定的空间科学实验任务，是在一定时间内围绕完成空间科学实验目标开展的相关工作的总称。

注：本标准中在不发生歧义的情况下，简称项目。

2.3

空间科学实验装置 space science experimental system

满足空间科学实验需求的设备或实验系统。

注：本标准中在不发生歧义的情况下，简称实验装置。

2.4

项目管理方 project management

对科学实验项目立项、实施、验收等进行组织、监督和协调的团体。

2.5

项目建议方 project proposer

提出科学问题，要求开展相应空间科学实验和研究的个人或团体。

注：项目建议方一般为项目建议书提出者，在项目立项后还应对项目最终结果负责。

2.6

科学研究方 scientific researcher

围绕项目的科学问题，开展研究的个人或团体。

注：科学研究方可以为项目建议方和(或)参与相关科学基础研究的个人或团体。

2.7

实验装置研制方 experiment facility developer

为项目实施，研制实验装置的个人或团体。

3 管理体系和阶段划分

3.1 管理体系

空间科学实验项目的管理应以项目管理方为主，由项目管理方、项目建议方和实验装置研制方组成分级管理体系。

空间科学实验项目管理体系应能满足科学需求和相应工程任务的管理要求。

3.2 阶段划分

空间科学实验项目宜与工程计划同步安排实施，亦可根据项目具体情况安排实施。原则上应覆盖四个阶段：立项阶段、地面研究及研制阶段、空间实验阶段、处理分析阶段。

4 立项阶段

4.1 工作目标

立项阶段的工作目标是评估空间科学实验项目实施的必要性和可行性，实现立项。项目建议方应提供足够证据说明项目的必要性与可行性，项目管理方应按必要的程序组织评审和进行确认。

4.2 工作内容与要求

4.2.1 立项准备

项目建议方(或项目建议方联合实验装置研制方)应说明项目的科学实验(或实验技术)的目标和意义，提供基本输入信息，编写项目建议书，参加项目评审。

项目管理方应组织项目征集和项目立项评审，协调实验资源需求，制定实施计划和明确任务分工。

4.2.2 项目建议要求

项目建议方应研究以下方面的内容：

a) 在对学科领域发展趋势进行充分调研、分析的基础上，应明确提出项目的科学实验(或实验技术)的目标和意义，阐明实验内容、实验原理、拟解决的科学(或技术)问题，及其在本学科、本领域内的前沿性和创新性、可能产生的影响和效益。
b) 通过项目管理方了解空间飞行器的基本情况，初步规划并提出开展空间科学实验项目的基本需求，包括：
    1) 空间飞行器的环境条件：如微重力水平、真空度、温度、辐照条件等；
    2) 资源需求：如重量和尺寸、能源需求、测控和数据传输需求等；
    3) 空间科学实验装置所需的(有人或无人)在轨维护、操作和运行模式、发射和回收的要求等。

4.2.3 编写和提交项目建议书

编写项目建议书应遵循以下要求：

a) 项目建议方按照项目管理方提供的提纲编写项目建议书。
b) 项目建议书基本内容包括：
    1) 基本信息：实验名称；项目建议方负责人姓名、所在单位、现有工作基础和保障条件；预期成果；合作单位及队伍；研制周期及经费预算；
    2) 主要内容：项目的科学目的和意义；创新性、必要性、先进性、可行性和拟解决的科学(或技术)问题；实验内容、实验原理、实验方案和技术路线、关键技术、可行性和风险分析等。

c) 项目建议书编制完成后，向项目管理方正式提交相关文档，申请进行项目的立项评审。

4.2.4 评审和立项

项目管理方应组织专家对项目建议方提出的项目建议书及相关材料进行科学和技术评审。科学评审由本领域的学科专家为主进行，技术评审由学科专家和工程技术专家共同进行。评审通过后，由任务主管部门批复立项，签订合同或下达任务书。

4.2.5 地面研究及研制阶段的工作准备

项目正式立项后，项目建议方按照具体工程型号的要求，开始为项目在下一阶段（地面研究及研制阶段）做好工作准备，应进行技术条件准备和计划安排的全面策划：

a) 规划项目科学研究团队、实验装置研制团队（规划时应列出空间科学实验参与人员名单及其在各阶段的基本职责），以及开展科学研究、实验样品制备（含辅助材料等）和实验装置研制所需设施设备和工作条件；
b) 提出项目的实验方案、技术路线、初步研制计划和流程、大型试验项目安排；
c) 提出实验装置、仪器、地面研究支持设施和实验对象等设计、制造、试验的规划，以及实验装置的功能要求和性能指标；
d) 制定空间科学实验研究的地面支持设施的使用计划和技术要求；
e) 提出实验装置与空间飞行器初步机、电、热的接口；
f) 提出保障空间科学实验任务实施所要求的平台能力，如对能源支持能力、数据处理和传输能力、正常的在轨运行和维护能力、航天员操作能力等的要求；
g) 提出对支持空间科学实验的空间飞行器运行参数的需求；
h) 实验装置安装在空间飞行器上可能产生的其他特殊要求，如空间飞行器结构或实验装置、实验对象等所包含的结构材料、物理性实验对象和实验介质等的出气、释热或吸热，以及其他气、液等物理接口和生物、化学相容性等问题；
i) 对发射场地和回收场地以及对发射过程和回收过程的要求；
j) 实验数据或样品的处理办法；
k) 后续研究方案、实验结果的验证和成果的评估办法等。

5 地面研究及研制阶段

5.1 工作目标

地面研究及研制阶段的工作目标是研制出满足空间科学实验需求，质量和可靠性达到任务规定要求的实验装置；选择和优化实验对象，完成空间科学实验与实验装置配合的地面试验验证；为实施空间科学实验做好科学与技术准备。

5.2 工作内容与要求

5.2.1 实验方案设计

在立项阶段形成的项目策划基础上，设计实验方案，开展围绕空间科学实验方案的地基理论研究和实验仿真研究，并据此开展科学实验工作与装置研制和试验，并为空间实验阶段做好准备工作。

5.2.2 科学实验工作

5.2.2.1 科学实验手段

研究并提出为实施空间科学实验所需要的天地技术装置和支持设施、设备，包括软硬件设备和部件，以及空间科学实验期间的信息收集和数据记录设备等的要求。制定实验装置的设计方案，确定实验系统的结构特性、电子学特性、热特性以及设计参数等，开展实验装置的研制。

5.2.2.2 科学实验对象

根据实验方案，提出科学实验样品、介质和实验参数，并通过地面实验筛选、优化最终确定。

5.2.2.3 实验方案的优化

解决科学实验对象与实验装置研制过程中的关键科学和技术问题，优化实验方案。优化实验方案应依据实验需求、材料相容性试验、实验装置和实验系统的匹配试验等地面试验进行。

5.2.2.4 地面试验验证

依据项目立项时的策划，配合实验装置的研发，开展本阶段需要进行的各类测试试验。对各项试验应有具体策划，提出试验目的、操作要求。地面验证性试验应编制测试大纲和测试细则。

5.2.2.5 地面对比实验

当需要进行地面对比实验时，需提出地面实验方案和细则、实验技术要求、环境条件和操作规范。

5.2.2.6 实验结果处理

空间科学实验和地面对比实验中获得的数据或样品的特性和处理步骤(如果有实验样品回收，包括对样品的分解和处置办法)、传送数据的格式要求、传送样品的步骤、准备科学实验结果分析报告的步骤和时间节点。

5.2.2.7 中期评估

在项目进行到适当时机时，项目管理方应组织进行项目的中期评估。中期评估的目的是通过已经进行的地面试验验证结果，评估项目实施的有效性和项目继续实施中需要优化的工作内容。

根据中期评估结果开展后续科学实验工作。

5.2.2.8 科学实验评审

按工程研制节点安排组织对空间科学实验进行评审，确定科学实验方案和实验样品状态，提交工程各阶段有关科学实验的计划、质量和技术的全部文件。

5.2.3 实验装置研制和试验

实验装置研制方应根据具体工程型号的管理要求和科学实验工作的安排，进行实验装置的研制和试验，并为科学研究方提供技术支持服务，主要工作内容包括：

a) 研究空间科学实验需求和工程实现要求，设计研制实验装置或选择已有设备；
b) 并行研发或选配相关辅助设备和必要的备份件、配套件和工具等；
c) 以空间飞行器环境试验条件为依据，按照实施空间科学实验时的真实环境条件，进行实验样品和材料层次以及整机系统级的可靠性试验；
d) 配合科学研究方开展地基验证性研究和试验(包括进行空间科学实验的实验样品等与系统结构材料的相容性、匹配性、系统性和操作性试验等)；
e) 以实验装置研制方为主，科学研究方参与，按项目管理方的工程进度与质量管理要求，实施全程管理；
f) 所有实验装置被提供给空间科学实验操作人员时，应有必要的服务指导和操作手册；

g) 按工程研制节点交付实验装置产品(含实验样品),安排提交工程各阶段要求项目准备的相关文件。

5.2.4 空间实验阶段准备

项目管理方应组织科学研究方和实验装置研制方为空间实验阶段做好下列准备工作:

a) 通过系统间协调和试验验证,制定飞行控制程序,包括:
   1) 实验进程与控制需求以及控制方式;
   2) 实验进程控制条件及判据;
   3) 实验进程的控制影响及科学数据收集;
   4) 实验进程逻辑时序关系与约束;
   5) 实施进程操作的程序步骤。
b) 制定空间实验阶段地面和空间实验实施方案。
c) 制定数据处理、天地实验对比、实验结果分析等流程,并形成文件。
d) 分析在轨运行的故障模式,制定处理预案。
e) 制定发射工作方案,包括:实验装置临场检测,实验样品制备、保存、运输等;制定发射场流程性演练的计划。
f) 研究在轨运行的数据和样品分析方法及技术措施。
g) 确认项目在轨运行的安全性。
h) 研究空间实验后期样品、数据处理与分析方法,制定回收场样品回收实施方案、技术流程和转运实施方案。
i) 落实发射场、回收场、地面对比实验室、测控管理中心的技术支持要求,包括设备、环境、水、气等资源配置需求和保障条件。
j) 需要时,对航天员进行培训。
k) 制定后续研究计划。
l) 必要时,组织地面模拟飞行试验。
m) 由项目各参与方共同组成在发射场、飞行控制中心和回收场的工作组织。

6 空间实验阶段

6.1 工作目标

完成空间科学实验,获得实验数据和结果,进行空间科学实验研究的分析工作,取得科学结果。

6.2 工作内容与要求

6.2.1 发射前准备工作

项目各参与方应预先制定发射场工作流程,主要工作内容包括:

a) 实验装置研制方配合空间飞行器开展发射场测试,确定实验装置发射前技术状态;
b) 科学研究方提供并确认空间实验对象的最终技术状态及空间实验流程;
c) 实验装置研制方和科学研究方配合完成实验对象(实验样品等)的加注、加载、检测等工作;必要时可安排演练试验来协调、优化空间实验的发射前工作流程;
d) 完成实验装置临射前在空间飞行器上的安装。

6.2.2 在轨实验

项目各参与方应按照飞行控制技术计划实施空间实验,包括:

a) 按照空间实验流程进行实验进程控制与监测，实验科学数据的收集和分析，以及实验状态判读；
b) 对下传的数据或图像进行初步分析；
c) 自动或人工记录实验进程中的实验条件；
d) 如果是空间有人操作的实验模式，科学研究方（或实验装置研制方）承担空间实验操作的地面指导；
e) 必要时，由实验装置研制方和科学研究方共同配合完成地面对比实验的监控管理与实时操作；
f) 当出现偏差时，按照事先编制的处理预案处理；出现预案外的偏差时，进行临场决策处理；
g) 实验进程出现故障时，进行故障应急状态分析，并提出处置建议；
h) 向相关方通报实验情况。

6.2.3 地面实验

作为实验方案内容之一，在需要分离空间实验环境影响因素时，可安排天地对比实验。实验方式可根据项目实验特点和科学研究需要，以及对比所需提取的实验条件要素来决定。

6.2.4 回收场工作

需要回收实验样品或实验装置的空间科学实验项目应按制定的回收场样品回收实施方案、技术流程和转运实施方案进行回收：
a) 按技术流程完成实验样品和（或）实验装置的回收和初步处置；
b) 按转运方案将样品和（或）实验装置运至指定地点移交给科学研究方；
c) 记录回收、转运过程中的环境条件。

6.2.5 在轨实验结束后的工作

在轨实验结束，获得实验样品和（或）实验数据后，进行技术总结和科学实验初步总结，制定处理分析阶段的工作方案。其中，技术总结应按照具体工程型号要求和科学实验工作需求进行，科学实验初步总结应包括以下内容：
a) 空间科学实验进程；
b) 获得的实验样品或实验数据、实验工程数据；
c) 实验装置运行状态对实验的影响；
d) 适用时，航天员参与实验时的操作评价和影响；
e) 初步科学结果及发现的问题；
f) 继续开展下阶段工作的情况评估。

7 处理分析阶段

科学实验结果处理分析阶段的主要工作内容包括：
a) 开展获取空间科学实验结果（实验样品、实验数据、工程数据）的科学分析工作；
b) 编制空间科学实验总结报告；
c) 项目管理方应组织项目验收和结题评审，对项目立项时的科学实验目标完成情况进行评价，给出明确结论。

参 考 文 献

[1] ISO 14619:2003 Space systems—Space experiments—General requirements

ICS 49.035
V 22

中华人民共和国国家标准

GB/T 28878.1—2012

空间科学实验转动部件规范 第1部分:设计总则

Specification of the rotating component in space science experiments—Part 1:General requirements of design

2012-11-05 发布 2013-02-15 实施

中华人民共和国国家质量监督检验检疫总局
中国国家标准化管理委员会 发布

前　言

GB/T 28878《空间科学实验转动部件规范》包含以下10个部分：

——第1部分：设计总则；

——第2部分：润滑设计要求；

——第3部分：滚动轴承验收；

——第4部分：润滑油验收；

——第5部分：电机验收；

——第6部分：性能测试；

——第7部分：可靠性试验；

——第8部分：装配；

——第9部分：交收；

——第10部分：储存复验。

本部分为GB/T 28878《空间科学实验转动部件规范》的第1部分。

本部分按照GB/T 1.1—2009给出的规则起草。

本部分由全国空间科学及其应用标准化技术委员会(SAC/TC 312)归口。

本部分起草单位：中国科学院上海技术物理研究所、中国航天科技集团八院805所、中国科学院长春光学精密机械与物理研究所。

本部分主要起草人：童广辉、郑列华、瞿玉棣、刘晓华、王淑荣、夏项团、孙丽崴。

空间科学实验转动部件规范
第1部分：设计总则

1 范围

GB/T 28878 的本部分规定了空间科学实验转动部件的设计原则、流程和内容。

本部分适用于在空间环境中使用、高可靠性的空间科学实验转动部件的设计。其他有效载荷和空间飞行器平台转动部件的设计可参照使用。

注：本标准中在不发生歧义的情况下，空间科学实验转动部件简称转动部件。

2 规范性引用文件

下列文件对于本文件的应用是必不可少的。凡是注日期的引用文件，仅注日期的版本适用于本文件。凡是不注日期的引用文件，其最新版本(包括所有的修改单)适用于本文件。

GB/T 273.2 滚动轴承 推力轴承 外形尺寸总方案

GB/T 273.3 滚动轴承 向心轴承 外形尺寸总方案

GB/T 307.1 滚动轴承 向心轴承 公差

GB/T 307.4 滚动轴承 推力轴承 公差

GB/T 9239.1—2006 机械振动 恒态(刚性)转子平衡品质要求 第1部分：规范与平衡允差的检验

GJB 268 航天滚动轴承通用规范

GJB 361A—1997 控制电机通用规范

GJB 2548 军用微型轴承通用规范

QJ 2172 卫星可靠性设计指南

QJ 3273 航天产品安全性分析指南

3 术语和定义

下列术语和定义适用于本文件。

3.1

轴系组件 shafting subassembly

由轴、轴承和安装于轴上的传动体、传感器、密封件及定位零件等组成的组件，用于形成轴系，传递转矩和运动。

3.2

转动部件 rotating component

由转轴(含轴上零件)、轴承、支撑结构及必要的附件组成，在力矩驱动下实现特定转动(包括摆动)的部件。

注1：改写 GB/T 2900.45—1996，定义 4.1.40。

注2：在不发生歧义的情况下，有时轴系组件(见3.1)也称转动部件。

注3：转动部件是转动驱动机构、传动机构、旋转式角位移传感器、导电滑环等机构与组件的核心部件。

3.3

总质量损失　total mass loss(TML)

材料真空试验前后试样的质量差占试样初始质量的百分数。

3.4

收集到的可凝挥发物　collected volatile condensable material(CVCM)

真空试验材料出气后冷凝在收集板上的物质。

3.5

冷焊　cold welding

在真空环境中,同种金属或不同种金属的两个洁净表面相互接触,在一定的压力作用下,经过一定时间后产生黏着的现象。

注:改写 GB/T 17590—1998,定义 3.1.5。

4　设计总则

4.1　环境约束

4.1.1　概述

空间科学实验转动部件(见 3.2)除经受一般转动部件的制造、操作、运输和贮存等地面环境外,主要经受空间力学环境(含发射阶段)和空间轨道运行环境(以下简称空间环境),在设计中应缜密地进行空间环境适应性设计,以确保在轨运行的高可靠性要求。

4.1.2　地面环境

应考虑在地面环境条件下保持产品的状态稳定、可用。通常遇到的地面环境有:

a) **自然环境**,对转动部件可能有影响的自然环境主要有重力、大气压、温度、湿度、洁净度和气液污染。

b) **制造环境**,制造过程中对转动部件可能造成的主要影响有:局部应力、残余应力(内应力)、局部变形和氢脆。

c) **操作环境**,在加工、装配和试验过程中,经常有对转动部件的安装、搬运和翻转操作,可能会对转动部件产生操作载荷。

d) **贮存环境**,在大部分时间内,转动部件处于停放或贮存状态。停放姿态、停放支承或贮存设备的不当可能会影响产品的结构。

e) **运输环境**,运输过程包括地面搬运、地面(公路、铁路)运输和空运,可能会对转动部件产生附加载荷。

f) **地面模拟试验环境**,地面模拟转动部件处于力学环境和空间环境下运行,通过试验考核其功能和性能是否满足要求时,应避免过试验。试验往往无法完全模拟空间的失重环境,在设计转动部件时,应对模拟试验环境和空间环境的差别做充分的考虑。

4.1.3　力学环境

空间科学实验转动部件设计应考虑以下力学环境:

a) 航天器发射、级间分离、整流罩分离、航天器与火箭分离、稳态加速飞行产生的振动、噪声、冲击及加速度;

b) 航天器之间对接过程中产生的冲击;

c) 在航天器变轨过程中,发动机的点火和熄火产生的冲击和振动;

d) 航天器着陆过程中产生的再入气动加载、气动加热和着陆冲击(着陆冲击包括各类弹射、开伞、火工品解锁的冲击和着陆撞击)。

4.1.4 空间环境

空间环境及其对空间科学实验转动部件的影响参见附录A。

4.1.5 其他环境

月球、火星等天体的登陆环境,对空间科学实验转动部件的可靠性和寿命产生影响。这些特殊环境主要有:

a) 尘土、沙砾;

b) 不同于地球的重力场;

c) 温度环境;

d) 化学环境。

注1:尘土可能进入转动部件内部,造成运动阻尼增大,磨损加快,甚至卡死的情况。

注2:其他天体重力场与地球重力场不同,会改变机构的载荷状态和动力学运动学性能。

注3:其他天体的温度环境一般比地球严酷,存在极低温或(和)极高温,温度梯度大,极端温度持续时间长。温度环境的特殊性会影响材料性能、运动副活动间隙等设计参数。

注4:其他天体的化学环境包括其大气成分、表面的物质构成等,可能会对转动部件产生化学腐蚀。

4.2 设计原则

空间科学实验转动部件在设计时遵循以下原则:

a) 在满足任务要求的前提下应采用简单、可靠的设计;

b) 应优先采用通用、成熟的技术,适当选用新技术和新材料;

c) 在满足转动精度、稳定度、寿命、可靠性和安全性的功能和性能要求前提下,应尽量满足质量和功耗的约束条件;

d) 应充分重视环境适应性设计;

e) 宜贯彻"性能和可靠性并行设计"和"机电热一体化设计"的原则;

f) 适用时,应具备自检和在轨性能检测所需的能力。

4.3 设计流程

空间科学实验转动部件设计流程如图1所示。

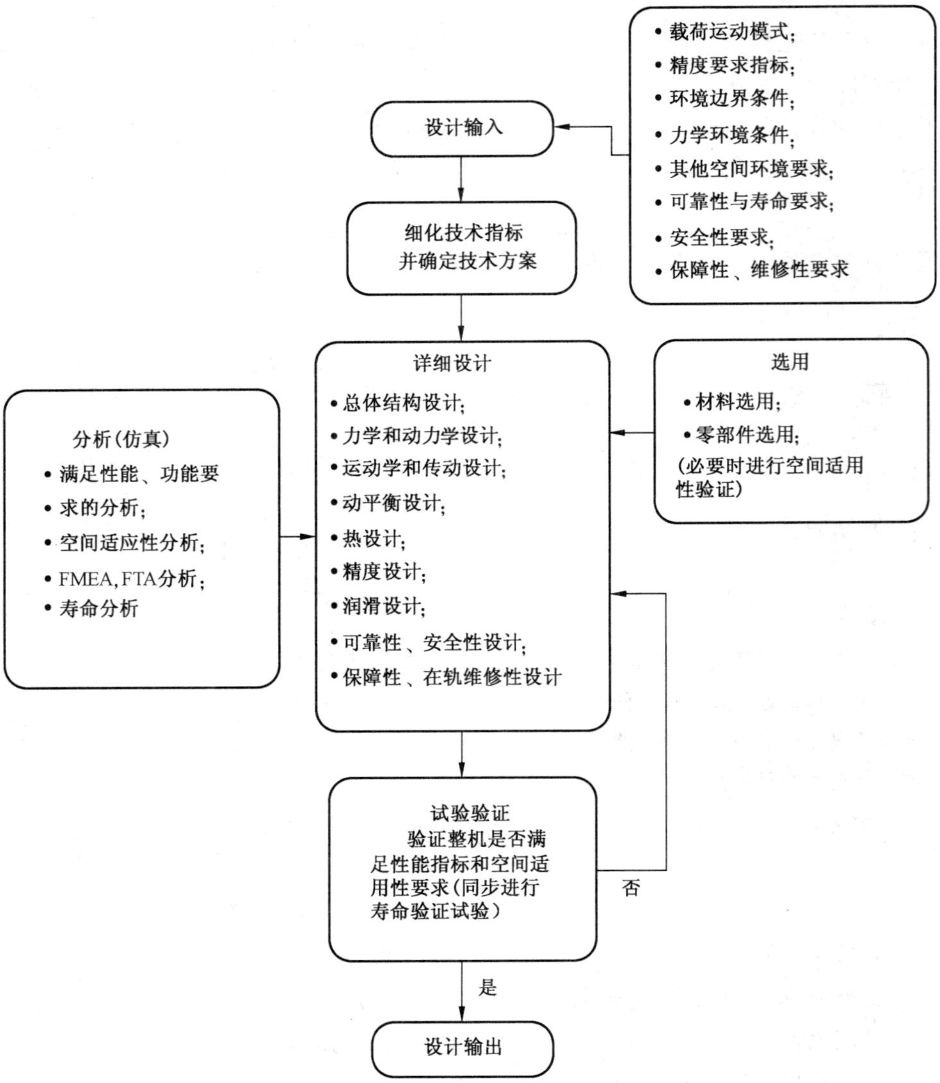

注：因寿命试验时间长，通常贯穿整个研制过程，若在发射前尚未完成，应结合仿真分析等给出寿命风险评估。

图 1　空间科学实验转动部件设计流程图

5　设计项目

5.1　材料选用

材料的选取除满足一般设计要求外，还应满足下列适用于空间的要求：

a)　使用非金属材料时应考虑材料在真空中的挥发性能；用于成像光学仪器中的转动部件的材料，应考虑对光学性能的影响：

1)　对于光学视场周围或污染敏感部位周围的材料，通常情况下应满足：TML(见 3.3)≤1%，CVCM(见 3.4)≤0.1%；当材料暴露面积不大于 13 cm^2，并且材料背离污染敏感表面的视线，只要满足光学或其他要求，并且材料不会因为 TML 的放宽而改变所关注的性能，可为：TML≤3%，CVCM≤1%。

2)　对于进入光学视场或污染敏感部位的材料，通常情况下应满足：TML≤0.1%，CVCM≤0.01%。

b) 材料的抗辐照性能应根据轨道空间辐射环境和材料实际的屏蔽情况以及要求的设计寿命确定。

c) 材料的热膨胀性能应满足：

1) 在空间温度循环变化条件下确保转动部件的性能和功能；

2) 在低温条件下不产生脆性。

d) 适用时应考虑材料的磁特性、结构轻量化和密封材料的寿命特性要求。

注：材料的抗辐照性能通常按材料预期吸收辐射剂量的3倍来进行设计。

5.2 结构设计

5.2.1 一般原则

空间科学实验转动部件的结构设计一般包括强度与刚度设计、运动学与动力学设计、热设计和精度设计。

工艺性贯穿于结构设计中，设计基准、工艺基准和测量基准应一致。

结构设计中应考虑以下几点：

a) 轴承安装的同轴度要求；

b) 对使用油脂润滑轴承的转动部件，考虑进行迷宫结构和储油装置的设计；

c) 对有精度要求的转动部件，还应考虑进行轴承预紧结构的设计。

5.2.2 强度与刚度

空间科学实验转动部件的强度和刚度设计，除了遵循一般机械的设计要求外，还应满足空间应用的要求。一般应满足以下原则：

a) 转动部件结构设计中强度设计是基本要求，转动部件结构设计还应考虑刚度要求。

b) 转动部件结构的固有频率应大于规定的值或在某个频率范围之外。

c) 轴的结构应有足够的强度和刚度，提高轴的刚度途径除了选择合适的材料和热处理方法之外，还有：

1) 增加轴的直径；

2) 合理选择支承跨距；

3) 缩短轴的悬伸长度；

4) 提高轴承的刚度。

轴的强度和刚度应进行校核，校核方法见附录B。

注：转动部件的轴系支撑结构多使用薄壁结构，易引起结构失稳。提高结构稳定性的有效途径是提高结构的刚度。

5.2.3 轴系

5.2.3.1 结构类型

空间科学实验转动部件一般选用滚动轴承轴系，常用的轴系结构类型有三类：

a) 两端单向固定结构；

b) 一端双向固定、一端游动结构；

c) 两端游动结构。

轴系结构的选用主要取决于载荷、运行模式与工况、运转精度、转速、环境条件、润滑方式，应根据具体情况进行分析比较，确定方案，在满足工作要求的前提下，轴系的结构尽可能简单。

轴系的结构应受力合理，有良好工艺性，并使轴上零件定位可靠，便于装拆和调整。

5.2.3.2 传动

轴系的转动可分为连续转动、往复转动(摆动)和间歇转动三类。根据转动的类型和负载的特性,选取驱动电机的控制方式、转速和功率。

电机转轴应根据转动部件的功能要求,在保证连接可靠性的前提下采用以下三种方法之一与负载转轴连接:

a) 将电机转轴与负载转轴直接做成一体;

b) 电机转轴通过刚性联轴器与负载转轴相连;

c) 电机转轴通过柔性联轴器与负载转轴相连。

负载转轴可以直接驱动负载,也可以通过减速器、齿轮、同步带轮等传动部件驱动负载,实现转动部件的功能。

5.2.3.3 减振

必要时需进行动力学分析,使转动部件的主要模态频率避开飞行器安装平台的固有频率,避免产生共振耦合和损伤,一般应有 5 Hz 及其以上的频差。

为衰减转动部件的振动频响和振幅,可采取减振措施,必要时进行模态试验和(或)频谱测试,验证措施的有效性。

5.2.3.4 动平衡

在转动部件的设计中,应消除相对于轴线质量分布的不均匀,进行动平衡设计。动平衡设计应符合下列要求:

a) 设计转动体时应设置校正面和调整点。通常对于盘状转动体仅需设置一个校正平面,其他类型的转动体可设置两个或两个以上的校正平面,校正平面的设置参见 GB/T 9239.1—2006 中 4.5。

b) 如果转动部件转动体的转动惯量小,或者转速慢,则只需要消除静不平衡即可;其他情况则需要消除动不平衡。

c) 对转动部件,进行动平衡校准后的许用剩余不平衡度应达到或高于 GB/T 9239.1—2006 表 1 “恒态(刚性)转子平衡品质分级指南”中的 G2.5 级。

注:转动体上的不平衡离心力可以分解为一个过质心且垂直于轴线的径向力和一个绕质心的力偶矩。如果总力偶矩为零,但径向力合力不为零称为静不平衡;总力偶矩不为零称为动不平衡。

5.2.4 热设计

在进行热设计时,应对空间科学实验转动部件整机进行热环境影响的分析。在分析中应充分考虑热边界条件和材料的热匹配性,建立部件的热模型并进行分析,以充分了解轴系及轴系支撑等零件的热变形以及在温度变化条件下各零件间相对位置变化和受力变化的情况,分析它们对转动部件的运行和寿命的影响。

热环境影响分析应针对实际温度场进行,并考虑适当的裕度。实际温度场应考虑转动部件空间应用时的实际布局和受热状态及真空环境,尽可能通过试验得到。

转动部件热设计的一般要求是:

a) 根据转动部件热环境影响分析,合理选择热匹配材料、设计被动热控制,使其轴系在工作温度范围内不产生超出设计范围的热应力和热变形;如果没有特殊要求,转动部件的各部位温度梯度通常情况下不大于 2 ℃。

b) 如果转动部件在空间真空环境下出现较大的温度梯度,和(或)对高精度、轴承跨度大、刚性预紧的转动部件,除在材料热匹配及被动热控制措施方面进行设计外,还可根据使用的润滑类型以及结构框架形式,采用主动热控制,以保证转动部件各部位的温度及其梯度控制在适宜的范围内。空间长寿命转动部件的最佳工作温度通常情况下为 5 ℃～15 ℃。

5.2.5 精度设计

轴系的回转精度应根据转动部件实现的功能合理选取,以确定轴颈和轴承的加工精度、配合公差、表面粗糙度和装配误差。

5.2.6 标准轴承的选用

5.2.6.1 类型选择原则

空间科学实验转动部件使用的轴承应优先选用标准滚动轴承,使用较多的是球轴承,包括角接触球轴承、深沟球轴承和推力球轴承,选用原则是:

a) 当以径向载荷为主,转速较高时,宜用深沟球轴承;
b) 径向载荷和轴向载荷联合作用时,宜用角接触球轴承;
c) 当支点跨距大,轴向载荷比径向载荷大得多,且支承刚度要求较高时,常用角接触球轴承组合(背对背、面对面),一般推荐使用背对背组合方式;
d) 仅受轴向载荷作用时,宜选用推力球轴承或角接触球轴承;
e) 采用含油保持架的不宜整体清洗的轴承或需要更换保持架的轴承,宜使用分离型滚动轴承。

5.2.6.2 精度选择

空间科学实验转动部件一般选用 P5、P4 两个等级的滚动轴承,对精度有特殊要求的场合,可选用更高等级的轴承或复合等级参数的轴承。

5.2.6.3 材质

轴承内外圈和滚珠的材料一般选用 9Cr18 不锈钢,滚珠也可选用氮化硅陶瓷材料。

常用的轴承保持架材料有酚醛层压布管、多孔聚酰亚胺、多孔尼龙及聚酰亚胺(PI)基、聚四氟乙烯(PTFE)基自润滑材料。

5.2.6.4 尺寸及公差

标准尺寸滚动轴承的各项尺寸应满足 GB/T 273.2 和 GB/T 273.3 的相关规定,非标准尺寸的滚动轴承根据实际需要选择。

若轴承需进行表面处理,则应根据具体的处理方式(如镀膜、离子注入、表面浸泡)来改变轴承的性能。最终的检验结果应使轴承达到 GB/T 273.2、GB/T 273.3、GB/T 307.1 和 GB/T 307.4 中的相关规定。

5.2.6.5 旋转精度

旋转精度应符合 GB/T 307.1 和 GB/T 307.4 的相关规定。

5.2.6.6 热处理、硬度

应满足 GJB 268 的相关规定,内径小于 10 mm 的轴承还应满足 GJB 2548 的相关规定。

5.2.7 零件在轴上的固定

零件在轴上的固定分为轴向固定和周向固定两类。

零件在轴上的轴向固定应根据定位精度要求，采用不同的结构形式来实现（如轴肩、套筒、圆锥面、螺母、销钉），并选择合适的轴向间隙。

采用螺纹连接时应注意控制拧紧力矩并要有防松设计。

轴承等零件在轴上的周向固定应结合零件与轴系中各材料的热力学特性，选择合适的配合类别和公差等级，并结合采用销连接或键连接等固定结构。

5.2.8 轴系的装配工艺性

空间科学实验转动部件的轴系设计应考虑装配的工艺性，主要包括：

a） 轴系结构应便于加工、测量和装配；

b） 根据高精度、小批量的特点，宜采取实配的方法装配轴系零部件；

c） 安装、拆卸轴承宜采用专用工具，不可通过滚动体传递压力。

5.3 润滑设计

5.3.1 润滑类型与润滑材料

5.3.1.1 润滑类型

润滑类型包括油润滑（脂润滑）、固体润滑和混合润滑。其中脂润滑是油润滑的一类，混合润滑中既有固体润滑，又有油润滑（脂润滑）。

5.3.1.2 润滑材料

可在空间使用的润滑材料有：

a） **液体润滑材料**，主要包括合成碳氢油、全氟聚醚油、硅碳氢油、硅油以及以这些为基础油制成的润滑脂；

b） **层状固体膜润滑材料**，主要包括二硫化钼、二硫化钨和石墨；

c） **软金属润滑材料**，主要包括金、银、铅、锡和铟；

d） **聚合物润滑材料**，主要包括聚四氟乙烯、聚氯乙烯和聚酰亚胺。

5.3.2 润滑设计原则

5.3.2.1 选择空间科学实验转动部件的润滑方式应综合考虑以下条件：

a） 转动体的转速；

b） 寿命；

c） 温度环境；

d） 运动方式；

e） 承载特性；

f） 气压（真空）环境；

g） 地面贮存的温度、湿度、气压环境。

5.3.2.2 低速转动、摆动、间歇转动一般选用脂润滑或固体润滑。

5.3.2.3 在温度环境恶劣的情况下宜采用固体润滑。

5.3.2.4 中、高速转动长寿命运行一般采用油润滑、脂润滑或混合润滑。

5.3.2.5 当选择油润滑或脂润滑方式时，还应当考虑以下条件：

a） 摩擦系数；

b） 运行温度限制；

c） 爬行特性（可采取适当的阻隔措施）；

d) 温黏特性；

e) 压黏系数；

f) 防腐蚀性能；

g) 降解、聚合、氧化、变质；

h) 与轴承零件材料或其他润滑剂的兼容性；

i) 润滑剂挥发和损耗量。

5.3.2.6 当选择固体润滑方式时，还应当考虑以下条件：

a) 摩擦系数；

b) 寿命期内总转数；

c) 磨损量；

d) 转动部件的力矩波动。

5.4 电机、角位移传感器和减速器的选用

5.4.1 选用一般原则

应选用技术成熟、可靠度高、有成功的空间应用经验或通过环境试验考核的电机、角位移传感器和减速器产品，选用时还应考虑在轨维修性要求。

5.4.2 电机的选用

空间科学实验转动部件常用的电机类型包括步进电机、直流无刷电机、直流有刷电机、交流伺服电机等，具体应用特点参见附录C表C.1。

电机选用的原则是：

a) 根据转动部件的负载及其运动特性对电机的启动、制动、反转、调速等要求，选择电机类型；

b) 根据转动部件的负载转矩、速度变化范围和启动频繁程度等要求，考虑电机的温升限制、过载能力和启动转矩，选择电机容量；

c) 所选电机的转矩应有足够的转矩裕度，其中，驱动转矩选取应考虑环境影响下的最小值，摩擦力矩选取应考虑最恶劣的环境下寿命后期的最大值，电机转矩裕度公式参见公式(C.1)、公式(C.2)和公式(C.3)；

d) 根据负载需求的最高转速、减速机构的特性和对转动部件运动的动态要求，选择电机的额定转速，电机宜工作在额定状态。

选用电机应注意：

a) 电机内所用材料应满足空间使用要求；

b) 如电机内自带转动轴系，应按空间科学实验转动部件要求处理；

c) 如电机内自带处理电路，应按空间电子学要求处理。

注：自带处理电路的空间电子学要求主要是分析或(和)试验验证其电子元器件的抗总剂量和抗单粒子效应的能力。

5.4.3 角位移传感器的选用

常用角位移传感器的应用特点参见附录D。角位移传感器选用原则是：

a) 转动部件长时间连续运转，可选用角位移测量精度与使用要求相适应的旋转变压器、感应同步器和编码器；

b) 转动部件如果使用次数较少，可使用精密电位计；

c) 如果需要确定固定的角位置，可选用霍尔位置传感器、精密电位计；

d) 为直流无刷电机提供换向信号，可选用编码器、旋转变压器和霍尔位置传感器。

使用角位移传感器应注意：

a) 传感器内所用材料应满足空间使用要求；

b) 如传感器内自带转动轴系，应按空间科学实验转动部件要求处理；

c) 如传感器内自带处理电路，应按空间电子学要求处理。

5.4.4 减速器的选用

减速器按照传动类型可分为齿轮减速器、蜗轮蜗杆减速器、行星齿轮减速器、谐波齿轮减速器。常用减速器的应用特点参见附录 E。

减速器选用的原则是：

a) 根据负载大小、减速比、尺寸和重量限制，以及减速效率的衰减，选择结构简单、技术成熟、传动环节少的减速器；转速较低时，可选择使用谐波齿轮减速器。

b) 减速器可采用固体润滑、油脂润滑，其润滑设计可参考 5.3；如采用油脂润滑，必要时需要有密封措施。

c) 固体润滑的减速器应优先考虑固体润滑膜的承载能力和耐磨寿命，负载力矩一般不超过额定力矩的 1/3，最大应不超过 1/2。

使用减速器应注意：

a) 减速器内所用材料应满足空间使用要求；

b) 减速器内的转动轴系，应按空间科学实验转动部件要求处理。

5.5 可靠性和安全性设计

5.5.1 可靠性设计

空间科学实验转动部件的可靠性设计，主要应考虑机械结构的强度和由于载荷的影响引起的疲劳、磨损、断裂等失效，以及转动部件在转动过程中由于运动学问题而引起的故障。这些故障主要和装配间隙、材料匹配、表面润滑状态、环境条件、动力源提供的驱动力和驱动力矩有关。

除了遵循通用机械的可靠性设计原则外，空间科学实验转动部件的可靠性设计还应符合 QJ 2172 的要求，并遵循以下原则：

a) 转动部件的性能设计和可靠性设计应同步进行。

b) 在满足功能和性能要求的前提下，转动部件的组成力求简单，减少不必要的环节；在保证强度、刚度有足够裕度的前提下，简化结构。

c) 选择设计方案时尽量采用标准化零件及已有空间应用的成熟技术和工艺。

d) 原材料、紧固件、密封件选择及工艺方法选择应符合空间产品相关标准的规定。

e) 对初步选定的技术方案进行失效模式影响分析（Failure Mode and Effects Analysis，FMEA）和故障树分析（Fault Tree Analysis，FTA），进一步完善设计，在此基础上进行图样详细设计。

f) 图样的详细设计在可靠性方面应考虑：

  1) 充分体现 FMEA 分析结果中的“故障防止措施”；

  2) 明确标识关键件和重要件，关键特性和重要特性；

  3) 技术要求中应标明运动副的装配间隙、材料匹配、表面润滑状态和所选的工艺特点，例如材料热处理后的表面硬度，钛合金零部件氢脆问题的控制要求。

g) 可靠性设计确认：

  1) 通过综合判断分析确认可靠性设计：强度计算确认结构可靠性，和相近产品比较分析判定转动部件整体的可靠性；

  2) 在没有现成数据和现成经验时，通过首件鉴定试验确认设计可靠性。

5.5.2 安全性设计

空间科学实验转动部件的安全性设计，主要应在安装方式、结构、材料选用、工作方式及用电各方面充分考虑安全性，避免引入危险源，保证有关人员和航天器的安全。

安全性设计应遵循以下原则：

a) 应按 QJ 3273 的要求进行安全性分析，确定安全性关键项目和残余危险，提出分析结论和评价意见，为后续安全性设计、验证、评价和工程决策提供依据；
b) 通过设计消除已判定的危险，或使潜在的危险得到抑制和隔离，在极限适用的条件下，保证转动部件不发生破坏；
c) 部件的某一部分即使发生故障，确保故障的影响限制在自身的范围之内；
d) 当不得不使用有潜在危险的零部件时，应选择在系统寿命周期内风险最小者；
e) 危险的物质、零部件和操作应与其他活动、区域、人员及不相容的器材隔离；
f) 应使工作人员在操作、保养、维护、修理或调整过程中尽量避免危险，例如：危险的化学药品、高压电、电磁辐射、切削锋口或尖锐部分；
g) 尽量减少恶劣环境条件所导致的危险，例如：温度、压力、噪声、毒性、加速度、振动、冲击和有害射线；
h) 尽量减少在转动部件使用和保障过程中人为差错所导致的风险；
i) 采用安全装置设计、报警装置设计和特殊的预防措施，防止危险状态的发生；
j) 用隔离和屏蔽的方法，保护转动部件的电源、控制装置和关键零部件；
k) 采用新的设计方法、新材料、新工艺或试验技术时，寻求最小风险。

5.6 其他设计

5.6.1 转动部件运行状态检测

适用时，空间科学实验转动部件应进行运行状态的检测。主要运行状态参数有：角位置、转速和转速稳定度、输出转矩特性和摩擦力矩、油膜电阻、轴承温升。应在结构设计时预先安排状态参数传感器安装位置和数据输出口。通常转速和轴承温升是转动部件在轨运行时要求检测的参数，航天器宜有相应的遥测通道。

主要运行状态参数检测包括：

a) 角位置、转速和转速稳定度

角位置、转速和转速稳定度测量可通过角位移传感器输出信号间接测量，转速也可用转速计直接测量。

对无角位移传感器的转动部件，可在输出轴上留有与角位移传感器的连接接口，测量时通过联轴器与独立的角位移传感器相连接。

b) 输出转矩特性和摩擦力矩

转动部件的输出转矩包括启动转矩、同步转矩和堵转转矩。输出转矩一般在完成装配后测量，通过实测的转速-时间曲线和负载惯量计算得出。负载惯量可以通过仿真计算的方法得出，也可以通过转动惯量测试仪测出。

摩擦力矩是表征转动部件润滑状态的主要参数，一般在装配过程中测量，在设计中应考虑设置检测接口。测试方法可参见 GJB 361A—1997 中 4.7.8。

宜采用测量电机的最低启动电压(电流)和最低维持电压(电流)，进行推算或比较得到整机级的输出转矩特性与摩擦力矩。

c) 油膜电阻

采用油或脂润滑的转动部件，可测试转动状态下的油膜电阻。它表征了转动时的油膜状态（或品质），是采用油或脂润滑的转动部件运行时润滑状态和质量的参考参数。油膜电阻一般在转动部件装配后进行测量，在转动体和固定结构上宜留有可供测试油膜电阻的位置。

d） 轴承温升

轴承温度的异常变化，表示润滑状态破坏或摩擦增大。它是判断转动部件在轨运行正常与否的重要依据，在轨监测的状态和方法应与地面测试的状态和方法一致。

直接测量转动部件中轴承零件的温度较为困难，可采用测量靠近轴承非旋转套圈的支撑部位温度，或其他能够敏感轴承温升的位置点的温度，同时测量测点附近的环境参照温度，间接得出轴承温度相对变化值。

5.6.2 保障性设计

空间科学实验转动部件保障性设计应符合以下要求：

a） 使用操作与维修作业符合人机工程学要求；

b） 使产品以外的保障资源得到完善；

c） 保障性设计与转动部件的设计同步进行。

注： 保障资源包括硬件保障资源和软件保障资源，主要包括：使用与维修保障设施、设备、工具、器材，使用与维修人员配置与训练规划，使用与维修备件和损耗件的供给，使用与维修所需的技术资料的编制，使用与维修计算机资源的保证，使用与维修中的计量、校准、测试、试验和故障诊断保证等。

5.6.3 维修性设计

空间科学实验转动部件在轨情况下，维修性设计应满足完成以下工作要求：

a） 更换产品；

b） 修复局部损坏；

c） 补充气、液介质。

针对以上工作，维修性设计应遵循以下原则：

a） **可达性**，维修操作部位应有足够的工具操作空间，并能实时操作；

b） **安全性**，维修操作不能对航天员或产品造成危害；

c） **人机工效性**，维修部位的设置应能使航天员处于最佳的操作状态；

d） 机械接口、电接口应统一，便于拆卸连接，尽可能缩短维修时间；

e） 识别标记清晰，采用标准化设计及防错设计。

5.7 设计验证

应完成设计输出满足设计输入要求的设计验证工作。设计验证分为：

a） 验证选用材料和部件的空间适用性；

b） 验证转动部件整体的性能和指标以及环境适应性。

注： 材料的空间适用性主要指真空和空间粒子环境的适用性。

主要的设计验证方法有：

a） 设计评审（专家验证）；

b） 数学仿真（计算机仿真）；

c） 相似性验证；

d） 半物理仿真（半实物仿真）；

e） 物理试验，包括功能试验和鉴定级环境试验；

f） 可靠性及寿命验证试验。

附 录 A
（资料性附录）
空间环境及其对转动部件的影响

A.1 低气压和真空

从地面到空间轨道，外部压力会从1个大气压变化到接近于零。这种外部压力环境的变化会使封闭结构承受约0.1 MPa的附加内压，非密封结构气压的急剧变化可能会产生瞬态的气体冲击，影响润滑油状态。

在发射阶段的外部压力变化过程中，转动部件往往要经历1 kPa～1 Pa的低气压环境。在航天器入轨后，由于结构材料的出气，也会使某些部件的局部空间维持上述气压范围。在这个低气压范围内，一些高电压器件或电路可能发生气体放电现象，以致造成功能减退或永久性损伤。

空间环境的真空度可以达到10^{-2} Pa～10^{-11} Pa，真空对转动部件产生如下影响：

a) **材料的蒸发、升华和分解效应**，它们造成材料的总质量损失、改变和降低材料的原有性能，特别是对聚合物的性能产生影响，另外可能引起材料表面粗糙、表面氧化层和保护层脱落等；

b) **材料的出气效应**，原先吸附在材料表面上或原先溶解在材料内部的气体，在真空状态下被解吸和脱附，造成出气效应，材料出气产生的收集到的可凝挥发物可能会凝结在某些部件和关键表面上造成污染，改变它们的电和光学性能；

c) **干摩擦和冷焊**（见3.5）**效应**，固体表面原有的吸附气膜、氧化膜等在真空中部分或完全消失，在转动部件的接触表面可能会产生干摩擦和冷焊现象，增加磨损，降低寿命，甚至失效；

d) 液体润滑材料在真空中的挥发或流失将影响转动部件的润滑寿命。

A.2 温度交变

航天器在太阳辐照区和地球阴影区间交替飞行，使得空间科学实验转动部件，尤其是处于航天器外部的转动部件将产生长期温度交变的温度场。交变的温度场将影响材料的性能，引起结构或机构的变形。可能产生的后果是：

a) 因摩擦副间隙变化造成转动的失效；

b) 引起支承结构位置精度的变化；

c) 产生交变应力，降低材料的性能及转动部件的寿命；

d) 造成某些薄弱环节的损坏。

A.3 带电粒子辐射

空间带电粒子辐射环境包括：

a) 银河系宇宙辐射，由银河宇宙线形成的辐射环境，它是由90%的质子、10%的氦原子核和少量的重离子组成。

b) 太阳辐射，包括粒子辐射和电磁辐射：

   1) 粒子辐射环境由连续的太阳风和突发的太阳耀斑所产生，太阳风是由电子、质子和氦原子核组成的完全电离的等离子体流，导电性强但能量不大，不容易穿透航天器结构。但太阳耀斑主要是高密度的高能量质子，可能在短期内对航天器外部的机构引起损害；

2) 太阳电磁辐射主要指太阳紫外到红外的光辐射，它能使一些材料的性能发生变化，甚至造成永久性损伤。材料表面损伤大多是太阳紫外线造成的。由于没有大气层的防护，航天器表面将完全暴露在太阳紫外线的电磁辐射之中。紫外辐射对金属、陶瓷、玻璃材料和高分子聚合物等都会产生影响，其中对高分子聚合物的影响特别大。紫外线照射使高分子聚合物分解，变色，分子量降低，弹性和强度降低，机械性能减弱。紫外辐射对复合材料、黏结剂、密封材料等的性能也有明显的影响。

c) 地球辐射带，由地球磁场捕获了大多数带电粒子形成的辐射环境，主要集中在近地球宇宙空间的范艾伦带。

带电粒子在穿入材料时产生电离作用和晶格位移作用，这些辐射作用长期积累的结果，将改变材料的性能，或使材料静电积累，产生内放电。

A.4 原子和分子粒子

在空间轨道环境下，航天器会遇到几类原子粒子和分子粒子。原子粒子和分子粒子可能会剥蚀航天器表面暴露的材料，改变材料的表面状态，能严重降低表面涂层的性能。

在原子粒子中，原子氧是最有害的，具有很活泼的化学特性。在空间中的原子氧是静止的，在轨航天器以高速冲击它时，会对其前部暴露的材料表面产生氧化剥蚀现象。原子氧对金属材料的影响小，对聚合物基材料(如塑料膜和复合材料中的环氧树脂基体材料)影响大。

A.5 微重力和重力场

微重力是指航天器在重力场中自由运动时，重力被与其方向相反的惯性力大部分抵消后，剩余的微弱重力。以在轨运行航天器为参考的系统中呈现出的微重力环境中，物体与其支撑体之间不再有相互作用力，会造成机构内部应力的重新分配，可能影响转动部件摩擦状态的变化。

地球轨道航天器除了地球引力外，地球空间运行的航天器还会受到其他天体引力的作用，主要是月球和太阳引力的作用。重力场的位置形状影响着航天器的运行轨道或轨道摄动，影响航天器的微重力状态。

A.6 微流星和空间碎片

航天器可能与自然碎片(如微流星)、人造碎片和故意(敌意)的投射物相遇发生碰撞。航天器与空间物体碰撞的危害程度取决于：

a) 冲击速度；

b) 物体的质量、密度、形状、刚度、强度和熔点等；

c) 航天器被击中的部位。

附 录 B
（规范性附录）
轴 的 校 核

B.1 强度校核

进行轴的强度校核计算时，应根据轴的具体支承方式、受载及应力情况，选用下列相应的计算方法：

a) 对于主要承受扭转的轴，轴的扭转切应力按公式(B.1)计算：

$$\tau_T = T/W_T \qquad \cdots\cdots(B.1)$$

式中：

τ_T ——轴的扭转切应力，单位为兆帕(MPa)；

T ——轴所受的最大扭矩，单位为牛米(N·m)；

W_T ——轴的抗扭截面系数，单位为立方米(m^3)。

轴的扭转强度条件为：$\tau_T \leqslant \rho \cdot [\tau]_T$，其中 ρ 为裕度系数，一般取 0.5～0.8；$[\tau]_T$ 为轴材料的许用扭转切应力，单位为 MPa。

b) 对于仅承受弯矩的轴，轴的弯曲应力按公式(B.2)计算：

$$\sigma_W = M_W/W_{ZW} \qquad \cdots\cdots(B.2)$$

式中：

σ_W ——轴的弯曲应力，单位为兆帕(MPa)；

M_W ——轴所受的最大弯矩，单位为牛米(N·m)；

W_{ZW} ——轴的抗弯截面系数，单位为立方米(m^3)。

轴的弯曲强度条件为：$\sigma_W \leqslant \rho \cdot [\sigma]_W$，其中 ρ 为裕度系数，一般取 0.5～0.8；$[\sigma]_W$ 为轴材料的许用弯曲应力，单位为 MPa。

c) 对于既承受弯矩又承受扭转的轴，按第三强度理论，轴的合成应力按公式(B.3)计算；轴的安全系数应按公式(B.4)计算：

$$\sigma_H = \sqrt{\sigma_W{}^2 + 4\tau_T{}^2} \qquad \cdots\cdots(B.3)$$

式中：

σ_H——轴的合成应力，单位为兆帕(MPa)；

σ_W——轴的弯曲应力，单位为兆帕(MPa)；

τ_T——轴的扭转切应力，单位为兆帕(MPa)。

$$K = \sigma_S/\sigma_H \qquad \cdots\cdots(B.4)$$

式中：

K ——轴的安全系数，无单位；

σ_S ——轴材料的屈服极限，单位为兆帕(MPa)；

σ_H——轴的合成应力，单位为兆帕(MPa)。

轴的安全系数条件为：$K \geqslant \rho \cdot [K]$，其中 ρ 为裕度系数，一般取 1.2～2；$[K]$为许用安全系数，材料的许用安全系数可查阅材料手册。

适用时应对轴按疲劳强度的条件进行精确校核。按疲劳强度的条件进行校核时，应考虑轴的尺寸系数、表面系数和应力集中系数等。

对于瞬时过载大或应力循环不对称性较为严重的轴，还应按载荷峰值校核其静强度。

B.2 刚度校核

轴的刚度校核包括扭转刚度校核和弯曲刚度校核，其中扭转刚度校核以扭转角来度量；弯曲刚度校核以挠度和截面转角来度量。校核条件为：

a) 扭转角：$\phi \leqslant [\phi]$，其中$[\phi]$为轴每米长的允许扭转角，与轴的使用场合有关，对于一般传动轴，可取$[\phi]=0.5°/m \sim 1°/m$；对于精密传动轴，可取$[\phi]=0.25°/m \sim 0.5°/m$。

b) 挠度：$y \leqslant [y]$，其中$[y]$为轴的允许挠度，单位为 mm，见表 B.1。

c) 偏转角：$\theta \leqslant [\theta]$，其中$[\theta]$为轴的允许偏转角，单位为 rad，见表 B.1。

表 B.1 轴的允许挠度及允许偏转角

名　称	允许挠度$[y]$/mm	名　称	允许偏转角$[\theta]$/rad
一般用途的轴	$(0.000\,3 \sim 0.000\,5)L$	滑动轴承	0.001
刚度要求较严的轴	$0.000\,2L$	向心球轴承	0.005
电机轴	0.1Δ	调心球轴承	0.05
安装齿轮的轴	$(0.01 \sim 0.03)m_n$	圆柱滚子轴承	0.002 5
安装蜗轮的轴	$(0.02 \sim 0.05)m_a$	圆锥滚子轴承	0.001 6
		安装齿轮处轴的截面	0.001～0.002

注：L——轴的跨距，mm；Δ——电机定子和转子之间的间隙，mm；m_n——齿轮的法面模数；m_a——蜗轮的端面模数。

附 录 C
（资料性附录）
常见典型电机的应用特点和转矩裕度

C.1 常用典型电机的应用特点

常用典型电机的应用特点见表C.1。

表 C.1 常用典型电机的应用特点

电机类型	特　点	应用范围
步进电机	能够实现数字控制；在开环控制下获得较高的定位精度；无需反馈就可以获得稳定的转动周期；抗干扰能力较差；电功转换效率较低；不能带大惯量负载	低速机构、摆动机构、开环精确定位、低力矩应用
直流无刷电机	直流供电；动态性能好；能承受高的负载变化；需要闭环控制；电功转换效率较高；低速直流无刷电机又称力矩电机，输出力矩、启动力矩大，不易受外界因素干扰，但转速稳定性控制较困难	低、中、高速机构、离心机、风机（生命保障）、定位执行机构（如空间机器人）
直流有刷电机	直流供电；控制简单；导线数量少；电功转换效率高；寿命低	一次性工作的机构、有限寿命使用、低转速大力矩
交流伺服电机	控制精度高，调速范围宽，转速稳定度好；同功率下有较小的体积和重量；控制电路复杂	高精度低、中、高速机构

C.2 转矩裕度

电机转矩裕度是指电机在最坏工作条件下的输出转矩裕量，电机转矩裕度按公式(C.1)计算：

$$\eta=\frac{M_0-2\cdot M_f}{T_q}-1 \qquad \cdots\cdots(C.1)$$

式中：

η ——电机转矩裕度，无单位；

M_0 ——最坏条件下电机的最大可输出力矩，单位为牛米(N·m)；

M_f ——电机轴承处最大摩擦力矩，单位为牛米(N·m)；

T_q ——电机动惯性力矩，单位为牛米(N·m)。

通常情况下，η大于0.25。

对恒速转动的电机，如果转速较低，或对转动的转速稳定度和(或)运动精度没有较高的要求，则其转矩裕度也可按公式(C.2)计算：

$$\eta=\frac{M_0-2\cdot T_q}{M_f}-1 \qquad \cdots\cdots(C.2)$$

式中：

η ——电机转矩裕度，无单位；

M_0 ——最坏条件下电机的最大可输出力矩，单位为牛米(N·m)；

T_q ——电机动惯性力矩，单位为牛米(N·m)；

M_f ——电机轴承处最大摩擦力矩，单位为牛米(N·m)。

通常情况下，η 大于 0.25。

转动部件的转矩裕度，亦可按公式(C.1)和公式(C.2)进行计算，这时 T_q 代表的是转动部件转动体的启动惯性力矩，M_f 代表的是转动部件转动体的最大摩擦力矩。

在空间应用中，通常也使用如公式(C.3)的电机转矩裕度公式：

$$\eta=\frac{M_0}{M_f}-1 \qquad \cdots\cdots (C.3)$$

式中：

η ——电机转矩裕度，无单位；

M_0 ——电机的标称或者实测输出力矩，单位为牛米(N·m)；

M_f ——电机的负载力矩，单位为牛米(N·m)。

对一次性使用的转动部件，$\eta\geqslant 2$；对在空间长期使用的转动部件，根据其运动特点(例如摆动等)，有时将 η 取为远大于 2 的值(例如 $\eta=8$)。

附 录 D
（资料性附录）
常见角位移传感器的应用特点

常用角位移传感器的应用特点见表 D.1。

表 D.1 常用角位移传感器的应用特点

角位移传感器类型	特 点	应用范围
精密电位计	结构简单，价格低廉，性能稳定，对环境条件要求不高，输出信号大，易于转换；存在摩擦，动态响应较差，寿命短，不适合小位移、高精度和长期连续工作	适于测量变化较缓慢的量，常用作位置信号发生器
旋转变压器	可以达到较高的测角精度；环境适应性强，对安装的要求相对较低	在空间科学实验转动部件中应用广泛
圆感应同步器	工作原理与旋转变压器相同，测角精度可进一步提高，达 1 角秒～5 角秒	应用于测角精度要求高的空间科学实验转动部件
编码器	可以达到很高的测角精度，同时具有分辨能力强和工作可靠等优点；对安装的要求相对较高、结构复杂	在空间科学实验转动部件中应用广泛
霍尔位置传感器	能给出固定角位置所对应的信号，可靠性较高	给出角度的零位信号，或者提供直流无刷电机的换向信号

附　录　E
（资料性附录）
常见减速器的应用特点

常用减速器的应用特点见表 E.1。

表 E.1　常用减速器的应用特点

减速器类型	特　　点	应 用 范 围
齿轮减速器	可分为圆柱齿轮减速器、圆锥齿轮减速器和圆锥-圆柱齿轮减速器等，减速比相对较小	应用广泛
蜗轮蜗杆减速器	具有反向自锁功能，有较大的减速比，输入、输出轴相互正交，一般体积较大，传动效率不高，精度低，输入转速不能太高	多应用于要求有较大的减速比或要求自锁的空间科学实验转动部件
行星齿轮减速器	结构比较紧凑，承载能力较强，传动平稳性略差；使用寿命长，额定输出扭矩大，价格略贵；在高速时的结构动平衡特性较为优异，且易于润滑	多应用于减速比高、重载荷、长寿命的空间科学实验转动部件
谐波齿轮减速器	利用柔性元件的可控弹性变形来传递运动和动力，体积不大、减速比选择范围大、精度高。谐波减速器有扁平式、长杯式和短杯式三种。扁平式负载能力相对较小，传动效率也较低，但轴向尺寸小；杯式传动效率可达 80% 以上，短杯式既有扁平式轴向尺寸小的特点，又有长杯式传动效率高和承载能力大的特点	多应用于要求体积小、减速比高、精度高、承载能力大等的空间科学实验转动部件

参 考 文 献

[1] GB/T 307.3—2005 滚动轴承 通用技术规则
[2] GB 755—2008 旋转电机 定额和性能
[3] GB/T 1031—2009 产品几何技术规范(GPS) 表面结构 轮廓法 表面粗糙度参数及其数值
[4] GB/T 1800.1—2009 产品几何技术规范(GPS) 极限与配合 第1部分:公差、偏差和配合的基础
[5] GB/T 1800.2—2009 产品几何技术规范(GPS) 极限与配合 第2部分:标准公差等级和孔、轴的极限偏差表
[6] GB/T 9239.2—2006 机械振动 恒态(刚性)转子平衡品质要求 第2部分:平衡误差
[7] GJB 900—1990 系统安全性通用大纲
[8] GJB 971A—1999 永磁式直流力矩电动机通用规范
[9] GJB 1029—1990 卫星热设计准则
[10] GJB 2375—1995 空间精密轴承润滑油规范
[11] JB/T 2781—2005 滚动轴承 微型球轴承技术条件
[12] QJ 977A—1995 非金属材料复验规定
[13] QJ 1322—1987 真空中材料质量损失测试方法
[14] QJ 1558—1988 真空中材料挥发性能测试方法
[15] QJ 3138—2001 航天产品环境应力筛选指南
[16] QJ 3178—2003 航天材料和零、部(组)件无损检测技术要求
[17] MIL-A-83577C Moving Mechanical Assemblies for Space and Launch Vehicles
[18] 机床设备设计手册编写组编,材料与零部件(中),上海人民出版社,1975.
[19] 汪恺主编,机械设计标准应用手册(第三卷),机械工业出版社,1997.
[20] 薛大同等,中国星船材料空间效应数据手册,1998.
[21] 徐灏主编,机械设计手册.4,机械工业出版社,2000.6.
[22] 陈烈民,航天器结构与机构,2005.
[23] 谭维炽,胡金刚主编,航天器系统工程,2009.
[24] Tribology for Aerospace Applications,Erwin V. Zaretsky. 1997,97-061830,ISBN 0-9660584-0-2.
[25] Space Tribology,William R. Jones and Jr,Mark J. Jansen.
[26] Lubrication of Space Systems,Robert L. Fusaro.
[27] Liquid Lubrication for Space Applications,Robert L. Fusaro and Michael M. khonsari.
[28] An evaluation of the effect of simulated launch vibration on the friction performance and lubrication of ball bearings for space application,S. Sochting,I. Sherrington,S. D. Lewis and E. W. Robert.

ICS 17.220.20
N 22

中华人民共和国国家标准

GB/T 28879—2012

电工仪器仪表
产品型号编制方法

Nomenclature of model for electrotechnical instruments

2012-11-05 发布　　　　2013-02-15 实施

中华人民共和国国家质量监督检验检疫总局
中国国家标准化管理委员会　发布

前　言

本标准按照 GB/T 1.1—2009 给出的规则起草。

本标准由中国机械工业联合会提出。

本标准由全国电工仪器仪表标准化技术委员会(SAC/TC 104)归口。

本标准起草单位:哈尔滨电工仪表研究所、国家电网公司、浙江正泰仪器仪表有限责任公司、威胜集团有限公司、深圳市科陆电子科技股份有限公司、杭州百富电子技术有限公司、宁波三星电气股份有限公司、杭州炬华科技有限公司、丹东华通测控有限公司、华立仪表集团股份有限公司、江苏斯菲尔电气有限公司、德力西集团仪器仪表有限公司、湖北省电力试验研究院、安徽省电力公司巢湖供电公司、黑龙江省电力科学研究院、南京供电公司、上海安科瑞电气股份有限公司。

本标准主要起草人:陈克昌、杜新刚、刘得新、袁慧昉、鲁春燕、熊兰英、雷惠博、王贤平、韩东、申莉、陆以彪、周明涛、刘海波、夏亚莉、刘峥嵘、鲁克俭、诸顺菊、孙吉顿。

电工仪器仪表
产品型号编制方法

1 范围

本标准规定了电工仪器仪表产品(以下简称产品)型号的编制方法,并给出了有关示例。

本标准适用于 GB/T 4754—2002 中 C4112《电工仪器仪表制造》的下列产品的型号编制:

——电能表;

——自动抄表系统(不含表);

——电力负荷控制系统;

——电磁参数测量仪器仪表;

——电磁参量分析与记录装置;

——配电系统电气安全检测与分析装置;

——电源装置;

——标准与校验设备;

——扩大量限装置;

——电力自动化仪表及系统;

——非电量电测仪表及装置;

——其他电工仪器仪表。

注:C4112 涉及的范围,参见《国民经济行业分类注释》国家统计局 编,2008 年 9 月第 1 版。

2 规范性引用文件

下列文件对于本文件的应用是必不可少的。凡是注日期的引用文件,仅注日期的版本适用于本文件。凡是不注日期的引用文件,其最新版本(包括所有的修改单)适用于本文件。

GB/T 1242—2000 安装式指示和记录电测量仪表的尺寸

GB/T 2900.77—2008 电工术语 电工电子测量和仪器仪表 第 1 部分:测量的通用术语

GB/T 2900.79—2008 电工术语 电工电子测量和仪器仪表 第 3 部分:电测量仪器仪表的类型

GB/T 4754—2002 国民经济行业分类

JJF 1051—2009 计量器具命名与分类编码

IEC 60050-300:2001 国际电工词汇 电工、电子测量和仪器仪表 第 312 部分:电工测量的通用术语(International Electrotechnical Vocabulary—Electrical and electronic measurements and measuring instruments—Part 312: General terms relating to electrical measurements)

IEC 60050-300:2001 国际电工词汇 电工、电子测量和仪器仪表 第 314 部分:电测量仪器仪表类型的特殊术语(International Electrotechnical Vocabulary—Electrical and electronic measurements and measuring instruments—Part 314: Specific terms according to the type of instrument)

3 术语和定义

GB/T 2900.77—2008、GB/T 2900.79—2008、IEC 60050-300:2001 界定的以及下列术语和定义适

用于本文件。为了便于使用，以下重复列出了 GB/T 2900.77—2008、GB/T 2900.79—2008、IEC 60050-300:2001 中的某些术语和定义。

3.1

电测量仪器仪表　electrical measuring instrument

用电工或电子方法对电量或非电量测量的仪器仪表。

[GB/T 2900.77—2008，定义 311-03-04]

3.2

（测量）标准　(measurement) standard

以给定的不确定度用于定义、物理上体现、保存或复现一量的单位，或其倍数、分数（例如标准电阻），或一个量的已知值（例如标准电池）的实物量具、测量仪器仪表、参考物质或测量系统。[VIM 6.1]

[GB/T 2900.77—2008，定义 311-04-01]

3.3

数字（测量）仪表　digital (measuring) instrument

数字显示仪表　digital indicating instrument

提供数字化输出或显示的测量仪表。

注：此术语只涉及指示（显示）的形式，而与仪表的工作原理无关。

[IEC 60050-300:2001，定义 312-02-10]

3.4

（电测量）变送器　(electrical measuring) transducer

为了测量目的将交流被测量转换为直流电流、直流电压或数字信号的装置。

[GB/T 2900.79—2008，定义 313-03-01]

3.5

感应系电能表　induction meter

通过电感应测量元件圆盘的旋转而工作的电能表。

[GB/T 2900.79—2008，定义 313-06-06]

4　产品型号的组成形式

4.1　总则

如果没有另行规定，产品型号由产品类别号、组别号、设计序号（或注册号）、改进号组成。

对需要注明“规格”或“用途”的产品可在设计序号（或注册号）或改进号后加一连接符号，然后再加规格号（或用途号）。

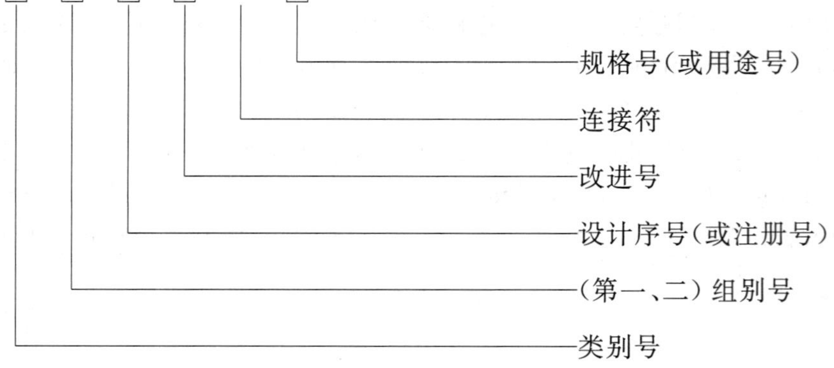

4.2 （安装式）电能表

4.2.1 感应系电能表

感应系电能表的产品型号由产品类别号、组别号、设计序号、改进号(如果需要,可紧随其后加连接符和规格号)组成。

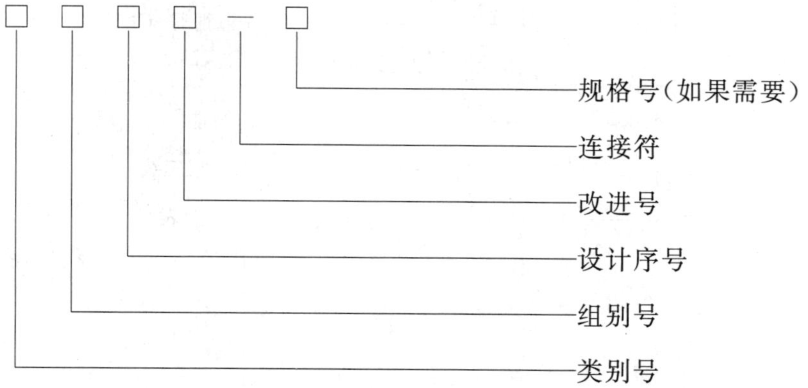

示例：

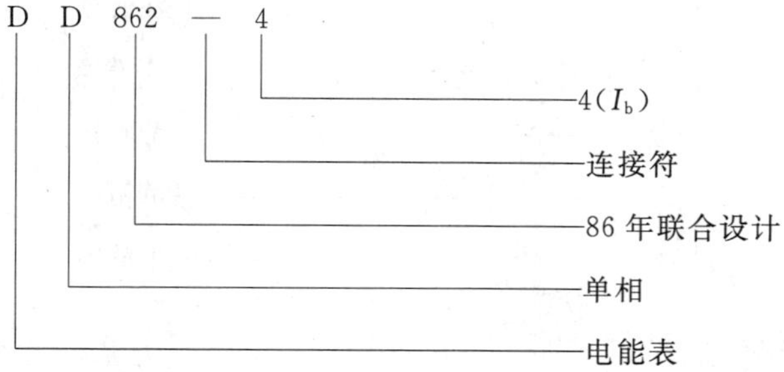

4.2.2 静止(电子)式电能表

静止(电子)式电能表的产品型号由类别号、第一组别号、第二组别号、功能代号(必要时可使用两位)、注册号、连接符及通信信道代号组成,见示例 1、示例 2。其中,RS-485 的通信信道代号在型号中可省略。

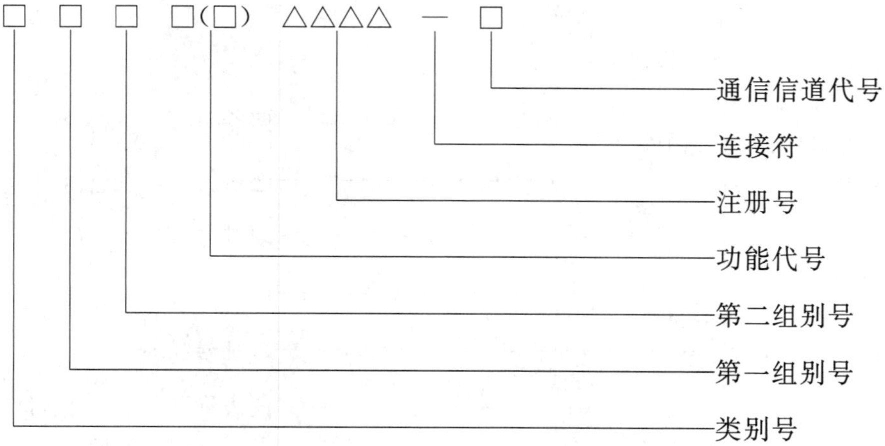

示例 1：

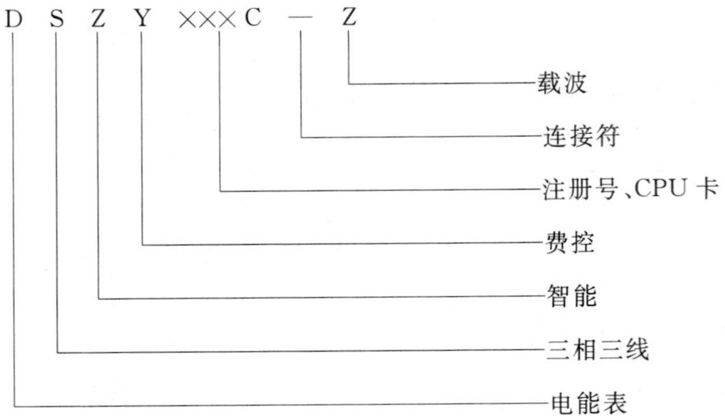

示例 2：

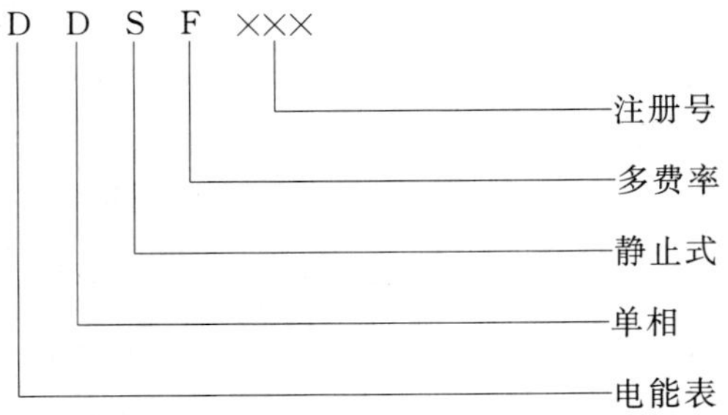

4.3 电磁参数测量仪器仪表

4.3.1 指示和记录电测量仪表

安装式指示和记录电测量仪表的产品型号由仪表形状第一位代号（正面尺寸 $A_1 \times A_2$）、仪表形状第二位代号（外壳形状）、组别号、设计序号、改进号、连接符及用途号组成，见示例 1。

便携式指示和记录电测量仪表没有形状代号，见示例 2。

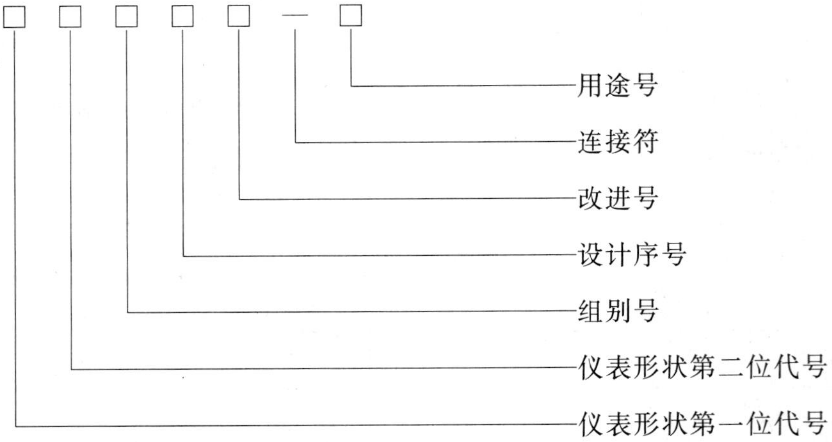

示例 1：

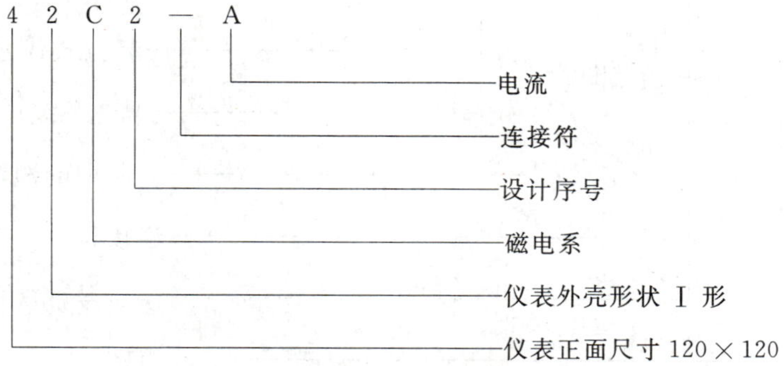

示例 2：

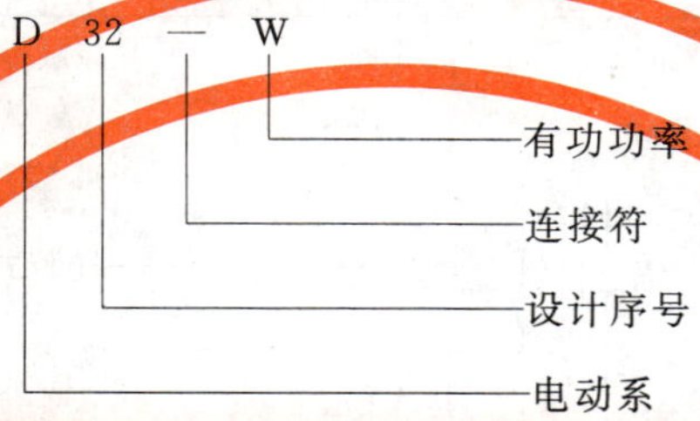

4.3.2 数字仪表

数字仪表的产品型号由产品类别号、组别号、注册号及分隔"/"线、企业补充标志组成。

安装式数字仪表的企业补充标志中应有仪表形状第一位代号(正面尺寸 $A_1 \times A_2$)、仪表形状第二位代号(外壳形状)。

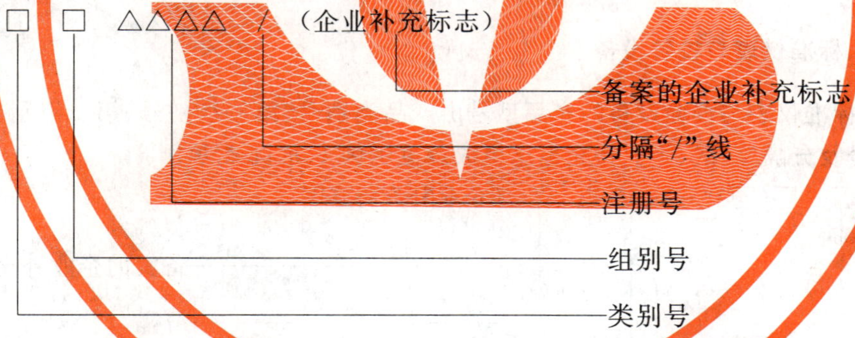

示例：

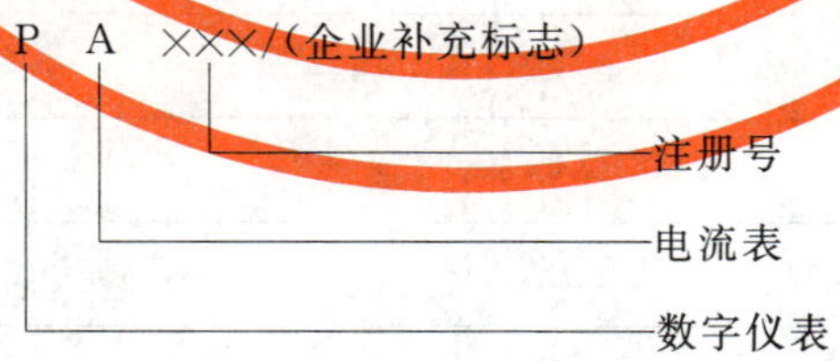

4.4 电压质量监测仪

电压质量监测仪的产品型号由监测仪代号、组别号、注册号、连接符、被监测的额定电压及分隔"/"线、安装方式代号组成。

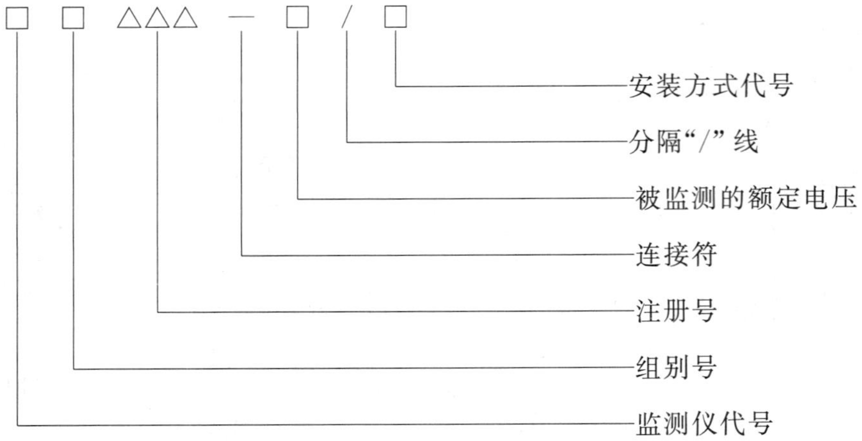

示例：

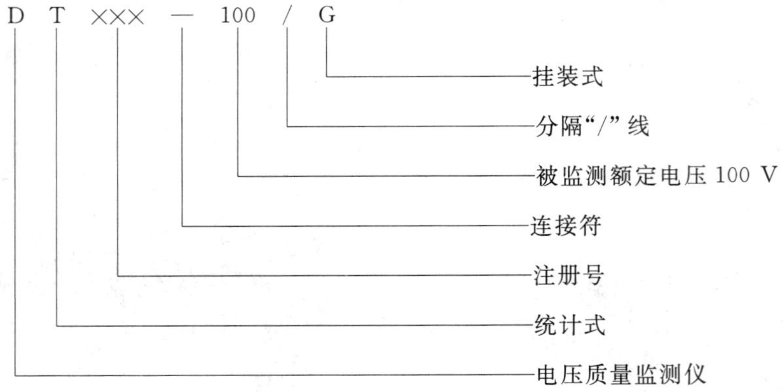

4.5 电源装置、标准仪表与校验设备

电源装置、标准仪表与校验设备的产品型号由产品类别号、第一组别号、第二组别号(必要时，可使用两位)、注册号及分隔"/"线、企业补充标志组成。见示例 1、示例 2、示例 3。

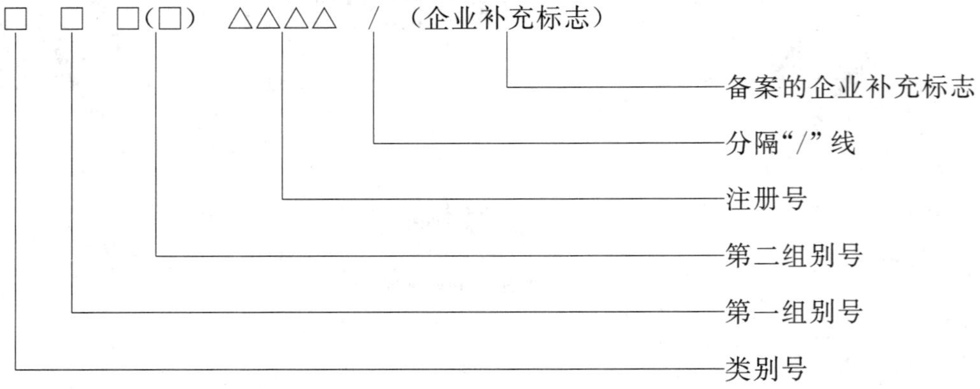

示例 1：

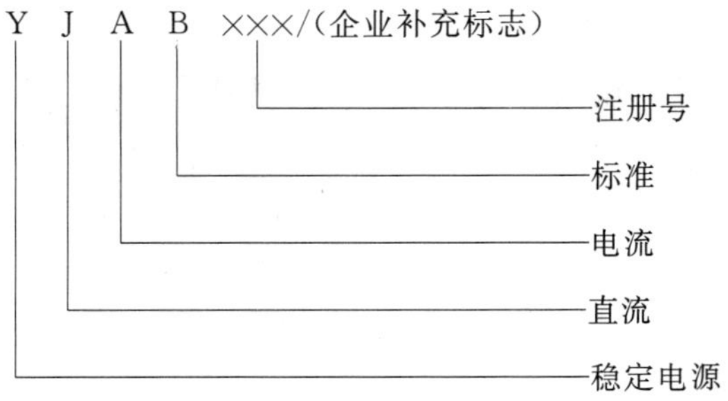

示例 2：

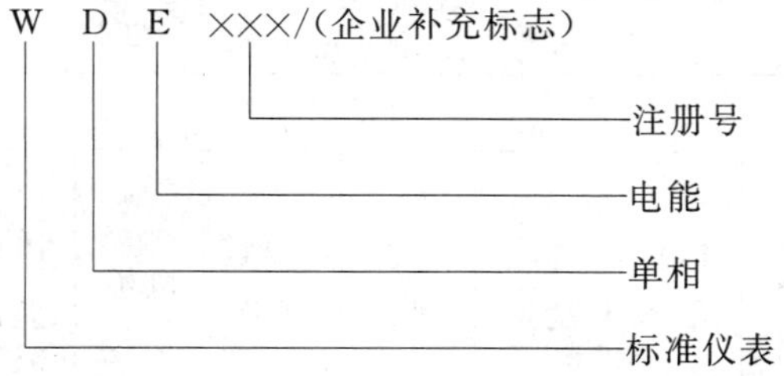

示例 3：

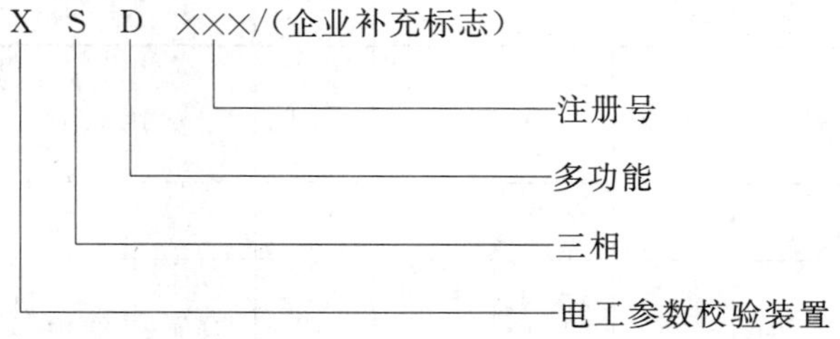

5 产品型号的给定方法

5.1 类别代号、组别代号

5.1.1 类别代号和组别代号一般以该类、组别名称的汉语拼音文字第一个字母表示，个别字母为了避免重复、误读，而不采用汉语拼音文字的第一个字母。字母 I、O、V 宜避免使用。

5.1.2 除非另有规定，产品的类别号、组别号按表 1、表 2 确定，某些产品无类别代号。

表 1 电工仪器仪表产品类、组表一

组别代号	产品类别													
	指示仪表	数字仪表	各种（专用）仪表	检流计及指零仪	标准量具	电阻度量	电容度量	电感度量	电桥	电位差计	电磁参量分析记录	仪用互感器	分压箱（器）	特殊用途仪器装置
		P	M	A	B	Z	R	G	Q	U	L	H	V	T
A		电流表												
B	振簧			谐振										
C	磁电	欧姆表		磁电	电池	MΩ 表、接地电阻					磁电			
D	电动	多功能									电动			
E	热电	检测装置										校验		
F		复用万用	复用万用				法拉计		复用					
G	感应	钳形	钳形		自感									

表 1（续）

组别代号	产品类别													
	指示仪表	数字仪表	各种（专用）仪表	检流计及指零仪	标准量具	电阻度量	电容度量	电感度量	电桥	电位差计	电磁参量分析记录	仪用互感器	分压箱（器）	特殊用途仪器装置
		P	M	A	B	Z	R	G	Q	U	L	H	V	T
H		功率因数			互感			亨利						
I														
J		直流							直流	直流	逻辑分析	电压	直流	
K	控制													
L	整流	电容电感阻抗	整流			测量仪					整流	电流		
M											模拟			
N														
O														
P	补偿	频率									频谱分析			
Q	静电													
R	热线				电容									
S	双金属	有功功率	交流		时间常数				交流	交流	数字式		交流	交流
T	电磁				时间						动铁			
U	光电								电位差式					
V														
W		无功功率												
X		相位				电阻箱	电容箱	电感箱						
Y		非电量												
Z	电子	电压	组合表	电子	电阻						电子			

表 2　电工仪器仪表产品类、组表二

组别代号	产品类别													
	电测量变送器	自动控制仪	自动抄表及电力负荷控制系统	附件配件	其他仪器	测磁仪器		标准仪表		电工参数校验装置		稳定电源		
	J	K	DX	F	E	C		W		X		Y		
						组 1	组 2	组 1	组 2	组 1	组 2	组 1	组 2	
A	电流			放大器					电流		电流		电流	
B							标准			变送器				标准
C		磁电	CDMA	振动子		冲击								
D				计度器		磁导计		单相	多功能	单相	多功能	单相		
E				热电耦		测定仪			电能		电能			
F				复用		测量用线圈								
G	功率因数		GPRS	光照设备		核磁共振			功率因数		功率因数			
H	组合		混合	热电变换		铁损计			谐波		谐波		谐波	
I														
J			微功率无线	阻抗器		磁力计		直流		直流		直流		
K				时控开关										
L	阻抗	整流	有线网络	分流器		测量仪								
M														
N			以太网			磁矩								
O									电阻		电阻			
P	频率		公用电话线			磁秤			频率		频率			
Q		桥式	光纤			电桥				钳形表				
R														
S	有功功率		3G	变换器		退磁	数显	三相		三相		三相		
T				霍尔探头		磁通计								
U				光电		磁化				电位差计				
V									电压		电压		电压	
W	无功功率		230 MHz专网			磁稳定性			功率	万用表	功率		功率	
X	相位						测磁装置		相位		相位			
Y			音频											
Z	电压	电子	电力线载波	整流器		检验			组合		组合	组合	组合	

5.1.3 安装式电能表产品的代号见表 3。计量器具的命名宜遵守 JJF 1051—2009 第 2 章的规定。

表 3 安装式电能表产品的代号

代号	类别	第一组别	第二组别	功能		注册号[a]	通信信道
A		直流 A·h 计	数字化				
B							
C							CDMA
D	电能测量	单相		多功能			
E							
F		直流 V·h 计		多费率(分时)			
G							GPRS
H		三相	谐波	多用户			混合
I	—	—	—	—			—
J		直流(电能表)		防窃			微功率无线
K							
L			长寿命				有线网络
M							
N							以太网
O	—	—	—	—			—
P							公用电话线
Q							光纤
R							
S		三相三线	静止(电子)				3 G
T		三相四线					
U							
V	—	—	—	—			—
W							230 MHz 专网
X		无功		最大需量			
Y				费控、(预付费)	预付费		音频
Z			智能				电力线载波

功能代号“Y”只有在第二组别的代号“Z”(智能)后时,其含义才为“费控”;在其他代号后时,其含义均为“预付费”。

[a] 为区分费控使用的固态介质类型,可紧随“注册号”后加字母“C”(CPU 卡)或“S”(射频卡)或其他。

5.1.4 电压质量监测仪产品的代号见表 4。

表 4 电压质量监测仪产品的代号

代号	组别	注册号	被监测的额定电压	安装方式
D—电压监测仪	F—分析型 J—记录式 T—统计式		100 V～100 V 220 V～220 V 380 V～380 V	B—便携式 C—槽装式 G—挂装式 T—台置式

5.2 形状代号

安装式指示和记录电测量仪表的形状代号是遵守 GB/T 1242—2000 所规定的分类、尺寸系列确定,用阿拉伯数字表示。由形状第一位、第二位代号的组合来表示仪表的正面尺寸和分类的外壳形状(见表 5)。

形状第二位代号“0”,在型号中可省略。

5.3 设计序号

设计序号是区别同一类别产品设计先后的顺序。如制造厂通过技术转让或收购生产(的产品),其设计序号相同。

设计序号以阿拉伯数字自然数的顺序排列。当仅是技术数据相同,而其结构和外形不同时,可根据其结构设计的先后分别给予不同的设计序号。

5.4 注册号

注册号是按规定程序申请注册的制造厂的产品,由产品型号管理单位受理后颁发的备案“号”。注册号以阿拉伯数字表示。

5.5 改进号

改进号是在产品设计改进后,基本性能不变时,由产品型号管理单位颁发改进号。

改进号是在设计序号(或注册号)后用小写汉语拼音字母表示,颁发顺序按照汉语拼音字母表顺序排列。

5.6 规格号

产品的规格不同,则用规格号区分。

规格号是用阿拉伯数字表示,但“0”不用。

5.7 用途号

用途号是表明产品的测量对象(量),采用以下国际单位符号表示:

电流:μA、mA、A、kA;

电压:μV、mV、V、kV;

频率:Hz、kHz、MHz;

有功功率:W、kW、MW;

无功功率:var、kvar、Mvar;

视在功率:VA、kVA、MVA;

相位：ϕ；

功率因数：$\cos\phi$；

电阻：Ω、kΩ、MΩ；

温度：℃；

同步：S。

5.8 补充说明的符号

型号是表示产品的主要特征，作为产品名称的简化代号。型号中未能表达的订货所需的其他细节，可用订货须知加以说明；也可在产品型号后用符号补充说明。

补充说明符号与型号之间应使用"/"线隔开，补充说明内容及符号自定，但符号的含义应向产品型号管理单位注册备案。

5.9 型号的调整

在特殊情况下，型号的组成可由产品型号管理单位按需要进行补充、调整，并在标准修订时补入。

5.10 型号的颁发

产品型号经产品型号管理单位颁发后生效，产品型号注册办法参见附录A。

6 引进产品的型号

引进产品经有关部门确认国产化后，其型号应符合本标准的规定，而国产化前允许暂沿用原型号。

表 5　安装式指示和记录电测量仪表(正面)尺寸特征表

安装式电表外形形状	形状第一位代号	形状第二位代号 0	1	2	3	4	5	6	7	8	9
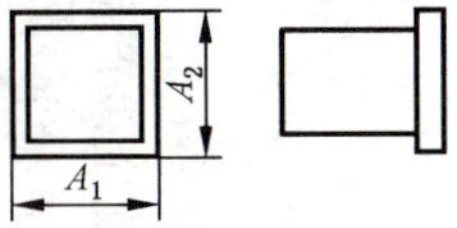	1	160×160(Ⅰ型)	144×144(Ⅰ型)	160×130(Ⅳ型)	160×160(Ⅲ型)	144×72(Ⅱ型)	144×96(Ⅱ型)	160×80(Ⅱ型)	144×36(Ⅱ型)	144×120(Ⅳ型)	144×144(Ⅲ型)
方形仪表(Ⅰ型)	2	240×240(Ⅰ型)	192×192(Ⅰ型)	240×200(Ⅳ型)	240×240(Ⅲ型)	240×120(Ⅱ型)	192×160(Ⅳ型)	192×96(Ⅱ型)	192×144(Ⅱ型)	200×160(Ⅳ型)	192×192(Ⅲ型)
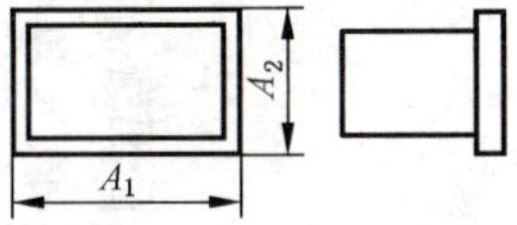	3		288×288(Ⅰ型)								
矩形仪表(Ⅱ型)	4	110×110(Ⅰ型)		120×120(Ⅰ型)	110×110(Ⅲ型)	100×80(Ⅳ型)	120×120(Ⅲ型)	120×60(Ⅱ型)			120～80 A_1 尺寸(Ⅴ型)
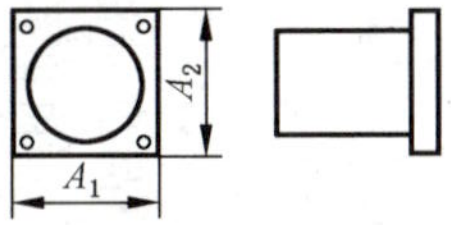	5	100×100(Ⅰ型)	96×96(Ⅰ型)	96×80(Ⅳ型)	96×96(Ⅲ型)	100×100(Ⅲ型)	96×24(Ⅱ型)	96×48(Ⅱ型)		110×90(Ⅳ型)	120×100(Ⅳ型)
方圆形仪表(Ⅲ型) 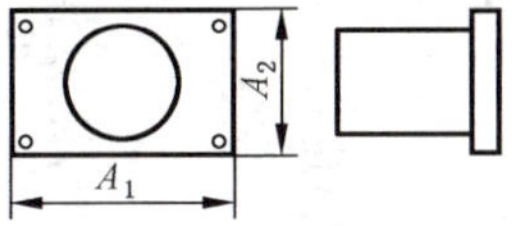	6	80×80(Ⅰ型)	72×72(Ⅰ型)	80×65(Ⅳ型)	80×80(Ⅲ型)	80×40(Ⅱ型)	72×72(Ⅲ型)	72×36(Ⅱ型)		72×60(Ⅳ型)	80～60 A_1 尺寸(Ⅴ型)
	7										
矩圆形仪表(Ⅳ型) 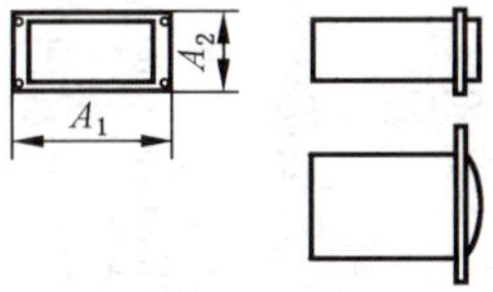	8	60×60(Ⅰ型)	48×48(Ⅰ型)		48×48(Ⅲ型)	60×60(Ⅲ型)	60×50(Ⅳ型)	48×24(Ⅱ型)			60～40 A_1 尺寸(Ⅴ型)
条形仪表(Ⅴ型)	9	40×40(Ⅰ型)	36×36(Ⅰ型)		40×40(Ⅲ型)		36×36(Ⅲ型)	50×40(Ⅳ型)			40～20 A_1 尺寸(Ⅴ型)

附 录 A
（资料性附录）
电工仪器仪表产品型号注册办法

A.1 产品型号注册

全国电工仪器仪表标准化技术委员会为电工仪器仪表产品型号管理单位。

A.2 产品型号管理单位职责

A.2.1 建立归口产品型号注册卡，办理产品型号注册登记工作。

A.2.2 颁发归口产品的名称和型号。

A.2.3 报道归口产品新注册的产品名称和型号、根据需要编制归口产品全国样本和目录。

A.2.4 由专人负责产品型号注册卡（表 A.1）的印刷并向需要申请注册的单位提供卡片或电子模版，以及产品名称和型号注册事宜。

A.3 产品名称和型号申请程序

A.3.1 电工仪器仪表的专业或兼营厂（以下简称申报单位）所生产的产品应按规定向产品型号管理单位申请注册产品名称和型号，出口产品名称和型号的注册办法另行规定。

A.3.2 申报单位指定专人负责产品注册事宜，并填写申请单位地址、邮编、电话及联系人（见表 A.1）以便联系。

A.3.3 申报单位应于产品设计定型、鉴定合格后或在新产品方案确定后，填写《电工仪器仪表产品型号注册卡》一式两份，加盖公章报产品型号管理单位，由型号管理单位登记注册、颁发正式名称和型号或预颁产品名称和型号。

a） 型号管理单位颁发正式型号时，向申报单位退回一份型号注册卡片。颁发预颁型号时，退回一份预颁型号通知单（盖有预颁型号印章的注册卡）。

b） 申请产品正式名称和型号时，申报单位除提交产品型号注册卡片外，应同时提交下列文件：

——产品技术鉴定证书（包括测试记录）；

——产品现行标准的名称和编号或产品技术条件；

——产品总图或外形照片。

c） 通过技术转让或收购生产的产品名称和型号仍使用原生产厂所申请注册颁发的型号，但在产品投产鉴定合格后，生产厂应向型号管理单位正式申请备案，并同时提交与申请型号相同的技术文件。

A.4 产品名称和型号的颁发

A.4.1 型号管理单位应在收到申报单位产品型号注册卡及管理费 20 天内确定该产品的名称和型号。

A.4.2 当申请预颁型号时，则发给预颁名称和型号通知单，该通知单规定预颁产品名称和型号有效期，逾期自动失效。

A.4.3 型号管理单位在预颁产品名称和型号即将超过有效期之前，应及时通知催促申报单位办理转正手续。

A.4.4 申报单位不应擅自改变型号管理单位所颁发的产品名称和型号。

未按规定程序申请并取得注册型号的产品，不准编入机电行业的产品样本、产品目录。

A.4.5 申报单位对型号管理单位所颁发的产品名称和型号有异议或有疑问时，应尽速说明情况并与型号管理单位联系，但仍以型号管理单位最后所颁发的名称和型号为准。

表 A.1 电工仪器仪表产品型号注册卡(样式)

<table>
<tr><td colspan="2">产品达到或标识的国家标准号：</td><td colspan="3">电工仪器仪表产品型号注册卡</td><td>申请单位编号：
颁发单位编号：</td></tr>
<tr><td>颁发型号</td><td></td><td>产品名称</td><td colspan="3"></td></tr>
<tr><td>图纸来源</td><td></td><td rowspan="2">申请建议注册</td><td>型号</td><td colspan="2"></td></tr>
<tr><td>主要用途</td><td></td><td>名称</td><td colspan="2"></td></tr>
<tr><td rowspan="2">样品试制日期</td><td>开始　年　月　日</td><td colspan="3">申请单位负责人</td><td rowspan="4">年　月　日
申 请 单 位(盖章)</td></tr>
<tr><td>完成　年　月　日</td><td>设　计</td><td colspan="2"></td></tr>
<tr><td>专利代号</td><td></td><td>设计主管</td><td colspan="2"></td></tr>
<tr><td>价格</td><td></td><td>标 准 化</td><td colspan="2"></td></tr>
<tr><td colspan="6">规格和主要技术数据</td></tr>
<tr><td colspan="6"></td></tr>
<tr><td colspan="6">产品结构工作原理电路图及外形尺寸图</td></tr>
<tr><td colspan="6"></td></tr>
<tr><td colspan="6">与参照产品的主要区别</td></tr>
<tr><td colspan="6"></td></tr>
</table>

<table>
<tr><td>注 册 日 期</td><td></td><td>有效期</td><td></td><td colspan="2">颁发单位负责人</td><td rowspan="5">颁发单位：

年　月　日 (盖章)</td></tr>
<tr><td>申请单位地址</td><td colspan="3"></td><td rowspan="2">颁发</td><td rowspan="2"></td></tr>
<tr><td>邮　编</td><td colspan="3"></td></tr>
<tr><td>电　话</td><td colspan="3"></td><td rowspan="2">审核</td><td rowspan="2"></td></tr>
<tr><td>联 系 人</td><td colspan="3"></td></tr>
</table>

ICS 19.100
N 77

中华人民共和国国家标准

GB/T 28880—2012

无损检测　不用电子测量仪器对脉冲反射式超声检测系统性能特性的评定

Non-destructive testing—Evaluating performance characteristics of ultrasonic pulse-echo testing systems without the use of electronic measurement instruments

(ISO 18175:2004,MOD)

2012-11-05 发布　　2013-02-15 实施

中华人民共和国国家质量监督检验检疫总局
中国国家标准化管理委员会　发布

前　言

本标准按照 GB/T 1.1—2009 给出的规则起草。

本标准使用重新起草法修改采用 ISO 18175:2004《无损检测　不用电子测量仪器对脉冲反射式超声检测系统性能特性的评定》。

本标准与 ISO 18175:2004 的技术性差异及其原因如下：

——关于规范性引用文件，本标准做了具有技术差异的调整，以适应我国的技术条件，调整的情况集中反映在第 2 章"规范性引用文件"中，具体调整如下：

- 用技术内容相当的 GB/T 11259—1999 代替了 ASTM E 428-2000（见 6.4.2）；
- 用等同采用国际标准的 GB/T 12604.1 代替了 ISO 5577（见第 3 章）；
- 在文件清单中增加了等同采用国际标准 ISO 2400:1972 的 GB/T 19799.1—2005（见附录 C 的 C.1.3）；
- 在文件清单中删除了 ISO 18175:2004 原引用的 ASTM E 1316-2002a《无损检测术语》，该标准定义的术语已包含在 GB/T 12604.1 中；
- 在文件清单中删除了 ISO 18175:2004 原引用的 JIS Z 2352，并将 ISO 18175:2004 引用 JIS Z 2352 的内容直接编写成本标准的条款（见 6.4.5 和 6.4.6）。

——按我国机械制图标准规范了本标准中图样和尺寸标注方法；

——本标准统一采用国际单位制（SI）；

——增加了附录 B"许用的 RB-RA 型、RB-RC 型、RB-E 型参考试块"；

——增加了附录 C"采用斜射技术检测时的灵敏度和分辨力测定方法"。

本标准做了下列编辑性修改：

——用"本标准"代替"本国际标准"；

——删除了 ISO 18175:2004 的前言，重新编写了前言。

请注意本文件的某些内容可能涉及专利。本文件的发布机构不承担识别这些专利的责任。

本标准由中国机械工业联合会提出。

本标准由全国试验机标准化技术委员会（SAC/TC 122）归口。

本标准起草单位：中国航空工业第一集团公司北京航空材料研究院、长春机械科学研究院有限公司、广州大学。

本标准主要起草人：梁菁、陈洪程、徐忠根。

无损检测　不用电子测量仪器对脉冲反射式超声检测系统性能特性的评定

声明：本标准未涉及与其使用有关的安全条款，即使有也不完全。在使用本标准以前，制定适当的安全与健康规程，并规定其限定范围是使用者的责任。

1　范围

本标准描述了评定脉冲反射式超声检测仪(以下简称为检测仪)下列性能特性的方法：

——水平极限和水平线性；

——垂直极限和垂直线性；

——入射面和背面的分辨力；

——灵敏度和噪声；

——校准后的增益控制器的准确度。

对这些特性的评定主要用于检测仪之间的比较，或通过定期复测，用于评定某一给定检测仪特性的长期变化情况，这些变化可能是检测仪将发生故障的征兆。如果变化超过给定的限值，检测仪需要校正或维护。

本标准也可用于评定采用脉冲波列和A型显示(射频或视频)的超声检测仪。本方法适用于车间或现场条件，且不需要其他电子测量仪器。

本标准没有对检测系统性能的限值予以规定，如果需要这样的验收指标，则应由使用方规定。本标准中提出的验收指标只是作为一个示例，客户和最终用户的控制文件中或多或少都包含有限制性的验收限值。需要评定的规定参数、检测条件和频率，以及所要求的报告数据等也应由用户确定。本标准可用于评定包括探头、检测仪、联接件、固定装置以及外接的报警和辅助装置等完整的检测系统，主要适用于系统状态不改变或无替代部件的重复使用的系统。本标准不能代替对用于检测给定材料系统的校准。

除被评定的检测仪外，所需要的检测器具包括选定的参考试块和精密的外接衰减器(当有规定时)。

本标准中还包含有关评定方法的应用和评定结果的解释等方面的条款。

本标准中示例所述的替代的方法或其他方法只有在客户同意时才能使用。

2　规范性引用文件

下列文件对于本文件的应用是必不可少的。凡是注日期的引用文件，仅注日期的版本适用于本文件。凡是不注日期的引用文件，其最新版本(包括所有的修改单)适用于本文件。

GB/T 11259—2008　无损检测　超声检测用钢参考试块的制作与检验方法

GB/T 12604.1　无损检测　术语　超声检测(GB/T 12604.1—2005，ISO 5577:2000，IDT)

GB/T 19799.1—2005　无损检测　超声检测　1号校准试块(ISO 2400:1972，IDT)

ASTM E 114　接触法直射声束超声脉冲回波检测操作规程(ASTM E 114-1995，Standard practice for ultrasonic pulse-echo straight-beam examination by the contact method)

ASTM E 127　铝合金超声标准参考试块的制作和检验操作规程(ASTM E 127-1998，Standard

practice for fabricating and checking aluminum alloy ultrasonic standard reference blocks)

ASTM E 214 液浸法纵波脉冲反射超声检测操作规程(ASTM E 214-2001,Standard practice for immersed ultrasonic examination by the reflection method using pulsed longitudinal waves)

IEEE标准100 美国电气电子工程师协会(IEEE)电工和电子术语词典(IEEE Standard dictionary of electrical and electronic terms,Wiley-interscience, New York)

3 术语和定义

GB/T 12604.1 和 IEEE 标准 100 界定的术语和定义适用于本文件。

4 原理

4.1 被评定的检测系统包括检测仪、探头、连接电缆和耦合剂。对于液浸式检测系统还需要合适的固定装置。

4.2 当检测指定用途的整个检测系统时,选定的检测条件应与使用者确定的检测系统预期的最终使用条件相一致。

4.3 从适当的参考试块上获取超声响应特性,并用数字或图形表示。

5 意义和用途

5.1 本标准描述的方法适用于车间和现场条件。对整个系统及其各组成部分的性能进行更详细或更精密的检测,通常需要采用实验室技术以及示波器和信号发生器等电子设备。在必要时可以采用这些方法检测,但这些方法的应用不在本标准的范围内。

5.2 本标准既不规定系统性能的验收限值,也不作为设备的综合性技术规范。

5.3 尽管本标准包括了多种重要性能,然而在某些应用中可能还有一些重要的性能尚未包括在本标准中。

5.4 由于需要规定待评定的参数和适用的检测条件,故本标准所描述的操作规程应由熟悉超声无损检测技术的人员制定,检测工作也应由此类有资格的人员操作,或者在其监督下进行。

5.5 在执行本标准时,根据使用设备的型式可能需要更为详细的操作说明。

5.6 在评定整个系统时,应谨慎选择所规定的检测项目。如果在预定的应用中,某些参数不是关键的,就不必选作检测项目。例如,在设有缺陷闸门报警的"通过/不通过"检测中,垂直线性可能是无关紧要的;当需要从检测仪显示器上准确测定缺陷深度或试件厚度时,水平线性就是必要的参数。

5.7 对系统进行评定或校准的频次在本标准中未予以推荐或提示。这需要由使用者根据设备的使用情况、环境条件和稳定性来确定。

5.8 本标准中的某些条款仅适用于配备以分贝(dB)值标定的接收器增益控制器的检测仪。虽然在不同的检测仪中有时称之为"增益"、"衰减器"或"灵敏度",但本标准采用了"增益控制器"这一术语,该术语特别适用于控制检测仪接收器增益的那些控制器,但不包括抑制、电子距离-幅度补偿或自动增益控制器等。

5.9 本标准描述的评定方法一般能适用于采用接触法或液浸法的大多数直射声束检测的通用型及常用频率的检测仪和探头的任意组合设备。本标准的某些条款也适用于斜探头、轮式探头、延迟块探头和双晶探头的评定,但在应用时应经双方协商同意并在检测报告中注明。

5.10 测试结果的有效性依赖于检测仪显示器读数的准确度。在检测仪的显示屏具有合适的刻度和显示清晰度的情况下,假设其读数误差为±1 mm,其可读能力在标尺满刻度(FS)的1%与2%之间。

6 测量超声响应数据的方法

6.1 总则

6.1.1 应以本标准为指南制定适合于每一要使用的给定型式的检测仪或系统的周期检查方法。在制定每个方法的过程中，都要根据所需的文件和所要评定的检测仪的检测范围，来选择合适的探头、固定装置和参考试块，并确定所需的显示条件。除非另有规定，建议通常将面板上大多数控制器调节在中间值位置，“抑制”应放在关断位置。从这些设置的初始值开始调整检测仪控制器位置，如此，在调整控制器的过程中重要的是观察和记录被评价参数的任何异常现象。

6.1.2 当某一项检测需要用经过校准的控制器来改变接收器增益时，假定灵敏度随面板读数的增大而提高的控制器称为“增益控制器”，灵敏度随面板读数增大而降低的控制器称为“衰减控制器”。当应用细调(参考)增益控制器时，一般不以分贝为单位校准，且其灵敏度随着顺时针方向旋转而提高。

6.1.3 尽管在本标准描述的方法中未包括电子距离-幅度补偿的应用，但并不排除对其应用的可能性。如果采用这种补偿会影响到按本标准测得的任何一种性能或综合性能，则在评定各种性能时均宜采用与此同等程度的补偿，并应在报告中注明所补偿的程度。如果使用方需要，可以分别测出带有和不带有距离-幅度补偿的两种数据。

6.1.4 如果显示屏上不带有合适的刻度，则在检测偏移量时检测者应使其眼睛与外部标尺刻度要相对固定，以使视差减至最小。按此规定进行实际操作时，读数大概能准确到标尺满刻度的2%以内。如果由于某种原因，被检测系统无法做到这点，则要估计其可能的准确度，并记录在报告中。在显示屏表面上配置一个将满刻度划分为50格或100格的外部标尺，有时能改善可读能力。

6.1.5 当采用接触法检测时，应稳固地放置探头，并确保耦合条件的变化不会影响检测结果，见ASTM E 114。

6.1.6 当采用液浸法检测时，要有足够的时间达到热稳定，除去探头和检测表面上的气泡和微粒，使探头操纵器和参考试块的位置保持稳定，见ASTM E 214。

6.2 水平极限和水平线性

6.2.1 重要性

当需要测定不连续的深度时，水平极限和水平线性是重要的性能参数。通常需要规定最小的扫描长度，以获得所需要的水平可读能力。扫描线的非线性会影响从显示屏上直接测定缺陷深度或厚度的准确度。

6.2.2 器具

在扫描范围和所考虑的其他检测条件下，要求参考试块呈现若干个(最好是11个)无干扰的多次背面回波。任何具有良好超声穿透性，表面平整且平行，厚度约为规定扫描范围十分之一的试块，一般都能满足要求。当声束直接通过厚度 T 时，图1所示的铝合金试块适用于大多数检测仪的中频率范围和扫描调节范围的检测。对于其他的检测频率或尺寸很大的探头，为了消除干扰，可能要求采用不同尺寸或设计成其他型式的试块。不论采用接触法或液浸法，所用的耦合系统在检测过程中应提供稳定的显示信号。检测仪的水平标尺刻度要求能达到6.1.4所规定的读数准确度。

注：可选用带固定试块的探头。

6.2.3 检测方法

将探头与合适的试块耦合，使声束不与任何检测孔相交。调节检测仪增益、扫描延迟和扫描长度等

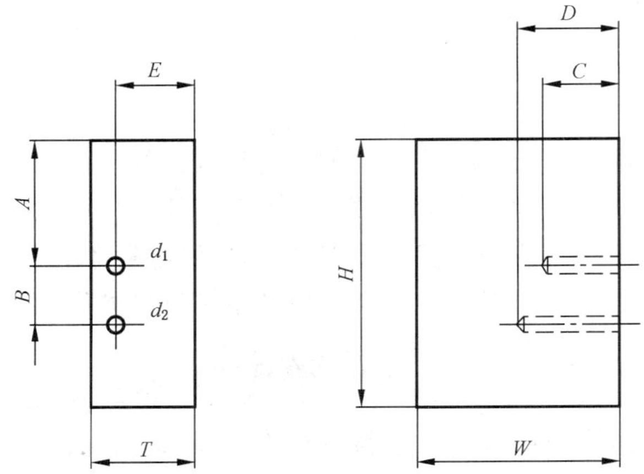

试块尺寸表

图 1 中的尺寸	试块 mm	
	尺寸	公差
A	32	1
B	25	1
C	19	1
D	25	1
E	19	1
H	75	1
T	25.0	0.2
W	50	1
d_1 和 d_2	ϕ1.2	0.1
所有表面： 平面度 0.02 mm 平行度 0.02 mm 粗糙度≤1.5 μm		

注：材料为 7A09T6[1)]铝合金，用水溶性塑料堵孔。

图 1 推荐用于评定水平线性和垂直线性的试块

控制器，以显示 11 个无干扰的背面回波。在检测每个背面回波位置之前，将每个背面回波幅度调整至全屏幅度的 50%。再调节各扫描控制器(范围、微调或延迟)，使第三和第九个背面回波的前沿分别位于全屏宽度的 20%和 80%处(依次将每个背面回波调至全屏幅度的 50%)。当第三和第九个背面回波精确对准上述的 20%和 80%全屏宽度位置后，将其他各个背面回波相对全屏宽度的位置读出并记录下来。如果检测仪上没有扫描延迟控制器时，则将第二和第八个背面回波分别对准全屏宽度的 20%和

1) ISO 18175:2004 中规定的 7075T6 铝合金材料相当于我国的 7A09T6 铝合金。

80％位置，将始脉冲起点和其余多个背面回波相对全屏宽度的位置读出并记录下来。

允许采用的替代方法：将参考试块第一个背面回波的前沿调整到水平标尺刻度的零点，第六个背面回波的前沿调整到水平标尺满刻度处。观察并记录第二至第五个背面回波的位置分别与水平标尺满刻度的20％、40％、60％和80％标尺刻度的偏差，用该偏差表示时基线非线性的程度。

注：可适当修改该检测方法，即采用数目更多或更少的背面回波。例如，若采用11个背面回波时出现干扰回波，则可采用六个背面回波，这时宜将第二个背面回波对准水平标尺满刻度20％的刻度处，而将第五个背面回波对准标尺满刻度80％的刻度处。在显示的回波信号前沿幅度相同的情况下，宜检测每一个多次回波的水平位置。也可以选择规定的任意幅度值，只要在检测中始终使用该幅度值。典型的常用值有与基线相交处、全屏幅度的一半或信号峰值等位置的值。

6.2.4 数据的分析处理

6.2.4.1 水平极限是以长度单位毫米表示的，是显现在显示屏水平标尺刻度线内的最大可用扫描长度。除非另有说明，一般都假设该极限值代表100％水平标尺的满刻度。如不能达到满刻度，则表明检测仪工作可能不正常。

6.2.4.2 水平线性检测结果可用表格形式表示，或绘制成图2所示的图。通过两个设置基准点的直线表示理想线性，而偏离此直线的位移量称为偏差（以标尺满刻度的百分数表示）。例如图2所示的检测点（第六个背面回波位于标尺满刻度的55％处），其偏差为标尺满刻度的5％。以“最差”的检测点表示最大的非线性度。用全部落在一个规定允差之内的一组连续检测点表示线性范围。

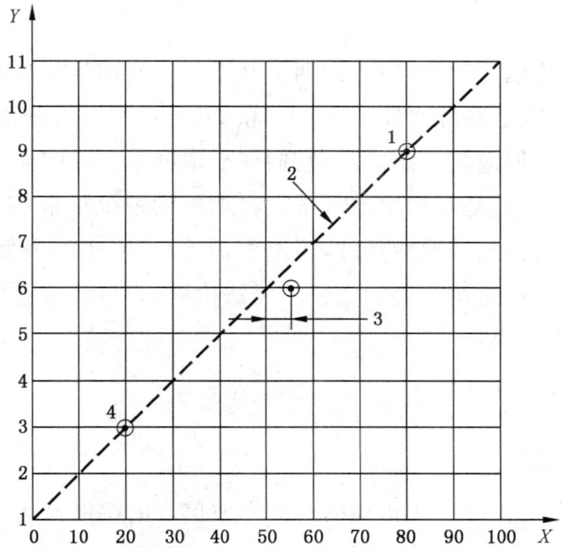

说明：

X——扫描线上信号的位置，以水平标尺满刻度的百分数（％FS）表示；

Y——背面回波个数；

1——设置点坐标（80，9）；

2——理想直线；

3——偏差（5％FS）；

4——设置点坐标（20，3）；

注：本图中坐标（55，6）作为读取检测点的示例。

图2 处理测定水平线性数据的示例

6.3 垂直极限和垂直线性

6.3.1 重要性

当需要从显示屏或相应的输出信号中测定回波信号幅度，以及要用回波信号幅度来评定不连续或用作验收判据时，垂直极限和垂直线性就是重要的性能参数。为了使幅度检测达到所需要的准确度，可能要规定最小的垂直偏移量和线性极限。而在其他情况下，垂直极限和垂直线性就可能不是重要的性能特性，例如，带有缺陷报警闸门的“通过/不通过”检测，或使用经过校准的增益控制器与某一参考波幅度进行比较所做的评定。本标准中描述了双信号比值法（方法 A）和输入/输出衰减器法（方法 B）。两种方法都假设用于测量的检测信号不受诸如始脉冲、界面回波或毗连的多次反射波等邻近信号的干扰。若检测例如近表面信号的情况下垂直线性是个重要的参数时，则可用 6.4.3 所描述的方法进行评定。

方法 A（比值法）只能测出产生在调整波幅用的增益控制器和显示器之间的检测仪电路的非线性。

方法 B（输入/输出法）是在最初用面板控制器将增益调整好并保持不变的情况下，对整个接收器/显示器系统的非线性进行评定。由于上述的以及其他方面的差异，这两种方法给出的线性范围可能是不同的。而且方法 A 也可能无法揭示方法 B 所示出的某些类型的非线性响应。

6.3.2 方法 A

6.3.2.1 器具

所用的参考试块应能产生幅度比为 2∶1 的两个互不干扰的信号。当改变检测仪增益时，在显示屏有效的高度范围内对这两个信号进行比较。用 H_A 和 H_B（$H_A > H_B$）分别表示这两个信号的幅度值。如果两个信号出现在一个多次回波波形图中时，它们在显示屏上出现的先后次序可以是任意的，且不必相连。除非有关文件另有规定，凡是在规定的正常检测调整的情况下能够产生这样信号的任何参考试块均可使用。对于大多数常用探头和检测条件，当声束沿着尺寸 H 的表面向着两个孔直射时，通常选用图 1 所示的参考试块。此方法适用于接触法或液浸法检测，如果要有选择的话，考虑到调整方便和耦合稳定等因素，优选后者。

注：可选用带固定试块的探头。

6.3.2.2 检测方法

为得到检测数据，调整探头位置使所得到的两个回波信号的幅度比为 2∶1。测定增益控制器应具有足够的调整余量，能将 H_A（回波幅度较大者）从全屏幅度的 10%调至全屏幅度的 100%。操纵探头并调整检测仪上控制器，使 H_A 和 H_B 符合表 1 给出的条件。最好能采用优选值，因为这样最便于获取和评定所得的数据。但是，由于定位困难，或由于缺少增益细调控制器或脉冲宽度控制器，可能无法达到上述的准确值。在确立了最佳设置条件后，保持探头位置不变，并遵守 6.1 所述的各项规则。逐步调整增益控制器，使 H_A 以 10%或更小的增量从全屏幅度的 10%调至 100%，按 6.1.4 规定的读数准确度读取并记录 H_A 和 H_B 值。

注：为了更好地确定响应特性，特别是接近上下极限值的响应特性，可以采用较小的增益增量，以便获得更多的读数。

表 1　用方法 A 通过双信号(比值)法测定垂直线性范围时供选用的初始值 H_A 和与 H_A 相对应的比值为 1.8～2.2 的 H_B 值

H_A %FS	H_B %FS
优选值	
60	30
选用值	
65	30～36
64	29～36
63	29～35
62	28～34
61	27～34
60	27～33
59	27～33
58	26～32
57	26～32
56	25～31
55	25～31
注：当采用优选值时,可直接从图 3 的数据曲线图中测定垂直线性范围。	

6.3.2.3　数据的分析处理

当增益增大时,在有效的垂直标尺刻度范围内,从一个大的反射体(例如参考试块的表面)上能够测得的最大垂直偏移量(对视频信号而言,是指基线至峰值;对射频信号而言,是指峰-峰值)称为垂直极限。出具的报告中该极限值以长度单位毫米表示,并要注明其等效刻度格数。除非另有说明,假定该极限值代表垂直标尺满刻度的 100%,无法达到标尺满刻度偏移量时,则表明检测仪工作可能不正常。线性检测数据可用表格形式表示,最好用曲线图表示。除非有关文件另有规定,垂直线性范围宜采用图 3 所示的方法通过作图确定。如果最初确立的是优选设置条件($H_A=60\%FS$,$H_B=30\%FS$),则可将检测结果直接绘制在图 3 所示的标尺上。两条极限值曲线图示了 H_B 的刻度允差是从所设定的基准点处 ±1 格开始(考虑了读数误差),到两端点的 ±6 格为止。理想线性定义为从原点通过基准点再延伸至垂直标尺满刻度的一条直线。在确定线性范围时,将相邻的各数据点连接起来,并标出位于基准点上、下方与极限曲线相交的第一个点的坐标。线性上限值由曲线交点所对应的 H_A 值给出,线性下限值则由曲线交点所对应的 H_B 值给出。若不能获得优选的设置值,则应按同样的方法作出新的线性直线并确定相应的极限值。

注 1：如果有关文件中规定检测结果要用比值形式表示(与 H_A 的比值即 H_A/H_B),则能用表 1 中的数据计算出所需的数值,并可用任何规定的形式来表示。在确定线性极限值时,还应规定理想的允差。

注 2：如果在检测仪标尺刻度上不能直接读出标尺满刻度的百分值,则在绘图前宜将 H_A 和 H_B 的记录值换算成标尺满刻度的百分值。否则,要做出带有适当标尺和极限值曲线的新坐标。

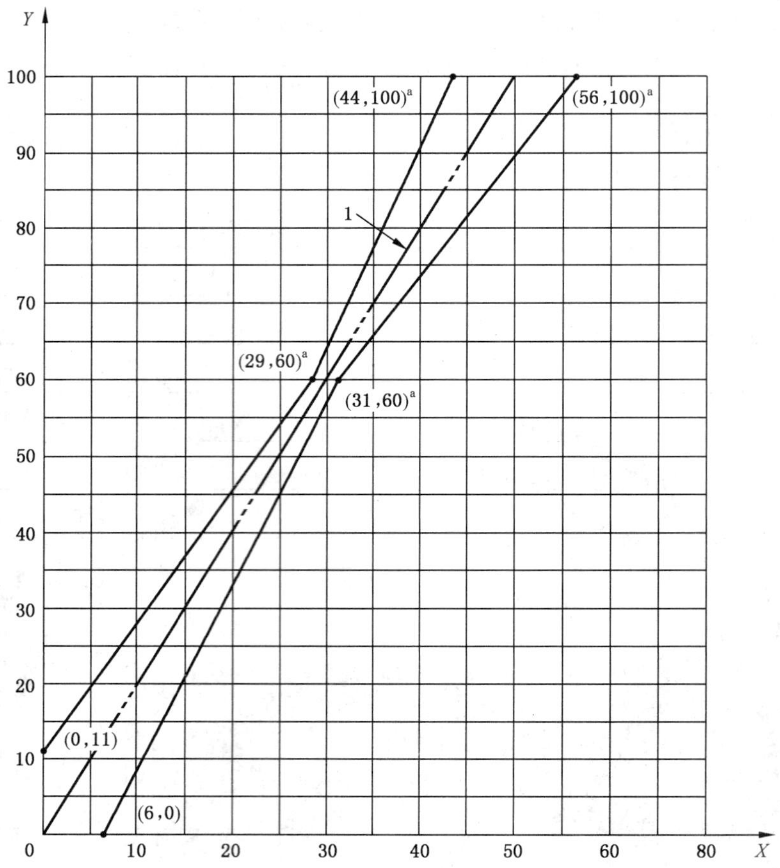

说明：

X ——H_B，以水平标尺满刻度的百分数(%FS)表示；

Y ——H_A，以垂直标尺满刻度的百分数(%FS)表示；

1 ——理想直线。

[a] ISO 18175:2004 原文坐标为(44,1)、(56,1)、(29,6)、(31,6)。

图 3 采用方法 A(比值法)测定垂直线性范围用的数据曲线图

6.3.3 方法 B

6.3.3.1 器具

本方法需要使用辅助的外部步进式衰减器，该衰减器通常是要经过供方确认并要满足下列的最低要求：

——频率范围：直流至 100 MHz；

——阻抗：50 Ω 或 75 Ω；

——衰减量：(0～80)dB，步进 1 dB；

——允差：无论步进为任何分贝(dB)值均为±0.2 dB。

检测仪应以穿透法方式工作，将衰减器连接到接收的信号源和接收器输入端之间，如图 4 所示。在配置上，既可使用单探头也可使用双探头。衰减器与接收器输入端连接时应使用长度较短的(小于或等于 1.8 m)、电容不大于 9.14 pF/m 的同轴电缆。终端器宜是屏蔽的无感电阻，最好安装在同轴连接器内。关于终端误差，可参见本条的注。

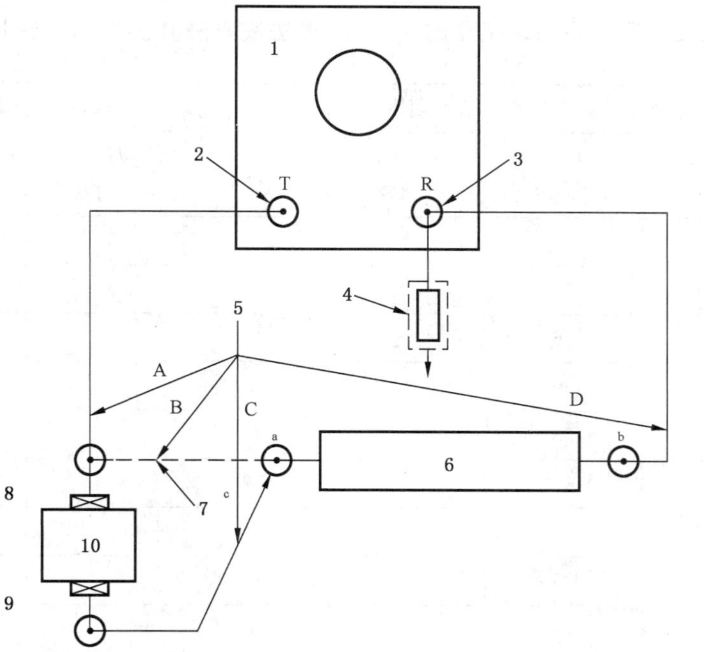

说明：

1——脉冲反射式检测仪，设置为穿透方式；
2——发射端；
3——接收端；
4——屏蔽的终端器；
5——同轴电缆；
6——步进衰减器；
7——单探头工作时备用线；
8——探头 1；
9——探头 2；
10——延迟路径。

[a] 输入。

[b] 输出。

[c] 使用时，断开 C 线，见 6.3.3.1。

图 4　推荐用于测定垂直线性(方法 B)和进行增益控制器校准的系统配置图

在单探头的配置中，脉冲发生器和衰减器输入端是并联的。因此，为了将脉冲发生器隔离并在输入超过其额定值时保护衰减器，可能需要使用降压电阻器。而在采用双探头的配置中，则不需进行隔离。由检测介质所提供的声程长度宜足以把始脉冲(或任何检测仪的互相干扰)与所需要的信号分开，所谓的所需要的信号通常是指第一次背面回波或界面回波(单探头法)，或第一个穿透信号(双探头法)。在大多数检测情况下，采用 50 mm 水中声程或 150 mm 金属(如铝合金)中声程即可满足要求。

注：当前大多数以穿透法方式工作的工业用检测仪的特征是：接收器的输入阻抗比衰减器的输入阻抗至少高 10 倍。这些指标通常可根据说明书确定或由制造者测定，终端器需作适当调节。但是，当对接收器输入阻抗有疑问时，除了在检测时需要使用的衰减增量以外，还宜使衰减器至少保留 20 dB 衰减量。衰减器是否能正常工作，能够用下列方法检查：即测定的具有等值衰减量的不同衰减挡组合所产生的信号变化宜相同。例如，当衰减量从 20 dB 增加至 26 dB 时产生的显示信号变化，宜与从 30 dB 增加至 36 dB 时产生的显示信号变化相同。

6.3.3.2　检测方法

将外部衰减器的衰减量置于约 30 dB，再调整检测仪的扫描和增益控制器，在读数允差内(即不超过 2%FS 或更小)，使显示屏中央形成一个全屏幅度 50%的信号。以 1 dB 步进逐渐减小外部衰减量，直至达到全屏幅度 100%为止，并记录每一步进的信号幅度以标尺满刻度的百分数表示。重新调整外部衰减器，使信号再次达到全屏幅度 50%，并将外部衰减量以 2 dB 步进逐渐增大，共增进五挡，然后再以 4dB 步进逐渐增大衰减量，直到信号基本消失为止。记录每一步进的信号幅度。

注：为了更好地确定线性响应，也可采用较小的衰减增量。表 2 给出了可供选择的数值。

表 2　采用外部衰减器的输入/输出法按方法 B 测定垂直线性范围

减小的外部衰减量 dB	与相对衰减量对应的垂直信号幅度			增大的外部衰减量 dB	与相对衰减量对应的垂直信号幅度		
	H_R[a] % FS	H_T[b] % FS	H_R-H_T %FS		H_R[a] % FS	H_T[b] % FS	H_R-H_T %FS
0	50	50	0	0	50	50	0
0.5[c]		53		1[c]		45	
1.0		56		2		40	
1.5[c]		59		3[c]		35	
2.0		63		4		32	
2.5[c]		67		5[c]		28	
3.0		71		6		25	
3.5[c]		75		7[c]		22	
4.0		79		8		20	
4.5[c]		84		9[c]		18	
5.0		89		10		16	
5.5[c]		94		12[c]		13	
6.0		100		14		10	
6.5[d]		106		16[c]		8	
7.0[d]		112		18		6	
7.5[d]		119		20[c]		5	
8.0[d]		126		22		4	
				24[c]		3	
				26		2.5	
				28[c]		2	
				30		1.5	
				32[c]		1.2	
				34		1.0	

[a] H_R 是经过校准的检测装置上垂直标尺指示的读数值。

[b] H_T 是理想线性响应的理论值。

[c] 推荐选用的衰减器增量。

[d] 信号全屏幅度时可能需要的增量。

6.3.3.3　数据的分析处理

可通过与表 2 中数值比较或通过作图来确定偏离理想直线的偏移量。然后能够确定对应于任一规定偏移量的垂直线性范围，通常以标尺满刻度的百分数来表示。除非有关文件另有规定，本标准在测定上、下线性极限值时规定的允差为标尺满刻度的±5%，另外允许的读数误差为标尺满刻度的±1%。在使用列表法时，要从表 2 给出的衰减器适合的步进值挡位所对应的幅度读数值中减去对应的每一步进得到的幅度读数值，其差值（可以是正值或负值）就是偏离理想直线的偏移量，以标尺满刻度的百分数表示。在所有显现的规定极限值内的一系列幅度值中，从最小值一直到最大值的范围，称为线性范围。作图法需要采用对数标尺或进行反对数运算，以获得直线的线性图。便于使用的优选形式如图 5 所示。偏离了理想直线的偏移量能直接以标尺满刻度的百分数读出；而垂直线性范围则通过图 5 所示的两条极限值线确定。对于规定的任何允差值，都可采用类似的方法作出不同的极限值线。

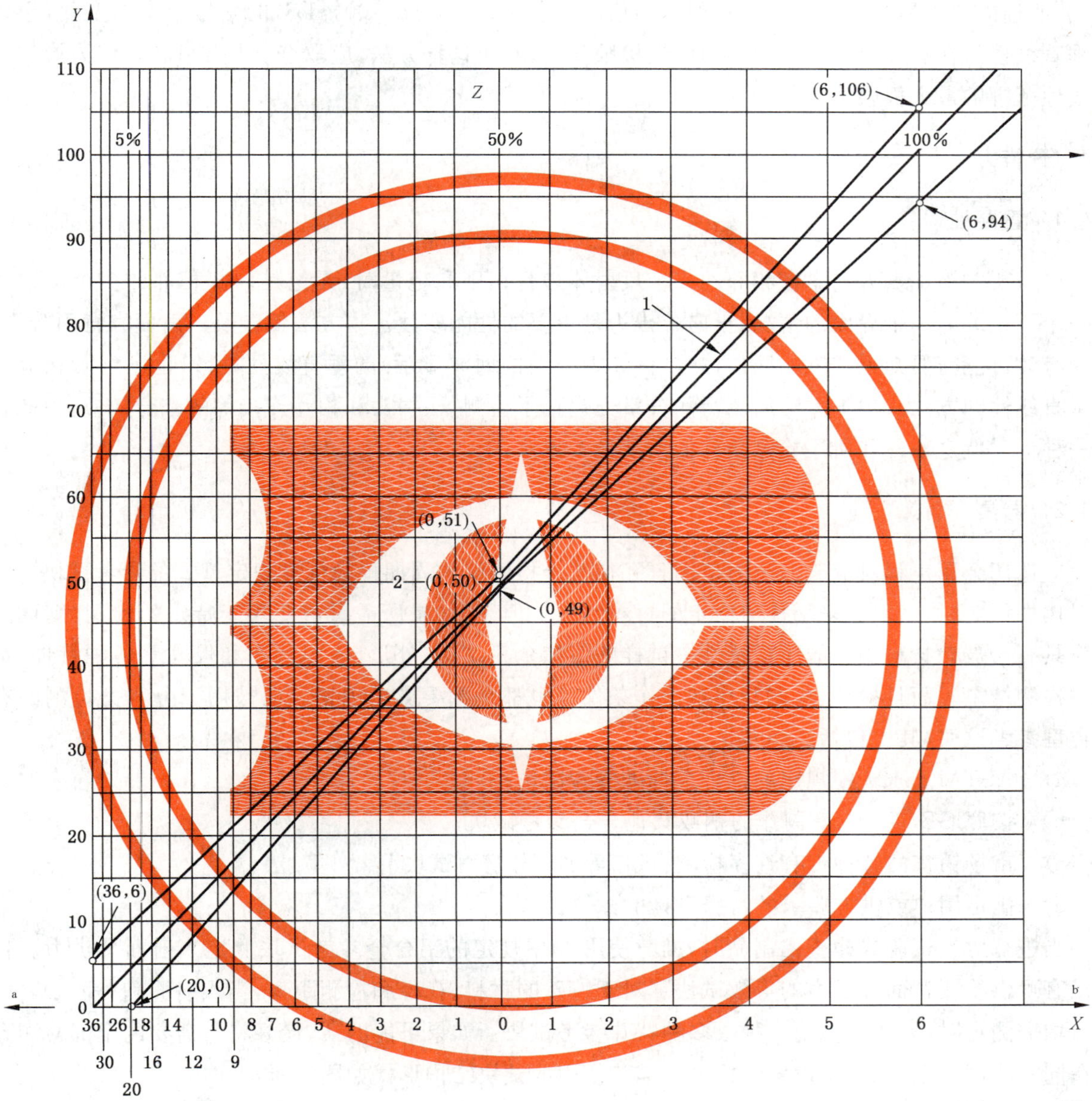

说明：

X——相对衰减量，单位为分贝(dB)；

Y——信号幅度，以垂直标尺满刻度的百分数(%FS)表示；

Z——相对输入，以百分数表示(%)；

1——理想直线；

2——参考点。

[a] 增大。

[b] 减小。

图 5 采用方法 B(输入/输出法)测定垂直线性范围用的数据曲线图

6.3.3.4 许用的替代方法

如果检测仪的增益/衰减控制器是以分贝为单位来标度的，并且控制器预先已使用可溯源的、已知准确度的外部校准装置校准过(见6.6)，经用户认可，也可采用检验显示器线性的替代方法。采用这种方法时，增益控制器的设置要使其在26dB的范围内以2 dB的增量变化，并记录随着每2 dB步进变化时，从所选的一合适参考试块上获得的初始值为全屏幅度100%(100%FS)的信号幅度的变化，用以确定垂直线性。在有关控制文件规定的线性极限值内，对于这种方法，应取全屏幅度100%作为检测仪垂直线性范围的最大极限值。

6.4 分辨力

6.4.1 重要性

当需要对沿深度方向紧密相邻的多个反射体进行识别和定量时，无论是内部相邻的多个不连续还是一个不连续与一个界面的情况，纵向分辨力是重要的性能参数。本方法仅涉及入射面和背面分辨力。因为有时可能需要知道在影响区内信号(例如近表面的回波显示)的垂直线性，所以也制定了相应检查该垂直线性的方法。用本方法所测得的分辨力包括了检测仪、探头和相互连接等的综合效应，因此它也是一种针对特定部件和所用检测条件的系统检查方法。

6.4.2 器具

应选用金属声程对应于分辨力范围且孔径符合检测仪的周期检验标准规定型式的参考试块。当进行对比性评定时，试块可采用任何商定的材料制成。但是，如果所需量值要用于特定的检测，则试块材料应具有与被检材料相似的超声特性。试样的诸如金相结构、外形、表面状态和尺寸等各种特性，都会影响检测结果。而且探头、检测频率和工作条件等也都是重要影响因素。已被用于分辨力检测的有许多类型参考试块，其中包括：

a) ASTM E 127 中规定的铝合金标准参考试块；

b) 按照GB/T 11259 制作的钢或其他合金参考试块；

c) 市场销售的各种带有许多检测孔、槽等的“分辨力试块”；

d) 满足用户或供方要求的特殊设计的试块。

当进行对比试验或检查铝制品时，推荐使用a)中规定的铝合金参考试块测定入射面分辨力。目前还没有可供检测背面分辨力的等效试块。对于特殊的材料、孔径和检测距离，当入射面和背面二者的分辨力均需测定时，一般需使用一种或多种特殊参考试块。如果可能的话，最好将所需要的全部检测孔制作在同一块试块上，以便于设置和检测。推荐使用的试块结构形式如图6所示。

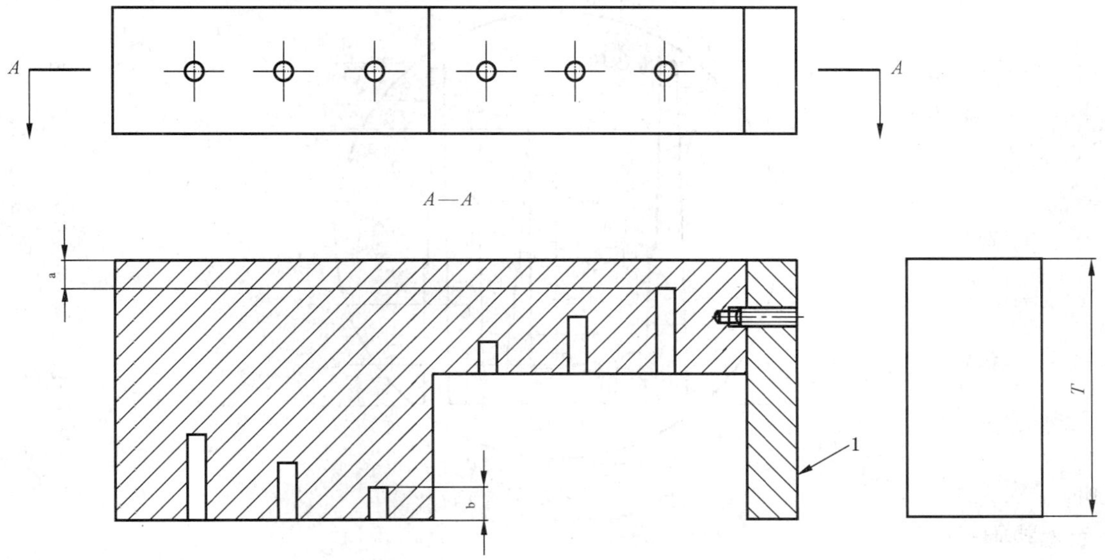

说明：
1——支承体。

[a] 入射面分辨力。
[b] 背面分辨力。

图 6　推荐的分辨力试块结构形式

6.4.3　检测方法

根据所检测的规定型式的检测仪的周期检验标准的规定，确定所需用的试块、频率、探头和检测条件。选择试块中的检测孔，确定所需要的检测灵敏度，一般对应最大金属声程需要产生的信号幅度要达到全屏幅度的 80%。使用该试块，调节检测仪的控制器，将系统灵敏度调整到规定的水平，而又不过多降低分辨力。为了获得最佳的灵敏度-分辨力性能，常需调整脉冲长度以及一个或多个增益控制器。当采用液浸法检测时，要使探头横向移动，从而获得最大的孔信号幅度，并要使探头与界面保持垂直。按规定可能需要较大的增益，因而除了在调整相对于界面的垂直度以获得最大信号以外，之后不要再降低增益。入射面和背面分辨力测定方法如下：

利用已确定的灵敏度，使探头依次在每个规定的孔上来回移动，从而使信号达到最大，再调整探头确保使界面信号达到最大(必要时可降低灵敏度)。如果从所需要的任一检测孔获得的显示回波最高达不到全屏幅度的 80%或更高时，应增大灵敏度直至达到为止。除非有关文件另有规定，在上述条件下，只有满足了下述要求才能认为一个孔被分辨出来了：即孔的显示回波能清晰地与相邻的界面回波分开，分开处幅度不超过全屏幅度的 20%；当移动探头至所检测孔的信号消失时，在整个检测范围内的杂波要不大于全屏幅度的 20%，如图 7 所示。如果由于试块尺寸的限制而无法达到上述要求时，应选用具有较长金属声程的相似类型的试块进行检测。当这两种方法都不能使用时，则要估计出孔信号附近处的剩余噪声，并在检测报告中记录这种限制情况。如果还要求测定近表面区域内的线性，例如评定图 8 中所示的接收器恢复区，可按下列步骤进行：

调整检测仪控制器，使可分辨的信号幅度达到全屏幅度的 80%，然后使用校准过的增益控制器，以较小步进降低灵敏度，直至其幅度达到全屏幅度的 20%。记录所需要的增益变化量(单位为分贝)。

注 1：附录 A 提供了专门设计的图 6 型式试块的尺寸，以满足许多常用材料检测标准中规定的分辨力检测要求。

注 2：虽然在上述检测方法中未提及使用电子距离-幅度补偿，但并不排除采用这种补偿，因为采用后还可能有效提高分辨力。如果采用这种补偿，则宜遵循 6.1.3 所述的检测方法。

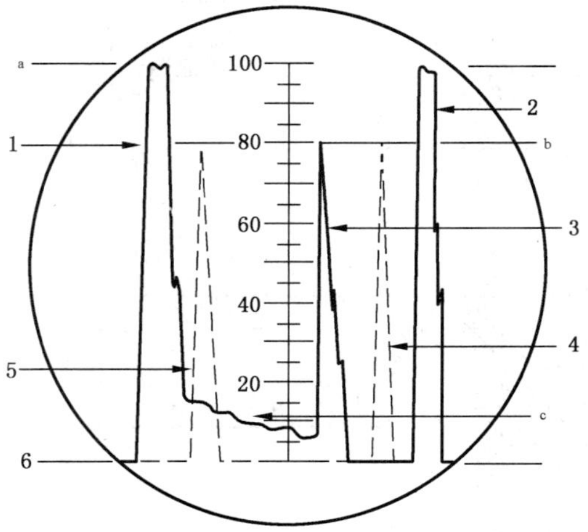

说明：

1——入射面信号；

2——背面信号；

3——参考信号；

4——背面分辨力；

5——近表面分辨力；

6——扫描基线。

[a] 全屏幅度。

[b] 所有检测孔最小为全屏幅度 80%的信号。

[c] 最大为全屏幅度 20%的干扰信号。

图 7　测定近表面和背面分辨力时显示器的典型响应

6.4.4　数据的分析处理

入射面和背面分辨力由从检测孔底面至相应表面的金属声程、孔径和用来调整检测灵敏度的参考试块(如果不采用分辨力试块中的指定孔)确定。在分辨力检测范围内，响应的非线性由 12 dB 与检测孔显示回波从全屏幅度的 80%降至 20%时所需的增益变化量的增量二者的差值(单位为分贝)表示。检测报告中宜详细报告所用的参考试块、规定的孔、探头和采用的检测参数。

6.4.5　许用的替代方法以及背面分辨力的定义

经用户同意，可采用下述型式的替代参考试块：带有多个距试块基准背面不同距离平面的大平底型试块如附录 B 中图 B.1 所示的 RB-RA 型试块和带有多个距入射面不同距离的直径为 4 mm 的平底孔试块如附录 B 中图 B.2 所示的 RB-RC 型试块。可以使用下述的分辨力替代定义：来自相邻的不同平面的两个幅度为显示屏全屏幅度 100%的回波信号，在其相交处的幅度为全屏幅度的 3%(−30 dB)时，检测仪显示的两平面间的距离；或幅度为显示屏全屏幅度 100%的背面回波与另一个平面背面回波信号相交处的幅度为全屏幅度的 3%[2)](−30 dB)时，检测仪显示的背面与另一不同平面间的距离。这里术语“全屏幅度 100%”涉及的垂直偏移的最大线性范围由相关文件规定的线性极限值定义。

6.4.6　许用的替代方法以及近表面(入射面)分辨力的定义

经用户同意，可采用下述型式的替代参考试块，如附录 B 中图 B.2 所示的 RB-RC 型试块，该试块

2)　ISO 18175:2004 原文为 3%，遗漏了“FS”，本标准纠正为“全屏幅度的 3%”。

带有多个距入射面不同距离的直径为 4 mm 的平底孔。在这种情况下可替代的分辨力定义是：一个幅度为全屏幅度 100%的平底孔信号与入射面信号相交处的幅度为全屏幅度的 3%（—30 dB）时，检测仪显示的平底孔底面与入射面间的距离。

6.5 灵敏度和噪声

6.5.1 重要性

灵敏度是衡量检测系统探测来源于尺寸、几何形状或距离而产生的相应小幅度信号不连续能力的参数。噪声能够掩盖不连续信号，从而限制不连续的可探性。噪声的来源可能是电学或声学的，如果噪声来自材料结构，则表明可能是检测方法的局限性而不是检测仪的局限性。一般来说，灵敏度、分辨力和信噪比是相互关联的，对它们的评定宜在相似的检测条件下进行。

6.5.2 器具

除非所检测的规定型式的检测仪的周期检验标准另有规定，检测用参考试块应从符合 6.4.2 a）中规定的一组面积和（或）幅度的铝合金标准参考试块中选取。这样的试块能够作为评定系统性能的比较基准，但如果需要其他特定材料或检测条件下的数据，应使用适当的特殊试块。当选用 6.4.2 a）中规定的铝合金试块时，为确定可探出的孔的最小尺寸，推荐作如下选择：

检测频率	（0.4～1.5）MHz	（1.0～2.5）MHz	（2.0～10.0）MHz
试块代号	5-0300～8-0300	2-0300～6-0300	1-0300～5-0300

注：试块代号含义：×-××××

×××× —— 平底孔的埋深（用 4 位数字表示）

× —— 平底孔的直径（用 1，2，…，8 的一位数字表示）

其中，各数字代表不同的平底孔直径：

1——Φ0.4 mm；　2——Φ0.8 mm；　3——Φ1.2 mm；　4——Φ1.6 mm；

5——Φ2.0 mm；　6——Φ2.4 mm；　7——Φ2.8 mm；　8——Φ3.2 mm。

0300 代表平底孔的埋深为 76 mm。

6.5.3 检测方法

将检测仪的灵敏度降至最低，测定当产生幅度至少为全屏幅度的 60%，且在检测范围内基线噪声不大于全屏幅度的 20%时的最小孔尺寸。如果参考试块尺寸允许，可将探头从检测孔轻轻移开，测得的在信号所在的相同区域内的噪声也不应超过全屏幅度的 20%。否则，应按 6.4.3 规定的检测方法测定噪声。如果信号幅度大于全屏幅度的 60%时，要将试块编号、噪声电平和信号幅度记录下来。如果在最高灵敏度时噪声超过了全屏幅度的 20%，则减小增益使噪声降低到全屏幅度的 20%，然后测定最小的孔，使其回波幅度达到全屏幅度的 60%或更大些，并将试块编号、噪声电平、信号幅度和增益的减小量（单位为分贝）记录下来。如可用的最小孔所产生的显示信号超过了全屏幅度的 100%，使用增益控制器将孔的显示信号降至全屏幅度的 60%，并记录保持噪声不超过全屏幅度的 20%时所用的增益量（单位为分贝）。

注 1：如果检测时使用的是未校准的增益控制器，这种情况下，可使用检测仪上的已校准的衰减器或合适的外部衰减器，用上述所测定的增益控制器位置和一个适当反射体在显示屏上的显示回波来测定增益的减小量（单位为分贝）。使用外部衰减器校准增益控制器的方法见 6.6.3。

注 2：由于这是对整个系统进行的检验，因此显示的噪声将是仪器电噪声和来自探头、耦合剂、被检材料等声学噪声这两类噪声的总和。如果需要将电噪声分量分离出来，先记录出现在始脉冲左侧的噪声幅度。断开探头以后，再确认记录的残余噪声是否大致相同，如果不相同，则应降低脉冲重复频率，直至不论有无探头连接，始脉冲左侧的噪声都保持相同时为止。记录该噪声为平均电噪声。

6.5.4 数据的分析处理

6.5.4.1 灵敏度定义为:检测仪在信噪比大于或等于 3∶1,并在所需要的增益控制器设置值(即最大增益或保持噪声不超过全屏幅度 20%时的合适的增益量)下,要求产生的信号幅度为全屏幅度的 60%时显示的规定孔尺寸或检测距离。

6.5.4.2 系统噪声如果在最高灵敏度时,其幅度小于全屏幅度的 20%,则用最高灵敏度时的噪声幅度峰值表示;否则用使噪声下降,并使可用的最小孔回波幅度降为不低于全屏幅度的 60%时增益的减小量(单位为分贝)表示。按此规定,在检测报告中宜同时报告总噪声和电噪声值。

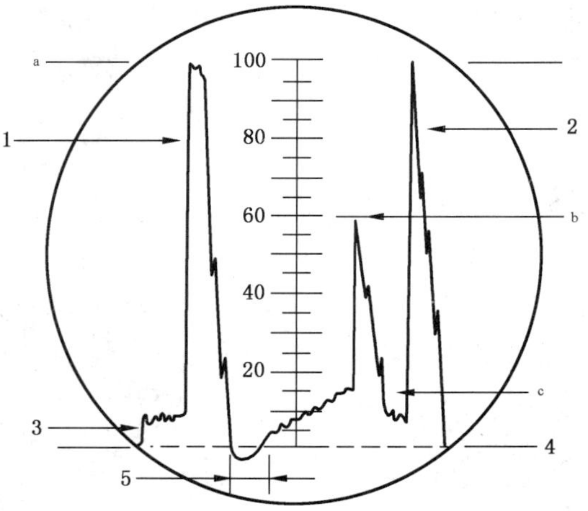

说明:

1——入射面信号;

2——背面信号;

3——电噪声;

4——扫描基线;

5——盲区。

[a] 全屏幅度。

[b] 最小为全屏幅度 60%的参考信号。

[c] 最大为全屏幅度 20%的总噪声。

图 8 测定灵敏度和噪声时显示器的典型响应

6.5.5 许用的灵敏度检测替代方法以及数据的分析处理

经用户同意可以使用的测定检测仪"灵敏度余量"的方法是:设定并记录当探头不耦合到参考试块而产生全屏幅度的 10%噪声峰值时增益控制器的值。然后将探头耦合到有关文件规定了指标的合适的参考试块上,记录参考试块的信号达到全屏幅度 50%时增益控制器所设定的值与"非耦合"产生的噪声峰值达到全屏幅度 10%时增益控制器的值之差为"灵敏度余量",单位为分贝。

6.6 经过校准的增益控制器准确度

6.6.1 重要性

当通过与一个参考信号进行比较对回波信号幅度做定量检测时,应使用经过精确校准的增益控制器,尤其是参考信号幅度与回波信号幅度相差较大时就更要这样做。在进行此项检测时,都假定增益控制器是以惯用的分贝为单位校准的。有关增益控制器的术语与定义参见 6.1.2。

6.6.2 器具

检测时需要使用精密的外部衰减器、终端电阻器以及类似于6.3.3.1所述的系统配置。衰减器的衰减范围至少应等于被检验衰减量与在规定的检测仪最高灵敏度时能将检测信号调进显示屏标尺之内所需的附加衰减量之和。

注1：任何单一面板控制器功能的最大范围一般不大于60 dB。本方法不宜检验通过诸如将多个控制器串联而获得的较大范围，因为此时的信号串扰现象可能会成为问题。

注2：1.0 dB的检测准确度是足够的也是可以达到的。要达到更高的准确度，则要使用步进更小的衰减器或使用显示屏标尺读数的修正系数。见6.3.3.2[3)]中的注。

6.6.3 检测方法

将检测仪控制器调整至所要求的最低灵敏度，使外部衰减器要有足够的衰减量覆盖需要检测的范围，在所选用的检测系统的显示屏上要显示出稳定的中幅度的回波。使用合适的细调增益控制器或脉冲长度调节器，使参考信号回波幅度精确地对准标尺上全屏幅度60%的刻线。记录外部衰减器和经过校准的控制器的调定值，并注明这些值是表示增益值（单位为分贝）还是衰减值（单位为分贝）。以检测仪可用的已校准的最小增量将检测仪的增益提高，并使外部衰减器增加足够的衰减量，使检测信号显示回波尽可能近似地回复至全屏幅度60%的参考线上。在校正过程中，使用1.0 dB或合适的较小衰减增量，宜使所调整的幅度始终处在全屏幅度的56%～64%之间，将增益控制器和外部衰减器的新调定值记录下来。重复上述操作过程，直到相应检测仪控制器的整个范围都经过检查为止。

6.6.4 数据的分析处理

除非所检测的规定型式的检测仪的周期检验标准另有规定，对检测的结果要作如下处理：对于每一个被检测的控制器的范围，用表格列出与外部衰减器的衰减增量相对应的控制器的读数。外部衰减器的衰减增量值等于从随后的每一个总衰减读数中减去初始的外部衰减读数。每个范围的总误差定义为控制器范围的面板值与外部衰减器的测定值之差（单位为分贝）。如有误差存在，应在检测报告中给出控制器范围内每20 dB的总偏差值，以及更大范围内任一控制器整个范围的总偏差值。

注：需要时，能够利用所获得的数据来确定任何中间步进的误差。

6.7 采用直声束法检测发射脉冲（始脉冲）后的“盲区”

6.7.1 重要性

主要对早期的模拟式检测仪进行此项检测，以提供当探头与被检材料表面之间没有延迟介质或仅有最少量延迟介质时，由于检测仪特性对近表面分辨力而造成的任何限制的数据。通常对于现代的数字式检测仪，不要求进行此项检测。

6.7.2 检测方法

有关文件中要求进行此项检测时，该方法是将纵波直探头耦合到用合适材料制成的具有不同厚度的阶梯型参考试块（如附录B中图B.3所示的RB-E型试块）上进行检测。通过对增益的调整，使试块最厚部位产生的背面回波幅度达到全屏幅度的100%，然后将探头逐渐向试块上厚度较薄的区域移动。把产生的背面回波幅度刚好降至全屏幅度的80%之前的厚度定义为发射脉冲产生的盲区。

6.8 斜射检测的灵敏度和分辨力

在检测仪或系统的斜射性能特性需要周期检验时，特定的参考试块和检测方法可按照有关文件中的要求确定。采用的检测方法见附录C。

3）ISO 18175:2004中的条编号为6.3.3.1，有误。

7 报告

7.1 总则

用于规定型式的检测仪的周期检验方法宜全面规定所需书面报告的内容。报告最少可只包括对规定性能符合性的结论或所评定参数的检测结果。一份详细的书面报告宜包括足够详细的所有相关信息,以便以后需要时能够进行复检。

7.2 格式

作为一份要求完整的检测记录的报告,建议采用下列格式:

a) 检测仪:名称、型号、组件、编号;

b) 每项检测所用器具的描述:
   1) 探头:型式、类别号、频率、尺寸(可能时标明编号);
   2) 连接器件:电缆、探头转接头;
   3) 检测固定装置:定位器、桥架、夹持器;
   4) 耦合剂;
   5) 参考试块:标明有关规范规定的名称,如采用特殊试块时,说明其来源、图号或进行全面的描述(材料、检测孔的尺寸和位置、几何形状、试块尺寸、表面状态);
   6) 外部衰减器:型式、阻抗、准确度和终端器。

c) 每项检测所采用的方法,包括:
   1) 接触法或液浸法;
   2) 所需的水声程(应用时);
   3) 与检测有关的控制器设置位置,包括当时使用的内部控制器;
   4) 检测频率(调谐的或宽带的)。

d) 对所评定的检测仪各项性能特性的检测结果。

8 精密度和系统误差

采用上述检测方法所得到的读数的重复性或精密度和系统误差尚未通过一系列检测来确定。但可以认为在5.10中规定的假设的读数精密度(标尺满刻度的2%)在实际操作中是可以达到的,也足以满足本标准要求。

9 关键词

——脉冲回波式超声检测仪的评定;
——脉冲回波式检测系统的评定;
——无损检测;
——超声检测仪的性能特性;
——超声检测系统的性能特性;
——脉冲回波式检测仪;
——脉冲回波式检测系统;
——超声检测仪;
——超声检测系统。

附　录　A
（资料性附录）
专门设计的图6所示分辨力参考试块

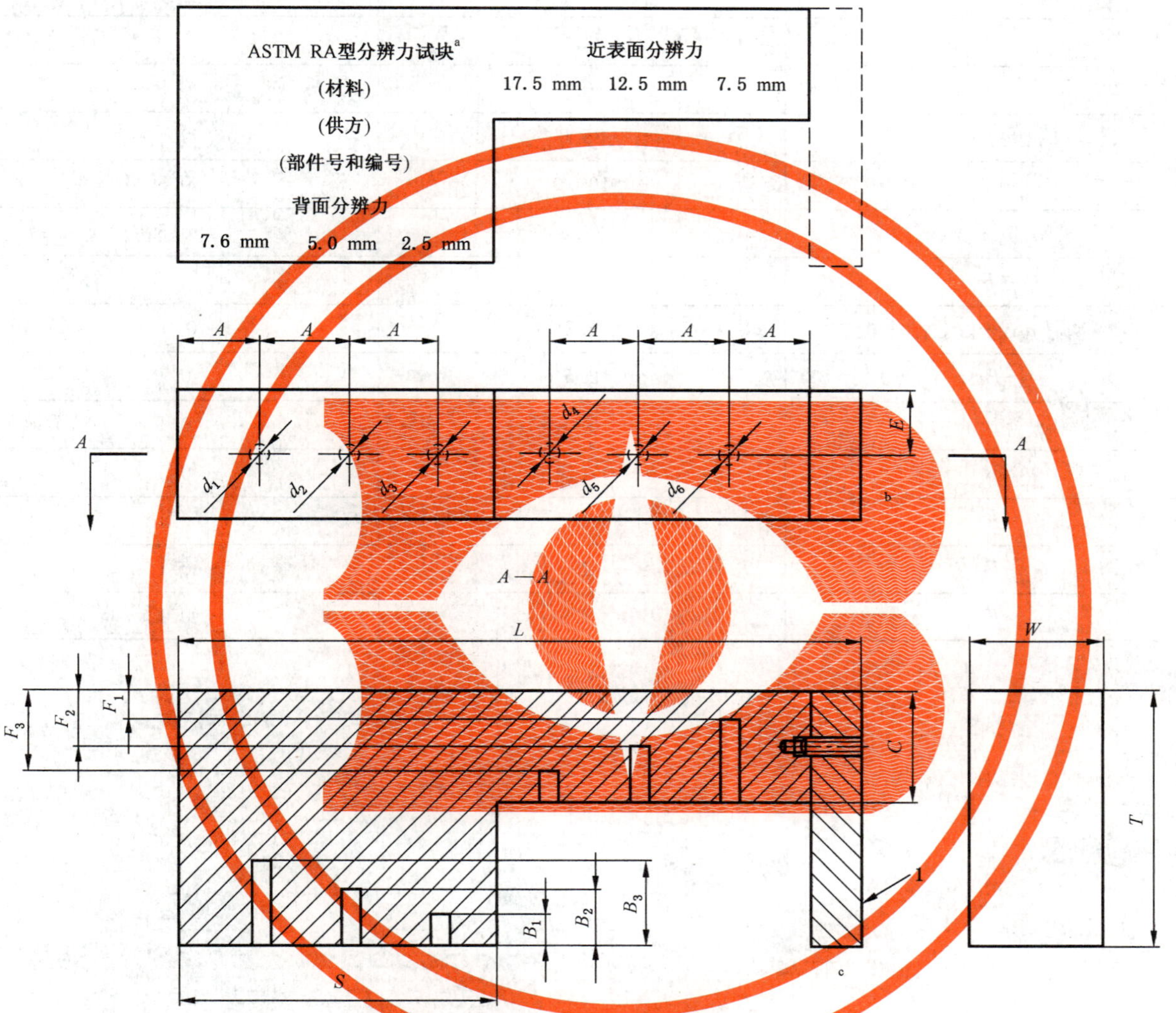

注1：符合规定的材料。

注2：表面粗糙度：入射面粗糙度参数 *Ra* 的最大值为 0.8 μm。其他面的表面粗糙度参数 *Ra* 最大值为 1.6 μm。

注3：直径 1.2 mm 平底孔（d_1，…，d_6）垂直于表面，垂直度在1°以内；平底孔在整个直径范围内都是精加工的光滑表面；各孔要清洁、干燥，且进行封堵，并要留有最小 1 mm 的空气缝隙。

注4：试块上说明试块特性的符号和文字要刻在图示的适当位置，字体高 3 mm。

注5：试块表面按规定进行阳极氧化或电镀处理。

注6：端部支承体的位置；进入试块中的连接件部分不得超过 6 mm。

[a] 见注4；

[b] 不是按比例制图；

[c] 见注6。

图 A.1　RA型分辨力参考试块

表 A.1 规格尺寸表

图 A.1 中的尺寸	试块 mm	
	尺寸	公差
L	200.0	0.5
T	82.5	0.5
W	50.0	0.5
C	25.0	0.5
S	100.0	0.5
A	25.0	0.5
E	25.0	0.5
$d_1,\cdots,d_6$	1.2	0.01
B_1	2.5	0.1
B_2	5.0	0.1
B_3	7.5	0.1
F_1	7.5	0.1
F_2	12.5	0.1
F_3	17.5	0.1

附 录 B
（资料性附录）
许用的RB-RA型、RB-RC型、RB-E型参考试块

单位为毫米

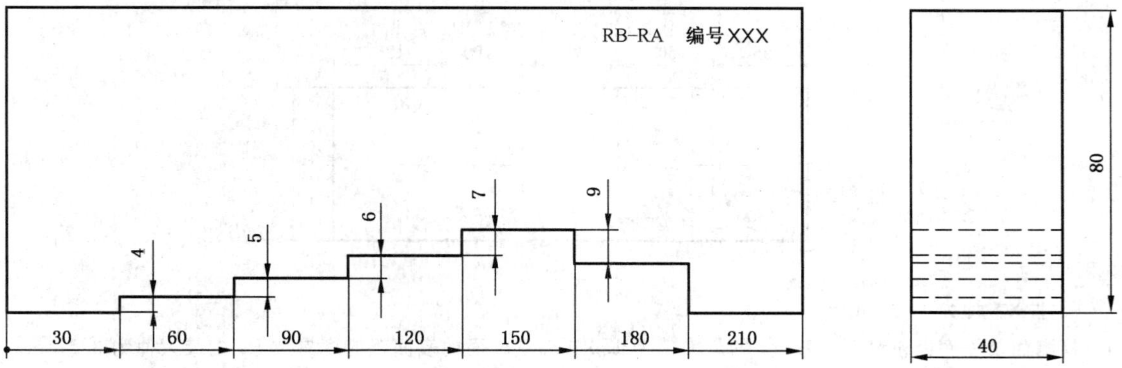

技术要求：

1） 尺寸公差均为±0.1 mm；

2） 检测面及平底面粗糙度参数 Ra 的最大值为1.6 μm，其他面的表面粗糙度参数 Ra 的最大值为3.2 μm。

图 B.1 RB-RA型试块示意图

单位为毫米

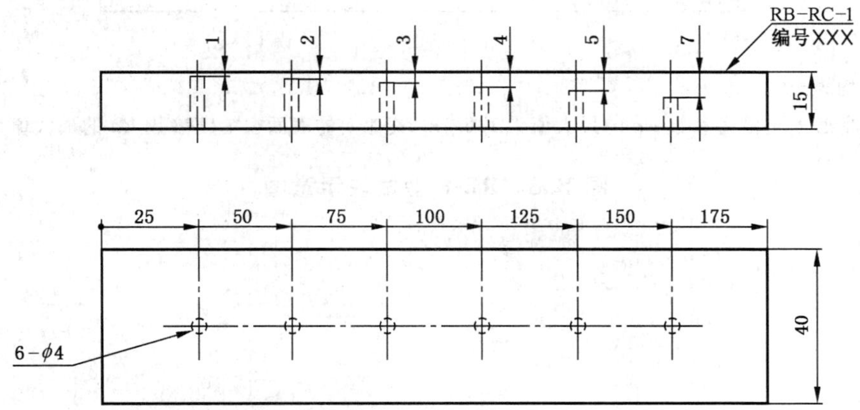

图 B.2 RB-RC型试块示意图

单位为毫米

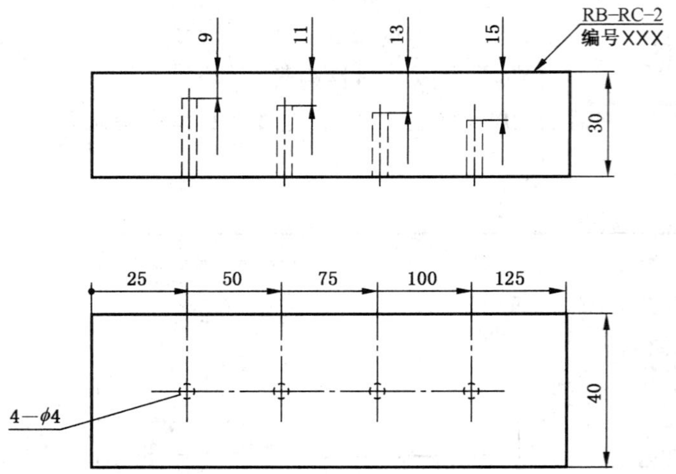

技术要求：

1) 尺寸公差均为±0.1 mm；

2) 检测面及平底面粗糙度参数 *Ra* 的最大值为 1.6 μm，其他面的表面粗糙度参数 *Ra* 的最大值为 3.2 μm。

图 B.2（续）

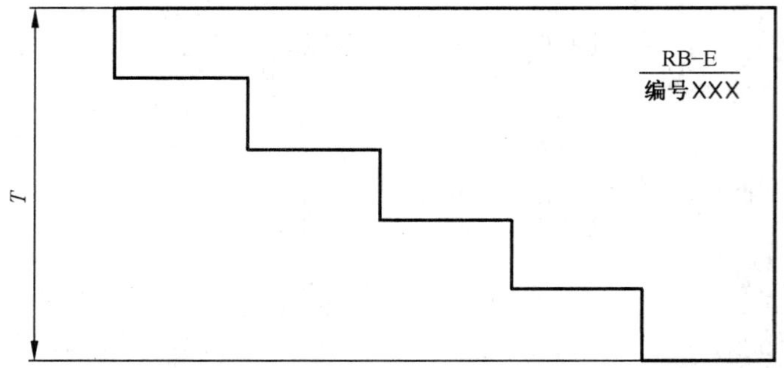

技术要求：

1) 尺寸公差均为±0.1 mm；

2) 检测面及平底面粗糙度参数 *Ra* 的最大值为 1.6 μm，其他面的表面粗糙度参数 *Ra* 的最大值为 3.2 μm。

图 B.3 RB-E 型试块示意图

附 录 C
（资料性附录）
采用斜射技术检测时的灵敏度和分辨力测定方法

C.1 采用斜射技术检测时推荐的灵敏度 A_1 的测定方法

C.1.1 将超声探伤仪的“抑制”开关置于“0”或“OFF”位置，其他旋钮的调整与实际工作使用情况相同。

C.1.2 将探头与检测仪连接，探头不与试块接触，调节增益控制器，使显示器上的噪声电平低于标尺满刻度的10%，读取增益控制器的值为 A_0，单位为分贝。

C.1.3 按图C.1连接，使探头通过耦合剂与GB/T 19799.1—2005规定的1号标准试块或类似试块接触并对着其 $R100$ 面，超声波波束的方向与试块的侧面保持平行，探头的入射点同试块 $R100$ 的标记相一致。此时，调节增益控制器，使 $R100$ 面回波高度为全屏幅度的50%。读取增益控制器的值为 A_i，单位为分贝。

灵敏度 A_1 由公式(C.1)得出，并以分贝(dB)表示：

$$A_1 = A_0 - A_i \quad \cdots\cdots\cdots\cdots (C.1)$$

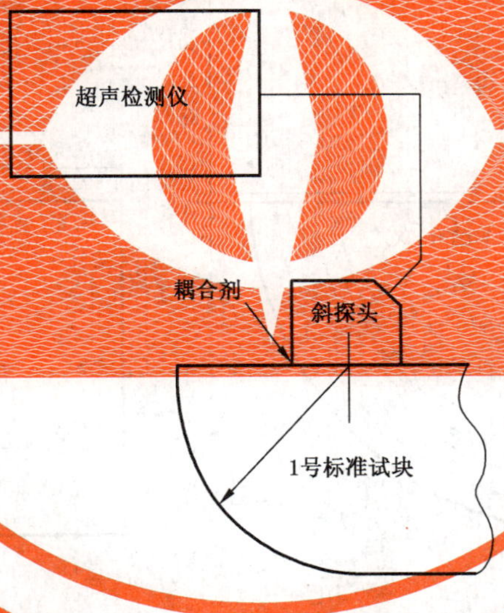

图C.1 测定灵敏度时检测系统的配置示意图

C.2 采用斜射技术检测时推荐的分辨力的测定方法

C.2.1 将检测仪的“抑制”开关置于“0”或“OFF”位置，其他旋钮的调整与实际工作使用情况相同。

C.2.2 按图C.2连接，探头通过耦合剂与RB-RD试块接触，使二个阶差回波幅度达到最高，并将探头距离位置调节相等。调整增益控制器，使回波幅度为全屏幅度的100%。

在二个回波波谷位于为全屏幅度的3%(−30 dB)位置时，求出阶差作为斜射检测分辨力。

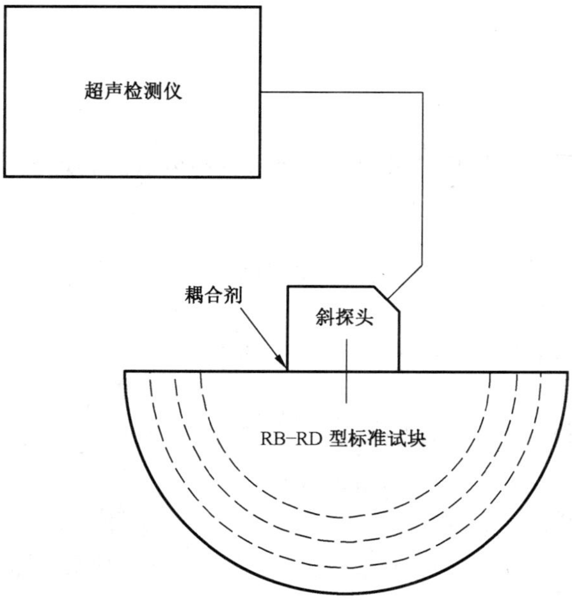

图 C.2　测定分辨力时检测系统的配置示意图

单位为毫米

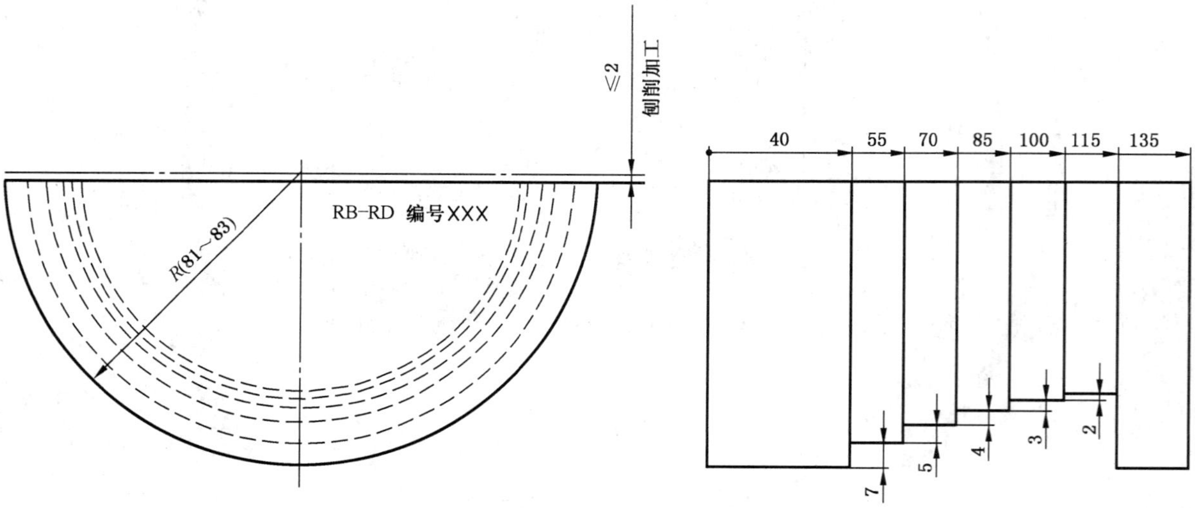

技术要求：

1）　尺寸公差均为±0.1 mm；

2）　检测面及 R 面表面粗糙度参数 Ra 的最大值为 1.6 μm，其他面的表面粗糙度参数 Ra 的最大值为 3.2 μm。

图 C.3　测定分辨力用 RB-RD 型标准试块

ICS 13.340.40
C 73

中华人民共和国国家标准

GB 28881—2012

手部防护　化学品及微生物防护手套

Hand protection—Protective gloves against chemicals and micro-organisms

2012-11-05 发布　　2013-05-01 实施

中华人民共和国国家质量监督检验检疫总局
中国国家标准化管理委员会　发布

前言

本标准按照 GB/T 1.1—2009 给出的规则起草。

本标准的第 4 章(除 4.2 条款)、第 5 章(除 5.1、5.2 条款)、第 6 章为强制性的,其余为推荐性的。

本标准参考了 EN 374:2003《化学品及微生物防护手套》,主要差异如下:

——改写了 EN 374-1:2003 的前言部分;

——修改了 EN 374-1:2003 规范性引用文件;

——修改了 EN 374-1:2003 范围中与 EN 420 共同使用的要求,并以相关国内标准替代;

——将 EN 374-2 的内容纳入到本标准中作为附录 A;

——将 EN 374-1:2003 第 4 章中的抗化学品渗透性测试方法(EN 374-3)直接引用 GB/T 23462;

——将 EN 374-1:2003 第 5 章第 4 节机械性能中的测试方法(EN 388)直接引用 GB 24541。

本标准由国家安全生产监督管理总局提出。

本标准由全国个体防护装备标准化技术委员会(SAC/TC 112)归口。

本标准起草单位:北京安源咨询有限公司、防化研究院、安思尔(上海)商贸有限公司、浙江东亚手套有限公司、北京首都国际机场股份有限公司、上海市安全生产科学研究所、桂林乳胶厂。

本标准主要起草人:奈芳、杨光、田蕴墨、俞清秀、王哲、李护彬、唐一鸣、龙益敏、刘俊强。

手部防护　化学品及微生物防护手套

1　范围

本标准规定了化学品及微生物防护手套的技术要求、试验方法及标识。

本标准适用于职业用化学品及微生物防护手套。

2　规范性引用文件

下列文件对于本文件的应用是必不可少的。凡是注日期的引用文件，仅注日期的版本适用于本文件。凡是不注日期的引用文件，其最新版本(包括所有的修改单)适用于本文件。

GB/T 12624—2009　手部防护　通用技术条件及测试方法

GB/T 23462—2009　防护服装　化学物质渗透试验方法

GB 24541—2009　手部防护　机械危害防护手套

3　术语和定义

下列术语和定义适用于本文件。

3.1

防护手套材料　protective gloves materials

为避免手或手和手臂直接接触化学品和/或微生物而在防护手套中使用的材料或材料组合。

3.2

微生物防护手套　protective gloves against micro-organisms

能够对不包括病毒在内的其他各类微生物形成有效屏障从而阻止其穿透的防护手套。

3.3

降解　degradation

防护手套因与化学品接触而造成其一项或多项性能产生破坏性变化，包括剥落、膨胀、碎裂、脆化、褪色、变形、外观变化、变硬及变软等。

3.4

穿透　penetration

化学品和/或微生物通过防护手套材料上的孔隙、接缝、针孔等缺陷在非分子水平上透过防护手套的过程。

3.5

渗透　permeation

化学品在分子水平上透过防护手套材料的过程，具体包括化学品分子被材料吸附、在材料内的扩散以及从材料另一面析出的过程。

3.6

测试化学品　test chemical

在实验室条件下，用于测定对防护手套材料透过时间的化学品或化学品混合物。

3.7

透过时间　breakthrough time

从测试化学品施于防护手套材料外层至其在材料另一面出现的时间间隔。

4 技术要求

4.1 总则

4.1.1 防护手套所采用的主体材料及辅助材料(如手套的内衬、线、贴边等)均应无皮肤刺激性或有损使用者的安全和健康。
4.1.2 防护手套的设计与制造应保证手套各部位主体材料厚度的均匀性。
4.1.3 防护手套的设计与制造需考虑使用要求,令使用者在进行相关的作业活动中得到最大限度的保护和操作灵活性;手套应便于穿戴和脱卸。
4.1.4 防护手套的结构设计应与其他配套使用的个体防护装备兼容。

4.2 人类工效学要求

4.2.1 尺寸

防护手套的尺寸,应符合 GB/T 12624—2009 中 5.1 的要求。

4.2.2 灵活性

防护手套的灵活性,应符合 GB/T 12624—2009 中 5.2 的要求。

4.3 防护性能

4.3.1 抗穿透性能

按 5.3 规定的方法测试时,手套应不发生泄漏。

4.3.2 抗渗透性能

从表 1 列出的测试化学品中选取 3 种化学品,按 5.4 规定的方法进行测试时,防护手套的抗渗透性能应不低于 2 级。手套的抗渗透性能等级见表 2。

表 1 抗渗透性能测试用化学品

序号	化学物质		CAS	类别
1	甲醇	Methanol	67-56-1	初级醇
2	丙酮	Acetone	67-64-1	酮
3	乙腈	Acetonitrile	75-05-8	腈化物
4	二氯甲烷	Dichloromethane	75-09-02	氯化链烷烃
5	二硫化碳	Carbon disulfide	75-15-0	有机硫化物
6	甲苯	Toluene	108-88-3	芳香烃
7	二乙胺	Diethylamine	109-89-7	胺
8	四氢呋喃	Tetrahydrofuran	109-99-9	杂环醚类化合物
9	乙酸乙酯	Ethyl acetate	141-78-6	酯
10	正己烷	n-Hexane	110-54-3	饱和碳氢化合物
11	氢氧化钠(质量分数 40%)	Sodium hydroxide,40%	1 310-73-2	无机碱
12	硫酸(质量分数 96%)	Sulfuric acid,96%	7 664-93-9	无机酸

表 2　抗渗透性能等级

级　　别	透过时间 min
1	>10
2	>30
3	>60
4	>120
5	>240
6	>480

4.4　机械性能

4.4.1　耐磨性能

按 5.5 规定的方法测试，防护手套的耐磨性能应符合表 3 的不同等级的要求。

表 3　耐磨性能等级

性能等级	1	2	3	4
周期数	100	500	2 000	8 000

4.4.2　抗切割性能

按 5.6 规定的方法测试，防护手套的抗切割性能应符合表 4 的不同等级的要求。

表 4　抗切割性能等级

性能等级	1	2	3	4	5
指数	1.2	2.5	5.0	10.0	20.0

4.4.3　抗撕裂性能

按 5.7 规定的方法测试，防护手套的抗撕裂性能应符合表 5 的不同等级的要求。

表 5　抗撕裂性能等级

性能等级	1	2	3	4
强度/N	10	25	50	75

4.4.4　抗穿刺性能

按 5.8 规定的方法测试，防护手套的抗穿刺性能应符合表 6 的不同等级的要求。

表 6 抗穿刺性能等级

性能等级	1	2	3	4
强度/N	20	60	100	150

5 测试方法

5.1 手部和手套尺寸

按 GB/T 12624—2009 中 6.2 的规定进行测试。

5.2 灵活性

按 GB/T 12624—2009 中 6.3 的规定进行测试。

5.3 抗穿透性能

按附录 A 的规定进行测试。

5.4 抗渗透性能

试样从防护手套的手掌和手背部位裁取，按 GB/T 23462—2009 中 6.4 的规定进行测试。

5.5 耐磨性能

按 GB 24541—2009 中 5.2 的规定进行测试。

5.6 抗切割性能

按 GB 24541—2009 中 5.3 的规定进行测试。

5.7 抗撕裂性能

按 GB 24541—2009 中 5.4 的规定进行测试。

5.8 抗穿刺性能

按 GB 24541—2009 中 5.5 的规定进行测试。

6 标识和信息

6.1 标识

防护手套的标识应符合 GB/T 12624—2009 中 7.1 的要求。防护手套的标识图应与本标准的标准号及测试所用化学品在表 1 中对应的编号一起使用(见图 1 示例)。

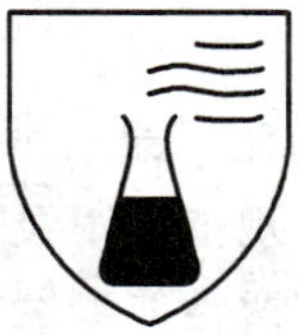

A　D　F

图 1　化学危害防护标识图(示例)

6.2　信息

防护手套的信息应符合 GB/T 12624—2009 中 7.2 的要求,并应包括以下内容:

——测试所用的化学品及相应的性能等级;

——穿透测试的可接受质量水平;

——机械性能的等级;

——防护手套的适用范围与限制;

——选择适合号型防护手套的方法;

——防护手套使用前的检查方法;

——防护手套的佩戴方法和/或与其他防护用品(如防护服)匹配注意事项;

——如果适用,防护手套的维护方法(如清洗和消毒)。

除上述信息外,还应提供如下说明:如果手套满足现有测试要求,即能够满足对微生物的防护要求;同时,提供如下警告:本信息并不反映防护手套在工作场所中的实际防护性能,因为许多因素都会影响其性能,如温度、磨损和材料的老化等。

附　录　A
（规范性附录）
抗穿透性能测试方法

A.1　范围

本附录规定了化学品及微生物防护手套抗穿透性能测试方法。

本测试方法包括气密性测试和液密性测试两种测试方法。其中，气密性测试方法为首选方法，但气密性测试不一定适用于所有防护手套，有些手套不能平均充满空气，充气时，有些部分极度膨胀而其他部分并没充满甚至不能充气，此时，不适宜采用气密性测试，而只能采用液密性测试。

A.2　原理

A.2.1　气密性测试

把内部充有一定压力空气的手套浸入水中。如果发现手套表面产生一连串的气泡，即表明手套发生泄漏。

A.2.2　液密性测试

将手套充满水。如果发现手套表面出现渗水，即表明手套发生泄漏。

A.3　取样

每种尺寸取 1 只手套，每次测试至少取 4 只手套。

A.4　测试装置

A.4.1　气密性测试装置

气密性测试装置示意图见图 A.1，其主要包括以下组成部分：

a)　测试堵头　有一定的锥度，能提供合适的直径范围以使得测试手套保持气密。堵头能绕轴心旋转 180°，其放大示意图见图 A.2；

b)　空气泵　可提供的压力范围为 0 kPa～10 kPa；

c)　水箱　其尺寸应满足试验要求；

d)　压力表　测量范围为 0 kPa～10 kPa，测量精度为 0.01 kPa；

e)　压力调节装置。

单位为毫米

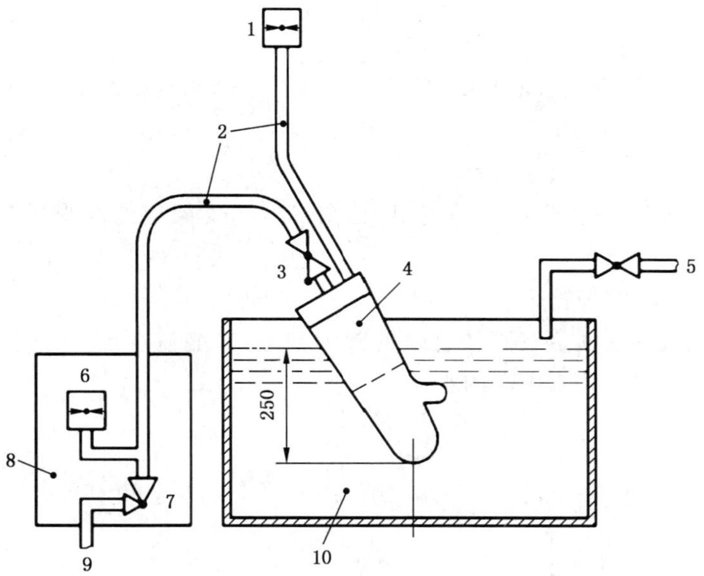

说明：
1——压力计；
2——软管；
3——止回阀门；
4——固定圆心轴；
5——供水；
6——压力计；
7——气压调节器；
8——仪表板；
9——压缩空气供应；
10——箱。

图 A.1 气密性测试装置示意图

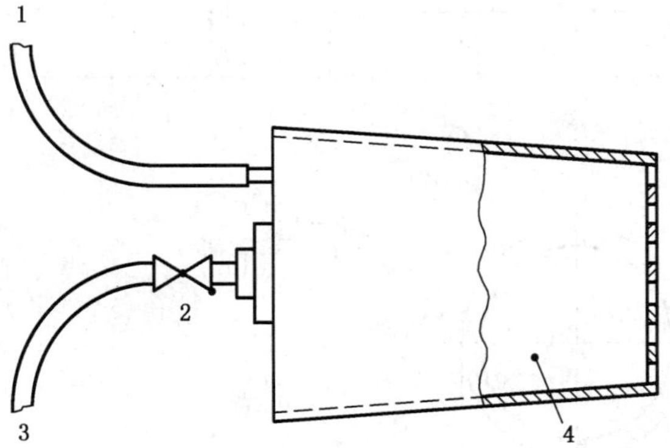

说明：
1——压力计；
2——止回阀门；
3——仪表板；
4——测试堵头。

图 A.2 测试堵头放大示意图

A.4.2 液密性测试装置

液密性测试装置主要包括以下组成部分：

a) 两端开放的塑料管，管长 380 mm，直径应与待测手套相匹配。上端装有吊钩，在距离管下端 40 mm 处做有标记(见图 A.3)；

b) 带扣件的松紧带或其他紧固材料；

c) 带有横竿可以悬挂塑料管挂钩的支架(见图 A.4)，支架应能承受所有试验手套同时悬挂的重量；

d) 可提供最少 1 L 水的装置。

试验装置应能让试验手套固定在直径合适的圆形轴上，并能注水至手套防水边缘 40 mm 内的地方。试验装置应能够盛载过量注入手套的水。

单位为毫米

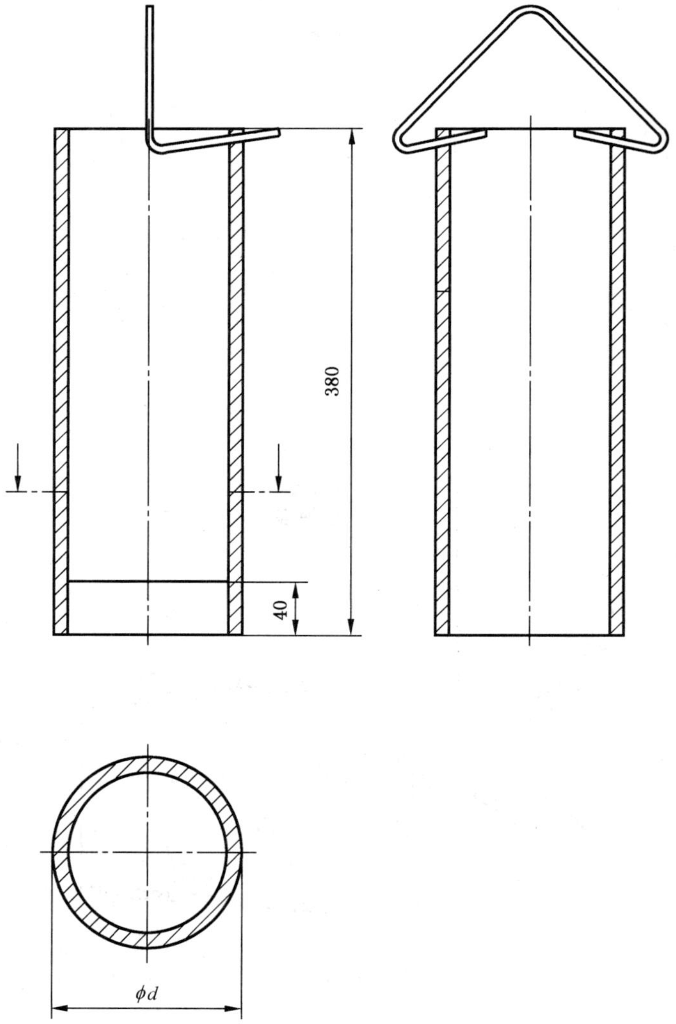

图 A.3 带吊钩的注水管

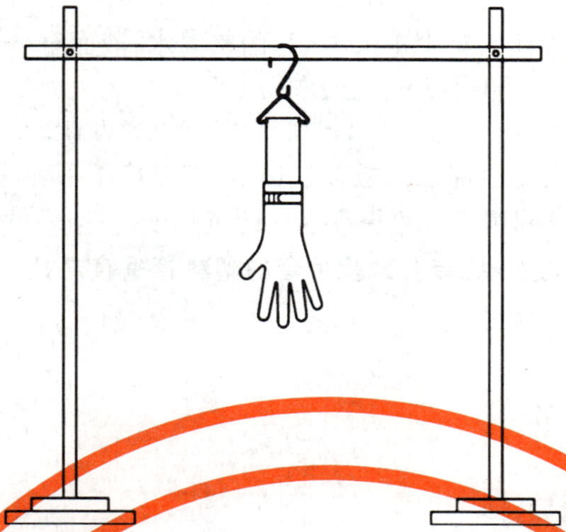

图 A.4 支架示意图

A.5 测试方法

A.5.1 样品准备

将手套从包装中小心取出。记录手套的识别代码、批号、尺寸和商标。目视检查手套，如果手套有破缝、裂缝和破洞，则报告手套不合格。

A.5.2 气密性测试

A.5.2.1 把手套固定在圆心轴上，浸泡于室温的水中。然后按照表 A.1 对应的压力向手套内充气，手套指尖距水面距离每增加 100 mm，压力再增加 1 kPa。例如，手套指尖浸入水中 250 mm 深处，则手套内的充气压力应在表 A.1 的基础上再加 2.5 kPa。手套内的充气压力应保持 2 min，波动不超过充气压力的±10%。在观察可能出现的气泡时，可延长一定测试时间，但不应超过 30 s。

表 A.1 手套厚度和充气压力对应表

手套厚度[a] e/mm	气压 X/kPa
e<0.3	0.5
0.3<e<0.5	2.0
0.5<e<1.0	5.0
e>1.0	6.0
[a] 资料由供应商提供。	

A.5.2.2 长度小于 250 mm 的手套，应将其垂直浸入水中，以使得水覆盖尽可能大的手套表面积。长度大于 250 mm 的手套，应将其以一定的角度浸入水中，使得手套中指尖的垂直浸入深度为(250±10) mm，以使得水覆盖尽可能大的手套表面积。旋转圆心轴，检查整个手套表面是否有气泡出现(见图 A.1)。

A.5.3 液密性测试

A.5.3.1 将手套袖口边缘与塑料管上 40 mm 标记对齐连接(见图 A.3)，用松紧带将其扣紧以保持液密。

A.5.3.2 通过塑料管向手套内注入至少 1 000 mL 的室温水，液面至少达到 40 mm 标记处。

注 1：由于试验手套的不同，1 000 mL 的水可能会有部分留在管中。

注 2：如有需要，可以使用合适的方法支撑手套，以防止手套因水的重力而变形。

A.5.3.3 注水后立即检查手套是否漏水。检查过程中，不应挤压手套，并尽量减少对手套的触摸。如果发现水珠就表示有泄漏，可以利用滑石粉提高水珠的可见度。

A.5.3.4 如果手套没有立刻漏水，将带有试验手套的塑料管垂直悬挂(见图 A.4)，并在注水 2 min 后再次按照上述方法进行检查。

A.6 结果记录

结果记录应包括以下内容：

a) 试验手套的完整识别资料；

b) 目视检查结果；

c) 试验条件；

d) 气密性测试及液密性测试结果；

e) 未进行测试的说明。

ICS 77.120.99
H 65

中华人民共和国国家标准

GB/T 28882—2012

离子型稀土矿碳酸稀土

Rare earth carbonate of ion-absorpted type rare earth ore

2012-11-05 发布 2013-05-01 实施

中华人民共和国国家质量监督检验检疫总局
中国国家标准化管理委员会 发布

前　　言

本标准是按照 GB/T 1.1—2009 给出的规则起草的。

本标准由全国稀土标准化技术委员会(SAC/TC 229)归口。

本标准负责起草单位:赣州有色冶金研究所。

本标准参加起草单位:赣州虔东稀土集团有限公司、江阴加华新材料资源有限公司。

本标准主要起草人:肖方春、杜雯、刘柏禄、杨新华、卢能迪、龚斌、胡礼敏、蔡志双、肖睿、姚南红。

离子型稀土矿碳酸稀土

1 范围

本标准规定了离子型稀土矿碳酸稀土的要求、试验方法、检验规则与包装、标志、运输、贮存、质量证明书。

本标准适用于离子型稀土矿碳酸稀土，主要用作分组稀土或分离单一稀土化合物的原料。

2 规范性引用文件

下列文件对于本文件的应用是必不可少的。凡是注日期的引用文件，仅注日期的版本适用于本文件。凡是不注日期的引用文件，其最新版本(包括所有的修改单)适用于本文件。

GB/T 8170 数值修约规则与极限数值的表示和判定

GB/T 14635 稀土金属及其化合物化学分析方法 稀土总量的测定

GB/T 16484.12 氯化稀土、碳酸轻稀土化学分析方法 第12部分：硫酸根量的测定

GB/T 16484.18 氯化稀土、碳酸轻稀土化学分析方法 第18部分：碳酸轻稀土中灼减量的测定 重量法

GB/T 16484.21 氯化稀土、碳酸轻稀土化学分析方法 第21部分：氧化铁量的测定

GB/T 17803 稀土产品牌号表示方法

GB/T 18882.1 离子型稀土矿混合稀土氧化物化学分析方法 十五个稀土元素氧化物配分量的测定

GB/T 18882.2 离子型稀土矿混合稀土氧化物化学分析方法 三氧化二铝量的测定

3 要求

3.1 化学成分

产品牌号及化学成分应符合表1的规定。需方如有特殊要求，供需双方可另行协商。

表 1

产品牌号	化学成分(质量分数)/%											
	烧成物中稀土氧化物						烧成物中非稀土杂质			实物中非稀土杂质		
	不小于						不大于			不大于		
	REO	Y_2O_3/REO	$Pr_6O_{11}+Nd_2O_3$/REO	Eu_2O_3/REO	Tb_4O_7/REO	Dy_2O_3/REO	Fe_2O_3	SiO_2	Al_2O_3	SO_4^{2-}	氨氮	灼减
193212A	92	60	—	—	1	6	0.2	0.5	1.5	0.5	0.2	75
193212B	92	23	26	0.80	0.65	3.5	0.2	0.5	1.5	0.5	0.2	75
193212C	92	—	33	0.50	0.40	2.5	0.2	0.5	1.5	0.5	0.2	80

注1：193212A为高钇稀土，193212B为中钇富铕稀土，193212C为低钇低铕稀土。

注2：烧成物是指离子型稀土矿碳酸稀土经灼减后烧成的离子型稀土矿混合稀土氧化物。

3.2 外观质量

3.2.1 产品为白色或粉红色潮湿状或干团状粉体。

3.2.2 产品应洁净,无可见夹杂物。

4 试验方法

4.1 化学成分

4.1.1 产品中稀土总量(REO)的分析方法按 GB/T 14635 的规定进行。

4.1.2 产品中稀土氧化物 Y_2O_3、Pr_6O_{11}、Nd_2O_3、Eu_2O_3、Tb_4O_7、Dy_2O_3 的分析方法按 GB/T 18882.1 的规定进行。

4.1.3 产品中 Fe_2O_3 的分析方法参照 GB/T 16484.21 的规定进行。

4.1.4 产品中 Al_2O_3 的分析方法按 GB/T 18882.2 的规定进行。

4.1.5 产品中 SO_4^{2-} 的分析方法参照 GB/T 16484.12 的规定进行。

4.1.6 产品中灼减量的分析方法按 GB/T 16484.18 的规定进行。

4.1.7 产品中 SiO_2、氨氮的分析按供需双方协商的方法进行。

4.2 数值修约

按 GB/T 8170 的规定进行。

4.3 产品外观

用目视检查。

5 检验规则

5.1 检查与验收

5.1.1 产品由供方质量检验部门进行检验,保证产品符合本标准规定,并填写产品质量证明书。

5.1.2 需方应对收到的产品进行检验,如检验结果与本标准规定不符,应在收到产品之日起 2 个月内向供方提出,由供需双方协商解决。如需仲裁,可委托双方认可的单位进行,并在需方共同取样。

5.2 组批

产品应成批提交检验,每批应由同一牌号的产品组成,每批净重不超过 40 t。

5.3 检验项目

每批产品应进行化学成分和外观检验。

5.4 取样与制样

化学成分的仲裁取样为每批每袋取样。各批每袋取样量 100 g～200 g,将试样充分混匀后,迅速缩分至试样所需量,装入试样袋密封。

5.5 检验结果的判定

5.5.1 化学成分仲裁分析结果与本标准规定不符时,则从该批产品中取双倍试样对不合格项目进行重复试验,如仍有试验结果不合格,则判该批产品为不合格。

5.5.2　外观检验结果与本标准规定不符时,则直接判定该批产品为不合格。

6　标志、包装、运输、贮存及质量证明书

6.1　标志、包装

6.1.1　每袋外注明:

a)　供方名称;

b)　产品名称、牌号;

c)　批号;

d)　净重、毛重;

e)　出厂日期;

f)　"防雨"标志或字样。

6.1.2　产品内包装为塑料袋,封口,外包装为编织袋,封口,每袋净重 40 kg。如需方有特殊要求,则供需双方另行协商。

6.2　运输、贮存

产品运输时严防淋雨,需存放于干燥处,不得露天堆放。

6.3　质量证明书

每批产品应附质量证明书,注明:

a)　供方名称;

b)　产品名称和牌号;

c)　批号;

d)　净重和件数;

e)　各项分析检验结果及检验部门印记;

f)　本标准编号;

g)　出厂日期。

ICS 77.140.75
H 48

中华人民共和国国家标准

GB 28883—2012

承压用复合无缝钢管

Composite seamless steel tubes for pressure

2012-11-05 发布　　　　2013-05-01 实施

中华人民共和国国家质量监督检验检疫总局
中国国家标准化管理委员会　发布

前　言

本标准第1、2、3、4章5.1、5.2、5.3、5.4、6.1.2、6.2.2、6.2.3、6.3、6.6和6.7.3为推荐性条款，其余为强制性条款。

本标准按照GB/T 1.1—2009给出的规则起草。

本标准由中国钢铁工业协会提出。

本标准由全国钢标准化技术委员会(SAC/TC 183)归口。

本标准起草单位：武汉锅炉集团特种锅炉工程有限责任公司、北京长兴凯达复合材料科技发展有限公司、冶金工业信息标准研究院、攀钢集团江油四川长城特殊钢有限公司、新兴铸管股份有限公司。

本标准主要起草人：徐建兰、黄晓斌、张磊、鲍善勤、董莉、李建平、王保华、杨文海、吴正筠、杨玉学、李赤波、石军、王黎晖、宋亚峰。

承压用复合无缝钢管

1 范围

本标准规定了承压用复合无缝钢管的尺寸、外形、重量、技术要求、试验方法、检验规则、包装、标志和质量证明书。

本标准适用于制造锅炉、压力容器和压力管道等承压用复合无缝钢管(以下简称“钢管”)。

2 规范性引用文件

下列文件对于本文件的应用是必不可少的。凡是注日期的引用文件,仅注日期的版本适用于本文件。凡是不注日期的引用文件,其最新版本(包括所有的修改单)适用于本文件。

GB/T 222 钢的成品化学成分允许偏差

GB/T 223.5 钢铁 酸溶硅和全硅含量的测定 还原型硅钼酸盐分光光度法

GB/T 223.11 钢铁及合金 铬含量的测定 可视滴定或电位滴定法

GB/T 223.12 钢铁及合金化学分析方法 碳酸钠分离-二苯碳酰二肼光度法测定铬量

GB/T 223.17 钢铁及合金化学分析方法 二安替比林甲烷光度法测定钛量

GB/T 223.23 钢铁及合金 镍含量的测定 丁二酮肟分光光度法

GB/T 223.25 钢铁及合金化学分析方法 丁二酮肟重量法测定镍量

GB/T 223.54 钢铁及合金化学分析方法 火焰原子吸收分光光度法测定镍量

GB/T 223.58 钢铁及合金化学分析方法 亚砷酸钠-亚硝酸钠滴定法测定锰量

GB/T 223.59 钢铁及合金 磷含量的测定 铋磷钼蓝分光光度法和锑磷钼蓝分光光度法

GB/T 223.60 钢铁及合金化学分析方法 高氯酸脱水重量法测定硅含量

GB/T 223.62 钢铁及合金化学分析方法 乙酸丁酯萃取光度法测定磷量

GB/T 223.63 钢铁及合金化学分析方法 高碘酸钠(钾)光度法测定锰量

GB/T 223.64 钢铁及合金 锰含量的测定 火焰原子吸收光谱法

GB/T 223.67 钢铁及合金 硫含量的测定 次甲基蓝分光光度法

GB/T 223.68 钢铁及合金化学分析方法 管式炉内燃烧后碘酸钾滴定法测定硫含量

GB/T 223.69 钢铁及合金 碳含量的测定 管式炉内燃烧后气体容量法

GB/T 223.71 钢铁及合金化学分析方法 管式炉内燃烧后重量法测定碳含量

GB/T 223.72 钢铁及合金 硫含量的测定 重量法

GB/T 224 钢的脱碳层深度测定法

GB/T 226 钢的低倍组织及缺陷酸蚀检验法

GB/T 228.1 金属材料 拉伸试验 第1部分:室温试验方法

GB/T 229 金属材料 夏比摆锤冲击试验方法

GB/T 232 金属材料 弯曲试验方法

GB/T 241 金属管 液压试验方法

GB/T 242 金属管 扩口试验方法

GB/T 244 金属管 弯曲试验方法

GB/T 246 金属管 压扁试验方法

GB/T 1979 结构钢低倍组织缺陷评级图
GB/T 2102 钢管的验收、包装、标志和质量证明书
GB/T 2975 钢及钢产品力学性能试验取样位置及试样制备
GB/T 4334—2008 金属和合金的腐蚀 不锈钢晶间腐蚀试验方法
GB/T 4336 碳素钢和中低合金钢 火花源原子发射光谱分析方法
GB/T 5777—2008 无缝钢管超声波探伤检验方法
GB/T 6394 金属平均晶粒度测定方法
GB/T 7735 钢管涡流探伤检验方法
GB/T 10561—2005 钢中非金属夹杂物含量的测定 标准评级图显微检验法
GB/T 11170 不锈钢的光电发射光谱分析方法
GB/T 12606 钢管漏磁探伤方法
GB/T 13298 金属显微组织检验方法
GB/T 17395 无缝钢管尺寸、外形、重量及允许偏差
GB/T 20066 钢和铁 化学成分测定用试样的取样和制样方法
GB/T 20123 钢铁 总碳硫含量的测定 高频感应炉燃烧后红外吸收法(常规方法)

3 术语和定义

下列术语和定义适用于本文件。

3.1

冶金熔合复合 metallurgy fuse composite

采用内外层金属分别是两种不同化学成分的钢种通过冶金方式,使内外层金属在结合部位相互熔融的复合方式。

3.2

爆炸成型复合 explosion forming composite

采用爆炸的方法实现基层和复层间产生焊合的复合方式。

3.3

嵌套成型复合 nesting forming composite

采用较大尺寸无缝管子嵌套较小尺寸无缝管子,再经过适当压力加工使基层与复层紧密结合的复合方式。

3.4

复层 cladding metal

为满足特殊流体(如腐蚀性流体)输送要求所选择的接触特殊流体的金属层。复层可以是内层,也可以是外层。

3.5

基层 base metal

满足流体输送管机械强度要求的金属层,其厚度大于复层材料。基层可以是内层,也可以是外层。

4 订货内容

按本标准订购钢管的合同或订单应包括但不限于下列内容:

a) 标准编号;

b) 产品名称;

c) 钢的牌号(外层金属牌号+内层金属牌号)；

d) 订购的数量(总重量或总长度)；

e) 尺寸规格【外径×公称壁厚(外层厚度+内层厚度),单位为毫米,mm】；

f) 特殊要求。

5 尺寸、外形及重量

5.1 外径和壁厚

5.1.1 钢管应按公称外径和公称壁厚(外层厚度+内层厚度)交货。根据需方要求,经供需双方协商,钢管可按公称外径和最小壁厚(外层厚度+内层厚度)、公称内径(d)和公称壁厚或其他尺寸规格方式交货。

5.1.2 钢管的公称外径和壁厚应符合 GB/T 17395 的规定。根据需方要求,经供需双方协商,可供应 GB/T 17395 规定以外尺寸的钢管。

当钢管按公称内径和公称壁厚交货时,其尺寸规格由供需双方协商确定。

注：无特殊说明时,本标准所述壁厚(S)包括公称壁厚和最小壁厚,所述外径(D)包括公称外径和计算外径。

5.1.3 钢管按公称外径和公称壁厚交货时,其公称外径和公称壁厚的允许偏差应符合表 1 的规定。

钢管按公称外径和最小壁厚交货时,其公称外径的允许偏差应符合表 1 的规定,壁厚的允许偏差为 $^{+22\%}_{0}S$。

钢管按公称内径和公称壁厚交货时,其公称内径的允许偏差为±1%d,公称壁厚的允许偏差应符合表 1 的规定。

钢管的公称基层厚度(S_1)应为公称壁厚的 50%～90%,公称复层厚度(S_2)应为公称壁厚的 10%～50%。

根据需方要求,经供需双方协商,可供应规定以外尺寸允许偏差的钢管。

表 1 复合无缝钢管公称外径和公称壁厚允许偏差

单位为毫米

分类代号	制造方式[a]	钢管尺寸			允许偏差
W-H	热轧(挤压)钢管	外径(D)	≤80		±0.40
			>80～325	S≤35	±0.75%D
				S>35	±1%D
			>325		±1%D
		公称壁厚(S)或基层厚度(S_1)			$^{+12.5}_{-10}\%S$ 或 $^{+12.5}_{-10}\%S_1$
		公称复层厚度(S_2)	—		−10%S_2
W-C	冷轧(拔)钢管	公称外径(D)	≤80		±0.30
			>80～219		±0.75%D
			>219～325	S≤35	±0.75%D
				S>35	±1%D
			>325		±1%D
		公称壁厚(S)或公称基层厚度(S_1)	S≤3		±0.30
			S>3		±10%S 或±10%S_1
		公称复层厚度(S_2)	—		−10%S_2

[a] 其他制造方式生产的复合管,其尺寸允许偏差由供需双方协商确定。

5.2 长度

5.2.1 钢管的通常长度为 4 000 mm～12 000 mm

经供需双方协商，并在合同中注明，可交付长度大于 12 000 mm 或短于 4 000 mm 但不短于 1 000 mm 的钢管。短于 4 000 mm 但不短于 1 000 mm 的钢管，其数量应不超过该批交货总数量的 10%。

5.2.2 根据需方要求，经供需双方协商，并在合同中注明，钢管可按定尺长度交货。定尺长度的允许偏差为 $^{+20}_{0}$ mm。

5.3 弯曲度

5.3.1 钢管的每米弯曲度应符合如下规定：

a) 壁厚 $S \leqslant 15$ mm 时，不大于 1.5 mm/m；

b) 壁厚 15 mm$< S \leqslant$30 mm 时，不大于 2.0 mm/m；

c) 壁厚 $S>30$ mm 时，不大于 3.0 mm/m。

5.3.2 公称直径不小于 127 mm 的钢管，其全长弯曲度应不大于钢管长度的 0.1% 。

5.3.3 根据需方要求，经供需双方协商，并在合同中注明，钢管的每米弯曲度和全长弯曲度可采用其他规定。

5.4 不圆度和壁厚不均

根据需方要求，经供需双方协商，并在合同中注明，钢管的不圆度和壁厚不均应分别不超过外径公差和壁厚公差的 80%。

5.5 端头外形

钢管两端端面应与钢管轴线垂直，切口毛刺应予清除。

5.6 重量

钢管按实际重量交货。

6 技术要求

6.1 钢的牌号和化学成分

6.1.1 钢的牌号和化学成分(熔炼分析)应符合表 2 的规定。

6.1.2 根据需方要求，经供需双方协商，并在合同中注明，可供应表 2 规定以外牌号的钢管。

6.1.3 优质碳素钢、低合金钢和合金钢钢中残余元素的含量应符合表 3 的要求。

6.1.4 成品钢管化学成分的允许偏差应符合 GB/T 222 的规定。

表 2 钢的牌号和化学成分

部位	钢类	序号	牌号	化学成分(质量分数)/%												
				C	Si	Mn	Cr	Mo	V	Ti	Ni	Cu	N	Fe	P	S
															不大于	
基层	优质碳素钢	1	10	0.07～0.13	0.17～0.37	0.35～0.65									0.025	0.015
		2	20G	0.17～0.23	0.17～0.37	0.35～0.65									0.025	0.015
		3	20MnG	0.17～0.23	0.17～0.37	0.70～1.00									0.025	0.015
	低合金钢	4	16Mn	0.12～0.20	0.20～0.60	1.20～1.60									0.025	0.015
	合金钢	5	15MoG	0.12～0.20	0.17～0.37	0.40～—0.80		0.25～0.35							0.025	0.015
		6	12CrMoG	0.08～0.15	0.17～0.37	0.40～0.70	0.40～0.70	0.40～0.55							0.025	0.015
		7	15CrMoG	0.12～0.18	0.17～0.37	0.40～0.70	0.80～1.10	0.40～0.55							0.025	0.015
		8	12Cr1MoVG	0.08～0.15	0.17～0.37	0.40～0.70	0.90～1.20	0.25～0.35	0.15～0.30						0.025	0.010
复层	奥氏体型不锈钢	9	07Cr19Ni10	0.04～0.10	≤0.75	≤2.00	18.0～20.0				8.0～11.0				0.030	0.015
		10	022Cr19Ni10	≤0.030	≤1.00	≤2.00	18.00～20.00				8.00～12.00				0.035	0.030
		11	022Cr17Ni12Mo2	≤0.030	≤1.00	≤2.00	16.00～18.00	2.00～3.00			10.00～14.00				0.035	0.030
	双相型不锈钢	12	022Cr22Ni5Mo3N	≤0.030	≤1.00	≤2.00	21.00～23.00	2.50～3.50			4.50～6.50		0.08～0.20		0.030	0.020
	耐蚀合金	13	NS1402	≤0.050	≤0.50	≤1.00	19.50～23.50	2.50～3.50		0.60～1.20	38.0～46.0	1.00～3.00			0.030	0.030
		14	NS3102	≤0.15	≤0.50	≤1.00	14.00～17.00				≥72.00	≤0.50		6.00～10.00	0.035	0.015

表 3 钢中残余元素含量

钢类	残余元素(质量分数)/%				
	Cu	Cr	Ni	Mo	V
	不大于				
优质碳素钢、低合金钢	0.20	0.25	0.25	0.15	0.08
合金钢	0.20	0.30	0.30	—	0.08

6.2 制造方法

6.2.1 钢的冶炼方法

钢应采用粗炼钢水经真空精炼处理或电渣重熔方法冶炼。经供需双方协商,并在合同中注明,可采用其他较高要求的冶炼方法。需方指定某一种冶炼方法时,应在合同中注明。

6.2.2 管坯的制造方法

冶金熔合复合无缝钢管管坯应采用双金属冶金熔合方式复合在一起的方法制造。根据需方要求,并在合同中注明,也可按其他方法制造复合无缝管管坯。

6.2.3 钢管的制造方法

冶金熔合复合无缝钢管应采用热挤(轧)、冷拔(轧)无缝方法制造。根据需方要求,并在合同中注明,也可将两个牌号的无缝钢管按爆炸成型、嵌套等其他方法制造。

6.3 交货状态

钢管应以热处理状态交货。热处理温度应适合基层和复层两种材料,以获得最佳理化性能。热处理工艺应在质量证明书中注明。

根据需方要求,经供需双方协商,并在合同中注明,可供应其他状态的复合无缝钢管。

6.4 力学性能

6.4.1 拉伸试验

6.4.1.1 钢管应进行基层或整体(包括基层和复层)室温拉伸试验。当按基层进行试验时,其拉伸力学性能应符合表 4 的规定;当按整体进行试验时,其拉伸力学性能应符合表 4 中相应基层牌号的规定。

6.4.1.2 对基层材料进行拉伸试验时,应完全去除复层材料。

6.4.1.3 外径小于 219 mm 的钢管,基层或整体拉伸试验应沿钢管纵向取样。

外径不小于 219 mm 的钢管,当钢管基层尺寸足以制取横向圆形截面试样时,钢管应做基层横向拉伸试验。基层横向拉伸试验应取直径为 10 mm 的圆形横截面试样;当钢管基层尺寸不足以截取10 mm 试样时,则应采用直径为 8 mm 或 5 mm 中可能的较大尺寸横向圆形截面试样。横向圆形截面试样应取自未经压扁的管端。当钢管基层尺寸不足以截取 5 mm 圆形横截面试样时,钢管应做基层或整体纵向拉伸试验。

表 4　基层力学性能

序号	牌号	拉伸性能				冲击吸收能量(KV_2)/J	
		抗拉强度 R_m /MPa	下屈服强度或规定塑性延伸强度 R_{eL} /MPa	断后伸长率 A /%		纵向	横向
				纵向	横向		
			不小于			不小于	
1	10	335～490	205	24	22	40	27
2	20G	410～550	245	24	22	40	27
3	20MnG	415～560	240	22	20	40	27
4	16Mn	490～670	320	21	19	40	27
5	15MoG	450～600	270	22	20	40	27
6	12CrMoG	410～560	205	21	19	40	27
7	15CrMoG	440～640	295	21	19	40	27
8	12Cr1MoVG	470～640	255	21	19	40	27

6.4.2　冲击试验

6.4.2.1　钢管应进行基层室温冲击试验，冲击吸收能量应符表 4 的规定。

6.4.2.2　表 4 中的冲击吸收能量为全尺寸试样夏比 V 型缺口冲击吸收能量要求值。当采用小尺寸冲击试样时，小尺寸试样的最小夏比 V 型缺口冲击吸收能量要求值应为全尺寸试样冲击吸收能量要求值乘以表 5 中的递减系数。

表 5　小尺寸试样冲击吸收能量递减系数

试样规格	试样尺寸(高度×宽度)/(mm×mm)	递减系数
标准试样	10×10	1.00
小试样	10×7.5	0.75
小试样	10×5	0.50

6.4.2.3　外径小于 219 mm 的钢管，冲击试验沿钢管纵向或横向取样；如合同中无特殊规定，仲裁试样应沿钢管纵向截取。外径不小于 219 mm 的钢管，冲击试验沿钢管横向取样。

无论沿钢管纵向还是横向截取，冲击试样均应为标准尺寸、宽度 7.5 mm 或宽度 5 mm 中尽可能的较大尺寸试样。当钢管基层尺寸不足以制取 5 mm 冲击试样时，冲击试验不作要求。

6.5　液压试验

钢管应逐根进行液压试验。液压试验压力按式(1)计算，最大试验压力为 20 MPa。在试验压力下，稳压时间应不少于 10 s，钢管不允许出现渗漏现象。

$$p = 2SR/D \qquad \cdots\cdots(1)$$

式中：

p ——试验压力，单位为兆帕(MPa)，当 $p<7$ MPa 时，修约到最接近的 0.5 MPa，当 $p\geqslant7$ MPa 时，修约到最接近的 1 MPa；

S ——钢管壁厚，单位为毫米(mm)；

D ——钢管公称外径或计算外径，单位为毫米(mm)；

R ——许用应力，按表 4 中基层屈服强度的 80%，单位为兆帕(MPa)。

经需方同意，并在合同中注明，对于冶金熔合复合钢管供方可用涡流探伤代替液压试验。涡流探伤时，对比样管人工缺陷应符合 GB/T 7735 中验收等级 B 的规定。

6.6 结合层粘结力剪切强度试验

6.6.1 根据需方要求，经供需双方协商，并在合同中注明，复层厚度大于或等于 1.9 mm 的冶金熔合复合钢管和冶金结合的爆炸成型复合钢管可进行结合层粘结力剪切强度试验。其结合层粘结力剪切强度应符合表 6 的规定。

剪切强度试验方法为从成品钢管上取略大于如图 1 所示尺寸的试样，先将试样压平，然后加工成下图所示试样进行剪切强度试验。

单位为毫米

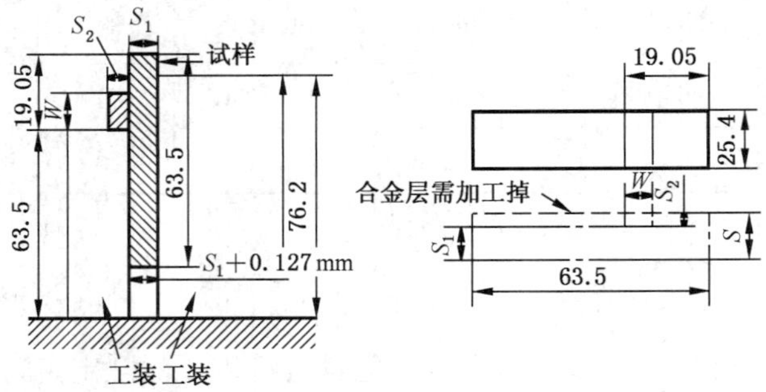

说明：

S——复合管公称壁厚，mm

S_1——复合管基层壁厚，mm

S_2——复合管复层壁厚，mm

$W=2S_2$，剪切试样复层长度，mm

图 1 剪切强度试验方法

表 6 结合层的剪切强度

复合无缝钢管种类	结合层的剪切强度/MPa
冶金融合复合无缝钢管[a]	≥210
冶金结合的爆炸成型复合无缝钢管	≥140
[a] 需方可规定冶金融合复合无缝钢管剪切强度≥260 MPa。	

6.6.2 复层厚度小于 1.9 mm 的复合无缝钢管，其基层和复层粘结力剪切强度试验可用压扁试验代替。闭合压扁后基层和复层之间不允许出现分层或开裂。

6.7 工艺性能

6.7.1 压扁试验

6.7.1.1 外径大于 22 mm 的冶金熔合复合钢管和冶金结合的爆炸成型复合钢管应做压扁试验。压扁试验按以下两步进行：

a） 第一步是延性试验，将试样压至两平板间距离为 H。H 按式(2)计算。

$$H=\frac{(1+\alpha)S}{\alpha+S/D} \qquad \cdots\cdots\cdots(2)$$

式中：

H ——两平板间的距离，单位为毫米(mm)；

S ——钢管壁厚，单位为毫米(mm)；

D ——钢管公称外径或计算外径，单位为毫米(mm)；

α ——基层材质的单位长度变形系数为 0.08。

试样压至两平板间距离为 H 时，试样上不允许出现裂缝或裂口；除机械复合管外，试样上不允许出现复层与基层的剥离现象。

b） 第二步是完整性试验(闭合压扁)。压扁继续进行，直到试样破裂或试样相对两壁相碰。在整个压扁试验期间，试样不允许出现目视可见的分层、白点、夹杂。

6.7.1.2 下述情况不能作为压扁试验合格与否的判定依据：

a） 试样表面缺陷引起的无金属光泽的裂缝或裂口；

b） 试样 6 点钟(底)和 12 点钟(顶)位置处内表面的裂缝或裂口。

6.7.2 弯曲试验

6.7.2.1 外径不大于 22 mm 的冶金熔合复合钢管和冶金结合的爆炸成型复合钢管应做整管弯曲试验。弯曲试验时，弯曲角度应为 90°，弯芯半径应为钢管外径的 6 倍，试样弯曲处不允许出现裂缝或裂口。

6.7.2.2 外径大于 406.4 mm 或壁厚大于 40 mm 的冶金熔合复合钢管和冶金结合的爆炸成型复合钢管可用弯曲试验代替压扁试验。弯曲试样应在靠近钢管基层表面位置取样。弯曲试验的弯芯直径为 25 mm，试样应在室温下弯曲 180°。弯曲试验后，试样弯曲受拉表面及侧面不允许出现目视可见的裂缝或裂口。

弯曲试验的试样应沿钢管纵向截取，试样的制备应符合 GB/T 232 的规定。试样截取时，弯曲试样应尽量靠近钢管表面。试样弯曲受拉变形表面不允许有明显伤痕和其他缺陷。

试样加工后的截面尺寸为 12.5 mm×12.5 mm 或 25 mm×12.5 mm(宽度×厚度)；截面上的四个角应倒成圆角，圆角半径不大于 1.6 mm；试样长度不大于 150 mm。

6.7.3 扩口试验

根据需方要求，经供需双方协商，并在合同中注明，外径不大于 76 mm 且壁厚不大于 8 mm 的钢管可做扩口试验。

扩口试验在室温下进行，顶芯锥度为 60°。扩口后试样的外径扩口率应符合表 7 的规定，扩口后试样不允许出现裂缝或裂口。

表 7 钢管外径扩口率

钢类	钢管外径扩口率/%		
	内径/外径		
	≤0.6	＞0.6～0.8	＞0.8
优质碳素钢、低合金钢	10	12	17
合金钢	8	10	15

6.8 低倍检验

钢管应做低倍检验。低倍检验横截面酸浸试片上不允许有目视可见的白点、夹杂、皮下气泡、翻皮和分层。

6.9 非金属夹杂物

钢管应做非金属夹杂物检验。钢管的非金属夹杂物按 GB/T 10561—2005 中的 A 法评级，其 A、B、C、D 各类夹杂物的细系级别和粗系级别应分别不大于 2.5 级，DS 类夹杂物应不大于 2.5 级；A、B、C、D 各类夹杂物的细系级别总数与粗系级别总数应各不大于 6.5 级。

6.10 晶粒度

钢管基层的晶粒度应为 4 级或更细，且两个试片上晶粒度最大级别与最小级别差应不超过 3 级。

6.11 显微组织

6.11.1 钢管基层的显微组织应符合如下规定：

a) 优质碳素钢和低合金钢应为铁素体加珠光体；
b) 15MoG、12CrMoG、15CrMoG 应为铁素体加珠光体，允许存在粒状贝氏体，不允许存在相变临界温度 $A_{C1} \sim A_{C3}$ 之间的不完全相变产物(如黄块状组织)；
c) 12Cr1MoVG 应为铁素体加粒状贝氏体或铁素体加珠光体或铁素体加粒状贝氏体加珠光体，允许存在索氏体，不允许存在相变临界温度 $A_{C1} \sim A_{C3}$ 之间的不完全相变产物(如黄块状组织)。

6.11.2 钢管复层为双相型不锈钢时，其显微组织应为奥氏体加铁素体，且奥氏体相的比例应为 40%～60%。

6.11.3 钢管基层和复层间的熔合层靠近复层的区域应没有明显的碳迁移现象。

6.12 脱碳层

外径不大于 76 mm 的钢管应检验基层的全脱碳层。基层的全脱碳层深度应不大于 0.4 mm。

6.13 表面质量

6.13.1 钢管的内外表面不允许有裂纹、折叠、结疤、轧折和离层。这些缺陷应完全清除，缺陷清除深度应不超过壁厚的 10%，缺陷清除处的实际壁厚应不小于壁厚所允许的最小值。

钢管内外表面直道的深度应不大于壁厚的 4%，且最大为 0.2 mm。

不超过壁厚允许负偏差的其他局部缺陷允许存在。

6.13.2 钢管应进行酸洗或抛光处理。

6.14 无损检验

冶金熔合复合无缝钢管应按 GB/T 5777—2008 的规定逐根全长进行超声波探伤检验。超声波探伤检验对比样管纵向刻槽深度应符合验收等级 L2 的规定。当钢管壁厚与外径之比大于 0.2 时，除非合同中另有规定，钢管内壁人工缺陷深度按 GB/T 5777—2008 中附录 C 的 C.1 规定执行。当钢管按最小壁厚交货时，对比样管刻槽深度按钢管平均壁厚计算。

根据需方要求，经供需双方协商，并在合同中注明，可做其他无损检验。

6.15 复层的晶间腐蚀检验

钢管的复层应进行晶间腐蚀检验，晶间腐蚀检验方法应符合 GB/T 4334—2008 中 E 法的规定。经供需双方协商，并在合同中注明，可采用其他晶间腐蚀试样方法。

7 检验和试验方法

7.1 钢管的尺寸和外形应采用符合精度要求的量具逐根测量。

7.2 钢管的内外表面应在充分照明条件下逐根目视检查。

7.3 钢管其他检验的试验方法和取样方法应符合表8的规定。

表8 钢管的检验项目、取样数量、取样方法和试验方法

序号	检验项目	取样数量	取样方法	试验方法
1	化学成分	每炉取1个试样	GB/T 20066	GB/T 223 GB/T 4336 GB/T 11170 GB/T 20123 GB/T 20124
2	室温拉伸试验	每批在两根钢管上各取1个试样	GB/T 2975	GB/T 228.1
3	冲击试验	每批在两根钢管上各取一组3个试样	GB/T 2975	GB/T 229
4	液压试验	逐根	—	GB/T 241
5	涡流探伤检验	逐根	—	GB/T 7735
6	剪切强度	每批在一根钢管上取1个试样	6.6.1	6.6.1条
7	压扁试验	每批在两根钢管上各取1个试样	GB/T 246	GB/T 246
8	弯曲试验	每批在两根钢管上各取1个试样	GB/T 2975	GB/T 232
9	扩口试验	每批在两根钢管上各取1个试样	GB/T 242	GB/T 242
10	低倍检验	每炉在两根钢管上各取1个试样	GB/T 226	GB/T 226 GB/T 1979
11	非金属夹杂物	每炉在两根钢管上各取1个试样	GB/T 10561—2005	GB/T 10561—2005
12	晶粒度	每批在两根钢管上各取1个试样	GB/T 6394	GB/T 6394
13	显微组织	每批在两根钢管上各取1个试样	GB/T 13298	GB/T 13298
14	脱碳层	每批在两根钢管上各取1个试样	GB/T 224	GB/T 224
15	超声波探伤检验	逐根	—	GB/T 5777—2008
16	晶间腐蚀检验	每批在两根钢管上各取1个试样	去掉基层和过渡层	GB/T 4334—2008

8 检验规则

8.1 检查和验收

钢管的检查和验收由供方质量技术监督部门进行。

8.2 组批规则

钢管的化学成分、低倍检验和非金属夹杂物检验可按熔炼炉检查和验收，钢管的其余检验项目应按批检查和验收。每批应由同一基层牌号、同一复层牌号、同一基层炉号、同一复层炉号、同一规格和同一热处理制度(炉次)的钢管组成。每批钢管的数量应不超过400根。

8.3 取样数量

每批钢管各项检验的取样数量应符合表 8 的规定。

8.4 复验与判定规则

钢管的复验与判定规则应符合 GB/T 2102 的规定。

9 包装、标志和质量证明书

钢管的包装、标志和质量证明书应符合 GB/T 2102 的规定。

ICS 77.140.75
H 48

中华人民共和国国家标准

GB 28884—2012

大容积气瓶用无缝钢管

Seamless steel tubes for large volume gas cylinder

2012-11-05 发布 2013-05-01 实施

中华人民共和国国家质量监督检验检疫总局
中国国家标准化管理委员会 发布

前　言

本标准的第1章、第2章、第3章,4.1、4.6.2、5.4.3、5.6为推荐性的,其余为强制性的。

本标准按照GB/T 1.1—2009给出的规则起草。

本标准参照ASTM A 519-06《机械工程用碳素钢和合金钢无缝钢管》、ISO 11120:1999《水容积150～3 000升可重复充装的无缝钢瓶的设计、制造和试验标准》、DOT 49CFR §178.37《3AA/ 3AAX无缝钢瓶规范》和DOT 49CFR §178.45《3T　无缝钢瓶规范》编写。

本标准由中国钢铁工业协会提出。

本标准由全国钢标准化技术委员会(SAC/TC 183)归口。

本标准主要起草单位:攀钢集团成都钢钒有限公司、石家庄安瑞科气体机械有限公司。

本标准参加起草单位:湖南衡阳钢管(集团)有限公司、江苏振达钢管集团。

本标准主要起草人:晏如、王五开、黄平佳、张洪、李奇、尹人洁。

本标准参加起草人:赵斌、李金领。

大容积气瓶用无缝钢管

1 范围

本标准规定了大容积气瓶用无缝钢管的尺寸、外形、重量及允许偏差；技术要求；试验方法；检验规则；包装、标志和质量证明书。

本标准适用于制造容积为300 L～3 000 L气瓶用无缝钢管。

2 规范性引用文件

下列文件对于本文件的应用是必不可少的。凡是注日期的引用文件，仅注日期的版本适用于本文件。凡是不注日期的引用文件，其最新版本(包括所有的修改单)适用于本文件。

GB/T 222 钢的成品化学成分允许偏差

GB/T 223.5 钢铁 酸溶硅和全硅含量的测定 还原型硅钼酸盐分光光度法

GB/T 223.11 钢铁及合金 铬含量的测定 可视滴定或电位滴定法

GB/T 223.19 钢铁及合金化学分析方法 新亚铜灵-三氯甲烷萃取光度法测定铜量

GB/T 223.23 钢铁及合金 镍含量的测定 丁二酮肟分光光度法

GB/T 223.26 钢铁及合金 钼含量的测定 硫氰酸盐分光光度法

GB/T 223.53 钢铁及合金化学分析方法 火焰原子吸收分光光度法测定铜量

GB/T 223.59 钢铁及合金 磷含量的测定 铋磷钼蓝分光光度法和锑磷钼蓝分光光度法

GB/T 223.62 钢铁及合金化学分析方法 乙酸丁酯萃取光度法测定磷量

GB/T 223.63 钢铁及合金化学分析方法 高碘酸钠(钾)光度法测定锰量

GB/T 223.64 钢铁及合金 锰含量的测定 火焰原子吸收光谱法

GB/T 223.67 钢铁及合金 硫含量的测定 次甲基蓝分光光度法

GB/T 223.68 钢铁及合金化学分析方法 管式炉内燃烧后碘酸钾滴定法测定硫含量

GB/T 223.69 钢铁及合金 碳含量的测定 管式炉内燃烧后气体容量法

GB/T 223.72 钢铁及合金 硫含量的测定 重量法

GB/T 223.86 钢铁及合金 总碳含量的测定 感应炉燃烧后红外吸收法

GB/T 228.1 金属材料 拉伸试验 第1部分:室温试验方法

GB/T 229 金属材料 夏比摆锤冲击试验方法

GB/T 231.1 金属布氏硬度试验 第1部分:试验方法

GB/T 2102 钢管的验收、包装、标志和质量证明书

GB/T 2975 钢及钢产品 力学性能试验取样位置及试样制备

GB/T 4336 碳素钢和中低合金钢 火花源原子发射光谱分析方法(常规法)

GB/T 5777—2008 无缝钢管超声波探伤检验方法

GB/T 6394 金属平均晶粒度测定方法

GB/T 10561—2005 钢中非金属夹杂物含量的测定 标准评级图显微检验法

GB/T 17395 无缝钢管尺寸、外形、重量及允许偏差

GB/T 20066 钢和铁 化学成分测定用试样的取样和制样方法

GB/T 20123 钢铁 总碳硫含量的测定 高频感应炉燃烧后红外吸收法(常规方法)

3 订货内容

按本标准订购钢管的合同或订单应包括但不限于下列内容：

a） 标准编号；

b） 产品名称；

c） 钢的牌号和组别；

示例：当按牌号 30CrMoE 组别 2 订货时，其牌号和组别表示为 30CrMoE-2。

d） 订购的数量（总重量或总支数）；

e） 尺寸规格（公称外径×最小壁厚或公称外径×公称壁厚）；

f） 长度（定尺长度或倍尺长度）；

g） 特殊要求。

4 尺寸、外形和重量

4.1 外径和壁厚

4.1.1 除非合同中另有规定，钢管按公称外径（D）和最小壁厚（S_{min}）方式交货。根据需方要求，经供需双方协商，并在合同中注明，钢管可按公称外径（D）和公称壁厚（S）方式交货。

4.1.2 钢管的公称外径和壁厚应符合 GB/T 17395 的规定，其中公称外径应大于 356 mm。根据需方要求，经供需双方协商，并在合同中注明，可供应 GB/T 17395 以外规格的钢管。

注：如无特殊说明，本标准中所述“壁厚”包括最小壁厚和公称壁厚。

4.1.3 钢管外径和壁厚的允许偏差应符合表 1 的规定。

根据需方要求，经供需双方协商，并在合同中注明，可供应表 1 规定以外尺寸允许偏差的钢管。

表 1 钢管外径和壁厚的允许偏差 单位为毫米

类别	钢管尺寸	允许偏差
外径（D）	—	$\pm 1\% D$
最小壁厚（S_{min}）	$D \leqslant 559$	$^{+25\% S_{min}}_{0}$
	$D > 559$	$^{+27.5\% S_{min}}_{0}$
公称壁厚（S）	$D \leqslant 559$	$^{+12.5\% S}_{-10\% S}$
	$D > 559$	$\pm 12.5\% S$

4.2 长度

4.2.1 钢管按定尺长度或倍尺长度交货。

4.2.2 钢管的定尺长度允许偏差应符合如下规定：

a） 长度≤6 000 mm 时，$^{+10}_{0}$ mm；

b） 长度＞6 000 mm 时，$^{+20}_{0}$ mm。

4.2.3 钢管倍尺长度的全长允许偏差为$^{+20}_{0}$ mm，每个倍尺长度应另留出切口余量 10 mm～15 mm。

4.3 直线度

钢管全长范围内相对于紧靠钢管直线的最大偏离距离应不大于钢管总长度的0.15%。钢管每米范围内相对于紧靠钢管直线(尺)的最大偏离距离应不超过3.0 mm/m。

4.4 不圆度和壁厚不均

钢管的不圆度和横断面壁厚不均应分别不超过外径公差和壁厚公差的80%。

4.5 端头外形

钢管两端端面应与钢管轴线垂直,切口毛刺应予清除。

4.6 重量

4.6.1 钢管按公称外径和最小壁厚交货时,钢管按实际重量交货。

钢管按公称外径和公称壁厚交货时,钢管按实际重量交货,亦可按理论重量交货。钢管理论重量的计算按GB/T 17395的规定(钢的密度按7.85 kg/dm^3)。

4.6.2 根据需方要求,经供需双方协商,并在合同中注明,可规定单根钢管实际重量与理论重量的允许偏差为±10%,整批钢管实际重量与理论重量的允许偏差为$^{+5}_{-10}\%$。

5 技术要求

5.1 钢的牌号和化学成分

5.1.1 钢的牌号和化学成分(熔炼分析)应符合表2的规定。

5.1.2 需方要求进行成品分析时,应在合同中注明。成品钢管的化学成分允许偏差应符合GB/T 222的规定。

表2 钢的牌号和化学成分

序号	牌号	组别	化学成分(质量分数)/%								
			C	Si	Mn	P	S	Cr	Mo	Ni	Cu
1	30CrMoE	1[a]	0.25~0.35	0.15~0.35	0.40~0.90	≤0.020	≤0.010	0.80~1.10	0.15~0.25	≤0.30	≤0.20
2		2	0.26~0.34	0.17~0.37	0.40~0.70	≤0.020	≤0.010	0.80~1.10	0.15~0.25	≤0.30	≤0.20
3	42CrMoE	1[b]	0.40~0.45	0.15~0.35	0.75~1.00	≤0.020	≤0.010	0.80~1.10	0.15~0.25	≤0.30	≤0.20
4		2	0.38~0.45	0.17~0.37	0.50~0.80	≤0.020	≤0.010	0.90~1.20	0.15~0.25	≤0.30	≤0.20

[a] 牌号30CrMoE组别1等同于4130X。需方指定,按本标准订购的组别1钢管,可按4130X牌号订货。

[b] 牌号42CrMoE组别1等同于4142。需方指定,按本标准订购的组别1钢管,可按4142牌号订货。

5.2 制造方法

5.2.1 钢的冶炼方法

钢应采用电弧炉加炉外精炼并经真空精炼处理,或氧气转炉加炉外精炼并经真空精炼处理。根据需方要求,经供需双方协商,并在合同中注明,钢可采用其他较高要求的冶炼方法。

5.2.2 钢管的制造方法

钢管应采用热轧(扩)或热轧(扩)加冷拔无缝方法制造。

5.3 交货状态

钢管以热轧(扩)状态、冷拔状态或冷拔后热处理状态交货。热扩状态应是指坯料钢管经整体加热后扩制变形成更大直径钢管的变形状态。

5.4 力学性能

5.4.1 钢管试样坯经淬火加回火热处理后制成试样测出的纵向力学性能应符合表 3 的规定。试样坯的尺寸应能保证热处理后正常反映力学性能。

表 3 纵向力学性能

牌号	抗拉强度 R_m[a]/ MPa	下屈服强度或规定塑性延伸强度 R_{eL}或$R_{p0.2}$[a]/ MPa	断后伸长率 A_{50mm}[a]/ %	屈强比 (R_{eL}/R_m或$R_{p0.2}/R_m$)/ %	硬度 HBW	−40 ℃冲击吸收能量 KV_2/ J	
						平均值	单个试样
30CrMoE[b]	≥720	≥485	≥20	≤86	≤269	≥40	≥32
42CrMoE[c]	≥930	≥760	≥16	—	≤330	≥40	≥32

[a] 拉伸试样应为 GB/T 228.1 中规定的 R4 号试样。当钢管尺寸不足以截取 R4 号试样时,则应采用直径为8 mm 或 5 mm 中可能的较大尺寸圆形截面试样,试样的标距长度为试样截面直径的 5 倍。

[b] 30CrMoE 力学性能等同于 4130X 。

[c] 42CrMoE 力学性能等同于 4142。

5.4.2 表 3 中的冲击吸收能量为标准试样夏比 V 型缺口冲击吸收能量要求值。

冲击试验不能制备标准试样时,可采用宽度为 7.5 mm 或 5 mm 的小尺寸试样。当采用小尺寸冲击试样时,小尺寸试样的最小冲击吸收能量要求值应为全尺寸试样冲击吸收能量要求值(含平均值和单个试样最低值)乘以表 4 中的递减系数。

表 4 小尺寸试样冲击吸收能量递减系数

试样规格	试样尺寸(高度×宽度)/(mm×mm)	递减系数
标准试样	10×10	1.00
小试样	10×7.5	5/6
小试样	10×5	2/3

5.4.3 根据需方要求，经供需双方协商，并在合同中注明，供方可提供−20 ℃或−50 ℃的V型缺口冲击吸收能量值，供参考。

5.5 非金属夹杂物

钢管应进行非金属夹杂物检验。钢管的非金属夹杂物按GB/T 10561—2005中A法评级，其A、B、C、D各类夹杂物的细系级别和粗系级别应分别不大于2.5级，A、B、C、D各类夹杂物的细系级别总数与粗系级别总数应各不大于6.0级。

5.6 晶粒度

根据需方要求，经供需双方协商，并在合同中注明，钢管试样坯按淬火加回火热处理后制成的试样，其晶粒度应为6.5级或更细。

5.7 表面质量

钢管的内外表面不允许有裂纹、折叠、轧折、离层和结疤。这些缺陷应完全清除，清除部位应圆滑过渡，清除深度应不超过壁厚的10%。清除部位的实际壁厚应不小于壁厚允许的最小值。

钢管内外表面的氧化铁皮应清除。

5.8 全长自动测厚

钢管应逐根进行全长(自动探伤管端盲区除外)自动测厚，自动测厚系统检测覆盖的表面积应达到100%，自动测量的壁厚应符合表1规定的壁厚允许偏差。

5.9 无损检验

钢管应按GB/T 5777—2008中验收等级L2的规定逐根进行超声波纵横向探伤检验。

6 试验方法

6.1 钢管的尺寸和外形应采用符合精度要求的量具逐根测量。

6.2 钢管的内外表面应在充分照明条件下逐根目视检查。

6.3 钢管其他检验项目的取样方法、取样数量和试验方法应符合表5的规定。

表5 钢管的检验项目、试验方法、取样数量

序号	检验项目	试验方法	取样方法	取样数量
1	化学成分	GB/T 223、GB/T 4336、GB/T 20123	GB/T 20066	每炉取1个试样
2	拉伸试验	GB/T 228.1	GB/T 2975	每批在两根钢管上各取1个试样
3	硬度试验	GB/T 231.1	GB/T 2975	每批在两根钢管上各取1个试样
4	冲击试验	GB/T 229	GB/T 2975	每批在两根钢管上各取一组3个试样
5	非金属夹杂物检验	GB/T 10561—2005	GB/T 10561—2005	每批在两根钢管上各取1个试样
6	晶粒度检验	GB/T 6394	GB/T 6394	每批在两根钢管上各取1个试样
7	超声波探伤	GB/T 5777—2008	—	逐根

7 检验规则

7.1 检查和验收

钢管的检查和验收由供方质量技术监督部门进行。

7.2 组批规则

钢管按批进行检查和验收。每批钢管应由同一牌号、同一炉号、同一规格和同一交货状态的钢管组成，每批钢管的数量应不超过50根。

7.3 取样数量

每批钢管各项检验的取样数量应符合表5的规定。

7.4 复验和判定规则

钢管的复验和判定规则应符合GB/T 2102的规定。

8 包装、标志和质量证明书

钢管的包装、标志和质量证明书应符合GB/T 2102的规定。

ICS 91.140
P 47

中华人民共和国国家标准

GB/T 28885—2012

燃气服务导则

Specifications for city gas service

2012-11-05 发布 2013-06-01 实施

中华人民共和国国家质量监督检验检疫总局
中国国家标准化管理委员会 发布

前　言

本标准按照 GB/T 1.1—2009 给出的规则起草。

本标准由中华人民共和国住房和城乡建设部提出。

本标准由住房和城乡建设部城镇燃气标准技术归口单位归口。

本标准起草单位:中国城市燃气协会、中国市政工程华北设计研究总院、北京市燃气集团有限责任公司、武汉市燃气热力集团有限公司、中国燃气控股有限公司、华润燃气控股有限公司、新奥能源控股有限公司、重庆燃气(集团)股份有限公司、深圳市燃气集团股份有限公司、上海燃气(集团)有限公司、沈阳燃气集团有限公司、天津市燃气集团有限公司、港华投资有限公司、西安秦华天然气有限公司、徐州港华燃气有限公司、中山华帝燃具股份有限公司、兰州中石油昆仑燃气有限公司、西安华通新能源股份有限公司、南京港华燃气有限公司、北京大地燃气工程有限责任公司。

本标准主要起草人:迟国敬、王天锡、徐姜、王启、马长城、冯颖、丁淑兰、郑琪、赖曙光、王丽娟、唐奕春、康雪梅、高顺利、李树旺、范金生、范小兵、吴炯、顾书政、张宏、易洪斌、杨军、王德、杨红心、张任国、黄峰、唐志祥。

燃气服务导则

1 范围

本标准规定了燃气服务的术语和定义、总则、基本要求、管道燃气供应服务、瓶装燃气供应服务、车用燃气供应服务和服务质量评价。

本标准适用于燃气经营企业向用户提供的供气服务和相关管理部门及机构对供气服务质量的评价。

2 规范性引用文件

下列文件对于本文件的应用是必不可少的。凡是注日期的引用文件，仅注日期的版本适用于本文件。凡是不注日期的引用文件，其最新版本(包括所有的修改单)适用于本文件。

GB 5842 液化石油气钢瓶

GB/T 13611 城镇燃气分类和基本特性

GB 17267 液化石油气瓶充装站安全技术条件

GB/T 19001 质量管理体系 要求

GB 50028 城镇燃气设计规范

GB 50494 城镇燃气技术规范

CJJ 51 城镇燃气设施运行、维护和抢修安全技术规程

3 术语和定义

下列术语和定义适用于本文件。

3.1

燃气服务 gas service

为满足用户使用燃气的需要，燃气企业向用户提供的供气及相关服务活动。

3.2

燃气经营企业 gas company

指管道燃气经营企业、瓶装燃气经营企业和燃气汽车加气经营企业的总称。

3.3

上门服务 on-site service

燃气经营企业的服务人员到用户燃气使用场所提供的服务活动。

3.4

燃气燃烧器具前压力 gas pressure when gas appliances are being used

用户使用燃气时，在其燃气燃烧器具入口处测得的运行压力。

3.5

基表 reference meter

具有基础计量功能、直接显示用气量原始数据且与其他附加功能分离的计量器具。

3.6

液化石油气残液 residuals of LPG

在用户室内环境温度下，液化石油气钢瓶中残存且不再气化的烃类物质和其他杂质。

3.7

服务窗口 service point

燃气经营企业为用户提供服务的场所或平台。包括办事处（点）、用户服务中心、维修站（点）、管理站、瓶装燃气供应站、燃气汽车加气站和电子服务平台等。

4 总则

4.1 服务体系

燃气经营企业应建立与其供气规模、用户数量相适应、可持续改进的服务规范体系，满足用户的服务需求。

4.2 服务原则

4.2.1 指导性

燃气行业服务应遵循安全第一、诚信为本、文明规范、用户至上的原则。

4.2.2 安全性

燃气经营企业应向用户持续、稳定、安全供应符合国家质量标准的燃气和提供相应的服务；应为社会公共危机处理提供供气方面的安全保障；应实行全年全天候应急服务；提供的服务过程应保障人员和使用设施的安全；不应因燃气质量和服务质量等问题对人身安全和生产、生活活动及环境等构成不良影响和危害；应依法保护用户信息。

4.2.3 透明性

燃气经营企业应向用户公示服务规范业务程序、条件、时限、收费标准、服务电话等与服务有关的各项信息。

4.2.4 及时性

燃气经营企业的服务系统应在规定或承诺的时限内，响应用户在使用燃气时，对质量、维修和安全等方面的诉求。

4.2.5 公平性

燃气经营企业在其供气范围内，应对符合用气条件的单位和个人提供均等化的普遍服务。

5 基本要求

5.1 供气质量

5.1.1 燃气经营企业供应的燃气应符合 GB 50494、GB 50028 和 GB/T 13611 的规定并符合相应燃气种类标准。

5.1.2 燃气经营企业应向用户公布所供应燃气的燃气种类、组分、热值和供气压力等质量信息。

5.2 新增用户

5.2.1 燃气经营企业应根据燃气专项规划、适应当地经济发展和满足居民生活需要，制定和公布燃气用户的用气条件，在其经营范围内履行普遍服务义务。

5.2.2 燃气经营企业应公示用户申请业务的办事流程、办结时限、办理部门和地点，提供多种方式接受用气申请。

5.2.3 燃气经营企业应与用户签订供用气合同。供用气合同除应符合国家对于燃气供用气合同的规定外，还应包括下列内容：

a) 供应燃气的种类、质量和相关数据；
b) 维护用户信息安全；
c) 燃气设施安装、维修、更新的责任；
d) 免费服务的项目、内容。

5.3 服务窗口

5.3.1 燃气经营企业服务窗口的场所和设施应满足用户服务需求。

5.3.2 燃气经营企业服务窗口应按照公示的工作时间准时营业，在营业时间内用户未办理完事项前，不应终止服务。

5.3.3 面对用户的服务窗口场所入口处应设置明显标识牌，设置无障碍通道，并保持畅通；服务设施应齐全、完好，保持整洁；不应放置与服务无关的物品。应符合下列要求：

a) 受理业务的服务柜台高度不应超过 1.4 m；
b) 采用间隔玻璃式柜台的，应配有扩音器；
c) 有服务电话、时钟、日历牌；
d) 有处理业务需要的办公设备；
e) 有供用户休息的座位；
f) 有公示栏和安全标识；
g) 与服务相适应的其他服务设施。

5.3.4 电子服务平台等服务窗口应使用户得到相同的服务质量。

5.3.5 服务窗口公示的内容应利于用户有效地得到服务。应包括下列内容：

a) 办理业务的项目、流程、程序、条件、时限、收费标准、收费依据、免费服务项目和应提交相应的资料；
b) 服务规范、服务承诺、服务问责、服务投诉和处理等制度；
c) 用气条件、供气质量的主要参数、燃气销售价格；
d) 营业站点地址、营业时间；
e) 安全用气、节约用气知识；
f) 服务人员岗位工号；
g) 服务电话和监督电话。

5.4 接待服务

5.4.1 服务人员对用户应主动接待、热情服务。

5.4.2 接待用户应满足下列要求：

a) 对来电、来访人员不应推诿，按规定做好受理记录；
b) 按照燃气经营企业规定或者承诺的时限内答复、办结；
c) 不属于本企业解决的问题，应告知用户。

5.4.3　燃气服务的通讯设施应满足用户规模需要。传统人工电话应做到铃响三声有应答。

5.4.4　服务人员接待应按下列程序：

a）问候语；

b）报企业名称及工号；

c）问清事由，提供相关服务；

d）道别语。

5.5　投诉处理

5.5.1　燃气经营企业应有投诉处理的接待人员。建立投诉处理的全程记录。

5.5.2　接到用户的投诉应在5个工作日内处置并答复；因非本企业原因无法处理的，应向投诉人做出解释。

5.5.3　对重复投诉人，应告知投诉事项的解决办法及联系方式。

5.5.4　对处理期限内不能解决的投诉，应向用户说明原因，并确定解决时间。

5.5.5　投诉处理应根据调查结果和处理依据，选择合适的处理方式。

5.5.6　应依法对投诉人的个人信息保密。

5.6　安全宣传

5.6.1　燃气经营企业应履行指导用户安全用气、节约用气和宣传安全用气知识的义务。

5.6.2　燃气经营企业应向用户发放《燃气安全使用手册》（参见附录A），向用户宣传燃气使用的科学知识。安全宣传应包括下列内容：

a）安全使用燃气的基本知识；

b）正确使用燃气器具的方法；

c）抢修、抢险、维修和维护等业务的联系方法、联系电话；

d）防范和处置燃气事故的措施；

e）保护燃气设施的义务。

5.7　服务人员

5.7.1　燃气经营企业的服务人员，应按国家规定取得相应的从业资格，并进行岗位培训。

5.7.2　在瓶装燃气供应站、燃气加气站的服务人员，应熟悉处置服务纠纷和与服务无关人员的危害燃气安全的行为。

5.7.3　服务人员应着装整洁，举止文明、用语规范、熟悉业务、遵守职业道德、有较好的沟通能力及服务技巧，宜使用普通话。

5.7.4　服务人员不应使用伤害用户自尊、人格和埋怨、责怪、讽刺、挖苦用户的语言。

5.7.5　服务人员在营业时间内，应身着企业标识服，佩戴工作证、牌。工作证牌应具有下列内容：

a）企业名称及签章；

b）工作证牌编号；

c）持证人员的姓名、工号、照片及岗位名称。

5.8　信息服务

5.8.1　燃气经营企业应建立服务信息系统，满足用户查询、咨询、预约、投诉、缴费等业务的需求。

5.8.2　燃气经营企业应建立健全真实、完整的用户服务档案，实现服务的可追溯性。

5.8.3　对用户信息服务的提供方式包括：

a）电子服务平台；

b) 电话、传真、短信等和自助终端设施；

c) 营业站点；

d) 气费账单；

e) 《燃气安全使用手册》和其他宣传材料；

f) 电视、报纸及其他媒体。

5.8.4 信息服务渠道应保持畅通，并方便用户使用。

5.9 上门服务

5.9.1 服务人员应遵循上门服务规范，规范应包括从入门至离开时全过程的行为要求。应避免多名服务人员为相同的目的或分解服务程序上门干扰用户。

5.9.2 上门服务实行预约制度，应按照与用户约定的时间，准时到达。对不能按时应约的，应及时告知用户需要等待的时间；对不能应约的，应在预约时间前采用有效方式及时通知用户，提前时间不宜小于 2 h。

5.9.3 服务人员应着企业标识服，带工作牌，主动说明来因和出示相关证件。

5.9.4 入户服务应尊重用户隐私，非经用户同意，不应进入与服务项目内容无关的场所。

5.9.5 服务完成，应清理现场，并带走作业垃圾。

5.9.6 服务结束，涉及作业记录的，应准确记录，并请用户签字。

5.9.7 对上门服务质量实行跟踪回访。

5.9.8 应有对残、障、孤、老等特殊服务对象的服务规定。

5.10 供气保障

5.10.1 燃气经营企业的燃气安全事故应急预案中应具有保证临时供气和维持服务的措施。

5.10.2 燃气经营企业遇到自然灾害、极端性气候、社会治安、生产事故和气源短缺等严重影响正常供气服务的事件，应遵照燃气应急预案采取相应措施。

5.10.3 燃气经营企业应向用户宣传燃气安全事故应急预案，适时组织用户参加培训或演习。

5.10.4 燃气经营企业应向社会公布 24 h 报险、抢修电话。

5.10.5 燃气经营企业应协助地方人民政府对特殊情况或残、障、孤、老等特殊人群的用气需求提供服务。

5.10.6 燃气计量和调度等信息应有利于燃气计量技术水平提高和对供求状况监测、预测和预警的实施。

5.11 用户燃气设施的安全检查

5.11.1 燃气经营企业应按照相关法规的规定组织对用户燃气设施的安全检查。

5.11.2 检查前，应提前告知用户，并按约定的时间实施。检查服务的人员应主动表明身份并说明来由。

5.11.3 对初次使用燃气的用户和新住宅用户装修后在供气设施投用前，应按规定或约定进行上门安全检查。不符合安全使用条件的，不应供气。

5.11.4 安全检查记录应有用户签字。

5.11.5 安全检查应符合 CJJ 51 的规定，并检查下列事项：

a) 嵌入式燃气灶和在隐蔽及不易观察位置安装的连接管道情况；

b) 采用不脱落连接方式的情况；

c) 燃气热水器排烟管的完好情况；

d) 用户燃气存放和使用场所的安全条件及通风情况。

5.11.6 对检查发现存在安全隐患的事项，应履行告知义务，并按照规定的燃气设施维护、更新责任范围实施相关工作，或者提示用户自行整改。向用户发出隐患整改通知书，整改通知书应要求用户签收。

5.11.7 用户要求燃气经营企业协助对其用户燃气设施维护、更新责任范围内的安全隐患整改时，燃气经营企业应组织有资质的施工单位实施。

5.11.8 燃气经营企业在入户检查时，发生下列情况，应做好相关记录。

a) 用户拒绝入户安全检查的；
b) 拒绝在安全检查记录上签字的；
c) 不签收整改通知书的。

5.11.9 因用户原因无法进行安全检查的，燃气经营企业应做好记录，并以书面形式告知用户约定安全检查时间及联系电话号码；发现燃气泄漏等严重安全隐患，燃气经营企业应采取相应措施进行及时处理。

6 管道燃气供应服务

6.1 新增用户

6.1.1 用气条件应包括：市政燃气管网覆盖的区域、管道供应能力、用气场所的安全用气条件。

6.1.2 管道燃气经营企业应公示新增用户的主要流程，应包括下列内容：

a) 前期咨询；
b) 申请受理；
c) 现场查勘；
d) 接气方案确定；
e) 合同签订；
f) 施工；
g) 工程验收；
h) 置换通气等。

6.1.3 管道燃气经营企业不应拒绝符合用气条件的用气申请者。对超出市政燃气管道负荷能力的地段的用气申请者，应告知原因和解决建议。

6.1.4 管道燃气经营企业接受用气申请后，经勘测符合用气条件的，并需要管道燃气经营企业提供安装施工的，应与申请用气者签订施工合同，按照合同约定期限完工。

6.1.5 新增用户的程序、时限应符合下列要求：

a) 管道燃气经营企业接受用气申请后，应在10个工作日内答复；
b) 工程应由具备相应施工资质的单位施工；
c) 管道燃气经营企业组织或参与工程竣工验收；
d) 验收合格后方可通气交付使用。

6.2 供气服务

6.2.1 对于符合国家质量标准，管道燃气经营企业参与工程竣工验收并验收合格的用户燃气设施，应依据供用气合同予以供气。

6.2.2 管道燃气计量、抄表与结算

6.2.2.1 管道燃气经营企业应向用户提供、安装经法定机构检测合格的燃气计量表。选用的燃气计量表应便于燃气经营企业的统一管理和安装、维修。使用预存款方式的燃气计量表应具有余额不足报警提示或者有限透支功能。管道燃气经营企业应按照规定定期更新、检定燃气计量表。非在线检测燃气计量表时，应向用户提供备用燃气计量表或者与用户商定检测期内的计量方式。

6.2.2.2 管道燃气经营企业应在供用气合同中，与用户明确燃气费的结算周期和方式。

6.2.2.3 燃气销售价格调整时，管道燃气经营企业应按照调价时间和价格，分别结算调价前后的燃气费，并告知用户。对使用非预存款方式燃气计量表的用户应及时抄表结算燃气费。

6.2.2.4 管道燃气经营企业应做到抄表作业及时准确：

a) 抄表应按照约定的时间周期进行。若需要变更抄表周期，应提前通知用户；

b) 对居民用户长期不在家而无法上门抄表或暂时无法正确抄表的，计量可按以下方法进行估量并告知用户：

——估量不应高于该用户以往实际用气一年中最高的单月用气量；

——估量后第一次进户抄表作业时，应按照“多退少补”的原则与用户结算。

c) 管道燃气经营企业不应对非居民用户进行估量抄表。

6.2.2.5 管道燃气经营企业抄表后，应按照承诺的时间通知用户缴纳燃气费。缴纳燃气费的期限除非合同另有约定不宜少于10日。

6.2.2.6 管道燃气经营企业的缴纳燃气费通知应包括下列内容：

a) 企业名称；

b) 用户编号、户名、地址；

c) 抄表数和用户当期使用的燃气量；

d) 燃气的价格和用户应缴纳的燃气费金额；

e) 缴纳燃气费的地址、时间和时限及缴费方式的提示；

f) 企业的缴费查询电话、服务投诉电话、监督电话或其他联系方式。

6.2.2.7 管道燃气经营企业应提供多种方式方便用户缴纳燃气费，并向用户提供合法收费凭证。

6.2.2.8 用户逾期未缴纳燃气费时，管道燃气经营企业应以有效方式提醒用户缴费，同时告知违约责任。

6.2.3 管道燃气经营企业接到用户改装、拆除、迁移燃气设施的申请后，应在5个工作日内予以答复。对受理的，居民用户按照约定时间的5个工作日内、非居民用户按照合同约定的时限，实施相关工程；对不予受理的，应以书面形式向用户说明理由。迁移、改装燃气设施的质量保证期应符合国家有关规定。

6.2.4 对燃气计量有异议的，可向法定检测机构提出检定申请：

a) 检定结果超出规定误差标准的，由管道燃气经营企业提供更换使用的燃气计量表并承担相关检定费用；检定结果符合规定的，由提出检定申请方承担检定燃气表的相关费用；

b) 对于超出的误差，应给予损失方按照计量误差累积量补偿，累计时间按照自拆表检定之日前1年计算。该表安装使用不足1年的，按实际使用时间计算；

c) 燃气用户的用气量以基表显示的数据为基准数据。

6.2.5 管道供应临时中断，应进行下列处置：

a) 管道燃气经营企业因管道施工、维修、检修等计划性而非突发性原因确需降压或暂停供气的，应提前48 h将暂停供气及恢复供气的时间公告和通知用户及燃气管理部门。降压或暂停供气的开始时间应避免用气高峰，暂停供气的时间一般不应超过24 h，并按时恢复供气；

b) 供气管道发生泄漏或突发性事件停气，应采取不间断的抢修措施，直至修复投用；

c) 对突发、意外造成停气、降压供气或者停气时间超过24 h以上，应及时通知停气影响范围内的用户，向用户说明情况，并通知用户恢复供气时间和安全注意事项；

d) 居民用户恢复供气时间等事项应按照相关法规的规定实施。再次停气或超时停气应再次通知用户。通知内容包括：停气原因、停气范围、停气开始时间、预计恢复供气时间等；

e) 管道施工、维修和检修提倡采取措施实现不停气作业。

6.2.6 用户燃气管道设施发生故障，向管道燃气经营企业报修，管道燃气经营企业应受理，并按照相关法规规定的时限响应；管道燃气经营企业接到用户室内燃气泄漏的报告，应在接报的同时，提示用户采取常规应对措施,按照相关法规的规定响应并立即赶到现场处置;管道燃气经营企业管理的燃气表井、阀门井等井盖缺损,应自接到报告或发现之时起 24 h 内修复,未能及时修复的,应采取监护措施。

6.2.7 管道燃气经营企业停业、歇业的,应提前 90 个工作日报经燃气管理部门同意,由燃气管理部门、管道燃气经营企业事先对供应范围内的用户的用气做出妥善安排并告知用户。

6.2.8 燃气燃烧器具前压力检查应符合下列要求:

a) 管道燃气经营企业应在调压装置出口的近端和最远端实施监测。定期抽查用户燃气燃烧器具前压力,每 2 个月不应少于一次,每次测试户数按当地实际确定。中压进户的用户燃气燃烧器具前压力检测按照有关规定实施;
b) 检测点应具有随机性和符合燃气种类特性;
c) 燃气燃烧器具前压力应符合 GB 50028 的规定。

6.2.9 管道燃气经营企业应按照规定定期在管网末端抽查燃气加臭的质量。

6.2.10 管道经营企业建立用户燃气设施隐患整改及跟踪的工作机制,督促用户整改。

6.3 燃气种类转换

6.3.1 管道燃气经营企业应在以下情况下对用户转换供应燃气种类:

a) 燃气专项规划要求转换燃气种类;
b) 其他种类燃气并入城镇燃气市政管网。

6.3.2 管道燃气经营企业在进行燃气种类转换时,应与转换地区的街镇、社区、物业管理等单位取得联系,告知相关工作,并提前 7 个工作日通知用户转换原因、流程、时间、注意事项、收费项目及标准、新燃气种类的特性、使用新种类燃气的价格及需要用户配合事项等。

6.3.3 管道燃气经营企业应在发布燃气种类转换通知前,至少应完成以下工作:

a) 检查用户燃气设施的安全情况;
b) 登记燃气燃烧器具品牌、型号;
c) 向用户告知安全检查结果并要求用户签字;
d) 对存在安全隐患的,应按照规定,向用户发出整改通知书,要求用户签收;
e) 因用户不在家无法入室进行安全检查的,应做好记录,并以书面形式告知用户联系方式,另行约定安检时间。

6.3.4 管道燃气经营企业应将普查的燃气燃烧器具相关数据提供给相关企业,并组织相关企业做好燃气燃烧器具更换或者改装的前期准备工作。

6.3.5 燃气燃烧器具的更换、改装应符合国家相关标准要求,改装后的燃气燃烧器具应有明显标识,改装情况应详细记录,包括改装企业名称、人员工号、改装内容、检测情况等内容并有用户签字。

管道燃气经营企业应对改装后的燃气燃烧器具和设施进行安全检查;未更新或未改装的燃气燃烧器具不得使用,并应告知用户。

6.3.6 除 6.3.3e)项外,管道燃气经营企业应在燃气种类转换前完成抄表和结算工作。

6.3.7 管道燃气经营企业应按公示的时间恢复正常供气,因特殊情况延时供气的应及时公示。

7 瓶装燃气供应服务

7.1 供气服务

7.1.1 瓶装燃气经营企业应向用户提供符合国家规定并经法定检测机构检测合格的燃气气瓶。

7.1.2 瓶装燃气经营企业的瓶装燃气供应站应符合国家设立瓶装燃气供应站的安全技术要求,应配备检查充装质量及检查泄漏的器具和器材。

7.1.3 瓶装燃气经营企业应依照燃气专项规划设置瓶装气供应站,开展瓶装气经营业务。需要撤消或者搬迁瓶装气供应站的，应制定方案，妥善安排用户的用气，并于瓶装气供应站撤消或者搬迁前，按照相关法规规定的时限，在该供应站公开通知。通知应包括下列内容：

a) 瓶装燃气经营企业名称；

b) 撤消或者搬迁的瓶装气供应站名称；

c) 撤消或者搬迁的日期；

d) 妥善安排用户用气措施；

e) 新设或改设供应站的站名、地址、方位图、服务电话或呼叫中心统一电话。

7.1.4 瓶装燃气经营企业应不断提高瓶装燃气的信息化管理水平，实现全过程信息的可追溯性，增强瓶装燃气的使用安全性。

7.1.5 瓶装燃气经营企业的燃气充装质量应符合国家有关规定。并应对其销售的瓶装燃气提供合格标识。

7.1.6 瓶装燃气经营企业应提供多种方式方便用户缴纳燃气费，向用户提供合法收费凭证。

7.1.7 瓶装燃气经营企业应使用本企业的燃气气瓶向用户销售瓶装燃气。用户有权选择瓶装气供应站。

7.1.8 瓶装燃气经营企业应向用户提供瓶装燃气搬运、检查充装质量和检查泄漏等服务。

7.1.9 瓶装燃气经营企业应在燃气气瓶（含检修、检测合格的燃气气瓶）首次投用前，对其进行抽真空处理，并做好记录。

7.1.10 瓶装燃气经营企业接到用户关于换气后，燃气燃烧器具无法正常燃烧的报告时，应提示用户暂停用气，并根据征询的情况及时告知用户可以处置的单位及联系方式，属于本企业解决的问题，应按约定的时间上门解决。

7.1.11 瓶装燃气经营企业接到用户报告瓶装燃气泄漏时，应提示用户采取常规措施，同时按照相关法规规定的时限响应，立即赶到现场处置。

7.1.12 瓶装燃气经营企业受理瓶装燃气用户设施维修的申请，应及时安排具有相应资格的维修人员处置。

7.1.13 瓶装燃气经营企业在服务窗口公示内容还应包括下列内容：

a) 残液标准、超标补偿时限和方法；

b) 国家规定的充装质量标准；

c) 国家规定的燃气气瓶强制检测、报废时间标准。

7.1.14 供应瓶装液化石油气还应符合下列要求：

a) 液化石油气钢瓶应符合 GB 5842 的规定；

b) 瓶装液化石油气充装质量应符合 GB 17267 的规定；

c) 瓶装液化石油气经营企业应保证液化气钢瓶内液化气残液量符合下列规定：

1) YSP-5 型钢瓶内残液量不大于 0.15 kg；

2) YSP-10 型钢瓶内残液量不大于 0.30 kg；

3) YSP-12 型钢瓶内残液量不大于 0.36 kg；

4) YSP-15 型钢瓶内残液量不大于 0.45 kg；

5) YSP-50 型钢瓶内残液量不大于 1.50 kg。

d) 液化石油气残液量超出前款规定的，瓶装燃气经营企业应对用户予以补偿。补偿后请用户签收。

7.2 送气服务

7.2.1 瓶装燃气经营企业应按约定的时间，为用户提供送气服务，并将相关合法收费凭证随同送达。

7.2.2 送气人员应为居民用户安装好燃气气瓶，并对安装部位进行泄漏检查和点火调试，直到使用正常，要求用户签收；若用户明确提出不要求送气人员安装，送气人员应该告知用户正确的安装、调试方法，并在签收单上注明。

7.2.3 应轻搬、轻放燃气气瓶、不应有在地上拖动、滚动燃气气瓶的不当行为。

8 车用燃气供应服务

8.1 加气服务

8.1.1 燃气汽车加气经营企业应保证加入燃气汽车气瓶的充装介质与气瓶规定的充装介质一致，充装程序和加气压力符合国家规定。

8.1.2 燃气汽车加气经营企业使用的加气机计量装置符合国家关于计量器具的规定。

8.1.3 燃气汽车加气经营企业收取加气费时，应向用户出具合法收费凭证。

8.1.4 不应拒绝向符合规定的燃气汽车充装车用燃气。

8.1.5 加气前应问清加气数量，将加气机显示归零并向用户告知。加气结束，应唱收唱付。

8.1.6 加气服务的人员应对有泄漏的燃气气瓶按程序立即处置。

8.1.7 加气站的安全设施应符合国家相关规定，加气站应有明确的运气槽车停车区域并有隔离设施与标识。

8.1.8 在向燃气汽车加气前，加气服务人员应按照规定检查气瓶、气瓶定期检验有效合格证件和气瓶充装合格证，符合规定方可为相应的汽车加气；对临近气瓶检验期限的气瓶，应提示用户检修。应采取措施提高气瓶信息化管理水平，实现全过程信息的可追溯性，增强瓶装燃气的使用安全性。

8.1.9 交接班时应对加气设施进行泄漏检查。

8.1.10 加气站的加气车辆进、出通道应符合要求并明示，有人员维持车辆秩序。

8.1.11 向燃气汽车加气时，应请车内人员下车并熄灭发动机。

8.1.12 不应从事超出经营范围的充装业务。

8.1.13 不应容许用户使用加气设施自行加气。

8.2 服务窗口

除应符合5.3的规定外，还应具有以下设施：

a) 安全监控系统；

b) 卫生间。

9 服务质量评价

9.1 评价方式

燃气服务质量的评价应实行企业自我评价和社会评价结合的方式。

9.2 燃气经营企业自我评价

燃气经营企业应依据本标准建立以用户对服务满意度为基础的服务质量自我评价体系。宜按照GB/T 19001的规定实施。

9.3 社会评价

社会评价包括：

a) 按照有关标准定期开展用户满意度测评；

b） 地方人民政府管理部门、协会、社会评价机构以及消费者组织等对服务质量进行的评价；

c） 利用媒体公布燃气服务质量评价结果。

评价数据可由以下渠道获得：市民信访、投诉；社会评价、调查机构对燃气服务进行的定期评价；燃气用户调查、专项服务项目咨询、社会征求意见、专家评议等以及对企业服务窗口和专题用户的调查。

9.4 评价参考指标及计算方法

9.4.1 共性指标

9.4.1.1 服务电话及时接通率

呼叫中心或服务电话及时接通率应大于 80%。计算方法应按式(1)计算：

电话及时接通率＝(按时接通的电话数量÷打进电话总数量)×100% …………（1）

9.4.1.2 服务窗口服务用户平均等待时间

服务窗口服务用户平均等待时间不应超过 15 min。计算方法应按式(2)计算：

平均等待时间＝(被现场抽查人数的等待时间之和÷现场抽查人数)×100% ………（2）

9.4.1.3 投诉处理及时率

投诉处理及时率应大于或等于 99%。计算方法应按式(3)计算：

投诉处理及时率＝(规定时间内及时投诉处理次数÷投诉总次数)×100% ………（3）

9.4.1.4 投诉办结率

投诉办结率应 100%。计算方法应按式(4)计算：

投诉办结率＝(规定时间内投诉办结次数÷投诉总次数)×100% …………（4）

9.4.2 对管道燃气经营企业的服务质量评价考核指标

9.4.2.1 燃气燃烧器具前压力合格率

燃气燃烧器具前压力合格率应大于或等于 99%；计算方法应按式(5)计算：

燃气燃烧器具前压力合格率＝(规定时间内检测合格次数÷检测总数)×100% ……（5）

9.4.2.2 管道设施抢修响应率

管道设施抢修响应率应 100%。计算方法应按式(6)计算：

管道设施抢修响应率＝(规定时间内检查合格次数÷检查总次数)×100% ………（6）

9.4.2.3 管道设施抢修及时率

管道设施抢修及时率不应低于 99%。计算方法应按式(6)计算。

9.4.2.4 报修处理响应率

对用户设施报修处理响应率应 100%，响应率计算方法应按式(7)计算：

报修处理响应率＝(规定时间内报修处理响应次数÷报修处理总数)×100% ………（7）

9.4.2.5 报修处理及时率

对用户设施报修处理及时率不应低于 98%。及时率计算方法应按式(8)计算：

报修处理及时率＝(规定时间内报修处理及时次数÷报修处理总数)×100% ………（8）

9.4.3 对瓶装燃气经营企业的服务质量评价考核指标

9.4.3.1 无泄漏合格率

实瓶出站无泄露，合格率应 100%。计算方法应按式(9)计算：

实瓶出站无泄漏合格率＝(检测无泄漏合格瓶数÷检测总瓶数)×100% …………（9）

9.4.3.2 充装合格率

液化石油气实瓶(重瓶)充装合格率应大于或等于 98%。计算方法应按式(10)计算：

液化石油气实瓶(重瓶)充装合格率＝(检测实瓶合格数÷检测实瓶总数)×100% …（10）

9.4.3.3 报修处理响应率

对用户设施报修处理响应率应 100%。计算方法应按式(7)计算。

9.4.3.4 报修处理及时率

对用户设施报修处理及时率不应低于98%。计算方法应按式(8)计算。

9.4.4 对汽车加气经营企业的服务质量评价考核指标

实瓶出站无泄露,合格率应100%。无泄漏合格率计算方法应按式(9)计算。

9.4.5 燃气服务满意度应按照构成满意度的因素和满意度分级的符合性进行测评。

附 录 A
（资料性附录）
燃气安全使用手册

A.1 燃气经营企业应专门为用户编制《燃气安全使用手册》。

A.2 《燃气安全使用手册》宜按燃气种类、供气方式编写，至少应有：管道气安全使用手册、瓶装气安全使用手册、汽车用气安全使用手册等。管道气按气种可分为天然气、液化石油气、人工燃气等，瓶装气可分为液化石油气、天然气等，汽车用气可分为压缩天然气、液化天然气、液化石油气等。

A.3 《燃气安全使用手册》由相应燃气经营企业编写。编写内容应符合科学、实用、通俗、准确、操作性强等要求。

A.4 《燃气安全使用手册》应组织有关专家论证后印发。

A.5 《燃气安全使用手册》至少应包括下列内容：

a） 供应燃气种类的基本知识；
b） 新增用户的用气条件；
c） 燃气使用、储存场所的安全条件；
d） 燃气燃烧器具的种类和相应的使用要求；
e） 用户使用燃气的权利、责任和义务；
f） 燃气经营企业的责任和义务；
g） 用户应遵循的正确的操作和行为；
h） 保障燃气使用安全所要求的事项；
i） 燃气事故的处置方法；
j） 服务电话及其他联系方式。

ICS 91.060.50
Q 74

中华人民共和国国家标准

GB/T 28886—2012

建筑用塑料门

Plastic door for buildings

2012-11-05 发布 2013-06-01 实施

中华人民共和国国家质量监督检验检疫总局
中国国家标准化管理委员会 发布

前 言

本标准按照 GB/T 1.1—2009 给出的规则起草。

本标准由中华人民共和国住房和城乡建设部提出。

本标准由全国建筑幕墙门窗标准化技术委员会(SAC/TC 448)归口。

本标准负责起草单位:中国建筑金属结构协会塑料门窗委员会。

本标准参加起草单位:中国建筑科学研究院、国家建筑材料工业建筑五金水暖产品质量监督检验测试中心、维卡塑料(上海)有限公司、广东坚朗五金制品股份有限公司、大连实德集团有限公司、芜湖海螺型材科技股份有限公司、北新建塑有限公司、大连吉田建材有限公司、柯梅令(天津)高分子型材有限公司、浙江中财型材有限责任公司、哈尔滨中大化学建材有限公司、新疆屯河型材有限公司、华之杰塑料建材有限公司、瑞好聚合物(苏州)有限公司、福建亚太建材有限公司、南京皇家聚锋建筑材料有限公司、东营大明新型建材有限责任公司、香河贝德建筑装饰制品有限公司、沈阳华新门窗工程有限公司、西安高科幕墙门窗有限公司、国强五金集团有限公司、上海市建筑五金门窗行业协会、辽宁省建筑标准化办公室、新疆建筑门窗协会、江苏省建筑科学研究院。

本标准主要起草人:闫雷光、丛敬梅、王洪涛、邓贵智、陈祺、程先胜、王加臣、王浩、刘新、王彤、何琪、宗小丹、李强、牛建华、潘军、聂贤慧、曾省成、黄金永、鲁宁、肇广维、窦永智、杜万明、张海峰、钱经纬、吴伟东、刘晓东、张云龙。

建筑用塑料门

1 范围

本标准规定了建筑用塑料门(以下简称塑料门)的术语和定义、分类、规格和标记、要求、试验方法、检验规则和标志、包装、运输和贮存。

本标准适用于基材为未增塑聚氯乙烯(PVC-U)型材制作的建筑用门。其他种类塑料门可参照采用。

2 规范性引用文件

下列文件对于本文的应用是必不可少的。凡是注日期的引用文件,仅注日期的版本适用于本文件。凡是不注日期的引用文件,其最新版本(包括所有的修改单)适用于本文件。

GB/T 2680 建筑玻璃 可见光透射比、太阳光直接透射比、太阳能总透射比、紫外线透射比及有关窗玻璃参数的测定

GB/T 5823 建筑门窗术语

GB/T 5824 建筑门窗洞口尺寸系列

GB/T 7106 建筑外门窗气密、水密、抗风压性能分级及检测方法

GB/T 8484 建筑外门窗保温性能分级及检测方法

GB/T 8485 建筑门窗空气声隔声性能分级及检测方法

GB/T 8814—2004 门、窗用未增塑聚氯乙烯(PVC-U)型材

GB/T 11793 未增塑聚氯乙烯(PVC-U)塑料门窗力学性能及耐候性试验方法

GB/T 14154 塑料门 垂直荷载试验方法

GB/T 14155 整樘门 软重物体撞击试验

GB/T 14436 工业产品保证文件 总则

GB 50009 建筑结构荷载规范

JG/T 263 建筑门窗用未增塑聚氯乙烯彩色型材

JGJ 113 建筑玻璃应用技术规程

JGJ/T 151 建筑门窗玻璃幕墙热工计算规程

3 术语和定义

GB/T 5823、GB/T 5824、GB/T 8814—2004 和 JG/T 263 界定的以及下列术语和定义适用于本文件。

3.1

塑料门 plastic doors

基材为未增塑聚氯乙烯(PVC-U)型材并内衬增强型钢的门。

3.2

机械式连接 mechanical joint

型材间采用专用连接件进行的拼接。

[GB/T 28886—2012,定义 3.2]。

4 分类、规格和标记

4.1 分类

4.1.1 按用途分

室外用门(代号 W)和室内用门(代号 N)。

4.1.2 按开启形式分

开启形式与代号应符合表 1 的规定。

表 1 开启形式与代号

开启形式	内平开	外平开	内平开下悬	推拉下悬	折叠	推拉	提升推拉	地弹簧
代号	NP	WP	PX	TX	Z	T	TT	DH
注 1:固定部分与上述各类门组合时,均归入该类门。 注 2:纱扇代号为 A。								

4.2 规格

4.2.1 门规格用门洞口尺寸表示,门洞口尺寸应符合 GB/T 5824 的规定。

4.2.2 门框厚度系列按门框型材无拼接组合时的门框最大厚度公称尺寸确定。

4.3 标记

产品标记由塑料门、用途代号、开启形式代号、门框厚度系列、门规格、纱扇代号、标准号组成。

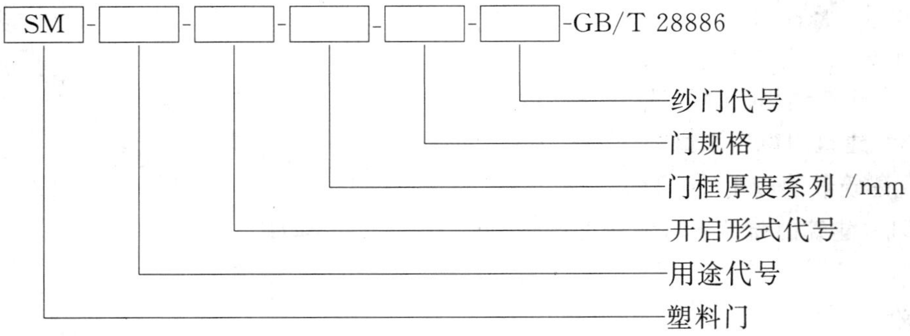

示例:室内用内平开塑料门,门框厚度系列为 60 mm,规格为 090240,带纱扇。

SM-N-NP- 60-090240-A-GB/T 28886。

5 要求

5.1 材料

5.1.1 一般要求

塑料门所用材料及附件应符合有关标准的规定,常用材料标准清单参见附录 A。

5.1.2 型材

5.1.2.1 外门用型材老化时间不应小于 6 000 h,内门用型材老化时间不应小于 4 000 h。
5.1.2.2 门用主型材可视面最小实测壁厚不应小于 2.8 mm,非可视面型材最小实测壁厚不应小于2.5 mm。

5.1.3 增强型钢

增强型钢应满足工程强度设计要求,且最小壁厚不应小于 2.0 mm。

5.1.4 增强型钢用紧固件

增强型钢用紧固件应采用机制自钻自攻螺钉,不应采用拉铆钉。

5.1.5 密封材料

5.1.5.1 框扇间密封用胶条回弹恢复(D_r)不应小于 5 级,热老化后回弹恢复(D_a)不应小于 4 级。
5.1.5.2 门用密封毛条应选用平板硅化加片型。

5.1.6 玻璃

玻璃的选用应符合 JGJ 113 及相关标准的规定。

5.2 外观质量

5.2.1 门构件可视面应平滑,颜色均匀一致,无裂纹、气泡,不应有严重影响外观的擦、划伤等缺陷。
5.2.2 焊缝应清理,清理后可视面刀痕宽度不应大于 4 mm,深度不应大于 0.3 mm,刀痕应均匀、光滑平整。

5.3 门的装配

5.3.1 门框、扇、梃应加衬增强型钢,并根据外门的抗风压强度、挠度计算结果确定增强型钢的规格,抗风压强度、挠度计算方法参见附录 B。增强型钢端头距型材端头内角距离不宜大于 15 mm(见图 1),且以不影响端头焊接为宜。增强型钢与型材承载方向内腔配合间隙不应大于 1 mm(见图 2)。

单位为毫米

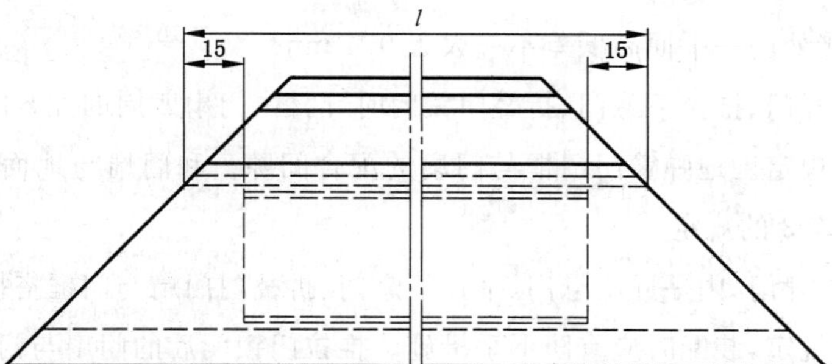

说明:
l ——型材内角尺寸。

图 1 增强型钢端头距型材端头内角距离

单位为毫米

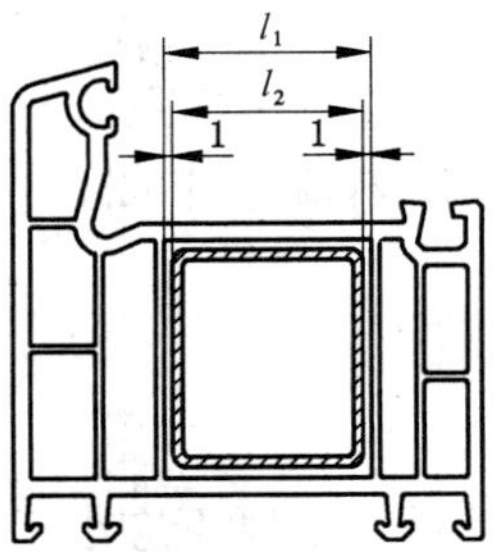

说明：

l_1——型材内腔尺寸；

l_2——增强型钢尺寸。

图 2 增强型钢与型材承载方向内腔配合间隙

5.3.2 用于固定每根增强型钢的紧固件不应少于 3 个，其间距不应大于 300 mm，距型材端头内角距离不应大于 100 mm。固定后的增强型钢不应松动。

5.3.3 外门框、扇、梃应有排水通道和气压平衡孔，使渗入框、扇、梃内的水及时排至室外，排水通道不应与放置增强型钢的腔室连通。

5.3.4 彩色外门应在彩色型材最外侧的封闭腔体处加工通气孔。

5.3.5 机械式连接的中梃连接部位应用专用连接件连接，该联接件与增强型钢应采用紧固件固定，连接处的四周缝隙应有可靠密封防水措施。机械式连接框、扇、梃相邻构件装配间隙不应大于 0.3 mm。

5.3.6 门框、门扇外形尺寸的允许偏差应符合表 2 的规定。

表 2 框、扇外形尺寸允许偏差

单位为毫米

项　目	宽度或高度	
尺寸范围	≤2 000	>2 000
允许偏差值	±2.0	±3.0

5.3.7 门框、门扇对角线尺寸之差不应大于 3.0 mm。

5.3.8 相邻两构件焊接处同一平面高低差不应大于 0.4 mm。

5.3.9 外平开门、内平开门、推拉下悬门、折叠门关闭时，门框、门扇四周的配合间隙 c(见图 3 和图 4)，允许偏差应符合表 3 的规定。地弹簧门门框与门扇的配合间隙 c 和门扇与地面之间的配合间隙 d(见图 6)，允许偏差应符合表 3 的规定。

5.3.10 外平开门、内平开门、内平开下悬门、推拉下悬门、折叠门门扇与门框搭接量 b(见图 3 和图 4)，允许偏差应符合表 3 的规定，装配时应有防下垂措施。推拉门锁闭后的门扇与门框搭接量 b(见图 5)的允许偏差为±2 mm，且门扇与门框上下搭接量 b 的实测值不应小于 8 mm。

5.3.11 推拉门应有防门扇脱落装置。

5.3.12 五金配件安装位置应正确，数量应齐全，承受往复运动的配件在结构上应便于更换。五金配件承载能力应与门扇重量和抗风压要求相匹配。平开门每扇合页不应少于 3 个，门扇锁闭点不应少于 3 个。五金配件与型材连接强度应满足力学性能和物理性能要求。

表 3　配合间隙和搭接量允许偏差

单位为毫米

项目	内平开门	外平开门	内平开下悬门	推拉下悬门	折叠门	推拉门	地弹簧门
配合间隙(c、d)	±1.0						±2.0
搭接量(b)	±2.0						—

5.3.13　密封条、毛条装配后应均匀、牢固,接口严密,无脱槽、收缩、虚压等现象。

5.3.14　压条应安装在室内侧,压条装配后应牢固。压条角部对接处允许有不大于 0.5 mm 的间隙。同一边压条不应拼接。

5.3.15　中空玻璃的安装尺寸应符合图 7 和表 4 的要求。玻璃装配的其他要求应符合 JGJ 113 的相关规定。

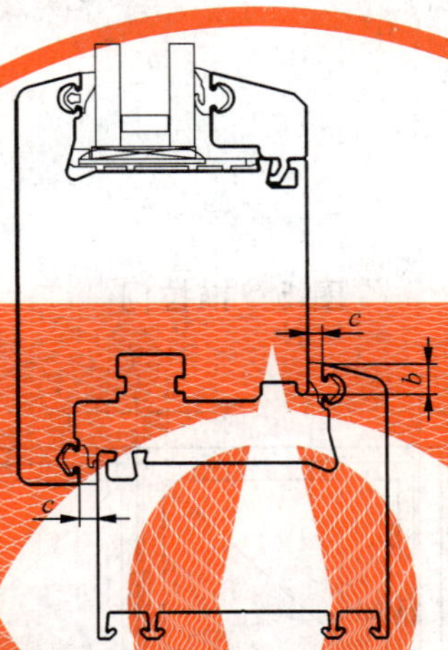

说明：

b ——搭接量；

c ——配合间隙。

图 3　外平开门

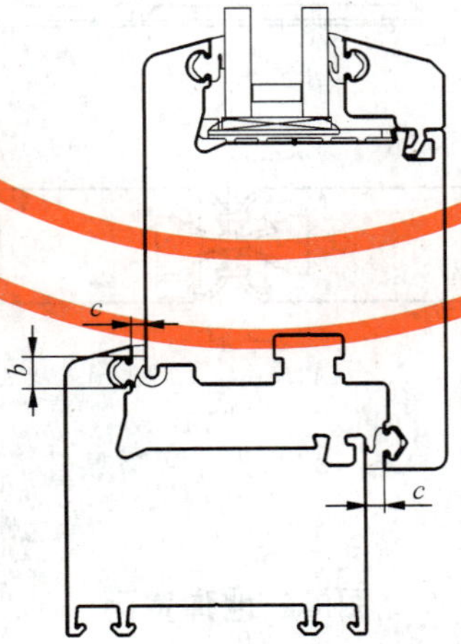

图 4　内平开门、内平开下悬门、推拉下悬门、折叠门

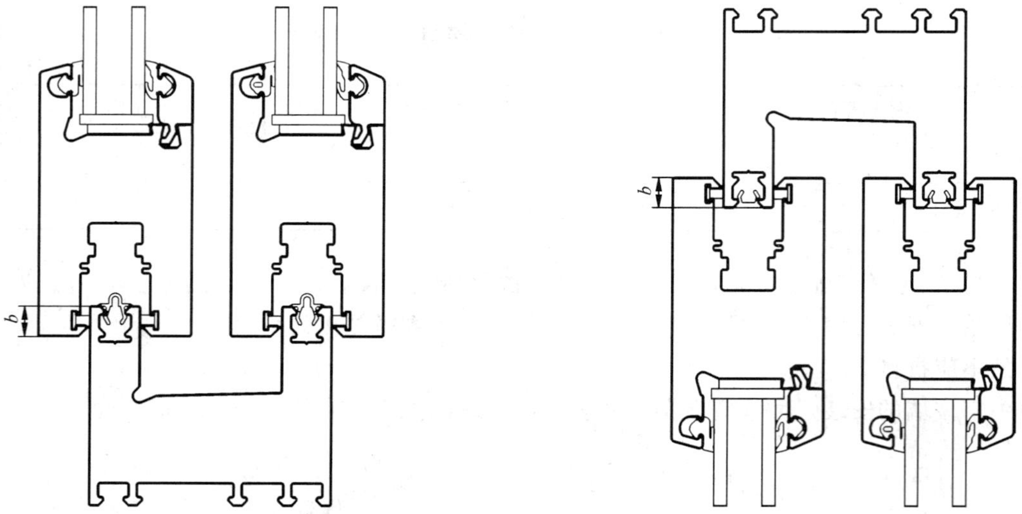

a） 推拉门下部搭接量　　b） 推拉门上部搭接量

说明：

b ——搭接量。

图 5 推拉门

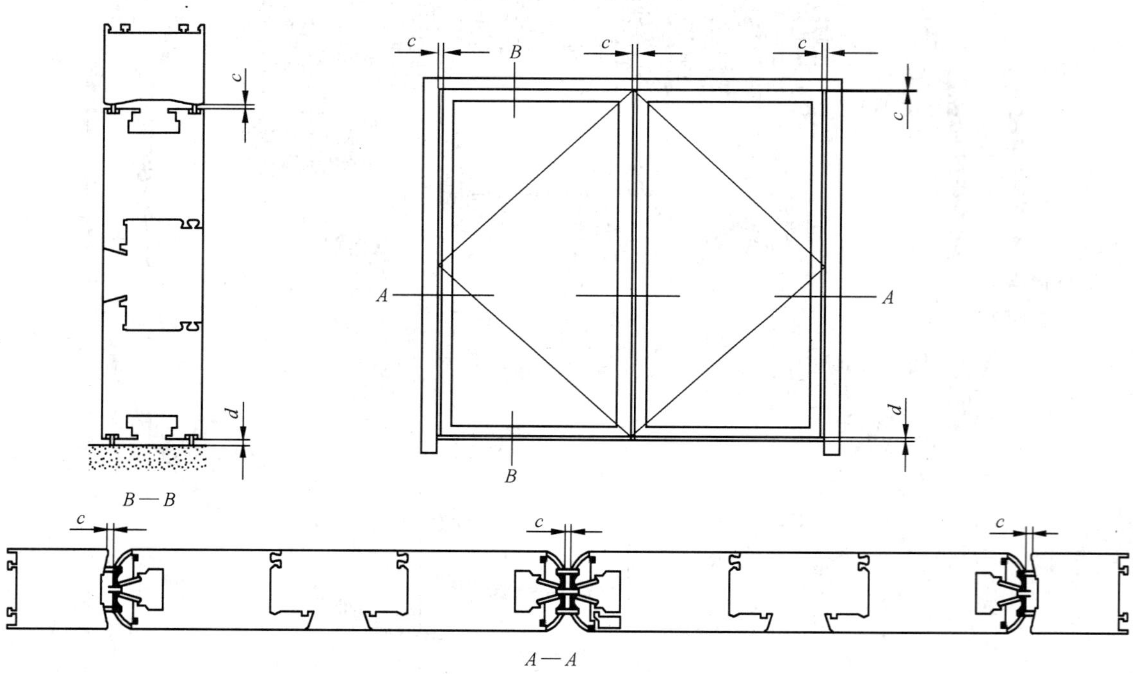

说明：

c ——配合间隙；

d——配合间隙。

图 6 地弹簧门

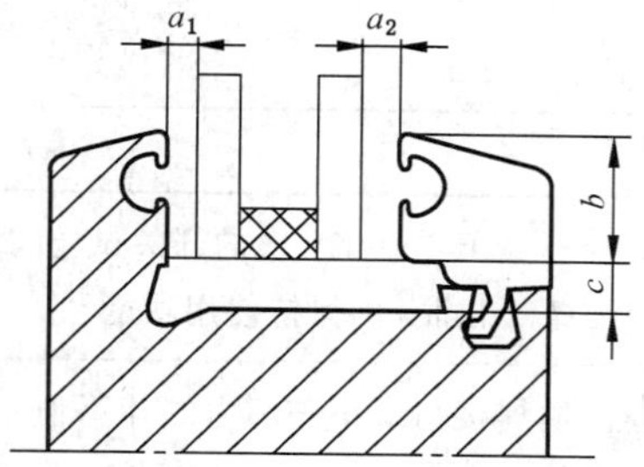

说明：

a_1——前部余隙；

a_2——后部余隙；

b ——嵌入深度；

c ——边缘余隙。

图 7 玻璃安装尺寸

表 4 中空玻璃的最小装配尺寸

单位为毫米

中空玻璃	固定部分					
	前部余隙 a_1	后部余隙 a_2	嵌入深度 b	边缘余隙 c		
				下边	上边	两侧
4+A+4	3.0	2.5	13	6.0	5.0	5.0
5+A+5			14			
6+A+6			15			
注：A 为气体层的厚度，其数值不应小于 9 mm。						

5.4 性能

5.4.1 力学性能

外平开门、内平开门、内平开下悬门、推拉下悬门、折叠门、地弹簧门的力学性能应符合表 5 的要求，推拉门、提升推拉门的力学性能应符合表 6 的要求。

表 5 外平开门、内平开门、内平开下悬门、推拉下悬门、折叠门、地弹簧门力学性能

项　目	技术要求
锁闭器(执手)的开关力	不大于 100 N(力矩不大于 10 N·m)
门的开关力	不大于 80 N
悬端吊重	在 500 N 力作用下，残余变形不大于 2 mm，试件不应损坏，仍保持使用功能
翘曲	在 300 N 力作用下，允许有不影响使用的残余变形，试件不损坏，仍保持使用功能
大力关闭	经模拟 7 级风连续开关 10 次，试件不损坏，仍保持开关功能

表 5（续）

项　目	技术要求
反复启闭性能[a]	经不少于 100 000 次的开关试验，试件及五金配件不损坏，其固定处及玻璃压条不松脱，仍保持使用功能
焊接角破坏力	门框焊接角最小破坏力的计算值不应小于 3 000 N，门扇焊接角最小破坏力的计算值不应小于 6 000 N，且实测值均应大于计算值
垂直荷载[b]	对门扇施加 30 kg 荷载，门扇卸荷后的下垂量不应大于 2 mm，开关功能正常
软重物体撞击[c]	用 30 kg 砂袋撞击锁闭状态下的门扇把手处一次，无破损，开关功能正常

[a] 推拉下悬门、折叠门、地弹簧门反复启闭次数由供需双方协商确定。

[b] 垂直荷载适用于外平开门、内平开门、内平开下悬门、折叠门。

[c] 全玻门不检测软重物体撞击。

表 6　推拉门、提升推拉门力学性能

项　目	技术要求
锁闭器(执手)的开关力	门的重量小于 180 kg 时，不大于 100 N(力矩不大于 10 N·m)
门的开关力	不大于 100 N
弯曲	在 300 N 力作用下，允许有不影响使用的残余变形，试件不损坏，仍保持使用功能
扭曲[a]	在 200 N 力作用下，试件不损坏，允许有不影响使用的残余变形
反复启闭性能[b]	经不少于 100 000 次的开关试验，试件及五金件不损坏，其固定处及玻璃压条不松脱
焊接角破坏力	门框焊接角最小破坏力的计算值不应小于 3 000 N，门扇焊接角最小破坏力的计算值不应小于 4 000 N，且实测值均应大于计算值
软重物体撞击[c]	用 30 kg 砂袋撞击锁闭状态下的门扇把手处一次，无破损，开关功能正常

[a] 无凸出把手的推拉门不做扭曲试验。

[b] 提升推拉门反复启闭次数由供需双方协商确定。

[c] 全玻门不检测软重物体撞击。

5.4.2　物理性能

5.4.2.1　抗风压性能

5.4.2.1.1　分级指标

采用定级检测压力差值 P_3 为分级指标。

5.4.2.1.2　分级指标值

分级指标值 P_3 的分级应符合表 7 的规定。

表 7　抗风压性能分级

单位为千帕

分级	1	2	3	4	5	6	7	8	9
分级指标值 P_3	1.0≤ P_3<1.5	1.5≤ P_3<2.0	2.0≤ P_3<2.5	2.5≤ P_3<3.0	3.0≤ P_3<3.5	3.5≤ P_3<4.0	4.0≤ P_3<4.5	4.5≤ P_3<5.0	P_3≥5.0
注：第 9 级应在分级后同时注明具体检测压力差值。									

5.4.2.1.3　性能要求

外门在各性能分级指标值风压作用下，主要受力杆件相对(面法线)挠度应符合表 8 的规定；风压作用后，门不应出现使用功能障碍和损坏。

表 8　门主要受力杆件相对面法线挠度要求

单位为毫米

支撑玻璃种类	单层玻璃、夹层玻璃	中空玻璃
相对挠度	$L/100$	$L/150$
相对挠度最大值	20	
注：L 为主要受力杆件的支承跨距。		

5.4.2.2　水密性能

5.4.2.2.1　分级指标

采用严重渗漏压力差值的前一级压力差值作为分级指标。

5.4.2.2.2　分级指标值

分级指标值 Δp 的分级应符合表 9 的规定。

表 9　水密性能分级

单位为帕

分级	1	2	3	4	5	6
分级指标值 Δp	100≤Δp<150	150≤Δp<250	250≤Δp<350	350≤Δp<500	500≤Δp<700	Δp≥700
注：第 6 级应在分级后同时注明具体检测压力差值。						

5.4.2.3　气密性能

5.4.2.3.1　分级指标

采用在标准状态下，压力差为 10 Pa 时的单位开启缝长空气渗透量 q_1 和单位面积空气渗透量 q_2 作为分级指标。

5.4.2.3.2　分级指标值

分级指标绝对值 q_1 和 q_2 的分级应符合表 10 的规定。

表 10 气密性能分级

分级	1	2	3	4	5	6	7	8
单位缝长分级指标值/[m³/(m·h)]	$4.0<q_1\leqslant3.5$	$3.0<q_1\leqslant3.5$	$2.5<q_1\leqslant3.0$	$2.0<q_1\leqslant2.5$	$1.5<q_1\leqslant2.0$	$1.0<q_1\leqslant1.5$	$0.5<q_1\leqslant1.0$	$q_1\leqslant0.5$
单位面积分级指标值/[m³/(m²·h)]	$10.5<q_2\leqslant12$	$9.0<q_2\leqslant10.5$	$7.5<q_2\leqslant9.0$	$6.0<q_2\leqslant7.5$	$4.5<q_2\leqslant6.0$	$3.0<q_2\leqslant4.5$	$1.5<q_2\leqslant3.0$	$q_2\leqslant1.5$

5.4.2.4 保温性能

传热系数 K 值分级应符合表 11 的规定。

表 11 传热系数分级

单位为瓦每平方米开

分级	4	5	6	7	8	9	10
分级指标值	$3.0\leqslant K<3.5$	$2.5\leqslant K<3.0$	$2.0\leqslant K<2.5$	$1.6\leqslant K<2.0$	$1.3\leqslant K<1.6$	$1.1\leqslant K<1.3$	$K<1.1$

5.4.2.5 遮阳性能、

5.4.2.5.1 分级指标

门遮阳性能分级指标——遮阳系数 SC 为采用 JGJ/T 151 规定的夏季标准计算条件,并按计算所得值。

5.4.2.5.2 分级指标值

门遮阳性能分级指标值应符合表 12 的规定。

表 12 遮阳性能分级

分级	1	2	3	4	5	6	7
分级指标值 SC	0.7<SC≤0.8	0.6<SC≤0.7	0.5<SC≤0.6	0.4<SC≤0.5	0.3<SC≤0.4	0.2<SC≤0.3	SC≤0.2

5.4.2.6 空气声隔声性能

5.4.2.6.1 分级指标

外门以"计权隔声量和交通噪声频谱修正量之和(R_W+C_{tr})"作为分级指标;内门以"计权隔声量和粉红噪声频谱修正量之和(R_W+C)"作为分级指标。

5.4.2.6.2 分级指标值

建筑用门的空气声隔声性能分级应符合表 13 的规定。

表 13　空气声隔声性能分级

单位为分贝

分　级	外门的分级指标值	内门的分级指标值
1	$20 \leqslant R_W + C_{tr} < 25$	$20 \leqslant R_W + C < 25$
2	$25 \leqslant R_W + C_{tr} < 30$	$25 \leqslant R_W + C < 30$
3	$30 \leqslant R_W + C_{tr} < 35$	$30 \leqslant R_W + C < 35$
4	$35 \leqslant R_W + C_{tr} < 40$	$35 \leqslant R_W + C < 40$
5	$40 \leqslant R_W + C_{tr} < 45$	$40 \leqslant R_W + C < 45$
6	$R_W + C_{tr} \geqslant 45$	$R_W + C \geqslant 45$
注：用于对建筑内机器、设备噪声源隔声的建筑内门，对中低频噪声宜用外门的指标值进行分级；对中高频噪声仍可采用内门的指标值进行分级。		

6　试验方法

6.1　材料

6.1.1　材料及附件的质量验证

塑料门所用材料及附件进厂时，检查产品合格证或质量保证书等随行技术文件，验证其所标示的性能和质量指标值与附录 A 所示相应标准的符合性。

6.1.2　型材

6.1.2.1　型材老化时间按 6.1.1 的规定进行验证，且应满足 5.1.2.1 的要求。

6.1.2.2　用精度为 0.02 mm 的游标卡尺测量型材的壁厚，测量 3 点，取最小值。

6.1.3　增强型钢

用精度为 0.02 mm 的游标卡尺测量，测量 3 点，取最小值。

6.1.4　增强型钢用紧固件

增强型钢用紧固件按 6.1.1 的规定进行验证。

6.1.5　密封材料

6.1.5.1　框扇间密封胶条按 6.1.1 的规定进行验证，且回弹恢复（D_r）和热老化后回弹恢复（D_a）应满足 5.1.5.1 的要求。

6.1.5.2　密封毛条按 6.1.1 的规定进行验证。

6.1.6　玻璃

玻璃按 6.1.1 的规定进行验证。

6.2　门试件存放及试验环境

除特殊规定外试验在常温条件下进行。试验前，门试件应在 18 ℃～28 ℃ 的条件下存放 16 h 以上。

6.3 外观质量

在自然散射光线下，距试样 500 mm 目测外观项目。用精度 0.05 mm 的深度尺和精度为 0.02 的游标卡尺检测门焊缝的清理。

6.4 门的装配

6.4.1 用精度为 0.02 mm 的游标卡尺，精度为 0.5 mm 的卷尺、塞尺检测增强型钢尺寸及其装配质量。

6.4.2 用精度为 0.5 mm 卷尺检测增强型钢紧固件的装配间距。

6.4.3 目测检查门框、门扇、梃排水通道、气压平衡孔。

6.4.4 目测检查彩色外门型材外侧通气孔。

6.4.5 目测检查机械式连接的中梃部位联接件的密封。用精度为 0.05 mm 量具检测机械式连接框、扇、梃相邻构件装配间隙。

6.4.6 用精度为 0.5 mm 的卷尺测量门框、门扇外形尺寸允许偏差。

6.4.7 用精度为 0.5 mm 的卷尺测量门框、门扇对角线之差。

6.4.8 用精度为 0.05 mm 的量具测量相邻构件同一平面高低差。

6.4.9 用塞尺检测门框、门扇相邻构件的装配间隙和门框与门扇的配合间隙、门扇与门扇配合间隙、门扇与地面的配合间隙。

6.4.10 用精度为 0.5 mm 的量具检测门扇与门框搭接量。

6.4.11 手动检查推拉门防门扇脱落装置是否牢固。

6.4.12 目测和手动检查五金配件的安装数量和装配质量。

6.4.13 目测检查密封条、毛条的装配质量。

6.4.14 用塞尺检测压条角部的装配间隙。

6.4.15 用精度为 0.5 mm 的钢板尺检测玻璃的装配质量。

6.5 性能

6.5.1 力学性能

锁闭器(执手)的开关力、门的开关力、悬端吊重、翘曲、弯曲、扭曲、大力关闭、反复启闭性能、垂直荷载、软重物体撞击、焊接角破坏力按 GB/T 11793 规定的方法进行检测。焊接角最小破坏力的计算值应按附录 C 的方法计算。

6.5.2 物理性能

6.5.2.1 抗风压性能

应按 GB/T 7106 规定的方法进行检测。

6.5.2.2 水密性能

应按 GB/T 7106 规定的方法进行检测。

6.5.2.3 气密性能

应按 GB/T 7106 规定的方法进行检测。

6.5.2.4 保温性能

应按 GB/T 8484 规定的方法进行检测。

6.5.2.5 遮阳性能

在按 GB/T 2680 规定实测窗单片玻璃太阳光光谱透射比、反射比等参数基础上，按 JGJ/T 151 规定，在夏季标准计算条件下计算门遮阳系数 SC 值。

6.5.2.6 空气声隔声性能

应按 GB/T 8485 规定的方法进行检测。

7 检验规则

7.1 检验类别和项目

7.1.1 产品检验分为过程检验、出厂检验和型式检验。

7.1.2 过程检验项目见表 14。

7.1.3 出厂检验和型式检验项目见表 15。

表 14 过程检验项目

项　目	要　求	试验方法工具
型材老化时间	5.1.2.1	6.1.2.1
型材壁厚	5.1.2.2	6.1.2.2
增强型钢	5.1.3	6.1.3
增强型钢用紧固件	5.1.4	6.1.4
框扇间密封胶条	5.1.5.1	6.1.5.1
密封毛条	5.1.5.2	6.1.5.2
玻璃	5.1.6	6.1.6
增强型钢装配	5.3.1	6.4.1
排水通道	5.3.3	6.4.3
气压平衡孔	5.3.3	6.4.3
通气孔	5.3.4	6.4.4
门框、门扇外形尺寸允许偏差	5.3.6	6.4.6
对角线尺寸之差	5.3.7	6.4.7
玻璃装配	5.3.15	6.4.15
焊接角破坏力	5.4.1	6.5.1

表 15 出厂检验和型式检验项目

项目	型式检验							出厂检验							要求	试验方法、工具
	平开门	内平开下悬门	推拉下悬门	折叠门	推拉门	提升推拉门	地弹簧门	平开门	内平开下悬门	推拉下悬门	折叠门	推拉门	提升推拉门	地弹簧门		
抗风压性能	√	√	√	√	√	√	—	—	—	—	—	—	—	—	5.4.2.1	6.5.2.1
水密性能	√	√	√	√	√	√	—	—	—	—	—	—	—	—	5.4.2.2	6.5.2.2
气密性能	√	√	√	√	√	√	—	—	—	—	—	—	—	—	5.4.2.3	6.5.2.3
保温性能	√	√	√	√	√	√	—	—	—	—	—	—	—	—	5.4.2.4	6.5.2.4
遮阳性能	△	△	△	△	△	△	—	—	—	—	—	—	—	—	5.4.2.5	6.5.2.5
隔声性能	△	△	△	△	△	△	—	—	—	—	—	—	—	—	5.4.2.6	6.5.2.6
锁闭器(执手)的开关力	√	√	√	√	√	√	—	√	√	√	√	√	√	—	5.4.1	6.5.1
门的开关力	√	√	√	√	√	√	√	√	√	√	√	√	√	√	5.4.1	6.5.1
悬端吊重	√	√	—	—	—	—	—	—	—	—	—	—	—	—	5.4.1	6.5.1
翘曲	√	√	√	√	—	—	—	—	—	—	—	—	—	—	5.4.1	6.5.1
弯曲	—	—	—	—	√	√	—	—	—	—	—	—	—	—	5.4.1	6.5.1
扭曲	—	—	—	—	√	√	—	—	—	—	—	—	—	—	5.4.1	6.5.1
大力关闭	√	√	—	—	—	—	—	—	—	—	—	—	—	—	5.4.1	6.5.1
反复启闭性	√	√	√	√	√	√	—	—	—	—	—	—	—	—	5.4.1	6.5.1
垂直荷载	√	√	—	—	—	—	—	—	—	—	—	—	—	—	5.4.1	6.5.1
软重物体撞击	√	√	√	√	√	√	√	—	—	—	—	—	—	—	5.4.1	6.5.1
外观质量	√	√	√	√	√	√	√	√	√	√	√	√	√	√	5.2	6.3
紧固件装配	√	√	√	√	√	√	√	√	√	√	√	√	√	√	5.3.2	6.4.2
机械式连接中梃联接处的密封	√	√	√	√	√	√	√	√	√	√	√	√	√	√	5.3.5	6.4.4
机械式连接框、扇、梃相邻构件装配间隙	√	√	√	√	√	√	√	√	√	√	√	√	√	√	5.3.5	6.4.4
相邻构件同一平面高低差	√	√	√	√	√	√	√	√	√	√	√	√	√	√	5.3.8	6.4.6
门框、门扇配合间隙	√	√	√	√	—	—	√	√	√	√	√	—	—	√	5.3.9	6.4.8
门扇与地面配合间隙	—	—	—	—	—	—	√	—	—	—	—	—	—	√	5.3.9	6.4.9
门框、门扇搭接量	—	—	—	—	√	—	—	—	—	—	—	√	—	—	5.3.10	6.4.10
防门扇脱落装置	—	—	—	—	√	—	—	—	—	—	—	√	—	—	5.3.11	6.4.11

表 15（续）

项目	型式检验							出厂检验							要求	试验方法、工具
	平开门	内平开下悬门	推拉下悬门	折叠门	推拉门	提升推拉门	地弹簧门	平开门	内平开下悬门	推拉下悬门	折叠门	推拉门	提升推拉门	地弹簧门		
五金件装配	√	√	√	√	√	√	√	√	√	√	√	√	√	√	5.3.12	6.4.12
密封条、毛条装配	√	√	√	√	√	√	√	√	√	√	√	√	√	√	5.3.13	6.4.13
压条装配	√	√	√	√	√	√	√	√	√	√	√	√	√	√	5.3.14	6.4.14
玻璃装配	√	√	√	√	√	√	√	√	√	√	√	√	√	√	5.3.15	6.4.15

注 1：符号“√”表示需检测的项目；符号“—”表示不需检测的项目；符号“△”表示可选项目。

注 2：内门无设计要求时不检测。

7.2 组批与抽样规则

7.2.1 过程检验

过程检验为全数检验。

7.2.2 出厂检验

应在过程检验全部符合要求时进行出厂检验。

7.2.2.1 外观质量、装配质量为全数检验。

7.2.2.2 其他项目检验，应从每个出厂检验(交货)批中的不同系列品种分别随机抽取5%且不应少于三樘。

7.2.3 型式检验

从出厂检验合格的检验批中，按表16规定的数量随机抽取。

表 16 性能检验试件分组、数量及试验顺序

试件分组	1		2	3
试验项目及顺序	隔声	1)气密 2)水密 3)抗风压	保温	力学性能
试件数量/樘	3	3	1	3
试件合计/樘	3		1	3

7.3 判定与复检规则

7.3.1 出厂检验

7.3.1.1 外观质量、门的装配检验结果全部符合要求时，则判该批产品合格。单件不合格时，判定该单

件不合格。

7.3.1.2 其他项目检验结果全部符合要求时，则判定该批产品合格。抽检项目中如有一樘不合格，可再从该批产品中抽取双倍数量产品对不合格项目进行重复检验，当重复检验结果符合要求时，则判定该批产品合格，否则判定该批产品不合格。

7.3.2 型式检验

7.3.2.1 有下列情况之一时应进行型式检验：

a) 新产品或老产品转厂生产的试制定型鉴定；
b) 正式生产后，当结构、材料、工艺有较大改变而可能影响产品性能时；
c) 正常生产时，每两年检测一次；
d) 产品长期停产后，恢复生产时；
e) 出厂检验结果与上次型式检验有较大差异时；
f) 国家质量监督机构提出进行型式检验要求时。

7.3.2.2 判定与复检规则

7.3.2.2.1 抽检产品全部符合表 15 的项目要求，该产品型式检验合格。
7.3.2.2.2 外观质量、装配质量检测项目的判定与复检应符合 7.3.1 的规定。
7.3.2.2.3 性能检验项目中若有不合格项时，应从该产品中抽取双倍试件对该不合格项进行重复检验，当重复检验结果全部达到要求时，判定该项目合格，否则判定该批产品不合格。

8 标志、包装、运输和贮存

8.1 标志

8.1.1 在产品的明显部位应注明产品标志，标志内容包括：

a) 制造厂名称；
b) 制造厂地址；
c) 制造厂电话；
d) 产品标记；
e) 产品执行标准；
f) 制造日期。

8.1.2 产品检验合格后应有合格证。合格证应符合 GB/T 14436 的规定。

8.2 包装

8.2.1 产品表面应有保护措施，应用对门不产生污染及无腐蚀性的软质材料包装。
8.2.2 包装应牢固，并有防潮措施。
8.2.3 产品出厂时应附有产品清单及产品检验合格证。

8.3 运输

8.3.1 装运产品的运输工具，应有防雨措施并保持清洁。
8.3.2 在运输、装卸时，应保证产品不变形、不损伤、表面完好。

8.4 贮存

8.4.1 产品应放置在通风、防雨、干燥、清洁、平整的地方。严禁与腐蚀性物质接触。
8.4.2 产品贮存环境温度应低于 50 ℃，距离热源不应小于 1 m。
8.4.3 产品不应直接接触地面，底部垫高不应小于 100 mm。产品应立放，立放角不应小于 70°，并有防倾倒措施。

附 录 A
（资料性附录）
常用材料标准清单

A.1 型材

GB/T 8814 门、窗用未增塑聚氯乙烯(PVC-U)型材
JG/T 263 建筑门窗用未增塑聚氯乙烯彩色型材
JG/T 176 塑料门窗及型材功能结构尺寸

A.2 紧固件及五金附件标准

GB/T 3098.4 紧固件机械性能 螺母 细牙螺纹
GB/T 15856.1 十字槽盘头自钻自攻螺钉
GB/T 15856.2 十字槽沉头自钻自攻螺钉
GB/T 24601 建筑窗用内平开下悬五金系统
JG/T 124 建筑门窗五金件 传动机构用执手
JG/T 125 建筑门窗五金件 合页(铰链)
JG/T 126 建筑门窗五金件 传送锁闭器
JG/T 127 建筑门窗五金件 滑撑
JG/T 128 建筑门窗五金件 撑挡
JG/T 129 建筑门窗五金件 滑轮
JG/T 130 建筑门窗五金件 单点锁闭器
JG/T 131 聚氯乙烯(PVC) 门窗增强型钢
JG/T 132 聚氯乙烯(PVC) 门窗固定片
JG/T 212 建筑门窗五金件 通用要求
JG/T 213 建筑门窗五金件 旋压执手
JG/T 214 建筑门窗五金件 插销
JG/T 215 建筑门窗五金件 多点锁闭器
JG/T 233 建筑门窗用通风器

A.3 玻璃

GB 11614 平板玻璃
GB/T 11944 中空玻璃
GB/T 15763.2 建筑用安全玻璃 第2部分：钢化玻璃
GB/T 15763.3 建筑用安全玻璃 第3部分：夹层玻璃
GB/T 15763.4 建筑用安全玻璃 第4部分：均质钢化玻璃
GB/T 17841 半钢化玻璃
GB/T 18915.1 镀膜玻璃 第1部分：阳光控制镀膜玻璃

GB/T 18915.2　镀膜玻璃　第2部分：低辐射镀膜玻璃
JG/T 255　内置遮阳中空玻璃制品
JC 433　夹丝玻璃
JC/T 511　压花玻璃

A.4　纱网

QB/T　3882　窗纱型式尺寸
QB/T　3883　窗纱技术条件
JC/T 173　玻璃纤维防虫网布

A.5　密封材料

GB/T 14683　硅酮建筑密封胶
GB 16776　建筑用硅酮结构密封胶
GB/T 24498　建筑门窗、幕墙用密封胶条
HG/T 3100　硫化橡胶和热塑性橡胶　建筑用预成型密封垫的分类、要求和试验方法
JC/T 483　聚硫建筑密封胶
JC/T 485　建筑用弹性密封胶
JC/T 486　中空玻璃用弹性密封胶
JC/T 635　建筑门窗密封毛条技术条件
JC/T 1022　中空玻璃用复合密封胶条

附 录 B
（资料性附录）
建筑外窗抗风压强度、挠度计算方法

B.1 概述

建筑外窗抗风强度计算方法适用于各种材质的平开式及推拉式建筑外窗的抗风强度的计算和验算。也可用于四面支撑的其他开启形式的建筑外门和外窗的抗风强度的计算。

B.2 荷载分布与计算

B.2.1 荷载分布

建筑外窗在风荷载作用下，承受与外窗平面垂直的横向水平力。外窗各框料间构成的受荷单元可视为四边铰接的简支板。在每个受荷单元的四角各作45°斜线，使其与平行于长边的中线相交。这些线把受荷单元分成四块，每块面积所承受的风荷载传给其相邻的构件（在受力计算时称作杆件），每个杆件的受力可近似地简化为简支梁上呈矩形、梯形或三角形的均布荷载。见图B.1～图B.7。

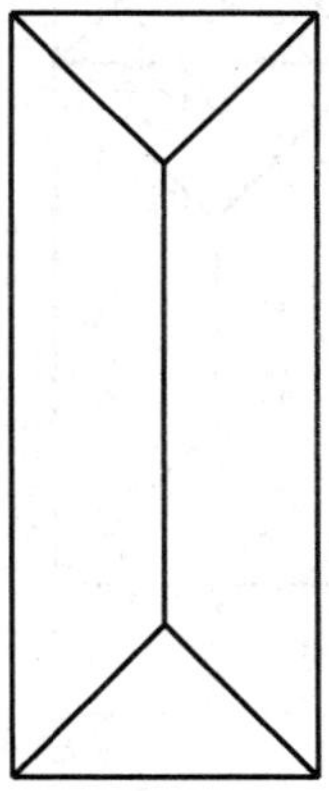

图 B.1 荷载分布原理图

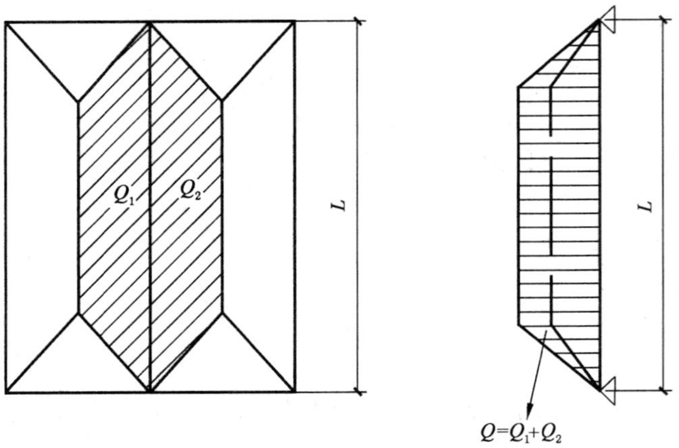

说明：

Q ——受力杆件上的总荷载，单位为牛顿（N）；

Q_1、Q_2…Q_n ——受荷单元直接传递给相邻杆件的荷载，单位为牛顿（N）；

L ——受力杆件长度，单位为毫米(mm)。

图 B.2　简支梁承受均布荷载示意图

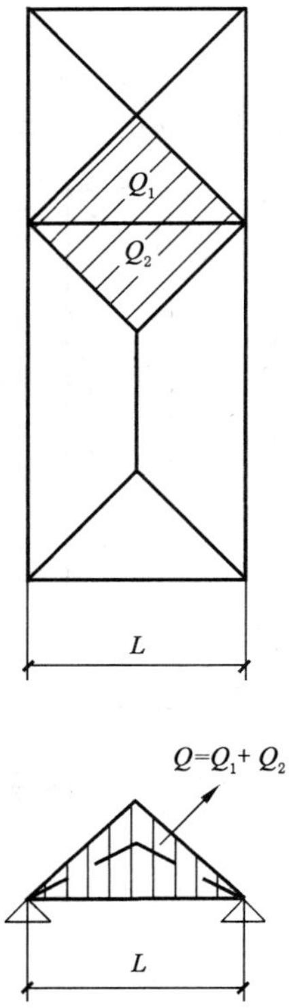

图 B.3　简支梁承受均布荷载示意图

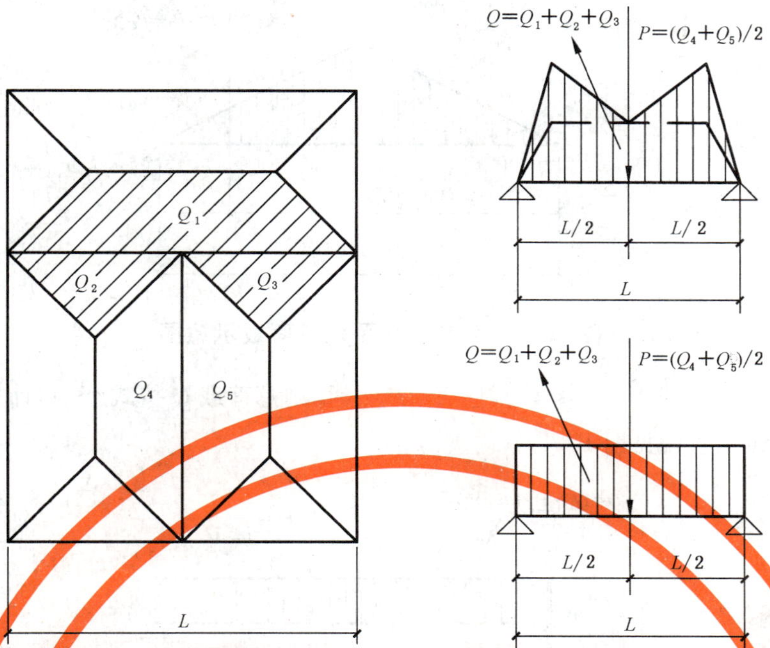

说明：

P ——受力杆件承受的由其他受力杆件传递的集中荷载总荷载，单位为牛顿（N）。

图 B.4 简支梁承受均布荷载和集中示意图

说明：

L_1 —— 集中荷载受力点到杆件较远一端的长度，单位为毫米（mm）；

L_2 —— 集中荷载受力点到杆件较近一端的长度，单位为毫米（mm）；

P_1、$P_2 \cdots P_n$ —— 由其他受力杆件传递的集中荷载，单位为牛顿（N）；

X ——为梯形荷载的顶宽，单位为毫米（mm）。

图 B.5 简支梁承受均布荷载和集中示意图

B.2.1.1 当 $L_2/L_1<1/2$，且 $X<L/3$ 时，则总荷载 Q 按式（B.1）计算，集中荷载 P 按式（B.2）计算，荷载示意图见图 B.6。

$$Q=Q_1+Q_2+Q_3+Q_4 \qquad \cdots\cdots(B.1)$$

$$P=P_1+P_2 \qquad \cdots\cdots(B.2)$$

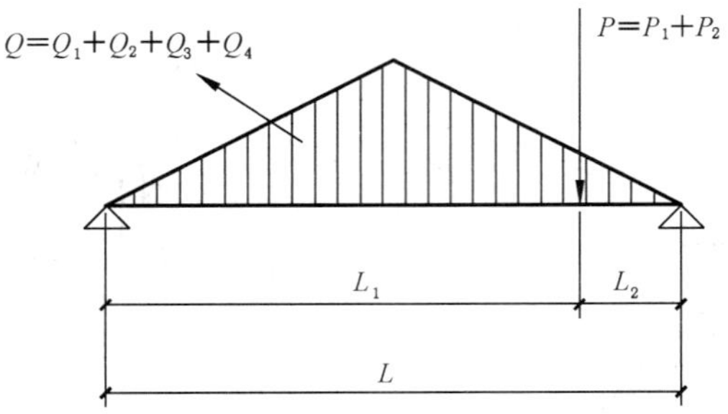

图 B.6 简支梁承受均布荷载示意图

B.2.1.2 当 $L_2/L_1 \geqslant 1/2$ 或 $L_2/L_1 \leqslant 1/2$，且 $X \geqslant L/3$ 时，则总荷载 Q 按式(B.1)计算，集中荷载 P 按式(B.2)计算，集中荷载示意图见图 B.7。

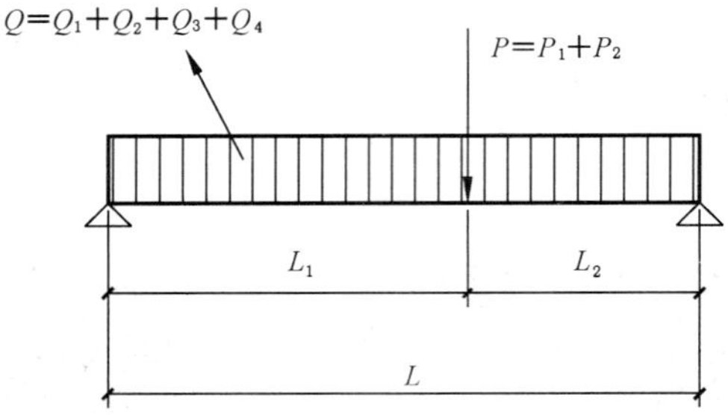

图 B.7 简支梁承受均布荷载示意图

B.2.2 荷载计算

荷载计算分为以下三种形式：

a) 建筑外窗在风荷载作用下，受力杆件上的总荷载(Q)为该杆件所承受的受荷面积(A)与施加在该面积上的单位风荷载(W)之乘积，按式(B.3)计算。

$$Q=A \cdot W \qquad \cdots\cdots (B.3)$$

式中：

Q——受力杆件所承受的总荷载，单位为牛顿(N)；

A——受力杆件所承受的受荷面积，单位为平方米(m^2)；

W——施加在受荷面积上的单位风荷载，单位为帕(Pa)，按 GB 50009 的规定取值。

b) 当进行建筑外窗的抗风压强度分级计算时，其受力杆件上的总荷载(Q)为该杆件所承受的受荷面积(A)与该窗相对应的抗风压性能等级(P_3)之乘积，按式(B.4)计算。

$$Q=A \cdot P_3 \qquad \cdots\cdots (B.4)$$

式中：

P_3——抗风压性能等级，单位为帕(Pa)。

c) 当进行建筑外窗的强度验算时，其受力杆件上的总荷载(Q)为该杆件所承受的受荷面积(A)与建筑物承受的风荷载标准值(W_k)之乘积(W_k 按 GB 50009 的规定取值)，按式(B.5)计算。

$$Q=A \cdot W_k \qquad \cdots\cdots (B.5)$$

式中：

W_k——风荷载标准值，单位为帕(Pa)。

B.3 截面特性

B.3.1 截面的惯性矩(I)

B.3.1.1 当建筑外窗用料采用标准型材时，截面的惯性矩可在《材料手册》中查得。
B.3.1.2 当建筑外窗用料采用非标准型材时，截面的惯性矩需要通过计算来确定。
B.3.1.3 简单矩形截面的惯性矩按式(B.6)计算。

$$I=(b \cdot h^3)/12 \qquad \cdots\cdots(\text{B.6})$$

式中：
I ——杆件截面的惯性矩，单位为四次方毫米(mm^4)；
b ——矩型截面平行于对称中心轴的边长，单位为毫米(mm)；
h ——矩型截面垂直于对称中心轴的边长，单位为毫米(mm)。

B.3.2 截面的抵抗矩(W_j)

B.3.2.1 当建筑外窗用料采用标准型材时，截面的抵抗矩可在《材料手册》中查得。
B.3.2.2 当建筑外窗用料采用非标准型材时，截面的抵抗矩需要通过计算来确定。
B.3.2.3 简单矩形截面的抵抗矩按式(B.7)计算。

$$W_j=2 \times I/h \qquad \cdots\cdots(\text{B.7})$$

式中：
W_j——截面的抵抗矩，单位为立方毫米(mm^3)。

B.4 强度计算

B.4.1 弯矩(M)的计算

B.4.1.1 简支梁承受矩形、梯形、三角形均布荷载示意图见图 B.8。

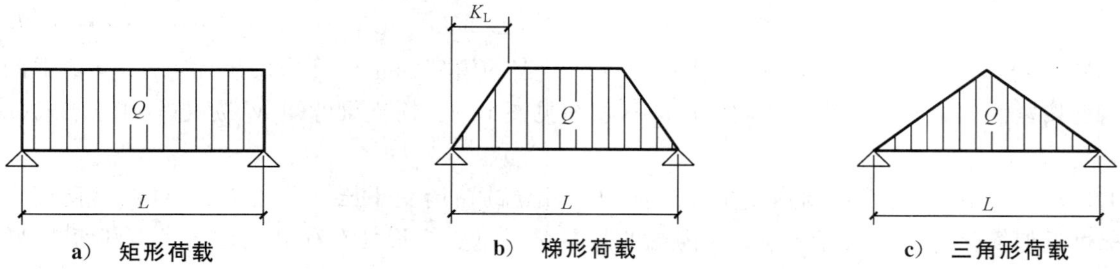

说明：
K_L——梯形荷载下底与上底差值的 1/2。

图 B.8 简支梁承受均布荷载示意图

B.4.1.1.1 在矩形荷载作用下，简支梁的弯矩 M 按式(B.8)计算。

$$M=(Q \cdot L)/8.00 \qquad \cdots\cdots(\text{B.8})$$

式中：
M——弯矩，单位为牛顿米(N·m)。

B.4.1.1.2 在梯形荷载作用下，简支梁的弯矩根据系数 K 的取值，分别计算 M 值。K 的取值按式(B.9)计算，弯矩 M 按式(B.10)计算。系数 K 和常数 λ 的取值见表 B.1。

$$K = K_L / L \quad \cdots\cdots (B.9)$$

$$M = (Q \cdot L) / \lambda \quad \cdots\cdots (B.10)$$

式中：

K ——系数；

λ ——常数。

表 B.1 系数 K 和常数 λ 值

系数 K	0.1	0.2	0.3	0.4
常数 λ	7.30	6.76	6.36	6.10

B.4.1.1.3 在三角形荷载作用下，简支梁的弯矩 M 按式(B.11)计算。

$$M = (Q \cdot L) / 6.00 \quad \cdots\cdots (B.11)$$

B.4.1.2 简支梁承受集中荷载的示意图见图 B.9。

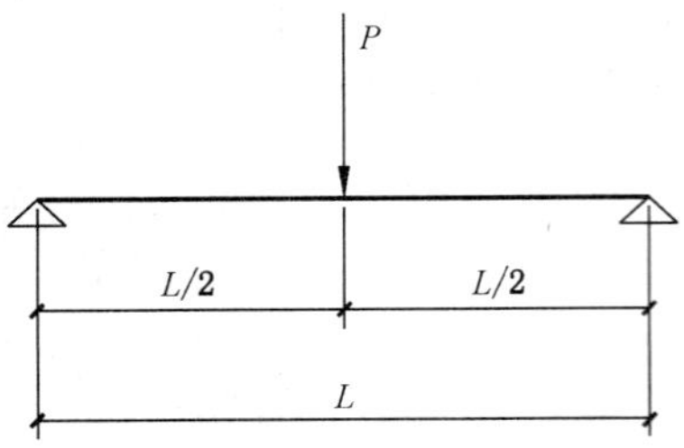

a) 集中荷载作用于跨中

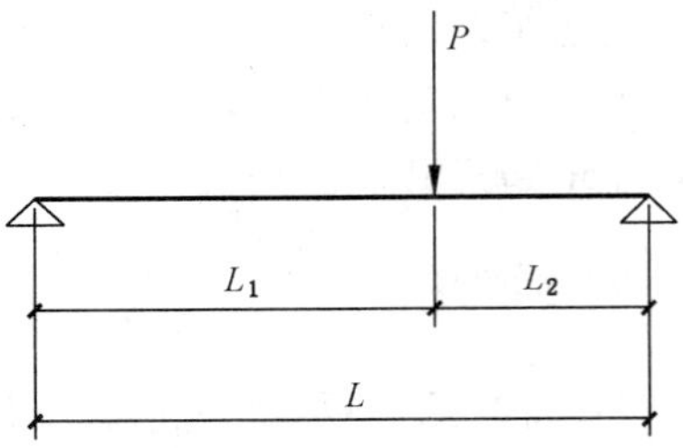

b) 集中荷载作用于任意点

图 B.9 简支梁承受集中荷载示意图

B.4.1.2.1 当集中荷载作用于跨中时，弯矩 M 按式(B.12)计算。

$$M = (P \cdot L) / 4 \quad \cdots\cdots (B.12)$$

B.4.1.2.2 当集中荷载作用于任意点时，弯矩 M 按式(B.13)计算。

$$M = (P \cdot L_1 \cdot L_2) / L \quad \cdots\cdots (B.13)$$

B.4.1.2.3 当向外平开窗的窗扇受负压或向内平开窗的窗扇受正压且采用单锁点时，其窗框的竖框受荷情况按紧固五金件处有集中荷载作用的示意图见图 B.9。简支梁弯矩 M 按式(B.12)或式(B.13)计算。

B.4.1.2.4 当向外平开窗的窗扇受负压或向内平开窗的窗扇受正压且采用单锁点时，其窗扇边梃受荷情况可近似简化为以紧固五金件处为固端的悬臂梁上承受矩形均布荷载见图 B.10，其弯矩 M 按式(B.14)计算。

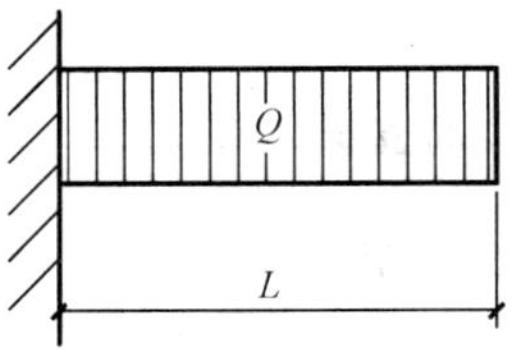

图 B.10 悬臂梁承受均布荷载示意图

$$M = (Q \cdot L) / 2 \quad \cdots\cdots (B.14)$$

注：建筑外窗受力杆件上有均布荷载和集中荷载同时作用时，其弯矩为他们各自产生弯矩叠加的代数和。

B.4.2 最大弯曲应力(σ_{max})按式(B.15)计算。

$$\sigma_{max} = M/W_j \quad \cdots\cdots (B.15)$$

式中:

σ_{max} ——计算截面上的最大弯曲应力,单位为兆帕(MPa),且 $\sigma_{max} \leqslant [\sigma]$;

M ——受力杆件承受的最大弯矩,单位为牛顿米(N·m);

W_j ——净截面的抵抗矩 I/C,单位为立方毫米(mm^3);

I ——计算截面的惯性矩,单位为四次方毫米(mm^4);

C ——中和轴到截面边缘的最大距离,单位为毫米(mm);

$[\sigma]$ ——材料的抗弯允许应力,单位为兆帕(MPa)。

B.4.3 剪力(Q')的计算

B.4.3.1 简支梁承受矩形荷载、梯形荷载、三角形荷载作用下的剪力示意图见图 B.11。

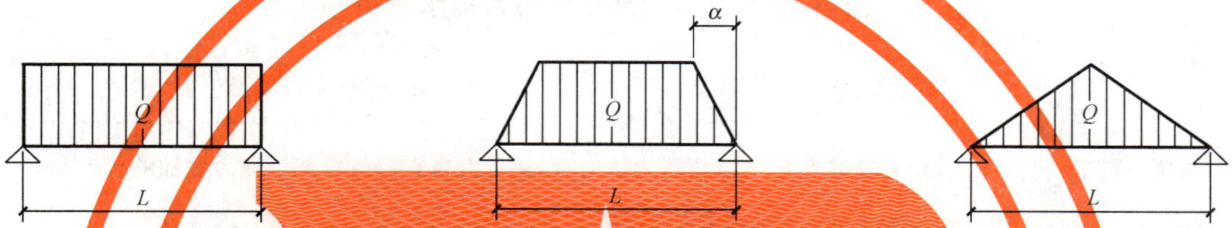

a) 矩形荷载　　b) 梯形荷载　　c) 三角形荷载

说明:

α ——梯形荷载下底与上底差值的 1/2。

图 B.11 简支梁承受均布荷载示意图

B.4.3.1.1 在矩形荷载作用下,剪力 Q' 按式(B.16)计算。

$$Q' = \pm Q/2 \quad \cdots\cdots (B.16)$$

B.4.3.1.2 在梯形荷载作用下,剪力 Q' 按式(B.17)计算。

$$Q' = \pm Q(1 - a/L)/2 \quad \cdots\cdots (B.17)$$

B.4.3.1.3 在三角形荷载作用下,剪力 Q' 按式(B.18)计算。

$$Q' = \pm Q/4 \quad \cdots\cdots (B.18)$$

B.4.3.2 简支梁承受集中荷载作用下的示意图见图 B.12。

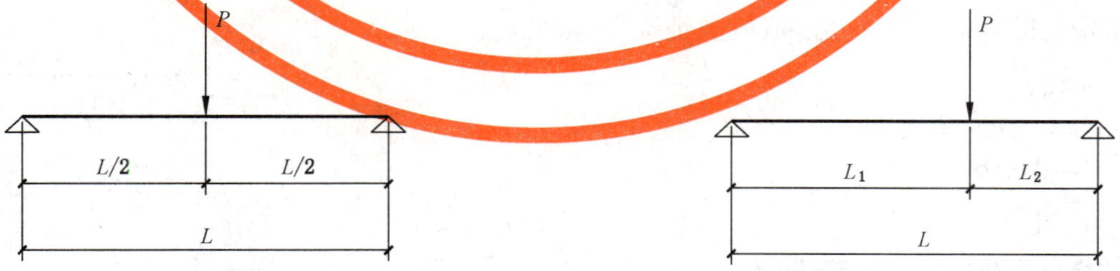

a) 集中荷载作用于跨中　　b) 集中荷载作用于任意点

图 B.12 简支梁承受集中荷载示意图

B.4.3.2.1 当集中荷载作用于跨中时,剪力按(B.19)计算。

$$Q' = \pm P/2 \quad \cdots\cdots (B.19)$$

B.4.3.2.2 当集中荷载作用于任意点时,剪力按式(B.20)和式(B.21)计算。

$$Q' = (P \cdot L_2)/L \quad \cdots\cdots (B.20)$$

$$Q' = -(P \cdot L_1)/L \quad \cdots\cdots\cdots\cdots\cdots\cdots\cdots\cdots\cdots\cdots (B.21)$$

B.4.3.2.3 当向外平开窗的窗扇受负压或向内平开窗的窗扇受正压且采用单锁点时，其窗框的竖框受荷情况按紧固五金件处有集中荷载作用的简支梁计算，见图B.12，剪力Q'按式(B.19)或式(B.20)和式(B.21)计算。

B.4.3.2.4 当向外平开窗的窗扇受负压或向内平开窗的窗扇受正压且采用单锁点时，其窗扇边梃受荷情况可近似简化为以紧固五金件处为固端的悬臂梁上承受矩形均布荷载，见图B.13，其剪力按式(B.22)计算。

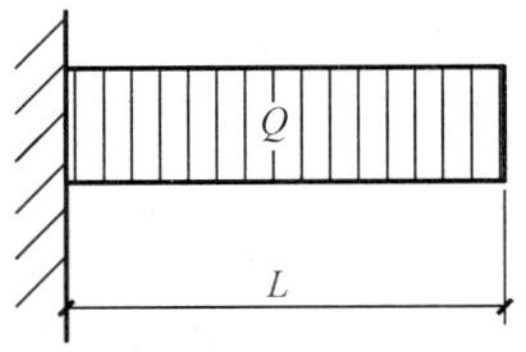

图B.13 悬臂梁承受均布荷载示意图

$$Q' = -Q \quad \cdots\cdots\cdots\cdots\cdots\cdots\cdots\cdots\cdots\cdots (B.22)$$

注：建筑外窗受力杆件上有均布荷载和集中荷载同时作用时，其剪力为它们各自产生剪力叠加的代数和。

B.4.4 最大剪切应力(τ_{max})按式(B.23)计算

$$\tau_{max} = (Q' \cdot S)/(I \cdot \delta) \quad \cdots\cdots\cdots\cdots\cdots\cdots\cdots\cdots\cdots\cdots (B.23)$$

式中：

τ_{max}——最大剪切应力，单位为兆帕(MPa)，且$\tau_{max} \leqslant [\tau]$；

Q'——计算截面所承受的剪力，单位为牛顿(N)；

S——计算剪切应力处以上毛截面对中和轴的面积矩，单位为立方毫米(mm^3)；

I——毛截面的惯性矩，单位为四次方毫米(mm^4)；

δ——腹板的厚度，单位为毫米(mm)；

$[\tau]$——材料的抗剪允许应力，单位为兆帕(MPa)。

B.5 最大挠度(f_{max})的计算

B.5.1 计算所得的最大挠度f_{max}值应满足式(B.24)。

$$f_{max} \leqslant [f] \quad \cdots\cdots\cdots\cdots\cdots\cdots\cdots\cdots\cdots\cdots (B.24)$$

式中：

f_{max}——最大挠度；

$[f]$——杆件的允许挠度。

注1：当窗为柔性镶嵌单层玻璃时，$[f]=L/100$。

注2：当窗为柔性镶嵌双层玻璃时，$[f]=L/150$。

注3：建筑外窗受力杆件有均布荷载和集中荷载同时作用时，其最大挠度f_{max}为它们各自产生挠度叠加的代数和。

B.5.2 建筑外窗受力杆件受荷情况近似简化为简支梁上承受矩形、梯形或三角形的均布荷载，见图B.14。

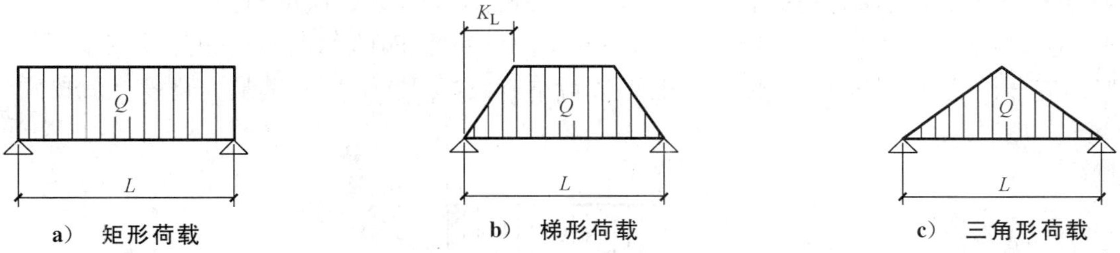

图 B.14 简支梁承受均布荷载示意图

B.5.2.1 在矩形荷载作用下，最大挠度按式(B.25)计算。

$$f_{max}=(Q\cdot L^3)/(76.80\times E\cdot I) \qquad \text{(B.25)}$$

式中：

E——外窗受力杆件所用材料的弹性模量。

B.5.2.2 在梯形荷载作用下，最大挠度根据系数 K 的取值，分别计算 f_{max} 值。K 的取值按式(B.26)计算，f_{max} 按式(B.27)计算。系数 K 和常数 λ 的取值见表 B.2。

$$K=K_L/L \qquad \text{(B.26)}$$

$$f_{max}=(Q\cdot L^3)/(\lambda\cdot E\cdot I) \qquad \text{(B.27)}$$

式中：

K ——系数；

λ ——常数。

表 B.2 系数 K 和常数 λ 值

系数 K	0.1	0.2	0.3	0.4
常数 λ	70.20	65.60	62.40	60.60

B.5.2.3 在三角形荷载作用下，最大挠度按式(B.28)计算。

$$f_{max}=(Q\cdot L^3)/(60.00\times E\cdot I) \qquad \text{(B.28)}$$

B.5.3 建筑外窗受力杆件在集中荷载作用下的示意图见图 B.15。

图 B.15 简支梁承受集中荷载示意图

B.5.3.1 当集中荷载作用于跨中时，最大挠度按式(B.29)计算。

$$f_{max}=(P\cdot L^3)/(48.00\times E\cdot I) \qquad \text{(B.29)}$$

B.5.3.2 当集中荷载作用于任意点时，最大挠度按式(B.30)计算。

$$f_{max}=\{P\cdot L_1\cdot L_2\cdot(L+L_2)\cdot[3\times L_1\cdot(L+L_2)]^{1/2}\}/(27.00\times E\cdot I\cdot L) \qquad \text{(B.30)}$$

B.5.3.3 当向外平开窗的窗扇受负压或向内平开窗的窗扇受正压时，其窗框的竖框受荷情况按紧固五金件处有集中荷载作用，见图 B.15，最大挠度 $f_{\max}$ 按式(B.29)或式(B.30)计算。

B.5.3.4 当向外平开窗的窗扇受负压或向内平开窗的窗扇受正压时，其窗扇边梃受荷情况可近似简化为以紧固五金件处为固端的悬臂梁上承受矩形均布荷载(见图 B.16)，其最大挠度 $f_{\max}$ 按式(B.31)计算。

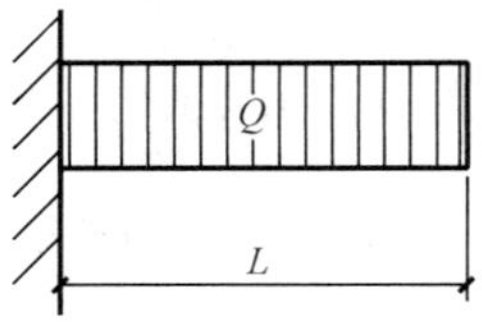

图 B.16 悬臂梁承受均布荷载示意图

$$f_{\max}=(Q\cdot L^{3})/(8.00\times E\cdot I) \quad \cdots\cdots\cdots(\text{B.31})$$

式中：

I——计算截面的惯性矩，单位为四次方毫米(mm^4)；

E——外窗受力杆件所用材料的弹性模量，单位为帕(Pa)。

B.6 联接计算及要求

B.6.1 对焊联接的计算

当端部联接采用对焊时，需进行焊缝处的剪切应力按式(B.32)验算。

$$\tau=(1.5\times Q')/(\delta\cdot L_{j}) \quad \cdots\cdots\cdots(\text{B.32})$$

式中：

τ ——焊缝处的剪切应力，单位为兆帕(MPa)，且 $\tau\leqslant[\tau_{h}]$；

Q' ——作用于联接处的剪力，单位为牛顿(N)；

δ ——联接件中腹板的厚度，单位为毫米(mm)；

L_{j} ——焊缝的计算长度，单位为毫米(mm)；

$[\tau_{h}]$ ——对接焊缝的抗剪允许应力，单位为兆帕(MPa)。

当验算复杂截面时，其剪切应力按腹板与中和轴的距离分配选取最不利的截面代入上式进行验算。

B.6.2 螺栓联接的计算

B.6.2.1 当螺栓联接的横截面与受力方向平行时，应验算螺栓的剪切应力，同时还应验算螺栓的承压应力；当其横截面与受力方向垂直时，需验算其抗拉承载力。

B.6.2.2 当螺栓抗剪时，按式(B.33)计算。

$$[N_{j}^{L}]=n_{j}\cdot[(\pi\cdot d^{2})/4]\cdot[\tau^{L}] \quad \cdots\cdots\cdots(\text{B.33})$$

式中：

$[N_{j}^{L}]$——每个螺栓的抗剪允许承载能力，位为牛顿(N)；

n_{j} ——螺栓的受剪面数目；

$[\tau^{L}]$ ——螺栓的抗剪允许应力，单位为兆帕(MPa)；

d ——螺杆的外径，单位为毫米(mm)。

B.6.2.3 当螺栓承压时，按式(B.34)计算。

$$[N_{c}^{L}]=d\cdot\sum\delta\cdot[\sigma_{c}^{L}] \quad \cdots\cdots\cdots(\text{B.34})$$

式中：

$[N_c^L]$——每个螺栓的承压允许承载能力，单位为牛顿（N）；

$[\sigma_c^L]$——螺栓的承压允许应力，单位为兆帕（MPa）；

d——螺杆的外径，单位为毫米（mm）。

B.6.2.4 当螺栓抗拉时，按式（B.35）计算。

$$[N_L^L]=[(\pi \cdot d_c{}^2)/4]\cdot[\sigma_L^L] \quad\cdots\cdots\cdots(B.35)$$

式中：

$[N_L^L]$——每个螺栓的抗拉允许承载能力，单位为牛顿（N）；

$[\sigma_L^L]$——螺栓的抗拉允许应力，单位为兆帕（MPa）；

d_c——螺栓螺纹处的内径，单位为毫米（mm）。

B.6.3 螺栓的允许距离

螺栓的中心距离和中心至杆件边缘的距离，均应满足杆件受剪面承载能力的需要，并满足以下要求：

a) 一般其中心距离不应小于 3 d；

b) 中心至杆件边缘的距离：在顺内力方向不应小于 2 d；在垂直内力方向：在切割边不应小于 1.5 d；对轧制边不应小于 1.2 d；

c) 如果联接确有困难不能满足上述要求时，则应对杆件受剪面进行验算。

附　录　C
（规范性附录）
焊接角最小破坏力的计算

C.1　焊接角最小破坏力

焊接角最小破坏力的计算公式见(C.1)。

$$F_c = (4 \times \sigma_{min} \cdot W)/(a - 2^{1/2}e) \quad \cdots\cdots(C.1)$$

式中：

F_c ——焊接角最小破坏力，单位为牛顿(N)；

W ——应力方向的倾倒矩 I/e，单位为立方毫米(mm^3)；

I ——型材横断面中性惯轴惯性矩。T型焊接的试样应使用两面中惯性矩的较小值，单位为四次方毫米(mm^4)；

a ——试样支撑面的中心长度，单位为毫米(mm)，$a=(400\pm2)$mm；

e ——临界线与中性轴的距离，单位为毫米(mm)；

σ_{min} ——型材最小破坏应力，单位为兆帕(MPa)，$\sigma_{min}=35$ MPa。

C.2　焊接试样

C.2.1　角焊接试样见图C.1。

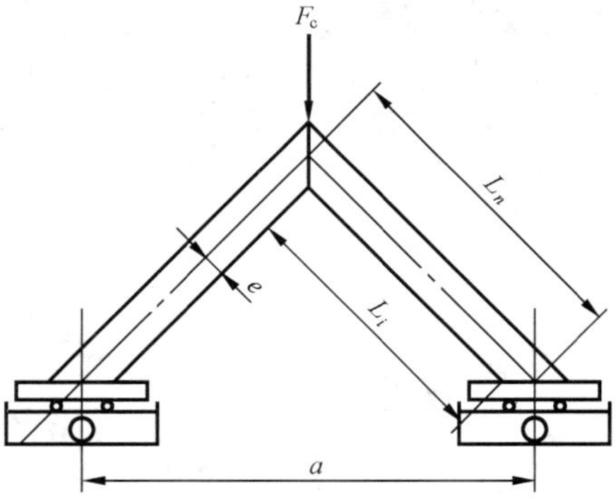

说明：

L_n——型材中性轴的长度，单位为毫米(mm)，$L_n=400/\sqrt{2}=283$ mm；

L_i——内侧边的长度，单位为毫米(mm)，$L_i=L_n-(2e)$。

图C.1　角焊接试样

C.2.2 T 型焊接试样见图 C.2。

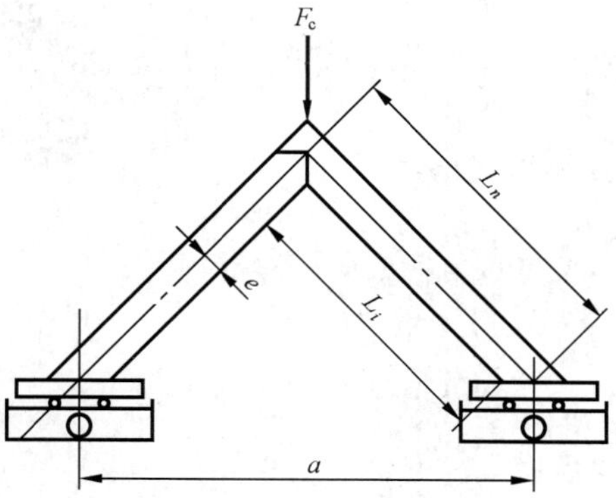

图 C.2 T 型焊接试样

ICS 91.060.50
Q 74

中华人民共和国国家标准

GB/T 28887—2012

建筑用塑料窗

Plastic window for buildings

2012-11-05 发布 2013-06-01 实施

中华人民共和国国家质量监督检验检疫总局
中国国家标准化管理委员会 发布

前　言

本标准按照 GB/T 1.1—2009 给出的规则起草。

本标准由中华人民共和国住房和城乡建设部提出。

本标准由全国建筑幕墙门窗标准化技术委员会(SAC/TC 448)归口。

本标准负责起草单位:中国建筑金属结构协会塑料门窗委员会。

本标准参加起草单位:中国建筑科学研究院、国家建筑材料工业建筑五金水暖产品质量监督检验测试中心、维卡塑料(上海)有限公司、广东坚朗五金制品股份有限公司、大连实德集团有限公司、芜湖海螺型材科技股份有限公司、北新建塑有限公司、大连吉田建材有限公司、柯梅令(天津)高分子型材有限公司、浙江中财型材有限责任公司、哈尔滨中大化学建材有限公司、新疆蓝山屯河型材有限公司、华之杰塑料建材有限公司、瑞好聚合物(苏州)有限公司、福建亚太建材有限公司、南京皇家聚锋建筑材料有限公司、东营大明新型建材有限责任公司、香河贝德建筑装饰制品有限公司、沈阳华新门窗工程有限公司、西安高科幕墙门窗有限公司、国强五金集团有限公司、上海市建筑五金门窗行业协会、辽宁省建筑设计标准化办公室、新疆建筑门窗协会、江苏省建筑科学研究院。

本标准主要起草人:闫雷光、丛敬梅、王洪涛、邓贵智、陈祺、杜万明、程先胜、王加臣、王浩、刘新、王彤、潘晓华、宗小丹、李强、牛建华、潘军、聂贤慧、曾省成、黄金永、鲁宁、肇广维、窦永智、张海峰、钱经纬、吴伟东、刘晓东、张云龙。

建筑用塑料窗

1 范围

本标准规定了建筑用塑料窗(以下简称塑料窗)的术语和定义、分类、规格和标记、要求、试验方法、检验规则和标志、包装、运输和贮存。

本标准适用于基材为未增塑聚氯乙烯(PVC-U)型材制作的建筑用窗。其他种类塑料窗可参照采用。

2 规范性引用文件

下列文件对于本文的应用是必不可少的。凡是注日期的引用文件,仅注日期的版本适用于本文件。凡是不注日期的引用文件,其最新版本(包括所有的修改单)适用于本文件。

GB/T 2680 建筑玻璃 可见光透射比、太阳光直接透射比、太阳能总透射比、紫外线透射比及有关窗玻璃参数的测定

GB/T 5823 建筑门窗术语

GB/T 5824 建筑门窗洞口尺寸系列

GB/T 7106 建筑外门窗气密、水密、抗风压性能分级及检测方法

GB/T 8484 建筑外门窗保温性能分级及检测方法

GB/T 8485 建筑门窗空气声隔声性能分级及检测方法

GB/T 8814—2004 门、窗用未增塑聚氯乙烯(PVC-U)型材

GB/T 11793 未增塑聚氯乙烯(PVC-U)塑料门窗力学性能及耐候性试验方法

GB/T 11976 建筑外窗采光性能分级及检测方法

GB/T 14436 工业产品保证文件 总则

GB 50009 建筑结构荷载规范

JG/T 263 建筑门窗用未增塑聚氯乙烯彩色型材

JGJ 113 建筑玻璃应用技术规程

JGJ/T 151 建筑门窗玻璃幕墙热工计算规程

3 术语和定义

GB/T 5823、GB/T 5824、GB/T 8814—2004 和 JG/T 263 界定的以及下列术语和定义适用于本文件。

3.1

塑料窗 plastic windows

基材为未增塑聚氯乙烯(PVC-U)型材并内衬增强型钢的窗。

3.2

机械式连接 mechanical joint

型材间采用专用连接件进行的拼接。

4 分类、规格和标记

4.1 分类

4.1.1 按用途分

室外用窗(代号 W)和室内用窗(代号 N)。

4.1.2 按开启形式分

开启形式与代号应符合表 1 的规定。

表 1 开启形式与代号

开启形式	内平开	外平开	内平开下悬	上悬	中悬	下悬	推拉	上下推拉	固定
代号	NP	WP	PX	SX	ZX	XX	T	ST	G
注 1：固定部分与上述各类窗组合时,均归入该类窗。 注 2：纱扇代号为 A。									

4.2 规格

4.2.1 窗规格用窗洞口尺寸表示,窗洞口尺寸应符合 GB/T 5824 的规定。

4.2.2 窗框厚度系列按窗框型材无拼接组合时的窗框最大厚度公称尺寸确定。

4.3 标记

产品标记由塑料窗、用途代号、开启形式代号、窗框厚度系列、窗规格、纱扇代号、标准号组成。

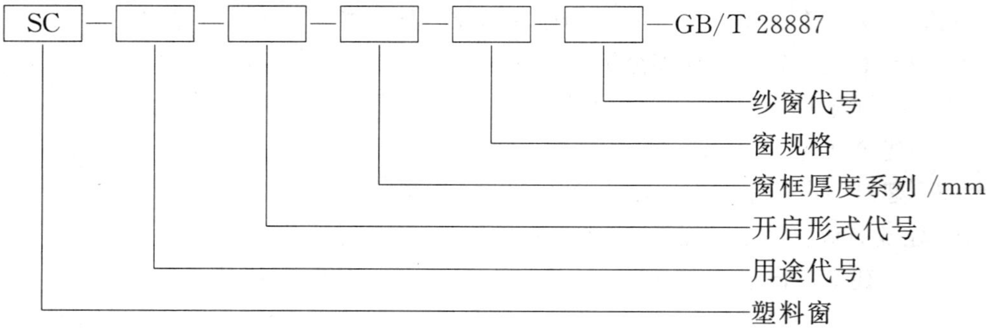

示例:室外用内平开塑料窗,窗框厚度为 60 mm,规格为 150180,带纱扇。

SC-W-NP- 60-150180-A-GB/T 28887。

5 要求

5.1 材料

5.1.1 一般要求

塑料窗所用材料及附件应符合有关标准的规定,常用材料标准清单参见附录 A。

5.1.2 型材

5.1.2.1 外窗用型材老化时间不应小于 6 000 h,内窗用型材老化时间不应小于 4 000 h。

5.1.2.2 窗用主型材可视面最小实测壁厚不应小于 2.5 mm,非可视面型材最小实测壁厚不应小于2.0 mm。

5.1.3 增强型钢

增强型钢应满足工程强度设计要求,且最小壁厚不应小于 1.5 mm。

5.1.4 增强型钢用紧固件

增强型钢用紧固件应采用机制自钻自攻螺钉,不应采用拉铆钉。

5.1.5 密封材料

5.1.5.1 框扇间密封用胶条回弹恢复(D_r)不应小于 5 级,热老化后回弹恢复(D_a)不应小于 4 级。

5.1.5.2 窗用密封毛条应选用平板硅化加片型。

5.1.6 玻璃

玻璃的选用应符合 JGJ 113 及相关标准的规定。

5.2 外观质量

5.2.1 窗构件可视面应平滑,颜色均匀一致,无裂纹、气泡,不应有严重影响外观的擦、划伤等缺陷。

5.2.2 焊缝应清理,清理后可视面刀痕宽度不应大于 4 mm,深度不应大于 0.3 mm,刀痕应均匀、光滑平整。

5.3 窗的装配

5.3.1 窗框、扇、梃应加衬增强型钢,并根据外窗的抗风压强度、挠度计算结果确定增强型钢的规格,抗风压强度、挠度计算方法参见附录 B。增强型钢端头距型材端头内角距离不宜大于 15 mm(见图 1),且以不影响端头焊接为宜。增强型钢与型材承载方向内腔配合间隙不应大于 1 mm(见图 2)。

单位为毫米

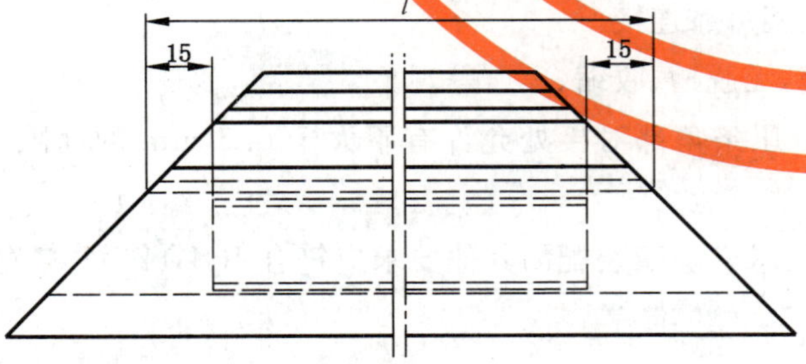

说明:l——型材内角尺寸。

图 1 增强型钢端头距型材端头内角距离

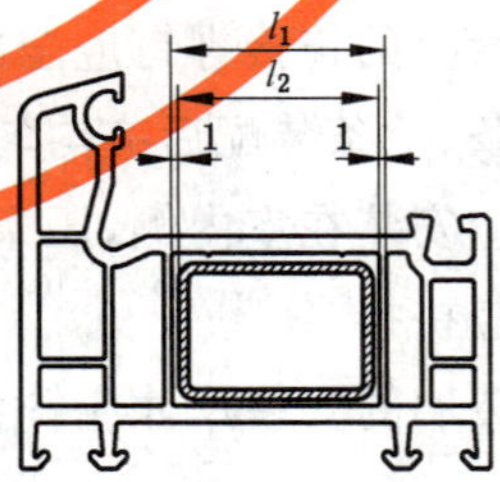

说明:l_1——型材内腔尺寸;
l_2——增强型钢尺寸。

图 2 增强型钢与型材承载方向内腔配合间隙

5.3.2 用于固定每根增强型钢的紧固件不应少于 3 个,其间距不应大于 300 mm,距型材端头内角距离不应大于 100 mm。固定后的增强型钢不应松动。

5.3.3 外窗框、扇、梃应有排水通道和气压平衡孔,使渗入框、扇、梃内的水及时排至室外,排水通道不应与放置增强型钢的腔室连通。

5.3.4 彩色外窗应在彩色型材最外侧的封闭腔体处加工通气孔。

5.3.5 机械式连接的中梃连接部位应用专用连接件连接，该连接件与增强型钢应采用紧固件固定，连接处的四周缝隙应有可靠密封防水措施。机械式连接框、扇、梃相邻构件装配间隙不应大于 0.3 mm。

5.3.6 窗框、窗扇外形尺寸的允许偏差应符合表 2 的规定。

表 2 框、扇外形尺寸允许偏差

单位为毫米

项　目	宽度或高度	
尺寸范围	≤1 500	>1 500
允许偏差值	±2.0	±3.0

5.3.7 窗框、窗扇对角线尺寸之差不应大于 3.0 mm。

5.3.8 相邻两构件焊接处同一平面高低差不应大于 0.4 mm。

5.3.9 外平开窗、上悬窗、内平开窗、内平开下悬窗、下悬窗、中悬窗关闭时，窗框、窗扇四周的配合间隙 c(见图 3 和图 4)，允许偏差应符合表 3 的规定。

5.3.10 外平开窗、上悬窗、内平开窗、内平开下悬窗、下悬窗、中悬窗窗扇与窗框搭接量 b(见图 3 和图 4)，允许偏差应符合表 3 的规定。外平开窗、内平开窗、内平开下悬窗装配时应有防下垂措施。左右推拉窗、上下推拉窗锁闭后的窗扇与窗框搭接量 b(见图 5)，允许偏差应符合表 3 的规定，且窗扇与窗框上下搭接量 b 的实测值不应小于 6 mm。

5.3.11 推拉窗应有防窗扇脱落装置。

5.3.12 五金配件安装位置应正确，数量应齐全，承受往复运动的配件在结构上应便于更换。五金配件承载能力应与窗扇重量和抗风压要求相匹配。当平开窗窗扇高度大于 900 mm 时，窗扇锁闭点不应少于 2 个。五金配件与型材连接强度应满足力学性能和物理性能要求。

表 3 配合间隙和搭接量允许偏差

单位为毫米

项目	内平开窗	外平开窗	内平开下悬窗	下悬窗	上悬窗	中悬窗	推拉窗
配合间隙(c)	±1.0						—
搭接量(b)	±2.0						

5.3.13 安装滑撑的连接螺钉应全部与框、扇增强型钢可靠连接。

5.3.14 密封条、毛条装配后应均匀、牢固，接口严密，无脱槽、收缩、虚压等现象。

5.3.15 压条应安装在室内侧，压条装配后应牢固。压条角部对接处允许有不大于 0.5 mm 的间隙。同一边压条不应拼接。

5.3.16 中空玻璃的安装尺寸应符合图 6 和表 4 的要求。玻璃装配的其他要求应符合 JGJ 113 的相关规定。

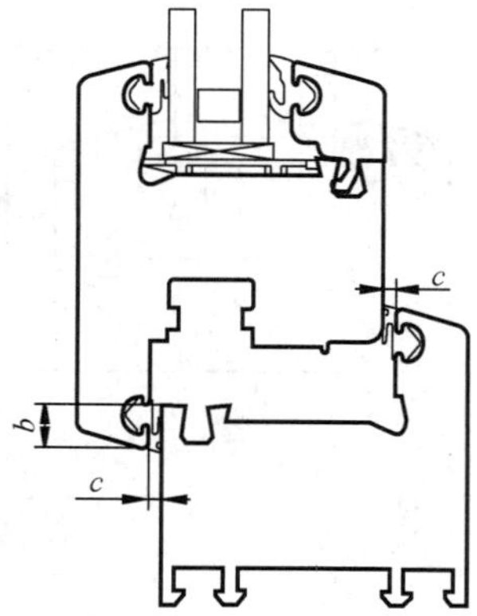

说明：

b——搭接量；

c——配合间隙。

图 3　外平开窗、上悬窗

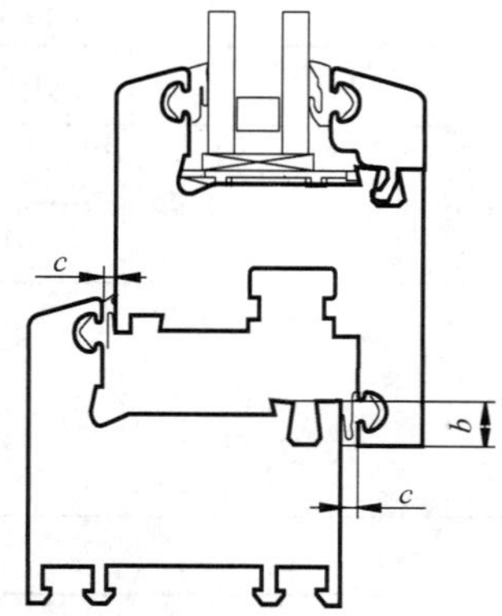

图 4　内平开窗、内平开下悬窗、下悬窗

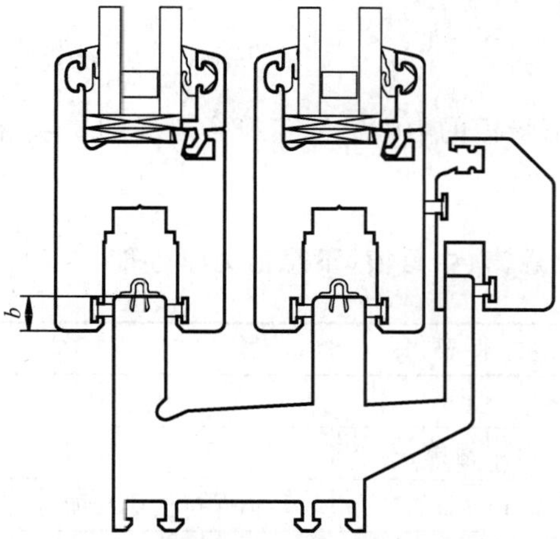

a）　推拉窗下部搭接量示意图

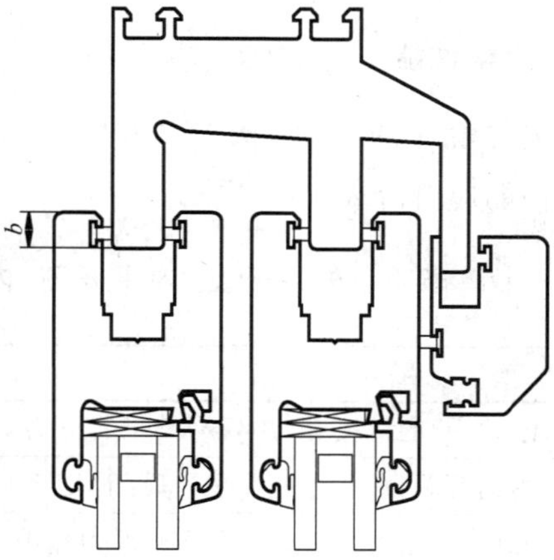

b）　推拉窗上部搭接量示意图

说明：

b——搭接量。

图 5　推拉窗

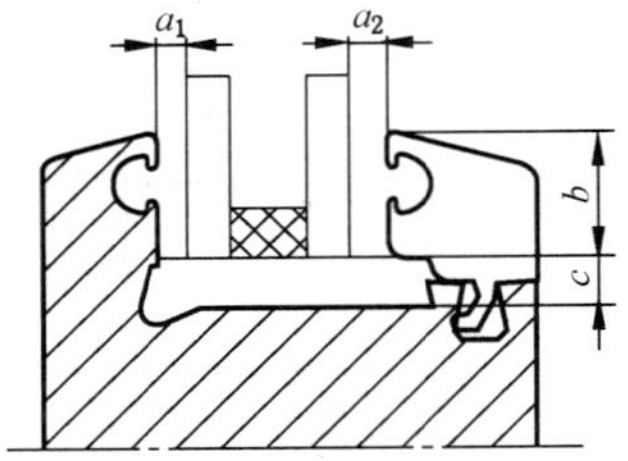

说明：
a_1——前部余隙；
a_2——后部余隙；
b ——嵌入深度；
c ——边缘余隙。

图 6 玻璃安装尺寸

表 4 中空玻璃的最小装配尺寸

单位为毫米

中空玻璃	固定部分					
	前部余隙 a_1	后部余隙 a_2	嵌入深度 b	边缘余隙 c		
				下边	上边	两侧
4+A+4	3.0	2.5	13	6.0	5.0	5.0
5+A+5			14			
6+A+6			15			
注：A 为气体层的厚度，其数值不应小于 9 mm。						

5.4 性能

5.4.1 力学性能

外平开窗、内平开窗、内平开下悬窗、上悬窗、中悬窗、下悬窗的力学性能应符合表 5 的要求，推拉窗的力学性能应符合表 6 的要求。

表 5 外平开窗、内平开窗、内平开下悬窗、上悬窗、中悬窗、下悬窗力学性能

项目	技术要求	
锁闭器(执手)的开关力	不大于 80 N(力矩不大于 10 N·m)	
窗的开关力	平合页：不大于 80 N	滑撑：不小于 30 N 不大于 80 N
悬端吊重	在 500 N 力作用下，残余变形不大于 2 mm，试件不应损坏，仍保持使用功能	
翘曲	在 300 N 力作用力下，允许有不影响使用的残余变形，试件不损坏，仍保持使用功能	
撑挡	在 200 N 力作用下，不允许位移，联接处型材不破裂	
大力关闭[a]	经模拟 7 级风连续开关 10 次，试件不损坏，仍保持开关功能	
反复启闭性能	经不少于 10 000 次的开关试验，试件及五金配件不损坏，其固定处及玻璃压条不松脱，仍保持使用功能	
焊接角破坏力	窗框焊接角最小破坏力的计算值不应小于 2 000 N，窗扇焊接角最小破坏力的计算值不应小于 2 500 N，且实测值均应大于计算值	
[a] 大力关闭只检测平开窗和上悬窗。		

表 6　推拉窗力学性能

项　　目	技 术 要 求	
锁闭器(执手)的开关力	不大于 100 N	
窗的开关力	推拉窗:不大于 100 N	上下推拉窗:不大于 135 N
弯曲	在 300 N 力作用下,允许有不影响使用的残余变形,试件不损坏,仍保持使用功能	
扭曲[a]	在 200 N 力作用下,试件不损坏,允许有不影响使用的残余变形	
反复启闭性能	经不少于 10 000 次的开关试验,试件及五金配件不损坏,其固定处及玻璃压条不松脱,仍保持使用功能	
焊接角破坏力	窗框焊接角最小破坏力的计算值不应小于 2 500 N,窗扇焊接角最小破坏力的计算值不应小于 1 800 N,且实测值均应大于计算值	
[a] 没有凸出把手的推拉窗不做扭曲试验。		

5.4.2　物理性能

5.4.2.1　抗风压性能

5.4.2.1.1　分级指标

采用定级检测压力差值 P_3 为分级指标。

5.4.2.1.2　分级指标值

分级指标值 P_3 的分级应符合表 7 的规定。

表 7　抗风压性能分级

单位为千帕

分级	1	2	3	4	5	6	7	8	9
分级指标值 P_3	$1.0 \leqslant P_3 < 1.5$	$1.5 \leqslant P_3 < 2.0$	$2.0 \leqslant P_3 < 2.5$	$2.5 \leqslant P_3 < 3.0$	$3.0 \leqslant P_3 < 3.5$	$3.5 \leqslant P_3 < 4.0$	$4.0 \leqslant P_3 < 4.5$	$4.5 \leqslant P_3 < 5.0$	$P_3 \geqslant 5.0$
注:第 9 级应在分级后同时注明具体检测压力差值。									

5.4.2.1.3　性能要求

外窗在各性能分级指标值风压作用下,主要受力杆件相对(面法线)挠度应符合表 8 的规定;风压作用后,窗不应出现使用功能障碍和损坏。

表 8　窗主要受力杆件相对面法线挠度要求

单位为毫米

支撑玻璃种类	单层玻璃、夹层玻璃	中空玻璃
相对挠度	$L/100$	$L/150$
相对挠度最大值	20	
注:L 为主要受力杆件的支承跨距。		

5.4.2.2　水密性能

5.4.2.2.1　分级指标

采用严重渗漏压力差值的前一级压力差值作为分级指标。

5.4.2.2.2　分级指标值

分级指标值 Δp 的分级应符合表 9 的规定。

表 9　水密性能分级

单位为帕

分级	1	2	3	4	5	6
分级指标 Δp	$100 \leqslant \Delta p < 150$	$150 \leqslant \Delta p < 250$	$250 \leqslant \Delta p < 350$	$350 \leqslant \Delta p < 500$	$500 \leqslant \Delta p < 700$	$\Delta p \geqslant 700$
注：第 6 级应在分级后同时注明具体检测压力差值。						

5.4.2.3　气密性能

5.4.2.3.1　分级指标

采用在标准状态下，压力差为 10 Pa 时的单位开启缝长空气渗透量 q_1 和单位面积空气渗透量 q_2 作为分级指标。

5.4.2.3.2　分级指标值

分级指标绝对值 q_1 和 q_2 的分级应符合表 10 的规定。

表 10　气密性能分级

分级	4	5	6	7	8
单位缝长分级指标值 q_1/[m^3/(m·h)]	$2.0 < q_1 \leqslant 2.5$	$1.5 < q_1 \leqslant 2.0$	$1.0 < q_1 \leqslant 1.5$	$0.5 < q_1 \leqslant 1.0$	$q_1 \leqslant 0.5$
单位面积分级指标值 q_2/[m^3/(m^2·h)]	$6.0 < q_2 \leqslant 7.5$	$4.5 < q_2 \leqslant 6.0$	$3.0 < q_2 \leqslant 4.5$	$1.5 < q_2 \leqslant 3.0$	$q_2 \leqslant 1.5$

5.4.2.4　保温性能

传热系数 K 值分级应符合表 11 的规定。

表 11　传热系数分级

单位为瓦每平方米开

分级	5	6	7	8	9	10
分级指标值	$2.5 \leqslant K < 3.0$	$2.0 \leqslant K < 2.5$	$1.6 \leqslant K < 2.0$	$1.3 \leqslant K < 1.6$	$1.1 \leqslant K < 1.3$	$K < 1.1$

5.4.2.5　遮阳性能

5.4.2.5.1　分级指标

窗遮阳性能分级指标——遮阳系数 SC 为采用 JGJ/T 151 规定的夏季标准计算条件，并按计算所得值。

5.4.2.5.2 **分级指标值**

窗遮阳性能分级指标值应符合表12的规定。

表12 遮阳性能分级

分级	1	2	3	4	5	6	7
分级指标值 SC	0.7<SC≤0.8	0.6<SC≤0.7	0.5<SC≤0.6	0.4<SC≤0.5	0.3<SC≤0.4	0.2<SC≤0.3	SC≤0.2

5.4.2.6 **空气声隔声性能**

5.4.2.6.1 **分级指标**

外窗以"计权隔声量和交通噪声频谱修正量之和(R_W+C_{tr})"作为分级指标；内窗以"计权隔声量和粉红噪声频谱修正量之和(R_W+C)"作为分级指标。

5.4.2.6.2 **分级指标值**

建筑用塑料窗的空气声隔声性能分级应符合表13的规定。

表13 空气声隔声性能分级 单位为分贝

分　　级	外窗的分级指标值	内窗的分级指标值
1	$20\leqslant R_W+C_{tr}<25$	$20\leqslant R_W+C<25$
2	$25\leqslant R_W+C_{tr}<30$	$25\leqslant R_W+C<30$
3	$30\leqslant R_W+C_{tr}<35$	$30\leqslant R_W+C<35$
4	$35\leqslant R_W+C_{tr}<40$	$35\leqslant R_W+C<40$
5	$40\leqslant R_W+C_{tr}<45$	$40\leqslant R_W+C<45$
6	$R_W+C_{tr}\geqslant 45$	$R_W+C\geqslant 45$
注：用于对建筑内机器、设备噪声源隔声的建筑内窗，对中低频噪声宜用外窗的指标值进行分级；对中高频噪声仍可采用内窗的指标值进行分级。		

5.4.2.7 **采光性能**

5.4.2.7.1 **分级指标**

采用窗的透光折减系数 T_r 作为采光性能的分级指标。

5.4.2.7.2 **分级指标值**

窗的采光性能分级指标值及分级应符合表14的规定。

表 14　采光性能分级

分级	1	2	3	4	5
分级指标值	$0.20 \leqslant T_r < 0.30$	$0.30 \leqslant T_r < 0.40$	$0.40 \leqslant T_r < 0.50$	$0.50 \leqslant T_r < 0.60$	$T_r \geqslant 0.60$[a]
[a] T_r 值大于 0.60 时，应该给出具体数值。					

6　试验方法

6.1　材料

6.1.1　材料及附件的质量验证

窗所用材料及附件进厂时，检查产品合格证或质量保证书等随行技术文件，验证其所标示的性能和质量指标值与附录 A 所示相应标准的符合性。

6.1.2　窗用型材

6.1.2.1　型材老化时间按 6.1.1 的规定进行验证，且应满足 5.1.2.1 的要求。

6.1.2.2　用精度为 0.02 mm 的游标卡尺测量型材的壁厚，测量 3 点，取最小值。

6.1.3　增强型钢

用精度为 0.02 mm 的游标卡尺测量，测量 3 点，取最小值。

6.1.4　增强型钢用紧固件

增强型钢用紧固件按 6.1.1 的规定进行验证。

6.1.5　密封材料

6.1.5.1　框扇间密封胶条按 6.1.1 的规定进行验证，且回弹恢复（D_r）和热老化后回弹恢复（D_a）应满足 5.1.5.1 的要求。

6.1.5.2　密封毛条按 6.1.1 的规定进行验证。

6.1.6　玻璃

玻璃按 6.1.1 的规定进行验证。

6.2　窗试件存放及试验环境

除特殊规定外，试验在常温条件下进行。试验前，窗试件应在 18 ℃～28 ℃ 的条件下存放 16 h 以上。

6.3　外观质量

在自然散射光线下，距试样 500 mm 目测外观项目。用精度 0.05 mm 的深度尺和精度为 0.02 mm 的游标卡尺检测窗焊缝的清理。

6.4　窗的装配

6.4.1　用精度为 0.02 mm 的游标卡尺，精度为 0.5 mm 的卷尺、塞尺检测增强型钢尺寸及其装配质量。

6.4.2 用精度为 0.5 mm 卷尺检测增强型钢紧固件的装配间距。

6.4.3 目测检查窗框、窗扇、梃排水通道、气压平衡孔。

6.4.4 目测检查彩色外窗型材外侧通气孔。

6.4.5 目测检查机械式连接的中梃部位联接件的密封。用精度为 0.05 mm 量具检测机械式连接框、扇、梃相邻构件装配间隙。

6.4.6 用精度为 0.5 mm 的卷尺测量窗框、窗扇外形尺寸允许偏差。

6.4.7 用精度为 0.5 mm 的卷尺测量窗框、窗扇对角线之差。

6.4.8 用精度为 0.05 mm 的量具测量相邻构件同一平面高低差。

6.4.9 用塞尺检测窗框、窗扇的配合间隙。

6.4.10 用精度为 0.5 mm 的量具检测窗扇与窗框搭接量。

6.4.11 手动检查推拉窗防窗扇脱落装置是否牢固。

6.4.12 目测和手动检查五金配件的安装数量和装配质量。

6.4.13 手动检查滑撑的连接螺钉是否与框、扇增强型钢可靠联接。

6.4.14 目测检查密封条、毛条的装配质量。

6.4.15 用塞尺检测压条角部的装配间隙。

6.4.16 用精度为 0.5 mm 的钢板尺检测玻璃的装配质量。

6.5 性能

6.5.1 力学性能

锁闭器(执手)的开关力、窗的开关力、悬端吊重、翘曲、弯曲、扭曲、撑挡、反复启闭性能、大力关闭、焊接角破坏力按 GB/T 11793 规定的方法进行检测。焊接角最小破坏力的计算值应按附录 C 的方法计算。

6.5.2 物理性能

6.5.2.1 抗风压性能

应按 GB/T 7106 规定的方法进行检测。

6.5.2.2 水密性能

应按 GB/T 7106 规定的方法进行检测。

6.5.2.3 气密性能

应按 GB/T 7106 规定的方法进行检测。

6.5.2.4 保温性能

应按 GB/T 8484 规定的方法进行检测。

6.5.2.5 遮阳性能

在按 GB/T 2680 规定实测窗单片玻璃太阳光光谱透射比、反射比等参数基础上,按 JGJ/T 151 规定,在夏季标准计算条件下计算窗遮阳系数 SC 值。

6.5.2.6 空气声隔声性能

应按 GB/T 8485 规定的方法进行检测。

6.5.2.7 采光性能

应按 GB/T 11976 规定的方法进行检测。

7 检验规则

7.1 检验类别和项目

7.1.1 产品检验分为过程检验、出厂检验和型式检验。

7.1.2 过程检验项目见表 15。

7.1.3 出厂检验和型式检验项目见表 16。

表 15 过程检验项目

项　　目	要　　求	试验方法工具
型材老化时间	5.1.2.1	6.1.2.1
型材壁厚	5.1.2.2	6.1.2.2
增强型钢	5.1.3	6.1.3
增强型钢用紧固件	5.1.4	6.1.4
框扇间密封胶条	5.1.5.1	6.1.5.1
密封毛条	5.1.5.2	6.1.5.2
玻璃	5.1.6	6.1.6
增强型钢装配	5.3.1	6.4.1
排水通道	5.3.3	6.4.3
气压平衡孔	5.3.3	6.4.3
通气孔	5.3.4	6.4.4
窗框、窗扇外形尺寸允许偏差	5.3.6	6.4.6
对角线尺寸之差	5.3.7	6.4.7
玻璃装配	5.3.16	6.4.16
焊接角破坏力	5.4.1	6.5.1

表 16 出厂检验和型式检验项目

项　　目	型式检验				出厂检验				要求	试验方法工具
	平开窗	推拉窗	悬转窗	固定窗	平开窗	推拉窗	悬转窗	固定窗		
抗风压性能	√	√	√	√	—	—	—	—	5.4.2.1	6.5.2.1
水密性能	√	√	√	√	—	—	—	—	5.4.2.2	6.5.2.2
气密性能	√	√	√	√	—	—	—	—	5.4.2.3	6.5.2.3
保温性能	√	√	√	√	—	—	—	—	5.4.2.4	6.5.2.4
遮阳性能	△	△	△	△	—	—	—	—	5.4.2.5	6.5.2.5

表 16（续）

项目	型式检验				出厂检验				要求	试验方法工具
	平开窗	推拉窗	悬转窗	固定窗	平开窗	推拉窗	悬转窗	固定窗		
隔声性能	△	△	△	△	—	—	—	—	5.4.2.6	6.5.2.6
采光性能	△	△	△	△	—	—	—	—	5.4.2.7	6.5.2.7
锁闭器（执手）的开关力	√	√	√	—	√	√	√	—	5.4.1	6.5.1
窗的开关力	√	√	√	—	√	√	√	—	5.4.1	6.5.1
悬端吊重	√	—	—	—	—	—	√	—	5.4.1	6.5.1
翘曲	√	—	√	—	—	—	—	—	5.4.1	6.5.1
弯曲	—	√	—	—	—	—	—	—	5.4.1	6.5.1
扭曲	—	√	—	—	—	—	—	—	5.4.1	6.5.1
撑挡	√	—	√	—	—	—	—	—	5.4.1	6.5.1
大力关闭	√	—	√	—	—	—	—	—	5.4.1	6.5.1
反复启闭性能（上下推拉窗除外）	√	√	√	—	—	—	—	—	5.4.1	6.5.1
外观质量	√	√	√	√	√	√	√	√	5.2	6.3
紧固件装配	√	√	√	√	√	√	√	√	5.3.2	6.4.2
机械式连接中梃联接处的密封	√	√	√	√	√	√	√	√	5.3.5	6.4.5
机械式连接框、扇、梃相邻构件装配间隙	√	√	√	√	√	√	√	√	5.3.5	6.4.5
相邻构件焊接处同一平面高低差	√	√	√	√	√	√	√	√	5.3.8	6.4.8
窗框、窗扇配合间隙	√	—	√	—	√	—	√	—	5.3.9	6.4.9
窗框、窗扇搭接量	√	√	√	—	√	√	√	—	5.3.10	6.4.10
防窗扇脱落装置	—	√	—	—	—	√	—	—	5.3.11	6.4.11
五金配件装配	√	√	√	—	√	√	√	—	5.3.12	6.4.12
滑撑与增强型钢的可靠连接	√	—	—	—	√	—	—	—	5.3.13	6.4.13
密封条、毛条装配	√	√	√	√	√	√	√	√	5.3.14	6.4.14
压条装配	√	√	√	√	√	√	√	√	5.3.15	6.4.15
玻璃装配	√	√	√	√	√	√	√	√	5.3.16	6.4.16

注 1：表中符号“√”表示需检测的项目；符号“—”表示不需检测的项目；符号“△”表示可选项目。

注 2：内窗无设计要求时不检测。

7.2 组批与抽样规则

7.2.1 过程检验

过程检验为全数检验。

7.2.2 出厂检验

应在过程检验全部符合要求时进行出厂检验。

7.2.2.1 外观、装配质量为全数检验。

7.2.2.2 其他项目检验，应从每个出厂检验(交货)批中的不同系列品种分别随机抽取5%且不应少于三樘。

7.2.3 型式检验

从出厂检验合格的检验批中，按表17规定的数量随机抽取。

表17 窗性能检验试件分组、数量及试验顺序

试件分组	1			2	3
试验项目及顺序	隔声	采光 (外窗)	1)气密 2)水密 3)抗风压	保温	力学性能
试件数量(樘)	3	1	3	1	3
试件合计(樘)	3			1	3

7.3 判定与复检规则

7.3.1 出厂检验

7.3.1.1 外观质量、窗的装配检验结果全部符合要求时，则判该批产品合格。单件不合格时，判定该单件不合格。

7.3.1.2 其他项目检验结果全部符合要求时，则判定该批产品合格。抽检项目中如有一樘不合格，可再从该批产品中抽取双倍数量产品对不合格项目进行重复检验，重复检验结果符合要求时，则判定该批产品合格，否则判定该批产品不合格。

7.3.2 型式检验

7.3.2.1 有下列情况之一时应进行型式检验：

a) 新产品或老产品转厂生产的试制定型鉴定；

b) 正式生产后，当结构、材料、工艺有较大改变而可能影响产品性能时；

c) 正常生产时，每两年检测一次；

d) 产品长期停产后，恢复生产时；

e) 出厂检验结果与上次型式检验有较大差异时；

f) 国家质量监督机构提出进行型式检验要求时。

7.3.2.2 判定与复检规则

7.3.2.2.1 抽检产品全部符合表16的项目要求，该产品型式检验合格。

7.3.2.2.2 外观质量、窗的装配检测项目的判定与复检应符合7.3.1的规定。

7.3.2.2.3 性能检验项目中若有不合格项时，应从该产品中抽取双倍试件对该不合格项进行重复检验，重复检验结果全部达到要求时，判定该项目合格，否则判定该批产品不合格。

8 标志、包装、运输和贮存

8.1 标志

8.1.1 在产品的明显部位应注明产品标志，标志内容包括：

a) 制造厂名称；
b) 制造厂地址；
c) 制造厂电话；
d) 产品标记；
e) 产品执行标准；
f) 制造日期。

8.1.2 产品检验合格后应有合格证。合格证应符合GB/T 14436的规定。

8.2 包装

8.2.1 产品表面应有保护措施，应用对窗不产生污染及无腐蚀性的软质材料包装。

8.2.2 包装应牢固，并有防潮措施。

8.2.3 产品出厂时应附有产品清单及产品检验合格证。

8.3 运输

8.3.1 装运产品的运输工具，应有防雨措施并保持清洁。

8.3.2 在运输、装卸时，应保证产品不变形、不损伤、表面完好。

8.4 贮存

8.4.1 产品应放置在通风、防雨、干燥、清洁、平整的地方。严禁与腐蚀性物质接触。

8.4.2 产品贮存环境温度应低于50 ℃，距离热源不应小于1 m。

8.4.3 产品不应直接接触地面，底部垫高不应小于100 mm。产品应立放，立放角不应小于70°，并有防倾倒措施。

附 录 A
（资料性附录）
常用材料标准清单

A.1 型材

GB/T 8814 门、窗用未增塑聚氯乙烯(PVC-U)型材
JG/T 263 建筑门窗用未增塑聚氯乙烯彩色型材
JG/T 176 塑料门窗及型材功能结构尺寸

A.2 紧固件及五金附件标准

GB/T 3098.4 紧固件机械性能 螺母 细牙螺纹
GB/T 15856.1 十字槽盘头自钻自攻螺钉
GB/T 15856.2 十字槽沉头自钻自攻螺钉
GB/T 24601 建筑窗用内平开下悬五金系统
JG/T 124 建筑门窗五金件 传动机构用执手
JG/T 125 建筑门窗五金件 合页(铰链)
JG/T 126 建筑门窗五金件 传送锁闭器
JG/T 127 建筑门窗五金件 滑撑
JG/T 128 建筑门窗五金件 撑挡
JG/T 129 建筑门窗五金件 滑轮
JG/T 130 建筑门窗五金件 单点锁闭器
JG/T 131 聚氯乙烯(PVC) 门窗增强型钢
JG/T 132 聚氯乙烯(PVC) 门窗固定片
JG/T 212 建筑门窗五金件 通用要求
JG/T 213 建筑门窗五金件 旋压执手
JG/T 214 建筑门窗五金件 插销
JG/T 215 建筑门窗五金件 多点锁闭器
JG/T 233 建筑门窗用通风器

A.3 玻璃

GB/T 11614 平板玻璃
GB/T 11944 中空玻璃
GB/T 15763.2 建筑用安全玻璃 第2部分:钢化玻璃
GB/T 15763.3 建筑用安全玻璃 第3部分:夹层玻璃
GB/T 15763.4 建筑用安全玻璃 第4部分:均质钢化玻璃
GB/T 17841 半钢化玻璃
GB/T 18915.1 镀膜玻璃 第1部分:阳光控制镀膜玻璃
GB/T 18915.2 镀膜玻璃 第2部分:低辐射镀膜玻璃

JG/T 255　内置遮阳中空玻璃制品
JC 433　夹丝玻璃
JC/T 511　压花玻璃

A.4　纱网

QB/T 3882　窗纱型式尺寸
QB/T 3883　窗纱技术条件
JC/T 173　玻璃纤维防虫网布

A.5　密封材料

GB/T 14683　硅酮建筑密封胶
GB 16776　建筑用硅酮结构密封胶
GB/T 24498　建筑门窗、幕墙用密封胶条
HG/T 3100　硫化橡胶和热塑性橡胶　建筑用预成型密封垫的分类、要求和试验方法
JC/T 483　聚硫建筑密封胶
JC/T 485　建筑用弹性密封胶
JC/T 486　中空玻璃用弹性密封胶
JC/T 635　建筑门窗密封毛条技术条件
JC/T 1022　中空玻璃用复合密封胶条

附　录　B
（资料性附录）
建筑外窗抗风压强度、挠度计算方法

B.1　概述

建筑外窗抗风强度计算方法适用于各种材质的平开式及推拉式建筑外窗的抗风强度的计算和验算。也可用于四面支撑的其他开启形式的建筑外门和外窗的抗风强度的计算。

B.2　荷载分布与计算

B.2.1　荷载分布

建筑外窗在风荷载作用下，承受与外窗平面垂直的横向水平力。外窗各框料间构成的受荷单元可视为四边铰接的简支板。在每个受荷单元的四角各作45°斜线。使其与平行于长边的中线相交。这些线把受荷单元分成四块，每块面积所承受的风荷载传给其相邻的构件（在受力计算时称作杆件），每个杆件的受力可近似地简化为简支梁上呈矩形、梯形或三角形的均布荷载。见图B.1～图B.7。

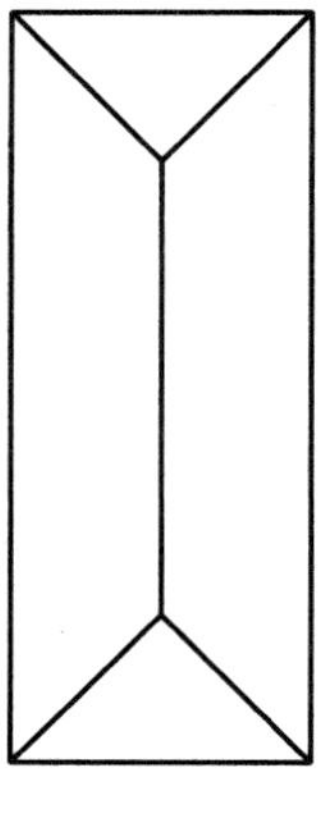

图B.1　荷载分布原理图

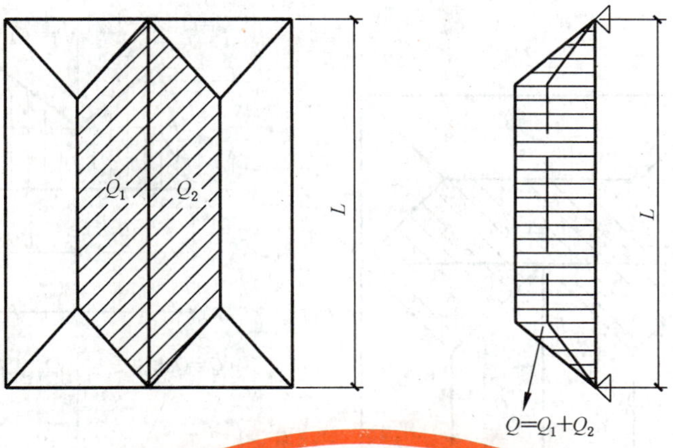

说明：

Q ——受力杆件上的总荷载，单位为牛顿(N)；

Q_1、Q_2… Q_n——受荷单元直接传递给相邻杆件的荷载，单位为牛顿(N)；

L ——受力杆件长度，单位为毫米(mm)。

图 B.2 简支梁承受均布荷载示意图

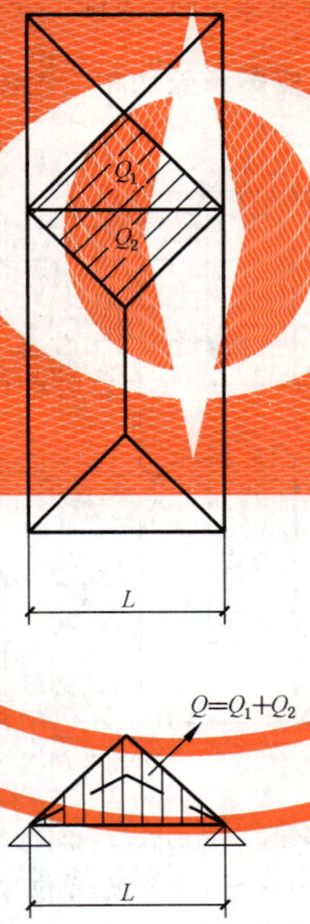

图 B.3 简支梁承受均布荷载示意图

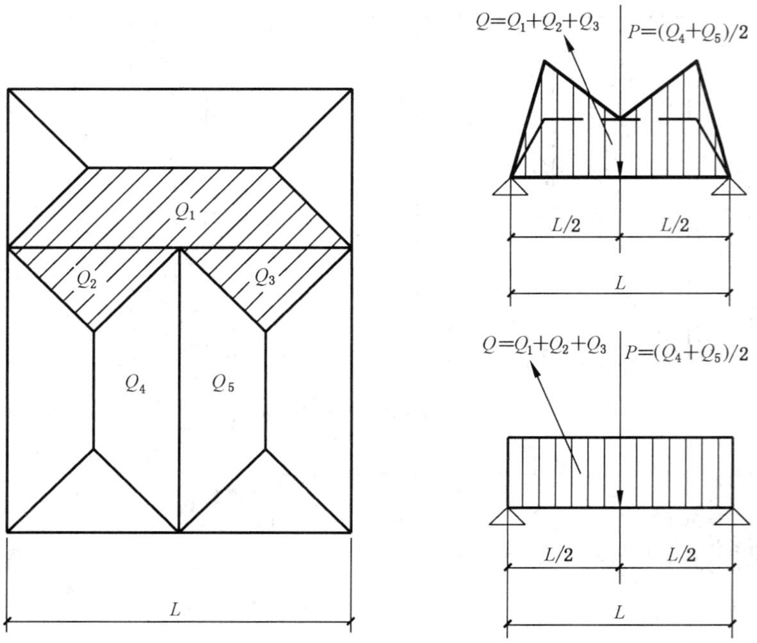

说明：

P——受力杆件承受的由其他受力杆件传递的集中荷载总荷载，单位为牛顿(N)。

图 B.4　简支梁承受均布荷载和集中示意图

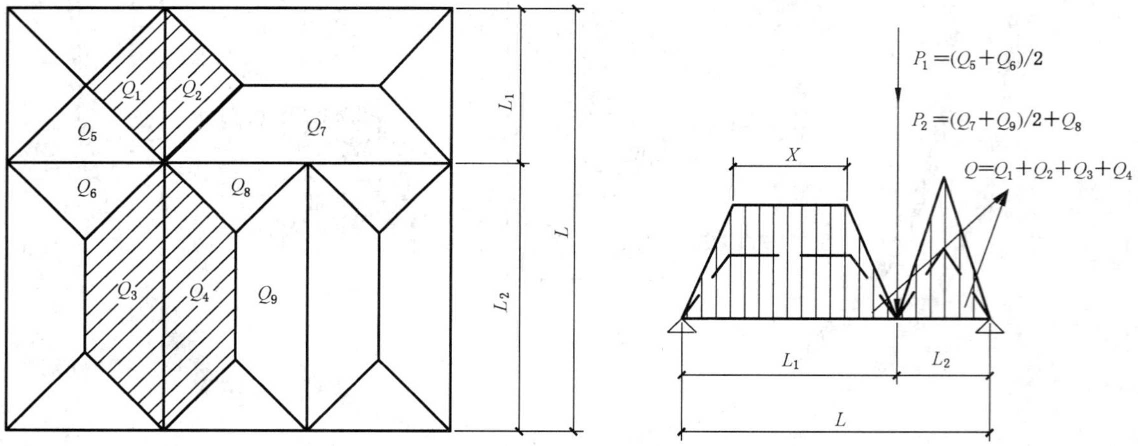

说明：

L_1　——集中荷载受力点到杆件较远一端的长度，单位为毫米(mm)；

L_2　——集中荷载受力点到杆件较近一端的长度，单位为毫米(mm)；

P_1、P_2…P_n　——由其他受力杆件传递的集中荷载，单位为牛顿(N)；

X　——为梯形荷载的顶宽，单位为毫米(mm)。

图 B.5　简支梁承受均布荷载和集中示意图

B.2.1.1　当 $L_2/L_1<1/2$，且 $X<L/3$ 时，则总荷载 Q 按式(B.1)计算，集中荷载 P 按式(B.2)计算，荷载示意图见图 B.6。

$$Q=Q_1+Q_2+Q_3+Q_4 \quad \cdots\cdots(B.1)$$

$$P=P_1+P_2 \quad \cdots\cdots(B.2)$$

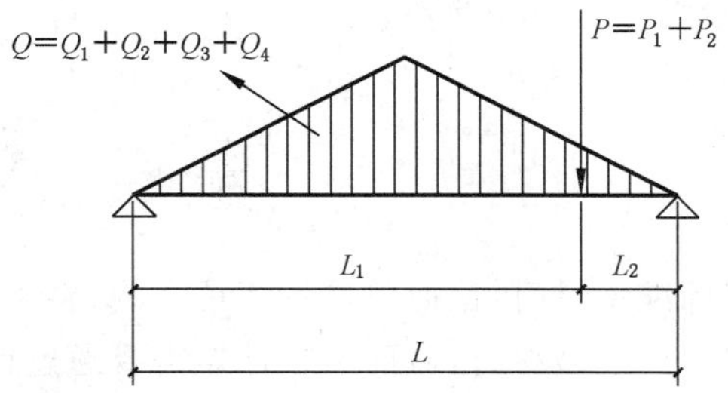

图 B.6 杆件承受均布荷载和集中荷载示意图

B.2.1.2 当 $L_2/L_1 \geqslant 1/2$ 或 $L_2/L_1 \leqslant 1/2$，且 $X \geqslant L/3$ 时，则总荷载 Q 按式(B.1)计算，集中荷载 P 按式(B.2)计算，集中荷载示意图见图 B.7。

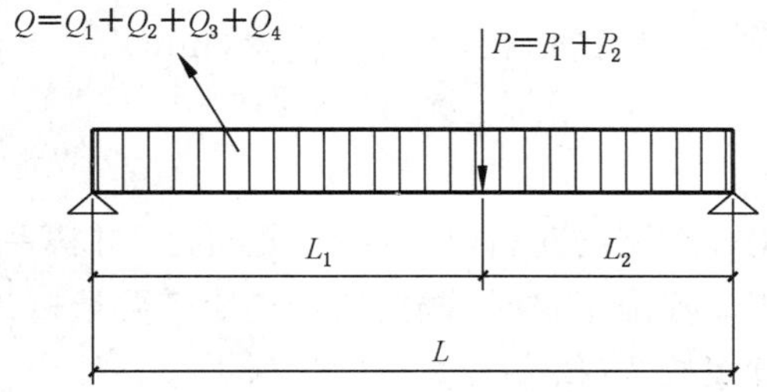

图 B.7 杆件承受均布荷载和集中荷载示意图

B.2.2 荷载计算

荷载计算分为以下三种形式：

a) 建筑外窗在风荷载作用下，受力杆件上的总荷载(Q)为该杆件所承受的受荷面积(A)与施加在该面积上的单位风荷载(W)之乘积，按式(B.3)计算。

$$Q=A \cdot W \qquad \text{(B.3)}$$

式中：

Q——受力杆件所承受的总荷载，单位为牛顿(N)；

A——受力杆件所承受的受荷面积，单位为平方米(m^2)；

W——施加在受荷面积上的单位风荷载，单位为帕(Pa)，按 GB 50009 的规定取值。

b) 当进行建筑外窗的抗风压强度分级计算时，其受力杆件上的总荷载(Q)为该杆件所承受的受荷面积(A)与该窗相对应的抗风压性能等级(P_3)之乘积，按式(B.4)计算。

$$Q=A \cdot P_3 \qquad \text{(B.4)}$$

式中：

P_3——抗风压性能等级，单位为帕(Pa)。

c) 当进行建筑外窗的强度验算时，其受力杆件上的总荷载(Q)为该杆件所承受的受荷面积(A)与建筑物承受的风荷载标准值(W_k)之乘积(W_k 按 GB 50009 的规定取值)，按式(B.5)计算。

$$Q=A \cdot W_k \qquad \text{(B.5)}$$

式中：

W_k——风荷载标准值，单位为帕(Pa)。

B.3 截面特性

B.3.1 截面的惯性矩(*I*)

B.3.1.1 当建筑外窗用料采用标准型材时,截面的惯性矩可在《材料手册》中查得。

B.3.1.2 当建筑外窗用料采用非标准型材时,截面的惯性矩需要通过计算来确定。

B.3.1.3 简单矩形截面的惯性矩按式(B.6)计算。

$$I=(b\cdot h^3)/12 \qquad \text{(B.6)}$$

式中:

I—— 杆件截面的惯性矩,单位为四次方毫米(mm^4);

b——矩型截面平行于对称中心轴的边长,单位为毫米(mm);

h——矩型截面垂直于对称中心轴的边长,单位为毫米(mm)。

B.3.2 截面的抵抗矩(W_j)

B.3.2.1 当建筑外窗用料采用标准型材时,截面的抵抗矩可在《材料手册》中查得。

B.3.2.2 当建筑外窗用料采用非标准型材时,截面的抵抗矩需要通过计算来确定。

B.3.2.3 简单矩形截面的抵抗矩按式(B.7)计算。

$$W_j=2\times I/h \qquad \text{(B.7)}$$

式中:

W_j——截面的抵抗矩,单位为立方毫米(mm^3)。

B.4 强度计算

B.4.1 弯矩(*M*)的计算

B.4.1.1 简支梁承受矩形、梯形、三角形均布荷载示意图见图B.8。

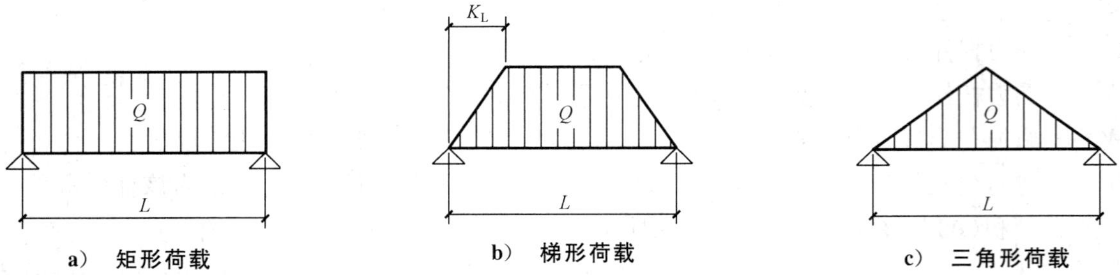

说明:

K_L——梯形荷载下底与上底差值的1/2。

图B.8 简支梁承受均布荷载示意图

B.4.1.1.1 在矩形荷载作用下,简支梁的弯矩 M 按式(B.8)计算。

$$M=(Q\cdot L)/8.00 \qquad \text{(B.8)}$$

式中:

M——弯矩,单位为牛顿米(N·m)。

B.4.1.1.2 在梯形荷载作用下,简支梁的弯矩根据系数 K 的取值,分别计算 M 值。K 的取值按式(B.9)计算,弯矩 M 按式(B.10)计算。系数 K 和常数 λ 的取值见表B.1。

$$K = K_L / L \quad \cdots\cdots (B.9)$$

$$M = (Q \cdot L) / \lambda \quad \cdots\cdots (B.10)$$

式中：

K ——系数；

λ ——常数。

表 B.1　系数 K 和常数 λ 值

系数 K	0.1	0.2	0.3	0.4
常数 λ	7.30	6.76	6.36	6.10

B.4.1.1.3　在三角形荷载作用下，简支梁的弯矩 M 按式(B.11)计算。

$$M = (Q \cdot L) / 6.00 \quad \cdots\cdots (B.11)$$

B.4.1.2　简支梁承受集中荷载的示意图见图 B.9。

a)　集中荷载作用于跨中　　　b)　集中荷载作用于任意点

图 B.9　简支梁承受集中荷载示意图

B.4.1.2.1　当集中荷载作用于跨中时，弯矩 M 按式(B.12)计算。

$$M = (P \cdot L) / 4 \quad \cdots\cdots (B.12)$$

B.4.1.2.2　当集中荷载作用于任意点时，弯矩 M 按式(B.13)计算。

$$M = (P \cdot L_1 \cdot L_2) / L \quad \cdots\cdots (B.13)$$

B.4.1.2.3　当向外平开窗的窗扇受负压或向内平开窗的窗扇受正压且采用单锁点时，其窗框的竖框受荷情况按紧固五金件处有集中荷载作用的示意图见图 B.9。简支梁弯矩 M 按式(B.12)或式(B.13)计算。

B.4.1.2.4　当向外平开窗的窗扇受负压或向内平开窗的窗扇受正压且采用单锁点时，其窗扇边梃受荷情况可近似简化为以紧固五金件处为固端的悬臂梁上承受矩形均布荷载见图 B.10，其弯矩 M 按式(B.14)计算。

$$M = (Q \cdot L) / 2 \quad \cdots\cdots (B.14)$$

注：建筑外窗受力杆件上有均布荷载和集中荷载同时作用时，其弯矩为他们各自产生弯矩叠加的代数和。

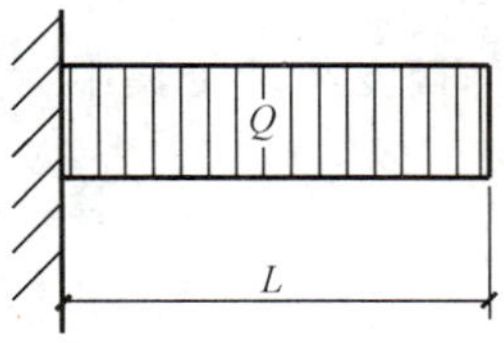

图 B.10　悬臂梁承受均布荷载示意图

B.4.2　最大弯曲应力(σ_{max})按式(B.15)计算。

$$\sigma_{\max}=M/W_{j} \qquad \cdots\cdots\cdots\cdots\cdots\cdots\cdots\cdots\cdots (B.15)$$

式中：

$\sigma_{\max}$——计算截面上的最大弯曲应力，单位为兆帕(MPa)，且 $\sigma_{\max}\leqslant[\sigma]$；

M ——受力杆件承受的最大弯矩，单位为牛顿米(N·m)；

W_j ——净截面的抵抗矩 I/C，单位为立方毫米(mm^3)；

I ——计算截面的惯性矩，单位为四次方毫米(mm^4)；

C ——中和轴到截面边缘的最大距离，单位为毫米(mm)；

$[\sigma]$——材料的抗弯允许应力，单位为兆帕(MPa)。

B.4.3 剪力(Q')的计算

B.4.3.1 简支梁承受矩形、梯形、三角形均布荷载的示意图见图 B.11。

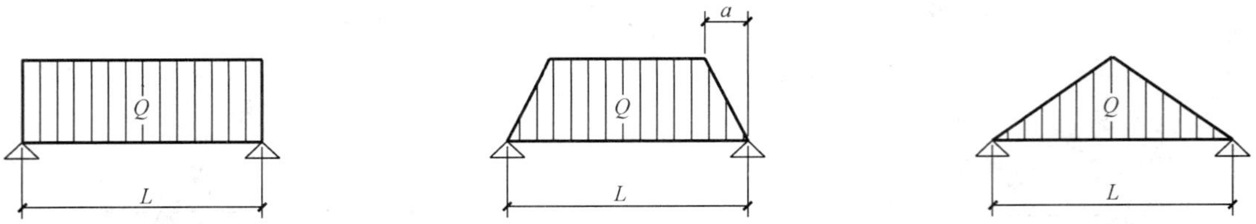

a) 矩形荷载　　b) 梯形荷载　　c) 三角形荷载

说明：

a ——梯形荷载下底与上底差值的 1/2。

图 B.11 简支梁承受均布荷载示意图

B.4.3.1.1 在矩形荷载作用下，剪力 Q' 按式(B.16)计算。

$$Q'=\pm Q/2 \qquad \cdots\cdots\cdots\cdots\cdots\cdots\cdots\cdots\cdots (B.16)$$

B.4.3.1.2 在梯形荷载作用下，剪力 Q' 按式(B.17)计算。

$$Q'=\pm Q(1-a/L)/2 \qquad \cdots\cdots\cdots\cdots\cdots\cdots\cdots\cdots\cdots (B.17)$$

B.4.3.1.3 在三角形荷载作用下，剪力 Q' 按式(B.18)计算。

$$Q'=\pm Q/4 \qquad \cdots\cdots\cdots\cdots\cdots\cdots\cdots\cdots\cdots (B.18)$$

B.4.3.2 简支梁承受集中荷载的示意图见图 B.12。

a) 集中荷载作用于跨中　　b) 集中荷载作用于任意点

图 B.12 简支梁承受集中荷载示意图

B.4.3.2.1 当集中荷载作用于跨中时，剪力按(B.19)计算。

$$Q'=\pm P/2 \qquad \cdots\cdots\cdots\cdots\cdots\cdots\cdots\cdots\cdots (B.19)$$

B.4.3.2.2 当集中荷载作用于任意点时，剪力按式(B.20)和式(B.21)计算。

$$Q'=(P\cdot L_2)/L \qquad \cdots\cdots\cdots\cdots\cdots\cdots\cdots\cdots\cdots (B.20)$$

$$Q'=-(P\cdot L_1)/L \qquad \cdots\cdots\cdots\cdots\cdots\cdots\cdots\cdots\cdots (B.21)$$

B.4.3.2.3 当向外平开窗的窗扇受负压或向内平开窗的窗扇受正压且采用单锁点时，其窗框的竖框受荷情况按紧固五金件处有集中荷载作用的简支梁计算，见图 B.12，剪力 Q' 按式(B.19)或式(B.20)和式(B.21)计算。

B.4.3.2.4 当向外平开窗的窗扇受负压或向内平开窗的窗扇受正压且采用单锁点时，其窗扇边梃受荷情况可近似简化为以紧固五金件处为固端的悬臂梁上承受矩形均布荷载，见图 B.13，其剪力按式(B.22)计算。

$$Q' = -Q \qquad \cdots\cdots (B.22)$$

注：建筑外窗受力杆件上有均布荷载和集中荷载同时作用时，其剪力为他们各自产生剪力叠加的代数和。

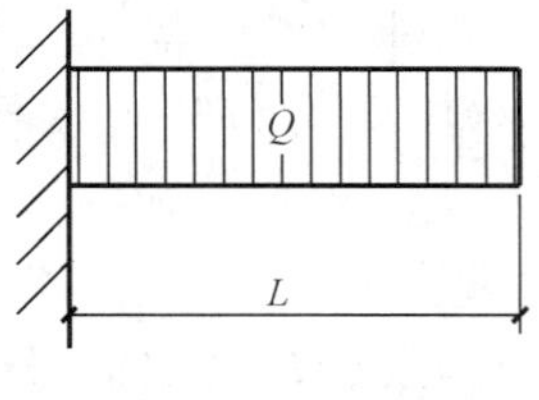

图 B.13 悬臂梁承受均布荷载示意图

B.4.4 最大剪切应力(τ_{max})按式(B.23)计算

$$\tau_{max} = (Q' \cdot S)/(I \cdot \delta) \qquad \cdots\cdots (B.23)$$

式中：

τ_{max}——最大剪切应力，单位为兆帕(MPa)，且 $\tau_{max} \leqslant [\tau]$；

Q'——计算截面所承受的剪力，单位为牛顿(N)；

S——计算剪切应力处以上毛截面对中和轴的面积矩，单位为立方毫米(mm^3)；

I——毛截面的惯性矩，单位为四次方毫米(mm^4)；

δ——腹板的厚度，单位为毫米(mm)；

$[\tau]$——材料的抗剪允许应力，单位为兆帕(MPa)。

B.5 最大挠度(f_{max})的计算

B.5.1 计算所得的最大挠度 f_{max} 值应满足式(B.24)。

$$f_{max} \leqslant [f] \qquad \cdots\cdots (B.24)$$

式中：

f_{max}——最大挠度；

$[f]$——杆件的允许挠度。

注 1：当窗为柔性镶嵌单层玻璃时，$[f]=L/100$。

注 2：当窗为柔性镶嵌双层玻璃时，$[f]=L/150$。

注 3：建筑外窗受力杆件有均布荷载和集中荷载同时作用时，其最大挠度 f_{max} 为他们各自产生挠度叠加的代数和。

B.5.2 建筑外窗受力杆件受荷情况近似简化为简支梁上承受矩形、梯形或三角形的均布荷载，见图 B.14。

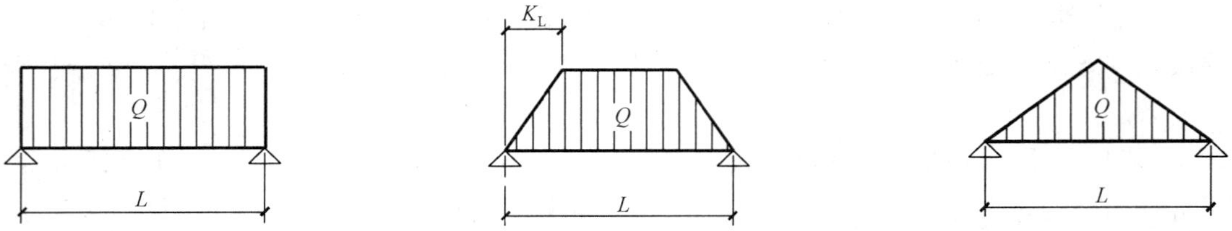

a） 矩形荷载　　b） 梯形荷载　　c） 三角形荷载

图 B.14　简支梁承受均布荷载示意图

B.5.2.1　在矩形荷载作用下，最大挠度按式(B.25)计算。

$$f_{max}=(Q\cdot L^3)/(76.80\times E\cdot I) \quad\cdots\cdots(B.25)$$

式中：

E——外窗受力杆件所用材料的弹性模量。

B.5.2.2　在梯形荷载作用下，最大挠度根据系数 K 的取值，分别计算 f_{max} 值。K 的取值按式(B.26)计算，f_{max} 按式(B.27)计算。系数 K 和常数 λ 的取值见表 B.2。

$$K=K_L/L \quad\cdots\cdots(B.26)$$

$$f_{max}=(Q\cdot L^3)/(\lambda\cdot E\cdot I) \quad\cdots\cdots(B.27)$$

式中：

K——系数；

λ——常数。

表 B.2　系数 K 和常数 λ 值

系数 K	0.1	0.2	0.3	0.4
常数 λ	70.20	65.60	62.40	60.60

B.5.2.3　在三角形荷载作用下，最大挠度按式(B.28)计算。

$$f_{max}=(Q\cdot L^3)/(60.00\times E\cdot I) \quad\cdots\cdots(B.28)$$

B.5.3　建筑外窗受力杆件在集中荷载作用下的示意图见图 B.15。

a） 集中荷载作用于跨中　　b） 集中荷载作用于任意点

图 B.15　简支梁承受集中荷载示意图

B.5.3.1　当集中荷载作用于跨中时，最大挠度按式(B.29)计算。

$$f_{max}=(P\cdot L^3)/(48.00\times E\cdot I) \quad\cdots\cdots(B.29)$$

B.5.3.2　当集中荷载作用于任意点时，最大挠度按式(B.30)计算。

$$f_{max}=\{P\cdot L_1\cdot L_2\cdot(L+L_2)\cdot[3\times L_1\cdot(L+L_2)]^{1/2}\}/(27.00\times E\cdot I\cdot L) \quad\cdots(B.30)$$

B.5.3.3　当向外平开窗的窗扇受负压或向内平开窗的窗扇受正压时，其窗框的竖框受荷情况按紧固五金件处有集中荷载作用，见图 B.15，最大挠度 f_{max} 按式(B.29)或式(B.30)计算。

B.5.3.4　当向外平开窗的窗扇受负压或向内平开窗的窗扇受正压时，其窗扇边梃受荷情况可近似简化为以紧固五金件处为固端的悬臂梁上承受矩形均布荷载(见图 B.16),其最大挠度 f_{max} 按式(B.31)计算。

$$f_{max}=(Q\cdot L^3)/(8.00\times E\cdot I) \qquad \text{(B.31)}$$

式中:

I ——计算截面的惯性矩,单位为四次方毫米(mm^4);

E——外窗受力杆件所用材料的弹性模量,单位为帕(Pa)。

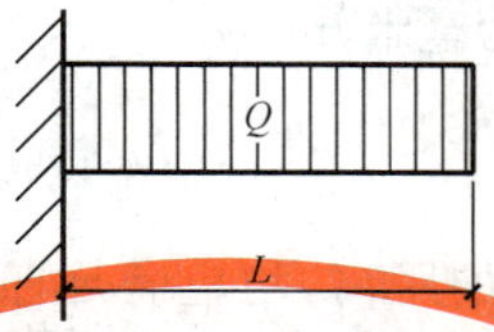

图 B.16 悬臂梁承受均布荷载示意图

B.6 联接计算及要求

B.6.1 对焊联接的计算

当端部联接采用对焊时,需进行焊缝处的剪切应力按式(B.32)验算。

$$\tau=(1.5\times Q')/(\delta\cdot L_j) \qquad \text{(B.32)}$$

式中:

τ ——焊缝处的剪切应力,单位为兆帕(MPa),且 $\tau\leqslant[\tau_h]$;

Q' ——作用于联接处的剪力,单位为牛顿(N);

δ ——联接件中腹板的厚度,单位为毫米(mm);

L_j ——焊缝的计算长度,单位为毫米(mm);

$[\tau_h]$ ——对接焊缝的抗剪允许应力,单位为兆帕(MPa)。

当验算复杂截面时,其剪切应力按腹板与中和轴的距离分配选取最不利的截面代入式(B.32)进行验算。

B.6.2 螺栓联接的计算

B.6.2.1 当螺栓联接的横截面与受力方向平行时,应验算螺栓的剪切应力,同时还应验算螺栓的承压应力;当其横截面与受力方向垂直时,需验算其抗拉承载力。

B.6.2.2 当螺栓抗剪时,按式(B.33)计算。

$$[N_j^L]=n_j\cdot[(\pi\cdot d^2)/4]\cdot[\tau^L] \qquad \text{(B.33)}$$

式中:

$[N_j^L]$——每个螺栓的抗剪允许承载能力,位为牛顿(N);

n_j ——螺栓的受剪面数目;

$[\tau^L]$ ——螺栓的抗剪允许应力,单位为兆帕(MPa);

d ——螺杆的外径,单位为毫米(mm)。

B.6.2.3 当螺栓承压时,按式(B.34)计算。

$$[N_c^L]=d\cdot\sum\delta\cdot[\sigma_c^L] \qquad \text{(B.34)}$$

式中:

$[N_c^L]$——每个螺栓的承压允许承载能力,单位为牛顿(N);

$[\sigma_c^L]$ ——螺栓的承压允许应力,单位为兆帕(MPa);

d ——螺杆的外径，单位为毫米(mm)。

B.6.2.4 当螺栓抗拉时，按式(B.35)计算。

$$[N_L^L]=[(\pi \cdot d_c^2)/4] \cdot [\sigma_L^L] \qquad \text{(B.35)}$$

式中：

$[N_L^L]$——每个螺栓的抗拉允许承载能力，单位为牛顿(N)；

$[\sigma_L^L]$——螺栓的抗拉允许应力，单位为兆帕(MPa)；

d_c ——螺栓螺纹处的内径，单位为毫米(mm)。

B.6.3 螺栓的允许距离

螺栓的中心距离和中心至杆件边缘的距离，均应满足杆件受剪面承载能力的需要，并满足以下要求：

a) 一般其中心距离不应小于 $3d$；

b) 中心至杆件边缘的距离：在顺内力方向不应小于 $2d$；在垂直内力方向：在切割边不应小于 $1.5d$；对轧制边不应小于 $1.2d$；

c) 如果联接确有困难不能满足上述要求时，则应对杆件受剪面进行验算。

附 录 C
（规范性附录）
焊接角最小破坏力的计算

C.1 焊接角最小破坏力

焊接角最小破坏力的计算公式见式(C.1)。

$$F_c=(4\times\sigma_{min}\cdot W)/(a-2^{1/2}e) \quad \cdots\cdots(C.1)$$

式中：

F_c——焊接角最小破坏力，单位为牛顿(N)；

W——应力方向的倾倒矩 I/e，单位为立方毫米(mm^3)；

I——型材横断面中性惯轴惯性矩。T型焊接的试样应使用两面中惯性矩的较小值，单位为四次方毫米(mm^4)；

a——试样支撑面的中心长度，单位为毫米(mm)，$a=(400\pm2)$mm；

e——临界线与中性轴的距离，单位为毫米(mm)；

σ_{min}——型材最小破坏应力，单位为兆帕(MPa)，$\sigma_{min}=35$ MPa。

C.2 焊接试样

C.2.1 角焊接试样见图C.1。

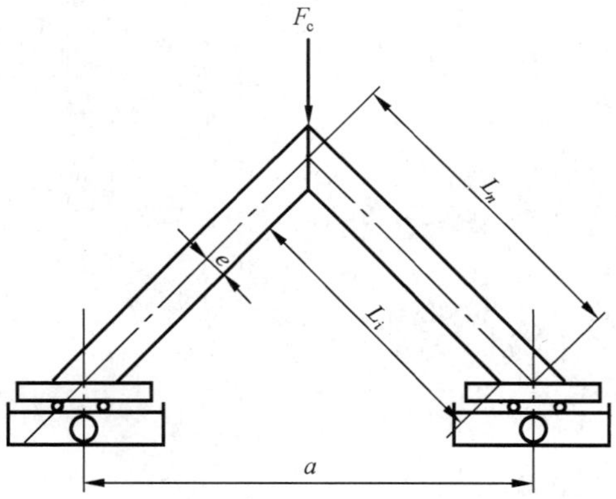

说明：

L_n——型材中性轴的长度，单位为毫米(mm)，$L_n=400/\sqrt{2}=283$ mm；

L_i——内侧边的长度，单位为毫米(mm)，$L_i=L_n-(2e)$。

图 C.1 角焊接试样

C.2.2 T型焊接试样见图C.2。

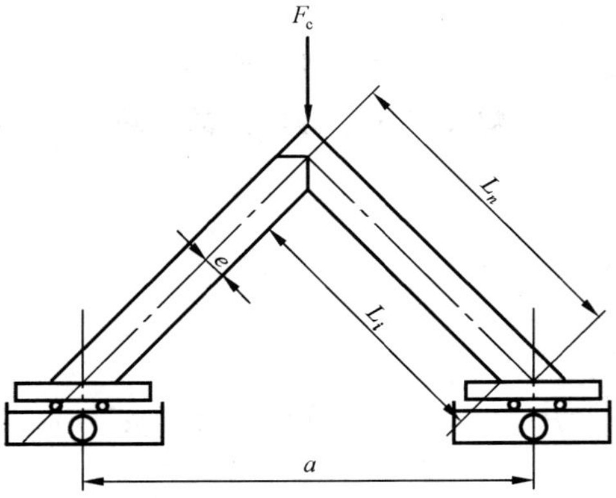

图 C.2 T型焊接试样

ICS 93.030
P 41

中华人民共和国国家标准

GB/T 28888—2012

下水道及化粪池气体监测技术要求

Technical requirements of gas monitoring for sewer and septic tanks

2012-11-05 发布　　2013-06-01 实施

中华人民共和国国家质量监督检验检疫总局
中国国家标准化管理委员会　发布

前　言

本标准按照 GB/T 1.1 给出的规则起草。

本标准由中华人民共和国住房和城乡建设部提出。

本标准由全国城镇给水排水标准化技术委员会(TC 434)归口。

本标准起草单位:重庆市荣冠科技有限公司、旭日大地科技发展(北京)有限公司、中国安全生产科学研究院、中外建设信息有限责任公司、重庆市三峡水务有限责任公司、重庆市渝西水务有限责任公司。

本标准主要起草人:蒲朝东、杨泽远、熊心和、牟欣、罗志凯、李萍萍、关磊、张永刚、朱俊、庞子山。

下水道及化粪池气体监测技术要求

1 范围

本标准规定了下水道及化粪池气体监测种类和监测系统结构、要求、监测终端试验方法和监测终端检验规则等。

本标准适用于下水道及化粪池的有毒和可燃气体监测。污水泵站、污水处理厂、垃圾填埋场的气体监测可参照执行。

2 规范性引用文件

下列文件对于本文件的应用是必不可少的。凡是注日期的引用文件,仅注日期的版本适用于本文件。凡是不注日期的引用文件,其最新版本(包括所有的修改单)适用于本文件。

GB/T 2423.1—2008 电工电子产品环境试验 第2部分:试验方法 试验A:低温

GB/T 2423.2—2008 电工电子产品环境试验 第2部分:试验方法 试验B:高温

GB/T 2423.3—2006 电工电子产品环境试验 第2部分:试验方法 试验Cab:恒定湿热试验

GB/T 2423.5—1995 电工电子产品环境试验 第二部分:试验方法 试验Ea和导则:冲击

GB/T 2423.8—1995 电工电子产品环境试验 第二部分:试验方法 试验Ed:自由跌落

GB/T 2423.10—2008 电工电子产品环境试验 第2部分:试验方法 试验Fc:振动(正弦)

GB 3836.1—2010 爆炸性环境 第1部分:设备 通用要求

GB 3836.2—2010 爆炸性环境 第2部分:由隔爆外壳“d”保护的设备

GB 3836.4—2010 爆炸性环境 第4部分:由本质安全型“i”保护的设备

GB 4208 外壳防护等级(IP代码)

GB/T 10111—2008 随机数的产生及其在产品质量抽样检验中的应用程序

GB 12358—2006 作业场所环境气体检测报警仪 通用技术要求

GB 15322.1—2003 可燃气体探测器 第1部分:测量范围为0～100%LEL的点型可燃气体探测器

MT 210—1990 煤矿通信、检测、控制用电工电子产品基本试验方法

3 术语和定义

下列术语和定义适用于本文件。

3.1

监测终端 monitoring terminal

实现对监测点的气体浓度和终端设备工作状态进行监测,并将数据上传至监测管理平台,同时可接收监测管理平台的指令并按指令进行相应操作的监测点物理终端设备。

3.2

采集点 collection point

监测终端现场数据采集的最小单位。

3.3

监测区域 monitor area

一个或者多个采集点构成的区域。

3.4

监测管理平台 monitoring and management platform

对监测区域实施分级管理的软件系统。

3.5

监测系统 monitoring system

具有数据采集、传输、存储、处理、显示、打印、报警等功能的软、硬件组合。

3.6

采样间隔 sampling interval

对气体进行相邻两次采样的间隔时间。

3.7

报警设定值 alarm setting value

预先设置的报警启动值。

注：改写 GB 15322.1—2003,定义 3.1。

3.8

报警动作值 alarm value

监测终端报警时对应的最小气体浓度值。

注：改写 GB 15322.1—2003,定义 3.2。

3.9

预警设定值 early warning setting value

对气体浓度值的预警界限,表示气体浓度已经趋近危险值。

3.10

显示值 displayed value

监测终端显示的测量数值。

注：改写 GB 13486—2000,定义 3.1。

3.11

零点 zero point

监测终端在清洁空气中正常工作时的显示值。

[GB 13486—2000,定义 3.2]

3.12

基本误差 basic error

在正常试验条件下所测定的监测终端的误差值。

[GB 13486—2000,定义 3.5]

3.13

校准点 calibration point

监测终端为满足测量准确度所选择的校准气体样值。

3.14

响应时间(T_{90}) response time

当测量气体浓度发生阶跃变化时,监测终端显示值达到稳定值的 90%时所需的时间。

注：改写 GB 20936.1—2007,定义 3.6.6。

4 气体监测种类

监测气体种类为:甲烷、一氧化碳、硫化氢、氨气、氧气、氯气、二氧化硫等气体。

5 监测系统结构

5.1 系统软件物理结构

系统软件物理结构参见图1。监测终端采集数据,通过网络传输给数据接口服务器,经过系统处理存入系统数据库中,再由WEB应用服务器进行显示。

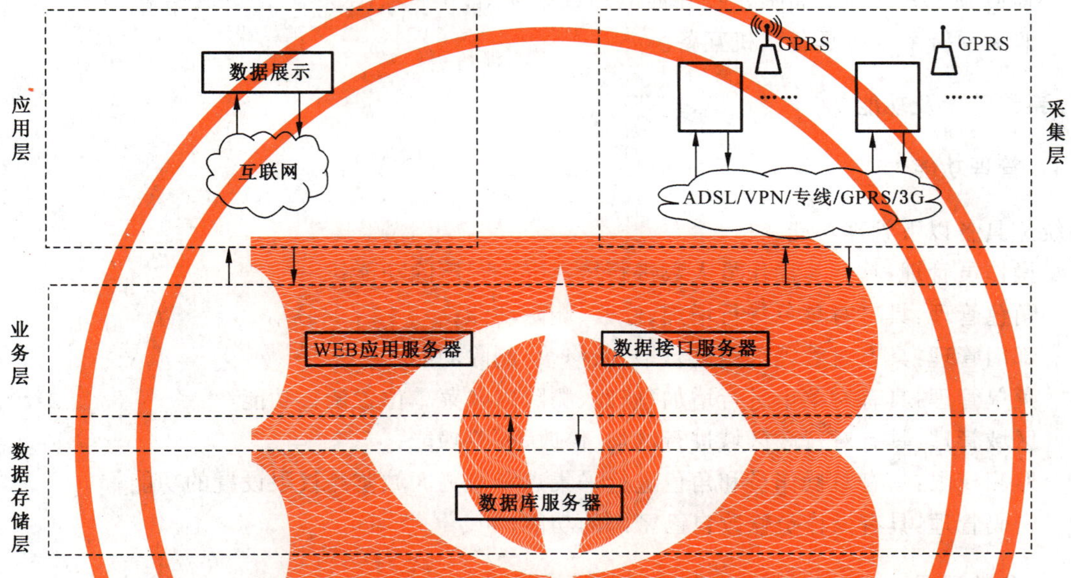

图1 系统软件物理结构

5.2 监测管理平台结构

监测管理平台结构参见图2。应采用多层结构进行管理,上级管理平台既能管理下一级管理平台,也能实现对最末端监测终端进行远程监视等管理功能。

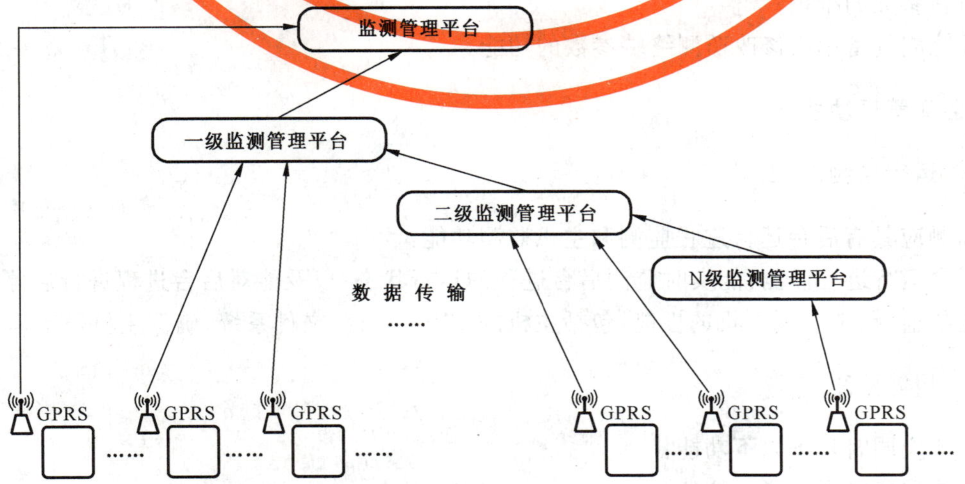

图2 监测管理平台结构

6 要求

6.1 系统软件技术要求

6.1.1 基本要求

系统软件应具备以下基本要求：

a) 实时报警信息从收集到显示的最大延时不应超过 3min；

b) 一个报警点应同时在多级管理平台中发出报警；

c) 当监测预警系统与检测设备的通信中断后系统应自动重联；

d) 监测预警系统应具备展示在界面上的数据导出；

e) 监测预警系统应具备双机互备。

6.1.2 系统管理及功能

6.1.2.1 管理功能

系统应具备以下管理功能：

a) 操作员管理：具有对操作员人数进行增加、修改、删除功能；

b) 角色管理：具有对角色进行增加、修改、删除功能；

c) 部门管理：具有对管理部门进行增加、修改、删除功能；

d) 菜单管理：具有对菜单进行增加、修改、删除以及菜单位置调整功能；

e) 区域管理：具有对行政区域进行增加、修改、删除功能；

f) 监测权限：具有对操作员和角色进行采集点和监测区域监测权限设置的功能；

g) 密码管理：具有操作员修改自己密码的功能。

6.1.2.2 参数配置功能

系统应具备以下参数配置功能：

a) 系统基本参数应包含：监测终端配置、采集点配置、监测区域配置、监测规则配置、报警发送规则配置、采集频率配置；

b) 系统应具备参数维护功能，可以通过配置完成。对需要维护的参数通过增加、修改配置实现对新参数的维护；

c) 系统应具备远程修改监测终端参数的功能。

6.1.2.3 监测管理功能

6.1.2.3.1 运行监测

运行监测应具有后台运行进程监测和主机监测功能：

a) 后台运行进程监测：能实时监测后台进程的运行状态，以及能对后台进程进行启停操作；

b) 主机监测：能监测主机的性能，包括主机的 CPU、内存、文件系统，确保主机稳定运行。

6.1.2.3.2 报警监测

报警监测应同时具备以下功能：

a) 地图方式展现监测点信息；

b) 实时显示监测点的状态、数据和详细信息，包括监测点图片、监测点实时数据、描述信息以及监测点检测数据的曲线图；

c) 以不同颜色显示不同等级的报警信息；

d) 具备声音、短信报警功能；

e) 具有报警事件处理功能。

6.1.2.3.3 分类查询

分类查询应同时具备以下功能：

a) 实时数据查询功能，并能用颜色区分正常和异常数据；

b) 历史数据查询功能；

c) 查询监测点的数据并能以曲线图方式显示。

6.1.3 硬件要求

监测管理平台硬件包括服务器、磁盘阵列、UPS 电源、交换机、短信猫、防火墙、显示器等设备。硬件的总体结构和选型应充分考虑系统的稳定性、数据容量的大小以及后期系统的维护和系统容量的扩充等因素。

6.1.4 网络响应速度要求

在硬件与网络环境均正常的情况下，应用软件的大部分功能应具备以下的响应速度：

a) 在局域网环境中，响应时间不应超过 4 s；

b) 在远程联网（如 64K DDN）环境下，响应时间不应超过 6 s。

6.1.5 安全要求

系统软件应具备以下安全要求：

a) 操作员登录系统，应发送短信到操作人登记的电话号码；

b) 重复登录需要通过系统发送到操作员手机上的验证码验证后方能再次登录；

c) 各监测管理平台应有故障报警及确认记录功能。报警及确认记录内容包括报警位置、报警发生时间、故障确认时间、故障确认人、故障排除时间和故障处理人员等；

d) 设备操作记录和报警及确认记录等资料应能在计算机硬盘中保存 1 年以上。系统对记录资料应有查阅、统计功能。

6.1.6 稳定性要求

在恶劣环境下，应保证系统硬件的抗干扰能力，以及(7×24)h 的稳定运行。

6.1.7 通讯要求

6.1.7.1 数据传输要求

监测终端与接口服务器之间的连接，应支持无线及有线的接入方式进行数据传输。

6.1.7.2 网络通讯协议

监测预警系统应采用 TCP/IP 协议。

6.1.7.3 接口通讯协议

应符合附录 A 的规定。

6.2 监测终端的技术要求

6.2.1 一般要求

监测终端应符合下列要求：

a） 监测终端适用于多种气体或单一气体监测；

b） 监测终端气路部份的防爆形式应采用本质安全型或本质安全兼隔爆型；

c） 监测终端应按规定的程序和国家授权的检验机构审批的图样和技术文件制造。

6.2.2 工作条件

监测终端工作条件应符合下列要求：

a） 温度：(−20～50)℃；

b） 相对湿度：≤90％，无冷凝；

c） 大气压力：(80～105)kPa。

6.2.3 贮存温度

监测终端贮存温度为−25 ℃～55 ℃。

6.2.4 信号传输方式

监测终端的信号传输方式为：

a） 无线数字信号传输方式；

b） 有线数字信号传输方式。

6.2.5 供电电源

监测终端供电电源应符合下列要求：

a） 市电供电电压(交流)范围：220 V，允许偏差±10％；

b） 安全备用电源电压(直流)范围(9～36)V。

6.2.6 外观及结构要求

监测终端外面及结构应符合下列要求：

a） 监测终端的显示数字、符号均应清晰完整；

b） 监测终端表面应无腐蚀，镀层或涂层应无气泡、裂痕、明显划伤、毛刺等机械损伤；

c） 监测终端应结构合理、坚固耐用，应有适于悬挂或支撑的结构件；

d） 各零部件应连接可靠、坚固，各紧固部位无松动；

e） 监测终端外壳、接插件和零件应采取防腐措施，涂、镀层应均匀、牢固、颜色一致，印制电路板应涂覆三防(防腐、防霉、防潮)漆。

6.2.7 气体分辨率及报警误差值

监测终端采用数字显示，各种气体分辨率及报警误差值要求如表1所示。

表1 各种气体分辨率及报警误差值

气体类型	分辨率	报警误差
甲烷(CH_4)	≥0.01％CH_4	±0.04％CH_4
一氧化碳(CO)	≥1.15 mg/m^3	±2.29 mg/m^3

表 1（续）

气体类型	分辨率	报警误差
硫化氢（H_2S）	≥0.14 mg/m³	±0.28 mg/m³
氨气（NH_3）	≥0.70 mg/m³	±1.39 mg/m³
氧气（O_2）	≥0.1%	±0.2%
氯气（Cl_2）	≥0.29 mg/m³	±0.58 mg/m³
二氧化硫（SO_2）	≥0.26 mg/m³	±0.79 mg/m³

6.2.8 **检测方式及量程范围**

各种气体的检测方式及量程范围如表 2 所示。

表 2 各种气体检测方式及量程范围

气体类型	检测方式	量程范围
甲烷（CH_4）	红外线或催化燃烧式	≥5%CH_4
一氧化碳（CO）	电化学	≥1 145.41 mg/m³
硫化氢（H_2S）	电化学	≥139.36 mg/m³
氨气（NH_3）	电化学	≥69.64 mg/m³
氧气（O_2）	电化学	(0～25)%
氯气（Cl_2）	电化学	≥57.99 mg/m³
二氧化硫（SO_2）	电化学	≥52.39 mg/m³

6.2.9 **输出端子**

应具有控制抽排风机运行的输出端子，且端子的输出功率不应小于 370 W。

6.2.10 **基本误差**

监测终端测量基本误差应符合表 3 的规定。

表 3 基本误差

气体类型	测量范围	基本误差
甲烷（CH_4）	(0.00～3.00)%	±0.2%CH_4
	(>3.00～100.0)%	真值的±7.0%
一氧化碳（CO）	≥1 145.41 mg/m³	±5%F.S
硫化氢（H_2S）	≥139.36 mg/m³	±5%F.S
氨气（NH_3）	≥69.64 mg/m³	±5%F.S
氧气（O_2）	(0～25)%	±5%F.S
氯气（Cl_2）	≥57.99 mg/m³	±5%F.S
二氧化硫（SO_2）	≥52.39 mg/m³	±5%F.S

6.2.11 工作稳定性

连续工作 15 d 的基本误差不应超过 6.2.10 的规定。

6.2.12 响应时间(T_{90})

响应时间应符合表 4 的规定。

表 4 响应时间(T_{90})

单位为秒

气体类型	响应时间(T_{90})
甲烷(CH_4)	≤35
一氧化碳(CO)	≤35
硫化氢(H_2S)	≤40
氨气(NH_3)	≤90
氧气(O_2)	≤30
氯气(Cl_2)	≤60
二氧化硫(SO_2)	≤60

6.2.13 报警功能

监测终端的报警功能应符合下列要求：

a) 具有报警功能的监测终端其报警设定值应能在测量范围内任意设定；

b) 报警动作值与报警设定值的差值即报警误差，应符合表 1 的规定；

c) 安装在野外的监测终端的报警声级强度在距其 1 m 远处的声响信号的声压级不应小于 85 dB (A)；

d) 安装在野外的监测终端的报警光信号应能在 20 m 远处清晰可见。

6.2.14 备用电源工作时间

监测终端使用的可充电备用电源连续工作时间不应小于 4 h。

6.2.15 绝缘耐压性能

6.2.15.1 监测终端本安端子与外壳之间，常态下其绝缘电阻不应小于 50 MΩ；恒定湿热试验后，不应小于 1.5 MΩ。

6.2.15.2 监测终端本安端子与外壳之间应能承受 500 V、50 Hz、历时 1 min 的工频耐压试验，且应无击穿和闪烁现象，漏电电流不应大于 5 mA。

6.2.16 工作温度试验

监测终端工作温度试验应符合 GB 12358—2006 中 5.3.16 的有关规定，测量基本误差应符合表 3 的规定。

6.2.17 贮存温度试验

监测终端贮存温度试验应符合 GB 12358—2006 中 5.3.16 的有关规定，测量基本误差应符合表 3 的规定。

6.2.18 恒定湿热试验

监测终端恒定湿热试验应符合 GB 12358—2006 中 5.3.17 的有关规定，测量基本误差应符合表 3 的规定，绝缘电阻与工频耐压应分别符合 6.2.15.1 和 6.2.15.2 的规定。

6.2.19 振动试验

监测终端振动试验应符合 GB 12358—2006 中 5.3.18 的有关规定，测量基本误差应符合表 3 的规定，接插件和零部件无松动脱落现象。

6.2.20 冲击试验

监测终端冲击试验应符合 GB 12358—2006 中 5.3.18 的有关规定，测量基本误差应符合表 3 的规定，接插件和零部件无松动脱落现象。

6.2.21 跌落试验

监测终端跌落试验应符合 GB 12358—2006 中 5.3.18 中的有关规定，测量基本误差应符合表 3 的规定，接插件和零部件无松动脱落现象。

6.2.22 防爆要求

6.2.22.1 监测终端应采用本质安全型或本质安全兼隔爆型的防爆结构应符合 GB 3836.1—2010、GB 3836.2—2010 和 GB 3836.4—2010 中的有关规定，并且至少应达到ⅡA 类电气设备要求。

6.2.22.2 监测终端中任何与本质安全性能有关的元件，应符合 GB 3836.4—2010 中第 7 章的规定，在正常工作和故障状态下，不应在超过元件安装条件和温度范围规定的最大电流、电压和功率额定值的三分之二的情况下工作。

6.2.22.3 监测终端外壳防护性能应符合 GB 4208 中防护等级 IP55 的规定。

6.2.22.4 监测终端采用塑料外壳时，外壳表面绝缘电阻不应小于 100 MΩ。

6.2.22.5 监测终端采用塑料外壳时，外壳阻燃性能应符合 GB 3836.1—2010 中 7.5 的规定。

6.2.22.6 监测终端应能通过 GB 3836.4—2010 中第 10.1 规定的火花点燃试验。

6.2.22.7 监测终端在正常和故障状态下其最高表面温度不应大于 135 ℃。

6.2.22.8 监测终端外壳结构、电气间隙、爬电距离应符合 GB 3836.4—2010 中第 6 章的规定。

7 监测终端试验方法

7.1 环境条件

除环境试验或有关标准中另有规定外，试验应在下列环境条件中进行：

a) 温度：(15～35)℃；

b) 相对湿度：(45～75)％；

c) 大气压力：(80～116)kPa。

7.2 试验用气样和主要仪器

7.2.1 试验用气样

试验用气样应符合下列要求：

a) 试验中所使用标准气样（以下简称标准气样）应采用经国家计量部门考核认证的单位提供的气样，其不确定度不大于 3％；

b) 各项试验所用气样应符合表 5 的规定。

表 5 试验气样表

试验项目	试验气体浓度		
	甲烷/%	氧气/%	CO、H_2S、NH_3、Cl、SO_2/10^{-6}
基本误差试验	1.0	15.0	量程的 30%
	2.0		
	4.0	21.0	量程的 50%
	20.0		
	40.0	24.0	量程的 80%
	75.0		
响应时间试验	20.0	18.0	量程的 50%
稳定性	40.0	18.0	量程的 50%
零点气	N_2(99.99%)		
注：标准气样值与标准气样标称值的偏离不超过±10%；			

7.2.2 试验用主要仪器

试验用主要仪器应符合下列要求：

a) 气体流量计测量范围：(0～1 000)mL/min；准确度：4.0 级；

b) 秒表分度值为 0.01 s；

c) 电压表及电流表采用四位半的数字万用表，其准确度不应小于 0.5 级；

d) 声强计测量范围：(30～130)dB，分辨率 1 dB。

7.3 外观及结构检查

用目测方法检查监测终端外观及结构。

7.4 基本误差试验

7.4.1 在以下需通气的试验中，除报警误差试验外，其余的试验通气流量应保持为统一的监测终端校准时流量(以下简称规定流量)。

7.4.2 按规定流量，用清洁空气和相同的标准气样校准 3 次监测终端(以下简称校准监测终端)，在以后的测定中不得再次校准。待监测终端零点在清洁空气中稳定后，按规定流量分别向监测终端依次通入表 5 中标准气样各 3 min，记录监测终端的显示值或输出信号值(换算为气体浓度值)。重复测定 4 次，取其后 3 次的算术平均值与标准气样的差值，即为基本误差。

7.5 工作稳定性测定

将调整好的监测终端在空气中连续运行 15 d，每隔 12 h 记录零点并按规定流量通入表 5 所规定的标准气样 3 min，记录显示值和输出信号值。试验期间不应调整监测终端。

7.6 响应时间(T_{90})测定

按规定流量通入清洁空气，待监测终端零点稳定后，以相同的流量通入表 5 所规定的标准气样 3 min，记录显示值。然后通入清洁空气，待监测终端零点稳定后，把以相同的流量通入表 5 所规定的标准气样，并开始记录监测终端的指示值达到原显示值 90%所需要的时间，测量 3 次，取其算术平均值。

7.7 报警功能试验

7.7.1 报警值与设定值差值的测定

将监测终端报警设定值设置在出厂时的规定数字上，待监测终端零点稳定后，按规定流量通入统一的气样，记录出现声、光信号瞬间监测终端的显示值并计算报警设定值与显示值的差值。

7.7.2 报警声级强度测量

报警声级强度用声级计测量，环境噪声应小于 50 dB(A)。将声级计置于监测终端的报警声响器轴心正前方 1 m 处，测量 3 次，取其最小值。

7.7.3 报警光信号

试验在黑暗环境中距监测终端 20 m 处观察。

7.8 备用电源连续工作时间试验

用准确度为 0.5 级的电流表测定监测终端满负载工作时的电流值，将蓄电池的额定容量除以额定工作电流即为连续工作时间。

7.9 绝缘电阻检测

按 GB 15322.1—2003 中 6.12 规定的方法进行。

7.10 工频耐压试验

按 MT 210—1990 中第 8 章规定的方法进行。

7.11 工作温度试验

试验中向监测终端通入标准气样的温度应与试验要求温度一致。

7.11.1 低温工作试验

按 GB/T 2423.1—2008 中试验 Ab 规定的方法进行，在温度为(－20±2)℃条件下，将监测终端通电，稳定 2 h 后，测定基本误差，以后每小时测定 1 次基本误差，测量 3 次，取其算术平均值作为测定值。

7.11.2 高温工作试验

按 GB/T 2423.2—2008 中试验 Bb 规定的方法进行，在温度为(50±2)℃条件下，将监测终端通电，稳定 2 h 后，测定基本误差，以后每小时测定 1 次基本误差，测量 3 次，取其算术平均值作为测定值。

7.12 贮存温度试验

7.12.1 低温贮存试验

按 GB 2423.1—2008 中试验 Ab 规定的方法进行，在温度为(－40±2)℃条件下，持续时间为 16 h。监测终端非包装，不通电，不进行中间检测。试验后，在试验箱中恢复到 7.1 规定的条件下保持 2 h，再测定基本误差。

7.12.2 高温贮存试验

按 GB/T 2423.2—2008 中试验 Bb 规定的方法进行，在温度为(60±2)℃条件下，持续时间为 16 h，监测终端非包装，不通电，不进行中间检测，试验后，在试验箱中恢复到 7.1 规定的条件下保持 2 h，再测定基本误差。

7.13 恒定湿热试验

按 GB/T 2423.3—2006 中试验 Cab 规定的方法进行，在温度为(40±2)℃，相对湿度为(93±3)%RH 条件下，持续时间为 10 d，监测终端非包装，不通电，不进行中间检测，试验后，在 7.1 规定的条件下保持 2 h，进行绝缘电阻与工频耐压试验，再测定基本误差，并检查其外观。

7.14 振动试验

按 GB/T 2423.10—2008 中试验 Fc 规定的方法进行，严酷等级：扫频频率范围 10 Hz～150 Hz，加速度幅值为 50 m/s^2，扫频循环次数为 5 次，监测终端不包装，固定使用的监测终端不通电，不进行中间检测，机载移动使用的监测终端通电，进行中间检测，试验后，进行外观检查和测定基本误差。

7.15 冲击试验

按 GB/T 2423.5—1995 中试验 Ea 规定的方法进行，严酷等级：峰值加速度为 500 m/s^2，脉冲持续时间为(11±1)ms，3 个轴线每个方向连续冲击 3 次(共 18 次)，监测终端不包装，固定使用的监测终端不通电，不进行中间检测；机载移动使用的监测终端通电，进行中间检测，试验后，进行外观检查和测定基本误差。

7.16 跌落试验

按 GB/T 2423.8—1995 中试验 Ed 规定的方法进行，严酷等级：跌落高度为 500 mm，以正常使用方向自由落向平滑、坚硬的混凝土面上共 50 次，监测终端不包装，不进行中间检测；试验后，进行外观检查，再测定基本误差。

7.17 防爆试验

7.17.1 监测终端的防爆性能试验方法按 GB 3836.1—2010、GB 3836.2—2010、GB 3836.4—2010 中规定的方法进行，由国家授权的防爆检验机构进行。

7.17.2 与本质安全性能有关的元件检查按 GB 3836.4—2010 中第 7 章规定的方法进行。

7.17.3 外壳防护性能试验按 GB 4208 中规定的方法进行。

7.17.4 塑料外壳表面绝缘电阻试验按 GB 15322.1—2003 中 6.12 规定的方法进行。

7.17.5 塑料外壳的阻燃性能试验按 GB 3836.1—2010 中 7.5 规定的方法进行。

7.17.6 监测终端火花点燃试验按 GB 3836.4—2010 中 10.1 规定的方法进行。

7.17.7 最高表面温度按 GB 3836.1—2010 中 26.5 条规定的方法进行。

7.17.8 电气间隙和爬电距离用游标卡尺进行测量。

8 监测终端检验规则

8.1 检验分类

检验分出厂检验和型式检验。

8.2 出厂检验

8.2.1 每台监测终端经制造厂质检部门检验合格后，发给合格证书方可出厂。

8.2.2 出厂检验应按表 6 规定的项目逐台进行检验。

表 6　出厂检验和型式检验项目

序号	检验项目	出厂检验	型式检验	技术要求条款	试验方法条款
1	外观及结构检查	○	○	6.2.6	7.3
2	基本误差测定	○	○	6.2.10	7.4
3	工作稳定性测定	○	○	6.2.11	7.5
4	响应时间测定	○	○	6.2.12	7.6
5	报警功能试验	○	○	6.2.13	7.7
6	备用电源连续工作时间试验	○	○	6.2.14	7.8
7	绝缘电阻检测	☆	○	6.2.15.1	7.9
8	工频耐压试验	※	○	6.2.15.2	7.10
9	工作温度试验	—	○	6.2.16	7.11
10	贮存温度试验	—	○	6.2.17	7.12
11	恒定湿热试验	—	○	6.2.18	7.13
12	振动试验	—	○	6.2.19	7.14
13	冲击试验	—	○	6.2.20	7.15
14	跌落试验	—	○	6.2.21	7.16
15	元件本安性能检查	—	○	6.2.22.2	7.17.2
16	外壳防护性能试验	—	○	6.2.22.3	7.17.3
17	外壳表面绝缘电阻测试	—	○	6.2.22.4	7.17.4
18	外壳阻燃性能试验	—	○	6.2.22.5	7.17.5
19	火花点燃试验	—	○	6.2.22.6	7.17.6
20	最高表面温度测试	—	○	6.2.22.7	7.17.7
21	电气间隙与爬电距离测试	—	○	6.2.22.8	7.17.8
注：表中“○”为检验项目，“—”为不检验项目，“※”为抽检项目，“☆”为只做常态。					

8.3　型式检验

8.3.1　有下列情况之一时，应进行型式检验：

a)　新产品试制定型鉴定或老产品转厂生产时；

b)　正式生产后如结构、材料、工艺有较大改变，可能影响产品性能时；

c)　正常生产情况下每 3 年 1 次；

d)　停产 2 年以上再次恢复生产时；

e)　出厂检验结果与上次型式检验有较大差异时；

f)　国家质检机构提出要求时。

8.3.2　型式检验应按表 6 规定的项目进行检验。

8.3.3　型式检验应由国家授权的质量监督检验机构负责进行。

8.4　抽样

从出厂检验合格的监测终端中按 GB/T 10111—2008 规定的方法进行，抽样基数不少于 10 台。抽样数量不少于 3 台。

8.5 判定规则

受检监测终端为 3 台。在检验中，如 6.2.10、6.2.11、6.2.12、6.2.13、6.2.14、6.2.22.6 项中有一台项不合格，或其他项目中有 2 台项不合格，则判该批产品为不合格。如不包括 6.2.10、6.2.11、6.2.12、6.2.13、6.2.14、6.2.22.6 项的其他项目中有一台项不合格则对全项目加倍复检，如仍有不合格，则判该批监测终端为不合格。

附 录 A
（规范性附录）
接口通讯协议

A.1 基本规则

A.1.1 基本格式

基本格式应符合表 A.1 的规定。

表 A.1 基本格式

起始标志	ID 低字节	ID 高字节	命令	长度	信息(n 字节)
0x7e	0x --	0x --	0x --	0x --	0x --(n 字节)

A.1.2 说明

通讯规则应符合下列要求：

a) 监测终端与通讯模块间通讯规则参照 UART 多机通讯模式 1：TxD 脚发送，RxD 脚接收，每次数据为 10 位：1 个起始位(逻辑 0)，8 个数据位(LSB 在前)以及 1 个停止位(逻辑 1)；

b) 波特率应固定为 9600～115200；

c) 多字节数据低位在前，高位在后；

d) 同一网络中，每个监测终端有自己的唯一 ID 号；

e) 值班员修改某监测终端配置参数后，服务器应立即将初始化信息下发该监测终端；

f) 命令类型：目前已定出初始化、例行上报、突发上报、主动获取监测终端信息。

A.2 监测终端请求初始化

A.2.1 规则

监测终端请求初始化应符合下列要求：

a) 监测终端上电即向服务器发起初始化请求，请求不被正确响应则每隔 60 s 再请求一次，直到中心服务器正确响应请求为止，最多将连续请求 5 次；

b) 当监测终端主动请求的初始化，中心服务器应每被请求一次，响应一次；

c) 中心服务器值班员更改监测终端配置后，中心服务器应及时主动下发初始化信息，并等待监测终端确认初始化成功，当初始化失败中心服务器每隔 60 s 再发出初始化信息，直至返回成功为止，最多连续下发 5 次；

d) 监测终端被初始化成功后，应返回确认信息，中心服务器收不到确认信息，则认为监测终端通讯断线。

A.2.2 监测终端请求初始化格式

监测终端请求初始化格式应符合表 A.2 的规定。

表 A.2 监测终端请求初始化格式

起始标志	ID 低字节	ID 高字节	命令	长度
0x7e	0x --	0x --	0x80	0x00

A.2.3 服务器对监测终端初始化

服务器对监测终端初始化应符合表 A.3 的规定。

表 A.3 服务器对监测终端初始化

起始标志	ID 低字节	ID 高字节	命令	长度	气体类型	采样间隔	通道 1 预警值 L	通道 1 预警值 H	通道 1 报警值 L	通道 1 报警值 H	通道 2 预警值 L
0x7e	0x --	0x --	0x81	0x0f	0x --	0x --	0x --	0x --	0x --	0x --	0x --
通道 2 预警值 H	通道 2 报警值 L	通道 2 报警值 H	通道 3 预警值 L	通道 3 预警值 H	通道 3 报警值 L	通道 3 报警值 H	通道 4 预警值 L	通道 4 预警值 H	通道 4 报警值 L	通道 4 报警值 H	报警字
0x --	0x --	0x --	0x --	0x --	0x --	0x --	0x --	0x --	0x --	0x --	0x --

A.2.4 监测终端返回初始化成功确认信息

监测终端返回初始化成功确认信息应符合表 A.4 的规定

表 A.4 监测终端返回初始化成功确认信息

起始标志	ID 低字节	ID 高字节	命令	长度	气体类型	采样间隔	通道 1 预警值 L	通道 1 预警值 H	通道 1 报警值 L	通道 1 报警值 H	通道 2 预警值 L
0x7e	0x --	0x --	0x81	0x0f	0x --	0x --	0x --	0x --	0x --	0x --	0x --
通道 2 预警值 H	通道 2 报警值 L	通道 2 报警值 H	通道 3 预警值 L	通道 3 预警值 H	通道 3 报警值 L	通道 3 报警值 H	通道 4 预警值 L	通道 4 预警值 H	通道 4 报警值 L	通道 4 报警值 H	报警字
0x --	0x --	0x --	0x --	0x --	0x --	0x --	0x --	0x --	0x --	0x --	0x --

A.2.5 说明

监测终端初始化信息说明：

a) 气体类型：由一个字节 8 bit 组成，分别为 7、6、5、4、3、2、1、0，用来说明要上传的气体种类是什么。第“0”位表示传输的气体是甲烷，第“1”位表示一氧化碳，第“2”位表示硫化氢，第“3”位表示氨气，第“4”位表示氧气，第“5”位表示氯气，第“6”位表示二氧化硫，第“7”位空位今后扩展用。某位置“1”表示该种气体要上传数据，为“0”表示该种气体不上传数据；

b) 监测终端上传气体数据的顺序按照气体状态位的优先级进行，低位在前，依次放入通道1、2、3，4…中。同时上传通道不低于四种并可根据需求扩展，未使用的通道数据默认为零；

c) 采样间隔：即要求监测终端上传监测信息的间隔周期，以1 min为单位，用1字节表示，对应1 min～250 min。采样间隔正常使用情况下一般设置为大于5 min，当该监测终端出现浓度报警，应启动密采，密采间隔为5 min。对采样间隔设置本身就小于5 min的情况，密采周期以本身设置值为准；

d) 预警值、报警值：预警值、报警值的设定根据具体气体来决定。当检测到浓度超过预警值时，进入预警状态，开始密集采集数据，此时不启动风机和声光报警，每采集一次向中心上传一次监测数据。浓度低于预警值时，恢复正常采样间隔。当检测到浓度超过报警值时，进入报警状态，启动风机和声光报警，并向中心上传监测数据。浓度低于报警值且至少运行20 min后，停止风机和声光报警；

e) 报警字：用一个字节表示，从高到低各位含义依次如下：…、…、…、…、…、…、风机允许、声光允许。声光允许位=1表示可以执行声光报警，当监测值高于报警值时，应启动声光，声光允许位=0，应无论何值都不启动声光。风机允许位=1表示可以执行风机启动，当监测值高于报警值时，应允许启动风机，风机允许位=0，则无论何值都不启动风机。

A.3 例行监测信息上报

A.3.1 规则

例行监测信息上报应符合下列要求：

a) 监测终端根据预定周期启动监测，每启动一次监测连续采样3次，并上传3次采样值；

b) 监测终端初始化成功后，立即启动第一次监测周期，之后按预定周期，启动监测；

c) 中心服务器接收该信息后，应返回确认信息。

A.3.2 监测终端上传格式

监测终端上传格式应符合表A.5的规定。

表A.5 监测终端上传格式

起始标志	ID低字节	ID高字节	命令	长度	序号	气体类型	浓度1L	浓度1H	浓度2L	浓度2H
0x7e	0x--	0x--	0x82	0x0C	0x--	0x--	0x--	0x--	0x--	0x--
浓度3L	浓度3H	浓度4L	浓度4H	自检信息1	自检信息2	自检信息3	自检信息4	报警状态		
0x--	0x--	0x--	0x--	0x--	0x--	0x--	0x--	0x--		

A.3.3 中心服务器返回确认信息

中心服务器返回确认信息应符合表A.6的规定。

表A.6 中心服务器返回确认信息格式

起始标志	ID低字节	ID高字节	命令	长度
0x7e	0x--	0x--	0x82	0x00

A.3.4 说明

例行监测信息上报说明：

a) 序号：由一个字节表示，从 0x00 开始至 0xff。序号从 0 开始，监测终端每启动一次监测，序号循环加 1，同一监测周期的 3 个值，序号一样；

b) 浓度：根据具体气体来决定，用无符号两字节整型(unsigned int)表示。浓度 1 L，浓度 1 H 为高优先级气体浓度，浓度 2 L，浓度 2 H 为次高优先级气体浓度，浓度 3 L，浓度 3 H 为第三优先级气体浓度；浓度 4 L，浓度 4 H 为低优先级气体浓度。监测气体数量低于通道数时，低优先级通道不使用；

c) 自检信息：自检信息 1 指通道 1 的探头检测信息，用一个字节表示，其余的依次类推。当某个通道的第 0 位为 0 说明该通道正常，为 1 说明该通道出现故障需要修理，其余位未用留待以后扩展；

d) 报警状态：用一个字节表示，从高到低各位含义依次如下(该位为 1 表示该位报警)：交流停电、柜门被打开、…、…、风机启动、风机故障、监测终端人工解除声光报警、监测终端人工解除风机转动。“…”位为保留位，待以后扩展用。

A.4 突发事件上报

A.4.1 规则

突发事件上报应符合下列要求：

a) 监测终端监测到探头模块及自身故障状态，则立即上报，并等待中心服务器返回确认信息，当返回不正确或无返回，应每隔 10s 重新上报一次；当连续上报 5 次均无返回，应放弃上报，待报警或自检信息再次有变动后，开始新一轮上报；

b) 中心服务器接收该信息后，应返回确认信息。

A.4.2 监测终端上传突发信息

监测终端上传突发信息应符合表 A.7 的规定。

表 A.7 监测终端上传突发信息

起始标志	ID 低字节	ID 高字节	命令	长度	自检信息 1	自检信息 2	自检信息 3	报警状态
0x7e	0x --	0x --	0x83	0x04	0x --	0x --	0x --	0x --

A.4.3 中心服务器返回确认信息

中心服务器返回确认信息应符合表 A.8 的规定。

表 A.8 中心服务器返回确认信息

起始标志	ID 低字节	ID 高字节	命令	长度
0x7e	0x --	0x --	0x83	0x00

A.5 服务器主动获取监测终端信息

A.5.1 规则

值班员可以随时通过服务器主动获取监测终端信息。

A.5.2 中心服务器下发信息获取命令

中心服务器下发信息获取命令应符合表 A.9 的规定。

表 A.9 中心服务器下发信息获取命令

起始标志	ID 低字节	ID 高字节	命令	长度
0x7e	0x --	0x --	0x84	0x00

A.5.3 监测终端响应信息获取命令

监测终端响应信息获取命令应符合表 A.10 的规定。

表 A.10 监测终端响应信息获取命令

起始标志	ID 低	ID 高	命令	长度	气体类型	浓度值 1 L	浓度值 1 H	浓度值 2 L	浓度值 2 H	浓度值 3 L	浓度值 3 H	预警值 1 L	预警值 1 H	报警值 1 L	报警值 1 H
0x7e	0x --	0x --	0x84	0x19	0x --	0x --	0x --	0x --	0x --	0x --	0x --	0x --	0x --	0x --	0x --
预警值 2 L	预警值 2 H	报警值 2 L	报警值 2 H	预警值 3 L	预警值 3 H	报警值 3 L	报警值 3 H	自检信息 1	自检信息 2	自检信息 3	报警状态	采样间隔	报警字		
0x --	0x --	0x --	0x --	0x --	0x --	0x --	0x --	0x --	0x --	0x --	0x --	0x --	0x --		

A.6 服务器要求监测终端程序复位

A.6.1 规则

此命令将使监测终端软件复位，以适应远程遥控调试需要。

A.6.2 服务器下发命令

服务器下发命令应符合表 A.11 的规定。

表 A.11 服务器下发命令

起始标志	ID 低字节	ID 高字节	命令	长度
0x7e	0x --	0x --	0x8f	0x00

A.6.3 监测终端返回确认命令

监测终端返回确认命令应符合表 A.12 的规定。

表 A.12 监测终端返回确认命令

起始标志	ID 低字节	ID 高字节	命令	长度
0x7e	0x --	0x --	0x8f	0x00

A.7 对监测终端设置 ID 号

A.7.1 规则

出厂前需对每台监测终端设置唯一 ID 号，可用串口调试程序通过有线通讯在计算机上设置，或通过服务器由 GPRS 网络无线设置。

A.7.2 计算机对监测终端设置 ID 命令

计算机对监测终端设置 ID 命令应符合表 A.13 的规定。

表 A.13 计算机对监测终端设置 ID 命令

起始标志	原 ID 低字节	原 ID 高字节	命令	长度	新 ID 低字节	新 ID 高字节	结束标志	结束标志
0x7e	0x --	0x --	0x90	0x02	0x --	0x --	0x55	0xaa

A.7.3 监测终端响应 ID 设置命令

监测终端响应 ID 设置命令应符合表 A.14 的规定。

表 A.14 监测终端响应 ID 设置命令

起始标志	新 ID 低字节	新 ID 高字节	命令	长度	结束标志	结束标志
0x7e	0x --	0x --	0x90	0x00	0x55	0xaa

A.8 风机控制模式

A.8.1 规则

风机控制模式应符合下列要求：

a) 正常运行时，监测终端以报警值为参考，自动执行风机开、停动作，紧急情况时，服务器可强行控制风机执行开、停动作；

b) 当服务器下发了强制开、停风机动作后，应下发解除风机手控模式；

c) 监测终端复位重启时，默认风机控制为风机自动控制模式，当服务器下发初始化命令后，宜下发风机控制模式命令；

d) 为保证风机强制开、停被监测终端执行，监测终端应返回一个收到控制指令确认信息，当服务器未收到确认，应报故障。

A.8.2 中心服务器下发风机手控模式命令

中心服务器下发风机手动模式命令应符合表 A.15 的规定。

表 A.15 中心服务器下发风机手动模式命令

起始标志	ID 低字节	ID 高字节	命令	长度	控制模式	风机控制字
0x7e	0x--	0x--	0x8e	0x02	0x--	0x--

A.8.3 监测终端接收控制确认返回命令

监测终端接收控制确认返回命令应符合表 A.16 的规定。

表 A.16 监测终端接收控制确认返回命令

起始标志	ID 低字节	ID 高字节	命令	长度	控制模式	风机控制字
0x7e	0x--	0x--	0x8e	0x02	0x--	0x--

A.8.4 说明

风机控制模式应符合下列要求：

a) “控制模式”说明：0x00＝自动控制模式，0x01＝手动控制模式；

b) “风机控制字”说明：0x00＝强制风机停止，0x01＝强制风机启动，只有在“控制模式”为 0x01 时，“风机控制”字才起作用。

ICS 83.120
Q 23

中华人民共和国国家标准

GB/T 28889—2012

复合材料面内剪切性能试验方法

Test method for in-plane shear properties of composite materials

2012-11-05 发布　　　　2013-06-01 实施

中华人民共和国国家质量监督检验检疫总局
中国国家标准化管理委员会　发布

前　　言

本标准按照 GB/T 1.1—2009 给出的规则起草。

本标准使用重新起草法修改采用 ASTM D 7078/D 7078M-05《V 型缺口轨道剪切复合材料剪切性能试验方法》。

本标准与 ASTM D 7078/D 7078M-05 相比在结构上有较多调整，附录 A 中列出了本标准与 ASTM D 7078/D 7078M-05 的章条编号对照一览表。

本标准与 ASTM D 7078/D 7078M-05 相比存在技术性差异，这些差异涉及的条款已通过在其外侧页边空白位置的垂直单线(|)进行了标示，附录 B 中给出了相应技术性差异及其原因的一览表。

本标准由中国建筑材料联合会提出。

本标准由全国纤维增强塑料标准化技术委员会(SAC/TC 39)归口。

本标准起草单位：上海玻璃钢研究院有限公司。

本标准主要起草人：张旭、姚辉、张汝光。

复合材料面内剪切性能试验方法

1 范围

本标准规定了纤维增强塑料面内剪切性能的试验设备、试样及其制备、试验条件、试验步骤及结果计算等。

本标准适用于测定对称铺层的纤维增强塑料面内剪切强度、剪切模量及剪切应力-应变曲线。

2 规范性引用文件

下列文件对于本文件的应用是必不可少的。凡是注日期的引用文件，仅注日期的版本适用于本文件。凡是不注日期的引用文件，其最新版本(包括所有的修改单)适用于本文件。

GB/T 1446 纤维增强塑料性能试验方法总则

GB/T 3961 纤维增强塑料术语

3 术语和定义

GB/T 3961 界定的以及下列术语和定义适用于本文件。

3.1

残余应变剪切强度 offset shear strength

以设定的残余应变容限值为起点，以割线弹性模量为斜率作直线，与剪切应力-应变曲线交点处的应力值。

注：残余应变剪切强度用于确定材料应力-应变曲线的近似线性限度，记作 τ_S(这一定义中所包含曲线的非线性，既不认定也不排除材料已经损伤)。在没有适当依据以确定该设定参数值时，工程上通常采用 0.2%应变值作为设定残余应变的容限值，对应的残余应变剪切强度记为 $\tau_{S(0.2)}$。在比较材料的残余应变剪切强度时，必须采用同样的残余应变容限值，见图 1。

3.2

割线弹性模量 chord modulus of elasticity

在剪切应力-应变曲线上，以一小应变量为起点(建议取 0.15%～0.25%)，取适当的应变增量[通常取(0.4±0.02)%]，其所对应的应力增量与该应变增量之比即为割线弹性模量，该模量视作初始弹性模量。

3.3

极限剪切强度 ultimate strength

5%剪切应变范围内的最大剪应力值。

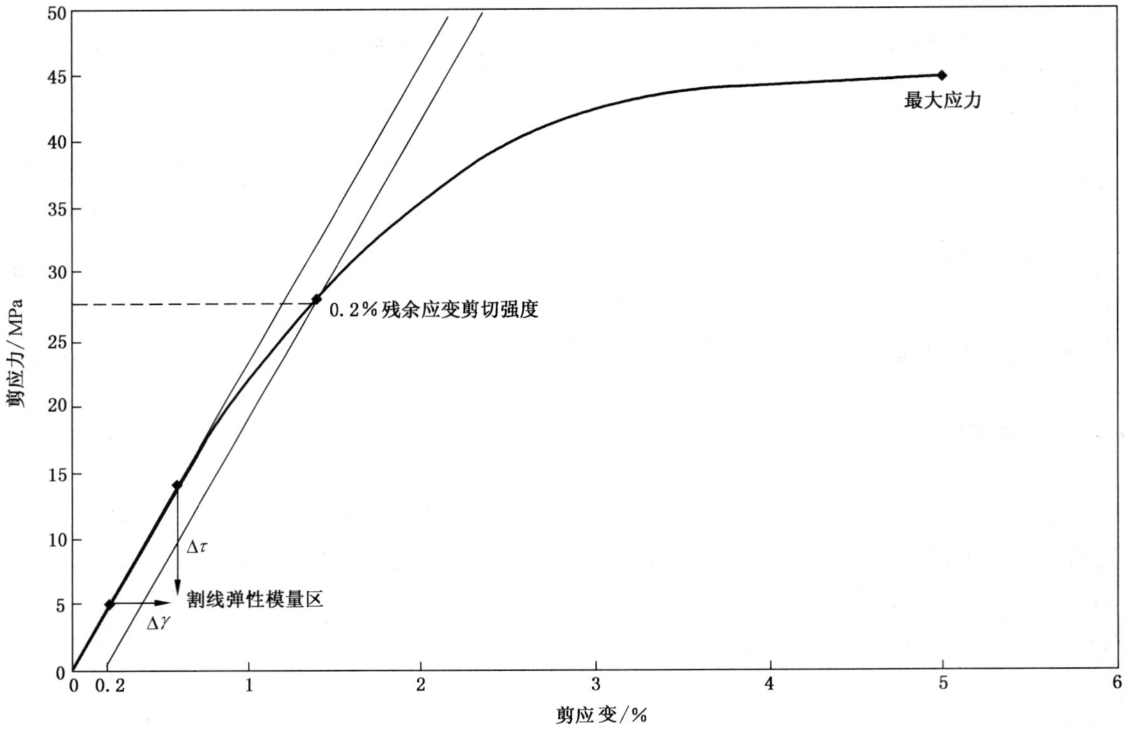

图 1 模量、偏移强度图例

4 原理

将开有对称 V 型槽口的试样夹持在一对专用夹具上，通过试验机的拉伸在试样工作区内产生剪应力，最终使试样因剪切而破坏。

注：试样带有 V 型槽口可以有效改善工作区内剪应力的均匀性。

5 试验设备

5.1 试验机

按 GB/T 1446 规定。

5.2 测量工具

5.2.1 游标卡尺：用于测量试样的宽度、厚度和 V 型槽直径，精确至 0.01 mm。

5.2.2 量角器：用于测量试样的 V 型槽角度，精确至 1°。

5.3 应变测试仪

采用电阻应变仪来测量应变。应变仪至少拥有 4 个通道，能够测量 3% 的应变。

5.4 夹具

夹具如图 2 所示。夹具应有足够刚度且能够稳定夹持试样，能确保上、下夹具的加载中心线通过两个 V 型槽口中心。

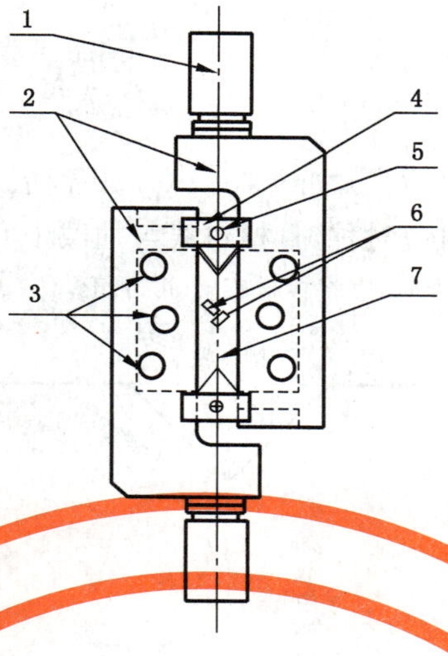

说明：

1——试验机接口；
2——固定块(对称)；
3——夹具螺钉；
4——垫块(对称)；
5——垫块螺钉；
6——应变片；
7——试样。

注 1：螺钉用于给夹持齿面施加压力，垫块用于固定试样位置，具体装夹效果见图 5。

注 2：垫块可使用硬塑料等具备一定刚度的材料，以填充夹具间空隙。

图 2　面内剪切夹具示意图

6　试样及其制备

6.1　形状和尺寸

6.1.1　V 型槽口试样，具体尺寸见图 3。

6.1.2　推荐试样厚度为 2 mm～5 mm。

单位为毫米

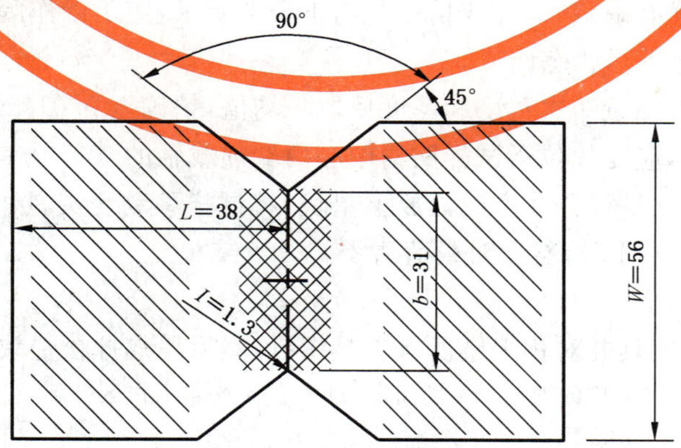

//	0.08	[斜线图例]	夹持区
⊥	0.08	[网格图例]	工作区

图 3　面内剪切试样

6.2 试样制备

6.2.1 试样制备按 GB/T 1446 规定。

6.2.2 试样应对称铺层，即$[\theta_1/\theta_2/\cdots/\theta_m]_s$，如 90°/0°/0°/90°铺层。

6.2.3 如图 4 所示，试样的 V 型槽口应对称，且槽口线与加载中心线 Y 垂直。

注：当板材 X 方向纤维多于 Y 方向纤维时，宜将板材旋转 90°加工。

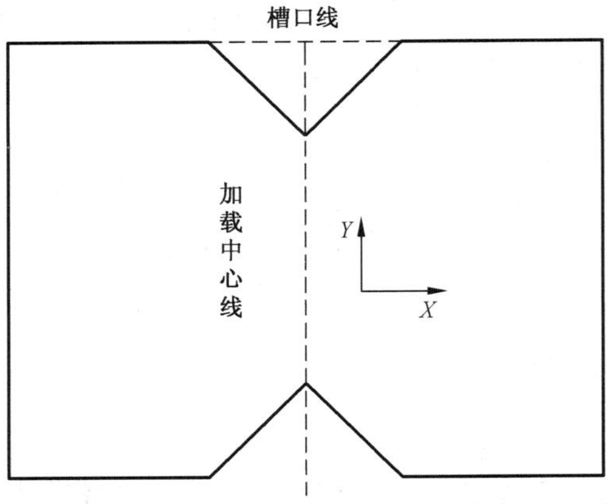

图 4 试样加工方向示意图

6.3 试样数量

每组有效试样不少于 5 个。

7 试验条件

按 GB/T 1446 规定。试验采用位移控制。

8 试验步骤

8.1 检查试样外观，若试样有缺陷、尺寸或槽口方向不符合要求，应予以作废。

8.2 按 GB/T 1446 对试样进行状态调节。

8.3 对试样编号，在槽口处测量 3 次宽度和厚度后取平均值，精确至 0.01 mm。

8.4 在试样中心贴应变片，应变片位于试样凹槽中心两端加载轴的±45°方向，见图 2。

8.5 先在一边的夹具上插入试样并在空隙处放上垫块，将试样移动至夹具中间位置，稍加拧紧夹具螺钉和垫块螺钉以固定试样（见图 5），然后对载荷清零。

8.6 连接应变仪，对应变清零。

8.7 将试样插入另一边的夹具并对称上紧所有夹具螺钉，然后稍加拧松垫块螺钉使其能上下滑动。

注：对夹具螺钉施加的扭力视试样的铺层和厚度而定，过大会导致非工作区破坏，过小则会发生滑动，通常施加的扭力为 40 N·m～55 N·m。

8.8 以 2 mm/min 速度进行试验。

8.9 试验过程中，同步记录载荷和应变值，直至试样破坏；若设备无法自动记录，可分级加载，级差为破坏载荷的 5%～10%。

8.10 试验过程中发生载荷忽然下降或试样发生破坏时，记录其载荷、应变和试样状况。

8.11 在非工作区发生破坏或非剪应力造成破坏时，应予作废。同批有效试样数量不足 5 个时，应另取试样补充或重作试验。

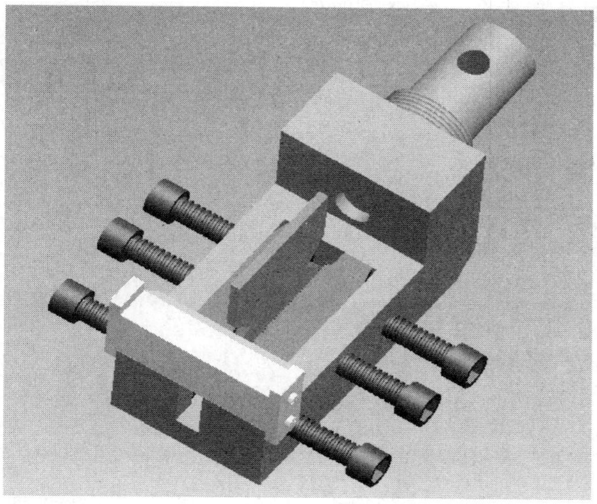

图 5　面内剪切装夹型式

9　计算

9.1　绘制剪切应力-应变曲线。

9.2　剪切应力 τ 按式(1)计算，剪切应变 γ 按式(2)计算，剪切模量 G 按式(3)计算：

$$\tau = F/(hb) \quad \cdots\cdots(1)$$

$$\gamma = |\varepsilon_1| + |\varepsilon_2| \quad \cdots\cdots(2)$$

$$G = \Delta\tau/\Delta\gamma \quad \cdots\cdots(3)$$

式中：

τ ——剪切应力，单位为兆帕(MPa)；

F ——载荷，单位为牛顿(N)；

h ——试样厚度，单位为毫米(mm)；

b ——试样槽口处宽度，单位为毫米(mm)；

γ ——剪切应变；

ε_1，ε_2——+45°和−45°方向应变值；

G ——剪切模量，单位为吉帕(GPa)；

$\Delta\tau$ ——剪切应力增量，单位兆帕(MPa)；

$\Delta\gamma$ ——与剪切应力增量对应的剪切应变增量。

9.3　计算割线弹性模量，按 3.2 定义取剪切应力、剪切应变值，按式(3)计算。

9.4　计算残余应变剪切强度 τ_s，按 3.1 定义取残余应变容限值，由作图法得出。

示例：图 1 中的残余应变剪切强度为 $\tau_{s(0.2)}=28$ MPa

9.5　计算极限剪切强度 τ_u，按式(1)计算。

10　试验结果

计算结果按 GB/T 1446 规定，必要时给出：

a)　剪切应力-应变曲线；

b)　若出现载荷下降状况，给出该点的剪切应力和剪切应变；

c） 割线弹性模量；

d） 残余应变剪切强度及其残余应变容限取值；

e） 极限剪切强度，需要时给出相应试样状况（如破坏或未破坏）。

11 试验报告

试验报告按 GB/T 1446 规定。

附 录 A
（资料性附录）
本标准与 ASTM D 7078/D 7078M-05 相比的结构变化情况

本标准与 ASTM D 7078/D 7078M-05 相比在结构上有较多调整，具体章条编号对照情况见表 A.1。

表 A.1 本标准章条编号与 ASTM D 7078/D 7078M-05 章条编号对照情况

本标准章条编号	对应的 ASTM 标准章条编号
1	1.1 第一句，5.1
—	1.1 其他
2	2
3.1	3.2.4，3.2.4.1
3.2	12.3.1
3.3	12.1
—	3 其他
4	4
—	5
—	6.1～6.4
5.1	7.5
5.2	7.1，7.3，7.4
5.3	7.6
5.4	7.5.4
6	8.2，8.3
—	8.4
—	9
7	10
8.1，8.2，8.3	11.1，11.4
—	11.2.1～11.2.3
8.4	11.2.4
8.5	11.5
8.6	11.6
8.7	11.7
8.8	11.3.1，11.3.2
8.9，8.10	11.8～11.10
8.11	6.5，8.1
9.1	11.9
9.2	12.1 部分内容，12.2 部分内容

表 A.1（续）

本标准章条编号	对应的 ASTM 标准章条编号
9.3	12.3
9.4	12.4
9.5	12.1 部分内容，12.2 部分内容
10	12.5
11	13
—	14
—	15

附　录　B
（资料性附录）
本标准与 ASTM D 7078/D 7078M-05 的技术性差异及其原因

表 B.1 给出了本标准与 ASTM D 7078/D 7078M-05 的技术性差异及其原因。

表 B.1　本标准与 ASTM D 7078/D 7078M-05 的技术性差异及其原因

本标准章条编号	技术性差异	原因
1	删除关于本方法优势、试验材料、单位制和安全系数的描述 适用范围由剪切性能修改为面内剪切性能	ASTM 标准是美国试验方法的推荐标准，和国内标准的形式不同，本标准是选取其中部分内容作为标准指导，删除它关于探讨和详细全面描述的部分
2	未引用国外标准，引用国家标准 GB/T 1446 和 GB/T 3961	引用国家标准，便于标准使用者使用，其中参数基本相同，无明显技术差异，适应我国技术条件
3	删除 ASTM D 7078/D 7078M-05 中的术语 3.2.1、3.2.1、3.2.3 和 3.2.5，增加“割线弹性模量”和“极限剪切强度”定义	不对基本术语进行定义，对原定义进行意译，对其使用方法进行更明确定义和说明
—	删除 ASTM D 7078/D 7078M-05 第 5 章，将该章部分内容移至范围	标准不宜出现有关探讨的内容
—	删除 ASTM D 7078/D 7078M-05 中的 6.1～6.4	标准不宜出现有关介绍研发的内容
5.1	简化描述	同 GB/T 1446 的要求一致，适应我国技术条件
5.2	简化描述	以具体设备替代
5.3	简化描述	该部分有关于应变片的使用探讨和详细介绍，为适应我国标准格式，舍去其介绍和指导
6	简化描述，删除 8.3 部分内容	本标准仅涉及面内剪切，不包括关于其他剪切性能（如层间剪切）的取样方式
7	简化描述	同 GB/T 1446 的要求一致，适应我国技术条件
—	删除 8.4 内容	非强制性制样方法，主要为经验建议，删除具体制样方法及其相关内容
—	删除 9 对设备刻度的要求	无特殊表述含义，与设备要求有重复
—	删除 11.2.1～11.2.3	与后文的计算重复
8.5，8.6，8.7	重新描述，以“固定一边夹具，再插入另一边”代替了“装夹完试样后，将夹具连接试验机”	简化操作

表 B.1（续）

本标准章条编号	技术性差异	原因
8.8	删除 11.3.1 应变控制，仅选取 11.3.2 位移控制要求的速度	去除以破坏时间为要求的试验时间，使操作更简明，适应我国技术条件，因前文已规定使用位移控制，故对于应变控制不再规定
8.9，8.10，9.5	重新描述，合并工程剪应力和极限强度	理解和表述更简单
10	增加给出“若出现载荷下降状况，给出该点的剪切应力和剪切应变”	该损伤状态按要求被记录，但 ASTM 中未被要求在报告中给出，该数据指示了试样的损伤，有比较重要的参考意义
11	简化描述	同 GB/T 1446 的要求一致，适应我国技术条件

ICS 81.100
Q 94

GB

中华人民共和国国家标准

GB/T 28890—2012

建筑陶瓷机械术语

Terms of building ceramic machinery

2012-11-05 发布 2013-06-01 实施

中华人民共和国国家质量监督检验检疫总局
中国国家标准化管理委员会 发布

前 言

本标准按照 GB/T 1.1—2009 给出的规则起草。

本标准由中国建筑材料联合会提出。

本标准由全国建材装备标准化技术委员会(SAC/TC 465)归口。

本标准起草单位:广东科达机电股份有限公司、佛山市顺德区质量技术监督标准与编码所、深圳市标准技术研究院、福建海源自动化机械股份有限公司、佛山市顺德区标准化协会、广东一鼎科技有限公司、佛山中鹏机械有限公司、广东东鹏陶瓷股份有限公司、佛山市标准化与质量工程技术研究开发中心、中国建材机械工业协会、广东省 WTO/TBT 咨询研究中心。

本标准主要起草人:李军生、周鹏、王荣发、李良光、陈展展、许建清、欧阳丹、郭天宇、冯竞浩、吴德富、陈昆列、刘杰。

建筑陶瓷机械术语

1 范围

本标准界定了陶瓷墙地砖生产机械的术语和定义。

本标准适用于陶瓷墙地砖生产机械。

2 术语和定义

2.1 生产线

2.1.1

生产线　production line

实现特定功能的一组机械设备。

2.1.2 分类

2.1.2.1

原料制备生产线　material preparation line

由破碎机械、粉磨机械、干燥器、练泥机等设备及其配套的附属设备组成，以实现制备成砖坯料功能的生产线。

2.1.2.2

色釉料制备生产线　colored glaze preparation line

由球磨机、筛分机械、搅拌罐、泥浆泵、磁选机等设备及其配套的附属设备组成，以实现制备色料或釉料功能的生产线。

2.1.2.3

成形生产线　moulding line

由成形机及其配套的附属设备组成，以实现将坯料制成砖坯功能的生产线。

2.1.2.4

砖坯干燥生产线　drying line for green body

由砖坯干燥器及其配套的附属设备组成，以实现降低砖坯含水率功能的生产线。

2.1.2.5

施釉印花生产线　glazing and decorating line

由施釉机械和印花机械及其配套的附属设备组成，以实现对砖坯施以釉层和印制图案、花纹功能的生产线。

2.1.2.6

烧成生产线　firing line

由窑炉及其配套的附属设备组成，以实现将砖坯烧成陶瓷砖功能的生产线。

2.1.2.7

磨边生产线　squaring & chamfering line

由磨边倒角机及其配套的附属设备组成，以实现陶瓷砖磨边、倒角功能的生产线。

2.1.2.8

抛光生产线 polishing line

由刮平定厚机、磨边倒角机、抛光机及其配套的附属设备组成，以实现陶瓷砖磨边、倒角、抛光及定厚功能的生产线。

2.1.2.9

拣选包装生产线 sorting and packaging line

由拣选机械、包装机械及其配套的附属设备组成，以实现陶瓷砖自动拣选、包装功能的生产线。

2.2 破碎机械

2.2.1

破碎机械 crushing machinery

用机械力对固体物料进行破碎作业，使之变成小块细料(通常排料粒度大于 3 mm)的机械。

[GB/T 7679.5—2003，定义 2.1.2]

2.2.2 分类

2.2.2.1

颚式破碎机 jaw crusher

借助于动颚周期性地靠近或离开固定颚，使进入破碎腔中的物料受到挤压、劈裂和弯曲作用而破碎的机械。

[GB/T 7679.5—2003，定义 2.2.1]

2.2.2.1.1

简摆式颚式破碎机 single toggle jaw crusher

具有前后两个肘板，动鄂上各点的运动轨迹为圆弧的颚式破碎机。

[GB/T 7679.5—2003，定义 2.2.2.1]

2.2.2.1.2

复摆式颚式破碎机 double toggle jaw crusher

仅有一个肘板，动鄂上各点的运动轨迹为椭圆(除悬挂点和肘板延长线与动鄂交点外)的颚式破碎机。

[GB/T 7679.5—2003，定义 2.2.2.2]

2.2.2.2

锤式破碎机 hammer crusher

主要由机架和带有若干锤头的转子组成，利用铰接在转子上的锤头回转时的高速冲击作用对物料进行破碎的机械。

[GB/T 7679.5—2003，定义 2.7.1]

2.2.2.3

反击式破碎机 impact crusher

利用刚性固定在转子上高速旋转的板锤击碎物料的机械。

[GB/T 7679.5—2003，定义 2.8.1]

2.2.2.4

擂钵机 mortar grinder

研磨头通过沿固定研钵(磨体)内壁作行星运动来碾磨物料的机械。

2.2.2.5

轮碾机　edge runner

利用碾轮和碾盘的相对运动,使碾盘上的物料碾碎的机械。

[JB/T 10587-2006,定义 2.5]

2.2.2.6

旋磨机　rotary foll mill

通过磨辊和磨环之间的相互运动,将物料挤压、磨削而破碎的机械。

2.3　喂料机械

2.3.1

喂料机械　feeding machinery

为球磨机配料及输送原料的机械。

2.3.2　分类

2.3.2.1

链板式喂料机　slatted-chain feeder

通过链板传送方式进行送料的喂料机械。

2.3.2.2

皮带式喂料机　belt feeder

通过皮带传送来进行送料的喂料机械。

2.3.2.3

电磁振动喂料机　magnetic vibration-actuated feeder

通过控制激振器电磁线圈中脉动电流的通、断而交替产生电磁力和失去电磁力,在激振力的作用下,使料槽产生受迫振动而进行送料的机械。

2.4　粉磨机械

2.4.1

粉磨机械　pulverizer and grinding mill

用机械力将粗颗粒物料磨细的机械。

2.4.2　分类

2.4.2.1

湿法球磨机　wet ball mill

将料、球、水按一定比例入磨,通过筒体以适当的转速转动,物料在反复冲击、研磨作用后得到混合均匀浆(排)料的机械。

2.4.2.1.1

间歇湿法球磨机　batch-type wet ball mill

间断给料,根据需要设定加工时间,然后一起出料的湿法球磨机。

2.4.2.1.2

连续湿法球磨机　continuous-type wet ball mill

能连续进、出料的湿法球磨机。根据工作腔的数目,可分为分段式和单筒式连续湿法球磨机。

2.4.2.2

振动磨机　vibrating mill

电动机通过弹性联轴器带动激振装置，使填有一定量的粉磨介质（球或棒）和被磨物料的磨筒产生振动，磨筒内的介质和物料因振动产生激烈的冲击和研磨，从而快速有效地将物料磨细的机械。

[GB/T 7679.5—2003，定义 2.20.1]

2.4.2.3

悬辊式磨机　roll mill

辊子借助离心力的作用靠贴磨环，使物料受到挤压和研磨作用而粉（破）碎的机械。

2.5　筛分机械

2.5.1

筛分机械　screening machinery

通过筛面把物料按粒度分成不同粒级的机械。

[GB/T 7679.6—2003，定义 2.1.1]

2.5.2　分类

2.5.2.1

振动筛　vibrating screen

用机械或电磁的方法使其振动，工作频率比固有频率大几倍的超共振式筛分机械。

[GB/T 7679.6—2003，定义 2.2.1.2.5]

2.5.2.1.1

惯性式振动筛　inertia vibrating screen

通过高速转动的偏心块或偏心轴产生的惯性离心力来激振筛箱或筛网的机械振动筛。

2.5.2.1.2

电磁振动筛　electromagnetic vibrating screen

靠电磁力激振筛箱或筛网的振动筛。

2.5.2.2

共振筛　resonance　screen

工作频率接近固有频率的近共振式振动筛。

[GB/T 7679.6—2003，定义 2.2.1.2.6]

2.5.2.3

圆筒筛　trommel screen

筛面为圆柱形或圆台形，安装在水平的或接近水平的旋转轴上，并按自身轴线作旋转运动的筛分机械。

[GB/T 7679.6—2003，定义 2.2.1.2.1]

2.6　磁选机械

2.6.1

磁选机械　de-iron machinery

利用磁性吸附作用除去物料中磁性杂质（主要为铁质）的机械。

2.6.2　分类

2.6.2.1

永磁式磁选机　permanent-magnet separator

由永磁体提供磁性的磁选机械。

2.6.2.2

电磁式磁选机 electromagnetic separator

由电磁线圈通电产生磁性的磁选机械。

2.6.2.3

湿式磁选机 wet magnetic separator

去除湿物料(泥浆)中磁性杂质的磁选机械。

2.6.2.4

干式磁选机 dry magnetic separator

分选对象为干粉料的磁选机械。

2.6.2.5

连续式磁选机 continuous magnetic separator

不停机进行清除介质箱中的磁性杂质,连续、自动进行磁选作业的磁选机械。

2.6.2.6

间歇式磁选机 intermittent magnetic separator

需要停机进行清除介质箱中的磁性杂质,间歇进行磁选作业的磁选机械。

2.6.2.7

溜槽式磁选机 trough-type magnetic separator

泥浆经带有永磁体的溜槽或阶梯槽介质箱而除去磁性杂质的湿式磁选机械。

2.7 搅拌机械

2.7.1

搅拌机械 stirring machinery

通过搅拌,使浆料或泥料混合均匀,或使浆料保持悬浮状态的机械。

2.7.2 分类

2.7.2.1

立式单轴搅拌机 vertical single shaft agitator

仅安装一根垂直搅拌轴的搅拌机械。

2.7.2.1.1

螺旋桨搅拌机 propeller agitator

通过螺旋桨搅拌的立式单轴搅拌机。

2.7.2.1.2

平桨搅拌机 plate agitator

通过平板桨搅拌的立式单轴搅拌机。

2.7.2.1.3

框式桨搅拌机 frame agitator

通过框式桨搅拌的立式单轴搅拌机。

2.7.2.2

立式双轴搅拌机 vertical double shaft agitator

同一动力带动两根垂直搅拌轴的搅拌机械。

2.7.2.3

卧式单轴搅拌机 horizontal single shaft blender

仅安装一根水平搅拌轴的搅拌机械。

2.7.2.4

卧式双轴搅拌机 horizontal double shaft blender

安装二根水平搅拌轴的搅拌机械。

2.7.2.5

卧式多轴搅拌机 horizontal multishaft blender

安装三根及以上水平搅拌轴的搅拌机械。

2.8 泥浆泵

2.8.1

泥浆泵 slurry pump

用于加压输送浆料的设备。

2.8.2 分类

2.8.2.1

容积式泥浆泵 displacement slurry pump

通过气动、机械或液压的作用,使密封容积变化的泥浆泵。

2.8.2.1.1

柱塞泵 plunger pump

工作时,柱塞与浆料直接接触的容积式泥浆泵。

2.8.2.1.1.1

单缸柱塞泵 single plunger pump

仅安装一个柱塞缸的柱塞泵。

2.8.2.1.1.2

双缸柱塞泵 double plunger pump

安装有两个柱塞缸的柱塞泵。

2.8.2.1.1.3

液压柱塞泵 hydraulic plunger pump

通过液压驱动柱塞作往复直线运动的柱塞泵。

2.8.2.1.1.4

机械柱塞泵 mechanical plunger pump

通过机械驱动柱塞作往复直线运动的柱塞泵。

2.8.2.1.2

隔膜泵 diaphragm pump

利用隔膜将浆料与工作介质隔开的容积式泥浆泵。

2.8.2.1.2.1

气动隔膜泵 pneumatic diaphragm pump

以压缩空气为动力带动隔膜运动的隔膜泵。

2.8.2.1.2.2

液动隔膜泵 hydraulic diaphragm pump

以液体(如油等)压力为动力带动隔膜运动的隔膜泵。

2.8.2.1.2.3

电动隔膜泵 electric diaphragm pump

以电力为动力带动隔膜运动的隔膜泵。

2.8.2.2

离心泥浆泵　centrifugal slurry pump

通过电动机带动安装在泵轴上的叶轮高速旋转而产生离心力作用的泥浆泵。

2.8.2.2.1

卧式离心泥浆泵　horizontal centrifugal slurry pump

水平安装的离心泥浆泵。

2.8.2.2.2

立式离心泥浆泵　vertical centrifugal slurry pump

垂直安装的离心泥浆泵。

2.9　原料脱水机械

2.9.1

原料脱水机械　dewatering machinery for raw material

用于除去浆料中多余水分的机械。

2.9.2　分类

2.9.2.1

喷雾干燥器　spray drier

把一定浓度的浆料通入有热风的干燥塔内，经过雾化、干燥而得到一定粒度粉料的设备。

2.9.2.1.1

压力式喷雾干燥器　pressure-type spray drier

采用压力喷嘴雾化器进行雾化的喷雾干燥器。

2.9.2.1.2

离心式喷雾干燥器　centrifugal spray drier

采用离心喷嘴雾化器进行雾化的喷雾干燥器。

2.9.2.2

压滤机　filter

在压力差作用下使浆料过滤脱水的设备。

2.9.2.2.1

箱式压滤机　case-type filter

由箱式滤板和过滤介质交替排列组成滤室的压滤机。

2.9.2.2.1.1

机械式箱式压滤机　case-type mechanical filter

采用机械方式顶紧的箱式压滤机。

2.9.2.2.1.2

液压式箱式压滤机　case-type hydraulic filter

采用液压方式顶紧的箱式压滤机，分为半自动和全自动液压式箱式压滤机。

2.9.2.2.2

带式连续压滤机　belt-type filter

通过辊子带动环形带式滤布，使料水分离连续进行脱水的压滤机。

2.9.2.3

入坯机　inputting bat machine

将干燥前的砖坯送入干燥器的机械。

2.9.2.4

出坯机　outputting bat machine

将干燥后的砖坯从干燥器中送出的机械。

2.10　造粒机械

2.10.1

造粒机械　prilling machinery

将粉料制备成具有一定尺寸和形状颗粒的机械。

2.10.2　分类

2.10.2.1

滚筒式造粒机　tumbling granulator

在滚筒内将粉料制成颗粒状坯料的造粒机械。

2.10.2.2

辊式造粒机　roll granulator

在相向旋转辊间将粉料挤压成柱状坯料的造粒机械。

2.11　练泥机械

2.11.1

练泥机械　pug machinery

通过螺旋桨叶实现对塑性泥料进行混合脱气、输送和连续挤压等功能,获得一定形状和尺寸泥段的机械。

2.11.2　分类

2.11.2.1

普通练泥机　ordinary pug mill

不带真空脱气装置的练泥机械。

2.11.2.2

真空练泥机　de-airing pug mill

带有真空脱气装置的练泥机械。

2.11.2.2.1

单轴卧式真空练泥机　horizontal single shaft de-airing pug mill

仅有一个输出螺旋轴,按水平方向安装的真空练泥机。

2.11.2.2.2

双轴卧式真空练泥机　horizontal double shaft de-airing pug mill

有两个输出螺旋轴,按水平方向安装的真空练泥机。

2.11.2.2.3

多轴卧式真空练泥机　horizontal multishaft de-airing pug mill

有二个以上输出螺旋轴,按水平方向安装的真空练泥机。

2.12　混料机械

2.12.1

混料机械　mixing machinery

使不同类型物(粉)料混合均匀的机械。

2.12.2 分类

2.12.2.1

滚筒式混料机 drum mixer

通过滚筒旋转或搅拌器搅拌进行混合的混料机械。

2.12.2.2

微粉机 pulverizing mill

用于将喷雾颗粒料分散成更细颗粒的机械。

2.13 布料车

2.13.1

布料车 charging machine

通过往复运动,将粉料布置到模腔或输送装置上的机械。

2.13.2 分类

2.13.2.1

一次布料车 single-layer charging machine

进行一层布料的布料车。

2.13.2.2

二次布料车 double-layer charging machine

进行二层布料的布料车。

2.13.2.3

多次布料车 multi-layer charging machine

进行三层及以上布料的布料车。

2.14 成形机械

2.14.1

成形机械 moulding machinery

将坯料制成具有一定形状和强度砖坯的机械。

2.14.2 分类

2.14.2.1

陶瓷砖自动液压机 ceramic tile automatic hydraulic press

通过液压压力将坯料制成砖坯的成形机械。

2.14.2.2

摩擦压砖机 friction press

通过摩擦传动,以冲击加压方式将坯料制成砖坯的成形机械。

2.14.2.3

挤压成形机 extruding machine

在一定压力下,通过模具将塑性泥料连续制成砖坯的机械。

2.14.2.4

翻坯机 slab turning machine

具有接送砖坯和将其翻转功能的机械。

2.15 砖坯干燥器

2.15.1

砖坯干燥器 drier for green body

用于降低砖坯含水率的设备。

2.15.2 分类

2.15.2.1

卧式辊道干燥器 horizontal roller drier

通过水平辊棒传送砖坯的连续式干燥器。

2.15.2.1.1

单层卧式辊道干燥器 single-layer horizontal roller drier

只有单层辊道的卧式辊道干燥器。

2.15.2.1.2

多层卧式辊道干燥器 multi-layer horizontal roller drier

有二层及以上辊道的卧式辊道干燥器。

2.15.2.2

立式干燥器 vertical drier

通过吊篮垂直运动的连续式干燥器。

2.16 施釉机械和装饰机械

2.16.1 施釉机械

2.16.1.1

施釉机械 glazing machinery

对砖坯表面施以釉浆的机械。

2.16.1.2 分类

2.16.1.2.1

淋釉机 sprinkle glazing machine

通过釉幕使砖坯表面形成薄釉层的施釉机械。

2.16.1.2.1.1

钟罩式淋釉机 bell glazing machine

能形成弧形釉幕的钟罩形状淋釉机。

2.16.1.2.1.2

直线式淋釉机 water fall glazing machine

能形成直线型釉幕的密闭或开放槽形淋釉机。

2.16.1.2.2

甩釉机 discal glazing machine

通过甩釉头高速旋转，使釉料形成釉膜，在砖坯表面形成釉层的施釉机械。

2.16.1.2.3

打点机 drop glazing machine

通过甩釉头高速旋转，形成点状釉料，在砖坯表面形成釉层的机械。

2.16.1.2.4

浇釉机 pouring glazer

将釉浆浇于旋转砖坯表面的施釉机械。

2.16.1.2.5

喷釉机 spray glazing machine

通过压力将釉浆喷射成雾状釉料，在砖坯表面形成釉层的施釉机械。

2.16.1.2.5.1

云彩式喷釉机 cloudy spray glazing machine

通过压缩空气形成云彩状或点状图案的喷釉机。

2.16.1.2.5.2

水刀式喷釉机 water-jet spray glazing machine

通过液压，在砖坯表面形成釉层的喷釉机。

2.16.1.2.6

挂砂机 dry glazing machine

在砖坯表面均匀地喷撒一层粒状釉料或熔块，以使砖坯表面达到防滑或特别的仿真效果的机械。

2.16.1.2.7

磨釉机 milling glaze machine

釉烧前对砖坯釉面进行磨削或通过磨削加工成所需图案的机械。

2.16.1.2.8

磨坯机 milling bat machine

对砖坯表面进行磨削加工的机械。

2.16.1.2.9

喷水机 water spraying machine

向施釉前的砖坯表面进行喷水的机械。

2.16.1.2.10

扫尘机 brushing machine

通过毛刷等对施釉前的砖坯进行灰尘等异物清理的机械。

2.16.1.2.11

吹尘机 blowering machine

利用压缩空气对施釉前砖坯进行灰尘等异物清理的机械。

2.16.1.2.12

底釉机 engobing machine

在砖坯背面施以保护涂层的机械。

2.16.1.2.13

釉浆泵 glaze slip pump

用于加压输送釉浆的泵。

2.16.1.2.14

搅拌抽釉机 stirring and pumping glaze machine

具有搅拌和泵抽取釉浆功能的桶形机械。

2.16.2 装饰机械

2.16.2.1

装饰机械 decorating machinery

在砖坯表面上进行贴花、印花、画线、镶金等装饰操作的机械。

2.16.2.2 分类

2.16.2.2.1

印花机 decorating machine

将花纹、图案直接或间接印在砖坯表面的装饰机械。

2.16.2.2.1.1

丝网印花机 silk screen printing machine

通过丝网将图案印到砖坯表面的印花机。

2.16.2.2.1.2

辊筒印花机 roller printing machine

通过辊筒将印板上的花纹、图案印制到砖坯表面的印花机。

2.16.2.2.2

喷墨印刷机 ink jet printer

将陶瓷墨水喷到砖坯表面,形成图案的印刷(打印)机械。

2.17 窑炉

2.17.1

窑炉 kiln

用来烧制砖坯的设备。

2.17.2 分类

2.17.2.1 辊道窑

2.17.2.1.1

辊道窑 roller kiln

通过水平辊棒的传动,将砖坯连续烧成陶瓷砖的设备。

2.17.2.1.2

入窑机 loading roller table

将砖坯摆列整齐后输入辊道窑的机械。

2.17.2.1.3

出窑机 unloading roller table

将烧制后的陶瓷砖输出的机械。

2.17.2.2 隧道窑

2.17.2.2.1

隧道窑 tunnel kiln

具有固定的隧道式窑体、活动窑车,并由预热带、烧成带、冷却带组成,对砖坯进行连续烧制的窑炉。

[JB/T 10587—2006,定义 2.39]

2.17.2.2.2

窑车 kiln car

运载坯体和烧成品进、出窑炉的装置。

2.17.2.2.3

推车机 pusher

将窑车间歇或连续地推进窑内的机械。

2.17.2.2.4

步进机 step forward machine

将窑车按步进方式从窑尾转运到窑头的机械。

2.17.2.2.5

驮车 transfer car

用于窑炉进、出端转运窑车的设备。

2.17.2.2.6

牵引机 hoist

在窑外轨道上牵引窑车的机械。

2.17.2.2.7

窑尾拉车机 unloading hoist

安装在窑尾,将窑内窑车拉到驮车上的机械。

2.17.2.3

梭式窑 shuttle kiln

以梭形窑车做窑底,对砖坯进行间歇烧制的窑炉。

2.17.2.4

储坯器 storing adobe apparatus

在窑炉烧制前,用于储存砖坯的设备。

2.18 深加工机械

2.18.1

深加工机械 deep-processing machinery

对陶瓷砖进行定厚、倒角、磨削、切割、雕刻、覆膜等加工的机械。

2.18.2 分类

2.18.2.1

刮平定厚机 calibrating machine

通过对陶瓷砖进行铣削,使陶瓷砖的表面平整度、尺寸达到设定要求的机械。

2.18.2.2

磨边倒角机 squaring & chamfering machine

对陶瓷砖边缘进行磨削、倒角的机械。

2.18.2.2.1

湿法磨边倒角机 wet squaring & chamfering machine

使用水进行冷却的对陶瓷砖进行磨边、倒角的机械。

2.18.2.2.2

干法磨边倒角机 dry squaring & chamfering machine

未使用或少量使用水进行冷却,并配有除尘装置对陶瓷砖进行磨边、倒角的机械。

2.18.2.3

抛光机 polishing machine

对陶瓷砖表面进行磨削、抛光处理的机械。

2.18.2.3.1

玻化砖抛光机 vitrified tile polishing machine

对玻化砖表面进行加工的专用抛光机械。

2.18.2.3.2

微晶玻璃砖抛光机　microcrystalline glass polishing machine

对微晶玻璃砖表面进行加工的抛光机。

2.18.2.3.3

釉面砖抛光机　glazed tiles polishing machine

对釉面陶瓷砖的釉面进行加工的专用抛光机。

2.18.2.3.4

圆弧抛光机　arc polishing machine

对陶瓷砖边缘进行圆弧加工的抛光机。

2.18.2.4

切砖机　brick cutter

对陶瓷砖进行切割的机械。

2.18.2.5

划砖机　scribing machine

对陶瓷砖刻痕后进行分切的机械。

2.18.2.6

开槽机　slot-cutting machine

在陶瓷砖表面加工出所需槽形的机械。

2.18.2.7

雕刻机　engraving machine

对陶瓷砖表面进行图案刻饰的机械。

2.18.2.7.1

喷砂雕刻机　sanding machine

通过压缩空气卷吸砂粒进行喷击的雕刻机。

2.18.2.7.2

水刀　water jet

通过带超硬颗粒的高压水进行雕刻或切割的机械。

2.18.2.7.3

激光雕刻机　laser engraving machine

通过激光束来进行图案刻饰的雕刻机。

2.18.2.8

打蜡机　waxing machine

对抛光处理后的陶瓷砖表面进行涂蜡的机械。

2.18.2.9

涂覆制膜机　LUXCO coating machine

通过制膜工艺，使陶瓷砖表面形成保护膜层的机械。

2.18.2.10

贴膜机　sticking film machine

在陶瓷砖表面贴上塑料保护膜的机械。

2.19　拣选、码垛和包装机械

2.19.1

自动拣选机　automatic selecting machine

通过计算机对陶瓷砖的色差、尺寸、平整度、光泽度进行挑选功能的机械。

2.19.2

自动码垛机　automatic stacker

将拣选后相同品质的陶瓷砖自动分配码放到同一垛位的机械。

2.19.2.1

降垛式自动码垛机　automatic lowering stacker

将累叠成垛的陶瓷砖由下层输送轨道输出的码垛机械。

2.19.2.2

升垛式自动码垛机　automatic lifting stacker

将累叠成垛的陶瓷砖由上层输送轨道输出的码垛机械。

2.19.3

自动包装机　automatic packaging machine

通过自动控制系统完成对陶瓷砖包装的机械。

2.19.3.1

笼式自动包装机　automatic wrap mode packaging machine

对陶瓷砖实行包装后，能在包装箱相对面各留有一个带环形封边开口的自动包装机械。

2.19.3.2

坛式自动包装机　automatic tray mode packaging machine

对陶瓷砖实行包装后，只在包装箱一个面上留有带环形封边开口的自动包装机械。

2.20　主要附属机械和设备

2.20.1

上砖机　loading machine

通过控制系统和执行机构，将砖坯或陶瓷砖装载到指定位置的机械。

2.20.1.1

机械式上砖机　mechanical loading tiles machine

利用机械方式进行装载的上砖机械。

2.20.1.2

吸盘式上砖机　vacuum loading tiles machine

利用吸盘进行装载的上砖机械。

2.20.2

下砖机　unloading tiles machine

通过控制系统和执行机构，将砖坯或陶瓷砖卸载到指定位置的机械。

2.20.2.1

机械式下砖机　mechanical unloading tiles machine

利用机械方式进行卸载的下砖机械。

2.20.2.2

吸盘式下砖机　vacuum unloading tiles machine

利用吸盘进行卸载的下砖机械。

2.20.3

斗式提升机　bucket elevator

通过料斗对物料进行提升的机械。

2.20.4

带式输送机　belt conveyor

通过输送带进行物料输送的机械。

2.20.5

大倾角提升机　corrugated edge conveyor

输送倾角大于 20°的带式输送机械。

2.20.6

辊棒输送机　rolling conveyor

通过辊棒转动输送块状物料的机械。

2.20.7

电子皮带秤　electronic belt scale

检测带式输送机上物料重量的计量装置。

2.20.8

集尘装置　dust arrester installation

用于捕集粉尘的装置。

2.20.9

热风炉　heat drying furnace

能够产生热风的装置。

索　引

汉语拼音索引

B

C

D

E

K

L

M

N

P

Q

R

S

T

W

X

Y

Z

英文对应词索引

A

B

C

D

E

F

G

H

O

P

R

S

ICS 83.120
Q 23

中华人民共和国国家标准

GB/T 28891—2012/ISO 15024:2001

纤维增强塑料复合材料　单向增强材料 Ⅰ型层间断裂韧性G_{IC}的测定

Fibre-reinforced plastic composites—Determination of mode Ⅰ interlaminar fracture toughness G_{IC} for unidirectionally reinforced materials

(ISO 15024:2001,IDT)

2012-11-05 发布　　2013-06-01 实施

中华人民共和国国家质量监督检验检疫总局
中国国家标准化管理委员会　发布

前　言

本标准按照 GB/T 1.1—2009 给出的规则起草。

本标准使用翻译法等同采用 ISO 15024:2001《纤维增强塑料复合材料　单向增强材料Ⅰ型层间断裂韧性 G_{IC} 的测定》。

与本标准中规范性引用的国际文件有一致性对应关系的我国文件如下：

——GB/T 17200—2008 橡胶塑料拉力、压力、弯曲试验机　技术要求(ISO 5893:2002,IDT)。

本标准由中国建筑材料联合会提出。

本标准由全国纤维增强塑料标准化技术委员会(SAC/TC 39)归口。

本标准起草单位:北京玻璃钢研究设计院、中国飞机强度研究所。

本标准主要起草人:彭兴财、杨胜春、张力平、仙宝君、梁家铭。

纤维增强塑料复合材料　单向增强材料 Ⅰ型层间断裂韧性G_{IC}的测定

1　范围

本标准规定了用双悬臂梁(DCB)试样测定单向纤维增强塑料复合材料的Ⅰ型层间断裂韧性(临界能量释放率)G_{IC}的方法。

本标准适用于碳纤维增强和玻璃纤维增强的热固性和热塑性复合材料。

2　规范性引用文件

下列文件对于本文件的应用是必不可少的。凡是注日期的引用文件,仅注日期的版本适用于本文件。凡是不注日期的引用文件,其最新版本(包括所有的修改单)适用于本文件。

GB/T 2918—1998　塑料试样状态调节和试验的标准环境(idt ISO 291:1997)

ISO 1268(所有部分)　纤维增强塑料　试验板制备方法(Fibre-reinforced plastics—Methods of producing test plates)

ISO 4588:1995　胶粘剂　金属表面预处理指南(Adhesives—Guidelines for the surface preparation of metals)

ISO 5893　橡胶和塑料试验机拉伸、弯曲和压缩型(恒速转动)　技术指标(Rubber and plastics test equipment—Tensile,flexural and compression type(constant rate of traverse)—Description)

3　术语和定义

下列术语和定义适用于本文件。

3.1

Ⅰ型层间断裂韧性　mode Ⅰ interlaminar fracture toughness

临界能量释放率　critical energy release rate

G_{IC}

在Ⅰ型张开载荷下,单向纤维增强聚合物基复合材料层合板对分层裂纹起始及扩展的阻抗。

注:用J/m^2来计量。

3.2

Ⅰ型裂纹开裂　mode Ⅰ crack opening

由垂直施加于双悬臂梁试样分层平面的载荷而引起的裂纹开裂模式,如图1所示。

3.3

NL点　NL point

载荷位移曲线上的线性偏离点,如图2所示。

3.4

VIS点　VIS point

在试样边缘目测到的分层起始点,在图2中的载荷位移曲线上标出。

3.5

5%/MAX 点　5%/MAX point

试样加载时，下列两种情况中首先出现的点：

a)　从初值(C_0)处的柔度增加至5%的点($C_{5\%}$)，如图2所示；

b)　最大载荷点，如图2所示。

3.6

PROP 点　PROP point

在载荷-位移曲线上，嵌入物顶端或裂纹发生器以外的，分层长度非连续增加的点，不考虑裂纹被终止的点，如图2所示。

3.7

分层-阻力曲线　delamination-resistance curve

R-曲线　R-curve

G_{IC}的交绘图，对于Ⅰ型裂纹开裂的初始以及随后的扩展值作为分层长度的函数(见第10章)。

4　原理

Ⅰ型双悬臂梁试样(DCB)，如图1所示，用来测定纤维增强塑料复合材料的临界能量释放率G_{IC}或层间断裂韧性。本测试方法仅限于0°单向铺层(参见附录B.1)。对于Ⅰ型断裂韧性，G_{IC}值在裂纹出现以及随后的扩展过程中衰减。分层-阻力曲线或R-曲线是以G_{IC}作为分层长度的函数为基础来绘制的。

本测试方法的目的是测定被测复合材料裂纹开始扩展时的初值。分层一般发生在复合材料结构中不同铺层方向层的层间。然而，在DCB测试方法中，分层裂纹在相同的0°单向层间增长，因此在初始分层裂纹形成后会引起纤维桥接。纤维桥接是DCB测试中的人为现象，不代表被测的复合材料。在大分层长度情况下，G_{IC}达到恒定值之前，纤维桥接是导致R-曲线上升的主要因素。

在恒定速率下，通过加载块或琴式铰链使裂纹扩展载荷垂直于分层平面而施加到DCB试样。在双臂梁试样的中间层预埋一层薄的、无粘性的薄膜作为初始分层，如图3所示。对试样进行加载，一旦裂纹从嵌入物前端处发生扩展，立即卸载。此时的裂纹称为试样的预制裂纹。监视分层稳定增长的起始，记录分层从开始及扩展的读数。R-曲线是由嵌入物和Ⅰ型预制裂纹的初始值及其扩展来绘制的。在某些规定的环境下(见9.2.7)，可以采用一个可选的楔形块预制裂纹方法，但不推荐使用。

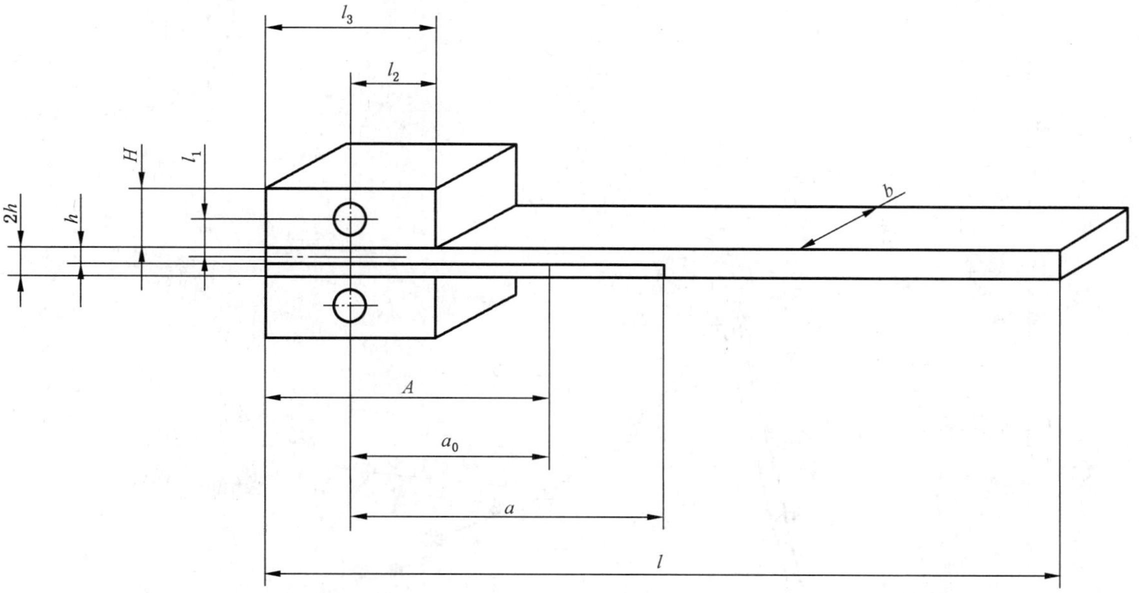

a） 采用加载块的分层起始

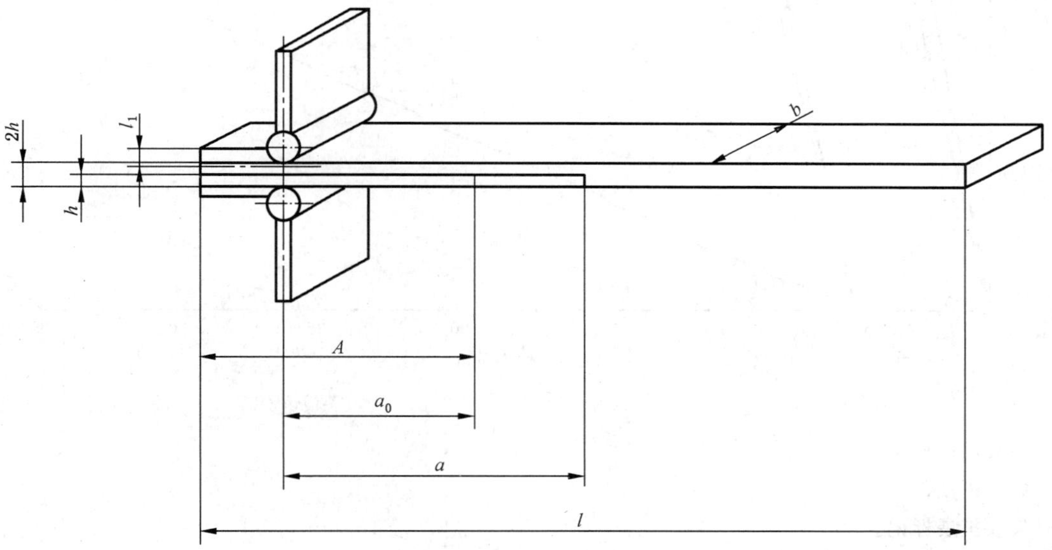

b） 采用琴式铰链的分层起始

说明：

b ——试样宽度；

$2h$——试样厚度；

a_0——初始分层长度；

a ——总分层长度；

A ——嵌入物长度；

l_1 ——插销孔中心（琴式铰链轴心）到试样中面的距离；

l_2 ——插销孔中心（琴式铰链轴心）到加载块（或琴式铰链）边缘的距离；

l_3 ——加载块长度；

H——加载块厚度；

l ——试样长度。

注 1：可选择的加载装置：a）加载块；b）琴式铰链。

注 2：纤维方向平行于长度 l 方向。

图 1 带有初始分层的双悬臂梁（DCB）试样的几何形状

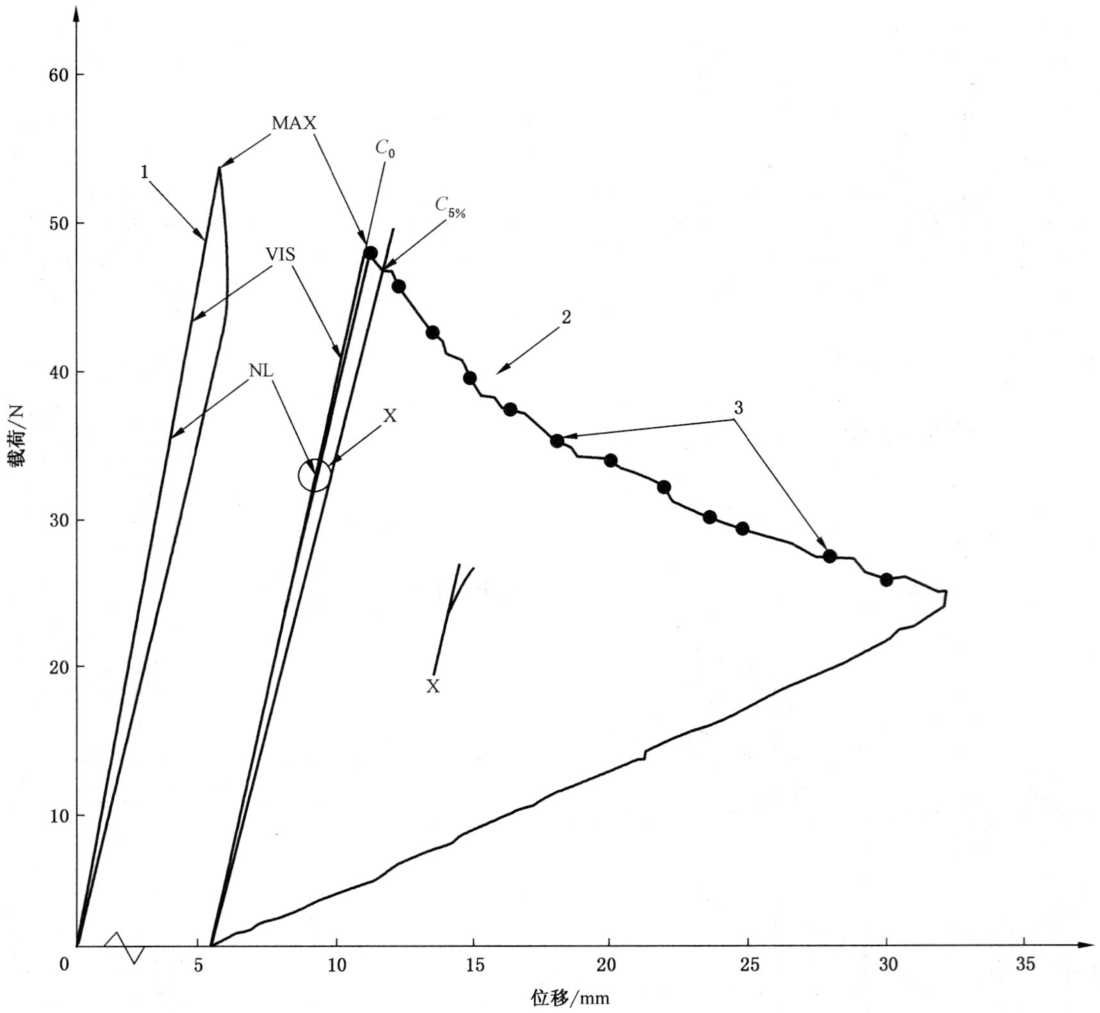

说明：

1——卸载后的初始裂纹；

2——裂纹扩展；

3——裂纹扩展标记。

DCB测试的载荷-位移曲线显示：(1)在卸载后从嵌入物开始；(2)通过裂纹扩展和卸载后产生的Ⅰ型预制裂纹再开始。

注：图中显示5%值出现在最大载荷值之后，重新加载后的曲线明显有5 mm的偏移。

图2　DCB测试的载荷-位移曲线

单位为毫米

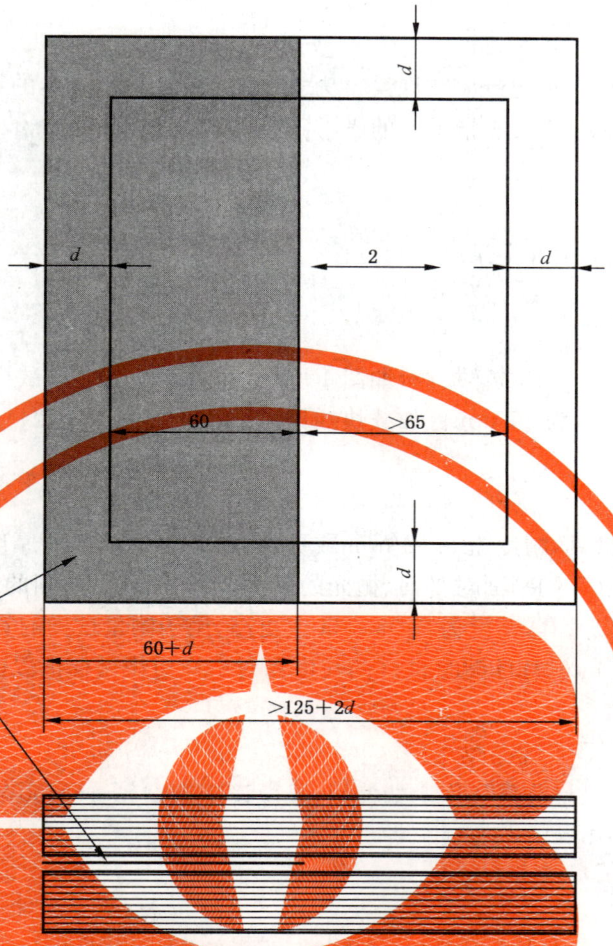

说明：

1——嵌入薄膜；

2——纤维方向；

d——初步剪裁加工要求的边界余量。

图3 试板制备实例(包含层合板结构、嵌入薄膜的尺寸和位置)

5 仪器设备

5.1 测试仪器

5.1.1 概要

拉伸试验机应符合 ISO 5893,具体要求见 5.1.2～5.1.5。

5.1.2 试验速度

试验机应具有 9.2.1 和 9.3.1 所要求的恒定的位移速率,按 ISO 5893 的规定。

5.1.3 夹具

试验机应配备能将载荷传递到嵌入加载块中的插销或能夹持琴式铰链柄头的夹具。在任何情况下，试样端部都必须能够灵活转动。夹具的轴心必须与试验机的轴心一致。

5.1.4 载荷和位移测定

载荷传感器应被校准，它的最大允许误差为±1%。通常通过横梁的移动来校正任何有效的载荷-变形，使得位移测定的误差不大于指示值的±1%。

5.1.5 记录装置

试验机应能连续地测量并记录载荷和位移。

5.2 加载块和琴式铰链

加载块或琴式铰链用于对试样加载，如图1所示，其宽度至少应与试样宽度一致。对于如图1a)中所示的加载块，l_3的最大值为15 mm。加载块插销孔应在l_3的中点处。

5.3 测量仪器

5.3.1 千分尺或类似量具，精度为0.02 mm或更高，用于测量试样的厚度。测量时，千分尺应具有能与被测表面匹配的接触面(如平面对平面、抛光的表面，半球面对不规则的表面)。

5.3.2 游标卡尺或类似量具，精度为0.05 mm或更高，用于测量试样的宽度。

5.3.3 直尺，精度为1 mm，用于测量试样的长度和对试样边缘做标记以监测裂纹扩展。

5.4 移动式显微镜(可选)

移动式显微镜用于测量分层长度。如使用，显微镜应有0 mm～200 mm的行程，放大倍数不大于70倍，读数精度为0.05 mm。

5.5 无粘性嵌入薄膜

用作嵌入物的无粘性高分子薄膜，其厚度不超过13 μm。对于固化温度低于180℃的环氧树脂基复合材料，推荐使用聚四氟乙烯(PTFE)薄膜。对于固化温度高于180℃的复合材料(例如聚酰亚胺或双马来酰亚胺复合材料)，推荐使用聚酰亚胺薄膜(参见B.2)。

5.6 辅助装置

5.6.1 干燥器：用于存放状态调节后的试样，包含合适的干燥剂，如硅胶或者无水氯化钙。

5.6.2 脱模剂：当用聚酰亚胺薄膜作为无粘性嵌入薄膜时，推荐使用聚四氟乙烯(PTFE)型脱模剂(参见B.2)。

5.6.3 胶粘剂：双组分室温固化型，如腈基丙烯酸酯或环氧树脂胶粘剂，用于试样与加载块或琴式铰链的粘接(见附录A)。

5.6.4 溶剂：有机溶剂，如丙酮或乙醇(见附录A)。

5.6.5 砂纸(研磨纸)：500目或者更细(见附录A)。

5.6.6 白色液体：水溶性的打字机修改液。

6 试样

6.1 试板制备

试板应采用ISO 1268规定的合适制备方法进行制备。对于纤维体积含量为60%的碳纤维增强复合材料，推荐的厚度为3 mm，而对于纤维体积含量为60%的玻璃纤维增强复合材料，推荐的厚度为5 mm。

应采用偶数层的单一方向铺层(参见B.1),铺叠时应将无胶的薄膜嵌入层合板的厚度中心处。为了模拟一个尖裂纹并对层合板各单层的影响最低,嵌入物厚度不应超过13 μm。嵌入物的材料和制备参见B.2。

如果使用聚酰亚胺薄膜,薄膜应在嵌入层合板之前用脱模剂涂覆或喷涂。薄膜应在涂覆脱模剂之前切割成合适的尺寸。含有硅的脱模剂会穿透各单层而污染层合板,烘烤薄膜有利于防止硅在复合材料层间中迁移。薄膜涂覆脱模剂后,在130 ℃条件下烘烤30 min,该过程需进行两次。应小心操作,避免脱模剂的涂层被损坏和擦除。

图3给出了试板构成的实例,试板切割和加工时需要考虑嵌入物的位置。

6.2 试样制备

6.2.1 标准试样

试样由试板经机械加工而得到,试样的轴线与试板的纤维方向平行。试样应做标记以追溯其在试板上的初始位置,试样的结构形式见图1,标准试样的尺寸和公差见表1。试样表面不得采用机械加工以满足厚度要求。

单个试样的厚度和宽度与该组试样平均值的偏差不应超过±1%。

表1 标准试样的尺寸和公差

单位为毫米

尺寸	碳纤维	玻璃纤维	公差
宽度 b	20	20	±0.5
最小长度 l	125	125	—
厚度 $2h$	3	5	±0.1

6.2.2 可选试样

可以根据试样的拉伸弹性模量和预计的层间断裂韧性值而采用其他的试样厚度。试样厚度的选取原则参见B.3,并基于预计的层间断裂韧性值而不必进行位移修正。

也可采用宽度在15 mm～30 mm之间的试样,允许增加试样的长度,但不推荐缩短试样的长度,因为它会缩短检测的最大分层长度,并减少分析用的数据点。

6.3 试样的检查和测量

试样加工完后,检查并剔除产生扭曲、翘曲和切割损伤的试样。检查试样的切割边是否足够平滑,以满足B.4和B.5的裂纹长度检测要求。

测量每个试样长度 l,精确到毫米。沿着长度方向上间隔均匀的3个点,测量试样宽度 b,精确到0.02 mm。沿试样中心线测量上述3点的厚度 $2h$,精确到0.02 mm。最后在中心接近边缘的2个附加点上测量试样厚度,以检查试样的厚度均匀性。

记录每次测量的厚度、宽度和平均值,核对其值是否在表1给出的范围内,同时核对试样尺寸变化是否在表1给出的范围内。剔除不符合要求的试样。

测量试样两个侧边嵌入物的长度,取平均值,如果两个侧边嵌入物的长度相差超过1 mm,应在报告中注明。每个嵌入物尖端至加载块或琴式铰链最近端的最小距离为45 mm。

6.4 加载点的连接

将用于加载的加载块或琴式铰链与含有嵌入物的试样端部表面粘接,如图1。加载夹具应与试样平行和相互对齐，并在胶接处用夹板固定。加载块或琴式铰链的粘接要求见附录A。

6.5 分层长度的测量

为了测量分层长度，应沿着试样边缘每间隔5 mm做标记，并延伸到至少超过嵌入物尖端55 mm处。另外，在开始的10 mm和最后的5 mm处每间隔1 mm做标记。

7 试样数量

试样的数量至少为5个。无效试样(见9.3.6)应剔除，并用备用试样代替。

8 状态调节

试样粘接加载块或琴式铰链后，应按树脂供应商推荐的干燥温度和干燥时间进行干燥处理。干燥处理后，试样应在干燥器中保存，保存时间不超过24 h。

注：由于聚合物基复合材料的层间断裂韧性对水分很敏感，为了得到含有相同吸湿量试样的基准数据，要求进行状态调节。因此，本标准中推荐的状态调节为干燥处理，参见B.6。

9 试验步骤

9.1 试验准备

9.1.1 试验应在GB/T 2918规定的标准条件(温度23 ℃±2 ℃，相对湿度50%±5%)下进行。

9.1.2 将试样安装到试验机的夹具中。如有可能，对试样端部进行支撑，以保持试样垂直于加载方向。

9.1.3 试验准备的更多要求参见B.4。

9.2 初始加载

9.2.1 以1 mm/min～5 mm/min的恒定速率对试样加载。

9.2.2 连续记录载荷和位移值。记录分层的位置，精确至±0.5 mm(参见B.5)。

9.2.3 加载期间，在试样边缘目测到分层起始时(VIS，图2)，在载荷-位移曲线上标注此点，或记录载荷-位移的数据值。

注1：如果很难观察到分层扩展的起始，推荐改善照明条件，或降低试验速度。

9.2.4 当嵌入物外的分层裂纹长度到3 mm～5 mm后停止加载。如果观察到嵌入物处的分层出现不稳定扩展(参见B.7)，继续加载，直至嵌入物外的分层裂纹长度到3 mm～5 mm，并在报告中注明。如果分层长度超出3 mm～5 mm，应在报告中注明。

9.2.5 以低于25 mm/min的恒定速率卸载。

9.2.6 卸载后，在试样两个侧边对预制裂纹的尖端做标记。如果两个标记的位置相差超过2mm，或试样从夹具上脱落，应在报告中注明。

注2：两标记位置之间相差超过2 mm，说明加载不对称。

9.2.7 如果R-曲线显示断裂韧性随分层长度出现明显降低的异常情况(见图8)，可用楔形预制裂纹替代预加载过程。不推荐使用楔形预制裂纹(参见B.8)，因为楔形开裂难以产生合适的预制裂纹，如果使用应在报告中注明。另外，预制裂纹不一定总是出现在试样的中面。如果预制裂纹偏离试样中面，则试验结果无效，同时应在报告中注明。

9.3 重新加载

9.3.1 与初始加载一样，在1 mm/min～5 mm/min之间选取一个恒定速率对试样重新加载，在达到最终分层长度之前，不能停止加载或者卸载(见 9.3.3)。记录载荷位移值，包括卸载过程。在试样侧边标记分层位置，其精度在±0.5 mm 之内。

9.3.2 在试样侧边观测到从预制裂纹处的分层扩展时，记录该点的载荷和位移值(VIS，图 2)。

9.3.3 连续加载，当分层长度在第一个 5 mm 范围内，尽可能多地记录载荷位移值，如每 1 mm 记录一次；接下来每 5 mm 记录一次载荷位移值，直到从预制裂纹尖端开始的分层至少扩展 45 mm；最后 5 mm 分层长度范围内，每 1 mm 记录一次。直到从预制裂纹尖端开始的分层总长度达到 50 mm(见图 2)。

9.3.4 以低于 25 mm/min 的恒定速率卸载。

9.3.5 卸载后，在试样两个侧边对分层裂纹尖端的位置进行标记。如果两侧边标记位置相差超过 2 mm，需在报告中注明。

注 3：两标记位置之间相差超过 2 mm，说明加载不对称。

9.3.6 如果卸载后试样出现永久变形，则应在报告中注明。如果分层偏离试样的中面，则试验结果无效。在此情况下，必须用备用试样重新试验。

10 G_{IC}的计算

10.1 试验结果解释

从载荷-位移曲线图以及由分层扩展值得到的 R 曲线，可以确定几个不同的 G_{IC} 起始值。以下与 G_{IC}值对应的点，从每个试样起始薄膜和 I 型预制裂纹的试验中得出。这些起始值如图 7 的 R 曲线所示，确定如下：

NL 点——沿载荷-位移曲线的初始直线部分画一条直线，其线性偏离点或非线性(NL)的起始点即为 NL 点(图 2 中的 NL)，该点的获取方法参见 B.9。

VIS 点——在试样侧边第一次目测到嵌入物尖端或 I 型预制裂纹出现分层的点(图 2 中的 VIS)。记录该点对应的载荷和位移值以用于计算。可以采用移动显微镜(5.4)检测 VIS 点。

5%/MAX 点——试样第一次加载过程中的载荷和位移值。对于 5%值，画一条直线得到初始柔度 C_0，并忽略任何加载系统引起的偏差，然后以柔度等于 $1.05C_0$ 画一条新的直线，以该直线与载荷-位移曲线的交点的载荷和位移来计算 G_{IC}。若交点的位移大于最大载荷点的位移，则用最大载荷及其对应的位移来计算 G_{IC}。

PROP 点——裂纹扩展期间，每一个分层长度对应的测量值(图 7 和 8 中的 PROP)，但裂纹终点数据除外。PROP 点的最小数据为 15 个。如果采用较少的数据点，将影响统计结果，应在报告中注明。

10.2 数据处理

10.2.1 概述

方法 A(见 10.2.2)或方法 B(见 10.2.3)将用于数据简化，两种方法将给出等效的结果。分析所需要的数据如下：

——初始分层长度 a_0；

——总分层长度 a($a=a_0$+测量的分层长度增量)；

——载荷 p；

——载荷线位移 δ；

——载荷线柔度 C，$C=\delta/p$；

——试样宽度 b；

——试样厚度 $2h$。

10.2.2 方法 A:修正的梁理论(CBT)(仲裁法)

将柔度的立方根 $C^{1/3}$[使用加载块时,应为$(C/N)^{1/3}$,其中 N 为加载块修正系数,下文有定义]作为再加载数据中分层长度 a 的函数绘制坐标图来建立二者之间的关系(见图 4)。通过数据拟合直线的外推产生与 X 轴的截距 Δ。

如果得到的截距 Δ 为正值,则取 $\Delta=0$,并在报告中注明。VIS 和 PROP 点可用于线性拟合,但不应用于确定 NL 或 5%/MAX 点。当绘制的图形如图 4 所示时,如果 VIS 点无法确定或明显位于由 PROP 点所定义的范围之外,则该点不参与线性拟合,并在报告中注明。

临界能量释放率 G_{IC}按式(1)计算:

$$G_{\mathrm{IC}}=\frac{3p\delta}{2b(a+|\Delta|)}\times F \text{ 或 } G_{\mathrm{IC}}=\frac{3p\delta}{2b(a+|\Delta|)}\times\frac{F}{N} \qquad \cdots\cdots(1)$$

式中:

F——大位移修正系数;

N——加载块修正系数。

计算所有初始点和扩展点对应的 G_{IC}值。对于嵌入物,以加载线与嵌入物尖端之间的距离(图 1 中的 a_0)作为初始分层长度;对于预制裂纹,以加载线与预制裂纹尖端之间的距离(图 1 中的 a)作为初始分层长度。

大位移修正系数 F 适用于所有的试样,如果 $\delta/a>0.4$,则修正系数的影响很显著。大位移修正系数 F 和加载块修正系数 N 分别按式(2)和式(3)计算,对于琴式铰链,取 $N=1$。

$$F=1-\frac{3}{10}\left(\frac{\delta}{a}\right)^2-\frac{2}{3}\left(\frac{\delta l_1}{a^2}\right) \qquad \cdots\cdots(2)$$

$$N=1-\left(\frac{l_2}{a}\right)^3-\frac{9}{8}\left[1-\left(\frac{l_2}{a}\right)^2\right]\frac{\delta l_1}{a^2}-\frac{9}{35}\left(\frac{\delta}{a}\right)^2 \qquad \cdots\cdots(3)$$

式中:

l_1——插销孔中心或琴式铰链轴心到试样中面的距离;

l_2——插销孔中心到加载块边缘的距离(见图 1)。

若大位移修正系数 F 小于 0.9,应在报告中注明。

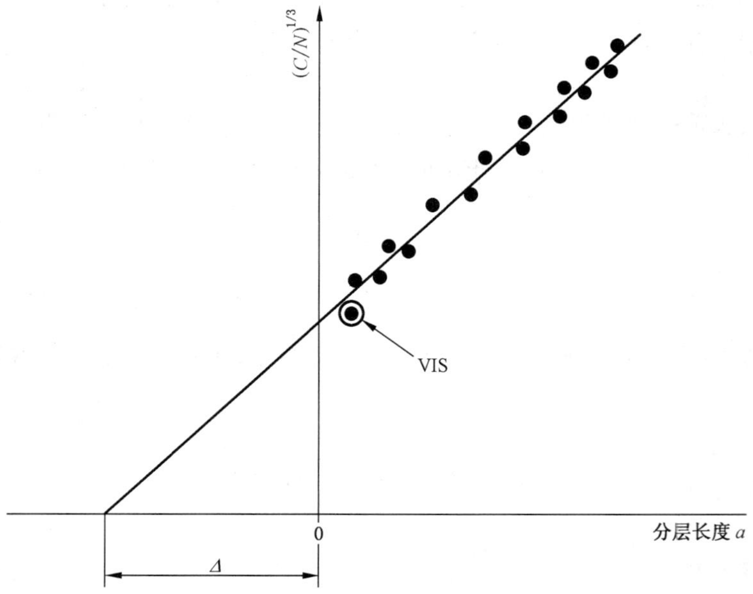

注:该 VIS 点不参与线性拟合(见 10.2.2)。

图 4 在修正梁理论方法中用线性拟合测定 Δ

10.2.3 方法 B:改进的柔度校准方法(MCC)

将用宽度归一化的柔度立方根$(bC)^{1/3}$[如果使用加载块,应为$(bC/N)^{1/3}$]作为再加载数据中用厚度归一化的分层长度 $a/2h$ 的函数绘制坐标图来建立二者之间的关系(见图 5)。直线的斜率定义为 m。

临界能量释放率 G_{IC}按式(4)计算:

$$G_{\mathrm{IC}}=\frac{3m}{2(2h)}\times\left(\frac{p}{b}\right)^{2}\times\left(\frac{bC}{N}\right)^{2/3}\times F \qquad \cdots\cdots(4)$$

式中 F 和 N 分别由式(2)与式(3)中给出,计算所有裂纹起始点和扩展点对应的 G_{IC}值。

用显微镜(参见 B.5 中描述)在水平方向上测量分层长度(图 6 中 x)时,分层长度 x 可用于绘制图 4 和图 5,并计算 G_{IC}。此时,大位移修正系数 F 等于 1。但是,如果用加载块代替琴式铰链,则需要采用式(3)的修正系数 N 来计算 G_{IC}。

10.3 数据记录表,数据图和统计计算

所有从起始薄膜、Ⅰ型预制裂纹和 PROP 值得到的对应的 NL、VIS 和 5%/MAX 点的结果,都用于绘制分层-阻抗曲线(R-曲线)和每个试样的 G_{IC}-分层长度 a 曲线(见图 7 和图 8)。当需要从试验中得到材料特征值时,需有 5 个试样(见第 7 章),并计算对应于每个 VIS、NL 和 5%/MAX 点的 G_{IC}的算术平均值、标准差 σ 和离散系数 CV。

单个试验结果表格将用于记录从嵌入物(NL、VIS 和 5%/MAX 点对应的值)或Ⅰ型预制裂纹(NL、VIS、5%/MAX 和 PROP 点对应的值)得到的每个试样的试验数据。推荐的试验结果表格参见表 C.1。

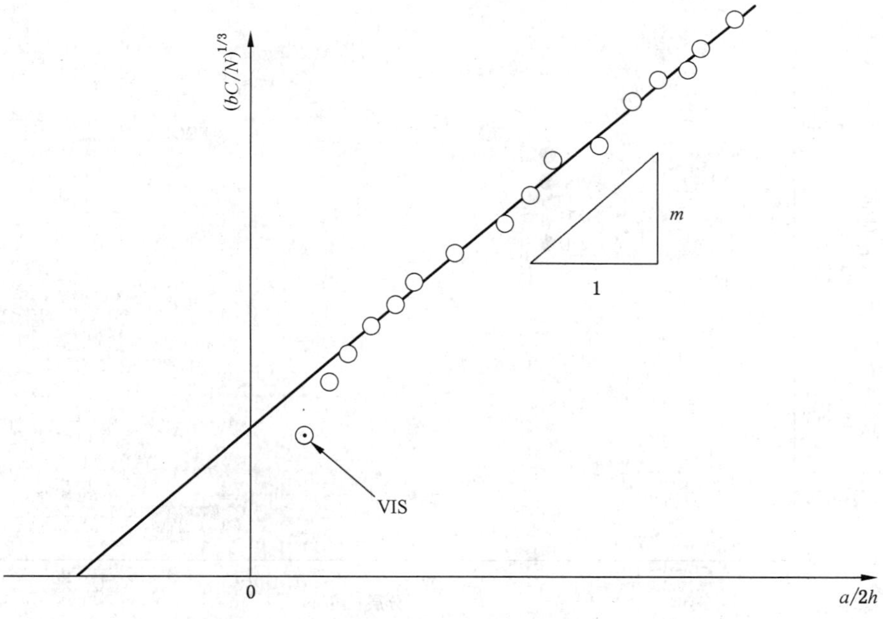

注:该 VIS 点不参与线性拟合(见 10.2.3)。

图 5 改进的柔度校准方法(MCC)中用线性拟合确定的斜率 m

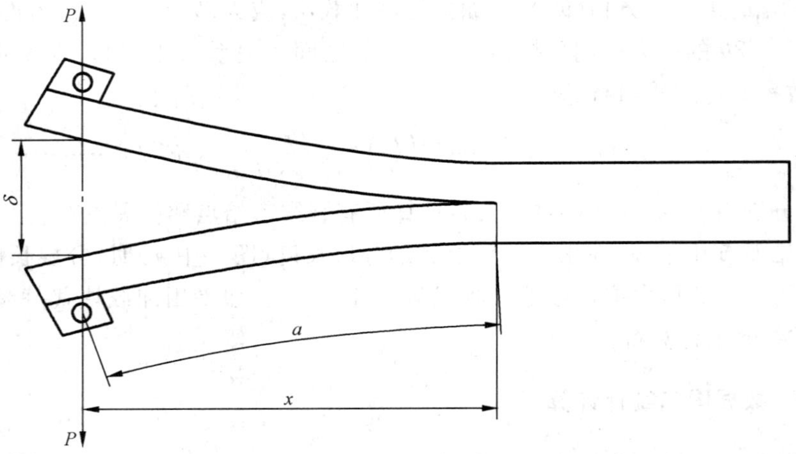

图 6　DCB 试样在加载时，沿水平方向上测量的分层长度 *x*，沿固定在试样上的刻度尺方向测量的分层长度 *a*

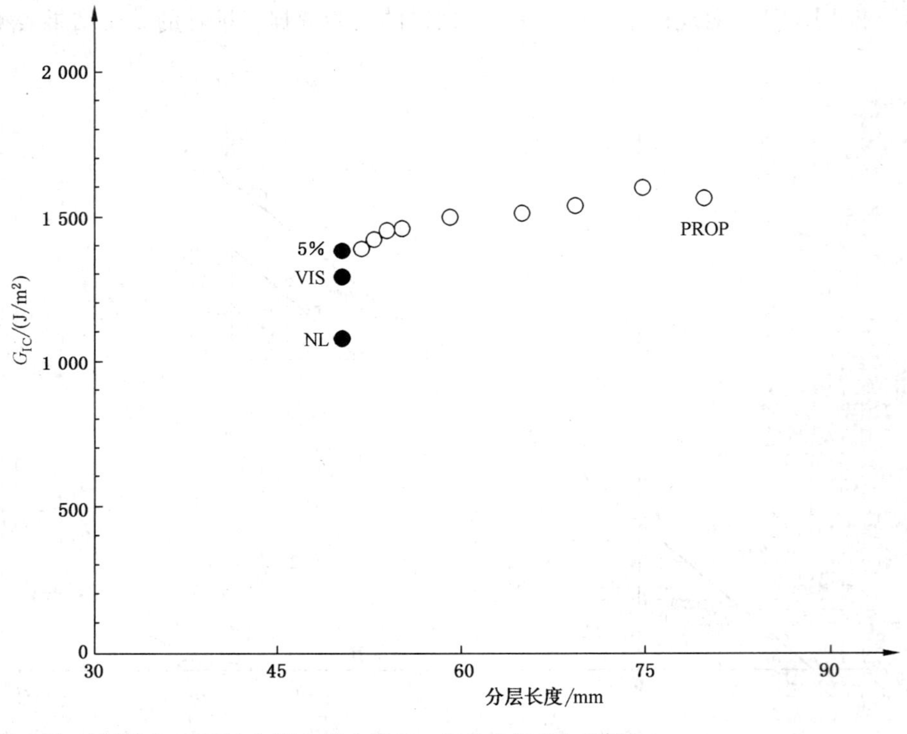

注：NL、VIS、5%、扩展值和 PROP 在第 3 章中定义。仅给出初始加载值。

图 7　典型的分层-阻力曲线(R-曲线)，分层阻抗随分层长度增加而增加

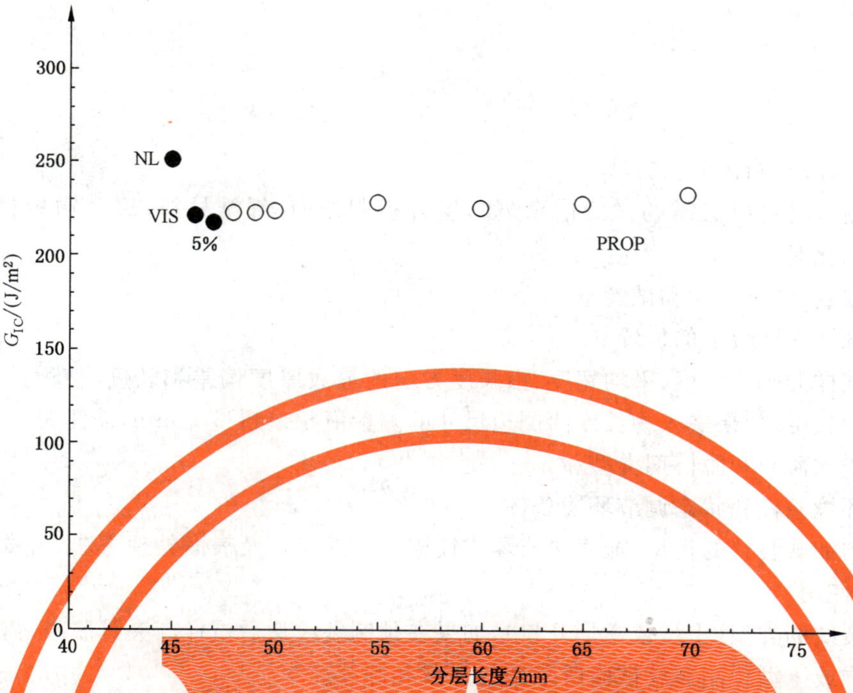

注：NL、VIS、5%、扩展值和 PROP 在第 3 章中定义。仅给出初始加载值。

图 8　非典型的分层-阻力曲线(R-曲线)，分层阻抗随分层长度增加而降低

11　精密度

表 2 给出的材料和精密度数据，按本标准由两次国际循环试验得出。初始值引用 NL 值，对于碳纤维增强环氧材料(CFRE)，初始值与 VIS 值相同。对于碳纤维增强热塑性复合材料(CFRT)，NL 点在 VIS 点之前出现。试验过程对方法进行了改进，即在初始预制裂纹产生后没有卸载，而是连续试验。所有试验均得到了典型的 R-曲线(如图 7)。

表 2　ASTMD5528 中的精密度数据

材料	实验室数量	每个实验室测试数量	嵌入物	G_{IC}平均值 KJ/m²	s_r	(CV)r %	s_R	$(CV)_R$ %
CFRE	3	3	13 μm 聚酰亚胺	0.085	0.015	17.6	0.014	16.5
CFRT	9	5	7.5 μm 聚酰亚胺	1.182	0.126	10.8	0.111	9.4
CFRT	9	5	13 μm 聚酰亚胺	1.262	0.132	10.5	0.110	8.7

注：这些结果都选自于 ASTM D 5528 首次发布的数据。应该注意到，ASTM 标准的数据仅限于碳纤维增强材料，对于其他的材料，其偏差可能更大。重复性和再现性的精密度测量在 ASTM D 5528 定义为：

重复性——相同材料在某一实验室的试验结果(同一操作者使用相同的试验设备在短时间内得到)，如果其标准差大于材料的 r 值，则试验结果的重复性是不可信的，其中，$r=2.8s_r$，s_r 是每个实验室的标准差的平均值。

再现性——对于相同的材料，如果两个不同的试验室得到的平均结果之间的标准差，或者在同一个实验室由不同的操作者采用不同的设备而得到的平均结果之间的标准差大于该材料的 R 值，则说明试验结果不可信，其中 $R=2.8s_R$，s_R 是从所有实验室得到的 G_{IC} 平均值的标准差。

12 试验报告

试验报告应包含以下内容：

a) 引出本标准，指出分析方法。

b) 标示测试材料所必需的详细信息（如，层合板制造商，纤维材料，聚合物材料，最高固化温度 T_{mc}，固化时间 t_c）。

c) 试样数量，试验日期和试验室。

d) 每个试样在试板上的位置。

e) 每个试样的平均厚度、平均宽度、沿长度方向的最大厚度偏差和长度，使用的嵌入物材料及其厚度和长度，如果嵌入物长度两侧边尺寸的测量值相差超过 1 mm，需注明。

f) 初始嵌入薄膜和脱模剂类型。

g) 试验环境条件和状态调节环境条件。

h) 使用的加载装置的类型（加载块或琴式铰链）、几何尺寸及表面处理方法，与试样粘接的胶粘剂（如果使用）。

i) 预制裂纹的类型（Ⅰ型或楔形开口），如果在预制裂纹形后试样与夹具脱离，需注明。

j) 嵌入物或Ⅰ型预制裂纹试验所采用的加载和卸载速率。

k) 试验（卸载）后，从试样两个侧边的加载线测量的嵌入物的分层长度，如果测量的分层长度相差超过 2 mm，需注明。

l) 如果采用 CBT 方法，则记录归一化柔度立方根$(C/N)^{1/3}$-分层长度 a 曲线用线性拟合得到的与 X-轴的截距 Δ，以及线性拟合的相关系数 r^2。如果线性拟合不包含 VIS 值，需注明。

m) 如果采用 MCC 方法，则记录宽度归一化的修正柔度立方根$(bC/N)^{1/3}$-以厚度归一化的分层长度 $a/2h$ 曲线经线性拟合得到斜率 m，以及线性拟合的相关系数 r^2。如果线性拟合不包含 VIS 值，需注明。

n) 每个试样的载荷-位移曲线。

o) 每个试样 $G_{\mathrm{I}C}$ 值的表格和 $G_{\mathrm{I}C}$（对应的所有点的值在 10.1 定义）-分层长度 a 曲线（R-曲线），包括大位移修正系数和加载块修正系数。如果大位移修正系数 F 小于 0.9，需注明。

p) 对应于 VIS、NL 和 5%/MAX 点的各组数值的平均值和离散系数。

q) $(C_{5\%/\mathrm{MAX}}-C_0)\times100/C_0$ 值，例如，初始柔度 C_0 与 MAX 或 5%点处柔度变化的百分比，两者都适用。

r) 任何与本标准规定的偏离（例如，试样的尺寸和纤维方向）。

s) 试验时可能影响试验过程和试验结果的异常现象（例如，预制裂纹或分层与试样中面的偏离、纤维桥接、卸载或嵌入物粘接后的永久变形）。

t) 如果可能，材料特性结果（如纤维和空隙率）。

附　录　A
（规范性附录）
加载块或琴式铰链的制备和粘接

加载块或琴式铰链与试样首先都应被轻微地打磨。测试过程中使试样分层的载荷是非常低的，所以仅使用砂纸打磨或喷砂处理。加载块和琴式铰链与试样在打磨之后应用溶剂进行清理。如果发生胶接层失效，需查阅ISO 4588得到精密的工序。块或铰链与试样的粘结应在表面处理后立即进行。在先前类似样品的测试中，已发现腈基丙烯酸酯胶粘剂可以满足大多数情况。或者说，刚性的、室温固化的胶粘剂都可被使用。表面处理和胶粘剂的种类都应在报告中注明。

附　录　B
（资料性附录）
推荐的试验准则

B.1　样品的铺层准则

本标准只规定了0°单向铺层。该铺层显示出非常小的互反曲面的弯曲。因此，板的弯曲刚度参数满足$(D_{12})^2/(D_{11}D_{22})$比率远小于1的条件。多向铺层不满足这种条件，由此显示出互反曲面的弯曲的重要性。此外，多向铺层会导致裂纹的分叉远离试样的中面，因此不推荐使用。

B.2　初始嵌入薄膜材料和制备准则

建议使用聚合物薄膜作为初始薄膜，以避免使用铝薄膜产生的折叠或卷曲问题。环氧基复合材料的固化温度低于180℃时，推荐使用聚四氟乙烯(PTFE)薄膜。复合材料（例如聚酰亚胺或双马来酰亚胺复合材料）的固化温度超过180℃时，推荐使用聚酰亚胺薄膜。

B.3　试样厚度准则

如果可能，试样厚度选择按式(B.1)：

$$2h > 8.28\left(\frac{G_{\mathrm{IC}}a_0^2}{E_{11}}\right)^{1/3} \qquad \text{(B.1)}$$

式中：

$2h$ ——试样厚度；

G_{IC} ——预判的最大断裂韧性；

a_0 ——初始分层长度（对于加载块 $a_0=A-l_3+l_2$）；

E_{11} ——试样沿纤维方向上的拉伸弹性模量。

应用本准则要求要对测试材料的G_{IC}值有预先认识，如果有效的话，刊登文献上的试样结果和数据将被使用。用本准则确定试样厚度会产生一个趋近于1的大位移校正系数。

B.4　试验准备

当第一次测试材料或实验人员对观察初始分层没有经验的情况时，推荐制备不少于一个的备用试样（最少为6个代替5个）。

测力传感器和载荷范围选择小于500 N。

在状态调节后，沿试样边缘涂上一薄层的水溶性打字机修正液（白色墨水），有助于观察分层的增长。一些修正液使用的溶剂对有些复合材料种类有害，因此，在使用前最好对液体的成分进行检查。

分层增长可以用肉眼或者使用移动式显微镜观察。更多细节见B.5。

对于透明层合板，在整个宽度方向做标记，要好于在侧边做标记，可以更好地观察内部的分层长度。

B.5　自动测量分层长度

通过在移动式显微镜上安装一个位移传感器来自动测量分层长度。按照6.5中的规定对试样进行划线标记，将移动式显微镜放在第一个标记处，记录显微镜指示的位置。当分层前沿通过显微镜的网格线时，分层长度与显微镜的位置一致。然后将显微镜移动至下一个标记处，记录分层长度 x。重复以上步骤，直到测试结束。

B.6 状态调节准则

GB/T 2918 规定试验前的状态调节条件和测度中所用的条件，是典型实验室环境。GB/T 2918 允许温度为+23 ℃和+27 ℃，以及相应的湿度；如果同意，20 ℃也可以使用。试样在上述三种温度放置 88 h 后，会吸收相当大的水分(吸湿取决于基体材料)。高温干燥后的试验结果与 GB/T 2918 的规定相比是不同的。因此，推荐样品经高温干燥后以最小含水量进行测试(环氧干燥温度为 70℃时在干燥器最多放置一天)。

B.7 不稳定的分层扩展

大多数纤维增强层合板的分层扩展是不稳定的，即使在显微镜下观察其扩展速度都是无规律的。不稳定分层扩展的特点是初始阶段没有明显出现或者很缓慢的护展；接着是迅速的，几乎是瞬间的出现分层扩展。在载荷位移曲线上呈现出几乎是垂直位移坐标轴的急剧下降。在不稳定分层扩展期间通常不能记录到分层长度值。在不稳定分层扩展停止后(没有分层增长)，继续加载，载荷随着分层扩展不断增加，并产生一个(局部)最大载荷。

B.8 楔形块预制裂纹的准则

如需选择某一载荷引导预制裂纹方法(见第 4 章和 9.2.7)，推荐使用楔形开口。在距薄膜尾端 5 mm 处夹紧试样，楔形块的宽度至少应与试样宽度相等，开口角应尽可能小，且楔形块不接触分层裂纹的顶端。采用手推、轻敲楔形块端部或用合适工装将楔形块装进试样，使楔形块距夹紧处 2 mm～3 mm。通常楔形块的预制裂纹会超出夹紧处几毫米，但超出应尽可能短，以保证能获得至少 50 mm 的分层长度。

B.9 NL 点的获取

从二种典型材料(碳-纤维/环氧和碳-纤维/PEEK)的 X-射线图像上可以看出，试样内部初始薄膜处的分层在接近 NL 点并在 VIS 点之前发生。NL 点往往对应最低，最保守的层间断裂韧性值。然而，在载荷位移曲线上难以再现 NL 点，因为变异系数超过 10%是常见的，但是，一般记录在一个 X-Y 坐标记录器的图纸上的载荷-位移函数的模拟信号图要比在测试中通过一个数据采集装置自动记录的数据点获得的拟合曲线得到较少变异的结果。在载荷位移曲线上从一个限定的载荷开始进行线性拟合绘制，这样可以避免由于使用一致的准则引起的非线性直线偏差，例如绘图仪追踪的中点，可以得到更一致的结果。

附　录　C
（资料性附录）
推荐的试验结果表

推荐的试验结果表见表 C.1。

表 C.1　推荐的试验结果表

I 型 DCB 实验结果表,共 2 页 第 1 页		纤维		树脂	
试样标识		试样编号			
实验室		试验人员		试验时间	
层合板厂商		树脂厂商		纤维厂商	

试样长度 l/mm		载荷传导	
平均厚度 $2h$/mm		块厚度 H/mm	
厚度最大偏差 $\Delta(2h)$/mm		块长度 l_3/mm	
试样宽度 b/mm		块/铰链宽度/mm	
嵌入物材料		表面处理	
嵌入物厚度/μm		胶粘剂	
嵌入物长度 A/mm		状态调节温度 T_d/(°)	
脱模剂		状态调节时间 t_d/h	
预制裂纹长度 a_0/mm		试验温度 T/(°)	
最大固化温度 T_{mc}/(°)		相对湿度/%	
固化时间 t_c/h		加载/卸载速率/(mm/min)	
最大分层长度 a_{max}/mm		l_1 和 l_2 距离/mm	
柔量变化/%		校正	

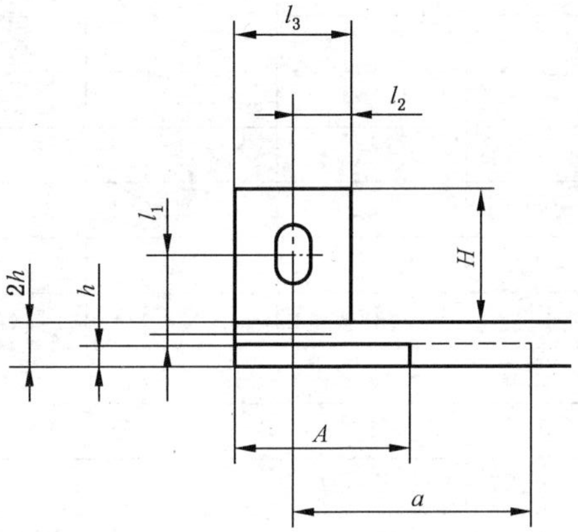

NL±σ 平均值	
CV NL	
VIS±σ 平均值	
CV VIS	
5%/MAX±σ 平均值	
CV 5%/MAX	
最小初始值:	

点	a/mm	载荷/N	δ/mm	试板中试样和嵌入物的位置	注释	G_{IC} CBT/(J/m²)	G_{IC}MCC/(J/m²)	弯曲模量(GP)
NL(嵌入物)				长度:mm 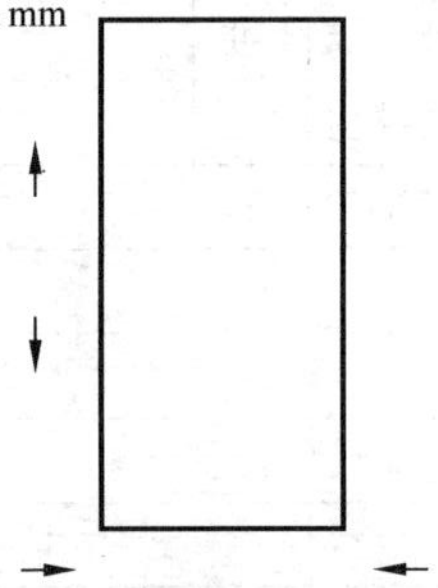 宽度:mm				
5%/MAX(嵌入物)								
VIS(嵌入物)								
NL(预制裂纹)								
5%/MAX(预制裂纹)								
VIS(预制裂纹)								
数据点								
数据点								
数据点								

表 C.1（续）

I 型 DCB 实验结果表　共 2 页 第 2 页	纤维		树脂	
试样标识		试样编号		
实验室		试验人员	试验日期	
层合板厂商		树脂厂商	纤维厂商	

方法 A(CBT)		两边嵌入物长度的差距≤1 mm?	是/否
拟合直线的斜率		两边预制裂纹的差距≤2 mm?	是/否
拟合直线与 y 轴的截距 Δ/mm		预制裂纹到嵌入物 3～5 mm?	是/否
校正系数		两边的总分层长度的差距≤2 mm?	是/否
方法 B(MCC)		试样在预制裂纹后移动?	是/否
拟合直线的斜率		VIS 参与线性拟合?	是/否
拟合直线与 y 轴的截距		测试过程中分层长度稳定增长?	是/否
m		所有校正系数≥0.9?	是/否
校正系数		载荷线位移/a <4?	是/否
		参考 ISO 4588?	是/否

点	F	N	F/N	C/N	$(C/N)^{1/3}$	$(bC/N)^{1/3}$	$a/2h$	δ/a	核对完成?
NL(嵌入物)									
5%/MAX(嵌入物)									
VIS(嵌入物)									
NL(预制裂纹)									
5%/MAX(预制裂纹)									
VIS(预制裂纹)									
数据点									
数据点									
数据点									
数据点									

参 考 文 献

[1] ASTM D 5528 Standard Test Method for Mode I Interlaminar Fracture Toughness of Unidirectional Fiber-Reinforced Polymer Matrix Composites

[2] S. HASHEMI, A. J. KINLOCH, J. G. WILLIAMS: "Corrections Needed in Double Cantilever Beam Tests for Assessing the Interlaminar Failure of Fibre-composites", Journal of Materials Science Letters, 8, pp. 125-129(1989).

[3] R. A. NAIK, J. H. CREWS Jr., K. N. SHIVAKUMAR: "Effects of T-Tabs and Large Deflections in DCB Specimen Tests" in: Composite Materials—Fatigue and Fracture(T. K. O'Brien ed.), ASTM STP 1110, American Society for Testing and Materials, pp. 169-186 (1991).

[4] P. FLUELER, A. J. BRUNNER: "Crack Propagation in Fibre-Reinforced Composite Materials Analysed with In-situ Microfocal X-ray Radiography and Simultaneous Acoustic Emission Monitoring" in: Composites Testing and Standardization ECCM-CTS(P. J. HOGG, G. D. SIMS, F. L. MATTHEWS, A. R. Bunsell, A. MASSIAH eds.) European Association for Composite Materials, pp. 385-394 (1992).

[5] T. DE KALBERMATTEN, R. JAGGI, P. FLUELER, H. H. KAUSCH, P. DAVIES: "Microfocus Radiography Studies During Mode I Interlaminar Fracture Toughness Tests on Composites", Journal of Materials ScienceLetters, 11, pp. 543-546(1992).

[6] T. K. O'BRIEN, R. H. MARTIN: "Results of ASTM Round Robin Testing for Mode I Interlaminar Fracture Toughness of Composites Materials", ASTM Journal of Composites Technology and Research, 15, No. 4, pp. 269-281 (1993).

[7] A. J. BRUNNER, S. TANNER, P. DAVIES, H. WirncH: "Interlaminar Fracture Testing of Unidirectional Fibre-Reinforced Composites: Results from ESIS Round-Robins" in: Composites Testing and Standardisation ECCM-CTS 2(P. J. Hogg, K. Schulte, H. Wittich eds.), Woodhead Publishing, pp. 523-532(1994).

[8] M. HOJO, K. KAGEYAMA, K. TANAKA: "Prestandardization study on mode I interlaminar fracture toughness test for CFRP in Japan", Composites, 26, No. 4, pp. 243-255(1995).

[9] P. DAVIES: "Uncertainty in the determination of initiation values of G_{IC} in the Mode I interlaminar fracture test," Applied Composite Materials, Vol. 3, pp. 135-140 (1996).

[10] R. M. JONES, "Mechanics of Composite Materials", Taylor&Francis, Philadelphia, Second edition(1999).

ICS 71.040.40
G 04

中华人民共和国国家标准

GB/T 28892—2012/ISO 15470:2004

表面化学分析 X射线光电子能谱 选择仪器性能参数的表述

Surface chemical analysis—X-ray photoelectron spectroscopy—Description of selected instrumental performance parameters

(ISO 15470:2004,IDT)

2012-11-05 发布 2013-06-01 实施

中华人民共和国国家质量监督检验检疫总局
中国国家标准化管理委员会 发布

前　　言

本标准按照GB/T 1.1—2009给出的规则起草。

本标准使用翻译法等同采用ISO 15470:2004《表面化学分析　X射线光电子能谱　选择仪器性能参数的表述》。

为了方便使用，本标准做了下列编辑性修改：

——用“本标准”代替“本国际标准”。

本标准由全国微束分析标准化技术委员会(SAC/TC 38)提出并归口。

本标准负责起草单位：厦门爱劳德光电有限公司、厦门大学化学化工学院。

本标准起草人：王水菊、时海燕、孙海珍、吴正龙、刘芬、沈电洪。

引　言

世界上有多家厂商生产X射线光电子能谱仪。尽管每台仪器的XPS分析方法的基本原理是相同的，但仪器的具体设计和性能说明的方式各不相同。因此，通常很难比较不同厂商生产的仪器性能。本标准提供了一个基本项目单，以使所有X射线光电子能谱仪能以共同的方式来表述。

表面化学分析　X射线光电子能谱
选择仪器性能参数的表述

1　范围

本标准规定了如何描述X射线光电子能谱仪的特定性能。

2　规范性引用文件

下列文件对于本文件的应用是必不可少的。凡是注日期的引用文件，仅注日期的版本适用于本文件。凡是不注日期的引用文件，其最新版本（包括所有的修改单）适用于本文件。

GB/T 22461—2008　表面化学分析　词汇（ISO 18115:2001，IDT）

3　术语和定义

GB/T 22461—2008中界定的术语和定义适用于本文件。

4　符号和缩略语

FWHM　本底以上最大峰强一半处的全宽度

XPS　X射线光电子能谱

5　仪器性能参数的表述

5.1　分析方法

应简要叙述用于从样品获得信息的方法，并说明在所涉及系统中可用的其他分析技术（可选项）。

5.2　样品

应详述该仪器可分析样品的大小和形状。如果某些特殊的分析模式（例如变角测量、绝缘体测量等）对样品的大小或形状有限制，则应另加说明。

5.3　系统构成

应描述系统的重要分析部件的几何结构及其公差。

例：角度公差常为±1°。

5.4　X射线源

5.4.1　阳极类型

应说明X射线阳极材料。也应说明无用的X射线能量及其相对强度。

5.4.2 阳极功率

应通过标明电子源和X射线阳极之间的电位及该电位下阳极的最大灯丝发射电流，来表示X射线阳极的最大功率。对特定的每一仪器操作模式和限定分析面积，都应给出上述数据，例如：

a) 大面积；

b) 单色器的限定面积；

c) 高能量分辨或其他相关操作模式。

5.4.3 预期阳极寿命

应说明在5.4.2中所述的仪器操作条件下X射线阳极的预期寿命，通常为保证寿命，但也可能是平均寿命，或者以5.4.2所述的仪器操作模式下性能随运行时间的变化图来表示。还应说明寿命类别。

5.5 谱仪强度性能和能量分辨率

系统的能量分辨率应该用Ag $3d_{5/2}$峰的FWHM来表示，该Ag峰是从离子溅射或刮削的洁净银箔获得的，因此污染峰的强度小于Ag $3d_{5/2}$峰强度的5%。对于5.4.2中所列的所有仪器操作模式都应给出Ag $3d_{5/2}$峰的峰高强度和FWHM 。峰高强度和FWHM都是在去除本底后测量出的，该本底为高于和低于谱峰峰位的各3eV处两个能量点所作的切线。如有需要，可以给出对于任何其他条件下的能量分辨率和强度数据。最好说明充分预热后10 min和1 h的性能漂移。

5.6 谱仪能量标

对于所有列出的激发源，应给出使用样品定位步骤对样品重新定位后Cu $2p_{3/2}$峰结合能的重复性标准偏差。仪器说明书中应表述此定位步骤。当用Cu $2p_{3/2}$和Au $4f_{7/2}$峰校准仪器时，应载明Ag $3d_{5/2}$峰位处的结合能误差。在Cu $2p_{3/2}$或Au $4f_{7/2}$峰能量处，以时间为函数的结合能标校准精确度也应载明。

注：X射线光电子能谱仪的结合能标的校准方法见GB/T 22571—2008。

5.7 谱仪强度线性

应说明最大可用计数率和计数率线性限定(如±2%)范围内的最大计数率。

5.8 谱仪响应函数

对于5.4.2中列出的相关仪器工作模式应提供谱仪响应函数或该函数与能量的关系。还应说明这些函数随时间保持恒定的程度。

5.9 成像和选区分辨率

5.9.1 概要

用相同的方法处理成像系统和选区系统。空间分辨率的测量值应该用5.9.2、5.9.3或5.9.4中所表述的方法之一来获得。

5.9.2 方法1

对于成像系统，要分析的样品应有一个小于仪器标称的空间分辨率的30%的独特区。该区的特征光电子信号扫描线的FWHM定义为空间分辨率。对选区系统，可以用显微样品台对带有这种独特区的样品穿过分析区进行扫描。特征信号从最大值的50%升到100%再降到50%的两点间距离定为空间分辨率。

注1:如果独特区的宽度大于空间分辨率的30%,测量的空间分辨率将大于真实的空间分辨率。

注2:如果一台仪器能用一个高斯函数来表示空间分辨率函数,那么该函数的FWHM就相当于测量信号从其最大值的12%变化到88%的两点间距离。使用小样品易于确认系统像散。

注3:空间分辨率可能和能量相关。在金上有大小合适的铜散粒和在铜上有金粒的样品在能量标的这两端的分辨率要予以载明。

5.9.3 方法2

对于成像系统,要分析的样品由两种材料组成,这两种材料的表面在同一个平面上且沿一公共直边相结合。当与该结合边成90°角方向测量时,该两种材料之一的特征光电子强度的扫描线被用于定义空间分辨率。对于选区系统,用显微样品台沿着与上述结合边成90°角的方向移动,样品会被横贯分析区进行扫描。对以上两个系统,光电子强度从离开结合边的平台区光电子强度差值的20%变化到80%的两点间距离定义为该扫描方向上的空间分辨率。

注1:如果一台仪器能用高斯函数来表示空间分辨率函数,那么该函数的FWHM相当于测量信号从其最大值的12%变化到88%的两点间距离。

注2:接近极限分辨率时可能观察到像散,因而空间分辨率可能需要一个以上的方位来确定。

注3:当使用电子光学的方法用成像光阑来确定分析区域时,分辨率由该光阑来确定,且强度与距离的比值等于该光阑尺寸的64%。

注4:空间分辨率可能与能量相关。一个由金区和铜区组成的样品在能量标的这两端的分辨率要予以说明。

5.9.4 方法3

要分析的样品具有某一材料的刃边,该刃边覆盖住样品平面上一个深度超过其直径5倍的小孔的半边。与刃边成90°角的方向测量时,刃边材料的特征光电子强度的扫描线用以定义空间分辨率。在离开刃边的平台区的光电子强度差值从12%变化到88%的两点间距离定义为该扫描方向上的空间分辨率。

注1:如果一台仪器能用高斯函数来表示空间分辨率函数,那么该函数的FWHM就相当于测量信号从其最大值的12%变化到88%的两点间距离。

注2:接近极限分辨率时可能观察到像散,因而空间分辨率可能需要一个以上的方位来确定。

5.10 荷电中和

应说明对绝缘样品进行XPS测试时采用的荷电中和方法。还应给出在5.4.2中所述的X射线源和谱仪操作条件下聚对苯二甲酸乙二酯(PET)中三个C1s峰的峰位和峰宽(FWHM)的数据,以作为荷电中和效果的指标。

5.11 变角XPS

需配置一个样品操作台,使样品平面的法线与电子能量分析器的轴线同轴,并能使其与此轴线成一确定的角度。这些确定的角度范围和精确度,应和分析器轴线对样品平面法线转动的方位角的许可范围同时说明。

5.12 真空环境

应给出在某指定温度下烘烤12 h后再经24 h冷却可达到的本底压强或达到指定的本底压强所需要的时间。还应给出达到分析时所指定压强的样品进样时间。

ICS 71.040.40
G 04

中华人民共和国国家标准

GB/T 28893—2012/ISO 20903:2006

表面化学分析　俄歇电子能谱和 X 射线光电子能谱　测定峰强度的方法和报告结果所需的信息

Surface chemical analysis—Auger electron spectroscopy and X-ray photoelectron spectroscopy—Methods used to determine peak intensities and information required when reporting results

(ISO 20903:2006,IDT)

2012-11-05 发布　　2013-06-01 实施

中华人民共和国国家质量监督检验检疫总局
中国国家标准化管理委员会　发布

前　言

本标准按照 GB/T 1.1—2009 给出的规则起草。

本标准使用翻译法等同采用 ISO 20903:2006《表面化学分析　俄歇电子能谱和 X 射线光电子能谱测定峰强度的方法和报告结果所需的信息》。

为了方便使用,本标准做了下列编辑性修改:

——用“本标准”代替“本国际标准”。

本标准由全国微束分析标准化技术委员会(SAC/TC 38)提出并归口。

本标准负责起草单位:厦门爱劳德光电有限公司、厦门大学化学化工学院。

本标准起草人:王水菊、时海燕、岑丹霞、姚文清、刘芬、沈电洪。

引　言

俄歇电子能谱(AES)和X射线光电子能谱(XPS)的重要特征是能获得固体样品表面区域的定量分析。此分析需要测定某些窄谱的强度。

AES和XPS有若干种测量峰强度的方法。方法的选择取决于所分析样品的类型、所用仪器的性能和所用数据采集和处理的方法。

本标准有两个主要应用领域。一,本标准表述了测定谱图中某一元素峰强度的方法,给出了处理中原始不确定度及如何减小这些不确定度的信息。二,本标准规定了报告所用峰强度测量方法的要求,使其他分析人员可自信地使用发表的结果。

表面化学分析　俄歇电子能谱和 X射线光电子能谱　测定峰强度的方法和报告结果所需的信息

1　范围

本标准规定了俄歇电子能谱和X射线光电子能谱的峰强度测量的分析结果报告中所要求的必要信息。提供了峰强度测量方法和所得峰面积的不确定度信息。

2　规范性引用文件

下列文件对于本文件的应用是必不可少的。凡是注日期的引用文件，仅注日期的版本适用于本文件。凡是不注日期的引用文件，其最新版本(包括所有的修改单)适用于本文件。

GB/T 22461—2008，表面化学分析　词汇(ISO 18115:2001，IDT)

3　术语和定义

GB/T 22461—2008中界定的术语和定义适用于本文件。

4　符号和缩略语

A	峰面积
AES	俄歇电子能谱
b	用于强度平均获得基线的通道数
eV	电子伏
n	谱图中的通道数
XPS	X射线光电子能谱
y_i	谱图中第 i 通道的计数
ΔE	通道宽度(单位为电子伏，eV)
Δt	每通道的停留时间(单位为秒，s)
$\sigma(A)$	计算峰面积的标准偏差

5　直接谱的峰强度测定方法

5.1　概述

图1a)显示了X射线光电子谱图的一部分，其强度标示为自左向右递增的动能或自右向左递增的结合能函数。强度标尺通常以计数为单位，有时也用计数/秒为单位。强度同样也可用数字电压标示(如，由模拟检测系统所得俄歇微分谱的强度测量)。能量通常以eV表示。

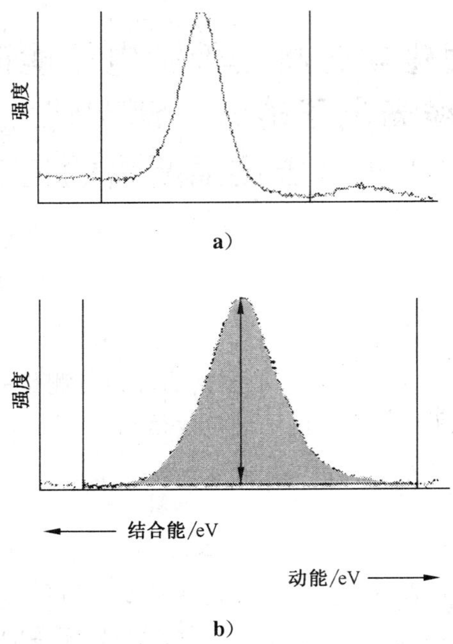

图 1　X 射线光电子能谱中单峰强度测定步骤的图示(如 5.2 和 5.3 所述)

X 射线光电子谱图中单峰强度可用 5.2 和 5.3 所述的步骤测量,或用 5.4 所述的计算机软件测量。含有重叠峰的峰强度测量如 5.5 所述。5.6 给出了单峰的峰面积测量的不确定度信息。

在俄歇电子能谱的直接谱中,单峰强度可用 5.2 和 5.3 所述的步骤测量,但需要先扣除二次电子本底[1,2]。另一方法如 5.4 所述,可用计算机软件测量峰强度。

在某些情况下,所要分析的峰可能叠加在倾斜的本底上。这种本底的产生可能源于高初始动能的俄歇电子或光电子的多重非弹性散射,或入射电子的多重非弹性散射(AES),或者韧致辐射引起的光发射(对于非单色化 X 射线源的 XPS)。在进行 5.2～5.5 所述的峰强度测量之前,对谱峰临近的谱线扣除这种本底是必要的(如,使用 5.2 所述的 Tougaard 非弹性本底)。通常这种扣除是在动能高于所要分析的谱峰约 10eV 和 30eV 之间把倾斜的本底拟合为一条直线,而后将该直线外推至低动能,再从这条线性本底扣除谱线强度。如果线性函数对于描述所要分析的谱线范围的倾斜本底被判定是无效的(例如,模拟 AES 入射电子散射的本底),可使用指数函数。

5.2　非弹性本底的选择和扣除

选择一种适合的非弹性本底,然后从测量谱图中扣除该本底,这是必要的。通常使用的是如下 3 种类型的非弹性本底:

a)　线性本底;

b)　积分或 Shirley 本底[4];

c)　Tougaard 本底[5~7]和 Werner 本底[8,9],是基于描述固体中非弹性电子散射的物理模型。

参考文献[4~13]和 ISO/TR 18392[14]给出了测定 Shirley、Tougaard 和 Werner 本底的步骤及软件的信息。

从实用的观点,一种特定本底的选择将依赖于:(a)相关的软件是否方便适用,(b)所分析样品的类型。线性本底用于绝缘体通常是令人满意的,而 Shirley 本底则常用于金属。当这两种本底都简单且便于使用时,这两种本底两端的限定(能量标的起点和终点)应谨慎选择使本底在重叠区域与谱图尽可能接近连续。

通常认为 Tougaard 法对于本底测定和扣除[5~7]优于 Shirley 法,因其描述非弹性散射过程的物理更正确[15,16]。Tougaard 和 Werner 法的优势还在于对能量点的起点和终点的精确位置不敏感,该能量点明显处在远离要分析的主峰的谱图区域(通常起点动能比要分析的峰至少高 10eV,而终点比要分析的峰至少低 50eV)。与使用线性或 Shirley 本底相比,Tougaard 和 Werner 法的缺点在于要记录较大能量范围的谱线。

作为例子,图 1a)显示了要测量强度的 XPS 峰。所画垂直线表示使用 Shirley 本底法的合适界限。图 1b)显示了扣除 Shirley 本底后在扩展的能量标上的谱图。为了显示清楚,图 1b)中强度标的零点置于纵轴的 2%处,其终点则与图 1a)的终点相同。

邻近通道间的平均有助于确定所选终点处的信号水平,从而改善峰高或峰面积测量的精确性。用于平均的一组点可选择在所选终点的内侧或外侧,或以终点为对称的两侧。重要的是终点要选在离峰足够远的地方,使平均过程不包括明显的峰强度。Harrison 和 Hazell[17] 推导出用于峰面积测量中预估不确定度的表达式(见 5.6),该式显示了这一不确定度的很大部分来自于端点的选择及这些端点的强度所产生的不确定度。

以小于峰强半峰宽的 50%宽度进行 Savitzky-Golay 卷积平滑谱图,可以改善峰高测定的精确度。平滑不能提高精确度,而且如果平滑过度,会使谱图畸变,因此峰面积测定应避免平滑。

5.3 峰强度的测量

5.3.1 峰高度的测量

测定峰高度的方法有:(i) 用直尺直接测量输出的谱图;(ii)用计算机软件获得基线和峰最大值间的强度差;(iii)用计算机软件对实验谱图(即定义要分析峰的数据点集合)拟合适合的分析峰形(Gaussian,Lorentzian 或者该两者的混合[10~12])。图 1b)中带箭头的垂直线长度是测量的峰高,单位为强度标规定的单位(计数或计数/秒)。

使用峰高测量由于其处理速度和该方法能方便应用于许多仪器,因而在后续数据处理中具有优势。然而,使用峰高作为强度测量方法有若干缺点:(i)对于元素复杂的化学态所引起的峰形变化不敏感;(ii)忽略了谱图中二次特征峰(例如卫星峰)的谱峰强度;(iii)测量高度非常依赖于非弹性本底的选择。

注:仪器操作的设置选择要避免强度标明显非线性[19];或要对由于计数电子学单元限定死时间所引起的计数损失进行修正[19]。在进行峰高度测量前,谱图应对仪器的强度能量响应函数进行修正[20]。更多的信息见附录 A。

5.3.2 峰面积的测量

先前用以测定峰面积的方法包括:(i)将峰形记录在纸上,依照图形裁下对应的纸,然后将纸称重;(ii)将峰形点画在方格纸上,然后数方格数;(iii)用面积仪(一种用于测量面积的机械设备)。然而,许多现代 AES 和 XPS 仪器都有用于测定峰面积的计算机软件(例如,通过对非弹性本底以上的计数进行加和或数值积分)。另外,由合适的分析函数拟合峰所得的参数可计算峰面积。图 1b)中的阴影面积表示由图 1a)中的终点和扣除非弹性本底后所限定峰的积分得到的峰面积。

AES 或 XPS 谱图中的每通道测量出来的强度依赖于某些仪器参数和设置[20]。对于规定的仪器条件,每通道的测量强度可简单表示为许多的计数/eV(或计数/秒)/eV;附录 A 提供了更多的信息。峰面积(或峰强度)因而可以表示为特定能量区域的计数(或计数/秒)加和或积分。

注:仪器操作的设置选择要避免强度标明显非线性[19];或要对由于计数电子学单元限定死时间所引起的计数损失进行修正[19]。在进行峰面积测量前,谱图应对仪器的强度能量响应函数进行修正[20]。更多的信息见附录 A。

在实用 AES 和 XPS 中,分析人员通常希望仪器设置大部分相同,【例如,分析器模式、通能(对于固定分析器能量模式)和减速比(对固定减速比模式)】,但有些仪器设置不同(例如,不同停留时间的不同能量通道宽度)条件下比较所测量的峰强度。由于实际分析中只需要相对强度,所以分析人员通常并不考虑影响测量峰绝对强度的某些参数(见附录 A)。在这种情况下,峰强度可由某些特定条件下所测谱图的简单加和或积分来确定,这些强度通常以计数・eV 或(计数・eV)/秒为单位表示。需要时不同的通道宽度和停留时间便可进行峰面积的修正,更多的信息见附录 A。

用峰面积测量获得峰强度比用峰高度测量有某些明显的优势。第一,计数能够包括引起峰高降低或峰宽增大(与元素态固体的相应值比较)任何化学变化的测量峰面积。第二,任何卫星峰强度可包含在测量峰面积中。然而,对于多元素组分的复杂样品材料因各元素组分可能有重叠谱图特征(如 5.5),可能增加峰面积测量的不确定度。在这种情况下,所得的峰面积值可能依赖于 5.2 中非弹性本底函数的选择和位置。

5.4 用计算机软件测量峰强度

计算机软件可以把选定的描述峰形分析函数和另一个描述非弹性本底函数拟合为所测量的谱图[10~12]。这种方法主要是把 5.2 和 5.3 表述的步骤结合为单一程序。如果在使用非单色化辐射时所记录的谱图中包含了 X 射线卫星峰,那么必须从原始 XPS 谱图中先扣除 X 射线卫星峰(见 5.2)。

AES 的峰形可能比 XPS 的峰形更为复杂,用拟合 XPS 谱图的分析函数拟合 AES 谱的结果可能不令人满意。在这些情况下,峰强度可用谱图加减、用合适的参考谱进行最小二乘法分析或基于组分分析方法来获得[21]。

5.5 重叠峰谱图的峰强度测量

许多实际情况下,由于存在同一元素化学位移峰、多种元素峰或 X 射线卫星峰,在要分析的区域中一幅谱图可能包含两个或两个以上的重叠峰。例如,图 2 中显示的用非单色化 Al KαX 射线源测量磷酸钒的 X 射线光电子能谱图。该谱中大强度的峰来自 V2p 和 O1s 光电子,但也有一个由 Al $K\alpha_{3,4}$ 卫星线激发的 O1s 光电子弱峰和 V2p 峰重叠。

对于重叠峰的谱图,需要测量所选择谱图区域分析函数拟合峰的强度[10~12]。峰高和峰面积可通过每个峰所得出的参数值来确定。

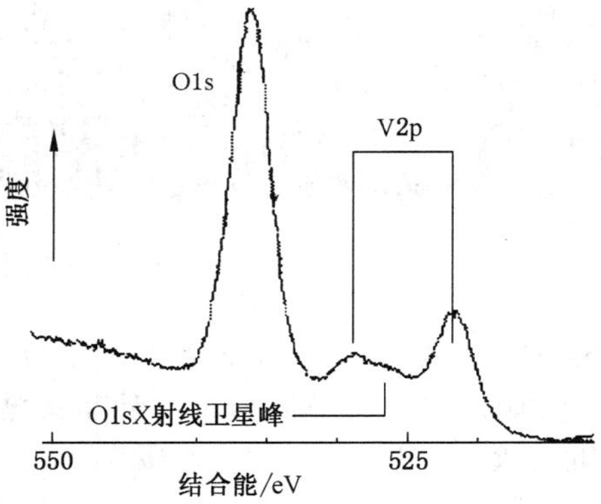

图 2 非单色化 Al KαX 射线测量的磷酸钒的 X 射线光电子谱图

5.6 峰面积测量的不确定度

测量结果(如峰面积)的不确定度通常包含几个组成部分,用于评估其数值的方法可分为以下两类[22]:

A 类:用统计方法评估;

B 类:用其他方法评估。

A 类不确定度表示由随机影响产生的不确定度部分,而 B 类则表示来自系统影响的不确定度部分[22]。对于峰面积测量,A 类的不确定度可能来自谱图测量的计数统计和对谱图的非弹性本底拟合(5.2)。B 类通常来自非弹性本底函数的选择(5.2)、终点的选择(5.2)、描述所测量谱图峰形函数的选择(5.3 和 5.4)、用于峰拟合的计算机软件的选择[23],和非线性最小二乘法拟合算法中初始参数值的选择。测量的总不确定度可从标准差(对A类的不确定度)和B类不确定度的估算得出[22]。

单峰的测量峰面积 A 的标准差 $\sigma(A)$ 的表达式如下,其单位为计数·eV/s[17]

$$\sigma(A)=\left(\frac{\Delta E}{\Delta t}\right)\left[\left(\sum_{i=2}^{n-1}y_i\right)+\frac{(n-2)^2(y_1+y_n)}{4}\right]^{\frac{1}{2}} \quad\cdots\cdots(1)$$

式中:

ΔE ——谱图中的通道宽度(或能量步长),单位为电子伏(eV);

Δt ——每个通道的停留时间,单位为秒(s);

n ——谱图中通道数;

y_i ——第 i 通道的计数。如果峰面积测量以计数·eV表示,则由式(1)得到的 $\sigma(A)$ 要乘以 Δt。

式(1)包括了实验谱图中统计噪声的贡献和由基线位置[式(1)的最后一项]引起的不确定度的贡献,后者对于噪声谱线尤其显著。后一项不确定度依5.2所述可能减小,该情况下 $\sigma(A)$ 为:

$$\sigma(A)=\left(\frac{\Delta E}{\Delta t}\right)\left[\left(\sum_{i=2}^{n-1}y_i\right)+\frac{(n-2)^2(y_1+y_n)}{4b}\right]^{\frac{1}{2}} \quad\cdots\cdots(2)$$

式中 b 是用于平均而获得基线的邻近终点的通道数。式(2)的最后一项通常大于前一项,在这种情况下,$\sigma(A)$ 则可比式(1)所得的值减小到约 $1/b^{0.5}$[17]。

重叠峰谱图峰面积不确定度的测定比单峰情形更为复杂。如果有一个很大程度重叠的峰以及需要作的假定与非弹性本底函数和描述峰形的函数密切相关,B类的不确定度可能大于A类。A类和B类的不确定度信息可见参考文献[17,24~28]。

6 俄歇电子微分谱的峰强度测定方法

6.1 概要

在俄歇电子能谱中,直接谱的一阶导数作为动能的函数作图,谱图通常用微分模式呈现。如果直接谱记录为强度和能量的关系曲线,其中强度以计数率为单位、能量以eV为单位,微分谱中的强度则以计数率/eV为单位。

6.2 俄歇电子微分谱强度的测量

图3示意了通常用于测量俄歇电子微分谱峰强度的两种方法:

a) 峰-峰强度(测量微分谱正负峰值间的幅度);

b) 峰-本底强度(在谱图的高动能端测量负峰到本底的幅度)。

在早先商业化的AES仪器中,测量这些强度通常是用电子仪器,但现在对于微分谱也采用数值方法[18]。峰-峰或峰-本底的强度测量可以快速进行因而是常用的,如深度剖析。

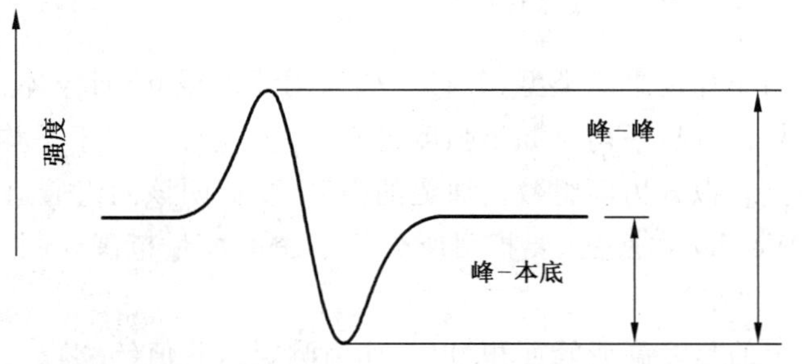

图3 俄歇电子微分谱示意图,图中标示了峰-峰和峰-本底强度的测量

6.3 俄歇电子微分谱强度测量的不确定度

AES 直接谱线形通常比 XPS 的线形更复杂，且这些线形会随化学态的变化而略微变化[29]。因此，AES 微分谱中峰-峰及峰-本底强度可能随化学态明显变化。从 AES 微分谱获得的组分比从 XPS 直接谱中得到的组分可能有更大的不确定度。这些增加的复杂性是由于俄歇峰能量位移(例如，在界面附近存在不同的化学态或不同的表面电荷量)和不同元素峰的叠加引起的。图 4 为含有铬和氧重叠峰的 AES 微分谱图的实例。在这种情况下，元素强度可以由谱图加减、元素或化合物谱的最小二乘法分析、因子分析或基本组分分析得到[21]。Seah 等人已综述了 AES 微分谱分析中包括的问题，并建议对微分谱定量分析用数值宽化以减小峰形变化的影响[30]。

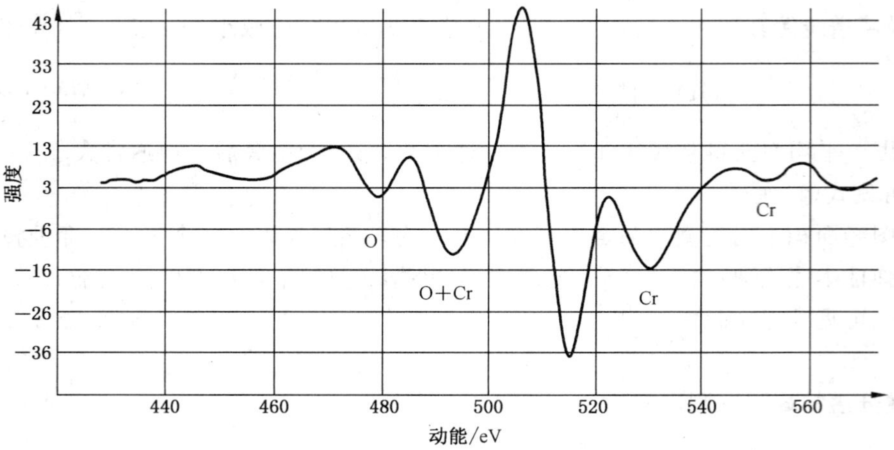

图 4 氧化铬的俄歇电子微分谱，图中显示了铬和氧的重叠峰

7 测量峰强度方法的报告

7.1 一般要求

分析人员在分析报告中除了说明所用的强度测量，还应报告在强度测量前对谱图进行的任何处理(如平滑)。如果在进一步处理前对谱图扣除了斜的本底(如 5.1)，则应报告本底的函数形式和如何确定该函数。分析人员也要报告谱图的通道宽度。

7.2 测定直接谱峰强度的方法

7.2.1 单峰的强度测量

分析人员应报告所用的非弹性本底类型(5.2)。如果用线性或 Shirley 本底法，应指明所选边界和在那些端点的强度是否用某种方法平均。如果强度是平均的，应标明用于平均的数据通道数及其相对于终点的位置。如果一条直线拟合为两组数据通道的强度，要标明该两组通道的能量范围。

如果用 Tougaard 或 Werner 本底法，要指明所分析谱图的能量范围，并报告分析所用的形态模式和所有参数值。

分析人员应指明所测定的是峰高或峰面积，以及如何测定这些值(5.3)。

7.2.2 拟合峰的强度测量

如 5.4 和 5.5 所述。分析人员应报告用于描述峰形的分析函数(如，Gaussian，Lorentzian 及不同的组合函数[10~12,23]),以及非弹性本底、拟合的能量间隔、得出的峰参数对于其初始预估值的依赖程度,以及任何对峰参数的约束,还应报告峰参数值。峰强度是峰面积或峰高,其不确定度或不确定度的预估值[25]也应报告。

7.3 获得和测定俄歇电子微分谱峰强度的方法

7.3.1 获得微分谱的方法

分析人员应报告获得微分谱的方法。如果微分谱是用相敏检测法采集的,分析人员应指明调制频率、调制波形(如,正弦或方波)、调制的峰-峰振幅(如相应的电子能量,以 eV 为单位)及对样品或分析器调制。如果微分谱是用数值法采集的,还应报告数值算法和参数。

7.3.2 测定峰强度的方法

如 6.2 所述。分析人员应报告测量的峰-峰强度或峰-本底强度。应提供测定强度是使用仪器的电子系统或是用数值方法的信息。如果使用数值算法,还应报告参考谱图的来源。

附 录 A
(资料性附录)
仪器对测量强度的影响

本附录描述了影响测量 AES 和 XPS 谱图的两类仪器因素。第一,所选仪器设置使观察的要分析区域强度与样品上的入射束流(对于 AES)或入射 X 射线通量(对于 XPS)线性相关。另外,强度测量应对电子学的死时间计数损失进行修正。

第二类仪器影响是电子谱仪(通常包括分析器、透镜系统、光阑和检测器)对来自样品的不同能量电子有不同的强度响应[31]。通常,由于谱仪的不同设置(例如,分析器操作模式有固定分析器能量或固定减速比、透镜电压和光阑大小)、可能的局域效应(样品的不完全对中、杂散场及来自其他源的不希望有的电子)、检测器的老化(伴随着检测器效率的降低,效率与电子能量的函数关系可能发生变化)及由于部件添加或改装可能引起的仪器不对中、烘烤等,使谱仪的强度-能量响应不同,并可能随时间而改变。为了确保对不同时间测量的强度或不同仪器测量的强度能进行有意义的比较,仪器强度标应进行校准[20,32]。这种校准也使因任何仪器变化要求重新测定相对灵敏度因子的必要性降到最小[33]。因此,一种简单的评估强度标随时间的重复性和一致性的程序是可利用的[34,35]。

如果一台电子能谱仪的能量标已校准过,可用绝对单位(例如,AES 中每单位立体角每 eV 每入射电子每单位时间的电子数,或 XPS 中[20]每单位立体角每 eV 每入射光子每单位时间的电子数)表示测量的 AES 和 XPS 强度。因此,对于校准过的谱仪,对整个能谱范围和整个出射的立体角进行积分可以给出每入射电子(AES)或每入射光子(XPS)激发的电子总数。对于 AES,这种比率是全电子产额(通常定义的二次电子和背散射电子产额的总和),并且是无量纲的。

在实际 XPS 中,分析器探测到的样品区域的入射 X 射线通量通常是未知的。对于许多 AES 和 XPS 的测量,分析人员通常不知道或不需要知道谱仪接收的立体角、对于所选设置的给定通道未进入分析器的电子能量范围或绝对检测效率,因而可以方便地把谱线强度更简单地表示为数字化电子仪器在规定的仪器操作条件下每通道记录的计数(或计数/秒),和模拟电子仪器在规定的仪器操作条件下测量的时间或等价测量的电流。然而,通常希望测定在规定的谱仪设置条件下指定的 AES 或 XPS 峰的峰值强度(对于 AES 中规定的入射束流或 XPS 中 X 射线源规定的工作功率),以评价一台 AES 或 XPS 仪器的性能[36,37]。

参 考 文 献

[1] SICKAFUS, E. N.: Linearized Secondary Electron Cascades for Surfaces of Metals. 1. Clean Surfaces of Homogeneous Specimens, *Physical Review B*, Aug. 1977, vol. 16, no. 4, pp. 1436-1447.

[2] SICKAFUS, E. N.: Linearized Secondary Electron Cascades for Surfaces of Metals. 2. Surface and Subsurface Sources, *Physical Review B*, Aug. 1977, vol. 16, no. 4, pp. 1448-1458.

[3] JOUSSET, D., and LANGERON, J.-P.: Energy Distribution of Primary Backscattered Electrons in Auger Electron Spectroscopy, *Journal of Vacuum Science and Technology A*, Jul. 1987, vol. 5, no. 4, pp. 989-995.

[4] SHIRLEY, D. A.: High Resolution X-ray Photoemission Spectrum of the Valence Bands of Gold, *Physical Review B*, June 1972, vol. 5, no. 12, pp. 4709-4714.

[5] TOUGAARD, S.: Quantitative Analysis of the Inelastic Background in Surface Electron Spectroscopy, *Surface and Interface Analysis*, June 1988, vol. 11, no. 9, pp. 453-472.

[6] TOUGAARD, S.: Practical Algorithm for Background Subtraction, *Surface Science*, June 1989, vol. 216, no. 3, pp. 343-360.

[7] TOUGAARD, S.: Quantification of Nanostructures by Electron Spectroscopy, in *Surface Analysis by Auger and X-ray Photoelectron Spectroscopy*, edited by D. Briggs and J. T. Grant, IM Publications, Chichester, 2003, pp. 295-343.

[8] WERNER, W. S. M.: Electron Transport in Solids for Quantitative Surface Analysis, *Surface and Interface Analysis*, 2001, vol. 31, no. 3, March 2001, 141-176.

[9] WERNER, W. S. M.: Electron Transport in Solids, in *Surface Analysis by Auger and X-ray Photoelectron Spectroscopy*, edited by D. Briggs and J. T. Grant, IM Publications, Chichester, 2003, pp. 235-258.

[10] SHERWOOD, P. M. A.: Data Analysis in XPS and AES, in *Practical Surface Analysis*, Vol. 1, *Auger and X-ray Photoelectron Spectroscopy*, edited by D. Briggs and M. P. Seah, Wiley, Chichester, 1990, pp. 555-586.

[11] SEAH, M. P.: Quantification in AES and XPS, in *Surface Analysis by Auger and X-ray Photoelectron Spectroscopy*, edited by D. Briggs and J. T. Grant, IM Publications, Chichester, 2003, pp. 345-375.

[12] FAIRLEY, N.: XPS Lineshapes and Curve Fitting, in *Surface Analysis by Auger and X-ray Photoelectron Spectroscopy*, edited by D. Briggs and J. T. Grant, IM Publications, Chichester, 2003, pp. 397-420.

[13] GRANT, J. T.: Software for Processing AES and XPS Data, in *Surface Analysis by Auger and X-ray Photoelectron Spectroscopy*, edited by D. Briggs and J. T. Grant, IM Publications, Chichester, 2003, pp. 861-868.

[14] ISO TR 18392: Surface chemical analysis-X-ray photoelectron spectroscopy-Procedures for determining backgrounds.

[15] TOUGAARD, S., and JANSSON, C.: Comparison of Validity and Consistency of Methods for Quantitative XPS Peak Analysis, *Surface and Interface Analysis*, Dec. 1993, vol. 20, no. 13, pp. 1013-1046.

[16] VEGH, J.: The Shirley-Equivalent Electron Inelastic Scattering Cross-Section Function, *Surface Science*, Aug. 2004, vol. 536, no. 1-3, pp. 183-190.

[17] HARRISON,K. ,and HAZELL,L. B. : The Determination of Uncertainties in Quantitative XPS/AES and its Impact on Data Acquisition Strategy, *Surface and Interface Analysis*, May 1992, vol. 18, no. 5, pp. 368-376.

[18] SAVITZKY,A. ,and GOLAY,M. J. E. : Smoothing and Differentiation of Data by Simplified Least Squares Procedures, *Analytical Chemistry*, Jul. 1964, vol. 36, no. 8, pp. 1627-1639.

[19] ISO 21270: Surface chemical analysis-X-ray photoelectron and Auger electron spectrometers-Linearity of intensity scale, (International Organization for Standardization, Geneva, Switzerland) 2004.

[20] SEAH,M. P. : A System for the Intensity Calibration of Electron Spectrometers, Journal of Electron Spectroscopy and Related Phenomena, Apr. 1995, vol. 71, no. 3, pp. 191-204.

[21] STICKLE,W. F. : The Use of Chemometrics in AES and XPS Data Treatment, in *Surface Analysis by Auger and X-ray Photoelectron Spectroscopy*, edited by D. Briggs and J. T. Grant, IM Publications, Chichester, 2003, pp. 377-396.

[22] *Guide to the Expression of Uncertainty in Measurement*, (International Organization for Standardization, Geneva, Switzerland) 1995.

[23] SEAH, M. P. , and BROWN, M. J. : Validation and Accuracy of Software for Peak Synthesis in XPS, *Journal of Electron Spectroscopy and Related Phenomena*, Aug. 1998, vol. 95, no. 1, pp. 71-93.

[24] EVANS, S. : Estimation of the Uncertainties Associated with XPS Peak Intensity Determination, *Surface and Interface Analysis*, May 1992, vol. 18, no. 5, pp. 323-332.

[25] CUMPSON,P. J. ,and SEAH,M. P. , Random Uncertainties in AES and XPS: 1. Uncertainties in Peak Energies, Intensities and Areas Derived from Peak Synthesis, *Surface and Interface Analysis*, May 1992, vol. 18, no. 5, pp. 345-360.

[26] LECLERC,G. ,and PIREAUX,J. J. : The Use of Least-Squares for XPS Peak Parameter Estimation. 3. Multicollinearity, Ill-conditioning, and Constraint-Induced Bias, *Journal of Electron Spectroscopy and Related Phenomena*, Mar. 1995, vol. 71, no. 2, pp. 179-190.

[27] CONNY,J. M. ,and POWELL,C. J. : Standard Test Data for Estimating Peak Parameter Errors in X-ray Photoelectron Spectroscopy. II. Peak Intensities, *Surface and Interface Analysis*, July 2000, vol. 29, no. 7, pp. 444-459.

[28] CONNY,J. M. ,and POWELL,C. J. : Standard Test Data for Estimating Peak Parameter Errors in X-ray Photoelectron Spectroscopy. III. Errors with Different Curve-Fitting Approaches, *Surface and Interface Analysis*, Dec. 2000, vol. 29, no. 12, pp. 856-872.

[29] RAMAKER,D. E. : Chemical Information from Auger Lineshapes, in *Surface Analysis by Auger and X-ray Photoelectron Spectroscopy*, edited by D. Briggs and J. T. Grant, IM Publications, Chichester, 2003, pp. 465-500.

[30] SEAH,M. P. ,GILMORE,I. S. ,BISHOP,H. E. and LORANG,G. : Quantitative AES. V. Practical Analysis of Intensities with Detailed Examples of Metals and Their Oxides, *Surface and Interface Analysis*, Sep. 1998, vol. 26, no. 10, pp. 701-722.

[31] SEAH,M. P. : XPS Reference Procedure for the Accurate Intensity Calibration of Electron Spectrometers-Results of a BCR Intercomparison Co-sponsored by the VAMAS SCA TWA, *Surface and Interface Analysis*, Mar. 1993, vol. 20, no. 3, pp. 243-266.

[32] Software can be purchased from the UK National Physical Laboratory for the calibration of the intensity scales of AES and XPS instruments. Further information is available at: http://www.

npl. co. uk/nanoanalysis.

[33] ISO 18118: Surface chemical analysis-Auger electron spectroscopy and X-ray photoelectron spectroscopy-Guide to the use of experimentally determined relative sensitivity factors for the quantitative analysis of homogeneous materials, (International Organization for Standardization, Geneva, Switzerland) 2004.

[34] ISO 24236: Surface chemical analysis-Auger electron spectroscopy-Repeatability and constancy of intensity scale, (International Organization for Standardization, Geneva, Switzerland) 2005.

[35] ISO 24237: Surface chemical analysis-X-ray photoelectron spectroscopy-Repeatability and constancy of intensity scale, (International Organization for Standardization, Geneva, Switzerland) 2005.

[36] ISO 15470: Surface chemical analysis-X-ray photoelectron spectroscopy-Description of selected instrumental performance parameters, (International Organization for Standardization, Geneva, Switzerland) 2005.

[37] ISO 24237: Surface chemical analysis-Auger electron spectroscopy-Description of selected instrumental performance parameters, (International Organization for Standardization, Geneva, Switzerland) 2005.

ICS 71.040.40
G 04

中华人民共和国国家标准

GB/T 28894—2012/ISO 18117:2009

表面化学分析　分析前样品的处理

Surface chemical analysis—Handling of specimens prior to analysis

(ISO 18117:2009,IDT)

2012-11-05 发布　　2013-06-01 实施

中华人民共和国国家质量监督检验检疫总局
中国国家标准化管理委员会　发布

前　言

本标准按照GB/T 1.1—2009给出的规则起草。

本标准使用翻译法等同采用ISO 18117:2009《表面化学分析　分析前样品的处理》。

为了方便使用，本标准做了下列编辑性修改：

——用“本标准”代替“本国际标准”。

本标准由全国微束分析标准化技术委员会(SAC/TC 38)提出并归口。

本标准负责起草单位：厦门爱劳德光电有限公司、厦门大学化学化工学院。

本标准起草人：王水菊、岑丹霞、时海燕、姚文清、刘芬、沈电洪。

引　言

本标准对于提交表面化学分析样品的人们在样品处理和把样品递送给分析人员方面提供指导。尽管主要是为俄歇电子能谱(AES)、X射线光电子能谱(XPS)和二次离子质谱(SIMS)而写,但这些方法也能用于其他表面敏感的分析测量。AES、XPS和SIMS通常对几纳米(nm)厚度的表面层敏感。这样的薄层会由于不正确的样品处理而受到严重影响[1,2]。样品的正确处理和制备对于分析是极为重要的,不正确的处理会导致表面组成改变和数据不可信。

本标准是供给样品提供者或表面分析设备的购买者以及表面分析人员使用的。最佳处理方法取决于特定的样品和所需的信息,并且本标准为每一种样品类型提供了说明性的例子,这些样品类型是样品所有者和表面分析人员通常遇到的。本标准建议样品供应者就有关样品的来历、需要解决的具体问题或所需要的信息,以及任何特殊的样品制备、所需的处理或运送方法,尽可能快地和表面分析人员商量。

本标准可以不依赖于ISO 18116而独立使用[4],该标准用于指导分析人员进行表面分析的样品制备和安装。

表面化学分析　分析前样品的处理

1　范围

本标准规定了表面化学分析样品的处理和存放容器的要求。本标准适用于表面化学分析设备的用户了解表面化学分析技术的特殊样品处理要求，特别是俄歇电子能谱(AES)、二次离子质谱(SIMS)和X射线光电子能谱(XPS或ESCA)。本标准也适用于对表面组成敏感的其他分析技术，如TXRF。对于特定的实例，特定的样品，需要更加注意。

2　规范性引用文件

下列文件对于本文件的应用是必不可少的。凡是注日期的引用文件，仅注日期的版本适用于本文件。凡是不注日期的引用文件，其最新版本(包括所有的修改单)适用于本文件。

GB/T 22461—2008，表面化学分析　词汇(ISO 18115:2001，IDT)

ISO 18116:2005，表面化学分析　表面分析样品的制备和固定方法指南(Surface chemical analysis—Guidelines for preparation and mounting of specimens for analysis)

3　术语和定义

GB/T 22461—2008 界定的术语和定义适用于本文件。

4　符号和缩略词

AES	俄歇电子能谱
AFM	原子力显微镜
ESCA	化学分析电子能谱
PTFE	聚四氟乙烯
SEM	扫描电子显微镜
SIMS	二次离子质谱
TXRF	全反射X射线荧光光谱
XPS	X射线光电子能谱

5　本标准结构的说明

第7章讨论了要考虑的会影响表面组成的附加事项，如样品来历和样品先前的分析。这些影响的文件要随同小心处理和包装的样品一并交付。第8章提供了使样品表面污染最小所需的样品处理方法的专门建议，还给出基于在样品处理和转移到储存容器期间保持和增加样品洁净度的一系列可供选择的样品处理方法。第9章表述了可能用于不同条件的不同样品容器，也讨论了与样品保存有关的时间、湿度和温度。第10章和第11章强调样品处理对表面分析测量结果的影响，在执行规定的样品处理步骤时，样品所有者及分析人员将从改善的分析结果中受益。

6 常规要求和样品分类

6.1 表面敏感分析技术所要求的表面洁净度远高于许多其他类型的分析技术。

6.2 不能裸手接触样品，任何时候都要排除或尽可能减少用处理工具或其他设备接触要分析的表面区域。

6.3 样品放在容器中交给分析人员，容器并不直接接触要分析的表面。

6.4 在许多情况下，分析人员不对交付的样品进行预处理，直接在“接收状态”的样品上进行，表面污染或大气吸附物通常并不除去，因为这些是要分析的项目。在处理这些样品时要小心进行，以保证除空气和洁净的惰性气体外没有任何物体与要分析的表面接触。尤其要避免样品表面接触到溶剂或清洁用的溶液，如压缩空气或溶剂蒸气这样的气体，金属、薄纸或其他包裹材料，带子、布、工具、包装材料或容器壁。当样品大小使这些预防措施并不可行的情况下，某些替代的样品处理和传递方法在 9.2i)，9.2j)和 9.2k)作了介绍。

6.5 在某些情况下，可能需要从样品中选取代表性的样本。由于样品经常不均匀，考虑到要探寻的信息应该从大的样品中选取较小的样本。本文件建议与有经验的分析人员协商进行这种选择。要特别注意进行切割时不要污染要分析的表面(见 ISO 18116:2005)。

6.6 对于含有潜在的毒素或其他危险材料的样品要特别小心操作。任何时候要随样品提供化学危险数据单。

根据表面情形、获取信息距离表面的深度以及对分析材料要求的检测等级不同，要求处理样品的小心程度明显不同。以下所列是按处理敏感性降低的次序排列，在表 1 的第 1 列、第 2 列和第 3 列中部分重复。

a) 要分析活性表面的活性样品；

b) 要分析表面上有碳氢化合物、分子薄膜或生物材料的样品；

c) 要分析污染层的样品；

d) 已暴露大气并要求直接分析的样品；

e) 有大气吸附质的样品，该吸附质可能干扰分析；

f) 样品含有不要分析的污染层(或其他最外层)，该污染层(或其他最外层)在样品放入分析室之前要去除(如：经过溶解、打磨、等离子体和辐照等处理)；

g) 样品含有不要分析的污染层(或其他最外层)，该污染层(或其他最外层)要在分析室里去除；

h) 放入分析室前由分析人员分离为薄层的薄膜样品；

i) 在分析室外断裂或新鲜制备的样品，包括在可控气氛中制备的样品；

j) 在分析室用离子刻蚀或刮擦露出要分析的层或界面的均匀薄膜样品；

k) 原位断裂的样品；

l) 要检测体材性质的块体样品。

6.7 信息检测

6.7.1 表面化学分析可检测多种样品，并可获得表面和界面的不同类型的信息，处理样品的严格程度取决于分析类型和问题本质。根据样品的不同类型，检测信息通常归为以下三类：

A 类：需要获得最外层表面的完整信息；

B 类：以深度为函数的信息(深度剖析)或掩埋的界面信息；

C 类：需要由分析人员后续样品处理获得信息。

6.7.2 A 类样品包括要进行表面污染、表面有机覆膜、除活体有机物(细胞、细菌等)外的生物材料、表面致污、半导体、粘合失效等研究的样品。这类样品在制备和包装时要求最严格，任何物体都不允许接触要分析的表面。如果要分析某些含量低的元素，尽可能确保处理工具、手套或容器材料不含这些元素。A类样品排在表1的头两行。

6.7.3 B类样品包括需要进行厚膜和薄膜、单层、多层、半导体上的金属接触层、镀膜、掺杂剖析、界面的化学和物理性质研究的样品。对这类样品，虽然仍要小心操作避免污染样品，但包装要求并不严格。在B类样品中，检测信息来自于次表层，表层表面污染的鉴别不是分析的目标，但表面扩散对结果的解释可能有影响。由于表面的碳污染和微粒污染会降低深度剖析质量，应小心操作。B类样品排在表1中的第三行。

6.7.4 C类样品包括要求分析人员制备的样品，如原位断裂、冶金研磨或抛光以及较大集成体部分的样品。总之，这些样品需加工成一定形状(如断裂)、需化学法或机械法(如研磨)改变或需解离。对于要进行断裂或要经分析人员进一步处理的样品，不需要特别小心。对较大的组装件或部件的样品，最好不动样品，让分析人员在分析前来取样。虽然如此，仍需小心避免污染样品。C类样品排在表1的第四(最后)行。

表1 不同信息检测类别的最低限度样品处理方法和样品容器

信息检测			处理方法		样品容器	
6.6	样品类型(见6.7)	样品种类/信息深度	8.5	方法	9.2	容器
a)	A	分析的样品尽可能保持原始状态	a)	只能用洁净无磁性无镀层的不锈钢或专门工具，戴上聚乙烯手套操作	a)，b)	充氩气或氮气的手套箱或真空转移容器 两个平整的样品，面对面，用聚四氟乙烯胶带密封
b)，c)，d)	A	样品需分析碳氢化合物、分子、污染物或表面层(如：静态SIMS和XPS分析)	b)	戴上聚乙烯手套，用洁净无磁性无镀层的不锈钢镊子或钳子处理样品	c)，d)，e)，f)，g)，h)	用玻璃、聚四氟乙烯带或洁净铝箔盖好的洁净玻璃容器 高品质聚丙烯晶片晶片架(注意：避免插入聚乙烯支架)
e)，f)，g)	B	样品因处理或环境暴露，形成表面污染层，使要分析的表面变得模糊不清	c)，d)	用无尘的普通聚乙烯手套拿样品的边缘 无粉末无硅树脂的乳胶手套拿样品的边缘	i)，j)	干净的铝箔 聚乙烯盒子或袋子
h)，i)，j)，k)，l)	C	掩埋界面的样品，断裂样品，体相分析的样品	e)，f)	裸手拿(不用手套)洁净的工具 非酸性不起毛的纸拿样品的边沿	k)	非酸性不起毛的纸

7 样品影响

7.1 分析人员需要的样品信息

应当告诉分析人员样品的来历、特殊的储存或运输要求、样品以前可能暴露的污染物和样品要检测的信息。

7.2 样品来历

样品的来历会影响分析前的表面处理。例如，已经暴露于污染环境的样品如其表面活性变小，所需的严格程度就会降低。但如果表面变得有毒，就需要更加小心。

7.3 先前用其他分析技术检测过的样品

表面化学分析最好是在样品用其他分析技术分析之前进行，因为其他分析技术会使样品损伤或暴露于表面污染。例如，电子显微镜分析过的绝缘样品表面可能已镀膜以减小荷电，如镀 Au、Pt、C 或其他导电材料。这样的镀层将使样品不适合于后续的表面分析。

而且，样品暴露于扫描电镜(SEM)的电子束后也会引起损伤或造成从真空残气吸附表面物种。SEM 污染实际上总是含碳的，当表面分析要检测碳时，这就会使后续的表面分析测量的解释复杂化。如果不可能先进行表面化学分析，则 SEM 分析应在完全相同的另一样品或同一样品的不同区域进行。如果 SEM 分析是在样品的同一区域的不同点进行，SEM 分析点以外的剩余部分要用洁净的铝箔包裹，以防样品的剩余部分暴露于 SEM 的电子束。

先使用原子力显微镜会改变表面，另外，即使 SIMS 还不能反映低剂量静态 SIMS 注入时，已明显影响样品的深度信息[5]。

7.4 样品的标识

用唯一性的名字或是标志符清楚地标识所有的样品，用画图或照相清楚地标明分析区域，如果必要，用划线器具或铅笔标示出紧邻要分析区域的范围，应当小心在划线或做记号时产生的任何微粒不能粘附到样品上，尤其是不能粘到要分析的区域。如果对要检测哪一个面有疑虑，那就清楚的标示在样品的背面。

7.5 预防措施

不要用裸手或工具直接接触要分析的表面，不要为了“保护”要分析的表面而在其上覆盖胶带、污染的箔片或多孔包裹材料，不要用金刚石刻刀标记半导体。不要用双面胶带固定易碎样品因为样品从胶带上取下时可能破碎。

8 样品处理时污染的来源

8.1 没有防护的手不能去拿样品，甚至任何时候皮肤也不能接触要分析的表面。指纹和护手膏所含可迁移物种会迁移并污染要分析的表面。

8.2 只能用洁净的工具处理样品，以确保样品表面没有改变。这些工具应由不会迁移到样品的材料制成。而且要用这些洁净的工具夹持样品的边沿，而分析要在工具没有接触的区域里进行。所有工具要按常规在高纯溶剂中清洗，并在使用前干燥。

在硅的特殊情况下，建议用低镍不锈钢工具，因为曾报道过含镍的工具污染硅。

处理样品都要使用无磁性的工具。

8.3 手套和擦拭材料接触样品时,可能会产生某些污染。要小心操作避免手套带有滑石粉、硅树脂释放剂和其他材料。“无尘”手套不含滑石粉可能更适用。要避免不必要的接触。

8.4 不推荐用嘴吹除样品上不需要的微粒碎片,需要用压缩气体吹除样品上的微粒。由于有些气源会引起污染,如气路中的油或其他微粒的污染,这一步骤最好由分析人员操作,而不是由样品所有者在样品处理或包装时进行。大多数表面分析仪器使用通过洁净不锈钢管线的洁净干燥氮气或其他惰性气体以减小吹除微粒时的污染。所用气体的洁净度要用经压缩气体吹扫过的洁净样品(如氧化硅或石英)的表面分析核查。

8.5 在样品处理时为把分析区域污染的可能性减到最小,选择下列 a)到 f)方法中的一种。这一排列是按照最严格到最不严格的顺序,并且表 1 的第 4 列和第 5 列给出了与样品类型的关系。特定方法的选择要仔细考虑样品的类型(见 6.7)和要检测的信息。

a) 用洁净专用工具(如:晶片镊子或无磁性的夹子)处理样品。工具应该每次使用前用高纯异丙醇清洗并干燥。要戴上聚乙烯手套。

b) 用洁净干燥的镊子或夹子处理样品。工具通常用高纯的异丙醇清洗。要戴上聚乙烯手套。

c) 工具每次使用前要用高纯异丙醇清洗并干燥,可以不用戴手套操作洁净的工具:手一定不要接触工具的夹样品端。

d) 工具要定期用高纯异丙醇清洗并干燥。可以不用戴手套操作洁净的工具:手一定不要接触工具的夹样品端。

e) 戴聚乙烯手套操作洁净的专用工具、镊子或夹子处理样品。

f) 可用非酸性不起毛的纸(如化学试纸)的边缘去夹持样品,纸一定不要接触到分析表面。

9 样品储存和传递

9.1 储存

9.1.1 时间

样品储存越久,越要小心,以保证要分析的表面不被污染。即便在洁净的实验室环境里,表面也会很快被污染到 AES、XPS、SIMS 和其他表面敏感分析技术的分析深度。

9.1.2 容器

9.1.2.1 储存容器应不会把污染物通过微粒、液体、气体或表面扩散传递给样品。首先,要分析的表面不应接触容器或其他物体。注意挥发性物种(如增塑剂)可能从容器中散发出来并污染表面。内径略大于样品的玻璃瓶可以存放样品而不接触到表面。当接触不可避免,用预先分析为洁净的铝箔包裹样品可以令人满意。对于半导体样品,标准的晶片架通常是适用的。

9.1.2.2 用如手套箱、真空室和干燥器短时间储存样品是很好的选择。真空干燥器是更好的标准容器,能保持无油脂和无机械泵油。如果多个样品储存在一起,样品间的交叉污染也可能发生。

9.1.3 温度和湿度

当储存或运送样品时,要考虑可能的温度和湿度影响。最不利的影响是源于温度升高。低的样品温度会导致水汽冷凝在表面。

9.2 容器的表述

选择下列容器中的一种减小处理时分析区域可能的污染。以下按照保护效果最好到最差排序。表 1中的第 6 列和第 7 列给出了样品处理时样品类型和污染源的关系。选择专用容器应该仔细考虑样品类型(见 6.7)、先前的处理(见 7.3)和要检测的信息[6]。使用者要确保样品容器本身或辅助包装在运输时要足以能防止样品的物理损伤。

a) 对处于真空或洁净环境的样品,真空转移容器是适用的,在转移容器中充有惰性气体或氮气便可以进行样品转移。仔细清洗且密封的低漏气手套袋也可以用。但在每种情况下,要分析的表面不能接触任何容器器壁材料。

b) 把两个相同的样品面对面地放置并用 PTFE 带密封所有的边缘。如果两个样品可能摩擦,或另外引起彼此表面的改变,用 PTFE 带的边缘确保样品之间有小的间隙。Yanagiuchi 和 Tsuchida 详述了这种方法的有效性[7]。

c) 把样品放在洁净玻璃管或带玻璃塞的广口瓶中。所用玻璃管直径要略大于样品宽度,平整的样品有效地固定在管中且样品表面不接触到器壁。

d) 没有玻璃塞,用 PTFE 带封住开口。胶带不要接触到样品表面。

e) 没有 PTFE 带时,洁净的铝箔可用于封住开口。铝箔不要接触到样品表面且可用以防止样品在容器内移动。

f) 把样品放在专门设计用以安全传递样品的专用容器(如晶片架)里。容器的内表面与要分析的表面应接触最小。在生产中通常用以储存或固定材料的容器也适用于样品的传递。

g) 把样品放在适配成型的聚丙烯容器内,该容器带有相同材料的盖子。

h) 把样品放在聚丙烯容器内,该容器带有相同材料的盖子。

i) 把样品包装在洁净的铝箔内,小心操作使与分析表面的接触最小。样品可以邮递。

j) 把样品放在口部压紧密封的洁净聚乙烯袋里。样品可以邮递。

k) 用非酸性不起毛的纸包裹样品,小心操作使与分析表面的接触最小。样品可以邮递。

注:Seah 和 Spencer 给出了放在玻璃容器、聚丙烯容器、聚乙烯容器和实验室空气中样品污染率的有用信息[6]。

10 样品来历的信息

尽管采取所有预防措施,但在处理样品时表面总有可能被污染,应把样品处理的详情作为样品来历的内容之一告知分析人员。在大多数情况下,接收样品的人不了解所得到样品处理方案,或不了解特殊样品可能需要用表面灵敏的分析方法表征。当解释特定的分析结果时,分析人员需要了解样品来历,包括样品如何保存和处理,结合分析人员对于通常的污染类型及其来源的经验一起使用。

11 就合适的样品处理步骤对样品所有者进行训练

以本文件为依据进行讨论,或使本文件能为样品所有者使用,表面分析人员应该在适合的、洁净的样品处理步骤方面培训样品所有者。培训样品所有者的目的是:在样品的有效期内尽可能早地使用已规定的样品处理步骤。

参 考 文 献

[1] GELLER, J. : Specimen Preparation and Handling, in Surface Analysis by Auger and X-ray Photoelectron Spectroscopy, edited by D. Briggs and J. T. Grant, IM Publications, Chichester, 2003, pp. 89-116

[2] RIVIERE, J. C. : Instrumentation, in Practical Surface Analysis by Auger and X-ray Photoelectron Spectroscopy, edited by D. Briggs and M. P. Seah, John Wiley & Sons, Chichester, 1983, pp. 17-85.

[3] ASTM E 1829-02 Standard Guide for Handling Specimens Prior to Surface Analysis.

[4] ISO 18116: Surface Chemical Analysis—Preparation and mounting of specimens for analysis.

[5] GILMORE, I. S., SEAH, M. P., and JOHNSTONE, J. E. : Quantification Issues in ToF-SIMS and AFM Co—Analysis in Two—Phase Systems, Exampled by a Polymer Blend, Surface and Interface Analysis, Nov. 2003, vol. 35, no. 11, pp. 888-896.

[6] SEAH, M. P., and SPENCER, S. J. : Ultra-thin SiO_2 on Si: Ⅰ, Quantifying and Removing Carbonaceous Contamination, Journal of Vacuum Science and Technology A, Mar/Apr 2003, vol. 21, no. 2, pp. 345-352.

[7] YANAGIUCHI, K., and TSUCHIDA, S. : A Practical Procedure for Surface Protection of a Bulk Sample in the Air, Journal of Surface Analysis, Vol. 9, No. 3, pp. 442-445(2002)

ICS 13.340.10
C 73

中华人民共和国国家标准

GB/T 28895—2012

防护服装　抗油易去污防静电防护服

Protective clothing—Performance requirements of oil repellency, sorl release, antistatic clothing

2012-11-05 发布　　2013-05-01 实施

中华人民共和国国家质量监督检验检疫总局
中国国家标准化管理委员会　发布

前　言

本标准按照 GB/T 1.1—2009 给出的规则起草。

本标准由国家安全生产监督管理总局提出。

本标准由全国个体防护装备标准化技术委员会(SAC/TC 112)归口。

本标准起草单位:总后军需装备研究所、新兴职业装备生产技术研究所、中国安全生产科学研究院、汕头市奥山服饰有限公司、胜利油田技术检测中心、咸阳际华新三零印染有限公司。

本标准主要起草人:张燕、李世军、赵阳、吴汉荣、吴嵩彬、向诗国、于新民、张秀文、施椐梧。

服装防护　抗油易去污防静电防护服

1　范围

本标准规定了抗油易去污防静电防护服的技术要求、试验方法、标识等。

本标准适用于石油、石化等行业作业人员穿着的防护服。

2　规范性引用文件

下列文件对于本文件的应用是必不可少的。凡是注日期的引用文件，仅注日期的版本适用于本文件。凡是不注日期的引用文件，其最新版本(包括所有的修改单)适用于本文件。

GB/T 250　纺织品　色牢度试验　评定变色用灰色样卡

GB/T 2912.1　纺织品　甲醛的测定　第1部分:游离和水解的甲醛(水萃取法)

GB/T 3917.3　纺织品　织物撕破性能　第3部分:梯形试样撕破强力的测定

GB/T 3920　纺织品　色牢度试验　耐摩擦色牢度

GB/T 3921　纺织品　色牢度试验　耐皂洗色牢度

GB/T 3922　纺织品耐汗渍色牢度试验方法

GB/T 3923.1　纺织品　织物拉伸性能　第1部分:断裂强力和断裂伸长率的测定　条样法

GB/T 5453　纺织品　织物透气性的测定

GB/T 7573　纺织品　水萃取液pH值的测定

GB/T 8629—2001　纺织品　试验用家庭洗涤和干燥程序

GB/T 8630　纺织品在洗涤和干燥时尺寸变化的测定

GB/T 12703.3　纺织品　静电性能的评价　第3部分:电荷量

GB/T 12704.1　纺织品　织物透湿性试验方法　第1部分:吸湿法

GB/T 12903　个体防护装备术语

GB/T 13640　劳动防护服号型

GB/T 13773.1　纺织品　织物及其制品的接缝拉伸性能　第1部分:条样法接缝强力的测定

GB 18401　国家纺织产品基本安全技术规范

GB/T 19977　纺织品　抗油性　抗碳氢化合物实验

GB 21147　个体防护装备　防护鞋

FZ/T 81007—2003　单、夹服装

3　术语和定义

GB/T 12903中界定的以及下列术语和定义适用于本文件。

3.1

易去污　soil release

纺织品经易去污整理，被污染后，用普通洗涤方法易于去除的特性。

4 技术要求

4.1 面料

防护服面料的理化性能符合表1的要求。

表1 面料的理化性能

项目	性能指标	试验方法
抗油性能/级	洗涤前≥7级,经30次洗涤后≥5级	A.4、5.2
易去污性/级	经30次洗涤后,深色≥3-4,浅色≥3	A.4、5.3
断裂强力/N	≥450	5.4
撕破强力/N	≥25	5.5
透湿量/[g/(m^2·d)]	≥6 000	5.6
透气率/(mm/s)	冬服≤40,夏服≥80	5.7
水洗尺寸变化率/%	+2.5～−2.5(经、纬向)	5.8
耐皂洗色牢度/级	≥4	5.9
耐汗渍色牢度/级	夏服≥3-4	5.10
耐干摩擦色牢度/级	≥3-4	5.11

4.2 衬里

服装衬里应采用防静电织物,非防静电织物的衣袋、加固布面积应小于防静电工作服内面积的20%,防寒服或特殊服装衬里应做成可拆卸式。

4.3 成品服装

4.3.1 结构

4.3.1.1 可采用上、下身分体式或衣裤(或帽)连体式。防护服上装的领口、袖口、下摆以及下装的裤脚在穿着时应可收紧,上、下分离式上衣长度应盖住裤子上端20 cm以上。

4.3.1.2 服装上一般不得使用金属材质的附件,若必须使用(如钮扣、钩袢、拉链)时,其表面应加掩襟,以便金属附件不直接外露。

4.3.1.3 适应作业时肢体活动,不易引起钩挂绞碾,选用时尺寸可适当放宽。

4.3.2 号型尺寸

防护服参照GB/T 13640的规定设定号型。

4.3.3 外观

4.3.3.1 各部位应熨烫平服、整洁,无烫黄、水渍及亮光。

4.3.3.2 覆粘合衬的部位不应有脱胶、渗胶及起皱。

4.3.4 缝制

4.3.4.1 针距密度应符合FZ/T 81007—2003中3.9.1的规定。

4.3.4.2　缝制要求应符合 FZ/T 81007—2003 中 3.9.2～3.9.14 的规定。

4.3.4.3　成品主要部位尺寸允许偏差符合 FZ/T 81007—2003 中 3.10 的规定。

4.3.5　成品服装的理化性能

防护服成品的理化性能符合表 2 的要求。

表 2　成品服装的理化性能

项目	性能指标	试验方法
防静电性能/(μC/件)	洗涤 30 次后，≤0.3	A.4.1、5.12
裤后裆接缝强力/N	≥140	5.13
水洗尺寸变化率/%	符合 FZ/T 81007—2003 中 3.12.1 的规定	5.8
甲醛含量/(mg/kg)	符合 GB 18401 的要求	5.14
pH 值	符合 GB 18401 的要求	5.15

5　试验方法

5.1　以下检测样品均应取自成品服装。

5.2　防护服面料抗油性按 GB/T 19977 规定的方法检测，耐洗涤性处理按附录 A 进行。

5.3　防护服面料易去污性能测试按附录 A 洗涤后再按附录 B 规定的方法检测。

5.4　防护服面料断裂强力按 GB/T 3923.1 规定的方法检测。

5.5　防护服面料撕破强力按 GB/T 3917.3 规定的方法检测。

5.6　防护服面料透湿量按 GB/T 12704.1 规定的方法检测。

5.7　防护服面料透气率按 GB/T 5453 规定的方法检测。

5.8　防护服面料及成品服装水洗尺寸变化率，按 GB/T 8630 规定的方法检测，洗涤应符合 GB/T 8629—2001表 5 中 5A 程序的规定，干燥应符合 GB/T 8629—2001 中 8.1 程序 A 的规定。

5.9　防护服面料耐皂洗色牢度按 GB/T 3921 规定的方法检测。

5.10　防护服面料耐汗渍色牢度按 GB/T 3922 规定的方法检测。

5.11　防护服面料耐干摩擦色牢度按 GB/T 3920 规定的方法检测。

5.12　防护服成品服装防静电性能按 GB/T 12703.3 规定的方法检测。

5.13　防护服成品服装肩、裤后裆接缝强力值按 GB/T 13773.1 规定的方法检测。

5.14　成品服装甲醛按 GB/T 2912.1 规定的方法检测。成品服装的样品应包含面料与辅料的粘合材料。

5.15　成品服装 pH 值按 GB/T 7573 规定的方法检测。成品服装的样品应包含面料与辅料的粘合材料。

6　检测规则

6.1　检验分类

检验分为型式检验、材料检验、出厂检验和可靠性抽检，检测检验项目及不合格分类见表 3。

表 3 检验项目及不合格分类

检验项目		标准条款	不合格分类	型式检验	材料检验	出厂检验	可靠性检测
面料	抗油性	4.1	A	√	√	√	√
	易去污	4.1	A	√	√	√	√
	断裂强力	4.1	A	√	√		
	撕破强力	4.1	A	√	√		
	透湿量	4.1	B	√	√		
	透气率	4.1	B	√	√		
	水洗尺寸变化率	4.1	C	√	√		
	耐皂洗色牢度	4.1	C	√	√		
	耐汗渍色牢度	4.1	C	√	√		
	耐干摩擦色牢度	4.1	C	√	√		
辅料	附件	4.2.1	B	√	√	√	
	衬里	4.2.2	B	√	√	√	
成品服装	结构	4.3.2	C	√		√	
	号型尺寸	4.3.3	C	√		√	
	外观	4.3.4	C	√		√	
	缝制	4.3.5	C	√		√	
	带电电荷量	4.3.6	A	√		√	√
	裤后裆接缝强力	4.3.6	B	√		√	
	水洗尺寸变化率	4.3.6	C	√		√	
	甲醛含量	4.3.6	B	√		√	
	pH 值	4.3.6	B	√		√	
	耐洗标识	8.1	A	√		√	√
	产品合格证	8.2	A	√		√	
	产品说明书	8.3	A	√		√	

6.2 型式检验

6.2.1 有下列情况之一时，产品应进行型式检验：

a) 新产品试制的定型检验；

b) 材料、款式和工艺有较大的改变时；

c) 产品正常生产满二年时；

d) 停产一年以上重新恢复生产时；

e) 国家质量监督机构提出型式检验要求时。

6.2.2 型式检验的样品从出厂检验合格的产品中随机抽样，防护服抽样数量为三套，检测项目参照表 3。

6.3 材料检验

6.3.1 材料检验应包含防护服每层面料。

6.3.2 面料检验根据批次按表 3 规定的项目进行检验，经检验合格后方可接受。

6.4 出厂检验

6.4.1 防护服应经生产厂质量检验部门按表 3 规定的项目进行出厂检验，检验合格后方可出厂。

6.4.2 出厂检验按批次进行，每批随机抽取两套样品，按表 3 进行检验。

6.5 可靠性检验

有下列情况之一时，产品应按表 3 进行可靠性检验，不符合要求的不能继续使用，或不能再用于救援抢险工作用：

a) 贮存期距生产日期一年以上拟使用前；

b) 穿着期满一年，且目视性能可能下降；

c) 防护服判废。

6.6 判定原则

6.6.1 单件合格条件：A 类检验项目不合格数等于 0，B 类检验项目不合格数等于 0，C 类检验项目不合格数小于等于 2，或 A 类检验项目不合格数等于 0，B 类检验项目不合格数小于等于 1，C 类检验项目不合格数小于等于 1。

6.6.2 面辅料进货时，各批量判定数符合上述规定判定为合格批，可接收用收成品服装生产。

6.6.3 抽检中各批量判定数符合上述规定判定为合格批出厂。

6.7 其他

6.7.1 面料生产厂及服装厂应向用户提供省级以上检验机构出具的同类产品同期的型式检验报告。

6.7.2 未经材料检验、出厂检验和型式检验的样品不得出售。

7 包装、运输和贮存

7.1 包装

每套防护服应用防潮包装物独立包装，独立包装内应附有以中文标识的产品合格证和产品说明书。

7.2 运输

产品在运输中应防雨淋、受潮、曝晒。不得与油和酸碱等化学药品混装。

7.3 贮存

防护服贮存时，应避免阳光直射、雨淋及受潮，不得与酸碱、油及有腐蚀性物品放在一起。贮存库内要保持干燥通风。

8 标识

8.1 每件产品上应有耐洗涤的中文标识，应包括但不限于以下内容：

a) 符合的标准编号和年号；

b） 产品名称；

c） 号型规格；

d） 商标和/或制造商名称；

e） 生产日期。

8.2 产品合格证应包括但不限于以下内容：

a） 本标准编号和年号；

b） 产品名称；

c） 号型规格；

d） 制造商名称；

e） 生产日期；

f） 标称合格的标识；

g） 检测员标识。

8.3 产品说明书应包括但不限于以下内容：

a） 本标准编号和年号；

b） 产品名称；

d） 制造商厂名、厂址、联系方式；

e） 生产日期；

f） 号型规格；

g） 适用及不适用条件；

h） 穿着指导说明，包括但不限于以下特殊说明：

1） 在易燃易爆场所穿用时，禁止工作现场穿脱；

2） 在易燃易爆场所穿用时，禁止附加或佩带任何金属物件；

3） 外层服装应完全遮盖住内层服装；分体式上衣应足以盖住裤腰，即使弯腰也不应露出裤腰；

4） 在易燃易爆场所穿用时，应与符合 GB 21147 等标准规定的防静电鞋配套穿用。

i） 产品判废条件；

j） 洗涤、熨烫、晾干说明；

k） 建议的储存条件；

l） 使用期限和保养方法；

m）国家标准或行业标准规定应具备的其他说明。

8.4 产品包装箱上应至少印有以下信息或标记：

a） 产品名称、型号、规格；

b） 数量及总质量；

c） 包装箱的外形尺寸；

d） 生产日期或生产批号；

e） 防雨、防晒、防钩挂的说明；

f） 本标准编号和年号；

g） 生产厂名、商标。

附 录 A
（规范性附录）
洗 涤 方 法

A.1 总则

本方法适用于本标准中防护服面料及成品服装抗油、易去污、防静电等性能的耐久性洗涤和沾污后洗涤清洗。

A.2 设备与用品

A.2.1 洗衣机

符合 GB/T 8629—2001 中 5.1.1 要求的 A 型洗衣机。

A.2.2 普通水银温度计

量程：0 ℃～100 ℃；精度：±1 ℃。

A.2.3 天平

量程：200 g；精度：±1 g。

A.2.4 洗涤剂

无磷洗涤剂。

A.3 洗涤条件

洗涤条件应符合表 A.1 的规定：

表 A.1 耐久性洗涤条件

项目	条 件	项 目	条 件
洗涤方式	普通洗涤	洗涤液浓度	1 g/L
洗涤水温	(40±3) ℃	浴比	1∶30(布∶水)
水容量	30 L 以上	陪洗物	标准陪洗布

A.4 洗涤程序

A.4.1 耐久性洗涤洗涤程序表 A.2 进行，洗涤完脱水后的样品悬挂晾干。

表 A.2 耐久性洗涤程序

序号	1	2	3	4	5	6	7
洗涤程序	洗涤 5.4 h	排水	脱水 2 min	漂洗 4.8 h	排水	脱水 2 min	按序号 4～6 共洗涤 3 次

A.4.2 沾污后洗涤清洗程序按表 A.3 进行，洗涤完脱水后的样品在(60±5)℃条件下烘干。

表 A.3　沾污后洗涤清洗程序

序号	1	2	3	4	5	6	7
洗涤程序	12 min	排水	脱水 2 min	漂洗 2 min	排水	脱水 2 min	按序号 4～6 共洗涤 3 次

附 录 B
（规范性附录）
易去污性能的试验方法及评定

B.1 范围

本附录规定了经易去污整理后的织物易去污性能评定、分级规定、试验方法。

本附录适用于评定经易去污整理后织物的易去污性能。

B.2 原理

先用油污处理试样，在试样上放置一定重量的重物，使油污渗入织物，然后按照规定的方式洗涤已沾污的试样，将织物上剩余的油污与油污去除样卡比较来评级，级别为5级到1级。

B.3 仪器设备及用品

B.3.1 试验室用三辊研磨机：辊筒直径 ϕ80 mm，长度 180 mm，辊筒速比为 1∶3∶9。

B.3.2 均质机：速度 6 500 r/min～7 500 r/min。

B.3.3 刮板细度计：0 μm～25 μm，0 μm～50 μm。

B.3.4 无色透明聚乙烯薄膜：厚度为 0.03 mm～0.05 mm。

B.3.5 定性滤纸：尺寸不小于 70 mm×70 mm。

B.3.6 移液管：精度为 0.2 mL。

B.3.7 压重砝码：直径 64 mm、重(2.25±0.25)kg。

B.4 标准污油的准备

B.4.1 取 14[#] 机油和炭黑配制 5%污油，配比 $W_{碳黑}$ ∶ $W_{机油}$ =1∶19(如取炭黑 10 g 和 14[#] 机油 190 g，配制 200 g 污油)，充分搅拌后，用均质机在 6 500 r/min～7 500 r/min 速度下，使其分散均匀。

B.4.2 启动三辊研磨机，加入适当的污油，调节三辊研磨机，使污油经研磨后均匀排出，收集污油。

B.4.3 用刮板细度计检查排出污油均匀程度和研磨细度，细度达到 20 μm 以下即可。如果细度未达到 20 μm以下，可微调三辊研磨机数次研磨污油直至排出污油细度达到要求为止。

B.4.4 取 14[#] 机油和配制好的 5%污油，按比例配制成 1‰标准污油，配比 $W_{碳黑}$ ∶ $W_{机油}$ =1∶999(如取 5%污油 2 g 和 14[#] 机油 98 g 配成 100 g 1‰标准污油)，用均质机在 6 500 r/min～7 500 r/min 速度下，使其分散均匀，备用。

B.4.5 配好的污油应在 8h 内使用。放置时间超过 8 h，应经均质机处理达到均匀分散后使用。

B.5 易去污织物试样准备

B.5.1 从易去污整理的织物距布端至少 2 m 处剪取无外观疵点的试样，尺寸 150 mm×150 mm，耐洗涤处理前后试样各 4 块。分别取耐洗涤处理前后试样各 1 块作为评级参照样备用。

B.5.2 剪取 6 块无色透明聚乙烯薄膜，尺寸为 70 mm×70 mm。

B.5.3 剪取6块定性滤纸,尺寸为70 mm×70 mm。

B.6 试验程序

B.6.1 清洁试验台,将准备好的6块滤纸平铺在试验台上。

B.6.2 将未经耐洗涤处理的3块试样和按B.5.1程序处理的3块试样分别平铺在滤纸上。

B.6.3 用移液管取1‰标准污油0.2 mL,在试样的中心位置(管口距布面10 mm~15 mm)缓缓滴下全部污油。

B.6.4 在每个滴有污油的试样上加盖1块准备好的无色透明聚乙烯薄膜,在薄膜与污油接触处放上压重砝码。

B.6.5 停留1 min后取下砝码,移去薄膜,试样在室温下继续放置(20±3)min。然后进行沾油污的洗涤。

B.7 试样评级

依据GB/T 250规定,用评定变色用灰色样卡,对比B.5.1中预留的参照样,分别评定经耐洗涤处理前后的试样的易去污级别,沾污面积直径超过40 mm的,评定为1级。以最低级别为最终结果。

参 考 文 献

[1] GB 5296.4—1998 消费品使用说明 纺织和服装使用说明

[2] GB/T 13174—2003 衣料用洗涤剂去污力及抗污渍再沉积能力的测定

[3] GB/T 20097—2006 防护服 一般要求(ISO 13688:1998 Protective clothing—General requirements,MOD)

[4] GB/T 21295—2007 服装理化性能的技术要求

[5] FZ/T 10021—1998 涤棉织物易去污性能评审

[6] AATCC 130-2000 Soil Release:Oily Stain Release Method

ICS 77.040.10
H 22

中华人民共和国国家标准

GB/T 28896—2012

金属材料　焊接接头准静态断裂韧度测定的试验方法

Metallic materials—Method of test for the determination of quasistatic fracture toughness of welds

(ISO 15653:2010,MOD)

2012-11-05 发布　　　　2013-05-01 实施

中华人民共和国国家质量监督检验检疫总局
中国国家标准化管理委员会　发布

前　言

本标准按照 GB/T 1.1—2009 给出的规则起草。

本标准修改采用 ISO 15653:2010《金属材料　焊接接头准静态断裂韧度测定的试验方法》。

本标准的结构和技术内容(规范性引用文件除外)与 ISO 7087:1984 保持一致;规范性引用文件中分别用相应的国家标准代替对应的 ISO 标准:用 GB/T 20832 代替 ISO 3785,用 GB/T 21143 代替 ISO 12135。

本标准由中国钢铁工业协会提出。

本标准由全国钢标准化技术委员会(SAC/TC 183)归口。

本标准起草单位:天津大学、武汉钢铁(集团)公司、冶金工业信息标准研究院。

本标准主要起草人:王东坡、李荣锋、邓彩艳、霍立兴、邱保文、余立、董莉。

金属材料　焊接接头准静态断裂韧度测定的试验方法

1　范围

本标准规定了测试金属材料焊接接头焊缝金属及其热影响区部位断裂韧度 K、δ(裂纹张开位移，CTOD)和 J 积分的具体试验过程与方法。

本标准是 GB/T 21143 的补充，GB/T 21143 涵盖了有关断裂韧度测试的所有方面，与本标准在使用过程中有着非常紧密的联系。本标准所介绍的断裂韧度测试方法适用于测定工程意义上的启裂韧度而不能用于测试所谓的裂纹扩展阻力曲线。本标准介绍的测试方法采用的是金属材料经过焊接之后再机加工缺口并预制相应疲劳裂纹的试样，缺口应位于焊缝金属或者热影响区部位的待测区域，而待测区域和缺口方向的选择则由使用者根据实际情况来确定。

2　规范性引用文件

下列文件对于本文件的应用是必不可少的。凡是注日期的引用文件，仅注日期的版本适用于本文件。凡是不注日期的引用文件，其最新版本(包括所有的修改单)适用于本文件。

GB/T 20832　金属材料　试样轴线相对于产品织构的标识(GB/T 20832—2007，ISO 3785:2006，IDT)

GB/T 21143　金属材料　准静态断裂韧度的统一试验方法(GB/T 21143—2007，ISO 12135:2002，MOD)

3　术语和定义

GB/T 21143 界定的以及下列术语和定义适用于本文件。

3.1

伸张区宽度　stretch zone width

SZW

伸张区宽度是指裂纹钝化时所产生的裂纹延伸长度。而裂纹钝化一般发生在裂纹不稳定扩展、突进(pop-in)或者裂纹缓慢扩展之前，其位置与预制疲劳裂纹在同一平面之上。

3.2

待测区域　target area

预制疲劳裂纹尖端在焊缝金属或热影响区中所处的位置。

注：见 3.7 和 3.9。

3.3

突进　pop-in

在力-位移记录曲线上出现的不连续点，一般具有位移陡然增加、力突然下降的特征，而随后力与位移却能够继续增加。

3.4

局部压缩　local compression

在预制疲劳裂纹之前，沿试样厚度方向上对包含裂纹尖端在内的韧带部分用较硬钢块所进行的挤压处理。

注：见附录C。

3.5

焊接　welding

焊接是通过加热、摩擦、加压或三者并用的方法，使两个或更多个工件之间形成结合的连接方式。

注：可用也可不用的填充材料，其熔点与母材相近。

3.6

焊缝　weld

经过焊接之后，在焊件中所形成的结合部分。

3.7

焊缝金属　weld metal

形成焊缝且保留在焊缝中的熔化金属。

3.8

母材（也称基材）　parent metal (also known as base metal)

被焊接的金属材料。

3.9

热影响区　heat-affected zone

HAZ

由于受到焊接过程热循环的影响，使得金属材料显微组织发生变化的母材区域。

3.10

熔合线　fusion line

FL

焊缝金属和热影响区之间的结合部位。

3.11

焊缝位置试样　weld positional specimen

WP

疲劳裂纹尖端位于焊接区域特定参考位置的试样。

注：如图A.1所示。

3.12

特定显微组织试样　specific microstructure specimen

SM

疲劳裂纹尖端位于特定显微组织区域内的试样。

注：如图A.2所示。

3.13

毛坯试样　specimen blank

缺口加工之前所制备的焊接接头试样。

3.14

焊后热处理　postweld heat treatment

为降低焊接残余应力或改善焊缝性能在焊接之后所实施的热处理。

4 符号和说明

GB/T 21143 规定的以及下列符号、单位和说明适用于本标准，见表 1。

表 1 符号和说明

符号	单位	说　　明
d_1，d_2	mm	与突进相关的显微组织特征长度
h	mm	有效焊缝宽度，在焊缝中心 75%厚度范围内，疲劳裂纹尖端至两侧熔合线的最短距离(见图 13 和图 14)
HV10		施加 10 kg 力时测得的维氏硬度
N		焊接法线方向
P		焊接平行方向
Q		贯穿焊接接头的厚度方向
$R_{p0.2b}$	MPa	母材在断裂试验温度条件下发生 0.2%塑性变形量所对应的规定塑性延伸强度
$R_{p0.2w}$	MPa	焊缝金属在断裂试验温度条件下发生 0.2%塑性变形量所对应的规定塑性延伸强度
R_{mb}	MPa	母材在断裂试验温度条件下的抗拉强度
R_{mw}	MPa	焊缝金属在断裂试验温度条件下的抗拉强度
s_1	mm	疲劳裂纹尖端与待测区域之间在裂纹平面方向上的距离(见图 12)
s_2	mm	疲劳裂纹尖端与待测区域之间在垂直于裂纹平面方向上的距离(见图 12)
V，V_1，V_2	mm	裂纹嘴张开位移
X		平行母材轧制方向
Y		垂直母材轧制方向
Z		贯穿母材厚度方向
Δa_{pop}	mm	与突进效应相关的最大脆性裂纹扩展长度(但不包括伸张区宽度 SZW，见 3.1)
λ	mm	在试验前后金相检查的特定显微组织区域的长度(参见图 B.2)

5 原理

本标准制定了单边缺口带预制疲劳裂纹焊接接头试样的断裂韧度测试程序。根据裂纹尖端位置把试样类型分为两种：

a) 只需考虑裂纹尖端位于特定宏观位置而不考虑显微组织的试样，称为 WP 试样；

b) 需金相检查来确定裂纹尖端位于特定显微组织的试样，称为 SM 试样。

对焊接接头进行金相检查来确认是否有待测特定显微组织存在，并且其数量是否足够用于断裂韧度试验。

试样的几何尺寸和预制缺口方位确定后，施加一定的交变力，使疲劳裂纹扩展并进入到试样存有特定显微组织的区域。试验的目的是为了在消除焊接残余应力影响的条件下测定焊接接头的断裂韧度。

为了达到该目的并且确保所预制的疲劳裂纹前沿能够平直扩展，有必要对原始焊态或应力部分释放的焊接接头试样的预制疲劳裂纹方法进行改进。

断裂韧度试验与结果评定过程在 GB/T 21143 中均有详细的说明，但按本标准进行试验时还需要遵守试验后金相分析(见 12.1、12.2 和 12.3)和有效性(见 12.4)涉及的要求。

试验后应该通过金相检查判断裂纹尖端是否位于特定显微组织区域内且评定突进效应(pop-in)的有效性。

试验流程如图 1 所示。

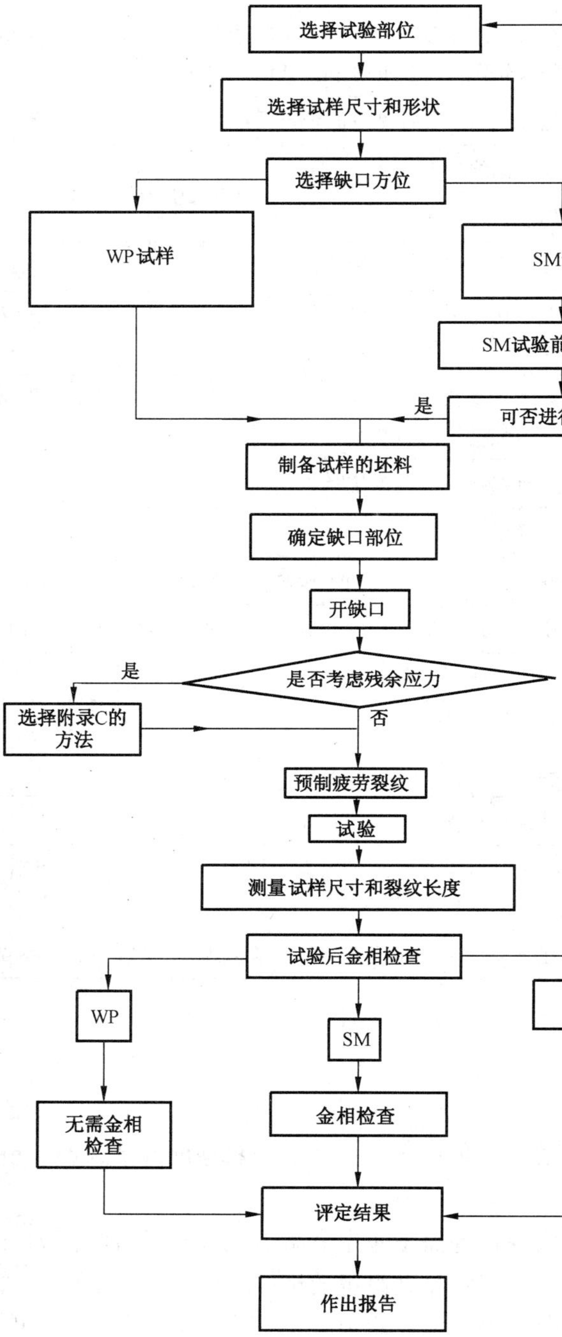

图 1 断裂韧度试验流程图

6 试样设计、方位和缺口位置选择

6.1 缺口处待测区域分类

WP 试样缺口在特定焊接区域的某参考位置(例如焊缝金属中心线位置)。

SM 试样缺口全部或部分疲劳裂纹前缘在试样中心 75%范围内的指定显微组织区域内。

注：典型 WP 和 SM 试样的缺口位置实例参见附录 A。

对于对中不好的双道或者多道焊焊缝，当 WP 试样缺口取在焊缝金属中心线且细晶区占主导的位置时，可能得到错误的(过高的)断裂韧度值。对于这种焊接接头，本标准推荐使用 SM 试样进行断裂韧度测试，缺口位置分别参见图 A.2 d)和图 A.2 e)。

6.2 试样设计

应将试样设计成由 GB/T 21143 中所定义的单边缺口弯曲试样或紧凑拉伸类型且试样侧面应刨平或开侧槽。沿试板厚度开缺口的弯曲试样称为贯穿厚度缺口试样(见图 2、图 3 和图 4，母材试样为 XY 和 YX，焊缝试样为 NP 和 PN)，在试板表面开缺口的弯曲试样称为表面缺口试样(见图 2、图 3 和图 4，母材试样为 XZ 和 YZ，焊缝试样为 NQ 和 PQ)。

注：焊接接头试样尺寸公差比母材试样更加宽松，见 8.1。

试样尺寸 B 或 W(见图 5)应等于或尽量接近待测近缝区母材厚度(不包括焊缝余高)。

容许采用小尺寸(即 B 或 W 小于图 2、图 3 和图 4 中所指示的 Z 方向母材厚度和 Q 方向焊缝厚度)及(或)开侧面槽的试样进行断裂韧度试验，但应在试验报告中注明。使用小尺寸及(或)侧面开槽试样进行断裂韧度测定所得到的试验结果，可能会由于尺寸效应或者因为试验部分显微组织区域的不同，而与使用全厚度试样获得的断裂韧度值存在一定的差异。

6.3 试样和裂纹面方位

试样和裂纹面相对于焊缝和母材加工方向的方位应由图 2、图 3 和图 4 所描述的方法加以确定。

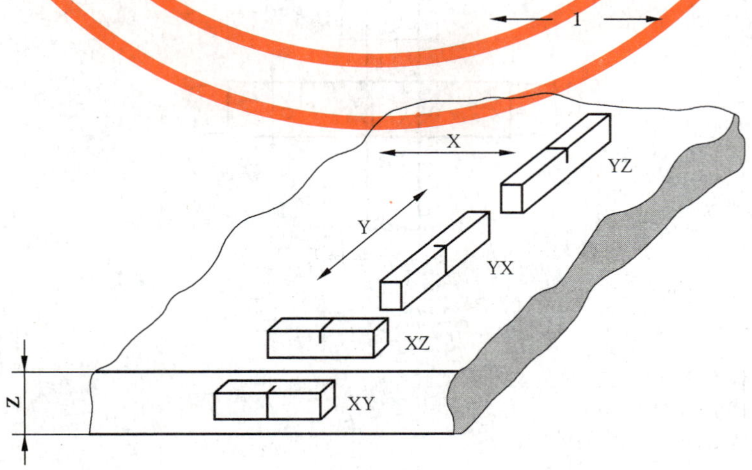

a) 母材

图 2 母材和焊缝断裂韧度试样裂纹面取样方位

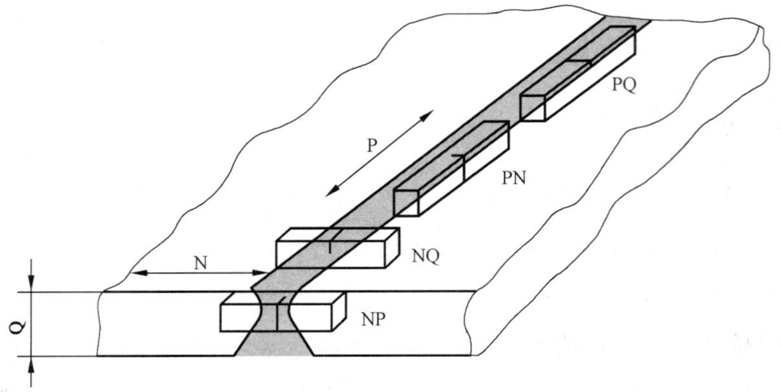

b） 焊缝

说明：

1 ——轧制方向；

N ——垂直焊缝方向；

P ——平行焊缝方向；

Q ——焊缝厚度方向。

参考 ISO 3875 对 X、Y、Z 方向的定义。

第一个字母表示裂纹平面的法向，第二个字母表示预期裂纹扩展的方向。

NP 和 PN 为贯穿厚度缺口试样，NQ 和 PQ 为表面缺口试样。

图 2（续）

对于 HAZ 试件，当母材轧制方向影响到裂纹扩展阻力时，由于母材轧制方向和焊缝方向之间存在取向不同的问题，导致试样的焊缝和母材方向之间存在多种组合形式，具体实例见图 3 和图 4。

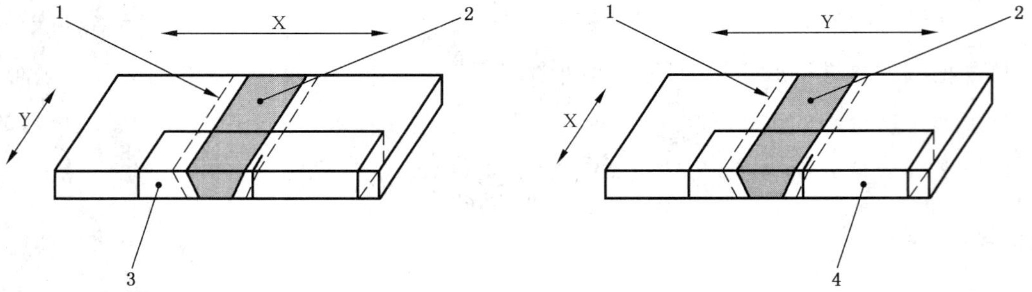

a） 典型对接接头

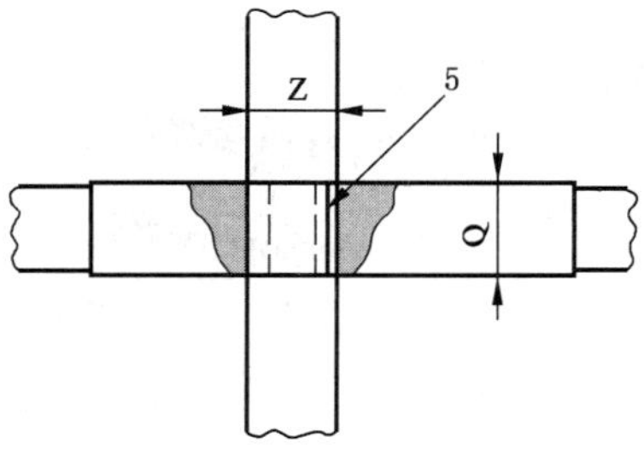

b） 十字接头

说明：

1 ——热影响区；

2 ——焊缝金属；

3 ——焊缝试样取样方向 NP/XY；

4 ——焊缝试样取样方向 NP/YX；

5 ——贯穿厚度裂纹，NP/ZX 或 NP/ZY；

X ——轧制方向；

Q ——焊接厚度方向。

图 3 典型对接接头和十字接头断裂韧度试样裂纹面

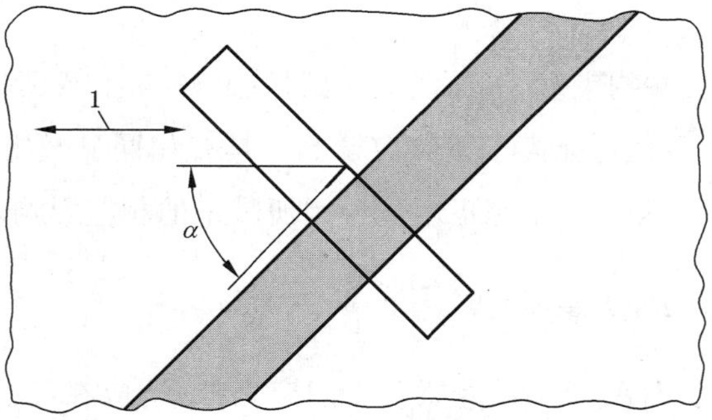

a） 典型对接接头

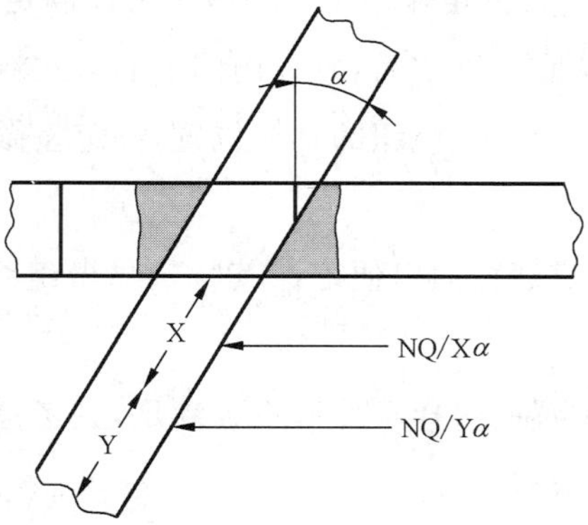

b）倾斜的十字接头

说明：

1——轧制方向。

图 4 HAZ 断裂韧度试样裂纹面与母材轧制方向成 α 角

7 机加工前金相检查

7.1 宏观金相检查

当试验采用 SM 试样时，应该在垂直于焊接方向的平面上选取宏观试样或者在焊接试板末端截取试样进行金相检查。横截面位置应该在即将进行试验的焊缝长度范围内选取，以确保特定显微组织出现在疲劳裂纹尖端部位来满足试验要求。在制备宏观金相检查试样时，应注意及时地将取样位置记录下来，而所截取试样的宏观剖面应经过抛光、腐蚀处理后再进行相应的金相检查，最后通过放大适当倍数对该样品进行观测，确认待测区域的显微组织是否满足试验的有关要求。

宏观剖面检查的目的是为了判断裂纹尖端的位置：

a） 对于贯穿厚度缺口试样，判断在中心 75％厚度范围之内试样的疲劳裂纹尖端是否位于待测区域；

b） 对于表面缺口试样，要求疲劳裂纹尖端距离待测区域不能超过 0.5 mm。

如果在待测区域内指定的显微组织不存在，或因其数量不足而难以确保试验结果的可靠性，或疲劳裂纹尖端位置无法满足标准（深缺口试样）的相应规定，则该焊接试板将因为不满足制备 SM 试样的标准要求而不能用于断裂韧度试验。在这种情况下，可重新选择待测区域或者重新焊接符合标准要求的试板。如果使用单边缺口弯曲类型的 SM 试样并且其显微组织数量达到试验要求，但裂纹尖端位置却不满足相关标准（深缺口试样）的规定，经相关方协商，则允许使用附录 E 中介绍的浅缺口试样方法进行断裂韧度试验。

由于浅缺口试样的裂纹尖端拘束度较低，浅缺口试样（$0.10 \leqslant a_0/W \leqslant 0.45$）（$a_0$ 为初始裂纹长度，W 为试样厚度）得到的断裂韧度数值可能高于裂纹尖端部位具有相同显微组织的深缺口试样（$0.45 \leqslant a_0/W \leqslant 0.70$）。因此使用浅缺口试样时需要考虑上述原因所带来的相应影响。

7.2 有关热影响区试样试验的补充要求

当 SM 试样的待试区位于 HAZ 时，除遵照 7.1 规定之外，还应在经过磨削、腐蚀之后所获得的清晰宏观组织截面上沿着疲劳裂纹尖端位置的前沿区域进行金相检查，其目的是判别特定显微组织是否存在于试样厚度中心 75％范围之内且特定显微组织的数量可以满足成功地进行试验的相关要求。

当确认好待测区域的相应位置和长度之后，可以用图示的形式将其表示出来（对应实例见附录 B）。在图示中应标出宏观试样厚度与特定显微组织的具体位置，特定显微组织所占比例应在试样中心 75％厚度的范围内进行计算。

对于表面缺口试样，应检查其宏观截面以便确保其特定显微组织存在于 $0.45 \leqslant a_0/W \leqslant 0.70$ 的范围之内。

如果 SM 试样疲劳裂纹尖端位置的选择条件得不到满足，则考虑重新选择待测区域位置或者重新焊接试板，或使用 7.1 中提及的浅缺口试样。

8 机械加工

8.1 试样尺寸公差

为了保证试样缺口位置的正确性，首先在产品试板上切取试样样坯。试样样坯应机加工到满足尺寸公差要求后再开机械缺口。

紧凑拉伸类型试样应满足 GB/T 21143 对试样尺寸和公差的具体要求；弯曲类型试样的尺寸公差要求在图 5 中标出。当使用浅缺口弯曲类型试样时（见 7.1、7.2 和附录 E），除裂纹长度应在 $0.10 \leqslant a_0/W \leqslant 0.45$ 范围内，试样还应遵循图 5 所标注的尺寸和公差要求。

注 1：为了尽量不改变焊接接头的原始状态，图 5 中单边缺口弯曲试样的尺寸公差比 GB/T 21143 有所放松。

对于存在焊接错边、焊接变形和样坯弯曲（当试样的样坯取自管件时）的试样，应按照图 6 的相应要求进行机械加工。对于半径与焊缝厚度比值≥10 的管件，由于管道弯曲而允许样坯侧面存在 $2.5\%W$ 的平直度公差。对于不平直试样，如果不能达到规定的平直度和对正要求时，可采用局部弯曲的方法在加工缺口前予以矫直。注意矫直时加载点或支撑点至焊缝缺口部位之间的距离应不小于厚度 B。变形或弯曲样坯的矫直方法如图 7 所示。

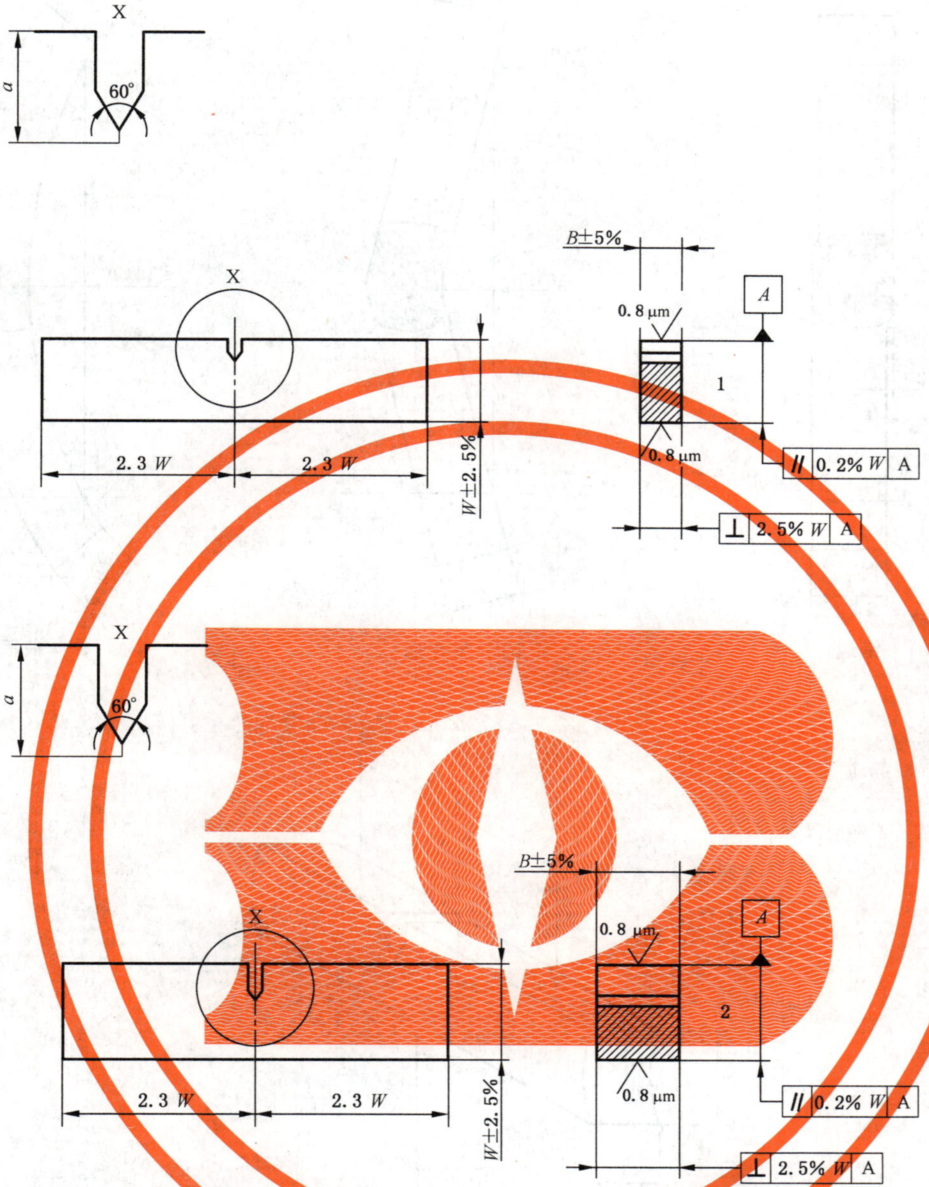

1——长方形截面试样。

宽度＝W

厚度＝B＝0.5W

裂纹长度＝a＝0.45W～0.7W

力跨距＝4W

缺口宽度＝0.065W_{max}

试样平直度要求见图6。

2——正方形截面试样。

宽度＝W

厚度＝B＝W

裂纹长度＝a＝0.45W～0.7W

力跨距＝4W

缺口宽度＝0.065W_{max}

试样平直度要求见图6。

图5　断裂韧度试验的弯曲试样尺寸

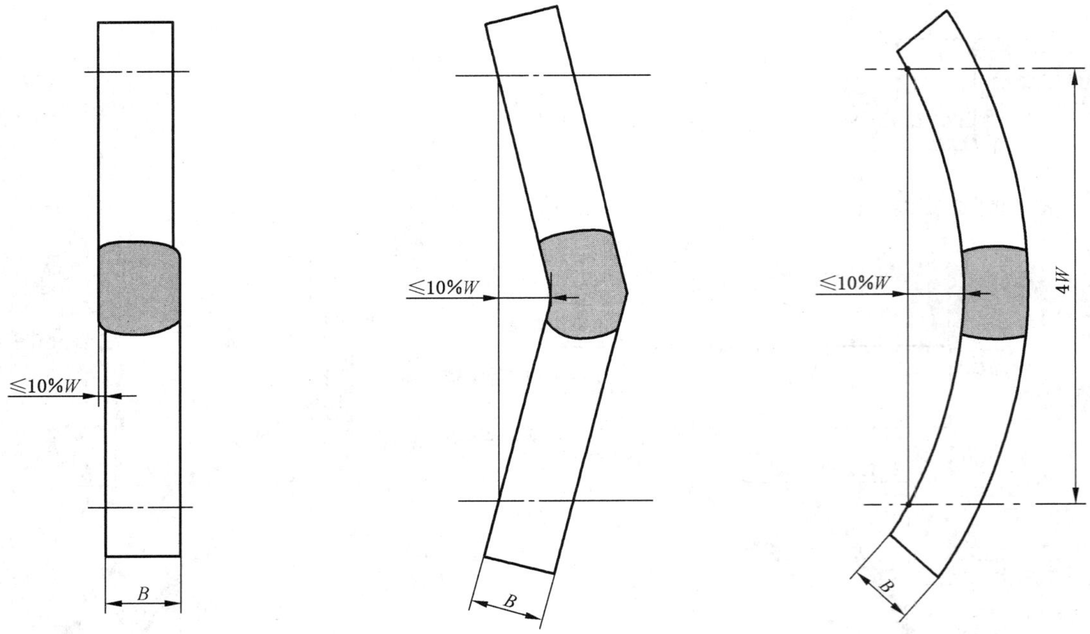

a） 错边　　b） 角变形　　c） 曲面

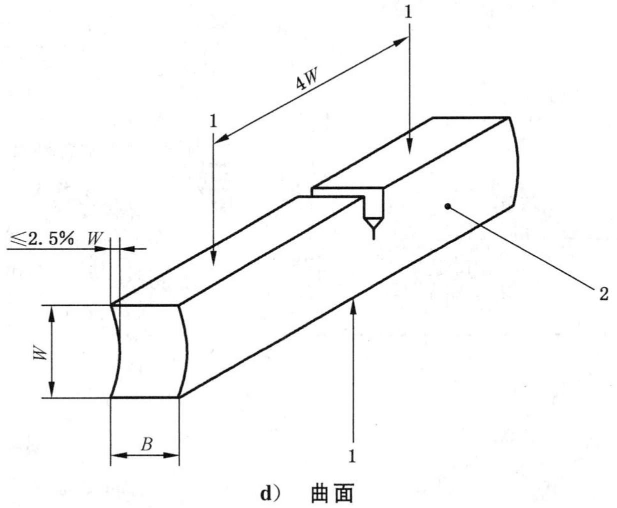

d） 曲面

说明：

1 ——加载点；

2 ——弧面；

4W——跨距。

图 6　弯曲试样所允许的几何尺寸公差

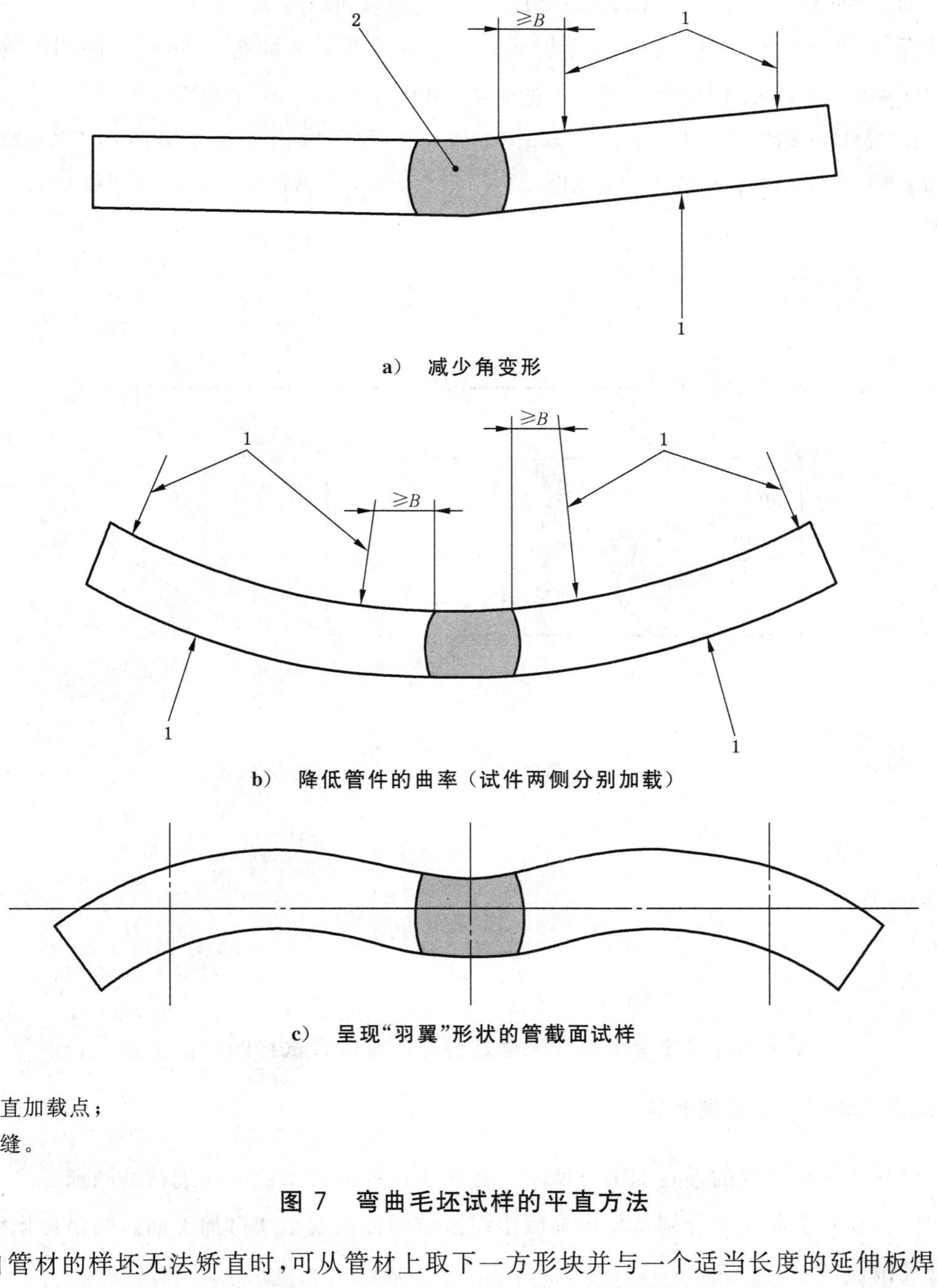

a） 减少角变形

b） 降低管件的曲率（试件两侧分别加载）

c） 呈现"羽翼"形状的管截面试样

说明：

1——矫直加载点；

2——焊缝。

图 7　弯曲毛坯试样的平直方法

当取自管材的样坯无法矫直时，可从管材上取下一方形块并与一个适当长度的延伸板焊接在一起。该方形块与延伸板组成一个具有足够长度的试样来满足图 6 的曲率要求。方形块与延伸板的焊接位置应远离原焊缝以便不影响待测区域的显微组织。

注 2：激光或电子束焊方法在焊接方形块与延伸板时具有焊缝窄、变形小的优点。

当试样采用全厚度样坯时，机加工量应尽量小，以保证获得接近全尺寸厚度试样的试验结果并满足局部压缩的相应要求（见 C.2）。

焊缝余高部分应加工到与试件母材原始表面具有相同高度的位置。

当焊缝两侧材料厚度相差 10％或更多时，则应按厚度较薄一侧尺寸来加工试样，并应在报告中说明试样原始厚度与机加工后厚度的相应情况。

8.2　贯穿厚度试样缺口位置的确定

NP 裂纹面方向的贯穿厚度试样缺口位置的确定如图 8 所示。在试样待加工缺口表面（面 A）及相对的另一表面上(面 B)均需进行研磨处理并腐蚀显现出焊缝和热影响区轮廓位置。然后沿着特定显微组织区域在面 A 和面 B 各画出一条参考标识线。两条标识线延伸到面 A 和面 B 的同一垂直侧面上。在两条延伸线中间等间距的位置画一条新的标识线,用来最终确定 A 面的缺口加工位置。

注: 上述确定缺口位置的方法,其目的是当出现试样轴线方向与焊接方向不垂直且 $a_0/W=0.5$ 的情况时,保证裂纹尖端最终落在目标区域(尤其是 HAZ 试件)。如果 $a_0/W\neq0.5$,可对标识线进行适当调整来保证裂纹尖端最终落在目标区域。

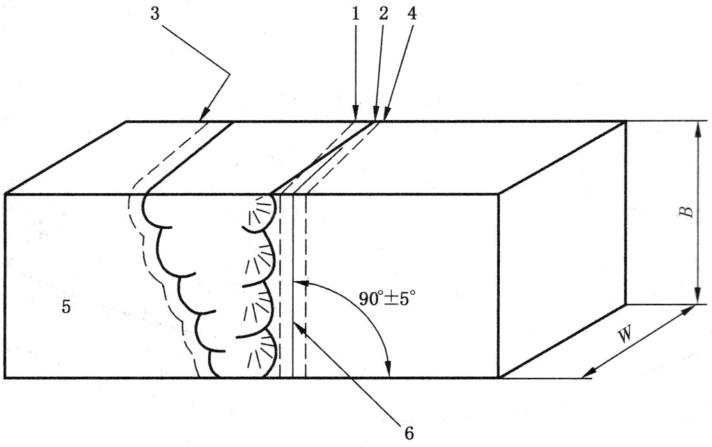

说明:

1——标识线 A;

2——熔合线;

3——面 B(不开缺口面);

4——标识线 B;

5——面 A(开缺口面);

6——缺口。

图 8　应用参考标识线来确定贯穿厚度缺口试样的切口位置

8.3　表面缺口试样缺口位置的确定

表面缺口试样缺口位置的确定如图 9 所示。首先将试样的两个侧面在进行磨削加工之后腐蚀出焊缝和热影响区。在两个侧面上分别从特定显微组织区域画标识线至缺口加工面。两条标识线的横向中间位置进行机械缺口加工。

注: 上述确定缺口位置的方法,其目的是当出现试样轴线方向与焊接方向不垂直情况时,保证试样中间厚度处的裂纹尖端最终落在目标区域。

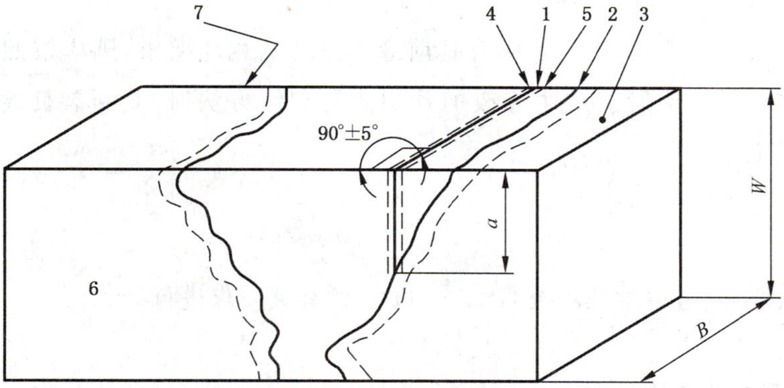

说明：

1——缺口；

2——熔合线；

3——开缺口面；

4——标识线 B；

5——标识线 A；

6——面 A；

7——面 B。

图 9 表面缺口试样缺口位置的确定

8.4 缺口加工

缺口加工应遵循 GB/T 21143 的要求。

9 试样制备

9.1 疲劳裂纹预制

疲劳裂纹预制的一般要求与 GB/T 21143 完全相同。对于焊缝(中心)金属试样，预制疲劳裂纹的最大力 F_f 以及最大疲劳应力强度因子 K_f 应根据焊缝金属的拉伸性能进行估算，即根据疲劳裂纹所在部位材质的相应力学性能进行估算。而在其他任何情况下，所预制疲劳裂纹的最大力应当使用焊接接头各区域最低的拉伸性能进行估算。

所有焊后热处理或消除应力热处理都应当在预制疲劳裂纹之前进行。

在条件允许的情况下，推荐使用 GB/T 21143 规定的最短预制疲劳裂纹长度，这样使得因疲劳裂纹前缘弯曲而导致裂纹尖端偏离特定待测区域的可能性降到最低。

当预制疲劳裂纹过程中满足 12.4 中有关疲劳裂纹前端平直度的相应要求出现困难时，尤其对于焊态或局部消除焊接残余应力的试样，这时应当考虑使用附录 C 中的试验程序。

注 1：焊态和局部消除焊接残余应力试样中残余应力的大小和分布取决于母材、焊接工艺参数、拘束水平和焊后试样加工方式等诸多方面。

注 2：焊接残余应力可能对裂纹前缘平直度有不利的影响，而且可能对最终断裂韧度值有一定影响。

若试样是由已经消除了焊接残余应力的焊接接头加工而成，则可不必按照附录 C 的相应规定进行疲劳裂纹预制。

注 3：如果试样疲劳裂纹尖端区域的残余应力数值低或残余应力均匀分布，则所预制的疲劳裂纹有可能获得平直的前缘形状。

如果所预制的疲劳裂纹不满足12.4中对其前缘不平度的相应要求，则应按照附录C的要求修改预制疲劳裂纹的方法。当使用附录C中修改的预制疲劳裂纹方法时，其断裂韧度测试结果应当按照12.4.4所述方法进行计算。

9.2 侧面开槽试样

对于侧面开槽试样，疲劳裂纹预制按GB/T 21143的有关要求进行。

10 试验装置、试验要求及步骤

测定K_{IC}、δ和J积分的试验装置、试验要求及试验程序应符合GB/T 21143的相关规定。

11 试验后金相检查

11.1 概述

对于SM试样，为了辨别疲劳裂纹尖端位置是否落在指定的显微组织区域之内，在试验之后应再次进行金相检查。方法是从试样上截取含有断裂面的切片，当检查热影响区试样时，应在焊缝一侧切下含有热影响区的切片。截取切片后，应根据11.2和11.3的有关规定进行分析，确认疲劳裂纹尖端位置的显微组织。

WP试样试验后不要求进行切片金相检查。

在脆性断裂情况下，如果已证实疲劳裂纹尖端落入特定显微组织区域之内，但这并不能保证解理裂纹一定启裂于该显微组织。为确认裂纹萌生部位的显微组织，(如有要求)或许有必要进行更进一步的切片与金相检查以验证该组织就是脆性裂纹启裂部位，切片的切取方法、金相检查方法与pop-in的评定过程中所采用的方法类似，详见附录D。

11.2 贯穿厚度缺口试样

11.2.1 切片

对于贯穿厚度缺口试样，切片应垂直断裂表面切割，截取位置距疲劳裂纹尖端的最大长度为2 mm，并保证在试样厚度中心75%范围含有疲劳裂纹(B为试样厚度，对于侧开槽试样则为B_N)(见图10中切片A)。然后，对切片进行金相检查确定疲劳裂纹尖端是否位于特定显微组织范围之内。

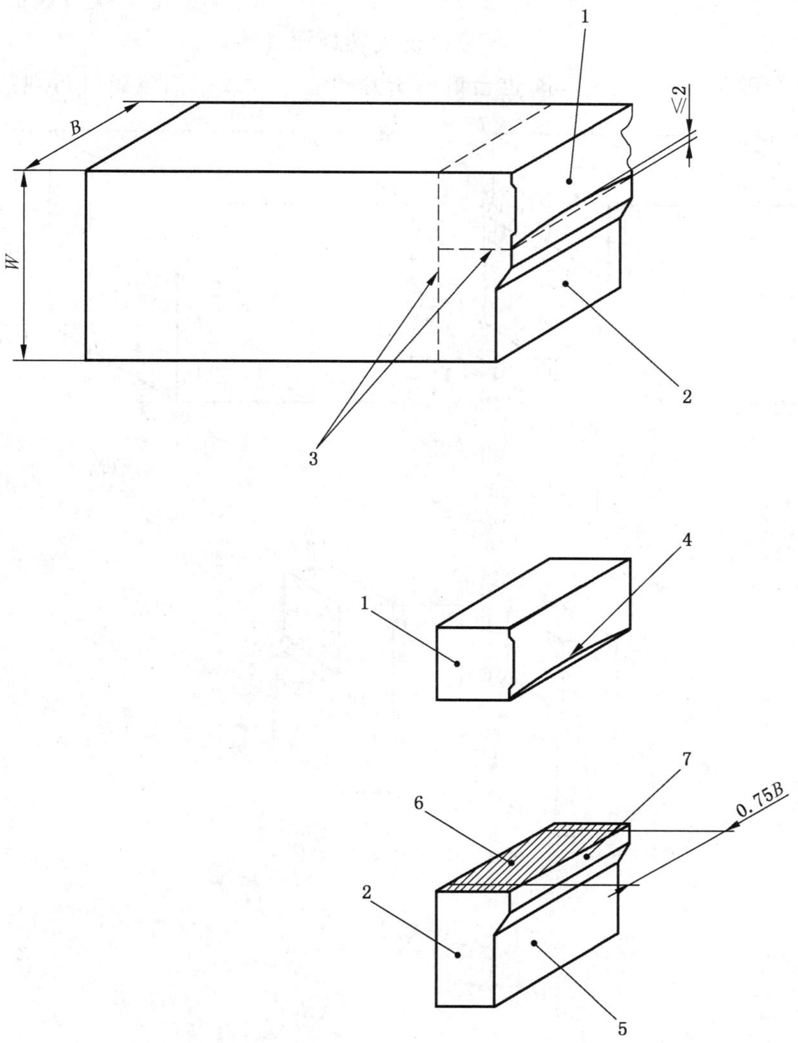

说明：
1——切片 B；
2——切片 A；
3——切口；
4——疲劳裂纹尖端；
5——机械缺口；
6——待检测表面(抛光和腐蚀)；
7——疲劳预制裂纹。

图 10 贯穿厚度缺口试样试验后金相检查切片的切取法

11.2.2 评定

切片金相检查是为了判断在试样厚度中心 75%(B 或者 B_N)范围内，疲劳裂纹尖端部位是否为特定显微组织并记录在试样厚度中心 75%范围内特定显微组织区域的长度及其相应位置。热影响区缺口试样的切片金相检查实例见附录 B。

11.3 表面缺口试样

11.3.1 切片

如果试样发生解理断裂，那么需要采用适当的放大倍数对断裂面进行检查以确定裂纹萌生的确切位置。应至少在靠近断裂裂纹萌生部位制取一个切片，切片平面应垂直于缺口表面与裂纹平面(见图11)。当仅发生裂纹稳定扩展时，切片应在疲劳裂纹尖端最深处截取。

裂纹萌生位置的确定需要目测，有时也会借助于光学显微镜或扫描电镜进行观察确认。

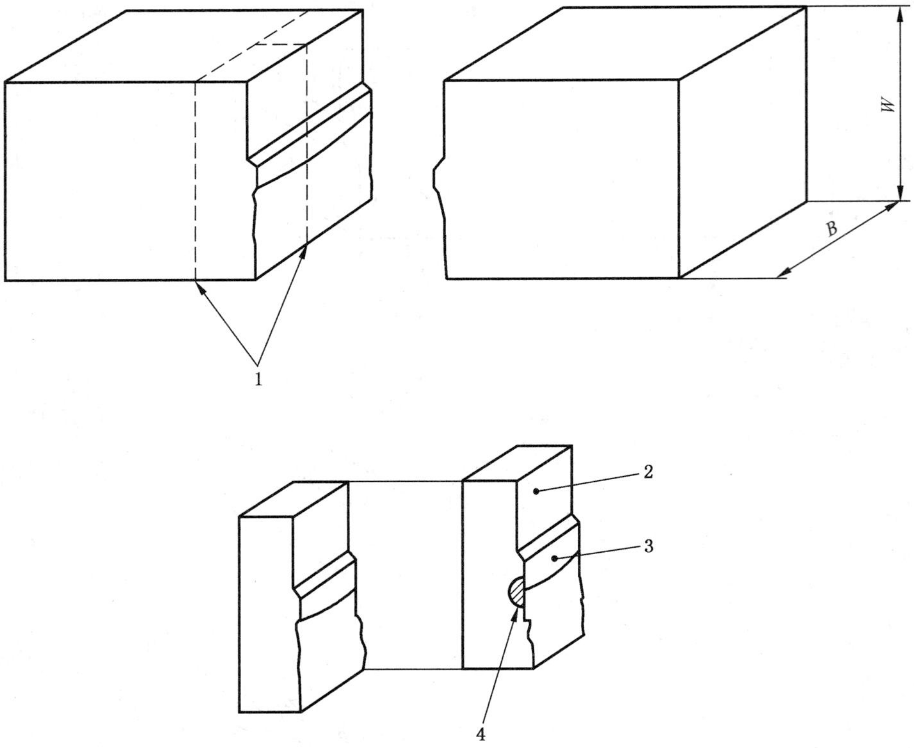

说明：

1——切口；

2——机械缺口；

3——疲劳预制裂纹；

4——待检测表面(抛光和腐蚀)。

图 11 表面缺口试样试验后金相检查切片的切取方法

11.3.2 评定

切片金相检查用以确认疲劳裂纹尖端是否位于特定显微组织区域内。当特定显微组织区位于疲劳裂纹尖端前面时，这两者之间最小距离用 s_1[s_1 的测量准确度至少为±0.05 mm，见图 12 a)]表示。当特定显微组织区位于疲劳裂纹尖端的一侧时，两者之间最小距离用 s_2[s_2 的测量准确度也至少为±0.05 mm，见图 12 b)]表示。

注：为了确定这些距离可能需要在断裂表面两侧截取切片。

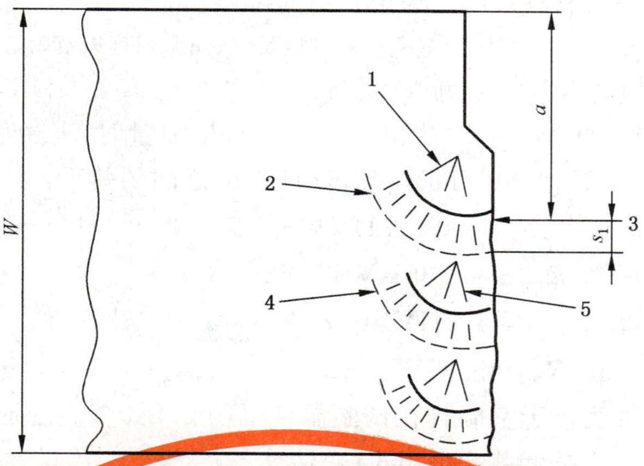

a） 待测区域微观组织位于疲劳裂纹尖端前沿

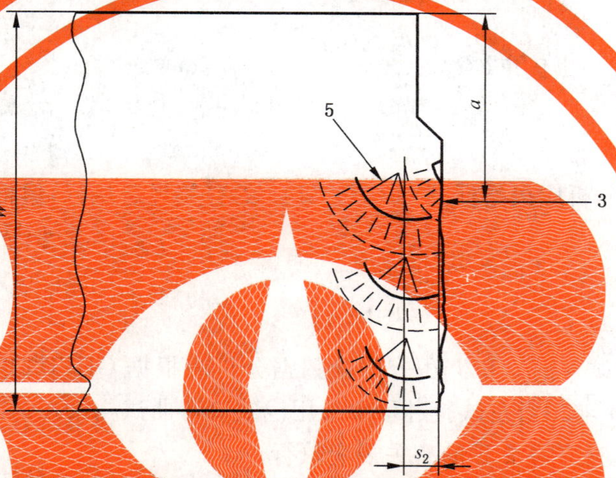

b） 待测区域微观组织位于疲劳裂纹尖端一侧

说明：

1——焊珠；

2——再热焊缝金属；

3——疲劳裂纹尖端；

4——再热焊缝金属；

5——SM 试样（待测区域微观组织）。

图 12　SM 表面缺口试样 s_1 和 s_2 的测量

11.4　pop-in 效应评定

当力下降和位移增加均不足 1%时，该 pop-in 应忽略不计。除非根据附录 D 规定的相应程序进行断口形貌分析和金相检查后认定 pop-in 可忽略，否则应对试验过程中产生的 pop-in 效应予以考虑。

注：GB/T 21143 介绍的有关 pop-in 评定准则主要适用于均质材料的断裂韧度试验，但不一定适用于焊缝金属试样。大量试验表明，对于焊接部位断裂韧度试验，pop-in 尺寸可能与存在于疲劳裂纹尖端区域的脆性材料长度有关，裂纹尖端位置微小的变动会改变 pop-in 尺寸大小。

12　试验分析

12.1　拉伸性能选择

当裂纹尖端完全位于焊缝金属时，应采用全焊缝金属拉伸试样测出其拉伸性能；当裂纹尖端位于或部分位于热影响区时，应采用母材或焊缝二者中较高的拉伸性能。

注：热影响区 CTOD 变化很复杂，总的来说，它受热影响区尺寸、屈服强度以及附近显微组织的影响。当采用母材和焊缝二者中强度较高的拉伸性能时，则能够得到趋于保守的 CTOD 断裂韧度值。

对于碳钢和碳-锰钢，当母材和焊缝的拉伸性能不能直接测量时，采用硬度值来估算其拉伸性能。式(1)～式(4)描述了室温下拉伸性能(MPa)与硬度(HV10)之间的关系：

当 160＜HV10＜495，母材[1]：$R_{p0.2b}=3.28\text{HV10}-221$ ……（1）

当 170＜HV10＜330，焊缝：$R_{p0.2w}=2.35\text{HV10}+62$ ……（2）

当 100＜HV10＜400，母材：$R_{mb}=3.3\text{HV10}-8$ ……（3）

当 170＜HV10＜330，焊缝：$R_{mw}=3.0\text{HV}_{10}+22.1$ ……（4）

对于铁素体钢，当试验温度低于室温且在试验温度下的 0.2%塑性变形量所对应的规定塑性延伸强度没有提供时，低温时的屈服强度关系可用式(5)估算[2]：

$$R_{p0.2}=R_{p0.2}(\text{室温下})+10^5/(491+1.8T)-189 \quad \cdots\cdots(5)$$

式中：

T——试验温度，单位为摄氏度(℃)。

12.2 K_{IC}

测定 K_{IC} 的试验数据分析应根据标准 GB/T 21143 的有关规定执行，但根据 12.1 的相应要求，还应注意考虑如何合理选用 $R_{p0.2}$。

12.3 δ 和 J 积分

标准弯曲或紧凑拉伸试样的 δ 和 J 积分的验数据分析应根据 GB/T 21143 的有关规定执行，但还应同时遵循 12.1 的各项要求。当在试验过程中采用浅缺口弯曲试样($0.10\leqslant a_0/W\leqslant 0.45$)时，则 δ 和 J 积分试验的数据分析计算应按附录 E 的有关规定执行。

12.4 有效性评定

12.4.1 概述

除按 GB/T 21143 的有关规定进行有效性评定外，还应增加下述评定内容。

12.4.2 焊缝宽度与韧带尺寸比

当裂纹位于焊缝金属中心时，如果还可以满足如下条件[3,4]，则 δ 试验的相应步骤应依据本标准进行：

a) 当裂纹位于焊缝中心线：要求焊缝宽度(在试样厚度中心 75%范围内焊缝两侧熔合线之间的最短距离)与试样厚度中心 75%范围内韧带尺寸之间的比值大于 0.2，即 $2h/(W-a_0)>0.2$ (贯穿厚度缺口试样参见图 13a)和图 13 b)，表面缺口试样参见图 14a)和图 14b)；

b) 当裂纹偏离焊缝中心线：要求有效焊缝宽度(在试样厚度中心 75%范围内裂纹平面与焊缝熔合线之间的最短距离)与试样厚度中心 75%范围内韧带尺寸之间的比值大于 0.1，即 $h/(W-a_0)>0.1$(贯穿厚度缺口试样参见图 13c)和图 13d)，表面缺口试样参见图 14c)和图 14d)；

c) 对于 a)、b)两种情况，附加要求是焊缝金属与母材金属 0.2%塑性变形量所对应的规定塑性延伸强度之比的限定范围是 0.5～1.50，即

$$0.5<R_{p0.2w}/R_{p0.2b}<1.50 \quad \cdots\cdots(6)$$

对于焊缝金属试样，如果焊缝金属与母材金属 0.2%塑性变形量所对应的规定塑性延伸强度之比为 0.5～1.25，则 J 积分评定程序[3,4]应依据本标准，即

$$0.5 < R_{p0.2w}/R_{p0.2b} < 1.25 \qquad \cdots\cdots(7)$$

对于热影响区试样，δ 和 J 积分评定程序应采用 GB/T 21143 的相应规定（根据 12.1 选用屈服强度计算 δ）。在试验报告中，应分列出母材和焊缝金属的 0.2%塑性变形量所对应的规定塑性延伸强度。

注：焊缝金属 δ 和 J 积分评定结果可能会产生±10%左右的误差。当 $R_{p0.2w}/R_{p0.2b}>1.50$（对于 δ）或 1.25（对于 J 积分），试验结果将比真实值高出 10%以上；而当 $R_{p0.2w}/R_{p0.2b}<0.50$（对于 δ 和 J[3,4]），试验计算结果将比真实值低出 10%以上。当 $0.7<R_{p0.2w}/R_{p0.2b}<2.5$ 时，热影响区 J 积分评定程序可能会产生±5%左右的误差，热影响区 δ 评定程序所产生的误差范围介于－20%～＋10%之间[5]。

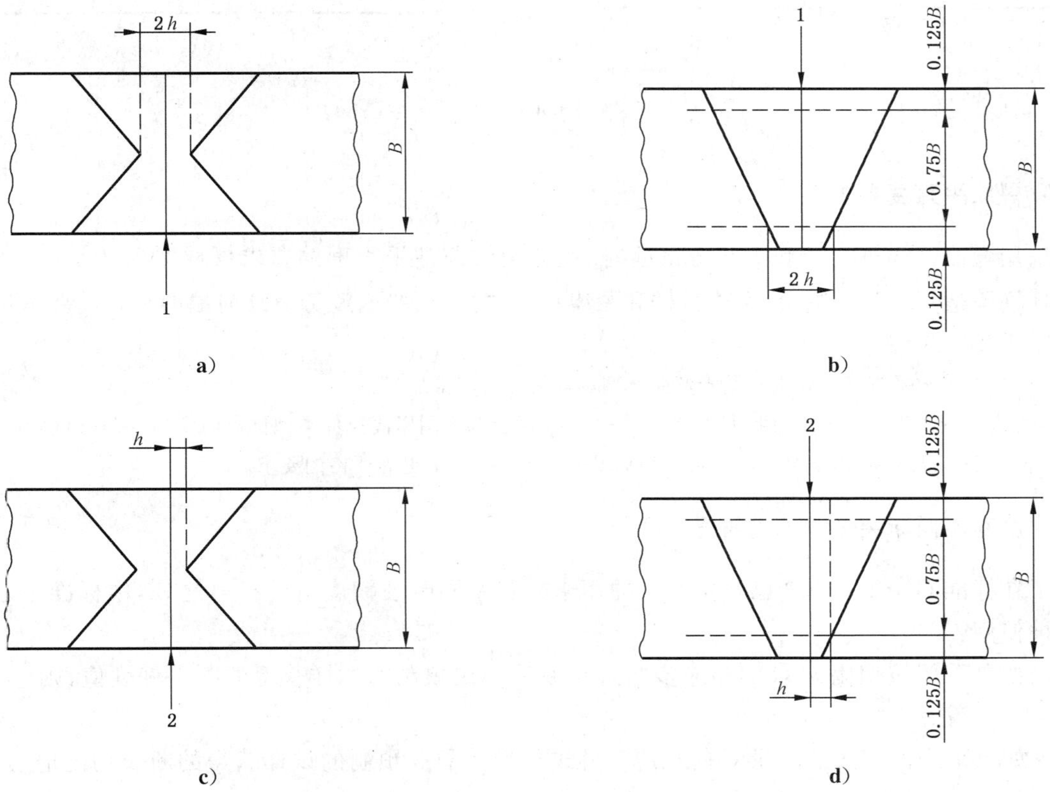

说明：

1——裂纹沿焊缝中心线；

2——裂纹偏离焊缝中心线。

图 13　贯穿厚度缺口试样(NP)焊缝中 h 和 $2h$ 的定义

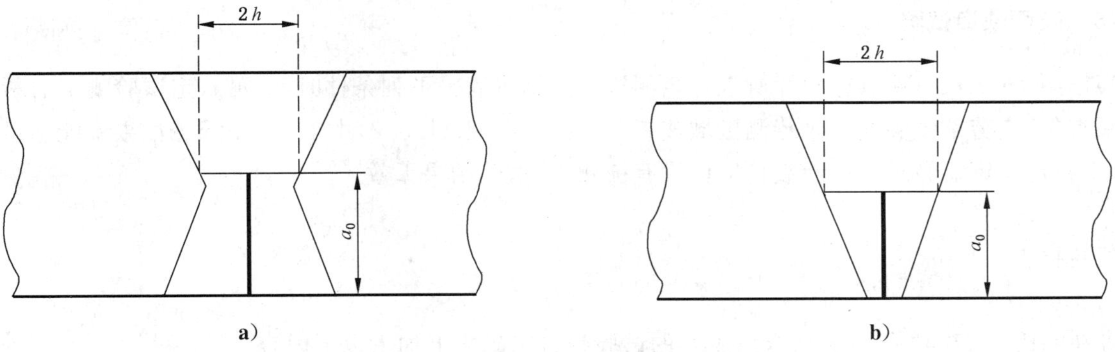

图 14　表面缺口试样(NQ)焊缝中 h 和 $2h$ 的定义

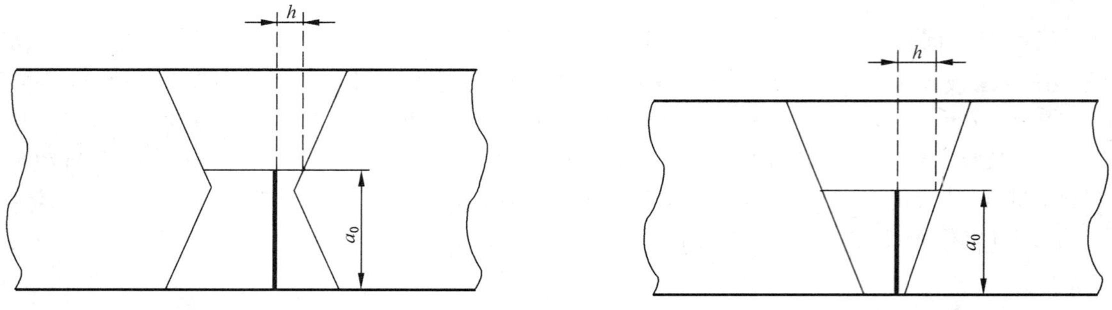

c) d)

图 14（续）

12.4.3 裂纹平直度要求

当采用弯曲试样进行 δ 和 J 积分试验时，疲劳裂纹前端平直度的要求可放宽到 $20\% a_0$，而对紧凑拉伸试样则不适用。K_{IC}试验（弯曲试样和紧凑拉伸试样两种）的疲劳裂纹前端的平直度要求则应完全遵循 GB/T 21143。

注 1：对裂纹尖端平直度的要求是基于弯曲类型试样的经验获得的[6]。

注 2：为满足 SM 和 WP 试验的要求，不允许降低 K_{IC}试验和采用紧凑拉伸类型试样的 δ 和 J 积分试验对疲劳裂纹前端平直度的要求，如果有必要可采用标准 GB/T 21143 中更为严格的要求。

12.4.4 区别不同断裂韧度值的符号

除了在标准 GB/T 21143 已经定义过的用于区别不同断裂韧度值的符号之外，本标准中还将有下列符号被使用：

a） 如果采用按照附录 C 的相应步骤进行疲劳裂纹预制的试样获得的断裂韧度值，则应采用 K，J，δ（没有上标）来表示；

b） 如果采用没有按照附录 C 的相应步骤进行疲劳裂纹预制的试样获得的断裂韧度值，则应采用 K^{M}，J^{M}，δ^{M}（M 为上标）表示。

12.4.5 贯穿厚度缺口试样

当按照 11.2 对 SM 试样切片所进行金相检验的结果满足下列条件时，才可认定试验测定的断裂韧度是有效的，即疲劳裂纹尖端位于试样厚度中心 75%范围（B 或者 B_{N}）指定的显微组织区域内。如未满足上述要求，则判定特定显微组织的断裂韧度值没有被测出，即试验结果无效。

12.4.6 表面缺口试样

当按照 11.3 对 SM 试样切片所进行金相检验的结果满足下列条件时，才可认定试验测定的断裂韧度结果有效：疲劳裂纹尖端位于待测区域或者 s_1 和 s_2 值（见 11.3.2）小于 0.5 mm。如果不能满足上述要求，则判定特定显微组织的断裂韧度值没有被测出，试验结果无效。

13 试验报告

应在 GB/T 21143 的有关要求所出具的试验报告基础之上加入以下内容：

a） 指明试样类型，标明试验采用的是焊缝位置 WP 试样还是特定显微组织 SM 试样；

b） 依照图 2、图 3 和图 4 指明裂纹平面方位；

c) 列出焊缝及近缝区母材的原始厚度；

d) 列出试验前宏观金相检查结果(如果需要)；

e) 列出焊缝金属和母材金属拉伸性能及其试验方法；

f) 列出有效焊缝宽度 h(如果需要)；

g) 指明预制平直疲劳裂纹尖端的具体方法，在试验报告应使用 12.4.4 规定的试验结果符号上标标注规则(如果需要)；

h) 根据附录 D，应给出 pop-in 效应的评定结果(如果需要)；

i) 给出疲劳裂纹尖端位置是否位于待测区域的确认结果；

j) 给出 SM 缺口的 s_1 和 s_2 值(如果需要)。

根据附录 E 采用浅缺口弯曲试样进行试验，应给出相应的 a_0/W 值(如果需要)。

附 录 A
（资料性附录）
试样缺口位置示例

本附录给出了焊缝和热影响区（HAZ）贯穿厚度和表面缺口试样的典型缺口位置示例。图 A.1 给出了 WP 试样缺口位置示例，图 A.2 给出了 SM 试样缺口位置示例。

		方位	尺寸 （厚度×宽度）	缺口部位
a)	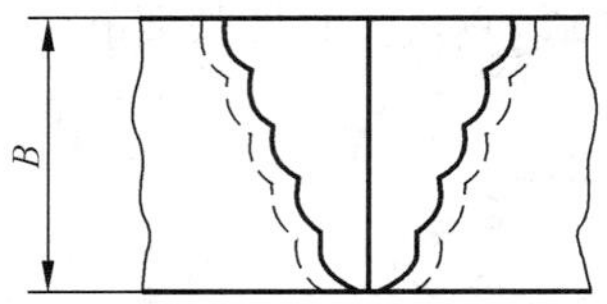	NP	$B\times B$ 或 $B\times 2B$	焊缝金属中心线
b)	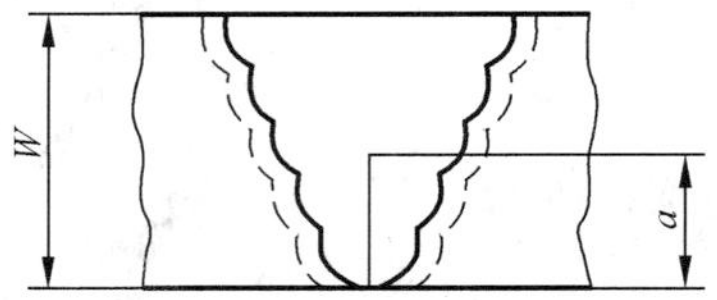	NQ	$B\times B$	起始于焊缝根部的中心线
c)	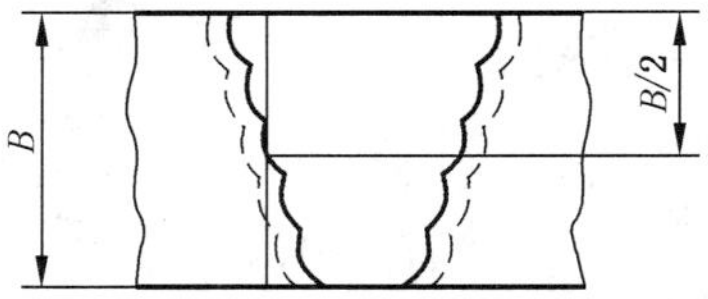	NP	$B\times B$ 或 $B\times 2B$	缺口与熔合区在板中心相交的热影响区
d)	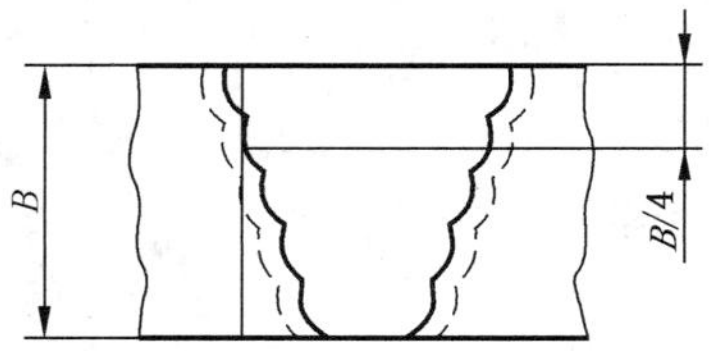	NP	$B\times B$ 或 $B\times 2B$	缺口与熔合区在 1/4 板厚处相交的热影响区
e)	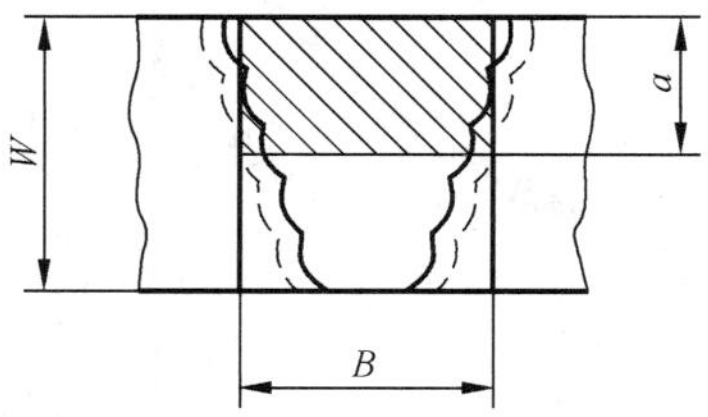	PQ	$B\times B$	横切焊缝

图 A.1 WP 试样缺口位置示例

		方位	尺寸 （厚度×宽度）	缺口部位
f)	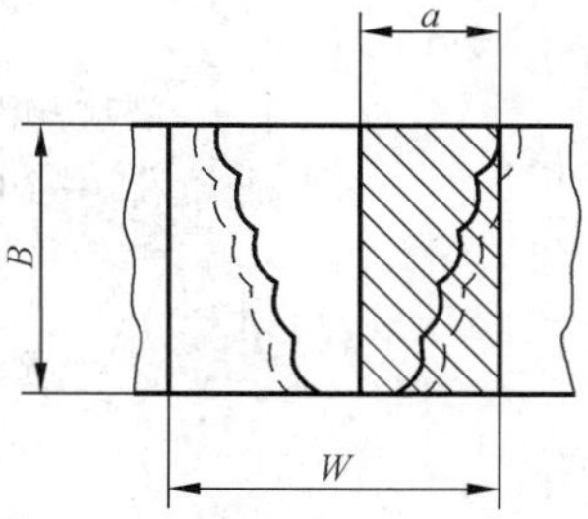	PN	$B\times B$	横切焊缝和焊缝中心线

图 A.1（续）

		方位	尺寸 （厚度×宽度）	缺口部位
a)	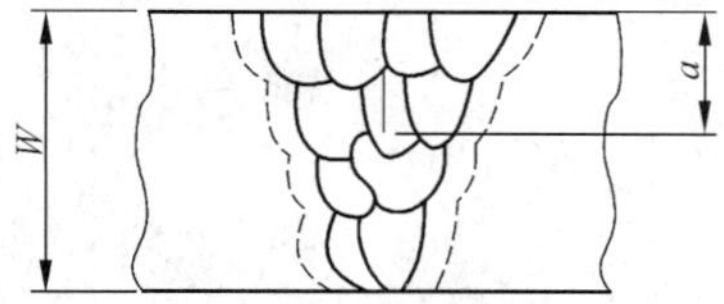	NP	$B\times B$	焊缝中心线为 柱状焊缝金属
b)	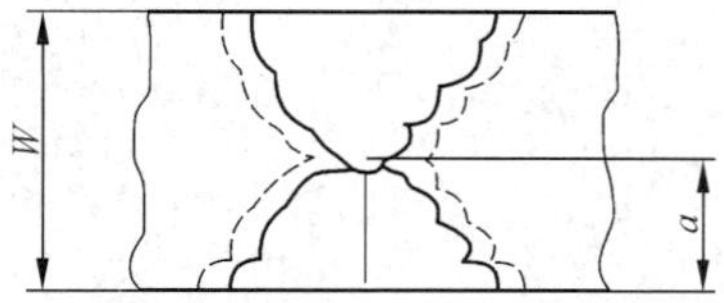	NQ	$B\times B$	先焊一侧焊缝的 根部
c)	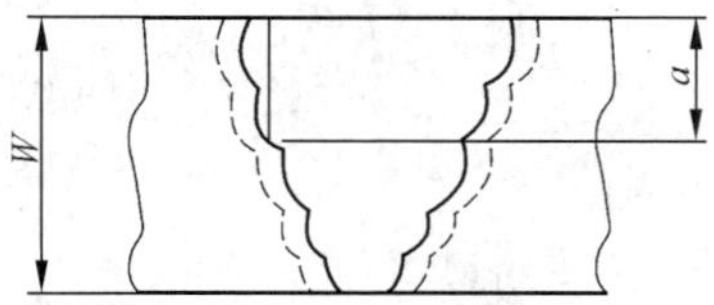	NQ	$B\times B$	靠近柱状焊缝 金属的 GCHAZ
d)	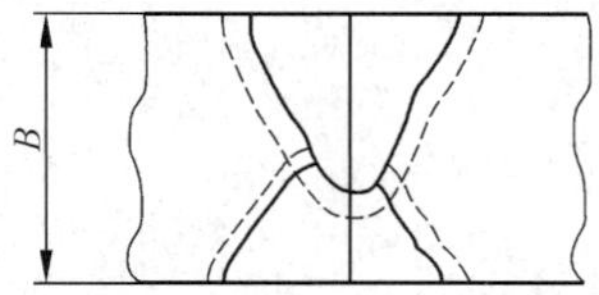	NP	$B\times B$ 或 $B\times 2B$	堆敷柱状焊缝 金属的最大体积处
e)	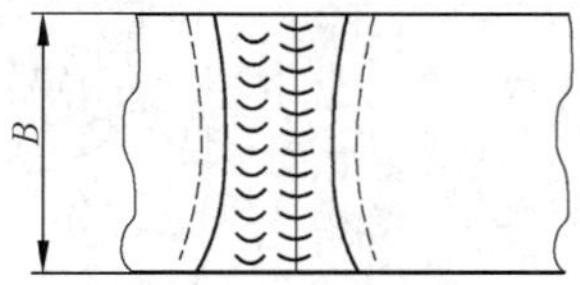	NP	$B\times B$ 或 $B\times 2B$	柱状焊缝 金属的最大体积处

图 A.2　SM 试样缺口位置示例

		方位	尺寸 （厚度×宽度）	缺口部位
f)	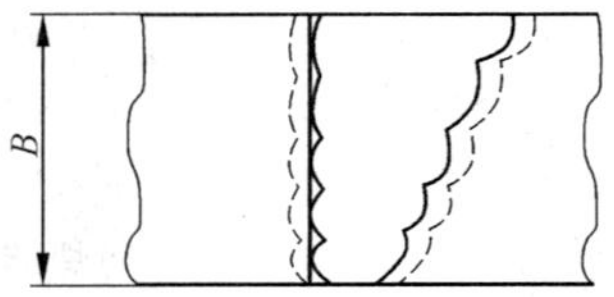	NP	$B \times B$ 或 $B \times 2B$	裂纹前沿位于 HAZ 的一个特定组织区

图 A.2（续）

附 录 B
（资料性附录）
试验前后金相检查示例

对于 HAZ(热影响区)SM 试样，试验前要进行宏观腐蚀和金相检查。图 B.1 和图 B.2 给出了紧邻柱状焊缝金属的 HAZ 显微组织数量的计算方法。图 B.2 显示了如何在试样厚度中心 75%范围内的宏观金相切面(图 B.1)上绘制确定的特定显微组织分布图。在图 B.2 中沿着理想缺口线分布的各个 SM 特定显微组织块，其长度通常用 λ 比表示。在试样厚度中心 75%范围内，长度 λ 的百分比之和(∑λ)即为 SM 试样特定显微组织的百分数。

对于 SM 试件，当要求特定显微组织应出现在疲劳裂纹尖端附近时，对图 10 的切面 A 要按照图 B.2所示的方法绘制显微组织分布图并进行显微组织百分数统计。

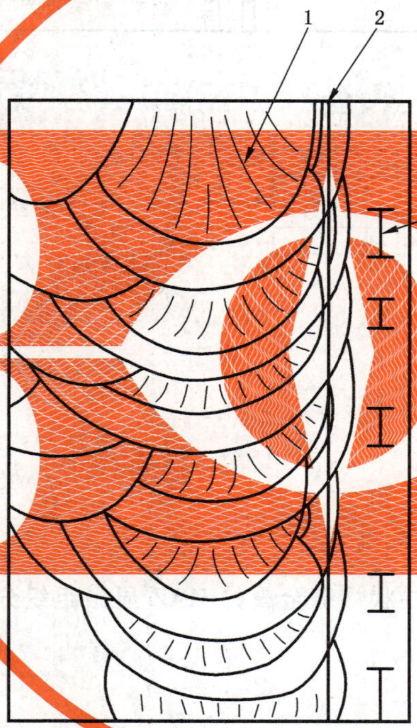

说明：

1——柱状焊缝金属；

2——理想缺口线；

3——柱状焊缝金属对应的热影响区。

图 B.1 在宏观金相切面上紧邻柱状焊缝金属的 HAZ 理想缺口线

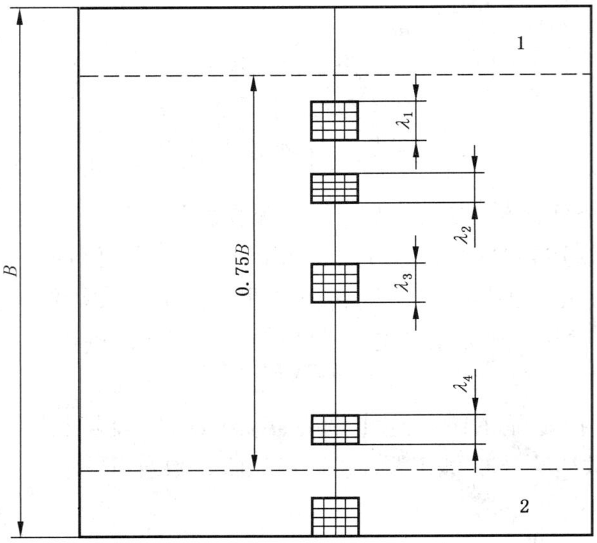

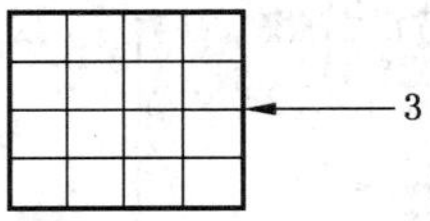

说明：

1——顶部；

2——根部；

3——指定的热影响区。

$$指定的微观组织(在厚度的中心75\%部位)=\frac{\sum_{\lambda_1}^{\lambda_n}\lambda}{0.75B}\times 100$$

图 B.2　紧邻柱状焊缝金属的 HAZ 显微组织分布图

附　录　C
（规范性附录）
消除残余应力和预制疲劳裂纹方法

C.1　概述

对焊态或应力部分释放试样，在预制疲劳裂纹之前，可以考虑采用 C.2 或 C.3 介绍的技术手段进行预处理，经相关方协商，其他文献列举并证实有效的预处理方法也可以被采用。并在试验报告中指明所使用预处理技术的名称。

注 1：对于通过焊后热处理消除应力的焊接接头试样一般不需采用此技术。

注 2：焊态或应力部分释放试样会存在一定数值的焊接残余应力，但试样内的残余应力大小与分布可能不同于制备试样的焊接试板。由于残余应力的存在可能导致疲劳裂纹前缘形状不可接受，更有甚者会影响断裂韧度值。经验表明：为了减少这些影响，可以在预制疲劳裂纹之前采用局部压缩的方法降低残余应力大小并且使其分布均匀化[7,8]，当焊缝截面厚度较大时局部压缩处理法不方便采用，这时可采用另一种能够产生平直疲劳裂纹前缘的双循环应力比方法[9]。然而，该方法的缺点是在疲劳裂纹尖端韧带区域（$W-a_0$）仍然会保留一定的残余应力，从而影响断裂韧度的测试结果[10]。

注 3：局部压缩方法在特定试验条件下，会影响某些材料的断裂韧性，但是其影响程度很难预测。但是经验表明，与保证裂纹尖端平直度这一有利影响相比，该方法是可取的。

C.2　局部压缩方法

局部压缩的具体方法[7,8]是：在预制疲劳裂纹和开侧槽之前对包括缺口尖端在内的 88%～92% 韧带（$W-a_0$）部分用较硬的钢块进行挤压，使其产生约为试样厚度 1% 的压缩塑性变形（见注 1 和注 2）。矩形截面试样的加载方式参见图 C.1。根据试样厚度（B），即可采用单面压缩的方式，也可采用双面压缩的方式。如果采用双面压缩的方法，应保证两个面均产生 0.5%B 的压缩塑性变形（见图 C.1）。

也可以采用压力较低的多次压缩方法，在这种情况下钢块压面尺寸应大于 0.5B（见图 C.1）。在实施压缩过程应注意最后压缩部位应靠近缺口尖端，此时压缩塑性变形量测量准确度应取 ±0.025 mm 或 ±0.1%B 中的较大值。

对于局部压缩试样还应当注意的是在预制疲劳裂纹力和应力强度因子参量计算中，其 B 值应采用压缩之后的试样厚度进行计算。

注 1：可以对试样两侧面的压缩韧带部分进行表面加工，以便保证加压时表面光滑一致且变形均匀。

导致三点弯曲试样加载部位产生变形的任何韧带背面凸起应加工去除。

注 2：经验表明，1%B 的总变形量对于一些焊缝和母材来说可能太大。因此，为了得到更平直的疲劳裂纹前缘，应减少塑性变形量，有必要通过试验获得最佳压缩值。

注 3：无论选用哪种方法，或者在选用方法时没有可借鉴的经验情况下，建议以实现平直的裂纹尖端为目标。

C.3　双循环应力比方法

双循环应力比方法中，疲劳裂纹的预制分两步，每步采用不同的疲劳循环应力比 R。第一步采用循环应力比 $R=0.1$（也就是常用的预制疲劳裂纹 R 值），预制约 1 mm 长的疲劳裂纹。第二步的疲劳循环应力比 R 增加到 0.7 左右，将疲劳裂纹扩展到预定的长度。需要注意的是在这两个疲劳裂纹预制阶段均采用同一 K_{fmax} 值（最大力所对应的应力强度因子值）。

注：使用 $R>0.1$ 预制疲劳裂纹的方法与 GB/T 21143 的要求不一致，经验表明这种预制疲劳裂纹的方法可能会使断裂韧度的测量值偏高[8,11]。

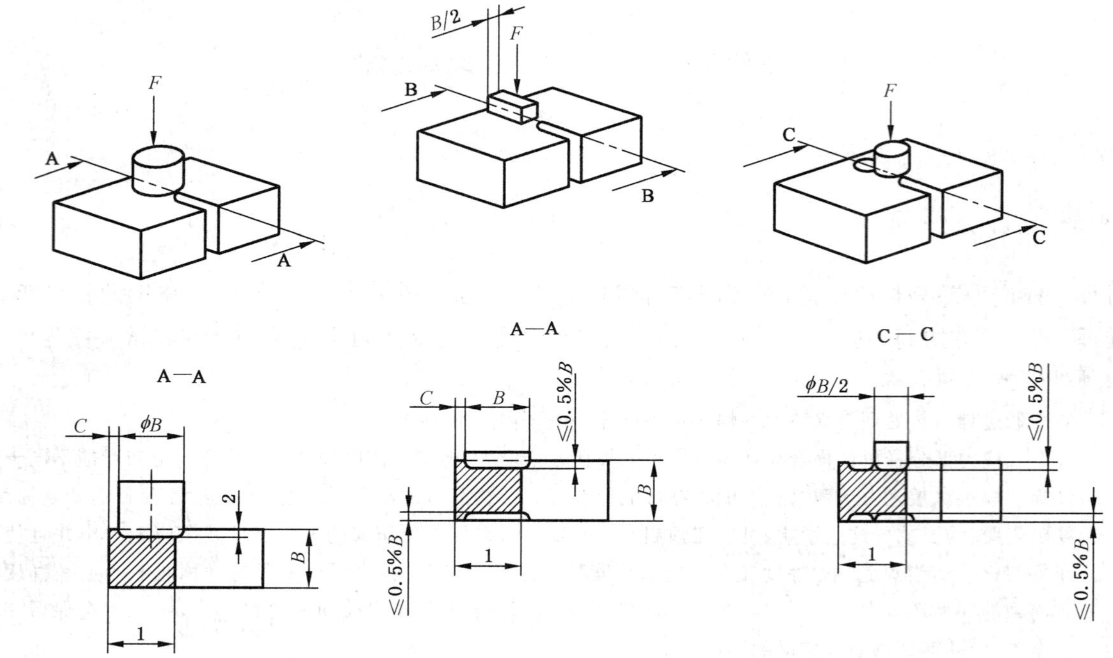

A—A
$F=1.4B^2R_{p0.2}$

B—B
$F=0.8B^2R_{p0.2}$

C—C
$F=0.3B^2R_{p0.2}$

说明：

1——W 减去机械缺口长度；

2——$1\%B$（或两侧各 $0.5\%B$）。

$R_{p0.2}$ 取母材和焊缝金属的较低值。

$C=(8\%\sim12\%)(W-a)$

图 C.1　局部压缩处理的几种方法

附 录 D
（规范性附录）
pop-in 效应评定

D.1 概述

此评定步骤用于评定由 11.4 确定为有效的 pop-in 效应。

根据 GB/T 21143 确认为有效的 pop-in 效应，无需在试验后进行断口分析和金相检查，即可判定为有效的 pop-in 效应。如果根据 GB/T 21143 被判定确认为无效的 pop-in 效应，应根据 D.2～D.5 逐步进行断口分析与金相检查来确定其有效性。

除经过金相检查后被确认无效的 pop-in 效应之外，所有 pop-in 效应都应予以重视。第一次出现 pop-in 效应的 δ 和 J 积分值应分别标记为 δ_{pop} 和 J_{pop}。

D.2 断口分析

对两个断裂表面进行仔细检查，确认在疲劳裂纹平面内有无脆性裂纹止裂现象，并且测出不包括伸张区 SZW（Δa_{pop}）在内的脆性裂纹扩展量（见图 D.1）。如果在疲劳裂纹平面内无脆性裂纹止裂现象出现，该 pop-in 效应的确认仍按 GB/T 21143 的有关规定进行。

说明：

1——a 或 $a+\Delta a$。

图 D.1 Δa_{pop} 的测量

垂直于疲劳预制裂纹面扩展的裂纹被止住时也可能会引起 pop-in 效应，这情况被认为是“撕裂”。对于由撕裂 pop-in 效应获得的断裂韧度应在报告中予以说明，但此结果可能并不代表预期裂纹面方位材料的断裂韧度，撕裂面的断裂韧度可有必要用不同裂纹面方位的其他试样来确定[12,13]。关于撕裂 pop-in 效应的有效性评定已超出本标准的范围。

D.3　切片与金相检查

将含有脆性裂纹止裂痕迹的两个断面或其中的一个断面用光学显微镜或扫描电镜进行检查，确认裂纹起始部位。如果裂纹尖端位于热影响区内，则应检查靠近焊缝一侧的断面。确认完毕起裂点位置之后，在起裂点部位并沿垂直于疲劳裂纹面的方位截取金相检查切片，用于对起始点进行金相检查。贯穿厚度缺口试样的切片截取方法见图 D.2，表面缺口试样的切片截取方法见图 D.3。切片试样的抛光、腐蚀应按常规的金相方法进行。

D.4　评定

对于贯穿厚度缺口试样，需要测量裂纹产生区域与裂纹尖端平行的特定显微组织长度 d_1 以及在试样厚度中心 75％范围内与裂纹尖端不相交的相似显微组织长度，并记录其最大值 d_2，如图 D.4 所示。当疲劳裂纹尖端不在切片内时，为了测量 d_2，有必要在疲劳裂纹尖端后面再截取切片。对于表面缺口试样，需要测量产生 pop-in 效应的显微组织整体长度 d_1，注意该长度应是位于疲劳裂纹尖端前面的显微组织长度，如图 D.5(为测量 d_1 尺寸可截取多个切片)所示。

D.5　确认 pop-in 效应

根据金相检查结果，判断 pop-in 效应是否可以忽略：

a)　对于贯穿厚度缺口试样，根据 GB/T 21143 计算得到参数 P，如果 P 小于 5％且 $d_1 > d_2$，则可忽略该 pop-in 效应；

b)　对于表面缺口试样，如果 P 小于 5％且 $\Delta a_{pop} < d_1$，则可忽略该 pop-in 效应。

如果 $d_1 < d_2$ 或 $\Delta a_{pop} > d_1$，则确认该 pop-in 效应有效而不能忽略，因为如果取样时获得更多的脆性显微组织或者它们出现在裂纹尖端时，程度更大的 pop-in 效应就可能会出现，因此需进一步试验来确认或排除这种可能性。图 D.6 为 pop-in 评定的流程图。

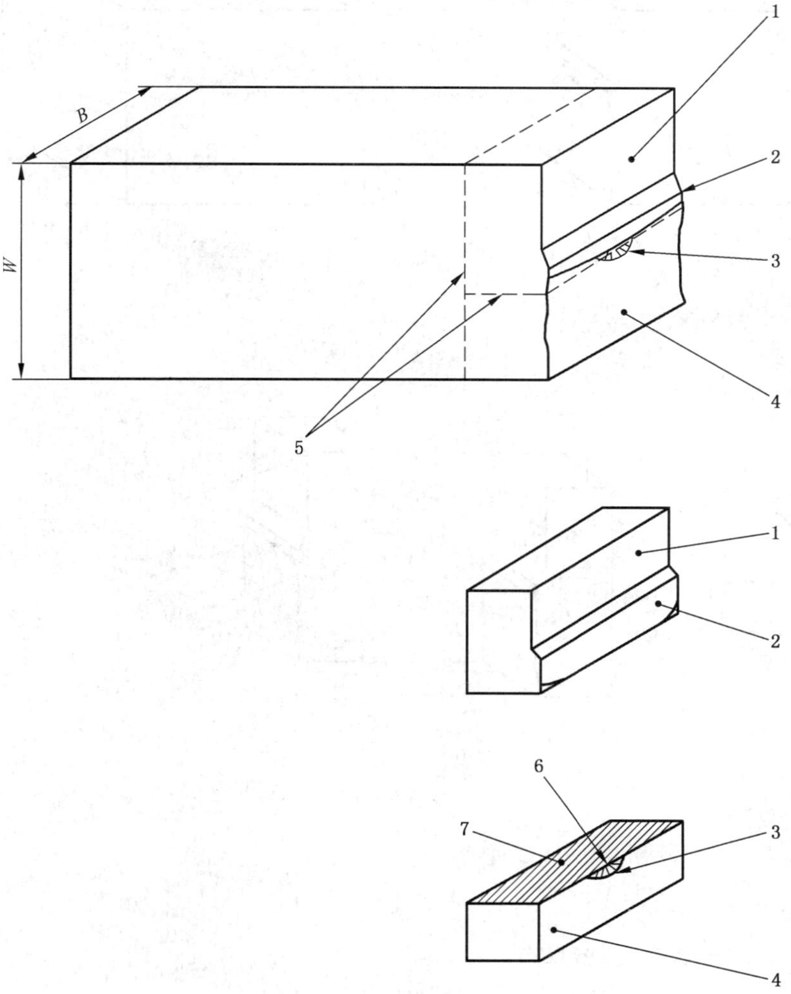

说明：

1——切片 A；

2——疲劳预制裂纹；

3——裂纹停止；

4——切片 B；

5——切口；

6——起裂；

7——待检测表面(抛光和腐蚀)(见图 D.4)。

图 D.2　试验后贯穿厚度缺口试样切片的切取方法及断裂起始点的显微组织检测

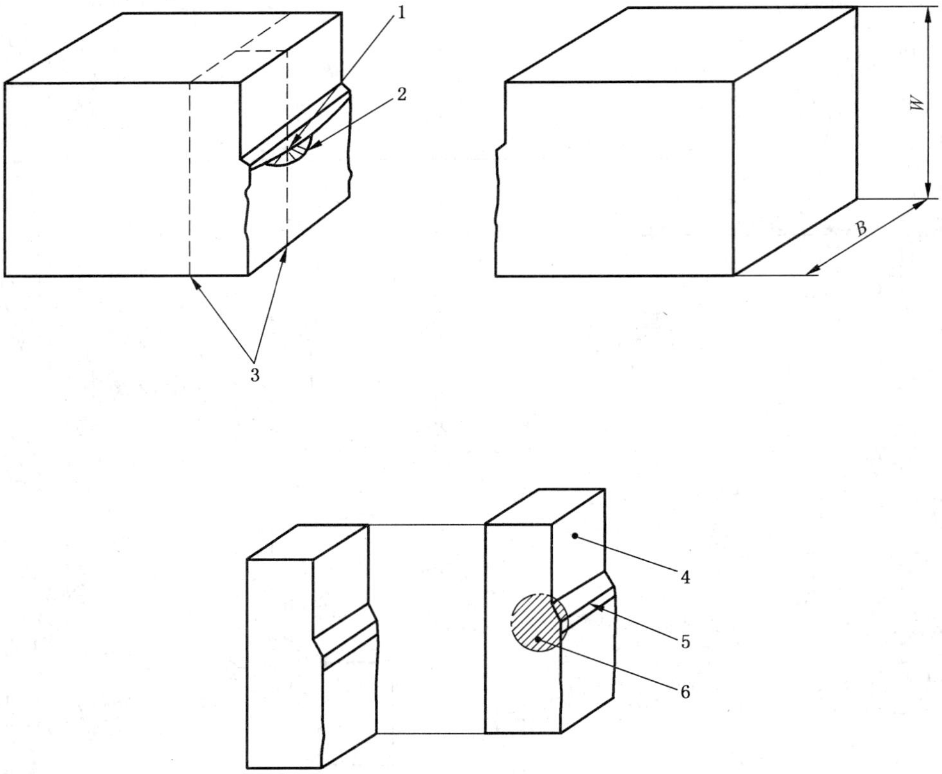

说明：

1——起裂；

2——裂纹停止；

3——切口；

4——机械缺口；

5——疲劳预制裂纹；

6——待检测表面(抛光和腐蚀)(见图 D.5)。

图 D.3　试验后表面缺口试样切片的切取方法及断裂起始点的显微组织检查

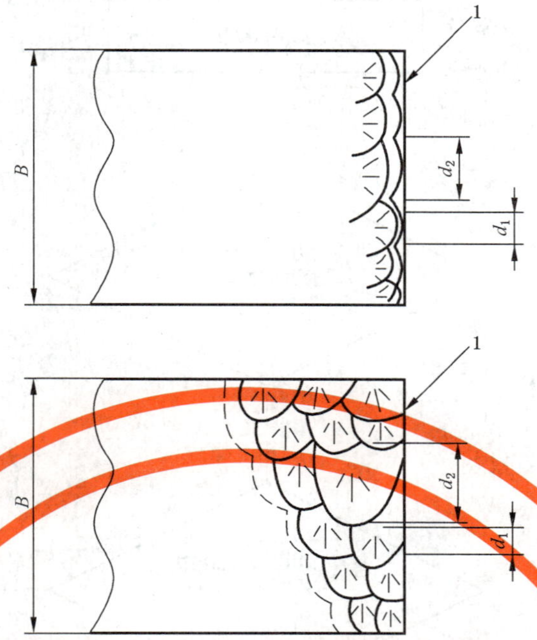

说明：

1——疲劳预制裂纹；

d_1——位于疲劳裂纹面之上且落入断裂萌生区域内的特定 HAZ 组织长度(上面的图)或焊缝金属组织长度(下面的图)；

d_2——试样厚度中心 75％范围内特定 HAZ 组织最大长度(上面的图)或焊缝金属组织最大长度(下面的图)。

图 D.4 贯穿厚度缺口试样切片显微组织 d_1(位于疲劳裂纹前沿)和 d_2(位于疲劳裂纹一侧)的测量(图 D.2 切面 B)

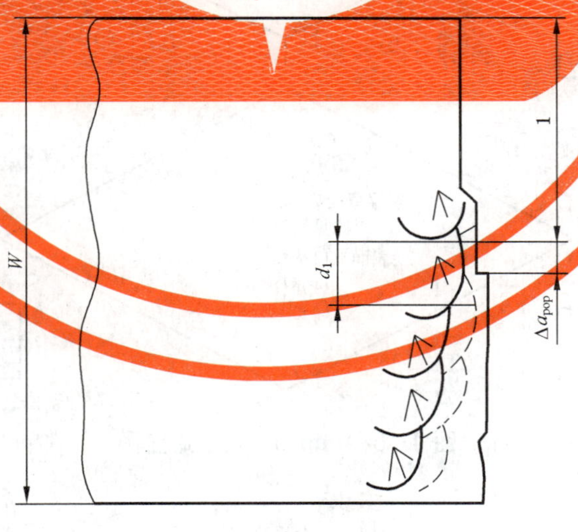

说明：

1——a 或 $a+\Delta a$。

图 D.5 表面缺口试样切片 d_1 和 Δa_{pop} 的测量，见图 D.3 (HAZ 示例)

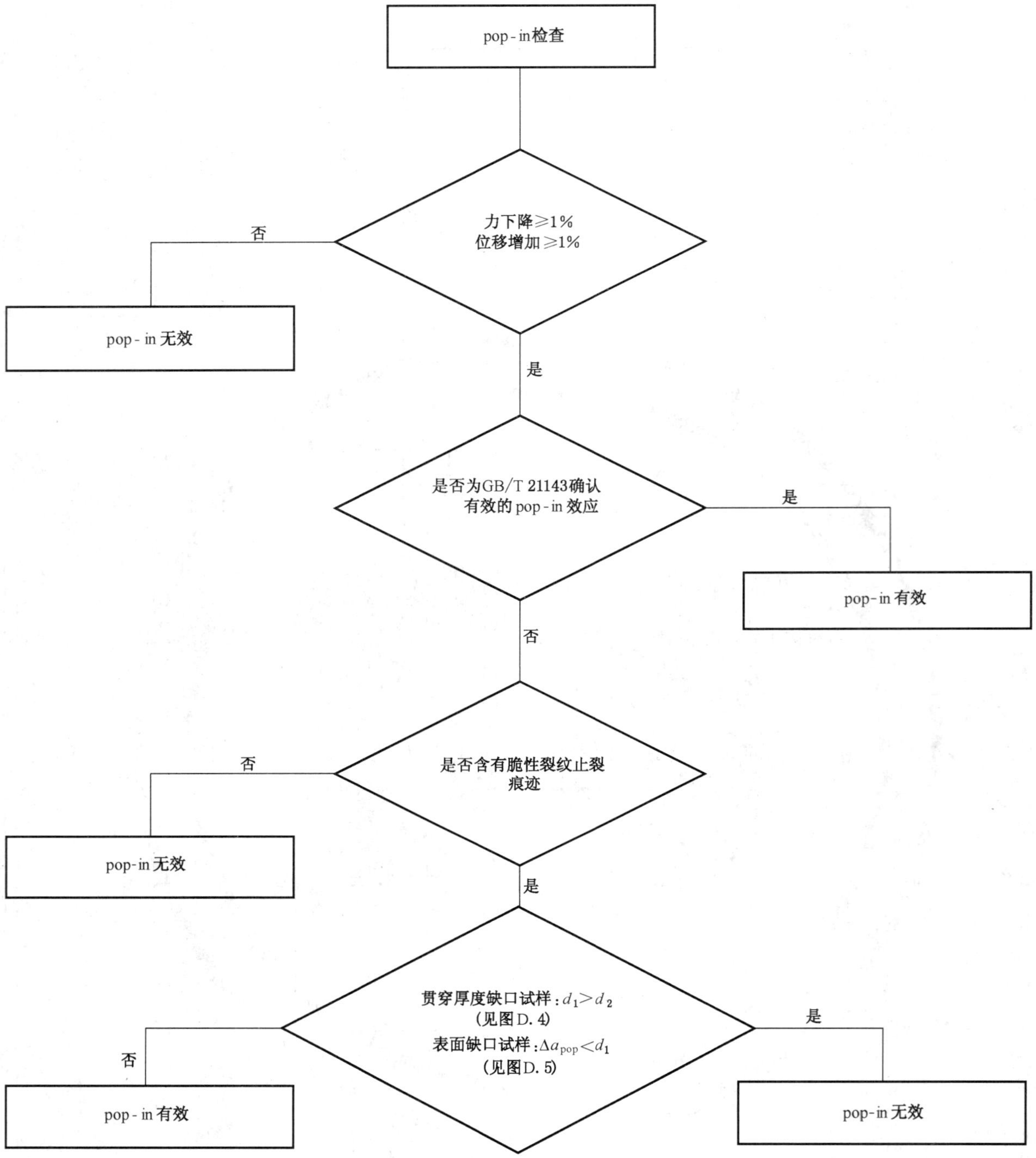

图 D.6　pop-in 评定流程图

附 录 E
（资料性附录）
浅缺口试样试验

E.1 概述

当只能采用浅裂纹弯曲加载试样（$0.1 \leqslant a_0/W \leqslant 0.45$）测试特定显微组织的断裂韧度时，经相关方协商，可根据本附录进行相应的断裂韧度测试。除了根据 E.2 和 E.3 进行修正外，浅裂纹试样制备和评定步骤与有关深裂纹试样标准的相应规定完全相同。

注：焊接的特点决定了某些特定显微组织只出现在靠近表面的位置，这样就排除了使用标准深缺口试样的可能性。采用浅缺口试样可以完成这些特定显微组织断裂韧度的测定工作。由于浅缺口试样裂纹尖端拘束度较低，在针对完全相同的疲劳裂纹尖端区域显微组织所进行的断裂韧度测试过程中，采用浅缺口试样测量值一般比深缺口试样要高，这是由于浅缺口试样裂纹尖端拘束度较低的缘故。考虑到最终应用，这种情况能否忽略需由涉及的相关方进行评估。

E.2 试样制备和试验设备

除了裂纹长度在 $0.1 \leqslant a_0/W \leqslant 0.45$ 范围之外，弯曲类型试样应遵循 8.1 和图 5 所示的有关规定。试样刀口类型可以选择 GB/T 21143 中介绍的整体刀口，也可采用图 E.1 所示的附加刀口。当采用整体刀口方式时，可以通过引伸计直接测量裂纹嘴张开位移 V，当采用附加刀口方式时，应采用双引伸计测量裂纹尖端张开位移。

注：对于 a_0/W 接近 0.1 的试样，疲劳裂纹尖端达到 12.4.3 对平直度的要求是很困难的。但是采用附录 C.2 的局部压缩方法对试样进行处理，有利于保证疲劳裂纹平直度。

E.3 J 和 δ 的求解

J 和 δ 的求解步骤按照 GB/T 21143 的有关规定执行，求解方程如下：

三点弯曲类型试样的 K_0 按式（E.1）计算：

$$K_0 = \left(\frac{S}{W}\right) \frac{F}{(BB_N W)^{0.5}} \cdot g_1(a_0/W) \qquad \text{(E.1)}$$

S 为 GB/T 21143 中所定义的跨距，$g_1(a_0/W)$ 的具体关系表达式参见 GB/T 21143。

K_0 是用于计算 F_c，F_u，F_{uc} 和 F_m 对应试样断裂韧度的参量，其确切含义已在 GB/T 21143 中予以具体定义。

三点弯曲类型试样[3,4,5,14]的 J_0 按式（E.2）计算：

$$J_0 = \frac{K_0^2(1-\nu^2)}{E} + \frac{\eta_c A_0}{(BB_N)^{0.5}(W-a_0)} \qquad \text{(E.2)}$$

其中，A_0 为对应于力-裂纹嘴张开位移曲线之下的塑性区域面积：

使用在张开位移 V_c 处对应的 K_c、F_c 和 A_c 计算出的 J_0 计为 J_c；

使用在张开位移 V_u 处对应的 K_u、F_u 和 A_u 计算出的 J_0 计为 J_u；

使用在张开位移 V_{uc} 处对应的 K_{uc}、F_{uc} 和 A_{uc} 计算出的 J_0 计为 J_{uc}；

使用在张开位移 V_m 处对应的 K_m、F_m 和 A_m 计算出的 J_0 计为 J_m。

$$\eta_c = 3.785 - 3.101\left(\frac{a_0}{W}\right) + 2.018\left(\frac{a_0}{W}\right)^2 \quad \cdots\cdots(E.3)$$

当不采用整体刀口时，可用式(E.4)采用双钳式引伸计计算裂纹嘴张开位移。

$$CMOD = V_1 - z_1\left(\frac{V_2 - V_1}{z_2 - z_1}\right) - 2x \cdot \cos\left[\arcsin^{-1}\frac{1}{2}\left(\frac{V_2 - V_1}{z_2 - z_1}\right)\right] + 2x \quad \cdots\cdots(E.4)$$

V_1 与 V_2 分别是对应于安装在缺口表面上 z_1 和 z_2 处钳式引伸计的张开位移值，见图 E.1。

x 为图 E.1 中的距离。

将式(E.2)计算得到的 J_0 带入式(E.5)用来计算 δ_0。如果试样的疲劳缺口开在母材或焊缝金属位置，则采用式(E.6)、式(E.7)和式(E.8)进行计算；如果试样的疲劳缺口位于热影响区部位，则应采用式(E.9)～式(E.18)进行计算[6]。

$$\delta_0 = \frac{J_0}{m\left(\frac{R_{p0.2} + R_{mw}}{2}\right)} \quad \cdots\cdots(E.5)$$

$$m = 1.221 + 0.793(a_0/W) + 2.751n - 1.418n(a_0/W) \quad \cdots\cdots(E.6)$$

$$n = 1.724 - \frac{6.098}{R} + \frac{8.326}{R^2} - \frac{3.965}{R^3} \quad \cdots\cdots(E.7)$$

$$R = \frac{R_{mw}}{R_{p0.2w}} \quad \cdots\cdots(E.8)$$

对于缺口开在焊缝金属位置的试样，在式(E.6)和式(E.8)中分别用 $R_{p0.2w}$ 和 R_{mw} 代替 $R_{p0.2b}$ 和 R_{mb}。

对于热影响区(HAZ)试样：

$$\delta_0 = \frac{J}{m\sigma_{nom}} \quad \cdots\cdots(E.9)$$

$$m = -0.111 + 0.817(a_0/W) + 1.36R_{nom} \quad \cdots\cdots(E.10)$$

$$R_{nom} = \frac{R_{mb} + R_{mw}}{R_{p0.2b} + R_{p0.2w}} \quad \cdots\cdots(E.11)$$

当 $M<1$ 时：

$$\sigma_{nom} = \lambda_u R_{p0.2w} + (1 - \lambda_u)R_{p0.2b} \quad \cdots\cdots(E.12)$$

当 $M=1$ 时：

$$\sigma_{nom} = R_{p0.2} \quad \cdots\cdots(E.13)$$

当 $M>1$ 时：

$$\sigma_{nom} = \lambda_0 R_{p0.2w} + (1 - \lambda_0)R_{p0.2b} \quad \cdots\cdots(E.14)$$

$$M = \frac{R_{p0.2w}}{R_{p0.2b}} \quad \cdots\cdots(E.15)$$

$$\lambda_0 = 0.5\exp[-(1 + 0.01n^2)(M - 1)] \quad \cdots\cdots(E.16)$$

$$\lambda_u = 1 - 0.5\exp\left[-(1 + 0.01n^2)\left(\frac{1}{M} - 1\right)\right] \quad \cdots\cdots(E.17)$$

$$n=\frac{41.34}{[1.464+82.68(R_{nom}-1)]^{0.5}-1.210} \quad \cdots\cdots\cdots\cdots(E.18)$$

注：数值分析结果表明，在 $0.1<a_0/W<0.5$，$0.75<M<1.50$，$h/(W-a_0)>0.1$[3,4] 的情况下，J 积分与 δ 按上述步骤试验获得的焊缝金属断裂韧度测试结果的误差小于 10%；在 $0.1<a_0/W<0.5$，$0.70<M<2.50$，$0.5<h/B<1.25$[5,15] 的情况下，获得的热影响区断裂韧度测试结果的误差小于 10%。

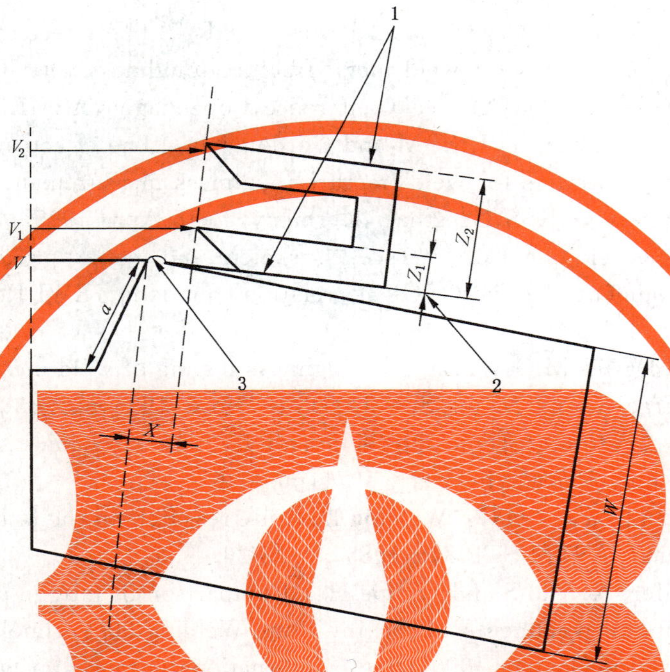

说明：

1——刀口；

2——垫片；

3——微弧 TIG 焊或激光焊。

注 1：刀口与采用微弧 TIG 焊或激光焊方法焊在试样缺口嘴处的钢垫片连接。

注 2：刀口高度 Z_1 和 Z_2 包括钢垫片的高度。

图 E.1　用于计算裂纹嘴张开位移 V 的双钳式引伸计的刀口设计和位置图

参 考 文 献

[1] Hart P H M: 'Yield strength from hardness data'. TWI Research Bulletin, Vol. 16, No. 6, June 1975, pp. 76.

[2] Irwin G R: 'Linear fracture mechanics, fracture transition and fracture control'. Engineering Fracture Mechanics, Vol. 1, No. 2, 1968, pp. 241-257.

[3] Pisarski H G, Want Y Y, Kirk M and Gordon J R: 'The effect of strength mismatch on CTOD and J estimation procedures for weld metal fracture toughness determination'. Offshore Mechanics and Arctic Engineering (OMAE '95) Conference, Copenhagen, ASME Vol. 3, 1995, pp. 77-85.

[4] Pisarski H G, Wang Y Y, Kirk M and Gordon J R: 'The effect of strength mismatch on CTOD and J estimation procedures for weld fracture toughness measurement'. IIW Sub-Commission X-F 'Weld Mismatch Effect', GKSS, Geesthact, Germany, 24-15 April 1995.

[5] Wang Y Y: 'Development of fracture assessment and testing procedures for HAZ cracks-Progress report—Development of J and CTOD correlation equations'. EWI Report 06224-CPG/1/97, December 1997.

[6] Hadley I and Dawes M G: 'Fracture toughness testing of weld metal-results of a European round-robin'. Fatigue Frac. Engng. Mater. Struct. Vol. 19, No. 8, 1996, pp. 963-973.

[7] Dawes M G: 'Fatigue precracking weldment fracture mechanics specimens'. Metal Construction & British Welding Journal, February 1971, pp. 61-65.

[8] Towers O L and Dawes M G: 'Welding Institute research on the fatigue precracking of fracture toughness specimens'. ASTM STP 856, 1985, pp. 23-26.

[9] Koçak M, Seifert K. Yao S and Lampe H: 'Comparison of fatigue precracking methods for fracture toughness testing of weldments'. Proc. Int. Conf. Welding 90-Technology, Material, Fracture-GKSS, Geesthacht, Germany, October 1990, i. i. t. t. International, France, pp. 307-318.

[10] Reemsnyder H S, Pisarski H G and Dawes M G: 'Residual stresses and fatigue precracking techniques for weldment fracture toughness specimens'. Journal of Testing and Evaluation, JTEVA, Vol. 20, No. 6, November 1991, pp. 416-423.

[11] Steffan A A: 'On the effect of R-ratio and K_{fmax} on fracture toughness measurement, fatigue crack propagation and fatigue closure'. Dissertation, Southern Methodist University, Texas, USA, December 1987.

[12] Wiesner C S and Pisarski H G: 'Significance of pop-ins during initiation fracture toughness tests' 3R International, 35, October/November 1996, pp 638-643.

[13] Pisarski H G, Hammond R and Watt K: 'Significance of splits and pop-ins observed during fracture toughness testing of line pipe steel'. Proceedings of IPC2008, 7th International Pipeline Conference, Calgary, Alberta, Canada, 2008, ASME, Paper IPC2008-64676.

[14] Kirk M T and Dodds R H: 'J and CTOD estimation equations for shallow cracks in single edge notch bend specimens'. Journal of Testing and Evaluation, JTEVA, Vol. 21, No. 4, July 1993, pp. 228-238.

[15] WANG, Y. Y., Fracture Mechanics Analysis of HAZ and Interfacial Cracks, CRP summary, EWI report MR9819, November 1998.